本手册是一本实用焊接工艺工具书。其主要内容包括焊接工艺基础知识、焊接材料、焊条电弧焊工艺、埋弧焊工艺、氩弧焊工艺、CO_2气体保护焊工艺、气焊与气割工艺、碳弧气刨工艺、其他焊接工艺、碳钢的焊接、低合金高强度结构钢的焊接、不锈钢和耐热钢的焊接、铸铁的焊接、铸钢的焊接、铝及铝合金的焊接、镁及镁合金的焊接、铜及铜合金的焊接、钛及钛合金的焊接、镍及镍合金的焊接、异种金属的焊接、焊接质量检测、焊接缺欠及其等级评定、焊接工艺及其评定，共23章。本手册采用了现行的焊接技术标准资料，内容系统，图表丰富，查阅方便，实用性和操作性强。

本手册可供焊接工程技术人员和工人使用，也可供相关专业在校师生和科研人员参考。

图书在版编目（CIP）数据

焊接工艺手册/王成明，陈永主编. —北京：机械工业出版社，2022.11（2024.12重印）

ISBN 978-7-111-71638-9

Ⅰ.①焊… Ⅱ.①王… ②陈… Ⅲ.①焊接工艺-手册 Ⅳ.①TG44-62

中国版本图书馆CIP数据核字（2022）第174372号

机械工业出版社（北京市百万庄大街22号 邮政编码100037）

策划编辑：陈保华 责任编辑：陈保华 贺 怡

责任校对：郑 婕 王明欣 封面设计：马精明

责任印制：单爱军

北京虎彩文化传播有限公司印刷

2024年12月第1版第3次印刷

148mm×210mm · 20.875印张 · 2插页 · 599千字

标准书号：ISBN 978-7-111-71638-9

定价：89.00元

电话服务 网络服务

客服电话：010-88361066 机 工 官 网：www.cmpbook.com

010-88379833 机 工 官 博：weibo.com/cmp1952

010-68326294 金 书 网：www.golden-book.com

封底无防伪标均为盗版 机工教育服务网：www.cmpedu.com

焊接工艺手册

主　编　王成明　陈　永

副主编　张　轲　丁　洁　党晓飞

参　编　王　炉　丁向丽　申志刚　刘艳艳

刘玉山　李同俊　王玉犇　杨法启

赵新亚　穆连胜　李雯琪　张　楷

宋　月　袁红高　张文山　郭红彦

李保营　刘守菊　潘继民　贾泽众

机械工业出版社

前　言

众所周知，任何材料只有形成构件才具有使用价值，而焊接是形成构件最直接、最简单的方法之一。焊接技术广泛应用于航空航天、电子电器、化工化学、船舶、压力容器、建筑及机械制造等工业领域，在国民经济发展尤其是制造业发展中，焊接技术是一种不可或缺的加工手段。

在现代焊接结构的生产中，焊接工艺起着极其重要的作用，它决定了产品的焊接质量，关系到焊接生产的效率和经济效益。根据焊件的结构和技术要求，设计正确而合理的焊接工艺是一项十分重要的工作。因为焊接工艺的可变参数繁多，对焊接质量的影响十分复杂，且某些重要变量难以精确检测，所以对编制焊接工艺的技术人员要求极高，不仅需要全面掌握有关的专业理论知识，而且需要通晓国内外焊接工艺的技术进步和发展趋势，以及熟悉焊接结构的制造规范和技术标准，还需要掌握大量各类焊接结构生产工艺的第一手资料，并在焊接工艺设计方面积累丰富的实践经验。为了满足广大焊接工作者的需求，我们编写了这本《焊接工艺手册》。

编写本手册时，我们综合考虑了读者实际需求和篇幅容量，在取材上遵循“实用、精炼”的原则，在编排上遵循“尽量采用图表”的原则。全书内容包括焊接工艺基础知识、焊接材料、焊条电弧焊工艺、埋弧焊工艺、氩弧焊工艺、CO_2 气体保护焊工艺、气焊与气割工艺、碳弧气刨工艺、其他焊接工艺、碳钢的焊接、低合金高强度结构钢的焊接、不锈钢和耐热钢的焊接、铸铁的焊接、铸钢的焊接、铝及铝合金的焊接、镁及镁合金的焊接、铜及铜合金的焊接、钛及钛合金的焊接、镍及镍合金的焊接、异种金属的焊接、焊接质量检测、焊接缺欠及其等级评定、焊接工艺及其评定，共 23 章。

本手册采用了现行的焊接技术标准资料，具有内容新颖、数据可靠、资料翔实、理论与实用相结合的特点，对正确制订焊接工艺、规范焊接技术操作、提高焊接质量具有很好的指导作用。本手册可供焊接工程技术人员和工人使用，也可供相关专业在校师生和科研人员参考。

本手册由王成明、陈永任主编，张轲、丁洁和党晓飞任副主编，参加编写工作的还有王炉、丁向丽、申志刚、刘艳艳、刘玉山、李同俊、王玉犇、杨法启、赵新亚、穆连胜、李雯琪、张楷、宋月、袁红高、张文山、郭红彦、李保营、刘守菊、潘继民、贾泽众。

在本手册的编写过程中，我们参考了国内外同行的大量文献和相关标准，在此谨向有关人员表示衷心的感谢！

由于我们水平有限，错误之处在所难免，敬请广大读者批评指正。

编　者

目　录

第1章

焊接工艺基础知识

1.1 焊接工艺简介

焊接应用广泛，既可用于金属材料，也可用于非金属材料。从近年来我国完成的一些标志性工程可以看出，焊接技术发挥了重要作用。例如：三峡水利枢纽的水电装备是一套庞大的焊接系统，包括导水管、蜗壳、转轮、大轴、发电机机座等，其中马氏体不锈钢转轮的直径为10.7m，高度为5.4m，质量为440t，采用的是铸-焊结构；“神舟”号飞船的返回舱和轨道舱都是铝合金的焊接结构，其气密性和变形控制是焊接制造的关键；上海卢浦大桥是全焊钢拱桥；国家大剧院的半椭球形穹顶是由钢结构焊接而成的。这些大型结构都是我国具有代表性的重要焊接工程。由此可见，焊接技术在国民经济建设中具有重要的作用和地位。

焊接工艺包括焊接准备、焊接材料选用、焊接方法选定、焊接参数、操作要求等。焊接工艺流程应理解为从原材料投产到成品（焊接构件或焊接结构）出厂，按步骤连续地使用各种设备所进行的加工过程。完整的焊接工艺应将其视作从原材料入厂检验、下料、成形、焊前准备、焊接、焊后热处理、焊缝质量检验，直到成品出厂为止的综合加工工艺。不同的焊接方法有不同的焊接工艺。焊接前应根据被焊工件的材料牌号、化学成分、焊件结构类型、焊接性能要求来确定焊接工艺。

焊接结构制造工艺过程取决于产品的结构形式，从原材料进厂复验、入库到产品最终检验合格入库，其主要的加工工序有：原材料处理、坡口加工、部件组装及焊接、焊接变形矫正、机械加工、总装及焊后热处理、焊缝无损检测、耐压或气密性试验、产品试板性能检验等。典型钢材焊接结构的制造工艺顺序如图1-1所示。

从图 1-1 可以看出，焊接工艺的第一步是对待焊材料的焊接性进行研究，然后确定使用何种材料，再对材料进行进厂复验及一系列的焊前加工，最后进入焊接程序。

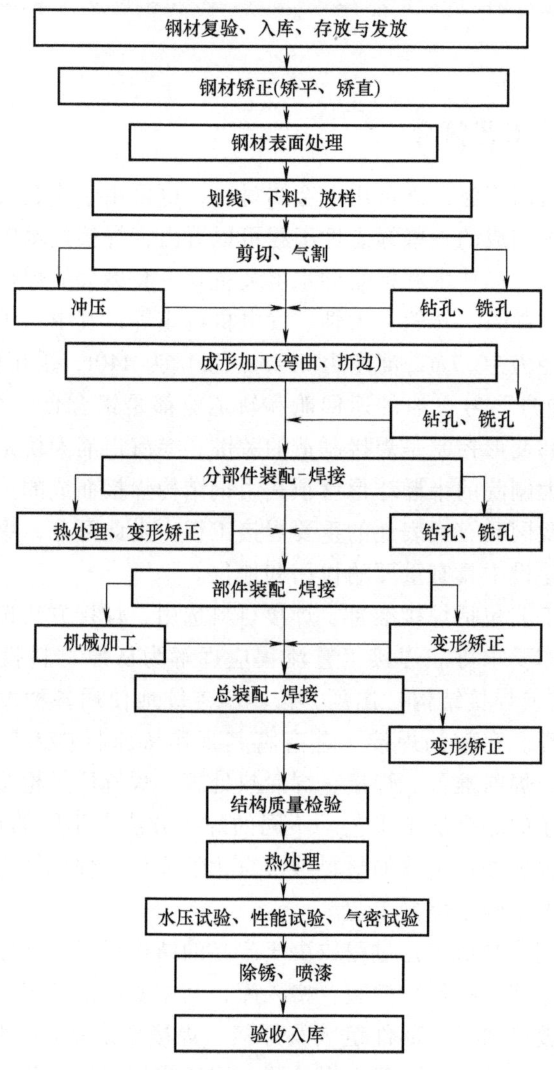

图 1-1　典型钢材焊接结构的制造工艺顺序

1.2 金属材料基本知识

焊接的主要对象为金属材料。现代工业中所用的金属材料种类繁多，主要包括钢铁材料和有色金属材料两大类。由于金属结构材料和焊接材料的化学成分及物理性能的不同，直接影响到焊接接头的质量和焊接结构的使用寿命，所以焊接工艺制订者必须掌握金属材料的基本知识。

1.2.1 金属材料的分类

1. 钢铁材料的分类

1）铸铁的分类见表 1-1。

表 1-1 铸铁的分类

分类方法	分类名称	说明
按断口颜色分类	灰口铸铁	1)这种铸铁中的碳大部分或全部以自由状态的石墨形式存在,其断口呈灰色或灰黑色。灰口铸铁包括灰铸铁、球墨铸铁、蠕墨铸铁等 2)有一定的力学性能和良好的可加工性,在工业上应用普遍
	白口铸铁	1)白口铸铁是组织中完全没有或几乎完全没有石墨的一种铁碳合金,其中碳全部以渗碳体形式存在,断口呈白亮色 2)硬而且脆,不能进行切削加工,工业上很少直接应用其来制造机械零件。在机械制造中,只能用来制造对耐磨性要求较高的零件 3)可以用激冷的办法制造内部为灰铸铁组织、表层为白口铸铁组织的耐磨零件,如火车轮圈、轧辊、犁铧等。这种铸铁具有很高的表面硬度和耐磨性,通常又称为激冷铸铁或冷硬铸铁
	麻口铸铁	这是介于白口铸铁和灰口铸铁之间的一种铸铁,其组织为珠光体+渗碳体+石墨,断口呈灰白相间的麻点状,故称麻口铸铁。这种铸铁性能不好,极少应用
按化学成分分类	普通铸铁	普通铸铁是指不含任何合金元素的铸铁,一般常用的灰铸铁、可锻铸铁和球墨铸铁等都属于这一类铸铁
	合金铸铁	在普通铸铁内有意识地加入一些合金元素,以提高铸铁某些特殊性能而配制成的一种高级铸铁,如各种耐蚀、耐热、耐磨的特殊性能铸铁,都属于这一类铸铁
按生产方法和组织性能分类	灰铸铁	1)灰铸铁中碳以片状石墨形式存在 2)灰铸铁具有一定的强度、硬度,良好的减振性和耐磨性,较高的导热性和抗热疲劳性,同时还具有良好的铸造工艺性能及可加工性,生产简便,成本低,在工业和民用生活中得到了广泛的应用

（续）

分类方法	分类名称	说明
按生产方法和组织性能分类	孕育铸铁	1)孕育铸铁是铁液经孕育处理后获得的亚共晶灰铸铁。在铁液中加入孕育剂,造成人工晶核,从而可获得细晶粒的珠光体和细片状石墨组织 2)这种铸铁的强度、塑性和韧性均比一般灰铸铁要好得多,组织也较均匀一致,主要用来制造力学性能要求较高而截面尺寸变化较大的大型铸铁件
	可锻铸铁	1)由一定成分的白口铸铁经石墨化退火后而成,其中碳大部或全部呈团絮状石墨的形式存在,由于其对基体的破坏作用较之片状石墨大大减轻,因而比灰铸铁具有较高的韧性 2)可锻铸铁实际并不可以锻造,只不过具有一定的塑性而已,通常多用来制造承受冲击载荷的铸件
	球墨铸铁	1)球墨铸铁是通过在浇注前往铁液中加入一定量的球化剂(如纯镁或其合金)和墨化剂(硅铁或硅钙合金),以促进碳呈球状石墨结晶而获得的 2)由于石墨呈球形,应力大为减轻,因而这种铸铁的力学性能比灰铸铁高得多,也比可锻铸铁好 3)具有比灰铸铁好的焊接性和热处理工艺性 4)和钢相比,除塑性、韧性稍低外,其他性能均接近,是一种同时兼有钢和铸铁优点的优良材料,因此在机械工程上获得了广泛的应用
	特殊性能铸铁	这是一类具有某些特性的铸铁,根据用途的不同,可分为耐磨铸铁、耐热铸铁、耐蚀铸铁等。这类铸铁大部分属于合金铸铁,在机械制造上应用也较为广泛

2）钢的分类见表 1-2。

表 1-2　钢的分类

分类方法		分类名称	说明
按冶炼方法分类	按冶炼设备分类	平炉钢	1)指用平炉炼钢法炼制出来的钢 2)按炉衬材料不同,分酸性平炉钢和碱性平炉钢两种。一般平炉钢都是碱性的,只有特殊情况下才在酸性平炉内炼制 3)平炉炼钢法具有原料来源广、设备容量大、品种多、质量好等优点。平炉钢以往曾在世界钢总产量中占绝对优势,现在世界各国有停建平炉的趋势 4)平炉钢的主要品种是普通碳素钢、低合金钢和优质碳素钢

（续）

分类方法		分类名称	说明
按冶炼方法分类	按冶炼设备分类	转炉钢	1）指用转炉炼钢法炼制出来的钢 2）除分为酸性和碱性转炉钢外，还可分为底吹、侧吹、顶吹和空气吹炼、纯氧吹炼等转炉钢，常可混合使用 3）我国现在大量生产的为侧吹碱性转炉钢和氧气顶吹转炉钢。氧气顶吹转炉钢具有生产速度快、质量高、成本低、投资少、基建快等优点，是当代炼钢的主要方法 4）转炉钢的主要品种是普通碳素钢，氧气顶吹转炉也可生产优质碳素钢和合金钢
		电炉钢	1）指用电炉炼钢法炼制出的钢 2）可分为电弧炉钢、感应电炉钢、真空感应电炉钢、电渣炉钢、真空自耗炉钢、电子束炉钢等 3）工业上大量生产的主要是碱性电弧炉钢，品种是优质碳素钢和合金钢
	按脱氧程度和浇注制度分类	沸腾钢	1）指脱氧不完全的钢，浇注时在钢模里产生沸腾，所以称沸腾钢 2）其特点是收缩率高，成本低，表面质量及深冲性能好 3）成分偏析大，质量不均匀，耐蚀性和力学性能较差 4）大量用于轧制普通碳素钢的型钢和钢板
		镇静钢	1）脱氧完全的钢，浇注时钢液镇静，没有沸腾现象，所以称镇静钢 2）成分偏析少，质量均匀，但金属的收缩率低（缩孔多），成本较高 3）通常情况下，合金钢和优质碳素钢都是镇静钢
		半镇静钢	1）脱氧程度介于沸腾钢和镇静钢之间的钢，浇注时沸腾现象较沸腾钢弱 2）钢的质量、成本和收缩率也介于沸腾钢和镇静钢之间。生产较难控制，故目前在钢产量中占比例不大
按化学成分分类		碳素钢（非合金钢）	1）指碳的质量分数≤2%，并含有少量锰、硅、硫、磷和氧等杂质元素的铁碳合金 2）按钢中碳含量分类 低碳钢：碳的质量分数≤0.25%的钢 中碳钢：碳的质量分数为>0.25%～0.60%的钢 高碳钢：碳的质量分数>0.60%的钢 3）按钢的质量和用途的不同，又分为普通碳素结构钢、优质碳素结构钢和碳素工具钢3大类

（续）

<table>
<tr><th>分类方法</th><th colspan="2">分类名称</th><th>说明</th></tr>
<tr><td>按化学成分分类</td><td colspan="2">合金钢</td><td>1）在碳素钢基础上，为改善钢的性能，在冶炼时加入一些合金元素（如铬、镍、硅、锰、钼、钨、钒、钛、硼等）而炼成的钢
2）按其合金元素的总含量分类
低合金钢：这类钢的合金元素总质量分数≤5%
中合金钢：这类钢的合金元素总质量分数>5%～10%
高合金钢：这类钢的合金元素总质量分数>10%
3）按钢中主要合金元素的种类分类
三元合金钢：指除铁、碳以外，还含有另一种合金元素的钢，如锰钢、铬钢、硼钢、钼钢、硅钢、镍钢等
四元合金钢：指除铁、碳以外，还含有另外两种合金元素的钢，如硅锰钢、锰硼钢、铬锰钢、铬镍钢等
多元合金钢：指除铁、碳以外，还含有另外3种或3种以上合金元素的钢，如铬锰钛钢、硅锰钼钒钢等</td></tr>
<tr><td rowspan="4">按用途分类</td><td rowspan="2">结构钢</td><td>建筑及工程用结构钢</td><td>1）用于建筑、桥梁、船舶、锅炉或其他工程上制造金属结构件的钢，多为低碳钢。由于大多要经过焊接施工，故其碳含量不宜过高，一般都是在热轧供应状态或正火状态下使用
2）主要类型如下
普通碳素结构钢：按用途又分为一般用途的普通碳素结构钢和专用普通碳素结构钢
低合金钢：按用途又分为低合金结构钢、耐腐蚀用钢、低温用钢、钢筋钢、钢轨钢、耐磨钢和特殊用途专用钢</td></tr>
<tr><td>机械制造用结构钢</td><td>1）用于制造机械设备上的结构零件
2）这类钢基本上都是优质钢或高级优质钢，需要经过热处理、塑性成形和机械切削加工后才能使用
3）主要类型有优质碳素结构钢、合金结构钢、易切结构钢、弹簧钢、滚动轴承钢</td></tr>
<tr><td colspan="2">工具钢</td><td>1）指用于制造各种工具的钢
2）这类钢按其化学成分分为碳素工具钢、合金工具钢、高速工具钢
3）按照用途又可分为刃具钢（或称刀具钢）、模具钢（包括冷作模具钢和热作模具钢）、量具钢</td></tr>
<tr><td colspan="2">特殊钢</td><td>1）指用特殊方法生产，具有特殊物理性能、化学性能和力学性能的钢
2）主要包括不锈钢、耐热钢、高电阻合金钢、低温用钢、耐磨钢、磁钢（包括硬磁钢和软磁钢）、抗磁钢和超高强度钢（指 $R_m \geqslant 1400\text{MPa}$ 的钢）</td></tr>
</table>

（续）

分类方法		分类名称	说明
按用途分类		专业用钢	指各工业部门专业用途的钢，例如农机用钢、机床用钢、重型机械用钢、汽车用钢、航空用钢、宇航用钢、石油机械用钢、化工机械用钢、锅炉用钢、电工用钢、焊条用钢等
按金相组织分类	按退火后的金相组织分类	亚共析钢	碳的质量分数<0.77%，组织为游离铁素体+珠光体
		共析钢	碳的质量分数约为0.77%，组织全部为珠光体
		过共析钢	碳的质量分数>0.77%，组织为游离碳化物+珠光体
		莱氏体钢	实际上也是过共析钢，但其组织为碳化物和珠光体的共晶体
	按正火后的金相组织分类	珠光体钢、贝氏体钢	当合金元素含量较少时，在空气中冷却得到珠光体或索氏体、托氏体的钢，就属于珠光体钢；得到贝氏体的钢，就属于贝氏体钢
		马氏体钢	当合金元素含量较高时，在空气中冷却得到马氏体的钢称为马氏体钢
		奥氏体钢	当合金元素含量较高时，在空气中冷却，奥氏体直到室温仍不转变的钢称为奥氏体钢
		碳化物钢	当碳含量较高并含有大量碳化物组成元素时，在空气中冷却，得到由碳化物及其基体组织（珠光体或马氏体、奥氏体）所构成的混合物组织的钢称为碳化物钢。最典型的碳化物钢是高速工具钢
	按加热、冷却时有无相变和室温时的金相组织分类	铁素体钢	碳含量很低并含有大量的形成或稳定铁素体的元素，如铬、硅等，故在加热或冷却时，始终保持铁素体组织
		半铁素体钢	碳含量较低并含有较多的形成或稳定铁素体的元素，如铬、硅等，在加热或冷却时，只有部分发生 $\alpha \rightleftharpoons \gamma$ 相变，其他部分始终保持 α 相的铁素体组织
		半奥氏体钢	含有一定的形成或稳定奥氏体的元素，如镍、锰等，故在加热或冷却时，只有部分发生 $\alpha \rightleftharpoons \gamma$ 相变，其他部分始终保持 γ 相的奥氏体组织
		奥氏体钢	含有大量的形成或稳定奥氏体的元素，如锰、镍等，故在加热或冷却时，始终保持奥氏体组织
按品质分类		普通钢	1）含杂质元素较多，其中磷、硫的质量分数均应≤0.07% 2）主要用作建筑结构和要求不太高的机械零件 3）主要类型有普通碳素钢、低合金结构钢等

（续）

分类方法	分类名称	说明
按品质分类	优质钢	1）含杂质元素较少，质量较好，其中硫、磷的质量分数均应≤0.04%，主要用于机械结构零件和工具 2）主要类型有优质碳素结构钢、合金结构钢、碳素工具钢和合金工具钢、弹簧钢、轴承钢等
	高级优质钢	1）含杂质元素极少，其中硫、磷的质量分数均应≤0.03%，主要用于重要机械结构零件和工具 2）属于这一类的钢大多是合金结构钢和工具钢，为了区别于一般优质钢，这类钢的钢号后面，通常加符号“A”，以便识别
按制造加工形式分类	铸钢	1）指采用铸造方法而生产出来的一种钢铸件，其碳的质量分数一般为0.15%~0.60% 2）铸造性能差，往往需要用热处理和合金化等方法来改善其组织和性能，主要用于制造一些形状复杂、难于进行锻造或切削加工成形，而又要求较高的强度和塑性的零件 3）按化学成分分为铸造碳钢和铸造合金钢，按用途分为铸造结构钢、铸造特殊钢和铸造工具钢
	锻钢	1）采用锻造方法生产出来的各种锻材和锻件 2）塑性、韧性和其他方面的力学性能比铸钢件高，用于制造一些重要的机器零件 3）冶金工厂中某些截面较大的型钢可采用锻造方法来生产和供应一定规格的锻材，如锻制圆钢、方钢和扁钢等
	热轧钢	1）指用热轧方法生产出的各种热轧钢材。大部分钢材都是采用热轧轧成的 2）热轧常用于生产型钢、钢管、钢板等大型钢材，也用于轧制线材
	冷轧钢	1）指用冷轧方法生产出的各种钢材 2）与热轧钢相比，冷轧钢的特点是：表面光洁，尺寸精确，力学性能好 3）冷轧常用来轧制薄板、钢带和钢管
	冷拔钢	1）指用冷拔方法生产出的各种钢材 2）冷拔钢的特点是：精度高，表面质量好 3）冷拔主要用于生产钢丝，也用于生产直径在50mm以下的圆钢和六角钢，以及直径在76mm以下的钢管

2. 有色金属材料的分类

1）有色金属的分类见表1-3。

表 1-3 有色金属的分类

类型	性能特点与用途
轻金属(Al、Mg、Ti、Na、K、Ca、Sr、Ba)	密度在 4.5g/cm^3 以下,化学性质活泼。其中 Al 的生产量最大,占有色金属总产量的 1/3 以上,使用最为广泛。纯的轻金属主要利用其特殊的物理或化学性能,如 Al、Mg、Ti 常用于配制轻质合金
重金属(Cu、Ni、Co、Zn、Sn、Pb、Sb、Cd、Bi、Hg)	密度均大于 4.5g/cm^3,其中 Cu、Ni、Co、Pb、Cd、Bi、Hg 的密度都大于铁的密度(7.87g/cm^3)。纯金属状态多利用其独特的物理或化学性能,如 Cu 应用于电工及电子工业,Ni、Co 用于配制磁性合金、高温合金及用作钢中的重要合金元素,Pb、Zn、Sn、Cd、Cu 用于轴承合金与印刷合金,Ni、Cu 还可用于催化剂
贵金属(Au、Ag、Pt、Ir、Os、Ru、Pd、Rh)	储量少,提取困难,价格昂贵,化学活性低,密度大(10.5~22.5g/cm^3)。Au、Ag、Pt、Pd 具有良好的塑性,Au、Ag 还有良好的导电和导热性能。贵金属可应用于电工、电子、宇航、仪表和化学催化剂等领域
稀有金属	稀有金属是指储量稀少,难以提取的金属,通常可包括:锂(Li)、铍(Be)、钪(Sc)、钒(V)、镓(Ga)、锗(Ge)、铷(Rb)、钇(Y)、锆(Zr)、铌(Nb)、钼(Mo)、铟(In)、铯(Cs)、镧系元素(La、Ce、Pr、Nd 等 15 个元素)、铪(Hf)、钽(Ta)、W(钨)、铼(Re)、铊(Tl)、钋(Po)、钫(Fr)、镭(Ra)、锕系元素(Ac、Th、Pa、U)及人造超铀元素。根据这些稀有金属元素的物理、化学性能或生产特点又可分为:稀有轻金属、稀有难熔金属、稀有分散金属、稀土金属、稀有放射性金属 5 类
稀有轻金属(Li、Be、Rb、Cs)	密度均小于 2g/cm^3,其中锂的密度仅为 0.534g/cm^3。化学性质活泼。除了利用它们特殊的物理或化学性能外,还作为特殊性能合金中的重要合金元素使用,如铝锂(Al-Li)合金、铍合金等
稀有难熔金属(W、Mo、Ta、Nb、Zr、Hf、V、Re)	熔点高(如锆的熔点为 1852℃,钨的熔点为 3387℃),硬度高,耐蚀性好,可形成非常坚硬和难溶的碳化物、氮化物、硅化物和硼化物。这类金属是制作硬质合金、电热合金、灯丝、电极等的重要材料,并可作为钢和其他合金的合金元素

（续）

类型	性能特点与用途
稀土金属	共 17 个金属元素，从 La 至 Eu（原子序数 57~63）称为轻稀土金属，从 Gd 至 Lu（原子序数 64~71）称为重稀土金属。200 年前，人们只能获得外观近似碱土金属氧化物的稀土金属氧化物，故起名“稀土”，沿用至今。稀土金属元素的原子结构接近，物理、化学性能也相似，在矿石中伴生，在提取过程中需经繁杂的工艺步骤才能将各个元素分离。工业上有时可使用混合稀土，即轻稀土金属的合金或重稀土金属的合金。稀土金属化学性质活泼，与非金属元素可形成稳定的氧化物、氢化物等。稀土金属和稀土化合物具有一系列特殊的物理、化学性能，同时它们还是其他合金熔炼过程中的优良脱氧剂和净化剂。少量的稀土金属对改善合金的组织和性能常起到显著作用，稀土金属也是一系列特殊性能合金的主要成分之一
稀有放射性金属	包括天然放射性元素：钋（Po）、镭（Ra）、锕（Ac）、钍（Th）、镤（Pa）、铀（U）及人造超铀元素钫（Fr）、锝（Tc）、镎（Np）、钚（Pu）、镅（Am）、锔（Cm）、锫（Bk）、锎（Cf）、锿（Es）、镄（Fm）、钔（Md）、锘（No）和铹（Lw）。它们是科学研究和核工业的重要材料

2）工业上常用有色合金的分类见表 1-4。

表 1-4 工业上常用有色合金的分类

合金类型	合金品种	合金系列
铜合金	普通黄铜	Cu-Zn 合金，可变形加工或铸造
	特殊黄铜	在 Gu-Zn 基础上还含有 Al、Si、Mn、Pb、Sn、Fe、Ni 等合金元素，可变形加工或铸造
	锡青铜	在 Cu-Sn 基础上加入 P、Zn、Pb 等合金元素，可变形加工或铸造
	特殊青铜	不以 Zn、Sn 或 Ni 为主要合金元素的铜合金，有铝青铜、硅青铜、锰青铜、锆青铜、铬青铜、镉青铜、镁青铜等，可变形加工或铸造
	普通白铜	Cu-Ni 合金，可变形加工
	特殊白铜	在 Cu-Ni 基础上加入其他合金元素，有锰白铜、铁白铜、锌白铜、铝白铜等，可变形加工
铝合金	变形铝合金	以变形加工方法生产管、棒、线、型、板、带、条、锻件等。合金系为 Al-Cu 或 Al-Cu-Li、Al-Mn、Al-Si、Al-Mg、Al-Mg-Si、Al-Zn-Mg、Al-Li-Sn（Zr、B、Fe 或 Cu）等

（续）

合金类型	合金品种	合金系列
铝合金	铸造铝合金	浇注异型铸件用的铝合金。合金系为Al-Cu、Al-Si-Cu或Al-Mg-Si、Al-Si、Al-Mg、Al-Zn-Mg、AI-Li-Sn（Zr、B或Cu）等
镁合金	变形镁合金	以变形加工方法生产板、棒、型、管、线、锻件等。合金系为Mg-Al-Zn-Mn、Mg-Al-Zn-Cs、Mg-Al-Zn-Zr、Mg-Th-Zr、Mg-Th-Mn等，其中含Zr、Th的镁合金可时效硬化
	铸造镁合金	合金系与变形合金类似，砂型铸造的镁合金中还可含有质量分数为1.2%～3.2%的稀土元素或质量分数为2.5%的Be
钛合金	α钛合金	具有α（密排六方hcp）固溶体的晶体结构，含有稳定α相和固溶强化的合金元素铝（提高α—β转变温度）以及固溶强化的合金元素铜与锡，铜还有沉淀强化作用。合金系为Ti-Al、Ti-Cu-Sn
	近α钛合金	通过化学成分调整和不同的热处理制度可形成α或"α+β"的相结构，以满足某些性能要求
	α+β钛合金	同时含有稳定α相的合金元素铝和稳定β相（降低α—β转变温度）的合金元素钒或钽、钼、铌，在室温下具有"α+β"的相结构。合金系为Ti-Al-V（Ta、Mo、Nb）
	β钛合金	含有稳定β相的合金元素钒或钼，快冷后在室温下为亚稳β结构。合金系为Ti-V（Mo、Ta、Nb）
高温合金	镍基高温合金	高温合金是指在1000℃左右高温下仍具有足够的持久强度、蠕变强度、热疲劳强度、高温韧性及足够的化学稳定性的热强性材料，可用于在高温下工作的热动力部件。合金系为Ni-Cr-Al、Ni-Cr-Al-Ti等，常含有其他合金元素
	钴基高温合金	合金系为Co-Cr、Co-Ni-W、Co-Mo-Mn-Si-C等
锌合金	变形加工锌合金	合金系为Zn-Cu等
	铸造锌合金	合金系为Zn-Al等
轴承合金	铅基轴承合金	合金系为Pb-Sn、Pb-Sb、Pb-Sb-Sn等
	锡基轴承合金	合金系为Sn-Sb等
	其他轴承合金	合金系为铜合金、铝合金等
硬质合金	碳化钨	以钴作为黏结剂的合金，用于切削铸铁或制成矿山用钻头
	碳化钨、碳化钛	以钴作为黏结剂的合金，用于钢材的切削
	碳化钨、碳化钛、碳化铌	以钴作为黏结剂的合金，具有较高的高温性能和耐磨性，用于加工合金结构钢和镍铬不锈钢

1.2.2 合金元素在金属材料中的作用

1. 合金元素在钢中的作用

合金元素在钢中的作用见表 1-5。

表 1-5 合金元素在钢中的作用

对钢的显微组织及热处理的作用	对钢的力学性能的作用	对钢的物理、化学及工艺性能的作用	在钢中的应用
硅(Si)			
1)作为钢中的合金元素,其质量分数一般不低于 0.4%。以固溶体形态存在于铁素体或奥氏体中,缩小奥氏体相区 2)提高退火、正火和淬火温度,在亚共析钢中提高淬透性 3)硅不形成碳化物,有强烈的促进碳的石墨化的作用,在硅含量较高的中碳和高碳钢中,如不含有强碳化物形成元素,易在一定温度条件下发生石墨化 4)在渗碳钢中,硅减小渗碳层厚度和碳含量 5)硅对钢液有良好脱氧作用	1)提高铁素体和奥氏体的硬度和强度,其作用较 Mn、Ni、Cr、W、Mo、V 等更强;显著提高钢的弹性极限、屈服强度和屈强比,并提高疲劳强度 2)硅的质量分数超过 3%时,显著降低钢的塑性和韧性;硅提高韧脆转变温度 3)硅易使钢中形成带状组织,使横向性能低于纵向性能 4)改善钢的耐磨性	1)降低钢的密度、热导率、电导率和电阻温度系数 2)硅钢片的涡流损耗量显著低于纯铁,矫顽力、磁阻和磁滞损耗较低,磁导率和磁感应强度较高。但在强磁场中,硅降低磁感应强度 3)提高高温时钢的抗氧化性能,但硅含量高时,表面脱碳加剧 4)硅的质量分数超过 2.5%的钢,其变形加工较为困难 5)硅降低钢的焊接性	1)在普通低合金钢中提高强度,改善局部耐蚀性,在调质钢中提高淬透性和回火稳定性,是多元合金结构钢中的主要合金组元之一 2)硅的质量分数为 0.5%~2.8%的 SiMn 钢或 SiMnB 钢(碳的质量分数为 0.5%~0.7%)广泛用于高载荷弹簧材料,同时加入 W、V、Mo、Nb、Cr 等强碳化物形成元素 3)硅钢片为硅的质量分数为 1.0%~4.5%的低碳和超低碳钢,用于电机和变压器 4)在不锈钢和耐蚀钢中,与 Mo、W、Cr、Al、Ti、N 等配合,提高耐蚀性和抗高温氧化能力 5)硅含量较高的石墨钢用于冷作模具材料

锰(Mn)			
1)锰是良好的脱氧剂和脱硫剂,工业用钢中一般均含有一定量的锰 2)锰固溶于铁素体和奥氏体中,扩大奥氏体区,使临界温度A_4点升高,A_3点降低,(α+γ)区下移。当锰的质量分数超过12%时,共析转变温度降至室温以下,使钢在室温时形成单一奥氏体组织。在降低共析温度同时,使共析体中的碳含量减少 3)锰强烈降低钢的共析转变温度和马氏体转变温度(其作用仅次于碳)和钢中相变的速度,提高钢的淬透性,增加残留奥氏体含量 4)使钢的调质组织均匀、细化,避免了渗碳层中碳化物的聚集成块,但增大了钢的过热敏感性和回火脆性倾向 5)锰是弱碳化物形成元素	1)锰强化铁素体或奥氏体的作用不及碳、磷、硅,在增加强度的同时,对延性无影响 2)由于细化了珠光体,显著提高低碳和中碳珠光体钢的强度,使延性有所降低 3)通过提高淬透性而提高了调质处理索氏体钢的力学性能 4)在严格控制热处理工艺、避免过热时的晶粒长大以及回火脆性的前提下,锰不会降低钢的韧性	1)随锰含量的增加,钢的热导率急剧下降,线胀系数上升,使快速加热或冷却时形成较大内应力,工件开裂倾向增大 2)使钢的电导率急剧降低,电阻率相应增大,电阻温度系数下降 3)使矫顽力增大,饱和磁感、剩余磁感应强度和磁导率均下降,因而锰对永磁合金有利,对软磁合金有害 4)锰含量很高时,钢的抗氧化性能下降 5)使钢中的硫形成较高熔点的MnS,避免了晶界上的FeS薄膜,消除钢的热脆性,改善热加工性能 6)高锰奥氏体钢的变形阻力较大,且钢锭中柱状结晶明显,锻轧时较易开裂 7)由于提高了淬透性和降低了马氏体转变温度,对焊接性有不利影响。在适当范围内应降低碳含量	1)易切削钢中常有适量的锰和磷,MnS夹杂使切屑易于碎断 2)普通低合金钢中利用锰来强化铁素体和珠光体,提高钢的强度,锰的质量分数一般为1%~2% 3)渗碳和调质合金结构钢的许多系列中含有质量分数不超过2%的锰 4)弹簧钢、轴承钢和工具钢中利用锰强烈提高淬透性的作用,可采用油淬和空冷的淬火工艺,减少开裂、扭曲和变形 5)耐磨钢、无磁钢、不锈钢、耐热钢,包括高碳高锰耐磨铸钢(碳的质量分数为1.0%~1.4%,锰的质量分数为10%~14%),中碳高锰无磁钢(碳的质量分数为0.3%~0.6%,锰的质量分数为18%~19%),低碳高锰不锈钢(有Cr,无Ni或少Ni),高锰耐热钢(以Mn代Ni的耐热钢,或含有Al、Mo、V等)

（续）

对钢的显微组织及热处理的作用	对钢的力学性能的作用	对钢的物理、化学及工艺性能的作用	在钢中的应用
镍(Ni)			
1)镍和铁能无限固溶,镍扩大铁的奥氏体区,即升高 A_4 点,降低 A_3 点,是形成和稳定奥氏体的主要合金元素 2)镍和碳不形成碳化物 3)降低临界转变温度,降低钢中各元素的扩散速率,提高淬透性 4)降低共析珠光体的碳含量,其作用仅次于氮而强于锰。在降低马氏体转变温度方面的作用为锰的一半	1)强化铁素体并细化和增多珠光体,提高钢的强度,不显著影响钢的塑性 2)含镍钢的碳含量可适当降低,因而可使韧性和塑性有所改善 3)提高钢的疲劳强度,减小钢对缺口的敏感性 4)由于对提高钢的淬透性和回火稳定性的作用并不十分强,镍对调质钢的意义不大 5)降低钢的低温韧脆转变温度,镍的质量分数为 3.5%的钢可在-100℃时使用,镍的质量分数为 9%的钢可在-196℃时使用	1)强烈降低钢的热导率和电导率 2)镍的质量分数<30%的奥氏体钢呈现顺磁性,即无磁钢。镍的质量分数>30%的 Fe-Ni 合金是重要的精密软磁材料 3)镍的质量分数为 15%~20%的钢对硫酸和盐酸有很高的耐蚀性,但不能耐硝酸的腐蚀。总的来说,含镍钢对酸、碱、盐以及大气都有一定的耐蚀性。含镍的低合金钢还有较高的腐蚀疲劳抗力。含镍钢在含硫和一氧化碳的气氛中加热时易发生热脆和侵蚀性气孔 4)含镍较高的钢在焊接时应采用奥氏体焊条,以防止裂纹 5)含镍钢中易出现带状组织和白点缺陷,应在生产工艺中加以防止	1)单纯的镍钢只在要求有特别高的冲击韧性或很低的工作温度时才使用 2)机械制造中使用的镍铬或镍铬钼钢,在热处理后能获得强度和韧性配合良好的综合力学性能。含镍钢特别适用于需要表面渗碳的部件 3)在高合金奥氏体不锈耐热钢中镍是奥氏体化元素,能提供良好的综合性能,主要为 NiCr 系钢。CrMnN、CrAlSi、FeAlMn 钢,在一些用途上可取代 CrNi 系钢 4)由于镍的稀缺,又是重要的战略物资。非在用其他合金元素不可能达到性能要求时,应尽量少用和不用镍作为钢的合金元素

钴(Co)			
1)钴和镍、锰一样,可与铁形成连续固溶体 2)钴和铝同是降低钢的淬透性的元素,升高马氏体转变开始温度 Ms 3)钴不是形成碳化物的元素 4)钴在回火或使用过程中阻抑、延缓其他元素特殊碳化物的析出和聚集	1)强化钢的基体,在退火或正火状态的碳素钢中提高硬度和强度,但会引起塑性和冲击韧性的下降 2)显著提高特殊用途钢和合金的热强性和高温硬度 3)提高马氏体时效钢的综合力学性能,使其具有超强韧性	1)提高耐热钢和耐热合金的抗氧化性能 2)钴加入铁中能增加磁饱和性能	1)不在碳素钢和低合金钢中使用 2)主要用于高速工具钢、马氏体时效钢、耐热钢以及精密合金等 3)钴资源缺乏,价格昂贵,钴的使用应尽量节约和合理
铬(Cr)			
1)铬与铁形成连续固溶体,缩小奥氏体相区域。铬与碳形成多种碳化物,与碳的亲和力大于铁和锰而低于钨、钼等。铬与铁可形成金属间化合物σ相(FeCr) 2)铬使珠光体中碳的含量及奥氏体中碳的极限溶解度减少 3)减缓奥氏体的分解速度,显著提高钢的淬透性,但也增加钢的回火脆性倾向	1)提高钢的强度和硬度,同时加入其他合金元素时,效果较显著 2)显著提高钢的韧脆转变温度 3)在铬含量高的FeCr合金中,若有σ相析出,冲击韧性急剧下降 4)提高钢的耐磨性,经研磨,易获得较低的表面粗糙度值	1)降低钢的电导率,降低电阻温度系数 2)提高钢的矫顽力和剩余磁感应强度,广泛用于制造永磁钢 3)铬促使钢的表面形成钝化膜,当有一定含量的铬时,显著提高钢的耐蚀性(特别是硝酸)。若有铬的碳化物析出时,使钢的耐蚀性下降 4)提高钢的抗氧化性能 5)铬钢中易形成树枝状偏析,降低钢的塑性 6)由于铬使钢的热导率下降,热加工时要缓慢升温,锻、轧后要缓冷	1)合金结构钢中主要利用铬提高淬透性,并可在渗碳表面形成含铬碳化物以提高耐磨性 2)弹簧钢中利用铬和其他合金元素一起提供的综合性能 3)轴承钢中主要利用铬的特殊碳化物对耐磨性的贡献及研磨后表面粗糙度值低的优点 4)工具钢中主要利用铬提高耐磨性的作用,并具有一定的回火稳定性和韧性 5)不锈钢、耐热钢中铬常与锰、氮、镍等联合使用,当需形成奥氏体钢时,稳定铁素体的铬与稳定奥氏体的锰、镍之间须有一定比例,如12Cr18Ni9等 6)我国铬资源较少,应尽量节省铬的使用

（续）

对钢的显微组织及热处理的作用	对钢的力学性能的作用	对钢的物理、化学及工艺性能的作用	在钢中的应用
钼（Mo）			
1）钼在钢中可固溶于铁素体、奥氏体和碳化物中，它是缩小奥氏体相区的元素 2）当钼含量较低时，与铁、碳形成复合的渗碳体；含量较高时，可形成钼的特殊碳化物 3）钼提高钢的淬透性，其作用较铬强，而稍逊于锰 4）钼提高钢的回火稳定性。作为单一合金元素存在时，增加钢的回火脆性；与铬、锰等并存时，钼又降低或抑制因其他元素所导致的回火脆性	1）钼对铁素体有固溶强化作用，同时也提高碳化物的稳定性，从而提高钢的强度 2）钼对改善钢的延性和韧性以及耐磨性起到有利作用 3）由于钼使形变强化后的软化和恢复温度，以及再结晶温度提高，并强烈提高铁素体的蠕变抗力，有效抑制渗碳体在450～600℃下的聚集，促进特殊碳化物的析出，因而成为提高钢的热强性的最有效的合金元素	1）在碳的质量分数为1.5%的磁钢中，质量分数为2%～3%的钼提高剩余磁感应强度和矫顽力 2）在还原性酸及强氧化性盐溶液中都能使钢表面钝化，因此钼可以普遍提高钢的耐蚀性，防止钢在氯化物溶液中的点蚀 3）钼含量较高（钼的质量分数>3%）时使钢的抗氧化性恶化 4）钼的质量分数不超过8%的钢仍可以锻、轧，但含量较高时，钢对热加工的变形抗力增高	1）在调质和渗碳结构钢、弹簧钢、轴承钢、工具钢、不锈钢、耐热钢、磁钢中都得到了广泛应用 2）铬钼钢在许多情况下可代替铬镍钢来制造重要的部件 3）我国富产钼，但在世界范围内的储量并不丰富。含钼钢在我国应适当发展，但钼是重要战略物资，应注意合理和节约使用
铜（Cu）			
1）铜是扩大奥氏体相区的元素，但在铁中的固溶度不大，铜与碳不形成碳化物 2）铜对临界温度和淬透性的影响以及其固溶强化作用与镍相似，可用来代替一部分镍	1）提高钢的强度特别是屈强比 2）随着铜含量的提高，钢的室温冲击韧性略有提高 3）铜也提高钢的疲劳强度	1）少量的铜加入钢中可以提高低合金结构钢和钢轨钢的抗大气腐蚀性能，与磷配合使用时效果更为显著。铜对钢抗土壤及海水腐蚀性能的改善作用不显著。铜也能略微提高钢的高温抗氧化性 2）在不锈钢中加入质量分数为2%～3%的铜可改善钢对硫酸和盐酸的耐蚀性和对应力腐蚀的稳定性 3）改善钢液的流动性，对铸造性能有利 4）含铜较高的钢，在热加工时容易开裂，应加以防止	1）钢中加入铜应用于：普通低合金钢、调质与渗碳结构钢、钢轨钢、不锈钢和铸钢 2）我国有丰富的含铜铁矿，其中的铜不易分选，钢中的铜也不能在冶炼过程中分离，发展含铜钢有重大经济意义 3）由于铜不能在炼钢过程中分离，用含铜废钢重复冶炼，将使钢中铜含量累积升高，故不宜在炼制中有意加入

铝(Al)			
1)铝与氧和氮有很强的亲和力,是炼钢时的脱氧定氮剂 2)铝强烈缩小钢中的奥氏体相区 3)铝和碳的亲和力小,在钢中一般不出现铝的碳化物。铝强烈促进碳的石墨化,加入 Cr、Ti、V、Nb 等强碳化物形成元素可抵制 Al 的石墨化作用 4)铝细化钢的本质晶粒,提高钢晶粒粗化的温度,但当钢中的固溶金属铝含量超过一定值时,奥氏体晶粒反而容易长大粗化 5)铝提高钢的马氏体转变开始温度 *Ms*,减少淬火后的残留奥氏体含量,在这方面的作用与钴以外的其他合金元素相反	1)铝减轻钢对缺口的敏感性,减少或消除钢的时效现象,特别是降低钢的韧脆转变温度,改善了钢在低温下的韧性 2)铝有较大的固溶强化作用,高铝钢具有比强度较高的优点,铁素体型的铁铝系合金其高温强度和持久强度超过了 Cr13 型钢,但其室温塑性和韧性低,冷变形加工困难 3)以碳、锰奥氏体化的奥氏体型铁铝锰系钢,其综合性能较佳 4)含铝的钢渗氮后表面形成氮化铝层,可提高硬度和疲劳强度,改善耐磨性	1)铝加入质量分数为 20%～30%Cr 的 FeCr 合金中,其电阻温度系数很小,因而可用作电热合金材料 2)铝与硅在减少变压器铁心损耗方面有相近的作用。不同的铝量对矫顽力及磁滞损耗有特殊而复杂的影响 3)铝含量达一定值时,使钢的表面产生钝化现象,使钢在氧化性酸中具有耐蚀性,并提高了对硫化氢的耐蚀性。铝对钢在氯气及氯化物气氛中的耐蚀性不利 4)铝作为合金元素加入钢中,可显著提高钢的抗氧化性。在钢的表面镀铝或渗铝可提高其抗氧化性和耐蚀性 5)铝对热加工性能、焊接性能和切削性能有不利影响	1)铝在一般的钢中主要起脱氧和控制晶粒度的作用 2)铝作为主要合金元素之一,可广泛应用于一系列特殊合金钢中,包括:渗氮钢、不锈钢、耐热钢、电热合金、硬磁与软磁合金无磁钢、高锰低温钢等

（续）

对钢的显微组织及热处理的作用	对钢的力学性能的作用	对钢的物理、化学及工艺性能的作用	在钢中的应用
钒（V）			
1）钒和铁能形成连续的固溶体，强烈地缩小奥氏体相区 2）钒和碳、氮、氧都有极强的亲和力，在钢中主要以碳化物或氮化物、氧化物的形态存在 3）通过控制奥氏体化温度来改变钒在奥氏体中的含量和未溶碳化物的数量以及钢的实际晶粒度，可以调节钢的淬透性 4）由于钒形成稳定难溶的碳化物，使钢在较高温度时仍保持细晶组织，大大减低钢的过热敏感性	1）少量的钒使钢晶粒细化，韧性增大，对低温钢尤为有利 2）钒量较高导致聚集的碳化物出现时，会降低强度；碳化物在晶内析出会降低室温韧性 3）经适当的热处理使碳化物弥散析出时，钒可提高钢的高温持久强度和蠕变抗力 4）钒的碳化物是金属碳化物中最硬和最耐磨的。弥散分布的钒碳化物可提高工具钢的硬度和耐磨性	1）在高铁镍合金中加入钒，经适当热处理后可提高磁导率。在永磁钢中加钒，能提高磁矫顽力 2）加入足够量的钒（碳的5.7倍以上）。将碳固定于钒碳化物中时，可大大增加钢在高温高压下对氢的稳定性，其强烈作用与Nb、Ti、Zr相似。不锈钢中，钒可改善抗晶间腐蚀的性能，但作用不及Ti、Nb显著 3）出现钒的氧化物时，对钢的高温抗氧化性不利 4）含钒钢在加工温度较低时显著增加变形抗力 5）钒可改善钢的焊接性	1）在普通低合金钢、合金结构钢、弹簧钢、轴承钢、合金工具钢、高速工具钢、耐热钢、抗氢钢、低温用钢等系列中得到广泛应用 2）钒是我国富有的元素之一，其价格虽较Si、Mn、Ti、Mo略贵，但在钢中的质量分数一般不大于0.5%（除高速工具钢外），故应大力推广使用。目前钒已成为发展新钢种的常用元素之一

钛(Ti)			
1)钛和氮、氧、碳都有极强的亲和力,是一种良好的脱氧去气剂和固定氮和碳的有效元素 2)钛和碳的化合物(TiC)结合力极强,稳定性高,只有加热到1000℃以上才会缓慢溶入铁的固溶体中。TiC微粒有阻止钢晶粒长大粗化的作用,使粗化温度提高至1000℃以上 3)钛是强铁素体形成元素之一,使奥氏体相区缩小,强烈提高A_1、A_3。固溶态的钛提高钢的淬透性,而以TiC微粒存在时则降低钢的淬透性 4)当钛含量达一定值时,由于$TiFe_2$的弥散析出,可产生沉淀硬化作用	1)当钛以固溶态存在于铁素体之中时,其强化作用高于Al、Mn、Ni、Mo等,次于Be、P、Cu、Si 2)钛对钢力学性能的影响取决它的存在形态和Ti与C质量比以及热处理工艺。微量的钛(质量分数为0.03%~0.1%)使屈服强度有所提高,但当Ti与C质量比超过4时,其强度和韧性急剧下降。过高的加热温度(>1100℃)进行正火或淬火,虽可使强度提高50%,但剧烈降低塑性及韧性 3)钛对钢的韧性,特别是低温冲击韧性少有改善作用 4)钛能改善碳素钢和合金钢的热强性,提高它们的持久强度和蠕变抗力	1)提高钢在高温、高压氢气中的稳定性 2)钛提高不锈钢的耐蚀性,特别是对晶间腐蚀的抗力,原因是防止了铬碳化物在晶界析出而导致的贫铬 3)低碳钢中,当Ti与C质量比达到4.5以上时,由于氧、氮、碳全部被固定,具有很好的应力腐蚀和碱脆抗力 4)在铬的质量分数为4%~6%的钢中加入钛,能提高在高温时的抗氧化性 5)钢中加入钛可促进渗氮层的形成和较迅速获得所需的表面硬度,成为"快速渗氮钢" 6)改善低碳锰钢和高合金不锈钢的焊接性	1)钛的质量分数超过0.025%时,可作为合金元素考虑 2)钛作为合金元素在普通低合金钢、合金结构钢、合金工具钢、高速工具钢、不锈钢、耐热钢、永磁钢、永磁合金及铸钢中均已得到应用 3)钛越来越多地被应用于各种先进材料,成为重要的战略物资,例如航空航天器、动力机械等

（续）

对钢的显微组织及热处理的作用	对钢的力学性能的作用	对钢的物理、化学及工艺性能的作用	在钢中的应用
锆（Zr）			
1）锆是高熔点（1852℃）的稀有金属，是碳化物形成元素，在炼钢过程中是强力的脱氧和脱氮元素，并有脱氢及脱硫作用 2）锆能细化钢的奥氏体晶粒 3）固溶于奥氏体中的锆提高钢的淬透性；但若较多地以 ZrC 形态存在，则降低淬透性	1）锆降低钢的应变时效倾向和回火脆性 2）在改善低合金钢的低温韧性方面的作用，锆强于钒 3）锆还能减轻钢的蓝脆倾向	1）低碳镍铬不锈钢中加入少量锆可防止晶间腐蚀 2）锆与硫形成硫化物，可有效防止钢的热脆；含铜钢中加入锆，可显著减轻龟裂倾向 3）锆显著提高高碳工具钢和高速工具钢的切削寿命 4）锆能改善钢的焊接性	1）锆产量稀少，价格昂贵，在钢中的溶解度很小，在普通钢中很少使用，而主要用于特殊用途的钢和合金中，如超高强度钢、耐热钢、易切削不锈钢以及镍基高温合金等 2）锆在核反应堆材料及特殊耐蚀设备方面有重要应用，以锆为基可形成大块非晶材料
铌（Nb）、钽（Ta）			
1）铌、钽均为难熔的稀有金属元素（Nb：2467℃，Ta：2980℃），在元素周期表中与钒同族，它们在钢中的作用与钒、钛、锆类似，和碳、氮、氧都有很强的亲和力，形成极为稳定的化合物 2）铌、钽在钢中的主要作用是细化晶粒，提高晶粒粗化温度 3）铌、钽以固溶态存在时，提高钢的淬透性和淬火后的回火稳定性；以碳化物存在时，则降低淬透性	1）钢中加入质量分数为 0.005%～0.05%铌能提高其屈服强度和冲击韧性，降低其韧脆转变温度 2）在铬的质量分数低于 16%的低碳马氏体耐热钢中加入铌，可以降低其空冷硬化性，避免回火脆性，提高蠕变强度，降低蠕变速率	1）改善奥氏体型不锈钢抗晶间腐蚀的性能；在高铬铁素体钢中，改善高温不起皮性和抗浓硝酸侵蚀的性能 2）在奥氏体型无磁钢中，加入铌和采用沉淀强化热处理，可有效提高其屈服强度而不损害其磁性能 3）在低碳普通低合金钢和高铬马氏体钢中加入铌可改善焊接性；在 Cr18Ni8 型钢中加入铌后，其加工硬化率较大，冷变形比较困难，焊接性也较差	1）炼钢用的铁合金中铌、钽共存，其中 Ta 与 Nb 质量比为 1/12～1/2，习惯上称为铌铁。以单位质量计的在钢中的作用，钽约为铌的一半，故铌铁中的铌当量一般以（Nb+0.5Ta）的质量分数（%）计 2）加入少量铌应用于：建筑用低碳普通合金钢、渗碳及调质合金钢、高铬不锈钢和耐热钢、奥氏体型不锈钢和耐热钢、无磁钢等 3）铌、钽资源在我国较为丰富，但在世界范围内储量很少，且有其他重要用途。应根据经济合理的原则，发展它们在钢中的应用

钨(W)			
1)钨是熔点最高(3387℃)的难熔金属,在元素周期表中与Cr、Mo同族。在钢中的行为也与Mo类似,即缩小奥氏体相区,并是强碳化物形成元素,部分地固溶于铁中 2)钨对钢的淬透性的作用不如Mo和Cr。当以钨的特殊碳化物存在时,则降低钢的淬透性和淬硬性 3)钨的特殊碳化物阻止钢晶粒的长大,降低钢的过热敏感性 4)钨显著提高钢的回火稳定性	1)由于钨提高了钢的回火稳定性,其碳化物十分坚硬,因而提高了钢的耐磨性,还使钢具有一定的热硬性 2)提高钢在高温时的蠕变抗力,其作用不如钼强	1)钨显著提高钢的密度,强烈降低钢的热导率 2)显著提高钢的矫顽力和剩余磁感应强度 3)钨对钢的耐蚀性和高温抗氧化性无有利作用,含钨钢在高温时的耐热性显著下降,但钨能提高钢的抗氢作用的稳定性 4)含钨的高速工具钢塑性低,变形抗力高,热加工性能较差 5)高合金钨钢在铸态中存在易熔相的偏析,锻造温度不能高,并应防止高碳钨钢中由于碳的石墨化造成墨色断口缺陷	1)主要用于工具钢,如高速工具钢和热作模具钢等 2)在有特殊需要时,应用于渗碳和调质结构钢、耐热钢、不锈钢、磁钢等,常与Si、Mn、Al、Mo、V、Cr、Ni等同时加入
铍(Be)			
1)铍是稀有轻金属元素,和氧及硫都有极强的亲和力,在炼钢中是理想的脱氧去硫剂 2)铍在钢中缩小奥氏体相区,以固溶态存在的铍增加钢的淬透性 3)铍与铁能形成金属间化合物Be_2Fe,与碳形成特殊碳化物Be_2C,成分配制和处理恰当时,能产生极强的沉淀强化作用	1)对铁素体有很强的固溶强化作用 2)铍可改善钢的高温强度及抗蠕变性能	1)在因瓦合金和恒弹性合金中加入质量分数为0.5%~1.0%的铍并调整其他成分可改善性能 2)铍的某些化合物对人体有害,在冶炼时应采取足够防护措施	1)由于铍属稀有元素,价格昂贵,在一般合金钢中较少使用 2)主要用于核工业及军工中的某些特殊用途钢和合金

（续）

对钢的显微组织及热处理的作用	对钢的力学性能的作用	对钢的物理、化学及工艺性能的作用	在钢中的应用
稀土元素(RE)			
一般所说的稀土元素包括元素周期表中原子序数为57~71的镧系15个元素(镧、铈、镨、钕……)以及同处ⅢB族的钇和钪,共17个元素。这些元素大都在矿石中共生,且化学性质相似,故归为一类,称稀土元素(RE) 1)稀土元素化学性质活泼,在钢中与硫、氧、氢等化合,是很好的脱硫和去气剂,并能消除砷、锑、铋等的有害作用,改变钢中夹杂物的形态和分布,起到净化作用,改善钢的质量 2)稀土元素在铁中的溶解度很低,不超过0.5% 3)除镧和铁不形成中间化合物外,所有其他已研究过的稀土元素都和铁形成中间化合物	1)提高钢的塑性和冲击韧性,特别是低温韧性 2)提高耐热钢、电热合金和高温合金的抗蠕变性能 3)稀土元素在某些钢中有细化晶粒,均匀组织的作用,从而有利于综合力学性能的改善	1)提高钢的抗氧化性 2)提高18-8型不锈钢的耐蚀性(包括在浓硝酸中的耐蚀性) 3)稀土元素能提高钢液的流动性,改善浇注的成品率,减少铸钢的热裂倾向 4)显著改善高铬不锈钢的热加工性能 5)改善钢的焊接性	1)在普通低合金钢、合金结构钢、轴承钢、工具钢、不锈钢、电热合金以及铸钢中得到应用 2)为了稳定地获得稀土元素、改善钢的组织和性能的效果,应注意准确控制稀土在钢中的含量 3)我国富产稀土元素,有关稀土在钢中的作用机理和开发应用还应大力加强
铅(Pb)、铋(Bi)			
1)铅与铋实际上不溶于钢中,它们的沸点都很低,冶炼过程中大部分化为蒸气逸出钢液,因而在钢中的残留量很低,质量分数一般在0.001%左右。为了特殊用途需要增加Pb、Bi含量时,须在浇注过程中加入 2)由于含量很低,对组织和热处理的影响不显著	1)对钢的强度无明显影响,使钢的塑性略有下降,使冲击韧性有较大降低 2)在高强度钢中,铅对疲劳极限有下降的作用	1)铅显著改善钢的可加工性,使切削碎断,增加切削时工具与工件之间的润滑,降低切削温度和动力消耗,延长工具寿命,提高切削速度 2)其改善可加工性的作用,在硫、磷含量较高的钢中尤为显著	1)含有质量分数为0.2%左右铅的钢有“超级易切钢”之称 2)含铅钢中应防止铅的偏析,并对铅蒸气进行防护

硼(B)			
1)硼和碳、硅、磷同属于半金属元素。硼与氮、氧之间有很强的亲和力。硼和碳形成碳化物B_4C。硼和铁形成两种即使在高温时也很稳定的中间化合物Fe_2B和FeB 2)硼在钢中与残留的氮、氧化合形成稳定的夹杂物后会失去其本身的有益作用,只有以固溶形式存在于钢中的硼才能起到特殊的有益作用。这部分“有益硼”大都析集或吸附在晶界上 3)由于钢中硼的质量分数一般在0.001%~0.005%的范围内,对钢的显微组织没有明显的影响。钢中“有效硼”的作用主要是增加钢的淬透性 4)微量硼有使奥氏体晶粒长大的倾向。硼还有增加回火脆性的倾向	1)微量硼可提高钢在淬火和低温回火后的强度,并使塑性略有提高 2)经300~400℃回火的含硼钢,其冲击韧性较不含硼的钢有所改善,且能降低钢的韧脆转变温度 3)奥氏体铬镍钢中加入硼,经固溶和时效处理后,由于沉淀硬化的作用,其强度有适当提高,但韧性有所下降 4)硼对改善奥氏体钢的蠕变抗力有利。在珠光体耐热钢中硼可提高其高温强度	1)硼的质量分数超过0.007%将导致钢的热脆现象,影响热加工性能,故钢中硼的总质量分数应控制在0.005%以下 2)在含硼结构钢中,用微量硼代替较多量的其他合金元素后,其总合金元素含量降低,在高温时对变形的抗力减小,有利于模锻加工和延长锻模寿命。此外,含硼钢的氧化皮较松,易于脱落清理 3)含硼钢经正火或退火后,其硬度比淬透性相同的其他合金钢要低,对于切削加工有利	1)硼在钢中的主要用途是增加钢的淬透性,从而节约其他合金元素,如Ni、Cr、Mo等。质量分数为0.001%~0.005%的硼约可代替质量分数为1.6%的镍,或质量分数为0.3%的铬,或质量分数为0.2%的钼。以硼部分代替钼最为恰当 2)含硼钢在合金结构钢、普通低合金钢、弹簧钢、耐热钢、高速工具钢以及铸钢中均可得到应用 3)利用硼吸收中子的能力,核反应堆中采用硼的质量分数高达0.1%~4.5%的高硼低碳钢,但其变形加工十分困难

（续）

对钢的显微组织及热处理的作用	对钢的力学性能的作用	对钢的物理、化学及工艺性能的作用	在钢中的应用
氮（N）			
早期氮被认为是钢中的杂质，后来才认识到，在一定条件下，氮可以发挥合金元素的作用 1）氮和碳一样可固溶于铁，形成间隙式的固溶体 2）氮扩大钢的奥氏体相区，是一种很强的形成和稳定奥氏体的元素，其效力约20倍于镍，在一定限度内可代替一部分镍用于钢中 3）渗入钢表面的氮与铬、铝、钒、钛等元素可化合成极稳定的氮化物，成为表面硬化和强化元素 4）氮使高铬和高铬镍钢的组织致密坚实 5）钢中残留氮含量过高会导致宏观组织疏松或气孔	1）氮有固溶强化作用 2）含氮铁素体钢中，在快冷后的回火或在室温长时间停留时，由于析出超显微氮化物，可发生沉淀硬化过程，氮也使低碳钢发生应变时效现象。在强度和硬度提高的同时，钢的韧性下降，缺口敏感性增加。氮导致钢的脆性的特性近似磷，其作用远大于磷。氮也是导致钢产生蓝脆的主要原因 3）提高高铬和高铬镍钢的强度，而塑性并不降低，冲击韧性还有显著提高 4）氮还能提高钢的蠕变和高温持久强度	1）氮对不锈钢的耐蚀性无显著影响 2）对钢的高温抗氧化性也无显著影响，氮含量过高（如质量分数>0.16%）可使抗氧化性恶化 3）含氮钢冷作变形硬化率较高，采用冷变形工艺时，应予注意 4）氮可降低高铬铁素体钢的晶粒长大倾向，从而改善其焊接性	1）氮作为合金元素，在钢中的质量分数一般小于0.3%，特殊情况下可高达0.6% 2）主要应用于渗氮调质结构钢、普通低合金钢、不锈钢及耐热钢。氮在钢中作为合金元素的应用还在扩大

氧(O)			
氧是炼钢过程中不可或缺的元素,经过脱氧以后还有一部分氧残留钢中,对钢的性能起到不利作用,是有害元素 1)钢中残留的氧以氧化物及极少量的固溶态的形态存在 2)由于残留氧含量很低,对钢的组织和热处理无显著影响	1)氧对钢的力学性能的影响主要与氧化夹杂物的组成、性质和分布、数量有关 2)总的来说,所有夹杂物都在不同程度上降低钢的力学性能,特别是塑性、韧性和疲劳强度	1)氧化铝等夹杂物提高钢的硬度和耐磨性,但恶化可加工性 2)较高的氧含量使焊缝发生热裂,恶化焊接性	氧在冶炼、铸锭和轧制过程中都有一定的作用,但钢中的残留氧对性能不利,应作为有害元素来对待
氢(H)			
氢在冶炼及加工过程中会进入钢中,残留于钢中的氢多起有害作用 1)氢以原子或离子形态固溶于钢中,形成间隙式固溶体,有一些合金化作用 2)残留于钢中的氢造成许多严重缺陷,如白点、点状偏析,其危害远远超过其合金化作用 3)由于固溶于铁中的氢含量很少,对钢的相变和热处理无显著影响,只是有一些稳定奥氏体和增加淬透性的作用。此外,氢也有防止钢中的碳发生石墨化和渗碳时出现反常组织的作用	1)氢使钢的塑性下降,并产生氢脆。钢的强度越高,其氢脆敏感性越大。氢脆可以用时效处理来消除 2)氢有增加钢的硬度倾向,但不明显	1)氢在钢中除了会产生氢脆以外,还会形成一系列的严重缺陷,包括白点、点状偏析、静载疲劳断裂、“鱼眼”、表面凸泡等 2)氢化物含量高的酸性药皮焊条导致焊缝热影响区开裂	氢在钢中是有害元素,应尽量采取工艺措施降低钢中的氢含量,防止由氢造成的各种缺陷和性能下降

（续）

对钢的显微组织及热处理的作用	对钢的力学性能的作用	对钢的物理、化学及工艺性能的作用	在钢中的应用
硫(S)、硒(Se)、碲(Te)			
1)硫在大多数情况下是钢中的有害元素,在优质钢中其质量分数不应超过0.04%。碲和硒在周期表中与硫同族,其性质也相近 2)硫、碲、硒可与铁形成低熔点的 FeS、FeS_2 以及 FeTe、$FeTe_2$、FeSe、$FeSe_2$ 等化合物,它们在铁中的溶解度都很低 3)对钢的相变和组织的影响主要由不同类型和分布状态的硫化物造成,表面为硫的偏析及硫化物夹杂,以及由于硫化物的形成导致的 Mn、Ti、Zr 等有效含量及钢的淬透性的下降	1)降低钢的延性及韧性,冲击韧性的下降最为显著 2)硒化物颗粒较硫化物为细小和分散,对力学性能的影响较硫轻	1)使软钢的磁学性能恶化 2)损害钢的耐蚀性 3)FeS 等低熔点化合物增大钢在锻、轧时的过热和过烧倾向,产生表面网状裂纹和开裂 4)造成焊缝热裂、气孔及疏松 5)在切削加工时,使切屑容易断开,改善工件的表面质量,节省动力,且有润滑作用,延长刀具寿命,提高切削效率	1)只有在易切削钢中才利用硫、硒、碲来改善钢的可加工性。硒较为昂贵,只在高级不锈钢中使用(硒对耐蚀性影响较小) 2)在其他钢种中都应尽量降低硫含量
磷(P)、砷(As)、锑(Sb)			
1)磷、砷、锑在周期表中同族,在钢中作用类似,均使奥氏体相区缩小 2)在铁中有一定溶解度,与铁形成低熔点化合物 3)都有严重的偏析倾向 4)提高钢的回火脆性敏感程度	1)提高钢的强度 2)降低塑性和韧性,碳含量越高,引起的脆性也越大	1)改善钢的耐磨性 2)改善钢的耐蚀性 3)改善钢的可加工性 4)对焊接性不利,增加焊裂的敏感性	1)应用于钢轨钢及易切削钢,也用于炮弹钢 2)在多数其他情况下应尽量减少钢中磷等的含量

2. 合金元素在有色金属材料中的作用

合金元素在有色金属材料中的作用见表 1-6。

表 1-6 合金元素在有色金属材料中的作用

元素	在铝合金中	在镁合金中	在钛合金中
Al	基本组元	铝的质量分数在 10% 以下能提高强度并产生沉淀硬化。铝的质量分数在 4% 以下的镁合金在盐水中的耐蚀性较低。铝在镁合金铸件中增大缩松倾向	铝在钛合金中是稳定 α 相的主要合金元素。固溶态的铝提高钛合金的抗拉强度、蠕变强度和弹性模量。铝的质量分数在 6% 以上会形成 Ti_3Al，从而引起脆化
Ag	质量分数为 0.25%～0.60% 的 Ag 与质量分数为 2.5%～5.0% 的 Cu 应用于某些 Al-Li 合金。Ag 的质量分数为 0.1%～0.6% 时，提高 Al-Zn-Mg 合金的强度，并改善应力腐蚀抗力	在 Mg-Zr-RE 合金中加入质量分数为 3% 的 Ag，可产生沉淀硬化效应和十分高的强度	
As	极毒，在食品包装材料中其含量须控制在极低水平		
Be	减轻铝合金液的氧化。微量 Be 能降低 Al-Mg 变形合金的氧化和表面蚀斑。在焊条金属及需焊接的变形铝合金中 Be 的质量分数一般在 $8\times10^{-4}\%$ 以下	微量 Be［质量分数为 $(5\sim15)\times10^{-4}\%$］可降低镁合金的表面氧化倾向，同时改善铸造性并细化晶粒	
Bi	改善可加工性。利用 Bi 在凝固时的膨胀抵消 Pb 的收缩。在 Al-Mg 合金中加入质量分数为 $(20\sim30)\times10^{-4}\%$ 的 Bi 可降低由 Na 造成的热裂有害影响		

（续）

元素	在铝合金中	在镁合金中	在钛合金中
B	晶粒细化剂，质量分数为 0.005%～0.1%，与 Ti 一起加入，效果更佳，B 与 Ti 质量比为 1/5。B 促使 V、Ti、Cr、Mo 沉淀析出，改善铝合金的电导率		用作硼化表面硬化处理
Cd	质量分数为 0.005%～0.5%的镉可加速时效硬化。提高强度，改善耐蚀性（除纯铝以外）。质量分数大于 0.1%时会引起热脆性。含量低时可改善可加工性。熔炼时镉的烟气有毒		
Ca	晶粒细化剂。促使铝中硅的析出而提高铝的电导率。降低 Al-Mg-Si 合金的时效硬化能力。提高 Al-Si 合金的强度，但降低其韧性。质量分数小于等于 $10\times10^{-4}\%$的钙可使铝合金液的吸氢加剧	晶粒细化剂	
C	掺入量一般很低，和 Al 及其他元素形成碳化物。Al_4C_3 在水或水蒸气中会分解，从而引起铝合金的点蚀		稳定 α 相，扩大 α 相和 β 相之间的转变温度范围，对某些合金使热处理温度范围扩大。由于碳在钛合金中有脆化作用，一般将其含量控制到最低。可应用于表面硬化
Cr	加入质量分数小于等于 0.3%的铬作为晶粒细化剂，并改善高强度铝合金的耐蚀性。显著降低电导率。广泛应用于 Al-Mg、Al-Mg-Si 及 Al-Mg-Zn 合金。有助于控制晶粒长大，但可能影响沉淀硬化。对表面阳极化处理着黄色不利		

Co	很少使用。在含 Fe 的 Al-Si 合金中有变质作用		
Cu	质量分数一般为 2%~10%。利用析出 $CuAl_2$ 相在可热处理的变形和铸造铝合金中进行时效沉淀硬化。质量分数在 4%~6%时有最大的强化效果。大部分商品铝合金中与铜一起还加入其他元素以改善性能,提高室温及高温强度。质量分数在 0.2%以上时会降低耐蚀性。二元 Al-Cu 合金的凝固温度范围宽,因而铸造性能差。2×××及 7×××系列变形铝合金中的基本合金组元	由于会损害镁合金的耐蚀性而将其含量控制到很低	一般质量分数为 2%~6%,稳定 β 相,强化 α 和 β 相,并产生沉淀硬化效应
Ga	通常作为杂质元素,质量分数应不大于 0.001%~0.02%。在牺牲阳极中含有质量分数为 0.01%~0.1%的 Ga 可防止钝化	显著改善耐蚀性	稳定 α 相
Ge	通常作为杂质对待,质量分数为 0.001%~0.02%。含量更高时会影响腐蚀行为。在牺牲阳极中为防止钝化,其质量分数可为 0.01%~0.10%	显著改善耐蚀性	稳定 α 相
H	熔炼和铸造过程中大气中的水蒸气会被铝还原而生成 H_2,引起铝合金的疏松	在 Mg-Zn-RE 合金中可利用氢化物的硬化作用	钛在高于 130℃ 的温度下强烈吸收氢,氢在钛中扩散很快,引起脆化。将氢含量控制到超低水准可改善断裂韧度

（续）

元素	在铝合金中	在镁合金中	在钛合金中
Fe	在常规铝合金中作为杂质对待，但可起辅助的时效沉淀硬化作用。有轻微的提高强度和蠕变抗力的作用。在变形铝合金中细化晶粒。提高 Al-Cu-Ni 合金的高温强度。质量分数大于 0.6%时，降低铸件的耐蚀性，降低韧性。在压铸合金中，含有质量分数为 0.4%～0.8%的铁可减轻合金对模具的粘连。采用快速凝固技术可制得铁的质量分数为 6%～12%的高温热强铝合金，如 Al-Fe-V-Si 等	降低耐蚀性。可加入 Mn 消除其有害影响。通常铁含量应尽量低	稳定 β 相。降低蠕变抗力
Li	降低铝合金的密度，提高弹性模量。Li 的质量分数在 2.5%时，可进行常规热处理。Li 的质量分数高至 4.0%时采用快速凝固技术。在铝箔中质量分数小于 5×10^{-4}%的 Li 可能引起潮湿气氛中的腐蚀	含量低时可改善耐蚀性。为降低合金密度，Li 的质量分数可达 9%	
Mg	与 Si、Cu 或 Zn 一起使用，可产生时效沉淀硬化。与 Mn 一起可提供很好的冷作硬化效果。质量分数至 3.5%可提高铝的强度。改善耐蚀性，但增加吸氢倾向。质量分数至 8%时合金有很好的耐蚀性。二元 Al-Mg 合金凝固温度范围很宽，因而铸造性能差。形成 5×××变形铝合金，与 Si 一起形成 6×××变形铝合金	基本组元	

Mn	晶粒细化剂。少许（Mn 的质量分数至 1.25%）提高强度，显著增加冷作硬化。稍微降低耐蚀性。在铸造铝合金中能中和铁的某些不利影响。形成 3×××系列变形铝合金	用来控制铁含量的影响时，Mn 与 Fe 质量比应在 30 以上。改善耐蚀性。对提高抗拉强度作用不大，会降低疲劳强度	商品钛合金中一般不含 Mn。有资料表明，含有质量分数为 2%～4%的 Mn 可改善钛合金的性能
Mo			Mo 的质量分数在 2%～20%时是重要的 β 相稳定元素。提高硬化倾向和短时、高温强度。同时含有质量分数为 0.2%～0.4%的 Mo 和 0.6%～0.9%的 Ni，可改善纯钛的耐蚀性，代替更昂贵的含钯钛合金
Na	质量分数小于等于 001%的 Na 用于变质处理，细化近共晶成分 Al-Si 合金的组织，从而提高强度和韧性		
Ni	有助于沉淀硬化，析出 $NiAl_3$。在 Al-Cu、Al-Si 合金中改善高温性能	剧烈降低镁合金的耐蚀性，为此需将 Ni 的质量分数控制在很低水平（0.001%～0.002%）	同时含有质量分数为 0.6%～0.9%的 Ni 与 0.2%～0.4%的 Mo 可改善商品钛合金的耐蚀性
Nb	质量分数为 0.2%的 Nb 可细化晶粒，提高强度		稳定 β 相的元素，改善高温抗氧化性能
N			大于 800℃时，钛合金强烈吸氮，引起脆化。氮是间隙固溶元素，可提高强度，降低韧性。为改善断裂韧度应将 N、O、H 含量控制到最低。可用作渗氮硬化处理

（续）

元素	在铝合金中	在镁合金中	在钛合金中
O			商品钛合金中氧含量对强度起决定作用。钛合金在大于 700℃ 时强烈吸收氧，引起脆化。氧可间隙地溶于钛中，提高强度，降低韧性。通常控制在实际的最低值。稳定 α 相。某些牌号合金中故意加入氧与铁作为强化措施
Pd			加入质量分数为 0.2% 的 Pd 能显著改善合金在弱还原性或还原/氧化波动气氛中的耐蚀性
Pb	质量分数为 0.5% 的铅可改善可加工性，但降低韧性。通常与相近含量的 Bi 一起使用。凝固时有偏析倾向		
RE（Ce、La、Pr、Nd）	改善高温性能、疲劳强度及蠕变抗力。铸造合金中改善流动性，减少对模具的粘连	重要的晶粒细化剂。提高强度，保持韧性，改善蠕变抗力和疲劳强度。改善铸造性能，减少缩松。在 Mg-Zn-Zr 合金中减少开裂倾向	
Sb	在 Al-Mg 合金中代替铋，减少热裂倾向		
Si	改善合金的铸造性能。通过析出细小的初晶 Si 而提高硬度。在 Al-Cu 合金中会引起脆化。在阳极化处理时，表面变灰色	在合金液中有高的溶解度，其含量在熔炼及后续工艺过程中基本稳定	质量分数为 0.05%～0.10% 的 Si 改善蠕变抗力
Sr	在 Al-Si 铸造合金中用作变质剂，细化组织，提高强度和韧性		

Th		质量分数达到3%时可提高高温蠕变抗力和疲劳强度。改善铸造性能，减少疏松。与Zn、Zr一起可改善焊接性。通常不采用	
Sn	晶粒细化剂，质量分数为0.05%的Sn可改善Al-Cu合金的人工时效响应。某些轴承合金建立于Al-Sn与Cu、Ni、Si的基础上		质量分数为2%～6%。该元素是比铝较弱的α相稳定元素。与铝一起加入可提高强度，避免脆化。在β相中也有很大溶解度
Ti	质量分数不大于0.2%，作为晶粒细化剂，常与B在一起使用		基本组元
V	在时效硬化铸造铝合金中，钒可细化晶粒，改善热处理效果。钒会降低电导率，可通过加硼可以控制		质量分数为2%～20%，稳定β相
Y		质量分数可至5.5%，改善耐蚀性	在高性能合金中应将质量分数控制在0.005%以下
Zn	提高强度，但耐蚀性有所下降。常与Mg、Cu一起使用以提高强化效果。形成7×××系列变形铝合金	质量分数可至6%，提高强度，与Al和Mn一起提供沉淀硬化效应。与Zr一起可获得很细的晶粒组织和热态下的强度。改善变形合金的可加工性。若不同时加RE或Tb，则加Zn会降低焊接性	
Zr	质量分数可至0.5%。抑制再结晶、控制晶粒长大。减小铸态晶粒尺寸，在超塑性合金中保持细晶组织。Zr会干扰Ti/B的细化作用	质量分数可至0.8%。细化晶粒，提高强度，改善高温强度。与Al、Mn一起提供沉淀硬化。改善变形合金的热加工性能	Zr与Ti形成连续固溶体，提高室温至中温时的强度。该元素是较弱的β相稳定元素。质量分数超过5%～6%时Zr会降低韧性和蠕变抗力

1.2.3 常用金属材料的焊接性

焊接性是指金属材料对焊接加工的适应性，即在一定工艺条件（如焊接材料、焊接方法、焊接参数及结构形式等）下，获得优质焊接接头的能力，或指获得优质接头所采取工艺措施的复杂程度。金属材料的焊接性的好坏包括两方面内容：

1）结合性能，即在一定的焊接工艺条件下形成完整而无缺欠焊缝的难易程度。

2）使用性能，即在一定的焊接工艺条件下金属的焊接接头对使用性能的适应性。

焊接性一般用接头强度与母材强度相比来衡量，如接头强度接近母材强度，则焊接性好。低碳钢具有良好的焊接性，中碳钢焊接性中等，高碳钢、高合金钢、铸铁和铝合金的焊接性较差。常用钢铁材料的焊接难易程度见表 1-7，异种金属的熔焊焊接性如图 1-2 所示。

	Ag	Al	Au	Be	Cd	Co	Cr	Cu	Fe	Mg	Mn	Mo	Nb	Ni	Pb	Pt	Sn	Ta	Ti	V	W
Al	×																				
Au	▽	×																			
Be	×	⊕	×																		
Cd	×	⊕	×	—																	
Co	⊕	×	⊕	×	○																
Cr	⊕	×	⊕	×	○	⊕															
Cu	⊕	×	▽	×	×	⊕	⊕														
Fe	○	×	⊕	×	○	▽	▽	⊕													
Mg	×	×	×	×	▽	×	×	×	○												
Mn	⊕	×	×	×	○	⊕	×	▽	⊕	⊕											
Mo	○	×	⊕	×	—	×	▽	○	×	⊕	×										
Nb	—	×	×	×	—	×	×	⊕	×	○	×	▽									
Ni	⊕	×	▽	×	×	▽	⊕	▽	⊕	×	▽	×	×								
Pb	⊕	⊕	×	—	⊕	⊕	⊕	⊕	⊕	×	⊕	○	×	⊕							
Pt	▽	×	▽	×	×	▽	×	▽	▽	×	×	×	×	▽	×						
Sn	×	⊕	×	○	⊕	×	×	×	×	×	×	×	×	×	⊕	×					
Ta	—	×	—	×	—	×	×	○	×	—	×	▽	—	×	—	×	×				
Ti	×	×	×	×	×	×	▽	×	×	○	×	▽	▽	×	×	×	×	▽			
V	○	×	×	×	×	×	⊕	○	▽	○	×	▽	▽	×	▽	×	×	▽	▽		
W	○	×	×	×	—	×	▽	○	×	○	—	▽	▽	×	○	▽	×	▽	⊕	▽	
Zr	×	×	×	×	○	×	×	×	×	⊕	×	×	▽	×	×	×	×	⊕	▽	×	×

图 1-2 异种金属的熔焊焊接性

注：▽表示焊接性好；⊕表示焊接性较好；○表示焊接性尚可；×表示焊接性差；—表示无报道。

表 1-7 常用钢铁材料的焊接难易程度

种类		焊条电弧焊	埋弧焊	CO_2气体保护焊	惰性气体保护焊	电渣焊	电子束焊	气焊	气压焊	点缝焊	闪光对焊	铝热焊	钎焊
铸铁	灰铸铁	B	D	D	B	B	C	A	D	D	D	B	C
	可锻铸铁	B	D	D	B	B	C	A	D	D	D	B	C
	合金铸铁	B	D	D	B	B	C	A	D	D	D	A	C
铸钢	碳素钢	A	A	A	B	A	B	A	B	B	A	A	B
	高锰钢	B	B	B	B	A	B	A	D	B	B	B	B
纯铁		A	A	A	C	A	A	A	A	A	A	A	A
碳素钢	低碳钢	A	A	A	B	A	A	A	A	A	A	A	A
	中碳钢	A	A	A	B	B	A	A	A	A	A	A	B
	高碳钢	A	B	B	B	B	A	A	A	D	A	A	B
	工具钢	B	B	B	B	—	A	A	A	D	B	B	B
	含铜钢	A	A	A	B	—	A	A	A	A	A	B	B
低合金钢	镍钢	A	A	A	B	B	A	B	A	A	A	B	B
	镍铜钢	A	A	A	—	B	A	B	A	A	A	B	B
	锰钼钢	A	A	A	—	B	A	B	B	A	A	B	B
	碳素钼钢	A	A	A	—	B	A	B	B	—	A	B	B
	镍铬钢	A	A	A	—	B	A	B	A	D	A	B	B
	铬钼钢	A	A	A	B	B	A	B	A	D	A	B	B
	镍铬钼钢	B	A	B	B	B	A	B	A	D	B	B	B
	镍钼钢	B	B	B	A	B	A	B	B	D	B	B	B
	铬钢	A	B	A	—	B	A	B	A	D	A	B	B
	铬矾钢	A	A	A	—	B	A	B	A	D	A	B	B
	锰钢	A	A	A	B	B	A	B	B	D	A	B	B
不锈钢	铬钢(马氏体)	A	A	B	A	C	A	A	B	C	B	D	C
	铬钢(铁素体)	A	A	B	A	C	A	A	B	A	A	D	C
	铬镍钢(奥氏体)	A	A	A	A	C	A	A	A	A	A	D	B
耐热合金		A	A	A	A	D	A	B	B	A	A	D	C
高镍合金		A	A	A	A	D	A	A	B	A	A	D	B

注：A 表示通常采用；B 表示有时采用；C 表示很少采用；D 表示不采用。

1.3 焊接方法

确定焊接工艺首先要确定焊接方法，如焊条电弧焊、埋弧焊、钨极氩弧焊、熔化极气体保护焊等。由于焊接方法的种类繁多，一般情况下应根据具体情况进行选择。

焊接方法有熔焊、压焊和钎焊三大类。

(1) 熔焊　熔焊是利用各种能源，将焊接处加热至熔化状态，填充或不填充焊丝(条)，使工件达到牢固结合的一种焊接方法，如图 1-3 所示。熔焊分为焊条电弧焊、气体保护焊、埋弧焊等、等离子弧焊、电渣焊、电子束焊、激光焊等。

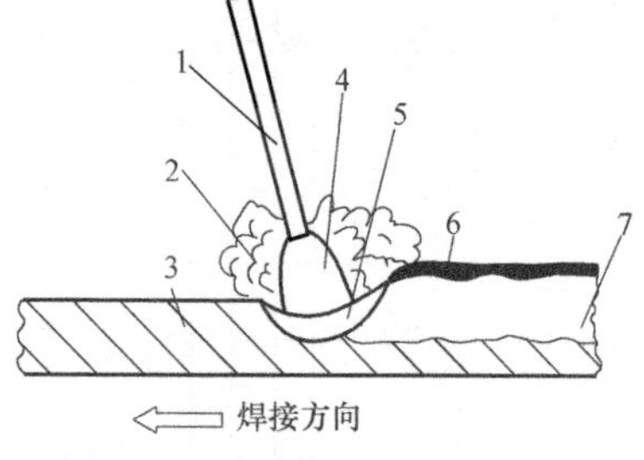

图 1-3　熔焊

1—焊条　2—保护气体　3—母材　4—焊接电弧　5—熔池　6—焊渣　7—焊缝

气体保护焊又分为熔化极焊和非熔化极焊，如图 1-4 所示。

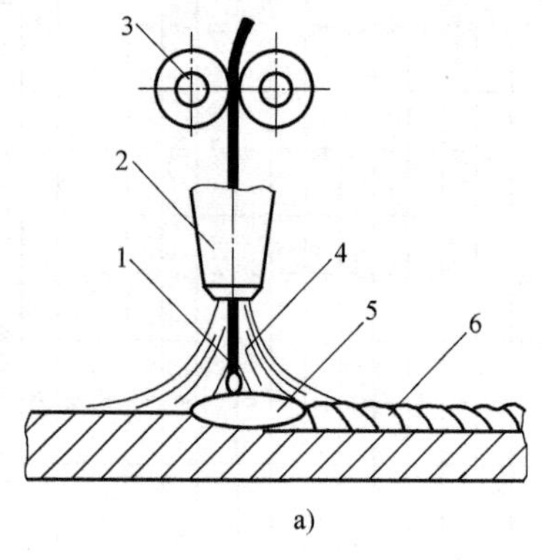

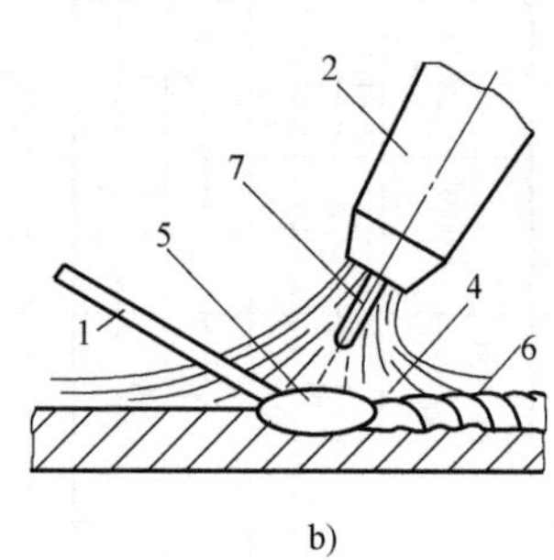

图 1-4　气体保护焊

a) 熔化极焊　b) 非熔化极焊

1—焊丝　2—焊嘴　3—送丝滚轮　4—保护气体　5—熔池　6—焊缝　7—钨极

(2) 压焊　压焊是将准备连接的工件置于两电极之间后施加加力 F，对焊接处通以电流 I，利用电流流过工件接头的接触面及

邻近区域产生的电阻热加热，形成局部熔化，断电后在压力继续作用下形成牢固接头的焊接方法，如图 1-5 所示。

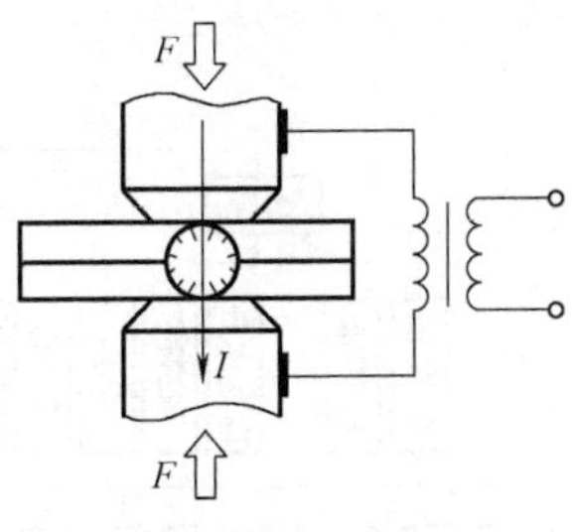

图 1-5　压焊

(3) 钎焊　钎焊是指在低于母材熔点而高于钎料熔点的温度下，钎料与母材一起加热，钎料熔化而母材不熔化，熔化的钎料扩散并填满钎缝间隙而形成牢固接头的一种焊接方法，如图 1-6 所示。

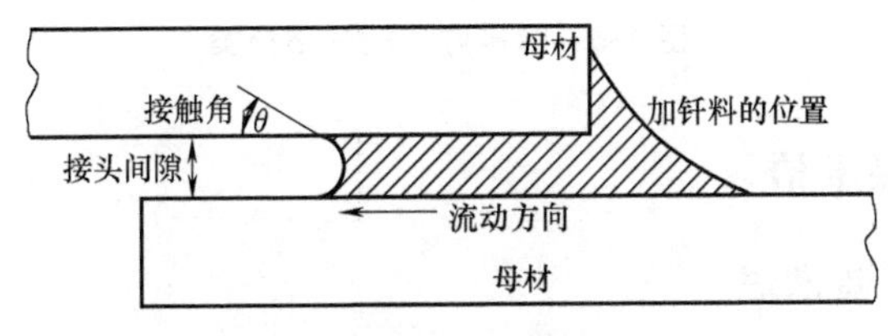

图 1-6　钎焊

熔焊、压焊和钎焊的接头对比如图 1-7 所示，三大类焊接方法的特点及应用见表 1-8。

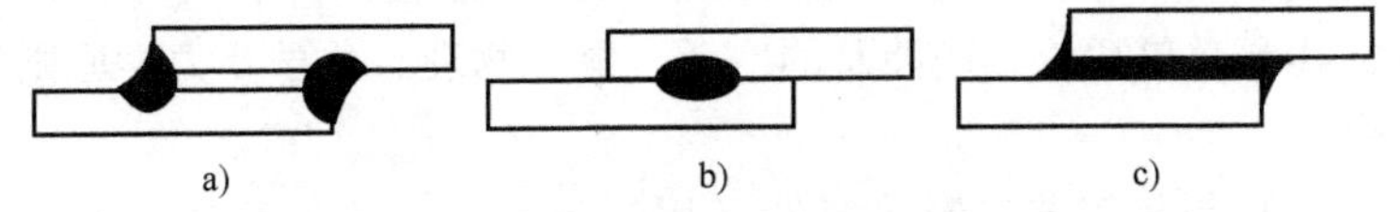

图 1-7　熔焊、压焊和钎焊的接头对比

a）熔焊　b）压焊　c）钎焊

表 1-8　三大类焊接方法的特点及应用

焊接类型	是否填加焊接材料	母材是否熔化	应用领域
熔焊	可填加可不填加	熔化	适用于造船、压力容器、机械制造、建筑结构、化工设备等
压焊	不填加	熔化	适用于各种薄板的冲压结构等
钎焊	填加	不熔化	适用于各种电子元器件、电路板、不承受压力的流体输送用管道等

焊接方法的详细分类如图 1-8 所示。

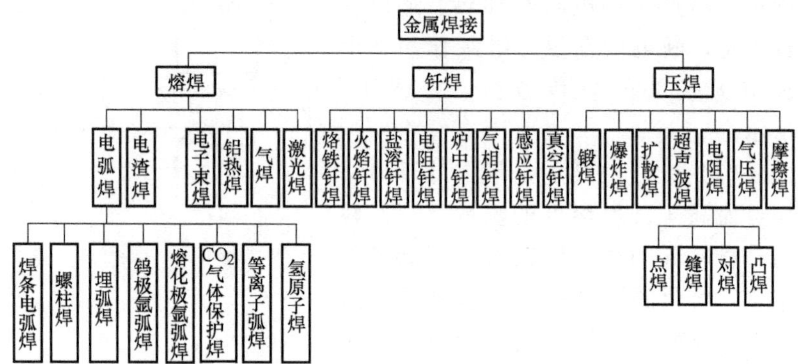

图 1-8　焊接方法的详细分类

1.4　焊接术语

1.4.1　一般术语

(1) 焊接　通过加热或加压，或两者并用，并且使用或不使用填充材料，使工件达到结合的一种方法。

(2) 焊接技能　焊工执行焊接工艺细则的能力。

(3) 焊接方法　指特定的焊接工艺，如埋弧焊、气体保护焊等，其含义包括该方法涉及的冶金、电、物理、化学及力学原则等内容。

(4) 焊接工艺　制造焊件（用焊接方法连接的组件）有关的加工方法和实施要求，包括焊接准备、材料选用、焊接方法选定、焊接参数、操作要求等。

(5) 焊接顺序　工件上各焊接接头和焊缝的焊接次序。

(6) 焊接方向　焊接热源沿焊缝长度增长的移动方向。

(7) 焊接回路　焊接电源输出的焊接电流流经工件的导电回路。

(8) 坡口　根据设计或工艺需要，在工件的待焊部位加工并装配成的具有一定几何形状的沟槽。

(9) 单面坡口　只构成单面焊缝（包括封底焊）的坡口。

(10) 双面坡口　形成双面焊缝的坡口。

(11) 坡口面　待焊工件上的坡口表面，如图1-9所示。

(12) 母材金属　被焊金属材料的统称。

(13) 热影响区　焊接或切割过程中，材料因受热的影响（但未熔化）而发生金相组织和力学性能变化的区域。

(14) 过热区　焊接热影响区中，具有过热组织或晶粒显著粗大的区域。

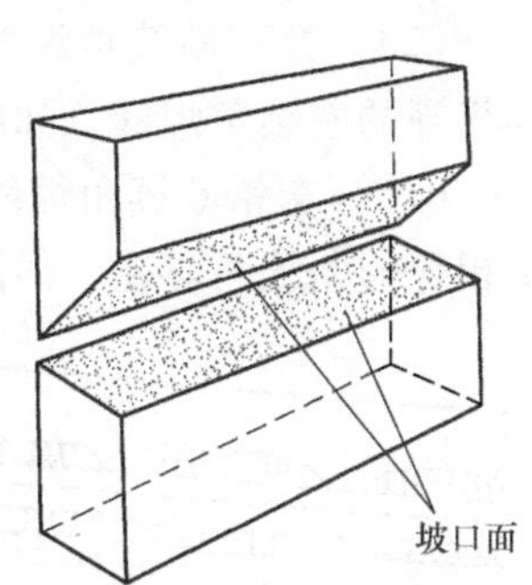

图1-9　坡口面

(15) 熔合区　焊缝与母材交接的过渡区，即熔合线（熔化区和非熔化区之间的过渡部分）处微观显示的母材半熔化区。

(16) 焊缝金属区　在焊接接头横截面上测量的焊缝金属的区域。熔焊时，由焊缝表面和熔合线所包围的区域。电阻焊时，指焊后形成的熔核部分。

(17) 承载焊缝　焊件上用作承受载荷的焊缝。

(18) 连续焊缝　连续焊接的焊缝。

(19) 断续焊缝　焊接成具有一定间隔的焊缝。

(20) 环缝　沿筒形焊件分布的头尾相接的封闭焊缝。

(21) 螺旋形焊缝　用成卷板材按螺旋形方式卷成管接头后焊接所得到的焊缝。

(22) 正面角焊缝　焊缝轴线与焊件受力 F 方向相垂直的角焊缝，如图1-10所示。

(23) 侧面角焊缝　焊缝轴线与焊件受力 F 方向相平行的角焊缝，如图1-11所示。

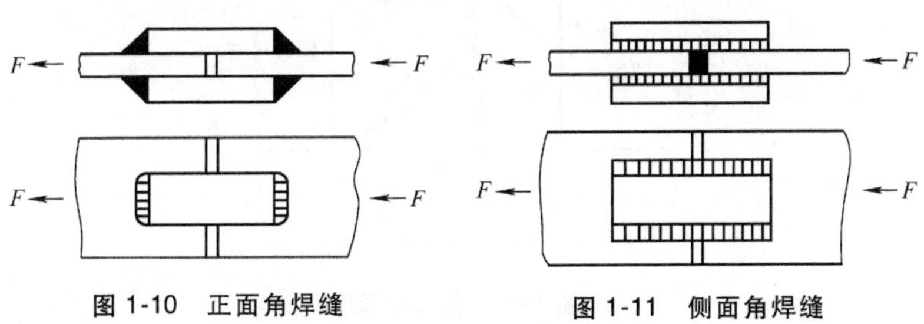

图1-10　正面角焊缝　　图1-11　侧面角焊缝

（24）并列断续角焊缝　T 形接头两侧互相对称布置、长度基本相等的断续角焊缝，如图 1-12 所示。

（25）交错断续角焊缝　T 形接头两侧互相交错布置、长度基本相等的断续角焊缝，如图 1-13 所示。

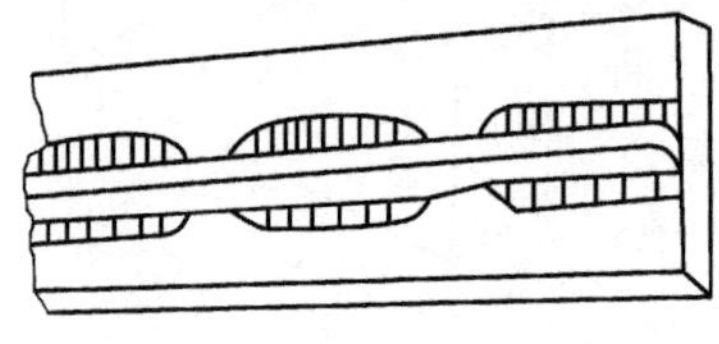

图 1-12　并列断续角焊缝

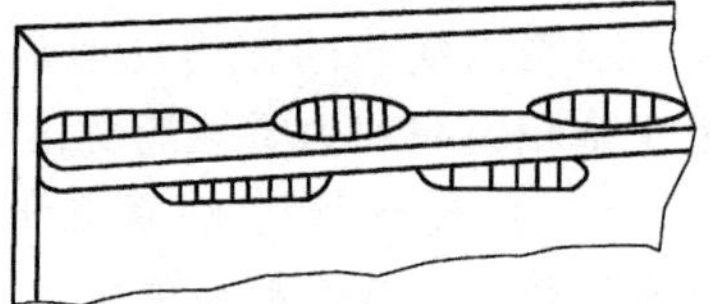

图 1-13　交错断续角焊缝

（26）凸形角焊缝　焊缝表面凸起的角焊缝，如图 1-14 所示。

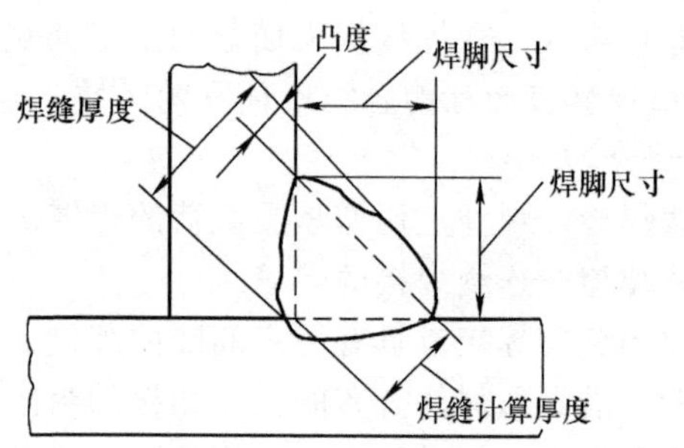

图 1-14　凸形角焊缝

（27）凹形角焊缝　焊缝表面凹下的角焊缝，如图 1-15 所示。

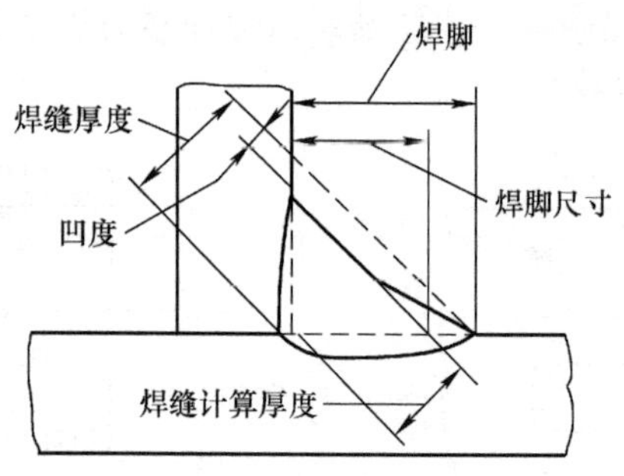

图 1-15　凹形角焊缝

（28）焊缝成形系数　熔焊时，在单道焊缝横截面上的焊缝宽度（B）与焊缝计算厚度（H）的比值，记作 p，则 $p=B/H$，如图 1-16 所示。

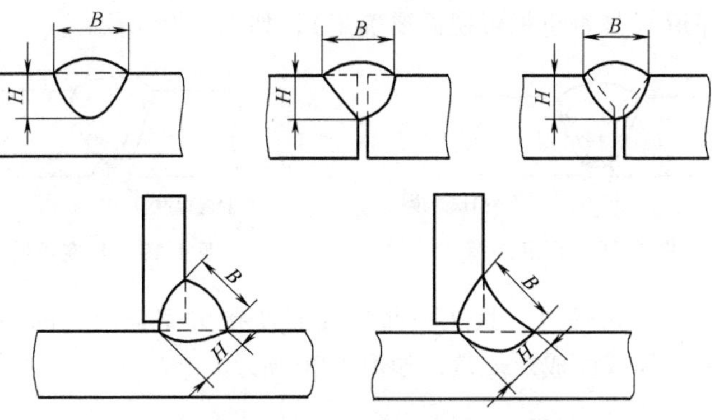

图 1-16　焊缝成形系数

（29）定位焊　为装配和固定焊件接头的位置而进行的焊接。

（30）连续焊　为完成焊件上的连续焊缝而进行的焊接。

（31）断续焊　沿接头全长获得有一定间隔的焊缝所进行的焊接。

1.4.2　熔焊术语

（1）熔池　熔焊时在焊接热源作用下，焊件上所形成的具有一定几何形状的液态金属部分。

（2）熔敷金属　完全由填充金属熔化后所形成的焊缝金属。

（3）熔敷顺序　堆焊或多层焊时，在焊缝横截面上各焊道的施焊次序，如图 1-17 所示。

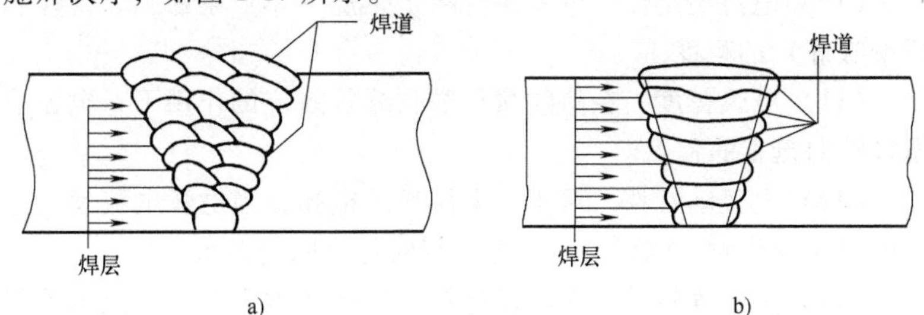

图 1-17　熔敷顺序

a）多道多层焊　b）单道多层焊

（4）打底焊道　单面坡口对接焊时，形成背垫（起背垫作用）的焊道，如图 1-18 所示。

（5）封底焊道　单面对接坡口焊完后，又在焊缝背面施焊的最终焊道（是否清根可视需要确定），如图 1-19 所示。

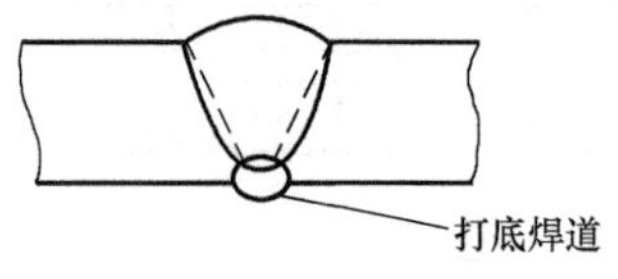

图 1-18　打底焊道

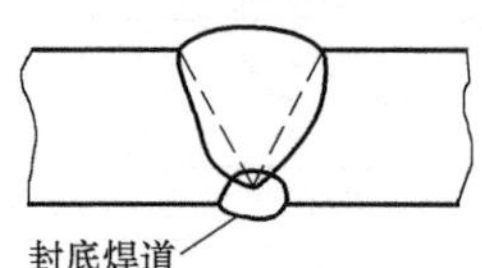

图 1-19　封底焊道

（6）熔透焊道　只从一面焊接而使接头完全熔透的焊道，一般指单面焊双面成形焊道，如图 1-20 所示。

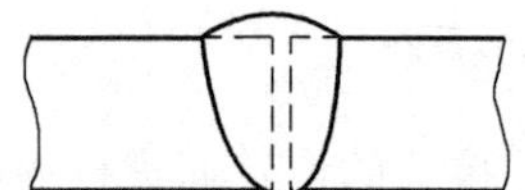

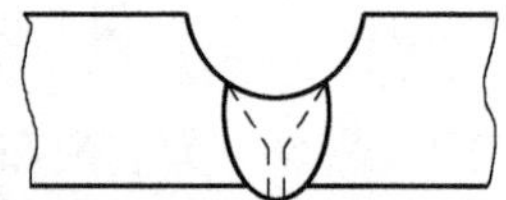

图 1-20　熔透焊道

（7）焊波　焊缝表面上的鱼鳞状波纹。

（8）焊层　多层焊时的每一个分层。每个焊层可由一条焊道或几条并排相搭的焊道组成。

（9）焊接电弧　由焊接电源供给的，在具有一定电压的两电极间或电极与母材间，在气体介质中产生的强烈而持久的放电现象。

（10）电弧稳定性　电弧保持稳定燃烧（不产生断弧、飘移和磁偏吹等）的程度。

（11）电弧挺度　在热收缩和磁收缩等效应的作用下，电弧沿电极轴向挺直的程度。

（12）电弧动特性　对于一定弧长的电弧，当电弧电流发生连续的快速变化时，电弧电压与电流瞬时值之间的关系。

（13）电弧静特性　在电极材料、气体介质和弧长一定的情况下，电弧稳定燃烧时，焊接电流与电弧电压变化的关系，一般也称伏-安特性。

（14）硬电弧　电弧电压（或弧长）稍微变化，引起电流明显变化的电弧。

（15）软电弧　电弧电压变化时，电流值几乎不变的电弧。

（16）电弧偏吹　电弧受磁力作用而产生偏移的现象。

（17）弧长　焊接电弧两端之间（指电极端头和熔池表面间）的最短距离。

（18）熔滴过渡　熔滴通过电弧空间向熔池转移的过程，分粗滴过渡、短路过渡和喷射过渡三种形式。

（19）粗滴过渡（颗粒过渡）　熔滴呈粗大颗粒状向熔池自由过渡的形式，如图 1-21a 所示。

（20）短路过渡　焊条（或焊丝）端部的熔滴与熔池短路接触，由于强烈过热和磁收缩的作用使其爆断，直接向熔池过渡的形式，如图 1-21b 所示。

（21）喷射过渡　熔滴呈细小颗粒并以喷射状态快速经过电弧空间向熔池过渡的形式，如图 1-21c 所示。

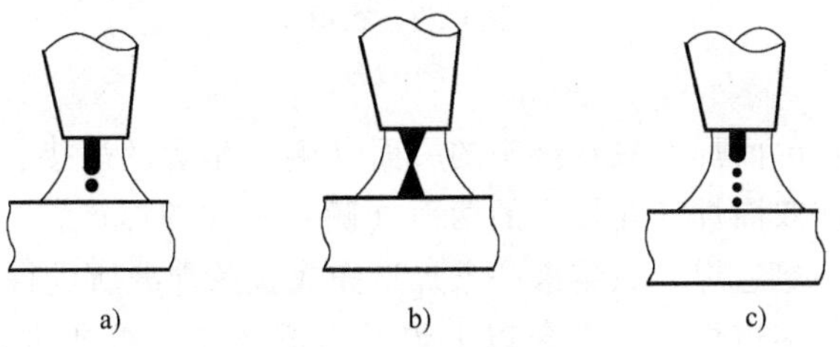

图 1-21　熔滴过渡形式

a）粗滴过渡　b）短路过渡　c）喷射过渡

（22）脉冲喷射过渡　利用脉冲电流控制的喷射过渡。

（23）极性　直流电弧焊或电弧切割时焊件的极性。焊件接电源正极的称为正极性，接负极的称为反极性。

（24）正接　焊件接电源正极，电极接电源负极的接线法。

（25）反接　焊件接电源负极，电极接电源正极的接线法。

（26）左焊法　焊接热源从接头右端向左端移动，并指向待焊部分的操作法。

（27）右焊法　焊接热源从接头左端向右端移动，并指向待焊部分的操作法。

（28）分段退焊　将焊件接缝划分成若干段，分段焊接，每段施焊方向与整条焊缝增长方向相反的焊接法，如图 1-22 所示。

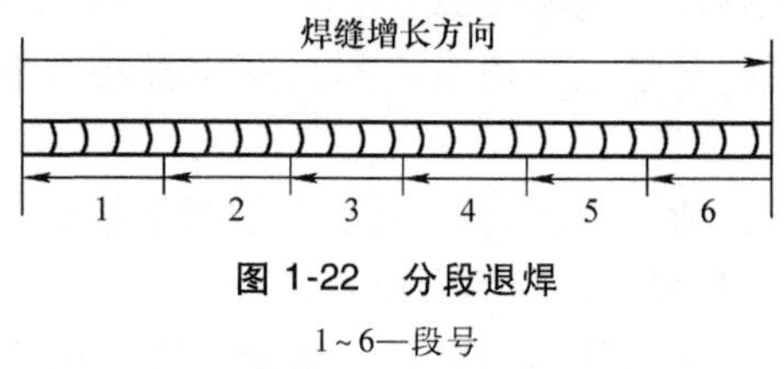

图 1-22　分段退焊

1～6—段号

（29）跳焊　将焊件接缝分成若干段，按预定次序和方向分段间隔施焊，完成整条焊缝的焊接法，如图 1-23 所示。

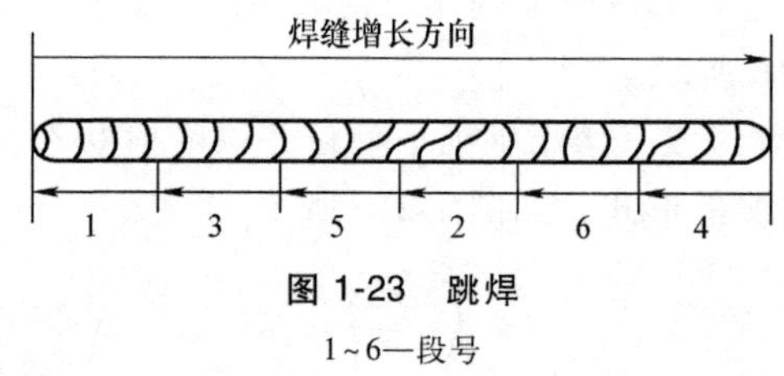

图 1-23　跳焊

1～6—段号

（30）单面焊　只在接头的一面（侧）施焊的焊接。

（31）双面焊　在接头的两面（侧）施焊的焊接。

（32）单道焊　只熔敷一条焊道完成整条焊缝所进行的焊接。

（33）多道焊　由两条以上焊道完成整条焊缝所进行的焊接，如图 1-17 所示。

（34）多层焊　熔敷两个以上焊层完成整条焊缝所进行的焊接，如图 1-17 所示。

（35）分段多层焊　将焊件接缝划分成若干段，按工艺规定的顺序对每段进行多层焊，最后完成整条焊缝所进行的焊接，如图 1-24 所示。

（36）堆焊　为增大或恢复焊件尺寸，或使焊件表面获得具有特殊性能的熔敷金属而进行的焊接。

（37）带极堆焊　使用带状熔化电极进行堆焊的方法。

（38）衬垫焊　在坡口背面放置焊接衬垫进行焊接的方法。

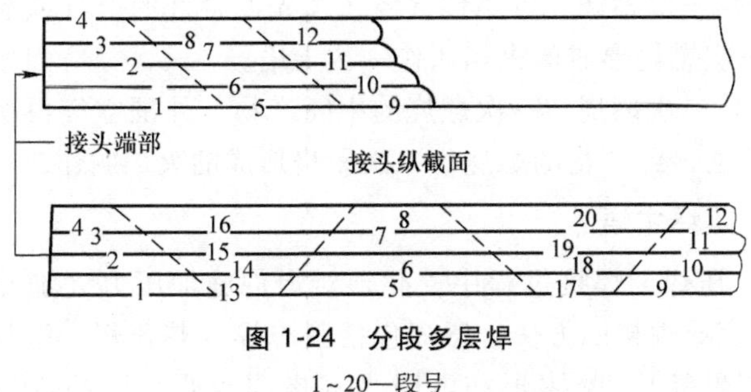

图 1-24 分段多层焊

1～20—段号

（39）焊剂垫焊 用焊剂作衬垫的衬垫焊。

（40）气焊 利用气体火焰作热源的焊接法，最常用的是氧乙炔焊，但近来液化气或丙烷燃气的焊接也已迅速发展。

（41）氧乙炔焊 利用氧乙炔焰进行焊接的方法。

（42）氧乙炔焰 乙炔与氧混合燃烧所形成的火焰。

（43）中性焰 在一次燃烧区内既无过量氧又无游离碳的火焰。

（44）氧化焰 火焰中有过量的氧，在尖形焰芯外面形成一个有氧化性的富氧区。

（45）碳化焰（还原焰） 火焰中含有游离碳，具有较强的还原作用，也有一定的渗碳作用的火焰。

（46）焰芯 火焰中靠近焊炬（或割炬）喷嘴孔的呈锥状并发亮的部分，如图 1-25 所示。

（47）内焰 火焰中含碳气体过剩时，在焰芯周围明显可见的富集区，在碳化焰中有内焰，如图 1-25 所示。

（48）外焰 火焰中围绕焰芯或内焰燃烧的火焰，如图 1-25 所示。

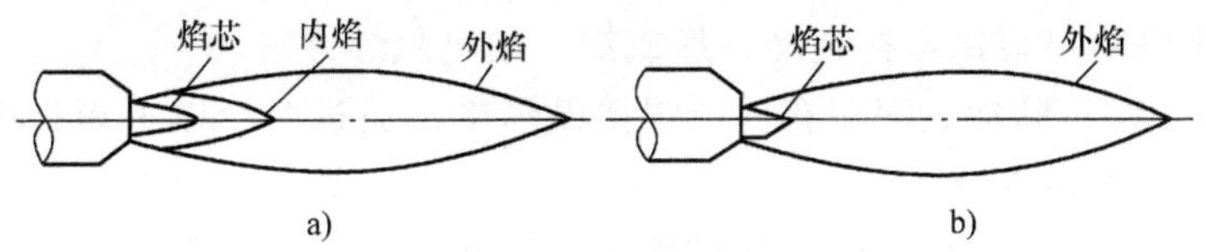

图 1-25 气焊火焰

a）碳化焰 b）氧化焰

（49）一次燃烧　可燃性气体在预先混合好的空气或氧气中的燃烧。一次燃烧形成的火焰叫作一次火焰。

（50）二次燃烧　一次燃烧的中间产物与外围空气再次反应而生成稳定的最终产物的燃烧。二次燃烧形成的火焰叫作二次火焰。

1.4.3　压焊术语

（1）压焊　焊接过程中，必须对焊件施加压力（加热或不加热），以完成焊接的方法。压焊包括固态焊（热压焊、锻焊、扩散焊、冷压焊等）、摩擦焊和电阻焊（电阻点焊、脉冲点焊、滚点焊、步进点焊、胶接点焊、缝焊和凸焊等）等。

（2）固态焊　焊接温度低于母材金属和填充金属的熔化温度，加压以进行原子相互扩散的焊接方法。

（3）热压焊　加热并加压到足以使工件产生宏观变形的一种固态焊。

（4）锻焊　将工件加热到焊接温度并予打击，使接合面足以造成永久变形的固态焊接方法。

（5）扩散焊　将工件在高温下加压，但不产生可见变形和相对移动的固态焊接方法，使用这种方法时接合面间可预置填充金属。

（6）冷压焊　在室温下对接合处加压使其产生显著变形而焊接的固态焊接方法。

（7）摩擦焊　利用焊件表面相互摩擦所产生的热，使端面达到热塑性状态，然后迅速顶锻，完成焊接的一种压焊方法。

（8）电阻焊　工件组合后通过电极施加压力，利用电流通过接头的接触面及邻近区域产生的电阻热进行焊接的方法。

（9）电阻点焊　焊件装配成搭接接头，并压紧在两电极之间，利用电阻热熔化母材金属，形成焊点的电阻焊方法。

（10）脉冲点焊　在一个焊接循环中，通过两个以上焊接电流脉冲的电阻点焊。

（11）滚点焊　将工件搭接并置于两滚轮电极之间，滚轮电极连续滚动并加压，断续通电，焊出有一定间距焊点的电阻点焊方法。

（12）步进点焊　工件置于滚轮电极间，滚轮连续加压，通电时滚轮停止滚动，断电时滚动，交替进行形成焊点的焊接方法。

（13）胶接点焊　胶接与电阻点焊复合应用的方法。在电阻点焊连接界面涂以胶层，以改善接头力学性能。

（14）缝焊　工件装配成搭接或对接接头并置于两滚轮电极之间，滚轮加压工件并转动，连续或断续送电，形成一条连续焊缝的电阻焊方法。

（15）步进缝焊　将工件置于两滚轮电极之间，滚轮电极连续加压，间歇滚动，当滚轮停止滚动时通电，滚动时断电，交替进行的缝焊方法。

（16）凸焊　在一工件的贴合面上预先加工出一个或多个突起点，使其与另一工件表面相接触并通电加热，然后压塌，使这些接触点形成焊点的电阻焊方法。

（17）预压时间　电阻点焊时，从电极开始加压至开始通电的时间。

（18）预热时间　工件通过预热电流的持续时间。

（19）焊接通电时间（电阻焊）　电阻焊时的每一个焊接循环中，自焊接电流接通到焊接电流停止的持续时间。

（20）锻压时间　点焊时，从焊接电流结束到撤销电极压力之间的一段时间。

（21）间歇时间　从焊接通电时间结束到后热电流开始接通之间的时间。

（22）熔核　电阻点焊、凸焊和缝焊时，在工件贴合面上熔化金属凝固后形成的金属核。

（23）熔核直径　点焊时，垂直于焊点中心的横截面上熔核约宽度。缝焊时，垂直焊缝横截面上测量的熔核宽度。

（24）熔深　熔核的最大厚度。

（25）焊透率　点焊、凸焊和缝焊时焊件的焊透程度，以熔深与板厚的百分比表示。

（26）塑性环　电阻焊中熔核之外的固相连接区域。

（27）缩孔　熔化金属在凝固过程中收缩而产生的、残留在熔核中的孔穴。

(28) 喷溅　点焊、凸焊或缝焊时，从焊件贴合面间或电极与焊件接触面间飞出熔化金属颗粒的现象。

1.4.4　钎焊术语

(1) 钎焊　硬钎焊和软钎焊的总称。采用比母材熔点低的金属材料作钎料，将工件和钎料加热到高于钎料熔点、低于母材熔点的温度，利用液态钎料润湿母材，填充接头间隙并与母材相互扩散实现连接焊件的方法。

(2) 硬钎焊　使用硬钎料（熔点大于450℃）进行的钎焊。

(3) 软钎焊　使用软钎料（熔点不大于450℃）进行的钎焊。

(4) 钎焊焊剂　钎焊时使用的熔剂。它的作用是清除钎料和母材表面的氧化物，并保护焊件和液态钎料在钎焊过程中免于氧化，改善液态钎料对焊件的润湿性，简称钎剂。

(5) 火焰钎焊　使用可燃气体与氧气（或压缩空气）混合燃烧的火焰进行加热的钎焊，有火焰硬钎焊和火焰软钎焊两类。

(6) 电阻钎焊　将焊件直接通以电流或将焊件放在通电的加热板上利用电阻热进行钎焊的方法，有电阻硬钎焊和电阻软钎焊两类。

(7) 炉中钎焊　将装配好的工件放在炉中加热并进行钎焊的方法，有炉中硬钎焊和炉中软钎焊两类。

(8) 烙铁软钎焊　使用烙铁进行加热的软钎焊。

(9) 电弧硬钎焊　利用电弧加热工件所进行的硬钎焊。

(10) 感应硬钎焊　利用高频、中频或工频交流电感应加热所进行的硬钎焊。

(11) 真空硬钎焊　将装配好钎料的焊件置于真空环境中加热所进行的硬钎焊。

(12) 浸渍硬钎焊　用盐浴或金属浴进行的硬钎焊方法，在用盐浴时盐可起钎剂的作用，在用金属浴时金属本身提供硬钎料，故又可称金属浴浸渍硬钎焊和盐浴浸渍硬钎焊。

(13) 浸渍软钎焊　用金属浴进行的软钎焊方法，本身提供软钎料。

(14) 钎焊温度　钎焊时，为使钎料熔化填满钎焊间隙及与母材发生必要的相互扩散作用所需要的加热温度。

(15) 钎焊性　在专门、适当设计构件的制造条件下，材料被硬钎焊或软钎焊并在短期使用中有良好运行的能力。

(16) 润湿性　钎焊时，液态钎料对母材浸润和附着的能力。

(17) 铺展性　液态钎料在母材表面上流动展开的能力，通常以一定质量的钎料熔化后覆盖母材表面的面积来衡量。

(18) 溶蚀　母材表面被熔化的钎料过度溶解而形成的凹陷。

1.5　焊接接头

1.5.1　焊接接头的组成

焊接接头一般指熔焊接头，包括焊缝、熔合区、热影响区和母材 4 部分，如图 1-26 所示。

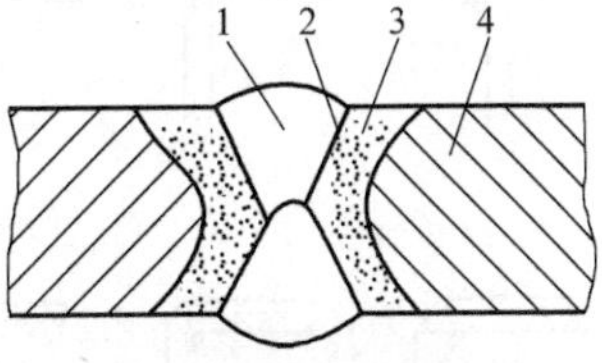

(1) 焊缝　焊缝是在焊接过程中由填充金属和部分母材熔合后凝固而成的，起着连接金属和传递力的作用。

图 1-26　熔焊接头

1—焊缝　2—熔合区　3—热影响区　4—母材

(2) 熔合区　熔合区由焊缝边界上固液两相交错共存后凝固形成，是接头中焊缝与热影响区相互过渡的区域。

(3) 热影响区　热影响区是母材受焊接热输入的影响而发生组织及性能变化的区域，此区域不发生熔化。

1.5.2　焊接接头的形式

采用焊接方法连接的接头称为焊接接头。焊接接头的基本形式分为对接接头（见图 1-27）、搭接接头（见图 1-28）、角接接头（见图 1-29）、T 形接头（见图 1-30）、十字接头（见图 1-31）、端部接头（见图 1-32）、卷边接头（见图 1-33）和套管接头（见图 1-34）共 8 种。

图 1-27　对接接头

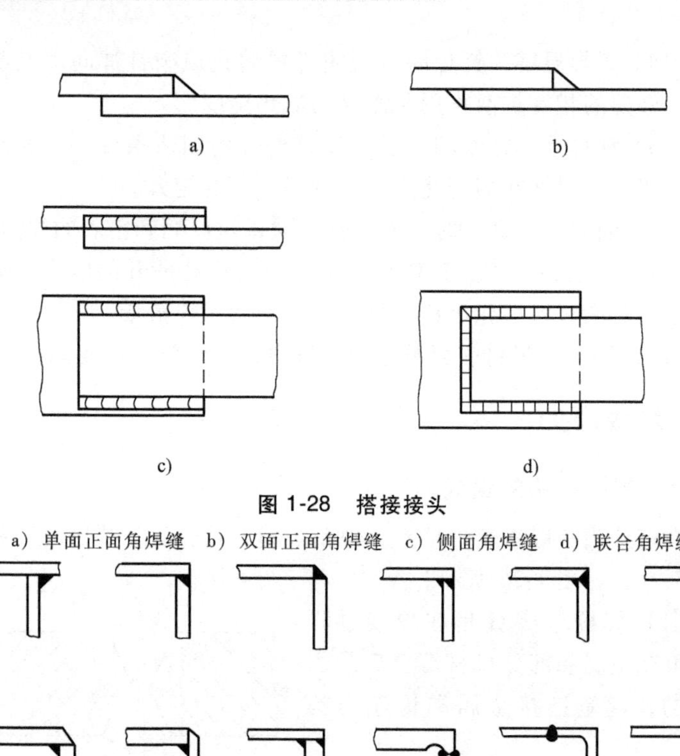

图 1-28 搭接接头

a）单面正面角焊缝 b）双面正面角焊缝 c）侧面角焊缝 d）联合角焊缝

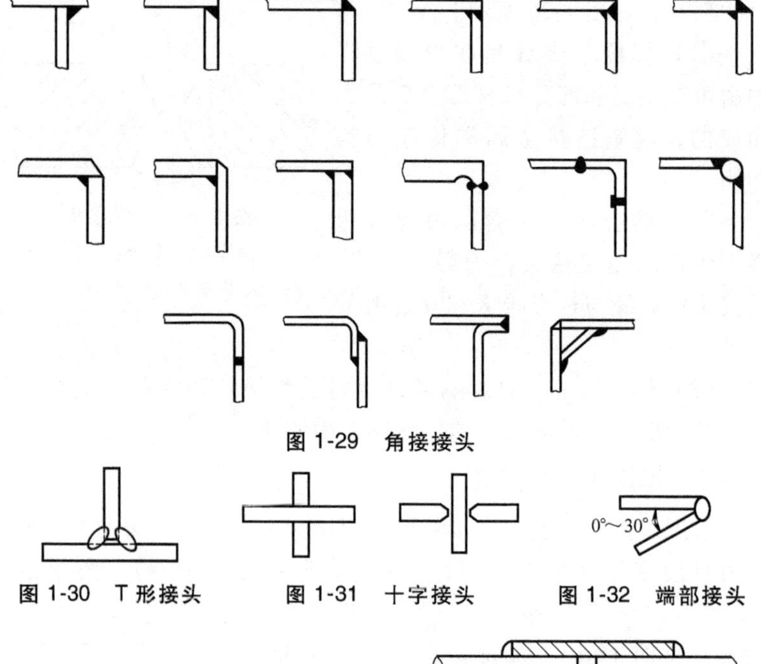

图 1-29 角接接头

图 1-30 T 形接头

图 1-31 十字接头

图 1-32 端部接头

图 1-33 卷边接头

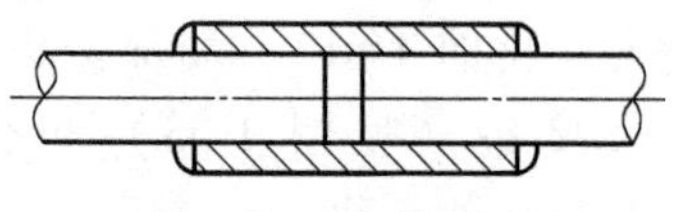

图 1-34 套管接头

1.5.3 焊接接头的形状尺寸

（1）焊缝余高 超出母材表面连线上面的那部分焊缝金属的最大高度称为焊缝余高，如图 1-35 所示。

（2）焊根 焊缝背面与母材的交界处称为焊根，如图 1-36 所示。

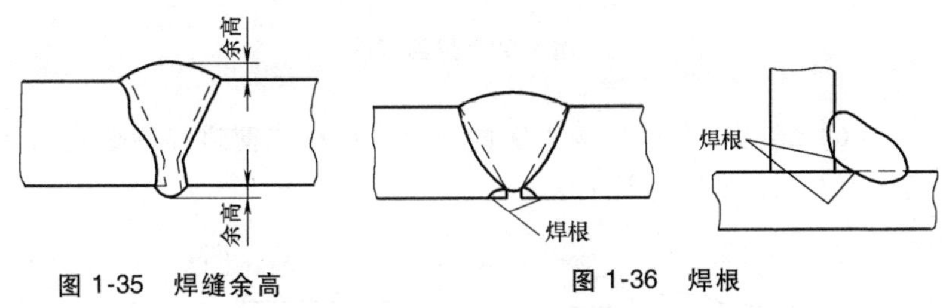

图 1-35 焊缝余高

图 1-36 焊根

（3）焊趾 焊缝表面与母材的交界处称为焊趾，如图 1-37 所示。

（4）焊缝宽度 焊缝表面两焊趾之间的距离称为焊缝宽度，如图 1-37 所示。

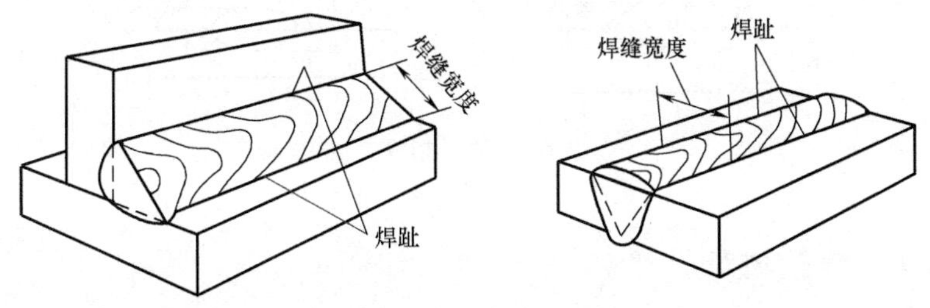

图 1-37 焊缝宽度及焊趾

（5）焊缝厚度 在焊缝横截面中，从焊缝正面到焊缝背面的距离称为焊缝厚度。在设计焊缝时使用的焊缝厚度称为焊缝计算厚度。对接焊缝焊透时焊缝厚度等于焊件的厚度，角焊缝时焊缝厚度等于在角焊缝横截面内画出的最大直角等腰三角形从直角顶点到斜边和垂线长度，如图 1-38 所示。

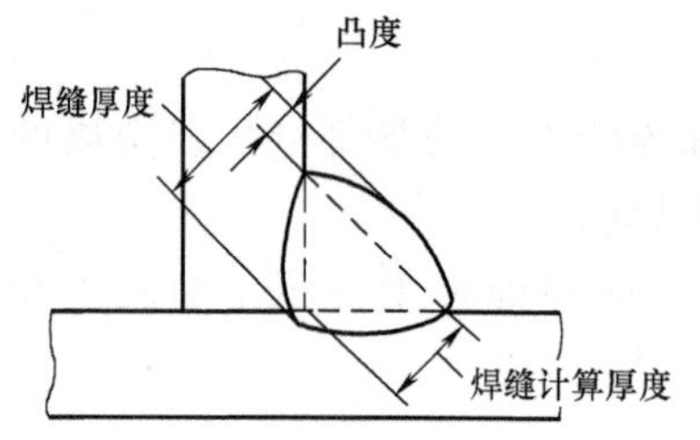

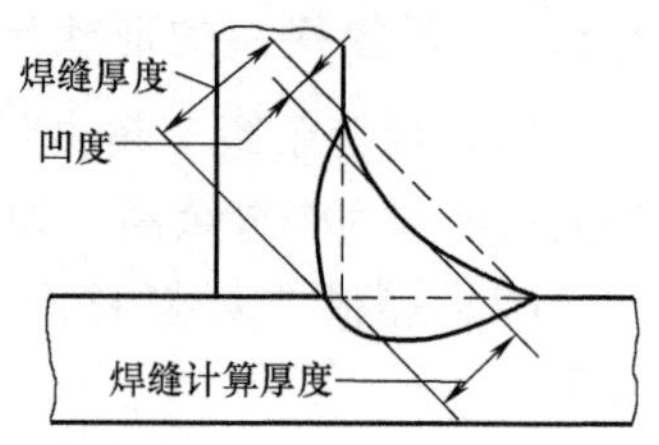

图 1-38　焊缝厚度

（6）熔深　在焊接接头横截面上，母材或前道焊缝熔化的深度称为熔深，如图 1-39 所示。

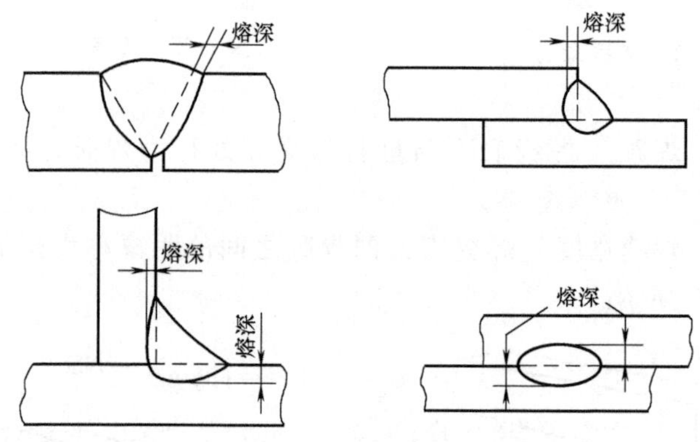

图 1-39　熔深

1.6　焊接坡口

坡口就是根据设计或工艺需要，将焊件的待焊部位加工并装配成一定几何形状的沟槽。坡口可以在焊接时使电弧深入坡口根部，保证根部焊透。

1.6.1　坡口类型

焊接坡口一般有单一坡口和组合坡口。

（1）单一坡口　单一坡口的种类如图 1-40 所示。

（2）组合坡口　当工艺上有特殊要求时，生产中还经常采用

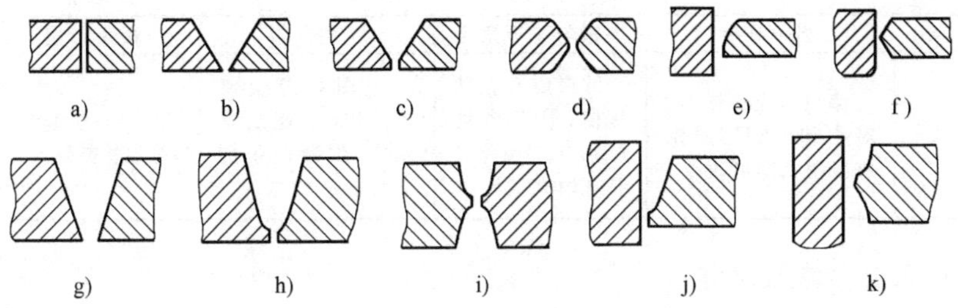

图 1-40　单一坡口

a）I 形坡口　b）V 形坡口　c）Y 形坡口　d）双 Y 形坡口　e）单面 Y 形坡口　f）双面 Y 形坡口　g）U 形坡口　h）带钝边 U 形坡口　i）带钝边双 U 形坡口　j）带钝边 J 形坡口　k）带钝边双 J 形坡口

各种比较特殊的坡口。例如，厚壁圆筒形容器的终结环缝采用内壁焊条电弧焊、外壁埋弧焊的焊接工艺，为减少焊条电弧焊的工作量，筒体内壁可采用较浅的 V 形坡口，而外壁为减少埋弧焊的工作量，采用 U 形坡口，于是形成一种组合坡口，如图 1-41 所示。

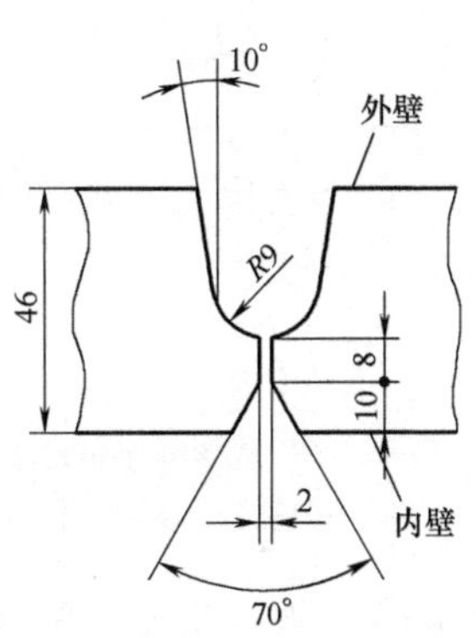

图 1-41　组合坡口

设计坡口时应遵循容易加工、可达性好、填充材料少、有利于焊接变形的原则。坡口设计不当及改进实例见表 1-9。

表 1-9　坡口设计不当及改进实例

项目	圆棒对接	厚板与薄板角接	法兰角接	三板 T 形接
不合理			ϕ	
合理			ϕ 或 ϕ	

（续）

项目	圆棒对接	厚板与薄板角接	法兰角接	三板T形接
说明	棒端车成尖锥状，对中和施焊困难削成扁凿状即可改善	坡口应开在薄板侧，既节省坡口加工费用，又节省填充材料	上图填充金属多，可能引起层状撕裂、焊缝位于加工面上	上图易引起立板端层状撕裂

1.6.2 坡口尺寸

坡口尺寸包括坡口角度、坡口面角度、根部间隙、钝边尺寸和根部半径，如图1-42所示。

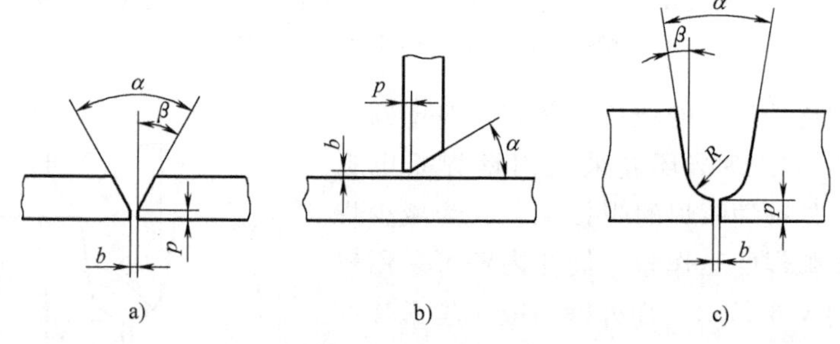

图1-42 坡口尺寸

a）V形坡口对接 b）Y形坡口对接 c）U形坡口对接

α—坡口角度 β—坡口面角度 b—根部间隙 p—钝边尺寸 R—根部半径

（1）坡口角度 两坡口面之间的夹角称为坡口角度。坡口角度用符号α表示。

（2）坡口面角度 待加工坡口的端面与坡口面之间的夹角称为坡口面角度。开单面坡口时，坡口角度等于坡口面角度；开双面对称坡口时，坡口角度等于两倍的坡口面角度。坡口面角用符号β表示。

（3）根部间隙 焊件装配好后，在焊缝根部通常都留有间隙，即根部间隙。这个间隙，有时是装配的原因，有时是故意留的。在单面焊双面成形的操作中，就应注意要留有一定的根部间隙，以保证在焊接打底焊道时，能把根部焊透。根部间隙用符号b表示。

（4）钝边尺寸 钝边的作用是防止焊缝根部焊穿。钝边留量的多少，视焊接方法及采取的工艺不同而不同。钝边尺寸用符号p表示。

（5）根部半径　在I形、U形坡口底部的半径称为根部半径。根部半径用符号 *R* 表示。根部半径的作用是增大坡口根部的空间，使焊条或焊丝（考虑到焊嘴尺寸的影响）能够伸入根部的空间，以促使根部焊透。

1.7 焊缝符号

正确理解与掌握产品图样和工艺文件上焊缝符号的含义，是一个焊接工程技术人员必备的基础知识，GB/T 324—2008《焊缝符号表示方法》对焊缝符号的表示规则有明确的规定。

1.7.1 基本符号

基本符号表示焊缝横截面的基本形式和特征，见表 1-10。

表 1-10　表示焊缝的基本符号

序号	名称	示意图	符号
1	卷边焊缝（卷边完全熔化）		
2	I形焊缝		
3	V形焊缝		
4	单边V形焊缝		
5	带钝边V形焊缝		
6	带钝边单边V形焊缝		
7	带钝边U形焊缝		
8	带钝边J形焊缝	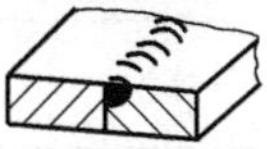	
9	封底焊缝	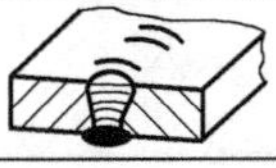	

（续）

序号	名称	示意图	符号
10	角焊缝	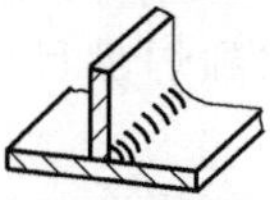	
11	塞焊缝或槽焊缝		
12	点焊缝	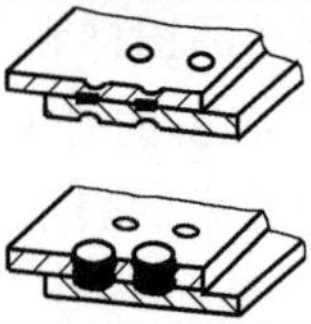	
13	缝焊缝	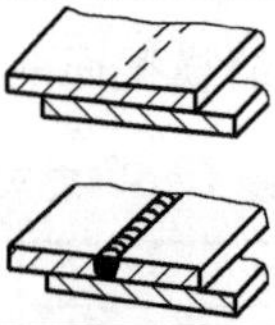	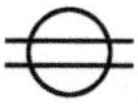
14	陡边 V 形焊缝		
15	陡边单 V 形焊缝		
16	端焊缝		
17	堆焊缝		
18	平面连接（钎焊）	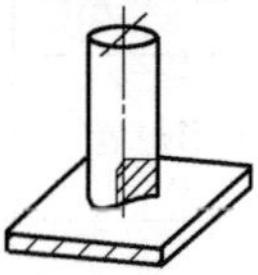 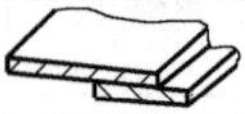	
19	斜面连接（钎焊）	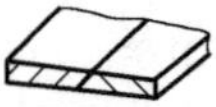	
20	折叠连接（钎焊）		

1.7.2 基本符号的组合

在标注双面焊焊接接头和焊缝时，基本符号可以组合使用，见表 1-11。

表 1-11 基本符号的组合

名称	示意图	符号
双面 V 形焊缝(X 焊缝)		X
双面单 V 形焊缝(K 焊缝)	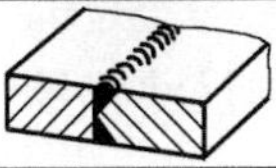	K
带钝边的双面 V 形焊缝		
带钝边的双面单 V 形焊缝	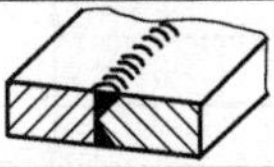	
双面 U 形焊缝		

1.7.3 补充符号

补充符号用来补充说明有关焊缝或接头的某些特征（如表面形状、衬垫、焊缝分布、施焊位置等），见表 1-12。

表 1-12 补充符号

名称	符号	说明
平面		焊缝表面通常经过加工后平整
凹面		焊缝表面凹陷
凸面		焊缝表面凸起
圆滑过渡		焊趾处过渡圆滑
永久衬垫	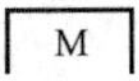 M	衬垫永久保留
临时衬垫	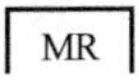 MR	衬垫在焊接完成后拆除
三面焊缝		三面带有焊缝
周围焊缝		沿着工件周边施焊的焊缝 标注位置为基准线与箭头线的交点处

（续）

名称	符号	说明
现场焊缝		在现场焊接的焊缝
尾部		可以表示所需的信息

1.7.4 尺寸符号

产品图样上焊缝的尺寸符号、名称及示意图见表 1-13。

表 1-13 产品图样上焊缝的尺寸符号、名称及示意图

尺寸符号	名称	示意图	尺寸符号	名称	示意图
δ	工件厚度	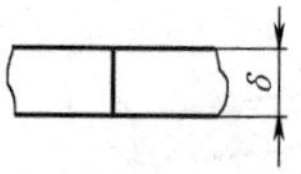	c	焊缝宽度	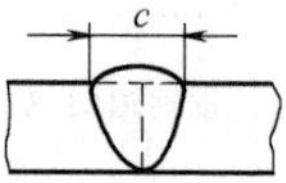
α	坡口角度	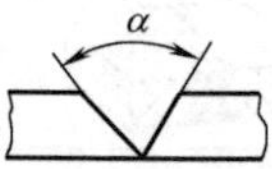	K	焊脚尺寸	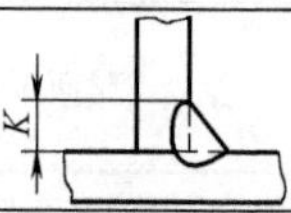
β	坡口面角度	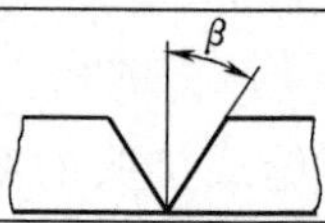	d	点焊:熔核直径 塞焊:孔径	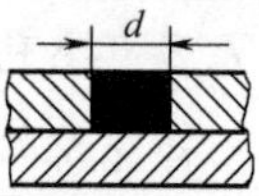
b	根部间隙	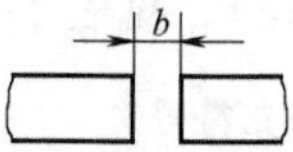	n	焊缝段数	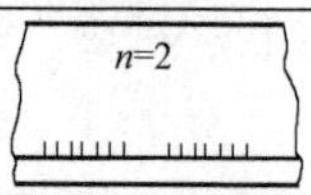 $n=2$
p	钝边尺寸	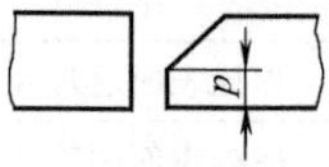	l	焊缝长度	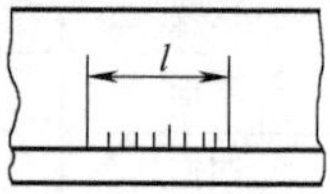
R	根部半径	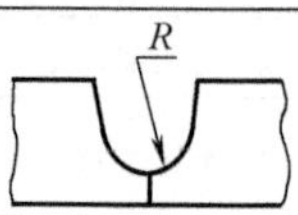	e	焊缝间距	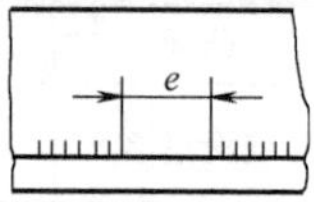
H	坡口深度	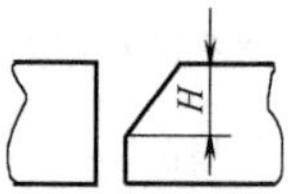	N	相同焊缝数量	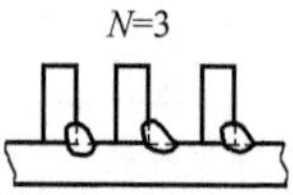 $N=3$
S	焊缝有效厚度	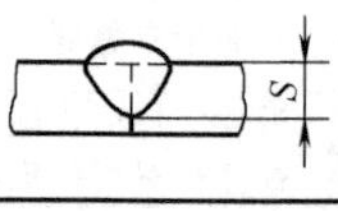	h	余高	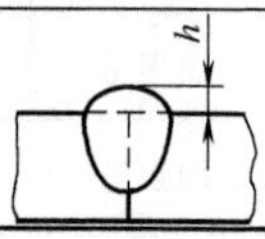

1.8 焊接位置

焊接时工件连接处的空间位置称为焊接位置。

1.8.1 板板的焊接位置

1）两平板进行焊接时，焊接位置分为平焊位置、横焊位置、立焊位置和仰焊位置，如图 1-43 所示。

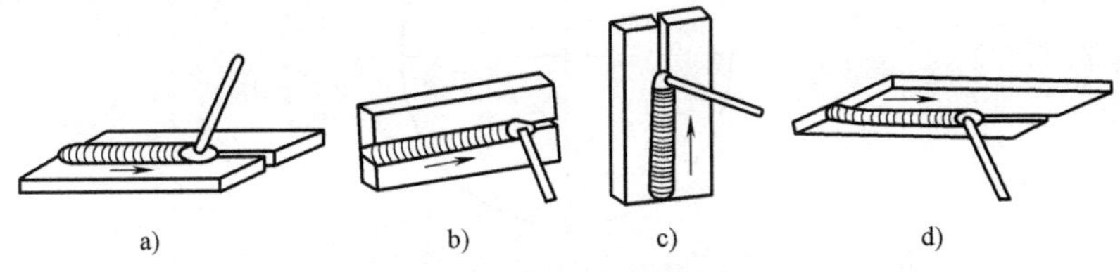

图 1-43 板板的焊接位置

a）平焊位置 b）横焊位置 c）立焊位置 d）仰焊位置

2）两平板组成 T 形接头、十字形接头和角接接头并进行水平位置焊接时，称为船形焊，如图 1-44 所示。

1.8.2 管板的焊接位置

管板焊接通常分为垂直俯位、垂直仰位和水平固定三种焊接方法；按其接头种类，又可分为插入式管板焊接和骑座式管板焊接两种焊接方法。管板的焊接位置如图 1-45 所示。

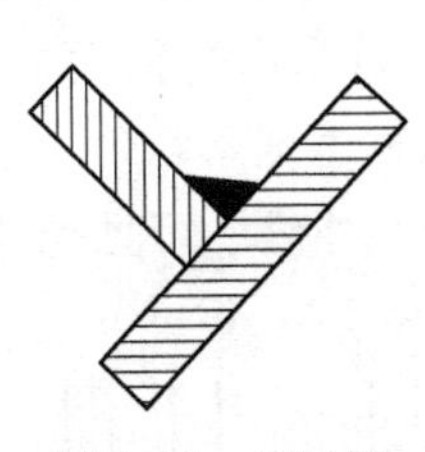

图 1-44 船形焊

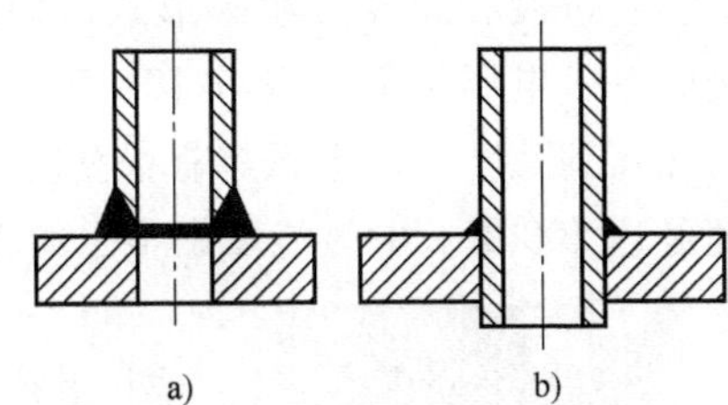

图 1-45 管板的焊接位置

a）骑座式管板焊接位置 b）插入式管板焊接位置

1.8.3 管管的焊接位置

管子对接时，管子边转动边焊接，始终处于平焊位置焊接，称为水平转动焊。若焊接时，管子不动，焊工变化焊接位置，称为全位置焊。水平固定管板焊也可以称为全位置焊。全位置焊要求焊工具有较高的操作技能、熟练的手法。在全位置焊时，经常将焊接位置按时钟的钟点划分，如图 1-46 所示。

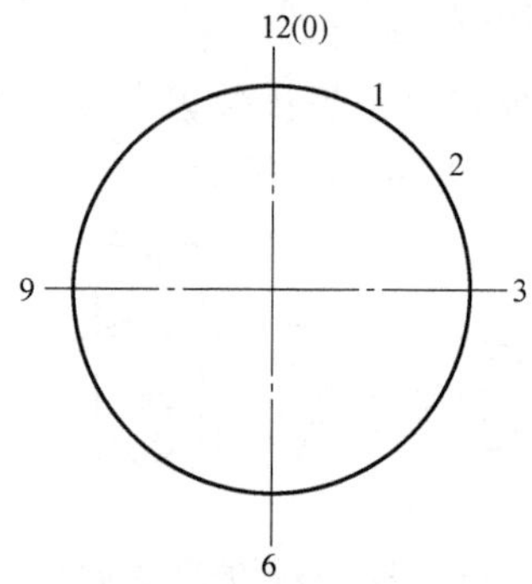

图 1-46　全位置焊钟点焊接

1.9　焊接电弧

焊接电弧是在两电极间或电极与母材间有焊接电源供给的、具有一定电压的、产生于气体介质中的强烈而持久的放电现象。它能把电能有效而简便地转化为热能、机械能和光能。焊接电弧分为熔化极电弧和非熔化极电弧。熔化极电弧形态有短路过渡、熔滴过渡、喷射过渡和脉冲过渡等形式，如图 1-47 所示。维持电弧稳定燃烧的电弧电压很低，只有 10～50V。在电弧中能通过很大电流，可从几安到几千安。电弧具有很高的温度，弧柱温度不均匀，中心温度可达 5000K。电弧能发出很强的光，包括红外线、可见光和紫

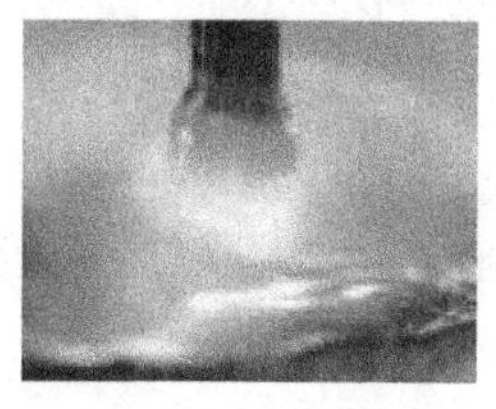

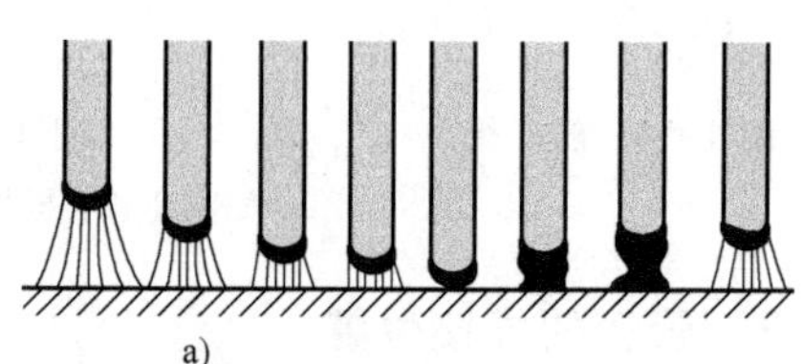

a)

图 1-47　熔化极电弧的几种形态

a）短路过渡电弧

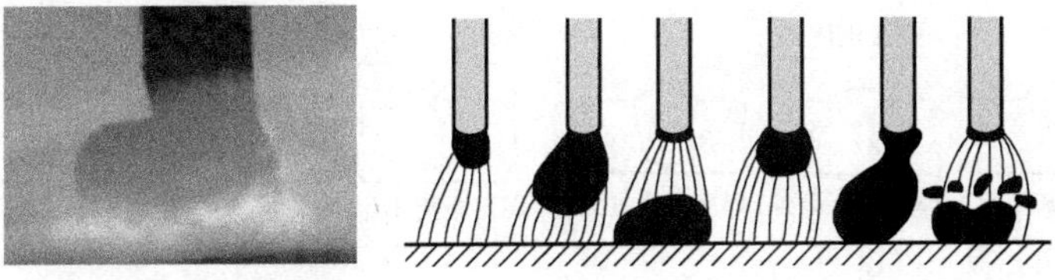

b)

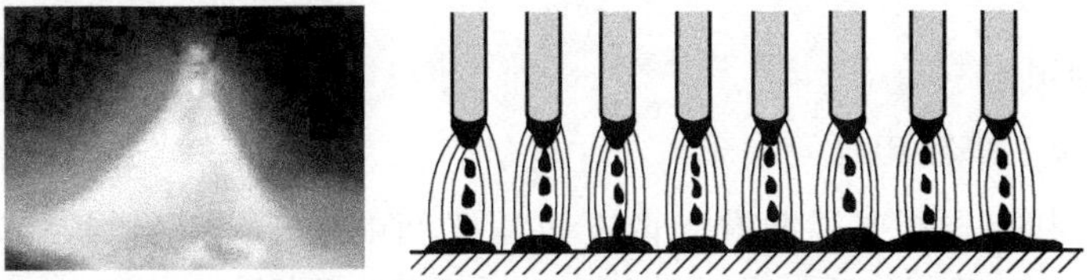

c)

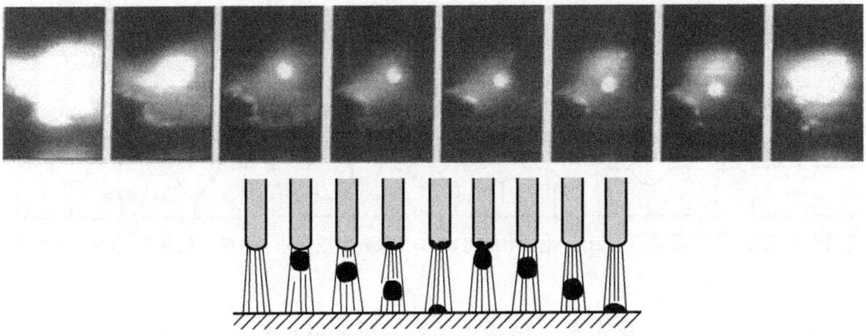

d)

图 1-47 熔化极电弧的几种形态（续）

b）熔滴过渡电弧 c）喷射过渡电弧 d）脉冲过渡电弧

外线三部分。

1.10 焊接参数

1.10.1 焊接电流

焊接电流是最重要的焊接参数。焊接电流过小，会造成电弧燃烧不稳定，产生夹渣；焊接电流过大，会使焊条发热、药皮发红脱落，焊缝产生咬边，甚至将工件烧穿。焊接电流对焊缝形状的影响如图 1-48 所示。焊接电流主要根据焊条直径、焊接位置、焊接层

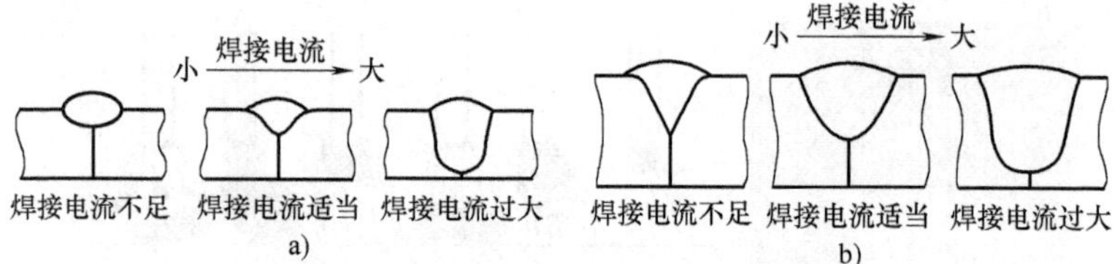

图 1-48　焊接电流对焊缝形状的影响

a）I 形坡口　b）Y 形坡口

数等确定。

1.10.2　焊接电压

焊接电压即电弧两端（两电极）之间的电压降。当焊条和母材一定时，电弧电压主要由电弧长度来决定。电弧长，则电弧电压高；电弧短，则电弧电压低。焊接电压对焊缝形状的影响如图 1-49 所示。

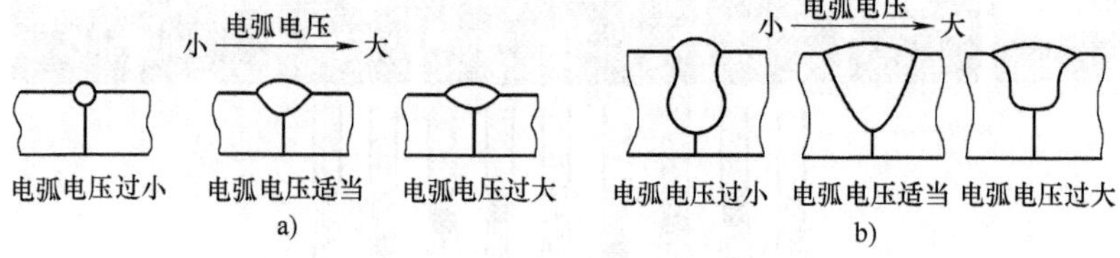

图 1-49　焊接电压对焊缝形状的影响

a）I 形坡口　b）Y 形坡口

当电弧长度大于焊条直径时称为长弧，小于焊条直径时称为短弧。使用酸性焊条时，一般采用长弧焊接，这样电弧能稳定燃烧，并能得到质量良好的焊接接头。由于碱性焊条药皮中含有较多的氧化钙和氟化钙等高电离电位的物质，若采用长弧则电弧不易稳定，容易出现各种焊接缺欠，因此碱性焊条应采用短弧焊接。

1.10.3　焊接速度

焊接速度是单位时间内完成焊缝的长度（即焊枪沿焊接方向移动的速度）。焊接速度可由操作人员根据具体情况灵活掌握，原则是保证焊缝具有所要求的外形尺寸，且熔合良好。如果焊接速度

太小，则焊缝会过高或过宽，外形不整齐，焊接薄板时甚至会烧穿，热影响区过宽，晶粒粗大；如果焊接速度太大，焊缝较窄，则会产生未焊透、未熔合、焊缝成形不良等缺欠。焊接速度对焊缝形状的影响如图 1-50 所示。

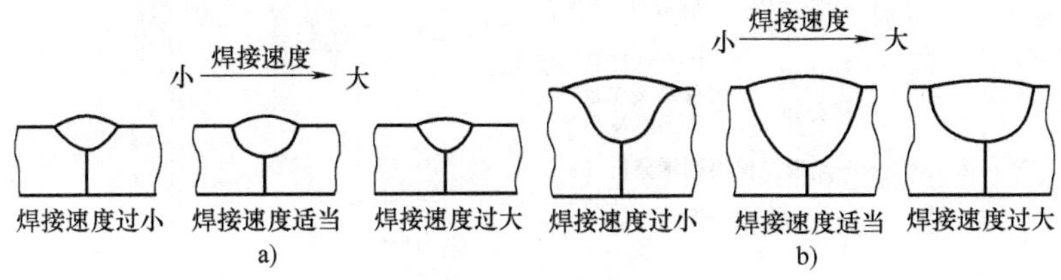

图 1-50 焊接速度对焊缝形状的影响

a）I 形坡口 b）Y 形坡口

1.11 焊接工艺制订原则与程序

焊接过程中的一整套工艺及其技术的规定叫作焊接工艺，主要包括焊接方法、焊接材料、焊前准备、焊接设备、焊接参数、焊接顺序、焊接操作要求及焊后处理等。焊接工艺是指导焊工进行焊接、保证焊接质量的细则文件。

1.11.1 焊接工艺制订原则

焊接工艺制订原则包括以下几种：

1）采用常规焊接方法（焊条电弧焊、气体保护焊、埋弧焊）原则。

2）焊接设备小型化原则。

3）母材与焊缝等强度原则。

4）焊前尽量不预热原则。

5）避免仰焊原则。

6）焊后不变形或变形量小原则。

7）焊条电弧焊时优先使用酸性焊条原则。

8）焊工操作空间大原则。

9）单面焊双面成形原则。

10）右焊法优先原则。

1.11.2 焊接工艺制订程序

焊接工艺制订程序如图1-51所示。

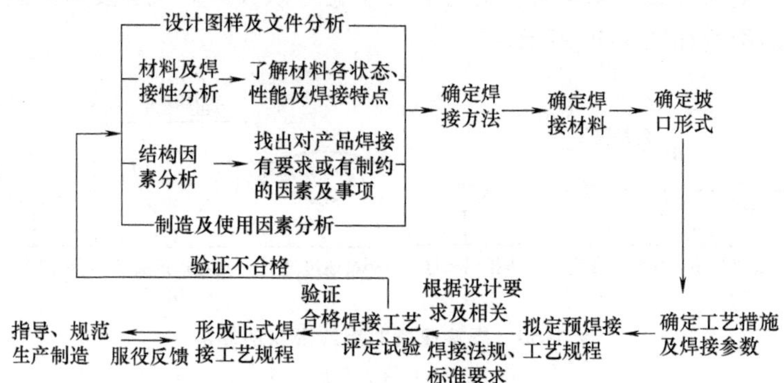

图1-51 焊接工艺制订程序

第2章 焊接材料

2.1 焊接材料焊接工艺性能评定

焊接材料焊接工艺性能评定按 GB/T 25776—2010《焊接材料焊接工艺性能评定方法》中的规定进行。

2.1.1 常用术语

（1）交流电弧稳定性 采用交流焊接电源施焊时，电弧保持稳定燃烧的程度。

（2）脱渣性 渣壳从焊缝表面脱落的难易程度。

（3）再引弧性能 焊接一段时间停弧后，重新引燃电弧的能力。

（4）飞溅率 飞溅损失的质量与熔化的焊丝（或焊条）质量的百分比。

（5）熔化系数 熔焊过程中，单位电流、单位时间内，焊芯（或焊丝）的熔化量。

（6）熔敷效率 熔敷金属质量与熔化的填充金属（焊芯或焊丝）质量的百分比。

（7）焊接发尘量 焊接时，单位质量的焊接材料（焊条或焊丝）所产生的烟尘量。

（8）未脱渣 渣完全未脱，呈焊后原始状态。

（9）严重粘渣 渣表面脱落，仍有薄渣层，不露焊道金属表面。

（10）轻微粘渣 焊道侧面有粘渣，焊道部分露出焊道金属或渣表面脱落，断续地露出焊道金属。

2.1.2 评定方法

1. 一般原则

在评定中如无特殊要求，焊接电流采用制造厂推荐的最大电流的 90%，交直流两用的焊接材料采用交流施焊，焊接电压和烘干等规范采用制造厂推荐规范。除镍、铜、铝采用相应的试板外，其他焊接材料采用与其熔敷金属化学成分相当的试板或碳的质量分数不超过 0.2% 的碳锰焊接结构钢。试板的表面应经打磨或机械加工，以去除油污、氧化皮等。

交流电弧稳定性、熔化系数、熔敷效率等项目也可采用相应仪器进行评定。

2. 电焊条评定方法

（1）交流电弧稳定性　试验应采用交流焊接电源，在尺寸为 400mm×100mm×(12～20)mm 的试板上施焊一条焊道，焊条的剩余长度约为 50mm。在施焊过程中，观察灭弧、喘息次数。每种焊条测定 3 根，取其算术平均值。

（2）脱渣性　试验在单块尺寸为 400mm×100mm×(14～16)mm 的两块试板对接坡口内焊接，焊前点焊固定试板。直径不大于 ϕ5.0mm 的焊条坡口角度为 70°±10°，直径大于 ϕ5.0mm 的焊条坡口角度为 90°±10°，钝边为 1～3mm，不留根部间隙。

焊接时采用单道焊，焊条不摆动，焊道长度和熔化焊条长度比值约为 1∶1.3，焊条的剩余长度约 50mm。试板焊接后，立即将焊道朝下水平置于锤击平台上，保证落球锤击在试板中心位置。将质量为 2kg 的铁球置于 1.3m 高的支架上。焊后 1min，使铁球从固定的落点，以初速度为零的自由落体状态锤击试板中心。

酸性焊条连续锤击 3 次，碱性焊条连续锤击 5 次，按下式计算脱渣率。每种焊条测定两次，取其算术平均值。

$$D=\frac{l_0-l}{l_0}\times100\%$$

式中　D——脱渣率；

l_0——焊道总长度（mm）；

l——未脱渣总长度（mm）。

其中，未脱渣总长度 l 按下式计算：

$$l=l_1+l_2+0.2l_3$$

式中　l_1——未脱渣长度（mm）；

l_2——严重粘渣长度（mm）；

l_3——轻微粘渣长度（mm）。

（3）再引弧性能　试验前，准备尺寸为400mm×100mm×（12～20）mm的施焊试板和尺寸为200mm×100mm×（12～20）mm的再引弧试板。再引弧试板必须无氧化皮和锈蚀，平整光洁并与导线接触良好。

焊条在施焊板上焊接15s停弧，停弧至规定的“间隔”时间后，在再引弧板上进行再引弧。再引弧时以焊条熔化端与钢板垂直接触，不做敲击动作，不得破坏焊条套筒。

同一“间隔”时间用3根焊条分别进行，每次再引弧前均须焊接15s。3根焊条中有2根以上出现电弧闪光或短路状态即判定为通过，另换一组焊条进行下一“间隔”时间的判定。

酸性焊条“间隔”时间从5s起，碱性焊条从1s起。

（4）飞溅率　将尺寸为300mm×50mm×20mm的试板立放在厚度大于3mm的纯铜板上，在纯铜板上放置一个用约1mm厚的纯铜薄板围成的高400mm的圆筒，其周长为1500～2000mm，以防止飞溅物散失。

试验在圆筒内进行，焊条熔化至剩余长度约50mm处灭弧。每组试验取3根焊条，分别在3块试板上施焊。焊前称量焊条质量，焊后称量焊条头和飞溅物的质量，称量精确至0.01g，按下式计算飞溅率：

$$S=\frac{m}{m_1-m_2}\times 100\%$$

式中　S——飞溅率；

m——飞溅物总质量（g）；

m_1——焊条总质量（g）；

m_2——焊条头总质量（g）。

（5）熔化系数　试板尺寸为300mm×50mm×20mm。每组试验取3根焊条，分别在3块试板上施焊，焊条剩余长度约为50mm。焊前测量焊条长度，焊接时准确记录焊接电流和焊接时间。焊后将剩余焊条去掉药皮，用细砂纸磨光，测量焊后焊芯长度，称量焊后焊芯质量，称量精确至 0.1g，按下式计算熔化系数：

$$M=\frac{m_1-m_2}{It}$$

式中　M——熔化系数 [g/(A·h)]；

m_1——焊前焊芯的总质量（g）；

m_2——焊后焊芯的总质量（g）；

I——焊接电流（A）；

t——焊接时间（h）。

其中，焊前焊芯的总质量 m_1 按下式计算：

$$m_1=\frac{l_0 m_2}{l}$$

式中　l_0——焊条总长度（mm）；

m_2——焊后焊芯的总质量（g）；

l——焊后焊芯总长度（mm）。

（6）熔敷效率　每组试验取 3 根焊条，分别在尺寸为 300mm×50mm×20mm 的 3 块试板上施焊，焊条剩余长度约为 50mm。焊前测量焊条长度和称量试板质量，焊后再称量试板质量，称量精确至 0.1g。焊后将剩余焊条去掉药皮，用细砂纸磨光，测量焊后焊芯长度和称量质量，称量精确至 0.1g，按下式计算熔敷效率：

$$E=\frac{m_1}{m_2}\times 100\%$$

式中　E——熔敷效率；

m_1——焊条熔敷金属总质量（g）；

m_2——熔化焊芯的总质量（g）。

其中，焊条熔敷金属总质量 m_1 按下式计算：

$$m_1=m_4-m_3$$

式中　m_4——焊后试板总质量（g）；

m_3——焊前试板总质量（g）。

熔化焊芯的总质量 m_2 按下式计算：

$$m_2=\frac{l_0-l}{l}\times m_5$$

式中 l_0——焊条总长度（mm）；

l——焊后焊芯总长度（mm）；

m_5——焊后焊芯的总质量（g）。

（7）焊接发尘量 焊条焊接发尘量采用抽气捕集法进行测定。其试验装置为一个直径约为500mm，高度约为600mm，体积约为0.12m^3 的半封闭容器，如图2-1所示。

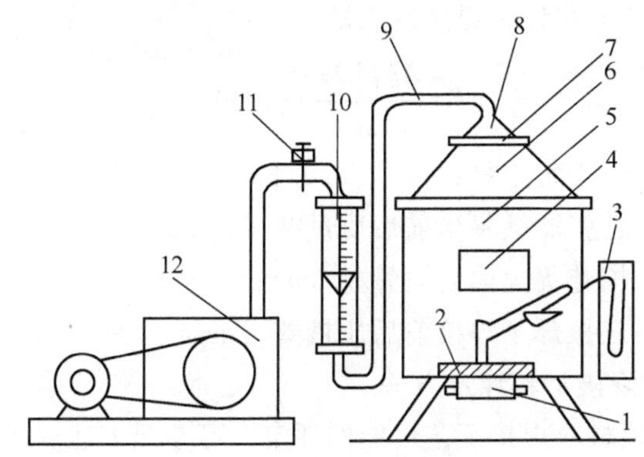

图2-1 焊接发尘量试验装置

1—冷却水 2—试板 3—U型水压计 4—观察孔 5—筒体 6—大锥体 7—滤纸和铜网 8—小锥体 9—胶管 10—流量计 11—二通活塞 12—真空泵

试板尺寸为300mm×200mm×(12~20) mm。每组试验采用3根焊条，试验前称量3根焊条的质量，精确至0.1g。将3张慢速定量滤纸及装有约5g脱脂棉的纸袋同时放入干燥皿中干燥2h以上，然后分别迅速用1/10000分析天平称量质量。试验前擦净测尘装置的筒体和大小锥体的内壁，然后用吹风机吹干。

将试板及焊条放在筒体内，然后将一张滤纸放在小锥体开口处的铜网下面并紧固大小锥体。接通冷却水，开动真空泵，打开二通活塞，抽气量调节到5m^3/h，观察U型水压计的水压差是否正常，筒体内应为负压，然后进行施焊。焊接时，焊条应尽量垂直不摆动，两个焊道相距10mm以上，焊条剩余长度约为50mm。停焊后继续抽气5min，关闭二通活塞，打开小锥体取下集尘滤纸折叠后单独放在小纸袋中保存。用称过质量的少量脱脂棉擦净小锥体内壁上的灰尘，将带尘的棉花放回原处。

重复上述操作，焊完3根焊条后打开大小锥体帽，用剩余的脱脂棉擦净大筒体和大小锥体内壁上的灰尘，将带尘的棉花放回原处。为了避免混入飞溅颗粒，大筒体下部180mm处以下不擦。

将带尘脱脂棉及滤纸一同放入干燥皿中，干燥时间与称量原始质量前的干燥时间相同，然后进行第二次称重，并称量3根焊条头的总质量。按下式计算焊接发尘量：

$$F=\frac{\Delta g_1+\Delta g_2}{\Delta g_3}\times 1000$$

式中　F——焊接发尘量；

Δg_1——三张滤纸集尘前后质量差（g）；

Δg_2——棉花集尘前后质量差（g）；

Δg_3——三根焊条焊接前后质量差（g）。

3. 其他焊接材料评定方法

其他焊接材料焊接工艺性能的评定，可参照上述焊条焊接工艺性能的评定方法进行。

2.2　焊接材料的用量计算

2.2.1　计算法

计算法是一种通用的方法，适用于任一种焊接接头形。计算公式如下：

$$W=\frac{D}{E}=\frac{1.2AL\rho}{E}$$

式中　W——焊接材料的需要量（g）；

D——熔敷金属质量（g）；

E——熔敷效率（%），焊条为55%，TIG、MIG焊实芯焊丝为95%，药芯焊丝为90%，金属粉型药芯焊丝为95%；

A——焊缝横截面积（cm^2）；

L——焊缝长度（cm）；

ρ——密度（g/cm^3），

1.2——常数，指100%加焊缝余高20%，焊缝余高如图2-2所示。

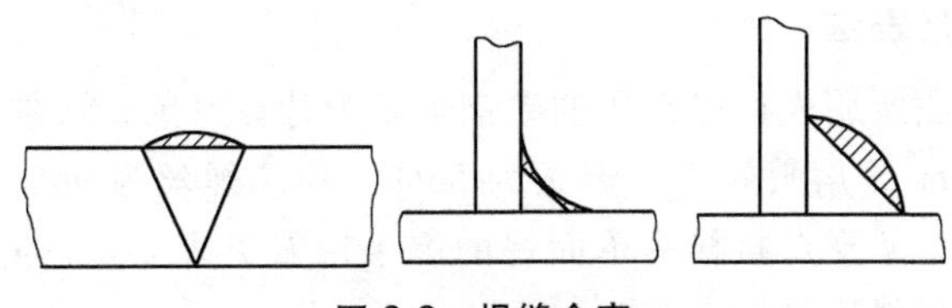

图 2-2　焊缝余高

焊缝横截面积 A 的计算方法如下：

1）对于V形对接接头（见图2-3），A 按下式计算：

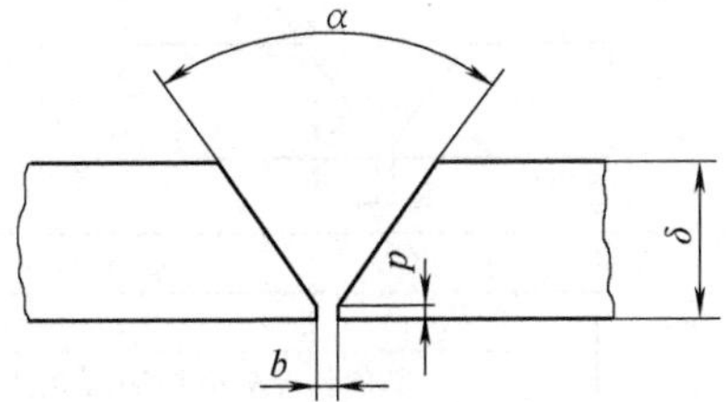

图 2-3　V 形对接接头

$$A=b\delta+(\delta-p)^2\tan(\alpha/2)$$

式中　b——对接缝隙（cm）；

δ——板厚（cm）；

p——对接厚度（cm）；

α——坡口角度（°）。

2）对于V角焊缝（见图2-4），A 按下式计算：

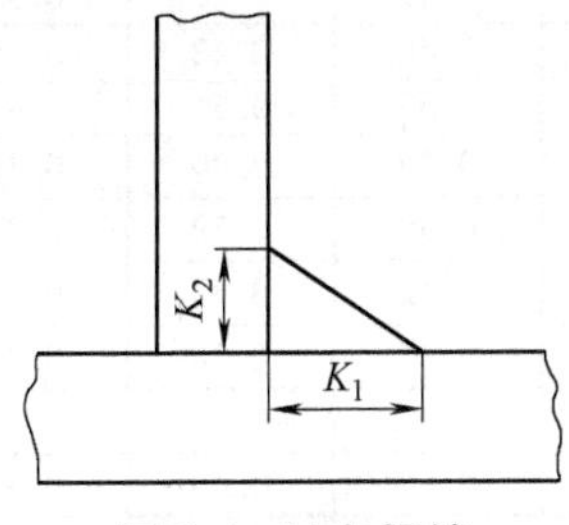

图 2-4　V 角焊缝

$$A=K_1K_2/2$$

式中 K_1——角焊缝宽度（cm）；

K_2——角焊缝高度（cm）。

2.2.2 查表法

查表法所用表格以常用的碳钢焊条为计算对象，熔敷金属密度取 7.8g/cm^3，熔敷效率：焊条为 55%，药芯焊丝为 90%，实芯焊丝为 95%。V 形对接接头单面焊的焊条用量见表 2-1。等边直角焊缝的焊接材料用量见表 2-2。

表 2-1 V 形对接接头单面焊的焊条用量

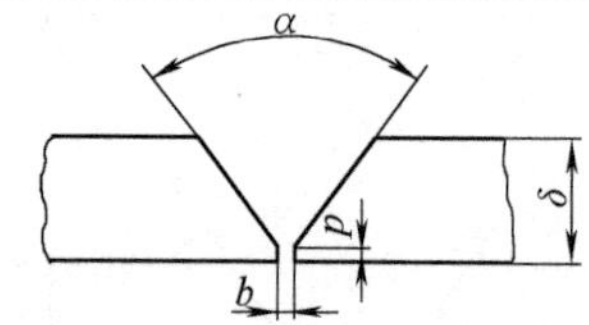

板厚 δ/mm	α/(°)	b/mm	p/mm 0	1	2	3	4
			单位长度焊缝所需焊条质量/(kg/m)				
6	45	0	0.22	0.15	0.09	0.05	0.02
		1.0	0.29	0.24	0.18	0.16	0.10
		1.5	0.35	0.27	0.22	0.18	0.15
		2.0	0.38	0.31	0.27	0.22	0.20
		2.5	0.42	0.36	0.31	0.27	0.24
		3.0	0.50	0.47	0.40	0.35	0.31
		4.0	0.56	0.55	0.49	0.44	0.40
	50	0	0.24	0.16	0.11	0.05	0.04
		1.0	0.32	0.25	0.20	0.16	0.11
		1.5	0.36	0.29	0.24	0.18	0.16
		2.0	0.42	0.35	0.27	0.24	0.20
		2.5	0.45	0.38	0.33	0.27	0.24
		3.0	0.49	0.42	0.36	0.31	0.29
		4.0	0.58	0.51	0.45	0.40	0.36
	60	0	0.29	0.20	0.13	0.07	0.04
		1.0	0.38	0.29	0.22	0.16	0.13
		1.5	0.42	0.33	0.25	0.20	0.16
		2.0	0.47	0.38	0.31	0.24	0.20
		2.5	0.51	0.42	0.35	0.29	0.25
		3.0	0.55	0.45	0.38	0.33	0.29
		4.0	0.64	0.54	0.47	0.42	0.36

（续）

板厚 δ/mm	α/(°)	b/mm	p/mm 0	1	2	3	4
			单位长度焊缝所需焊条质量/(kg/m)				
6	70	0	0.36	0.25	0.16	0.09	0.04
		1.0	0.44	0.33	0.24	0.18	0.13
		1.5	0.49	0.38	0.29	0.22	0.16
		2.0	0.53	0.42	0.39	0.25	0.22
		2.5	0.56	0.45	0.36	0.31	0.25
		3.0	0.62	0.51	0.42	0.35	0.29
		4.0	0.69	0.55	0.51	0.44	0.38
	90	0	0.51	0.36	0.24	0.13	0.05
		1.0	0.60	0.44	0.31	0.22	0.15
		1.5	0.64	0.49	0.36	0.25	0.18
		2.0	0.67	0.53	0.40	0.29	0.24
		2.5	0.73	0.56	0.44	0.35	0.27
		3.0	0.76	0.62	0.49	0.38	0.31
		4.0	0.85	0.60	0.56	0.47	0.40
9	45	0	0.47	0.38	0.29	0.22	0.15
		1.0	0.60	0.51	0.42	0.35	0.27
		1.5	0.67	0.56	0.47	0.40	0.35
		2.0	0.72	0.64	0.55	0.47	0.40
		2.5	0.80	0.69	0.60	0.53	0.47
		3.0	0.85	0.76	0.67	0.60	0.53
		4.0	0.98	0.89	0.80	0.73	0.65
	50	0	0.54	0.42	0.33	0.24	0.16
		1.0	0.67	0.55	0.45	0.36	0.29
		1.5	0.73	0.62	0.51	0.44	0.36
		2.0	0.80	0.67	0.58	0.49	0.42
		2.5	0.85	0.75	0.63	0.56	0.49
		3.0	0.93	0.80	0.71	0.62	0.55
		4.0	1.05	0.93	0.84	0.75	0.57
	60	0	0.67	0.53	0.40	0.29	0.20
		1.0	0.80	0.65	0.53	0.42	0.33
		1.5	0.85	0.71	0.60	0.49	0.40
		2.0	0.93	0.78	0.65	0.55	0.45
		2.5	0.98	0.84	0.73	0.62	0.53
		3.0	1.05	0.91	0.78	0.67	0.58
		4.0	1.21	1.04	0.91	0.80	0.71

（续）

板厚 δ/mm	α/(°)	b/mm	p/mm 0	1	2	3	4
			单位长度焊缝所需焊条质量/(kg/m)				
9	70	0	0.80	0.64	0.49	0.34	0.25
		1.0	0.93	0.76	0.62	0.49	0.38
		1.5	1.00	0.81	0.67	0.55	0.44
		2.0	1.05	0.89	0.74	0.62	0.51
		2.5	1.13	0.96	0.80	0.67	0.56
		3.0	1.18	1.02	0.87	0.75	0.64
		4.0	1.31	1.15	1.00	0.87	0.76
	90	0	1.15	0.91	0.69	0.51	0.36
		1.0	1.27	1.04	0.82	0.64	0.49
		1.5	1.35	1.11	0.89	0.71	0.55
		2.0	1.40	1.14	0.95	0.76	0.62
		2.5	1.47	1.24	1.02	0.84	0.67
		3.0	1.53	1.29	1.07	0.89	0.75
		4.0	1.65	1.42	1.20	1.02	0.87
12	45	0	0.85	0.71	0.58	0.47	0.38
		1.0	1.02	0.89	0.76	0.65	0.55
		1.5	1.11	0.96	0.84	0.73	0.64
		2.0	1.18	1.05	0.93	0.82	0.71
		2.5	1.27	1.15	1.02	0.91	0.80
		3.0	1.36	1.22	1.09	0.98	0.91
		4.0	1.53	1.40	1.27	1.16	1.05
	50	0	0.95	0.80	0.65	0.54	0.42
		1.0	1.13	0.96	0.84	0.71	0.60
		1.5	1.20	1.05	0.91	0.80	0.67
		2.0	1.29	1.14	1.00	0.87	0.76
		2.5	1.38	1.22	1.09	0.96	0.85
		3.0	1.47	1.31	1.18	1.05	0.93
		4.0	1.64	1.53	1.35	1.22	1.11
	60	0	1.18	1.00	0.82	0.67	0.53
		1.0	1.35	1.16	0.98	0.84	0.62
		1.5	1.44	1.25	1.07	0.93	0.78
		2.0	1.53	1.33	1.16	1.00	0.87
		2.5	1.60	1.42	1.24	1.09	0.95
		3.0	1.69	1.51	1.33	1.18	1.04
		4.0	1.85	1.67	1.51	1.34	1.20

（续）

板厚 δ/mm	α/(°)	b/mm	p/mm				
			0	1	2	3	4
			单位长度焊缝所需焊条质量/(kg/m)				
12	70	0	1.44	1.20	1.00	0.80	0.64
		1.0	1.60	1.36	1.16	0.98	0.80
		1.5	1.69	1.45	1.25	1.05	0.89
		2.0	1.76	1.55	1.33	1.15	0.98
		2.5	1.85	1.64	1.42	1.24	1.05
		3.0	1.95	1.71	1.51	1.31	1.15
		4.0	2.11	1.89	1.67	1.49	1.31
	90	0	2.04	1.71	1.42	1.15	0.91
		1.0	2.22	1.89	1.58	1.33	1.07
		1.5	2.29	1.96	1.67	1.40	1.16
		2.0	2.38	2.05	1.76	1.49	1.13
		2.5	2.47	2.14	1.84	1.58	1.33
		3.0	2.54	2.24	1.93	1.65	1.42
		4.0	2.73	2.40	2.09	1.84	1.58
16	45	0	1.51	1.33	1.15	1.00	0.85
		1.0	1.73	1.54	1.38	1.22	1.07
		1.5	1.84	1.65	1.49	1.33	1.18
		2.0	1.96	1.78	1.60	1.45	1.31
		2.5	2.07	1.89	1.73	1.56	1.42
		3.0	2.18	2.00	1.84	1.67	1.53
		4.0	2.42	2.24	2.05	1.91	1.75
	50	0	1.69	1.49	1.29	1.13	0.95
		1.0	1.93	1.71	1.53	1.35	1.18
		1.5	2.04	1.84	1.64	1.45	1.29
		2.0	2.15	1.95	1.75	1.56	1.40
		2.5	2.25	2.05	1.87	1.69	1.53
		3.0	2.38	2.16	1.98	1.80	1.64
		4.0	2.60	2.40	2.20	2.02	1.85
	60	0	2.09	1.84	1.60	1.38	1.18
		1.0	2.33	2.07	1.84	1.62	1.40
		1.5	2.44	2.18	1.95	1.73	1.53
		2.0	2.55	2.29	2.05	1.84	1.64
		2.5	2.67	2.42	2.18	1.95	1.75
		3.0	2.78	2.53	2.29	2.07	1.85
		4.0	3.00	2.75	2.51	2.29	2.09

（续）

板厚 δ/mm	α/(°)	b/mm	p/mm 0	1	2	3	4
			单位长度焊缝所需焊条质量/(kg/m)				
16	70	0	2.55	2.24	1.95	1.67	1.44
		1.0	2.76	2.45	2.18	1.91	1.65
		1.5	2.89	2.58	2.29	2.02	1.76
		2.0	3.00	2.69	2.40	2.13	1.89
		2.5	3.11	2.80	2.51	2.25	2.00
		3.0	3.22	2.91	2.64	2.30	2.11
		4.0	3.45	3.15	2.85	2.58	2.35
	90	0	3.64	3.20	2.78	2.38	2.04
		1.0	3.85	3.42	3.00	2.62	2.27
		1.5	3.96	3.53	3.13	2.75	2.38
		2.0	4.09	3.65	3.24	2.85	2.49
		2.5	4.20	3.76	3.35	2.96	2.62
		3.0	4.31	3.87	3.45	3.07	2.73
		4.0	4.55	4.09	3.69	3.31	2.95
19	45	0	2.13	1.91	1.69	1.51	1.15
		1.0	2.40	2.18	1.96	1.78	1.60
		1.5	2.53	2.31	2.11	1.91	1.73
		2.0	2.65	2.44	2.24	2.04	1.85
		2.5	2.80	2.60	2.36	2.18	2.00
		3.0	2.93	2.71	2.51	2.31	2.13
		4.0	2.32	2.95	2.78	2.58	2.46
	50	0	2.38	2.15	1.91	1.69	1.49
		1.0	2.65	2.42	2.18	1.96	1.76
		1.5	2.80	2.55	2.31	2.09	1.89
		2.0	2.93	2.69	2.45	2.24	2.04
		2.5	3.05	2.82	2.58	2.36	2.16
		3.0	3.20	2.95	2.73	2.51	2.29
		4.0	3.47	3.22	2.98	2.76	2.56
	60	0	2.95	2.65	2.36	2.09	1.83
		1.0	3.22	2.93	2.64	2.36	2.11
		1.5	3.35	3.05	2.76	2.51	2.25
		2.0	3.49	3.20	2.91	2.64	2.38
		2.5	3.64	3.33	3.04	2.76	2.51
		3.0	3.76	3.45	3.36	2.91	2.65
		4.0	4.04	3.73	3.44	3.18	2.93

（续）

板厚 δ/mm	α/(°)	b/mm	p/mm 0	1	2	3	4
			单位长度焊缝所需焊条质量/(kg/m)				
19	70	0	3.58	3.22	2.87	2.55	2.24
		1.0	3.85	3.49	3.14	2.82	2.51
		1.5	3.93	3.62	3.27	2.95	2.64
		2.0	4.13	3.76	3.42	3.09	2.78
		2.5	4.25	3.89	3.55	3.22	2.91
		3.0	4.40	4.02	3.67	3.35	3.04
		4.0	4.65	4.29	3.95	3.62	3.31
	90	0	5.13	4.60	4.09	3.64	3.20
		1.0	5.38	4.87	4.36	3.91	3.45
		1.5	5.53	5.00	4.51	4.04	3.60
		2.0	5.65	5.13	4.64	4.16	3.73
		2.5	5.80	5.23	4.78	4.31	3.87
		3.0	5.93	5.40	4.91	4.44	4.00
		4.0	6.20	5.67	5.18	4.71	4.27
22	45	0	2.84	2.60	2.35	2.12	1.91
		1.0	3.16	2.91	2.63	2.44	2.22
		1.5	3.31	3.05	2.82	2.58	2.36
		2.0	3.47	3.22	2.98	2.75	2.53
		2.5	3.62	3.38	3.13	2.91	2.69
		3.0	3.78	3.53	3.29	3.05	2.84
		4.0	4.09	3.84	3.60	3.36	3.14
	50	0	3.20	2.91	2.65	2.38	2.15
		1.0	3.51	3.24	2.96	2.71	2.45
		1.5	3.67	3.27	3.11	2.85	2.62
		2.0	3.82	3.55	3.27	3.02	2.85
		2.5	3.98	3.69	3.42	3.16	2.93
		3.0	4.14	3.85	3.58	3.33	3.07
		4.0	4.45	4.16	3.89	3.64	3.40
	60	0	3.96	3.62	3.27	2.96	2.65
		1.0	4.24	3.93	3.58	3.27	2.96
		1.5	4.44	4.07	3.74	3.42	3.13
		2.0	4.58	4.24	3.91	3.58	3.27
		2.5	4.75	4.40	4.05	3.75	3.24
		3.0	4.89	4.55	4.22	3.89	3.58
		4.0	5.22	4.85	4.53	4.20	3.91

（续）

板厚 δ/mm	α/(°)	b/mm	p/mm				
			0	1	2	3	4
			单位长度焊缝所需焊条质量/(kg/m)				
22	70	0	4.80	4.38	3.98	3.58	3.22
		1.0	5.13	4.69	4.29	3.89	3.53
		1.5	5.27	4.85	4.44	4.05	3.69
		2.0	5.44	5.00	4.60	4.22	3.84
		2.5	5.58	5.16	4.75	4.36	4.00
		3.0	5.75	5.31	4.91	4.53	4.15
		4.0	6.05	5.64	5.22	4.84	4.47
	90	0	6.87	6.25	5.67	5.13	4.60
		1.0	7.18	6.56	5.98	5.44	4.91
		1.5	7.33	6.73	6.15	5.58	5.07
		2.0	7.49	6.87	6.29	5.74	5.22
		2.5	7.67	7.04	6.45	5.91	5.38
		3.0	7.80	7.20	6.62	6.05	5.53
		4.0	8.11	7.51	6.93	6.63	5.84

表 2-2 等边直角焊缝的焊接材料用量

焊接接头形式	角焊缝尺寸 K/mm	单位长度熔敷金属质量/(kg/m)	单位长度焊缝所需焊接材料质量/(kg/m)		
			焊条	药芯焊丝	实心焊丝
K K 余高系数:1.2	3	0.04	0.07	0.05	0.04
	4	0.075	0.14	0.08	0.08
	5	0.12	0.21	0.13	0.12
	6	0.17	0.31	0.19	0.18
	7	0.23	0.42	0.26	0.24
	8	0.30	0.54	0.33	0.32
	9	0.38	0.69	0.42	0.42
	10	0.47	0.85	0.52	0.49
	11	0.57	1.03	0.63	0.60
	12	0.67	1.23	0.74	0.71
	13	0.79	1.44	0.88	0.83
	16	1.20	2.18	1.33	1.26
	19	1.69	3.07	1.88	1.78
	22	2.26	4.12	2.51	2.38
	25	2.93	5.32	3.25	3.08
	28	3.67	6.67	4.08	3.86

注：埋弧焊丝用量即为熔敷金属质量。

2.2.3　图表法

根据板厚、坡口形式及焊接材料种类可直接从图中查出焊材需用量，如图 2-5 和图 2-6 所示。对图 2-5 和图 2-6 的说明如下：

1）熔敷效率：焊条为 55%（包括舍去夹持端约 50mm），实心焊丝、金属粉型药芯焊丝为 95%，粉剂型药芯焊丝为 90%，埋弧焊用实心焊丝为 100%。

2）熔敷金属密度为 7.85g/cm^3。

3）角接接头余高由 $h=0.043\delta+0.86$ 计算。

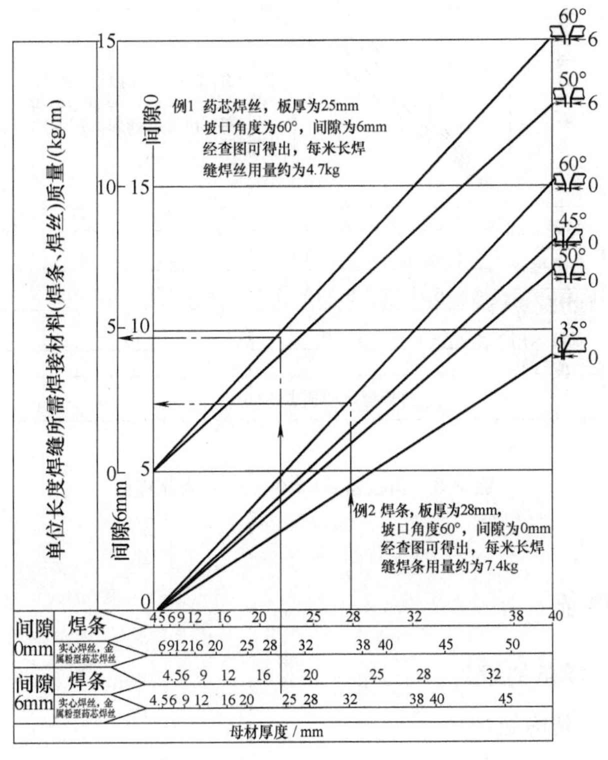

图 2-5　对接接头焊接材料用量计算图

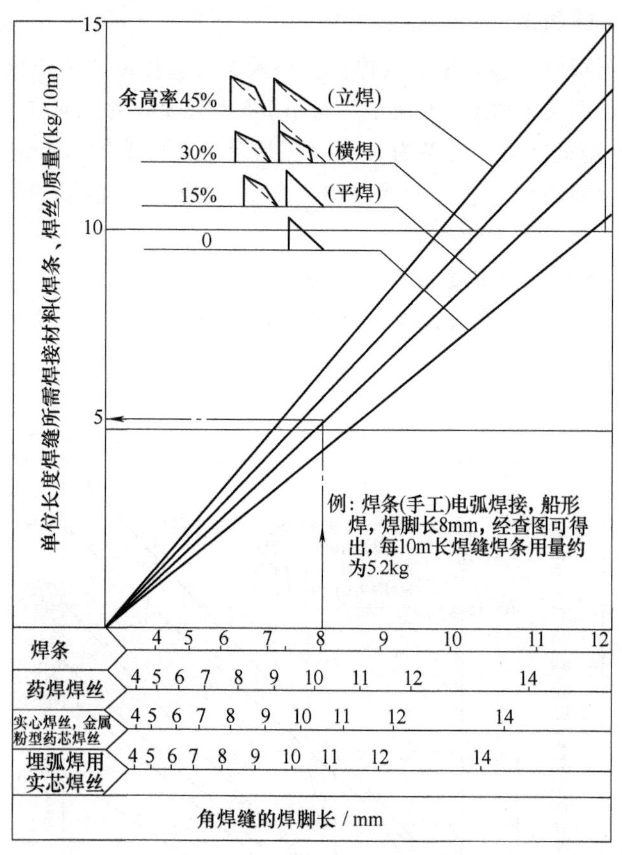

图 2-6　角接接头焊接材料用量计算图

2.3　焊条

2.3.1　焊条的设计

1. 焊条的结构

焊条包括内部的焊芯和外部的药皮，其结构如图 2-7 所示。为了便于引弧，焊条的引弧端应进行倒角，露出焊芯金属；夹持端处的药皮也要清理干净，以保证焊钳与焊芯保持良好的接触。

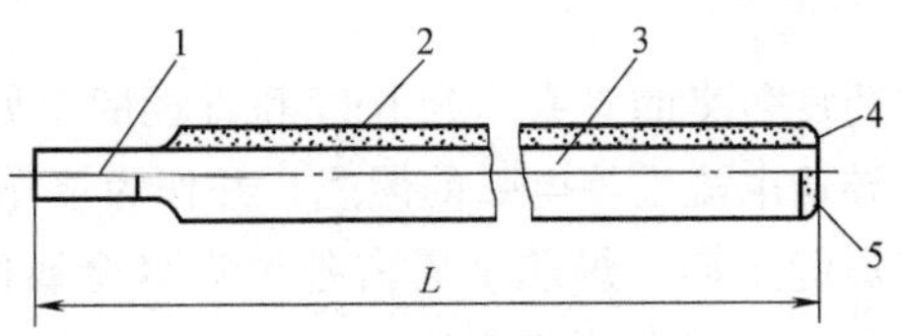

图 2-7　焊条的结构

1—夹持端　2—药皮　3—焊芯　4—引弧端　5—引弧剂

焊条断面形状如图 2-8 所示。采用双层药皮（配方成分不同）是为了改善焊接时的工艺性能，焊芯中填充有合金剂主要是为了使合金堆焊到待焊金属表面。

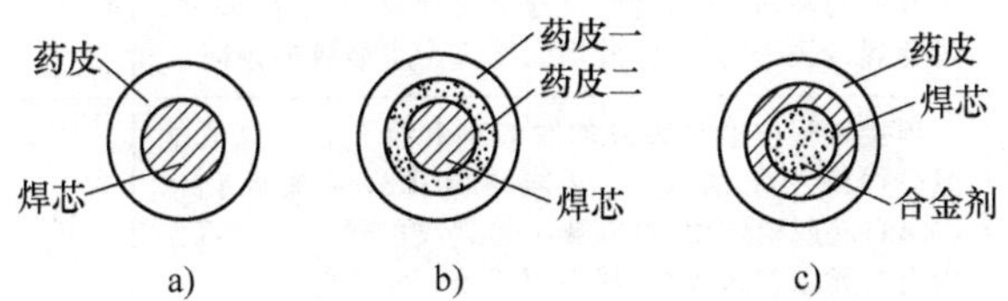

图 2-8　焊条断面形状

a）普通断面　b）双层药皮断面　c）中心填充合金粉断面

用低氢型焊条焊接时，焊缝的端部易产生气孔。为了防止气孔的产生，也为了便于引弧，一般将低氢型焊条的端部进行特殊处理，如图 2-9 所示。

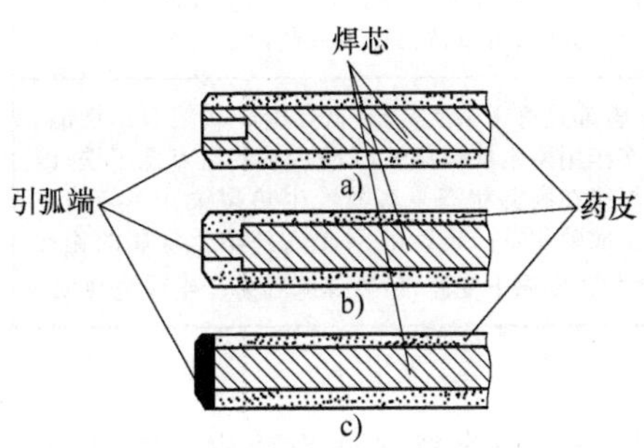

图 2-9　低氢型焊条端部的特殊处理

a）凹形端部　b）凸形端部　c）端部涂引弧剂

2. 焊芯

焊条中被药皮包裹的具有一定长度和直径的金属芯称为焊芯。焊芯的作用是导通电流维持电弧的燃烧，并作为填充材料与熔化的母材共同形成焊缝金属。焊芯金属占整个焊缝金属的50%~70%。碳钢焊芯中各元素的作用见表2-3。

表2-3 碳钢焊芯中各元素的作用

组成元素	影响说明	质量分数
碳(C)	焊接过程中碳是一种良好的脱氧剂，在高温时与氧化合生成CO或CO_2气体。这些气体从熔池中逸出，在熔池周围形成气罩，可减小或防止空气中氧、氮与熔池的作用，所以碳能减少焊缝中氧和氮的含量。但碳含量过高时，由于还原作用剧烈，会增加飞溅和产生气孔的倾向，同时会明显地提高焊缝的强度、硬度，降低焊接接头的塑性，并增大接头产生裂纹的倾向	小于0.10%为宜
锰(Mn)	焊接过程中锰是很好的脱氧剂和合金剂。锰既能减少焊缝中氧的含量，又能与硫化合生成硫化锰(MnS)起脱硫作用，可以减小热裂纹的倾向。锰可作为合金元素渗入焊缝，提高焊缝的力学性能	0.30%~0.55%
硅(Si)	硅也是脱氧剂，而且脱氧能力比锰强，与氧形成二氧化硅(SiO_2)。但它会增加熔渣的黏度，黏度过大会促使非金属夹杂物的生成。过多的硅还会降低焊缝金属的塑性和韧性	一般限制在0.04%以下
铬(Cr)和镍(Ni)	对碳钢焊芯来说，铬与镍都是杂质，是从炼钢原料中混入的。焊接过程中铬易氧化，形成难熔的氧化铬(Cr_2O_3)，使焊缝产生夹渣。镍对焊接过程无影响，但对钢的韧性有比较明显的影响。一般低温冲击韧性要求较高时，可以适当掺入一些镍	铬的质量分数一般控制在0.20%以下，镍的质量分数控制在0.30%以下
硫(S)和磷(P)	硫、磷都是有害杂质，会降低焊缝金属的力学性能。硫与铁作用能生成硫化铁(FeS)，它的熔点低于铁，因此使焊缝在高温状态下容易产生热裂纹。磷与铁作用能生成磷化铁(Fe_3P和Fe_2P)，使熔化金属的流动性增大，在常温下变脆，所以焊缝容易产生冷脆现象	一般不大于0.04%，在焊接重要结构时，要求硫与磷的质量分数不大于0.03%

3. 药皮

压涂在焊芯表面的涂料层称为药皮，它是由矿物粉末、合金粉、有机物和化工制品等原料按照一定的比例配置而成的。其作用为：

1）在电弧周围造成一种还原性或中性气氛，防止空气中的氧、氮等进入熔敷金属。

2）保证电弧的集中和稳定，使熔滴金属顺利过渡。

3）生成的熔渣均匀覆盖在焊缝金属表面，可以使焊缝金属冷却速度降低，有利于已进入熔化金属中的气体逸出，减少生成气孔的可能性并改善焊缝的成形。

4）保证熔渣具有合适的熔点、黏度，使焊条能够在所要求的位置进行焊接。

5）通过熔渣与熔化金属的冶金反应，除去有害杂质，填加有益元素，使焊缝获得良好的力学性能。

6）通过调整药皮成分，可改变药皮的熔点和凝固温度，使焊条末端形成套筒，产生定向气流，适应各种焊接位置的需要。

制备焊条药皮的常用材料的作用见表2-4。

表2-4 制备焊条药皮的常用材料的作用

材料名称	主要成分	稳定电弧	造渣	脱氧	氧化	气体保护	掺合金	增塑润滑	药皮粘接
大理石	$CaCO_3$	○	△		△	○			
萤石	CaF_2		○						
金红石	TiO_2	○	○						
二氧化钛	TiO_2	○	○					△	
钛铁矿	TiO_2、FeO	○	○		△				
长石	SiO_2、Al_2O_3、R_2O	○	○						
云母	SiO_2、Al_2O_3		○						
锰铁	Mn		△	○			○		
硅铁	Si		△	○			○		
钛铁	Ti		△	○					
金属铬	Cr						○		
镍粉	Ni						○		
木粉、淀粉	$(C_6H_{10}O_5)_n$			△		○		△	
钾水玻璃	$K_2O \cdot nSiO_2$	○	△						○
钠水玻璃	$Na_2O \cdot nSiO_2$	○	△						○

注：○代表主要的作用，△代表次要的作用。

2.3.2 焊条的分类

1. 按用途分类

焊条按用途可分为碳钢焊条、低合金钢焊条、不锈钢焊条、堆焊焊条、铸铁焊条、镍及镍合金焊条、铜及铜合金焊条、铝及铝合金焊条、低温钢焊条、结构钢焊条、钼及铬钼耐热钢焊条、特殊用途焊条等。

2. 按熔渣的酸碱性分类

焊条按熔渣的酸碱性可分为酸性焊条和碱性焊条。

（1）酸性焊条　药皮中含有大量的氧化钛、氧化硅等酸性造渣物及一定数量的碳酸盐等，熔渣氧化性强，熔渣碱度系数小于 1。

（2）碱性焊条　药皮中含有大量的碱性造渣物（大理石、萤石等），并含有一定数量的脱氧剂和渗合金剂。碱性焊条主要靠碳酸盐分解出二氧化碳作保护气体，弧柱气氛中的氢分压较低。萤石中的氟化钙在高温时与氢结合成氟化氢，降低了焊缝中的氢含量，故碱性焊条又称为低氢型焊条。

（3）酸性焊条与碱性焊条工艺性能比较　两种焊条的工艺性能比较见表 2-5。

表 2-5　酸性焊条与碱性焊条工艺性能比较

酸性焊条	碱性焊条
药皮组分氧化性强	药皮组分还原性强
对水、锈产生气孔的敏感性不大，焊条在使用前经 150～200℃ 烘干 1h，若不受潮，也可不烘干	对水、锈产生气孔的敏感性大，要求焊条使用前经(300～400)℃×(1～2)h 再烘干
电弧稳定，可用交流或直流施焊	由于药皮中含有氟化物，恶化电弧稳定性，须用直流施焊，只有当药皮中加稳弧剂后，方可交直流两用
焊接电流较大	焊接电流较小，较同规格的酸性焊条小 10%左右
可长弧操作	须短弧操作，否则易引起气孔及增加飞溅
合金元素过渡效果差	合金元素过渡效果好
焊缝成形较好，除氧化铁型外，熔深较浅	焊缝成形尚好，容易堆高，熔深较深
熔渣结构呈玻璃状	熔渣结构呈岩石结晶状
脱渣较方便	坡口内第一层脱渣较困难，以后各层脱渣较容易
焊缝常温、低温冲击性能一般	焊缝常温、低温冲击性能较高
除氧化铁型外，抗裂性能较差	抗裂性能好
焊缝中氢含量高，易产生白点，影响塑性	焊缝中扩散氢含量低
焊接时烟尘少	焊接时烟尘多，且烟尘中含有害物质较多

3. 按药皮的类型分类

焊条药皮由多种原料组成，可按照药皮的主要成分确定焊条的类型。各类药皮焊条的主要特点见表 2-6。

表 2-6 各类药皮焊条的主要特点

药皮类型	电源种类	主要特点
不属已规定的类型	不规定	在某些焊条中采用氧化锆、金红石碱性型等，这些新渣系目前尚未形成系列
氧化钛型	直流或交流	含大量氧化钛，焊接工艺性能良好，电弧稳定，再引弧方便，飞溅很小，熔深较浅，熔渣覆盖性良好，脱渣容易，焊缝波纹特别美观，可全位置焊接，尤宜于薄板焊接，但焊缝塑性和抗裂性稍差。随药皮中钾、钠及铁粉等用量的变化，分为高钛钾型、高钛钠型及铁粉钛型等
钛钙型	直流或交流	药皮中氧化钛的质量分数在 30%以上，钙、镁的碳酸盐的质量分数在 20%以下，焊接工艺性能良好，熔渣流动性好，熔深一般，电弧稳定，焊缝美观，脱渣方便，适用于全位置焊接。如 J422 即属此类型，是目前碳钢焊条中使用广泛的一种焊条
钛铁矿型	直流或交流	药皮中钛铁矿的质量分数不低于 30%，焊条熔化速度快，熔渣流动性好，熔深较深，脱渣容易，焊波整齐，电弧稳定，平焊、平角焊工艺性能较好，立焊稍差，焊缝有较好的抗裂性
氧化铁型	直流或交流	药皮中含大量氧化铁和较多的锰铁脱氧剂，熔深大，熔化速度快，焊接生产率较高，电弧稳定，再引弧方便，立焊、仰焊较困难，飞溅稍大，焊缝抗热裂性能较好，适用于中厚板焊接。由于电弧吹力大，适于野外操作。若药皮中加入一定量的铁粉，则为铁粉氧化铁型
纤维素型	直流或交流	药皮中有机物的质量分数在 15%以上，氧化钛的质量分数为 30%左右，焊接工艺性能良好，电弧稳定，电弧吹力大，熔深大，熔渣少，脱渣容易。可做向下立焊、深熔焊或单面焊双面成形焊接。立焊、仰焊工艺性好，适用于薄板结构、油箱管道、车辆壳体等焊接。随药皮中稳弧剂、黏结剂含量变化，分为高纤维素钠型(采用直流反接)、高纤维素钾型两类
低氢钾型	直流或交流	药皮组分以碳酸盐和萤石为主。焊条使用前须经 300～400℃烘焙。短弧操作，焊接工艺性能一般，可全位置焊接。焊缝有良好的抗裂性和综合力学性能。适于焊接重要的焊接结构。按药皮中稳弧剂量、铁粉量和黏结剂不同，分为低氢钠性、低氢钾型和铁粉低氢型等
低氢钠型	直流	
石墨型	直流或交流	药皮中含有大量石墨，通常用于铸铁或堆焊焊条。采用低碳钢焊芯时，焊接工艺性能较差，飞溅较多，烟雾较大，熔渣少，适于平焊，采用有色金属焊芯时，能改善其工艺性能，但电流不宜过大

（续）

药皮类型	电源种类	主要特点
盐基型	直流	药皮中含大量氯化物和氟化物，主要用于铝及铝合金焊条。吸潮性强，焊前要烘干。药皮熔点低，熔化速度快。采用直流电源，焊接工艺性较差，短弧操作，熔渣有腐蚀性，焊后需用热水清洗

2.3.3 焊条的型号和牌号

1. 焊条的型号

焊条型号是以国家标准为依据，反映焊条主要特性的一种表示方法。焊条型号包括焊条类别、焊条特点（如焊芯金属类型、使用温度、熔敷金属化学成分及抗拉强度等）、药皮类型及焊接电源。不同类型焊条的型号表示方法也不同。

2. 焊条的牌号

焊条牌号通常由一个汉语拼音字母（或汉字）与三位数字及字母符号组成。拼音字母（或汉字）表示焊条各大类。后面的三位数字中，前面两位数字表示各大类中的若干小类，第三位数字表示各种焊条牌号的药皮类型及焊接电源。焊条牌号中第三位数字的含义见表 2-7，其中盐基型主要用于有色金属焊条，石墨型主要用于铸铁条和个别堆焊焊条。数字后面的字母符号表示焊条的特殊性能和用途，见表 2-8，对于任一给定的电焊条，只要从表中查出字母所表示的含义，就可经以掌握这种焊条的主要特征。

表 2-7　焊条牌号中第三位数字的含义

焊条牌号	药皮类型	焊接电源种类
□××0	不属已规定的类型	不规定
□××1	氧化钛型	直流或交流
□××2	钛钙型	直流或交流
□××3	钛铁矿型	直流或交流
□××4	氧化铁型	直流或交流
□××5	纤维素型	直流或交流
□××6	低氢钾型	直流或交流
□××7	低氢钠型	直流
□××8	石墨型	直流或交流
□××9	盐基型	直流

注：□表示焊条牌号中的拼音字母（或汉字），××表示牌号中的前两位数字。

表 2-8 牌号后面加注字母符号的含义

字母符号	表示的意义	字母符号	表示的意义
D	底层焊条	RH	高韧性超低氢焊条
DF	低尘焊条	LMA	低吸潮焊条
Fe	高效铁粉焊条	SL	渗铝钢焊条
Fe15	高效铁粉焊条,焊条名义熔敷效率为150%	X	向下立焊用焊条
		XG	管子用向下立焊焊条
G	高韧性焊条	Z	重力焊条
GM	盖面焊条	Z16	重力焊条,焊条名义熔敷效率为160%
R	压力容器用焊条	CuP	含Cu和P的耐大气腐蚀焊条
GR	高韧性压力容器用焊条	CrNi	含Cr和Ni的耐海水腐蚀焊条
H	超低氢焊条		

（1）结构钢（含低合金高强钢）焊条牌号表示方法

1）牌号前加“J”表示结构钢焊条。

2）牌号前两位数字，表示焊缝金属抗拉强度等级，见表2-9。

表 2-9 焊缝金属抗拉强度等级

焊条牌号	焊缝金属抗拉强度等级		焊条牌号	焊缝金属抗拉强度等级	
	MPa	kgf/mm^2		MPa	kgf/mm^2
J42×	412	42	J70×	690	70
J50×	490	50	J75×	740	75
J55×	540	55	J85×	830	85
J60×	590	60	J10×	980	100

3）牌号第三位数字表示药皮类型和焊接电源种类。

4）药皮中铁粉的质量分数约为30%或熔敷效率为105%以上，在牌号末尾加注“Fe”。当熔敷效率不小于130%时，在“Fe”后再加注两位数字（以效率的1/10表示）。

5）有特殊性能和用途的，则在牌号后面加注起主要作用的元素或主要用途的拼音字母（一般不超过两个）。

结构钢焊条牌号示例：

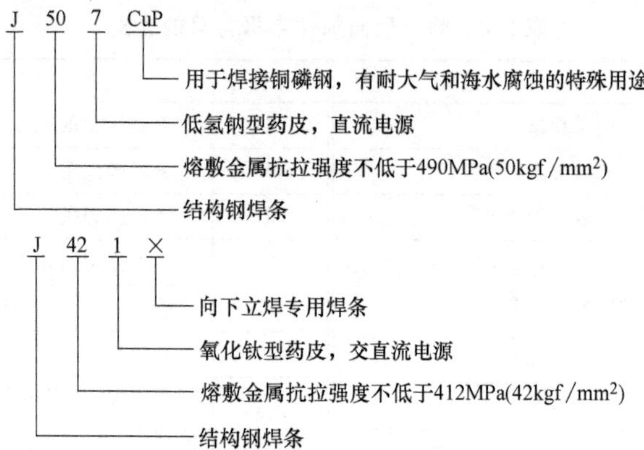

（2）钼和铬钼耐热钢焊条牌号表示方法

1）牌号前加“R”表示钼和铬钼耐热钢焊条。

2）牌号第一位数字表示熔敷金属主要化学成分组成等级，见表 2-10。

表 2-10　耐热钢焊条熔敷金属主要化学成分组成等级

焊条牌号	熔敷金属主要化学成分组成等级(质量分数)	焊条牌号	熔敷金属主要化学成分组成等级(质量分数)
R1××	Mo:0.5%	R5××	Cr:5%,Mo:0.5%
R2××	Cr:0.5%,Mo:0.5%	R6××	Cr:7%,Mo:1%
R3××	Cr:1%~2%,Mo:0.5%~1%	R7××	Cr:9%,Mo:1%
R4××	Cr:2.5%,Mo:1%	R8××	Cr:11%,Mo:1%

3）牌号第二位数字，表示同一熔敷金属主要化学成分组成等级中的不同牌号，对于同一组成等级的焊条，可有 10 个牌号，按 0、1、2、3、4、5、6、7、8、9 顺序编排，以区别铬钼之外的其他成分的不同。

4）牌号第三位数字表示药皮类型和焊接电源种类。

钼和铬钼耐热钢焊条牌号示例：

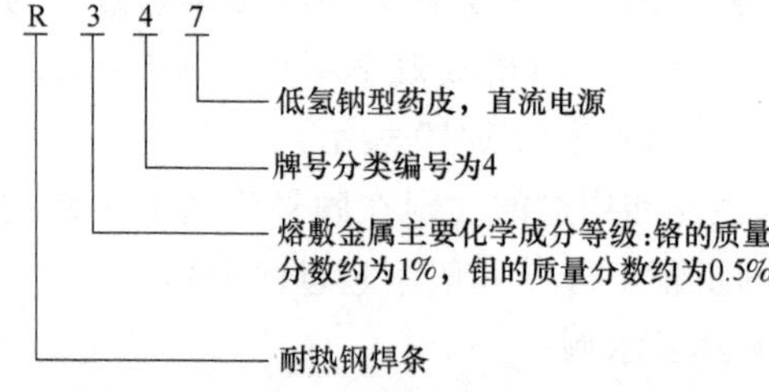

（3）低温钢焊条牌号表示方法

1）牌号前加“W”表示低温钢焊条。

2）牌号前两位数字表示低温钢焊条工作温度等级，见表2-11。

表 2-11 低温钢焊条工作温度等级

焊条牌号	工作温度等级/℃	焊条牌号	工作温度等级/℃
W60×	-60	W10×	-100
W70×	-70	W19×	-196
W80×	-80	W25×	-253
W90×	-90		

3）牌号第三位数字表示药皮类型和焊接电源种类。

低温钢焊条牌号示例：

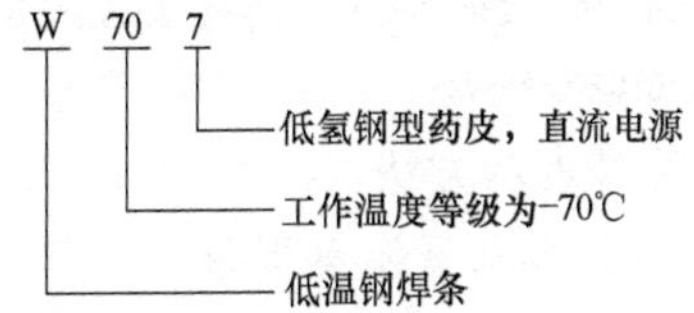

（4）不锈钢焊条牌号表示方法

1）牌号前加“G”或“A”，分别表示铬不锈钢焊条或奥氏体铬镍不锈钢焊条。

2）牌号第一位数字表示熔敷金属主要化学成分组成等级，见表2-12。

表 2-12 不锈钢焊条熔敷金属主要化学成分组成等级

焊条牌号	熔敷金属主要化学成分组成等级（质量分数）	焊条牌号	熔敷金属主要化学成分组成等级（质量分数）
G2××	Cr：13%	A4××	Cr：26%，Ni：21%
G3××	Cr：17%	A5××	Cr：16%，Ni：25%
A0××	C：≤0.04%（超低碳）	A6××	Cr：16%，Ni：35%
A1××	Cr：19%，Ni：10%	A7××	铬锰氮不锈钢
A2××	Cr：18%，Ni：12%	A8××	Cr：18%，Ni：18%
A3××	Cr：23%，Ni：13%	A9××	待发展

3）牌号第二位数字表示同一熔敷金属主要化学成分组成等级中的不同牌号，对于同一组成等级的焊条，可有10个牌号，按0、

1、2、3、4、5、6、7、8、9顺序编排，以区别镍铬之外的其他成分的不同。

4）牌号第三位数字表示药皮类型和焊接电源种类。

不锈钢焊条牌号示例：

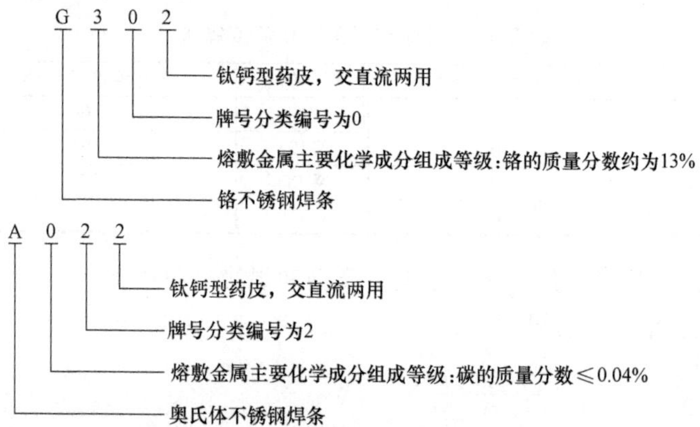

（5）堆焊焊条牌号表示方法

1）牌号前加“D”表示低温钢焊条。

2）牌号的前两位数字表示堆焊焊条的用途或熔敷金属的主要成分类型等，见表2-13。

表2-13　堆焊焊条牌号的前两位数字含义

焊条牌号	主要用途或主要成分类型	焊条牌号	主要用途或主要成分类型
D00×~09×	不规定	D60×~69×	合金铸铁堆焊焊条
D10×~24×	不同硬度的常温堆焊焊条	D70×~79×	碳化钨堆焊焊条
D25×~29×	常温高锰钢堆焊焊条	D80×~89×	钴基合金堆焊焊条
D30×~49×	刀具工具用堆焊焊条	D90×~99×	待发展的堆焊焊条
D50×~59×	阀门堆焊焊条		

3）牌号第三位数字表示药皮类型和焊接电源种类。

堆焊焊条牌号示例：

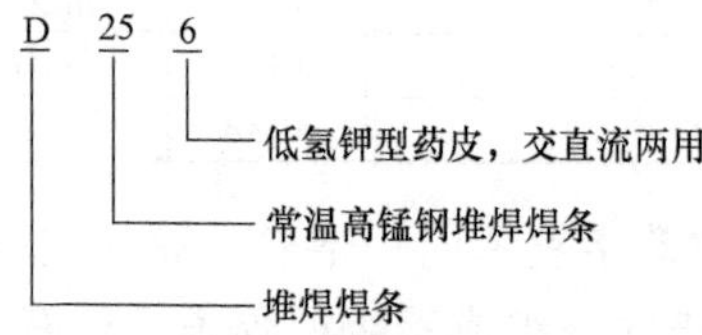

（6）铸铁焊条牌号表示方法

1）牌号前加“Z”表示低温钢焊条。

2）牌号第一位数字表示熔敷金属主要化学成分组成等级，见表 2-14。

表 2-14 铸铁焊条牌号第一位数字的含义

焊条牌号	熔敷金属主要化学成分组成类型	焊条牌号	熔敷金属主要化学成分组成类型
Z1××	碳钢或高钒钢	Z5××	镍铜合金
Z2××	铸铁(包括球墨铸铁)	Z6××	铜铁合金
Z3××	纯镍	Z7××	待发展
Z4××	镍铁合金		

3）牌号第二位数字表示同一熔敷金属主要化学成分组成等级中的不同牌号，对于同一组成等级的焊条，可有 10 个牌号，按 0、1、2、3、4、5、6、7、8、9 顺序排列。

4）牌号第三位数字表示药皮类型和焊接电源种类。

铸铁焊条牌号示例：

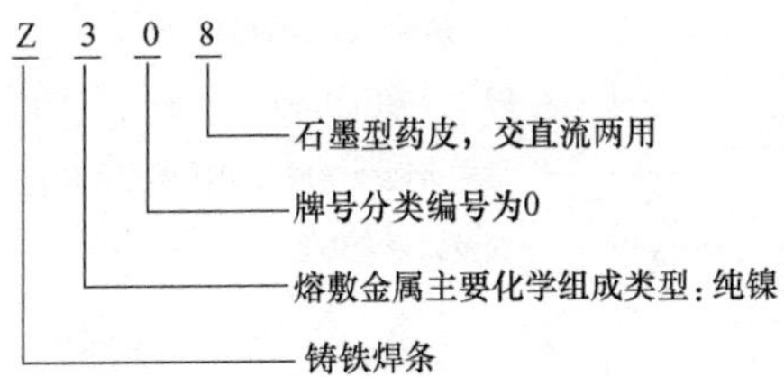

（7）有色金属焊条牌号表示方法

1）牌号前加“Ni”“T”“L”，分别表示镍及镍合金焊条、铜及铜合金焊条、铝及铝合金焊条。

2）牌号第一位数字表示熔敷金属主要化学成分组成类型，见表 2-15。

表 2-15 有色金属焊条牌号第一位数字的含义

焊条牌号		熔敷金属化学成分组成类型
镍及镍合金焊条	Ni1××	纯镍
	Ni2××	镍铜合金
	Ni3××	因康镍合金
	Ni4××	待发展

（续）

焊条牌号		熔敷金属化学成分组成类型
铜及铜合金焊条	T1××	纯铜
	T2××	青铜合金
	T3××	白铜合金
	T4××	待发展
铝及铝合金焊条	L1××	纯铝
	L2××	铝硅合金
	L3××	铝锰合金
	L4××	待发展

3）牌号第二位数字表示同一熔敷金属主要化学成分组成等级中的不同牌号，对于同一成分组成类型的焊条，可有 10 个牌号，按 0、1、2、3、4、5、6、7、8、9 顺序排列。

4）牌号第三位数字表示药皮类型和焊接电源种类。

有色金属焊条牌号示例：

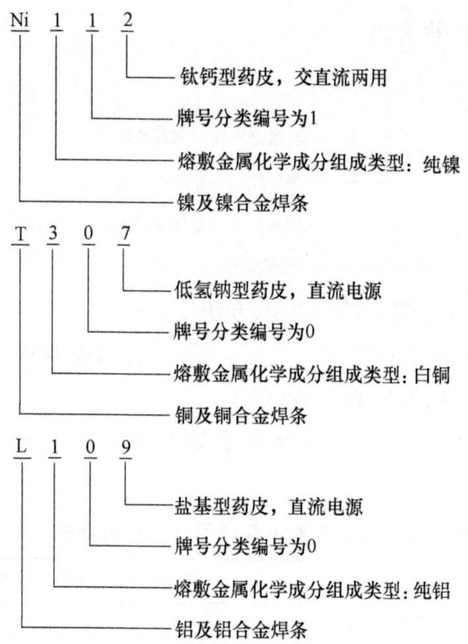

（8）特殊用途焊条牌号表示方法

1）牌号前面加“TS”表示特殊用途焊条。

2）牌号第一位数字表示焊条的用途，第一位数字的含义见表 2-16。

表 2-16 特殊用途焊条牌号第一位数字的含义

焊条牌号	焊条用途	焊条牌号	焊条用途
TS2××	水下焊接用	TS5××	电渣焊用管状焊条
TS3××	水下切割用	TS6××	铁锰铝焊条
TS4××	铸铁件补焊前开坡口用	TS7××	高硫堆焊焊条

3）牌号第二位数字表示同一熔敷金属主要化学成分组成等级中的不同牌号，对于同一成分组成类型的焊条，可有 10 个牌号，按 0、1、2、3、4、5、6、7、8、9 顺序排列。

4）牌号第三位数字表示药皮类型和焊接电源种类。

特殊用途焊条牌号示例：

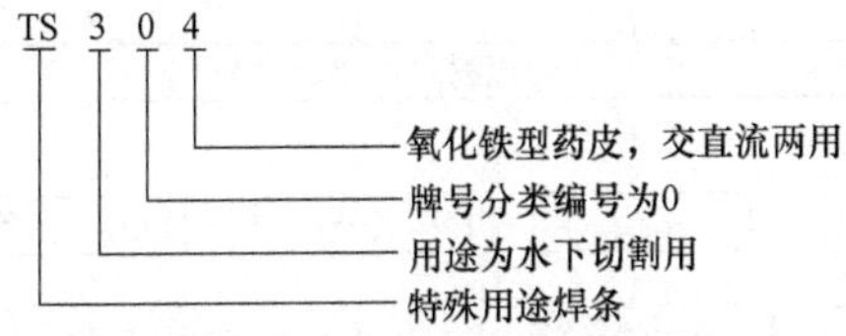

3. 焊条的型号与牌号对照

国家标准将焊条用型号表示，并划分为若干类。原国家机械委则在《焊接材料产品样本》中，将焊条牌号按用途划分为 10 大类，这两种分类对照关系见表 2-17。

表 2-17 焊条型号与牌号的对照关系

型号			牌号			
国家标准	名称	代号	类型	名称	代号	
					字母	汉字
GB/T 5117—2012	非合金钢及细晶粒钢焊条	E	一	结构钢焊条	J	结
GB/T 5118—2012	热强钢焊条	E	一	结构钢焊条	J	结
			二	钼和铬钼耐热钢焊条	R	热
			三	低温钢焊条	W	温
GB/T 983—2012	不锈钢焊条	E	四	不锈钢焊条	G	铬
					A	奥
GB/T 984—2001	堆焊焊条	ED	五	堆焊焊条	D	堆

（续）

型号			牌号			
国家标准	名称	代号	类型	名称	代号	
					字母	汉字
GB/T 10044—2006	铸铁焊条及焊丝	EZ	六	铸铁焊条	Z	铸
GB/T 13814—2008	镍及镍合金焊条	E	七	镍及镍合金焊条	Ni	镍
GB/T 3670—2021	铜及铜合金焊条	E	八	铜及铜合金焊条	T	铜
GB/T 3669—2001	铝及铝合金焊条	T	九	铝及铝合金焊条	L	铝
—	—	—	十	特殊用途焊条	TS	特

2.3.4 焊条的制造工艺

一般电焊条的制造工艺如图 2-10 所示。

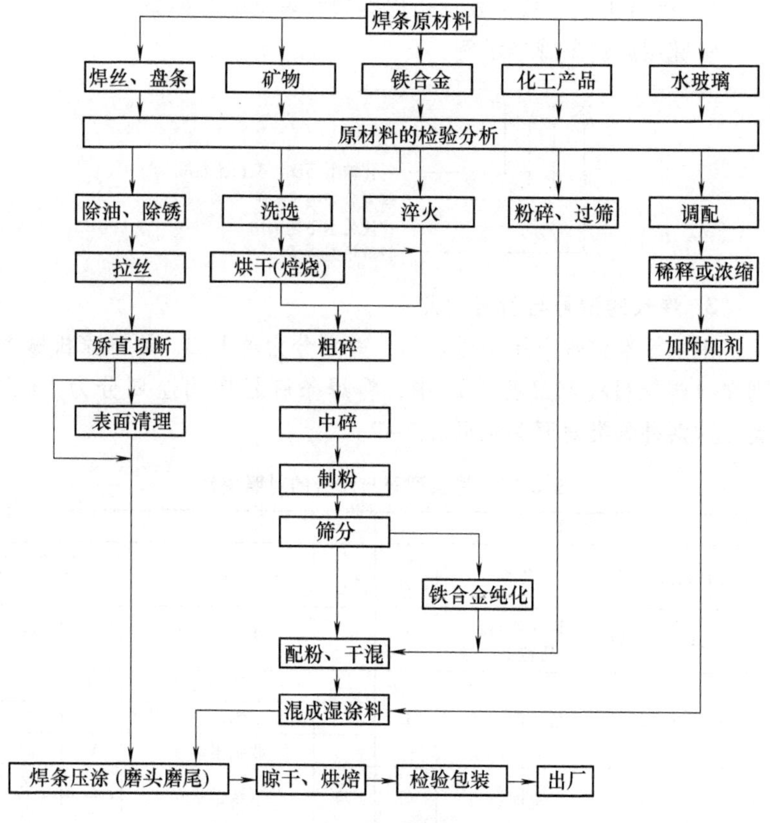

图 2-10 一般电焊条的制造工艺

2.3.5 非合金钢及细晶粒钢焊条

1. 焊条型号表示方法

非合金钢及细晶粒钢焊条的型号由五部分组成：

1）第一部分用字母“E”表示焊条。

2）第二部分为字母“E”后面的紧邻两位数字，表示熔敷金属的抗拉强度代号，见表2-18。

表2-18 熔敷金属的抗拉强度代号（GB/T 5117—2012）

抗拉强度代号	最小抗拉强度/MPa	抗拉强度代号	最小抗拉强度/MPa
43	430	55	550
50	490	57	570

3）第三部分为字母“E”后面的第三和第四两位数字，表示药皮类型、焊接位置和电流类型，见表2-19。

表2-19 药皮类型、焊接位置和电流类型的代号（GB/T 5117—2012）

代号	药皮类型	焊接位置①	电流类型
03	钛型	全位置②	交流和直流正、反接
10	纤维素	全位置	直流反接
11	纤维素	全位置	交流和直流反接
12	金红石	全位置②	交流和直流正接
13	金红石	全位置②	交流和直流正、反接
14	金红石+铁粉	全位置②	交流和直流正、反接
15	碱性	全位置②	直流反接
16	碱性	全位置②	交流和直流反接
18	碱性+铁粉	全位置②	交流和直流反接
19	钛铁矿	全位置②	交流和直流正、反接
20	氧化铁	PA、PB	交流和直流正接
24	金红石+铁粉	PA、PB	交流和直流正、反接
27	氧化铁+铁粉	PA、PB	交流和直流正、反接
28	碱性+铁粉	PA、PB、PC	交流和直流反接
40	不做规定	由制造商确定	
45	碱性	全位置	直流反接
48	碱性	全位置	交流和直流反接

① 焊接位置见GB/T 16672—1996，其中PA为平焊，PB为平角焊，PC为横焊。

② 此处“全位置”并不一定包含向下立焊，具体由制造商确定。

焊条药皮类型的解释如下：

① 药皮类型03包含二氧化钛和碳酸钙的混合物，所以同时具

有金红石焊条和碱性焊条的某些性能。

② 药皮类型 10 内含有大量的可燃有机物，尤其是纤维素，由于其强电弧特性特别适用于向下立焊，由于钠影响电弧的稳定性，因而焊条主要适用于直流焊接，通常使用直流反接。

③ 药皮类型 11 内含有大量的可燃有机物，尤其是纤维素，由于其具有强电弧特性，因而特别适用于向下立焊；又由于钾增强电弧的稳定性，因而适用于交直流两用焊接，直流焊接时使用直流反接。

④ 药皮类型 12 内含有大量的二氧化钛（金红石），其柔软电弧特性适合用于在简单装配条件下对大的根部间隙进行焊接。

⑤ 药皮类型 13 内含有大量的二氧化钛（金红石）和增强电弧稳定性的钾。与药皮类型 12 相比能在低电流条件下产生稳定电弧，特别适于金属薄板的焊接。

⑥ 药皮类型 14 与药皮类型 12 和 13 类似，但是添加了少量铁粉。加入铁粉可以提高电流承载能力和熔敷效率，适于全位置焊接。

⑦ 药皮类型 15 的碱度较高，含有大量的氧化钙和萤石，由于钠影响电弧的稳定性，只适用于直流反接。此药皮类型的焊条可以得到低氢含量、高冶金性能的焊缝。

⑧ 药皮类型 16 的碱度较高，含有大量的氧化钙和萤石，由于钾增强电弧的稳定性，适用于交流焊接。此药皮类型的焊条可以得到低氢含量、高冶金性能的焊缝。

⑨ 药皮类型 18 除了药皮略厚和含有大量铁粉外，其他与药皮类型 16 类似。与药皮类型 16 相比，药皮类型 18 中的铁粉可以提高电流承载能力和熔敷效率。

⑩ 药皮类型 19 包含钛和铁的氧化物，通常在钛铁矿获取，虽然它们不属于碱性药皮类型焊条，但是可以制造出高韧性的焊缝金属。

⑪ 药皮类型 20 包含大量的铁氧化物，熔渣流动性好，所以通常只在平焊和横焊中使用，主要用于角焊缝和搭接焊缝。

⑫ 药皮类型 24 除了药皮略厚和含有大量铁粉外，其他与药皮

类型 14 类似，通常只在平焊和横焊中使用，主要用于角焊缝和搭接焊缝。

⑬ 药皮类型 27 除了药皮略厚和含有大量铁粉外，其他与药皮类型 20 类似，增加了药皮类型 20 中的铁氧化物，主要用于高速角焊缝和搭接焊缝的焊接。

⑭ 药皮类型 28 除了药皮略厚和含有大量铁粉外，其他与药皮类型 18 类似，通常只在平焊和横焊中使用，能得到低氢含量、高冶金性能的焊缝。

⑮ 药皮类型 40 不属于上述任何焊条类型，其制造是为了达到购买商的特定使用要求，焊接位置由供应商和购买商之间协议确定，如要求在圆孔内部焊接（塞焊）或者在槽内进行的特殊焊接。由于药皮类型 40 并无具体规定，此药皮类型可按照具体要求有所不同。

⑯ 药皮类型 45 除了主要用于向下立焊外，此药皮类型与药皮类型 15 类似。

⑰ 药皮类型 48 除了主要用于向下立焊外，此药皮类型与药皮类型 18 类似。

4）第四部分为熔敷金属的化学成分分类代号，可为“无标记”或短横线“-”后的字母、数字或字母和数字的组合，见表 2-20。

表 2-20 熔敷金属的化学成分分类代号（GB/T 5117—2012）

分类代号	主要化学成分的名义含量(质量分数,%)				
	Mn	Ni	Cr	Mo	Cu
无标记、-1、-P1、-P2	1.0	—	—	—	—
-1M3	—	—	—	0.5	—
-3M2	1.5	—	—	0.4	—
-3M3	1.5	—	—	0.5	—
-N1	—	0.5	—	—	—
-N2	—	1.0	—	—	—
-N3	—	1.5	—	—	—
-3N3	1.5	1.5	—	—	—

（续）

分类代号	主要化学成分的名义含量(质量分数,%)				
	Mn	Ni	Cr	Mo	Cu
-N5	—	2.5	—	—	—
-N7	—	3.5	—	—	—
-N13	—	6.5	—	—	—
-N2M3	—	1.0	—	0.5	—
-NC	—	0.5	—	—	0.4
-CC	—	—	0.5	—	0.4
-NCC	—	0.2	0.6	—	0.5
-NCC1	—	0.6	0.6	—	0.5
-NCC2	—	0.3	0.2	—	0.5
-G	其他成分				

5）第五部分为熔敷金属的化学成分代号之后的焊后状态代号，其中“无标记”表示焊态，“P”表示热处理状态，“AP”表示焊态和焊后热处理两种状态均可。

除以上强制分类代号外，根据供需双方协商，可在型号后依次附加可选代号：

① 字母“U”，表示在规定试验温度下，冲击吸收能量可以达到 47J 以上。

② 扩散氢代号“HX”，其中 X 代表 15、10 或 5，分别表示每 100g 熔敷金属中扩散氢含量的最大值（mL），见表 2-21。

表 2-21　熔敷金属的扩散氢代号（GB/T 5117—2012）

扩散氢代号	扩散氢含量/(mL/100g)	扩散氢代号	扩散氢含量/(mL/100g)
H15	≤15	H5	≤5
H10	≤10		

非合金钢及细晶粒钢焊条型号示例：

```
E  43  03
|  |   |____表示药皮类型为钛型，适用于全位置焊接，采用交流或直流正反接
|  |________表示熔敷金属抗拉强度最小值为430MPa
|___________表示焊条
```

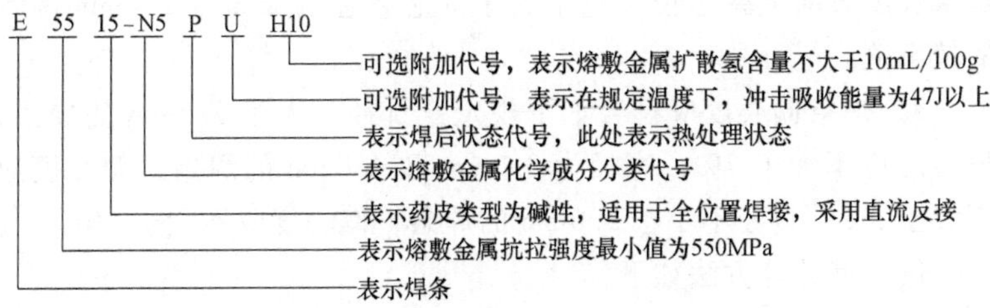

2. 非合金钢及细晶粒钢焊条型号与牌号对照

非合金钢及细晶粒钢焊条型号与牌号对照见表2-22。

表2-22 非合金钢及细晶粒钢焊条型号与牌号对照

型号	牌号	型号	牌号
E4300	J420G	E5003	J502、J502Fe
E4301	J423	E5011	J505、J505MoD
E4303	J422	E5015	J507、J507H、J507XG、J507X、J507DF
E4311	J425		
E4313	J421、J421X、J421Fe	E5016	J506、J506X、J506D、J506DF、J506GM、J506LMA
E4315	J427、J427Ni		
E4316	J426	E5018	J506Fe、J507Fe
E4320	J424	E5023	J502Fe16、J502Fe18
E4323	J422Fe13、J422Fe16、J422Z13	E5024	J501Fe15、J501Fe18、J501Z18、J501Z1
E4324	J421Fe13		
E4327	J424Fe14	E5027	J504Fe、J504Fe14
E5001	J503、J503Z	E5028	J506Fe16、J506Fe18、J507Fe16

3. 焊条的尺寸

焊条尺寸应符合GB/T 25775—2010《焊接材料供货技术条件 产品类型、尺寸、公差和标志》的规定。

4. 焊条的药皮

1）焊条药皮应均匀、紧密地包覆在焊芯周围，焊条药皮上不应有影响焊接质量的裂纹、气泡、杂质及脱落等缺陷。

2）焊条引弧端药皮应倒角，焊芯端面应露出。焊条沿圆周的露芯应不大于圆周的1/2。碱性药皮类型焊条长度方向上露芯长度应不大于焊芯直径的1/2或1.6mm两者的较小值。其他药皮类型焊条长度方向上露芯长度应不大于焊芯直径的 2/3 或 2.4mm 两者的较小值。

3）焊条偏心度应符合如下规定：直径不大于 2.5mm 的焊条，偏心度应不大于 7%；直径为 3.2mm 和 4.0mm 的焊条，偏心度应不大于 5%；直径不小于 5.0mm 的焊条，偏心度应不大于 4%。

偏心度计算方法如下：

$$P=\frac{T_1-T_2}{(T_1+T_2)/2}\times 100\%$$

式中 P——焊条偏心度；

T_1——焊条断面药皮最大厚度+焊芯直径（mm），如图 2-11 所示；

T_2——焊条同一断面药皮最小厚度+焊芯直径（mm），如图 2-11 所示。

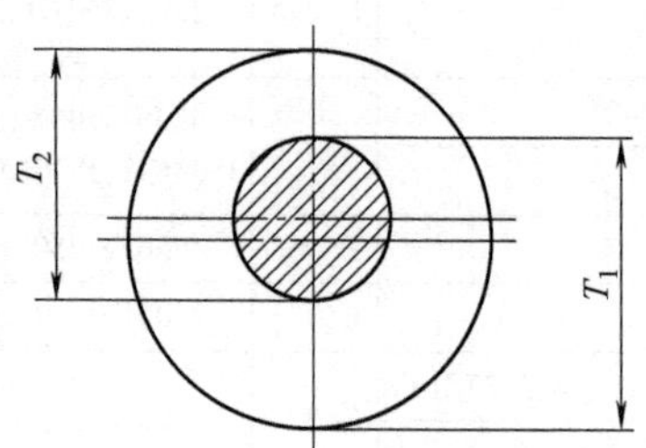

图 2-11 焊条偏心度测量示意图

5. 熔敷金属的化学成分

非合金钢及细晶粒钢焊条熔敷金属的化学成分见表 2-23。

表 2-23 非合金钢及细晶粒钢焊条熔敷金属的化学成分（GB/T 5117—2012）

焊条型号	化学成分(质量分数,%)									
	C	Mn	Si	P	S	Ni	Cr	Mo	V	其他
E4303	0.20	1.20	1.00	0.040	0.035	0.30	0.20	0.30	0.08	—
E4310	0.20	1.20	1.00	0.040	0.035	0.30	0.20	0.30	0.08	—
E4311	0.20	1.20	1.00	0.040	0.035	0.30	0.20	0.30	0.08	—
E4312	0.20	1.20	1.00	0.040	0.035	0.30	0.20	0.30	0.08	—
E4313	0.20	1.20	1.00	0.040	0.035	0.30	0.20	0.30	0.08	—
E4315	0.20	1.20	1.00	0.040	0.035	0.30	0.20	0.30	0.08	—

（续）

焊条型号	化学成分(质量分数,%)									
	C	Mn	Si	P	S	Ni	Cr	Mo	V	其他
E4316	0.20	1.20	1.00	0.040	0.035	0.30	0.20	0.30	0.08	—
E4318	0.03	0.60	0.40	0.025	0.015	0.30	0.20	0.30	0.08	—
E4319	0.20	1.20	1.00	0.040	0.035	0.30	0.20	0.30	0.08	—
E4320	0.20	1.20	1.00	0.040	0.035	0.30	0.20	0.30	0.08	—
E4324	0.20	1.20	1.00	0.040	0.035	0.30	0.20	0.30	0.08	—
E4327	0.20	1.20	1.00	0.040	0.035	0.30	0.20	0.30	0.08	—
E4328	0.20	1.20	1.00	0.040	0.035	0.30	0.20	0.30	0.08	—
E4340	—	—	—	0.040	0.035	—	—	—	—	—
E5003	0.15	1.25	0.90	0.040	0.035	0.30	0.20	0.30	0.08	—
E5010	0.20	1.25	0.90	0.035	0.035	0.30	0.20	0.30	0.08	—
E5011	0.20	1.25	0.90	0.035	0.035	0.30	0.20	0.30	0.08	—
E5012	0.20	1.20	1.00	0.035	0.035	0.30	0.20	0.30	0.08	—
E5013	0.20	1.20	1.00	0.035	0.035	0.30	0.20	0.30	0.08	—
E5014	0.15	1.25	0.90	0.035	0.035	0.30	0.20	0.30	0.08	—
E5015	0.15	1.60	0.90	0.035	0.035	0.30	0.20	0.30	0.08	—
E5016	0.15	1.60	0.75	0.035	0.035	0.30	0.20	0.30	0.08	—
E5016-1	0.15	1.60	0.75	0.035	0.035	0.30	0.20	0.30	0.08	—
E5018	0.15	1.60	0.90	0.035	0.035	0.30	0.20	0.30	0.08	—
E5018-1	0.15	1.60	0.90	0.035	0.035	0.30	0.20	0.30	0.08	—
E5019	0.15	1.25	0.90	0.035	0.035	0.30	0.20	0.30	0.08	—
E5024	0.15	1.25	0.90	0.035	0.035	0.30	0.20	0.30	0.08	—
E5024-1	0.15	1.25	0.90	0.035	0.035	0.30	0.20	0.30	0.08	—
E5027	0.15	1.60	0.75	0.035	0.035	0.30	0.20	0.30	0.08	—
E5028	0.15	1.60	0.90	0.035	0.035	0.30	0.20	0.30	0.08	—
E5048	0.15	1.60	0.90	0.035	0.035	0.30	0.20	0.30	0.08	—
E5716	0.12	1.60	0.90	0.03	0.03	1.00	0.30	0.35	—	—
E5728	0.12	1.60	0.90	0.03	0.03	1.00	0.30	0.35	—	—
E5010-P1	0.20	1.20	0.60	0.03	0.03	1.00	0.30	0.50	0.10	—
E5510-P1	0.20	1.20	0.60	0.03	0.03	1.00	0.30	0.50	0.10	—
E5518-P2	0.12	0.90~1.70	0.80	0.03	0.03	1.00	0.20	0.50	0.05	—
E5545-P2	0.12	0.90~1.70	0.80	0.03	0.03	1.00	0.20	0.50	0.05	—
E5003-1M3	0.12	0.60	0.40	0.03	0.03	—	—	0.40~0.65	—	—
E5010-1M3	0.12	0.60	0.40	0.03	0.03	—	—	0.40~0.65	—	—

（续）

焊条型号	化学成分(质量分数,%)									
	C	Mn	Si	P	S	Ni	Cr	Mo	V	其他
E5011-1M3	0.12	0.60	0.40	0.03	0.03	—	—	0.40~0.65	—	—
E5015-1M3	0.12	0.90	0.60	0.03	0.03	—	—	0.40~0.65	—	—
E5016-1M3	0.12	0.90	0.60	0.03	0.03	—	—	0.40~0.65	—	—
E5018-1M3	0.12	0.90	0.80	0.03	0.03	—	—	0.40~0.65	—	—
E5019-1M3	0.12	0.90	0.40	0.03	0.03	—	—	0.40~0.65	—	—
E5020-1M3	0.12	0.60	0.40	0.03	0.03	—	—	0.40~0.65	—	—
E5027-1M3	0.12	1.00	0.40	0.03	0.03	—	—	0.40~0.65	—	—
E5518-3M2	0.12	1.00~1.75	0.80	0.03	0.03	0.90	—	0.25~0.45	—	—
E5515-3M3	0.12	1.00~1.80	0.80	0.03	0.03	0.90	—	0.40~0.65	—	—
E5516-3M3	0.12	1.00~1.80	0.80	0.03	0.03	0.90	—	0.40~0.65	—	—
E5518-3M3	0.12	1.00~1.80	0.80	0.03	0.03	0.90	—	0.40~0.65	—	—
E5015-N1	0.12	0.60~1.60	0.90	0.03	0.03	0.30~1.00	—	0.35	0.05	—
E5016-N1	0.12	0.60~1.60	0.90	0.03	0.03	0.30~1.00	—	0.35	0.05	—
E5028-N1	0.12	0.60~1.60	0.90	0.03	0.03	0.30~1.00	—	0.35	0.05	—
E5515-N1	0.12	0.60~1.60	0.90	0.03	0.03	0.30~1.00	—	0.35	0.05	—
E5516-N1	0.12	0.60~1.60	0.90	0.03	0.03	0.30~1.00	—	0.35	0.05	—
E5528-N1	0.12	0.60~1.60	0.90	0.03	0.03	0.30~1.00	—	0.35	0.05	—
E5015-N2	0.08	0.40~1.40	0.50	0.03	0.03	0.80~1.10	0.15	0.35	0.05	—
E5016-N2	0.08	0.40~1.40	0.50	0.03	0.03	0.80~1.10	0.15	0.35	0.05	—

（续）

焊条型号	化学成分（质量分数，%）								
	C	Mn	Si	P	S	Ni	Cr	Mo	V	其他
E5018-N2	0.08	0.40~1.40	0.50	0.03	0.03	0.80~1.10	0.15	0.35	0.05	—
E5515-N2	0.12	0.40~1.25	0.80	0.03	0.03	0.80~1.10	0.15	0.35	0.05	—
E5516-N2	0.12	0.40~1.25	0.80	0.03	0.03	0.80~1.10	0.15	0.35	0.05	—
E5518-N2	0.12	0.40~1.25	0.80	0.03	0.03	0.80~1.10	0.15	0.35	0.05	—
E5015-N3	0.10	1.25	0.60	0.03	0.03	1.10~2.00	—	0.35	—	—
E5016-N3	0.10	1.25	0.60	0.03	0.03	1.10~2.00	—	0.35	—	—
E5515-N3	0.10	1.25	0.60	0.03	0.03	1.10~2.00	—	0.35	—	—
E5516-N3	0.10	1.25	0.60	0.03	0.03	1.10~2.00	—	0.35	—	—
E5516-3N3	0.10	1.60	0.60	0.03	0.03	1.10~2.00	—	—	—	—
E5518-N3	0.10	1.25	0.80	0.03	0.03	1.10~2.00	—	—	—	—
E5015-N5	0.05	1.25	0.50	0.03	0.03	2.00~2.75	—	—	—	—
E5016-N5	0.05	1.25	0.50	0.03	0.03	2.00~2.75	—	—	—	—
E5018-N5	0.05	1.25	0.50	0.03	0.03	2.00~2.75	—	—	—	—
E5028-N5	0.10	1.00	0.80	0.025	0.020	2.00~2.75	—	—	—	—
E5515-N5	0.12	1.25	0.60	0.03	0.03	2.00~2.75	—	—	—	—
E5516-N5	0.12	1.25	0.60	0.03	0.03	2.00~2.75	—	—	—	—
E5518-N5	0.12	1.25	0.80	0.03	0.03	2.00~2.75	—	—	—	—
E5015-N7	0.05	1.25	0.50	0.03	0.03	3.00~3.75	—	—	—	—
E5016-N7	0.05	1.25	0.50	0.03	0.03	3.00~3.75	—	—	—	—

（续）

焊条型号	化学成分(质量分数,%)									
	C	Mn	Si	P	S	Ni	Cr	Mo	V	其他
E5018-N7	0.05	1.25	0.50	0.03	0.03	3.00~3.75	—	—	—	—
E5515-N7	0.12	1.25	0.80	0.03	0.03	3.00~3.75	—	—	—	—
E5516-N7	0.12	1.25	0.80	0.03	0.03	3.00~3.75	—	—	—	—
E5518-N7	0.12	1.25	0.80	0.03	0.03	3.00~3.75	—	—	—	—
E5515-N13	0.06	1.00	0.60	0.025	0.020	6.00~7.00	—	—	—	—
E5516-N13	0.06	1.00	0.60	0.025	0.020	6.00~7.00	—	—	—	—
E5518-N2M3	0.10	0.80~1.25	0.60	0.02	0.02	0.80~1.10	0.10	0.40~0.65	0.02	Cu:0.10 Al:0.05
E5003-NC	0.12	0.30~1.40	0.90	0.03	0.03	0.25~0.70	0.30	—	—	Cu:0.20~0.60
E5016-NC	0.12	0.3~1.40	0.90	0.03	0.03	0.25~0.70	0.30	—	—	Cu:0.20~0.60
E5028-NC	0.12	0.30~1.40	0.90	0.03	0.03	0.25~0.70	0.30	—	—	Cu:0.20~0.60
E5716-NC	0.12	0.30~1.40	0.90	0.03	0.03	0.25~0.70	0.30	—	—	Cu:0.20~0.60
E5728-NC	0.12	0.30~1.40	0.90	0.03	0.03	0.25~0.70	0.30	—	—	Cu:0.20~0.60
E5003-CC	0.12	0.30~1.40	0.90	0.03	0.03	—	0.30~0.70	—	—	Cu:0.20~0.60
E5016-CC	0.12	0.30~1.40	0.90	0.03	0.03	—	0.30~0.70	—	—	Cu:0.20~0.60
E5028-CC	0.12	0.30~1.40	0.90	0.03	0.03	—	0.30~0.70	—	—	Cu:0.20~0.60

（续）

焊条型号	化学成分(质量分数,%)								
	C	Mn	Si	P	S	Ni	Cr	Mo	V	其他
E5716-CC	0. 12	0. 30~1. 40	0. 90	0. 03	0. 03	—	0. 30~0. 70	—	—	Cu：0. 20~0. 60
E5728-CC	0. 12	0. 30~1. 40	0. 90	0. 03	0. 03	—	0. 30~0. 70	—	—	Cu：0. 20~0. 60
E5003-NCC	0. 12	0. 30~1. 40	0. 90	0. 03	0. 03	0. 05~0. 45	0. 45~0. 75	—	—	Cu：0. 30~0. 70
E5016-NCC	0. 12	0. 30~1. 40	0. 90	0. 03	0. 03	0. 05~0. 45	0. 45~0. 75	—	—	Cu：0. 30~0. 70
E5028-NCC	0. 12	0. 30~1. 40	0. 90	0. 03	0. 03	0. 05~0. 45	0. 45~0. 75	—	—	Cu：0. 30~0. 70
E5716-NCC	0. 12	0. 30~1. 40	0. 90	0. 03	0. 03	0. 05~0. 45	0. 45~0. 75	—	—	Cu：0. 30~0. 70
E5728-NCC	0. 12	0. 30~1. 40	0. 90	0. 03	0. 03	0. 05~0. 45	0. 45~0. 75	—	—	Cu：0. 30~0. 70
E5003-NCC1	0. 12	0. 50~1. 30	0. 35~0. 80	0. 03	0. 03	0. 40~0. 80	0. 45~0. 70	—	—	Cu：0. 30~0. 75
E5016-NCC1	0. 12	0. 50~1. 30	0. 35~0. 80	0. 03	0. 03	0. 40~0. 80	0. 45~0. 70	—	—	Cu：0. 30~0. 75
E5028-NCC1	0. 12	0. 50~1. 30	0. 80	0. 03	0. 03	0. 40~0. 80	0. 45~0. 70	—	—	Cu：0. 30~0. 75
E5516-NCC1	0. 12	0. 50~1. 30	0. 35~0. 80	0. 03	0. 03	0. 40~0. 80	0. 45~0. 70	—	—	Cu：0. 30~0. 75
E5518-NCC1	0. 12	0. 50~1. 30	0. 35~0. 80	0. 03	0. 03	0. 40~0. 80	0. 45~0. 70	—	—	Cu：0. 30~0. 75
E5716-NCC1	0. 12	0. 50~1. 30	0. 35~0. 80	0. 03	0. 03	0. 40~0. 80	0. 45~0. 70	—	—	Cu：0. 30~0. 75
E5728-NCC1	0. 12	0. 50~1. 30	0. 80	0. 03	0. 03	0. 40~0. 80	0. 45~0. 70	—	—	Cu：0. 30~0. 75

（续）

焊条型号	化学成分(质量分数,%)									
	C	Mn	Si	P	S	Ni	Cr	Mo	V	其他
E5016-NCC2	0.12	0.40~0.70	0.40~0.70	0.025	0.025	0.20~0.40	0.15~0.30	—	0.08	Cu:0.30~0.60
E5018-NCC2	0.12	0.40~0.70	0.40~0.70	0.025	0.025	0.20~0.40	0.15~0.30	—	0.08	Cu:0.30~0.60
E50××-G①	—	—	—	—	—	—	—	—	—	—
E55××-G①	—	—	—	—	—	—	—	—	—	—
E57××-G①	—	—	—	—	—	—	—	—	—	—

注：表中单值均为最大值。

① 焊条型号中“××”代表焊条的药皮类型。

6. 熔敷金属的力学性能

1）非合金钢及细晶粒钢焊条熔敷金属的拉伸性能与冲击试验温度见表 2-24。

表 2-24　非合金钢及细晶粒钢焊条熔敷金属的拉伸性能与冲击试验温度（GB/T 5117—2012）

焊条型号	抗拉强度 R_m /MPa	下屈服强度① R_{eL}/MPa	断后伸长率 A (%)	冲击试验温度 /℃
E4303	≥430	≥330	≥20	0
E4310	≥430	≥330	≥20	-30
E4311	≥430	≥330	≥20	-30
E4312	≥430	≥330	≥16	—
E4313	≥430	≥330	≥16	—
E4315	≥430	≥330	≥20	30
E4316	≥430	≥330	≥20	-30
E4318	≥430	≥330	≥20	-30
E4319	≥430	≥330	≥20	-20
E4320	≥430	≥330	≥20	—
E4324	≥430	≥330	≥16	—
E4327	≥430	≥330	≥20	-30
E4328	≥430	≥330	≥20	-20
E4340	≥430	≥330	≥20	0
E5003	≥490	≥400	≥20	0
E5010	490~650	≥400	≥20	-30
E5011	490~650	≥400	≥20	-30
E5012	≥490	≥400	≥16	—
E5013	≥490	≥400	≥16	—

（续）

焊条型号	抗拉强度 R_m /MPa	下屈服强度① R_{eL}/MPa	断后伸长率 A (%)	冲击试验温度 /℃
E5014	≥490	≥400	≥16	—
E5015	≥490	≥400	≥20	-30
E5016	≥490	≥400	≥20	-30
E5016-1	≥490	≥400	≥20	-45
E5018	≥490	≥400	≥20	-30
E5018-1	≥490	≥400	≥20	-45
E5019	≥490	≥400	≥20	-20
E5024	≥490	≥400	≥16	—
E5024-1	≥490	≥400	≥20	-20
E5027	≥490	≥400	≥20	-30
E5028	≥490	≥400	≥20	-20
E5048	≥490	≥400	≥20	-30
E5716	≥570	≥490	≥16	-30
E5728	≥570	≥490	≥16	-20
E5010-P1	≥490	≥420	≥20	-30
E5510-P1	≥550	≥460	≥17	-30
E5518-P2	≥550	≥460	≥17	-30
E5545-P2	≥550	≥460	≥17	-30
E5003-1M3	≥490	≥400	≥20	—
E5010-1M3	≥490	≥420	≥20	—
E5011-1M3	≥490	≥400	≥20	—
E5015-1M3	≥490	≥400	≥20	—
E5016-1M3	≥490	≥400	≥20	—
E5018-1M3	≥490	≥400	≥20	—
E5019-1M3	≥490	≥400	≥20	—
E5020-1M3	≥490	≥400	≥20	—
E5027-1M3	≥490	≥400	≥20	—
E5518-3M2	≥550	≥460	≥17	-50
E5515-3M3	≥550	≥460	≥17	-50
E5516-3M3	≥550	≥460	≥17	-50
E5518-3M3	≥550	≥460	≥17	-50
E5015-N1	≥490	≥390	≥20	-40
E5016-N1	≥490	≥390	≥20	-40
E5028-N1	≥490	≥390	≥20	-40
E5515-N1	≥550	≥460	≥17	-40
E5516-N1	≥550	≥460	≥17	-40
E5528-N1	≥550	≥460	≥17	-40
E5015-N2	≥490	≥390	≥20	-40

（续）

焊条型号	抗拉强度 R_m /MPa	下屈服强度[①] R_{eL}/MPa	断后伸长率 A (%)	冲击试验温度 /℃
E5016-N2	≥490	≥390	≥20	-40
E5018-N2	≥490	≥390	≥20	-40
E5515-N2	≥550	470~550	≥20	-40
E5516-N2	≥550	470~550	≥20	-40
E5518-N2	≥550	470~550	≥20	-40
E5015-N3	≥490	≥390	≥20	-40
E5016-N3	≥490	≥390	≥20	-40
E5515-N3	≥550	≥460	≥17	-50
E5516-N3	≥550	≥460	≥17	-50
E5516-3N3	≥550	≥460	≥17	-50
E5518-N3	≥550	≥460	≥17	-50
E5015-N5	≥490	≥390	≥20	-75
E5016-N5	≥490	≥390	≥20	-75
E5018-N5	≥490	≥390	≥20	-75
E5028-N5	≥490	≥390	≥20	-60
E5515-N5	≥550	≥460	≥17	-60
E5516-N5	≥550	≥460	≥17	-60
E5518-N5	≥550	≥460	≥17	-60
E5015-N7	≥490	≥390	≥20	-100
E5016-N7	≥490	≥390	≥20	-100
E5018-N7	≥490	≥390	≥20	-100
E5515-N7	≥550	≥460	≥17	-75
E5516-N7	≥550	≥460	≥17	-75
E5518-N7	≥550	≥460	≥17	-75
E5515-N13	≥550	≥460	≥17	-100
E5516-N13	≥550	≥460	≥17	-100
E5518-N2M3	≥550	≥460	≥17	-40
E5003-NC	≥490	≥390	≥20	0
E5016-NC	≥490	≥390	≥20	0
E5028-NC	≥490	≥390	≥20	0
E5716-NC	≥570	≥490	≥16	0
E5728-NC	≥570	≥490	≥16	0
E5003-CC	≥490	≥390	≥20	0
E5016-CC	≥490	≥390	≥20	0
E5028-CC	≥490	≥390	≥20	0
E5716-CC	≥570	≥490	≥16	0
E5728-CC	≥570	≥490	≥16	0

（续）

焊条型号	抗拉强度 R_m /MPa	下屈服强度① R_{eL}/MPa	断后伸长率 A (%)	冲击试验温度 /℃
E5003-NCC	≥490	≥390	≥20	0
E5016-NCC	≥490	≥390	≥20	0
E5028-NCC	≥490	≥390	≥20	0
E5716-NCC	≥570	≥490	≥16	0
E5728-NCC	≥570	≥490	≥16	0
E5003-NCC1	≥490	≥390	≥20	0
E5016-NCC1	≥490	≥390	≥20	0
E5028-NCC1	≥490	≥390	≥20	0
E5516-NCC1	≥550	≥460	≥17	-20
E5518-NCC1	≥550	≥460	≥17	-20
E5716-NCC1	≥570	≥490	≥16	0
E5728-NCC1	≥570	≥490	≥16	0
E5016-NCC2	≥490	≥420	≥20	-20
E5018-NCC2	≥490	≥420	≥20	-20
E50××-G②	≥490	≥400	≥20	—
E55××-G②	≥550	≥460	≥17	—
E57×-G②	≥570	≥490	≥16	—

① 当屈服发生不明显时，应测定规定塑性延伸强度 $R_{p0.2}$。

② 焊条型号中“××”代表焊条的药皮类型。

2）非合金钢及细晶粒钢焊条熔敷金属的冲击性能。熔敷金属夏比 V 型缺口冲击试验温度按表 2-24 要求，测定 5 个冲击试样的冲击吸收能量。在计算 5 个冲击吸收能量的平均值时，应去掉 1 个最大值和 1 个最小值，余下的 3 个值中有 2 个应不小于 27J，另 1 个允许小于 27J，但应不小于 20J，3 个值的平均值应不小于 27J。

如果焊条型号中附加了可选择的代号“U”，熔敷金属夏比 V 型缺口冲击要求则按表 2-24 规定的温度，测定 3 个冲击试样的冲击吸收能量。3 个值中仅有 1 个值允许小于 47J，但应不小于 32J，3 个值的平均值应不小于 47J。

2.3.6 热强钢焊条

1. 焊条型号表示方法

热强钢焊条的型号由四部分组成：

1）第一部分用字母“E”表示焊条。

2）第二部分为字母“E”后面的紧邻两位数字，表示熔敷金属的抗拉强度代号，见表 2-25。

表 2-25 熔敷金属的抗拉强度代号（GB/T 5118—2012）

抗拉强度代号	最小抗拉强度/MPa	抗拉强度代号	最小抗拉强度/MPa
50	490	55	550
52	520	62	620

3）第三部分为字母“E”后面的第三和第四两位数字，表示药皮类型、焊接位置和电流类型，见表 2-26。

表 2-26 药皮类型、焊接位置和电流类型的代号（GB/T 5118—2012）

代号	药皮类型	焊接位置①	电流类型
03	钛型	全位置③	交流和直流正、反接
10②	纤维素	全位置	直流反接
11②	纤维素	全位置	交流和直流反接
13	金红石	全位置③	交流和直流正、反接
15	碱性	全位置③	直流反接
16	碱性	全位置③	交流和直流反接
18	碱性+铁粉	全位置(PG 除外)	交流和直流反接
19②	钛铁矿	全位置③	交流和直流正、反接
20②	氧化铁	PA、PB	交流和直流正接
27②	氧化铁+铁粉	PA、PB	交流和直流正接
40	不做规定	由制造商确定	

① 焊接位置见 GB/T 16672—1996，其中 PA 为平焊，PB 为平角焊、PG 为向下立焊。
② 仅限于熔敷金属化学成分代号 1M3。
③ 此处“全位置”并不一定包含向下立焊，具体由制造商确定。

4）第四部分为熔敷金属的化学成分分类代号，可为“无标记”或短横线“-”后的字母、数字或字母和数字的组合，见表 2-27。

表 2-27 熔敷金属的化学成分分类代号（GB/T 5118—2012）

分类代号	主要化学成分的名义含量(质量分数)
-1M3	此类焊条中含有 Mo。Mo 是在非合金钢焊条基础上的唯一添加的合金元素。数字 1 约等于名义上 Mn 含量两倍的整数，字母“M”表示 Mo，数字 3 表示 Mo 的名义质量分数约为 0.5%

（续）

分类代号	主要化学成分的名义含量(质量分数)
-×C×M×	对于含铬-钼的热强钢,标识“C”前的整数表示 Cr 的名义含量,“M”前的整数表示 Mo 的名义含量。对于 Cr 或者 Mo,如果名义质量分数少于1%,则字母前不标记数字。如果在 Cr 和 Mo 之外还加入了 W、V、B、Nb 等合金成分,则按照此顺序加于铬和钼标记之后。标识末尾的“L”表示碳含量较低。最后一个字母后的数字表示成分有所改变
-G	其他成分

除了以上强制分类代号外，根据供需双方协商，可在型号后附加可选代号扩散氢代号“HX”其中 X 代表 15、10 或 5，分别表示每 100g 熔敷金属中扩散氢含量的最大值（mL）。

热强钢焊条型号示例：

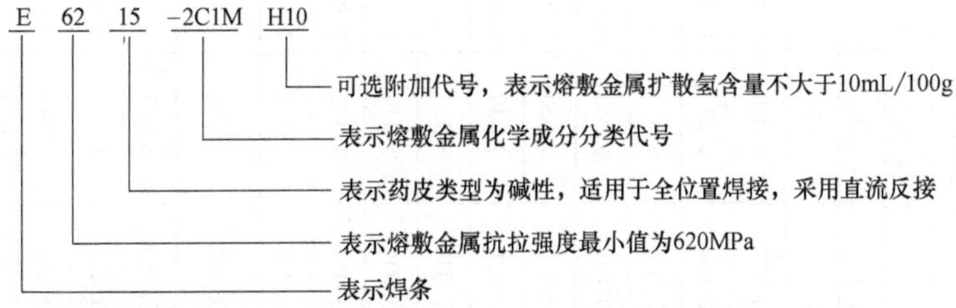

2. 药皮

1）焊条药皮应均匀、紧密地包覆在焊芯周围，其上不应有影响焊接质量的裂纹、气泡、杂质及脱落等缺欠。

2）焊条引弧端药皮应倒角，焊芯端面应露出。焊条沿圆周的露芯应不大于圆周的 1/2。碱性药皮类型焊条长度方向上露芯长度应不大于焊芯直径的 1/2 或 1.6mm 两者的较小值。其他药皮类型焊条长度方向上露芯长度应不大于焊芯直径的 2/3 或 2.4mm 两者的较小值。

3）焊条偏心度应符合如下规定：直径不大于 2.5mm 的焊条，偏心度应不大于 7%；直径为 3.2mm 和 4.0mm 的焊条，偏心度应不大于 5%；直径不小于 5.0mm 的焊条，偏心度应不大于 4%。

3. 熔敷金属的化学成分

热强钢焊条熔敷金属的化学成分见表 2-28。

表 2-28　热强钢焊条熔敷金属的化学成分（GB/T 5118—2012）

焊条型号	化学成分(质量分数,%)								
	C	Mn	Si	P	S	Cr	Mo	V	其他[①]
E××××-1M3	0.12	1.00	0.80	0.030	0.030	—	0.40~0.65	—	—
E××××-CM	0.05~0.12	0.90	0.80	0.030	0.030	0.40~0.65	0.40~0.65	—	—
E××××-C1M	0.07~0.15	0.40~0.70	0.30~0.60	0.030	0.030	0.40~0.60	1.00~1.25	0.05	—
E××××-1CM	0.05~0.12	0.90	0.80	0.030	0.030	1.00~1.50	0.40~0.65	—	—
E××××-1CML	0.05	0.90	1.00	0.030	0.030	1.00~1.50	0.40~0.65	—	—
E××××-1CMV	0.05~0.12	0.90	0.60	0.030	0.030	0.80~1.50	0.40~0.65	0.10~0.35	—
E××××-1CMVNb	0.05~0.12	0.90	0.60	0.030	0.030	0.80~1.50	0.70~1.00	0.15~0.40	Nb:0.10~0.25
E××××-1CMWV	0.05~0.12	0.70~1.10	0.60	0.030	0.030	0.80~1.50	0.70~1.00	0.20~0.35	W:0.25~0.50
E××××-2C1M	0.05~0.12	0.90	1.00	0.030	0.030	2.00~2.50	0.90~1.20	—	—
E××××-2C1ML	0.05	0.90	1.00	0.030	0.030	2.00~2.50	0.90~1.20	—	—
E××××-2CML	0.05	0.90	1.00	0.030	0.030	1.75~2.25	0.40~0.65	—	—
E××××-2CMWVB	0.05~0.12	1.00	0.60	0.030	0.030	1.50~2.50	0.30~0.80	0.20~0.60	W:0.20~0.60、B:0.001~0.003
E××××-2CMVNb	0.05~0.12	1.00	0.60	0.030	0.030	2.40~3.00	0.70~1.00	0.25~0.50	Nb:0.35~0.65
E××××-2C1MV	0.05~0.15	0.40~1.50	0.60	0.030	0.030	2.00~2.60	0.90~1.20	0.20~0.40	Nb:0.010~0.050
E××××-3C1MV	0.05~0.15	0.40~1.50	0.60	0.030	0.030	2.60~3.40	0.90~1.20	0.20~0.40	Nb:0.010~0.050
E××××-5CM	0.05~0.10	1.00	0.90	0.030	0.030	4.0~6.0	0.45~0.65	—	Ni:0.40

E××××-5CML	0. 05	1. 00	0. 90	0. 030	0. 030	4. 0~6. 0	0. 45~0. 65	—	Ni:0. 40
E××××-5CMV	0. 12	0. 5~0. 9	0. 50	0. 030	0. 030	4. 5~6. 0	0. 40~0. 70	0. 10~0. 35	Cu:0. 5
E××××-7CM	0. 05~0. 10	1. 00	0. 90	0. 030	0. 030	6. 0~8. 0	0. 45~0. 65	—	Ni:0. 40
E××××-7CML	0. 05	1. 00	0. 90	0. 030	0. 030	6. 0~8. 0	0. 45~0. 65	—	Ni:0. 40
E××××-9C1M	0. 05~0. 10	1. 00	0. 90	0. 030	0. 030	8. 0~10. 5	0. 85~1. 20	—	Ni:0. 40
E××××-9C1ML	0. 05	1. 00	0. 90	0. 030	0. 030	8. 0~10. 5	0. 85~1. 20	—	Ni:0. 40
E××××-9C1MV	0. 08~0. 13	1. 25	0. 30	0. 01	0. 01	8. 0~10. 5	0. 85~1. 20	0. 15~0. 30	Ni:1. 0、Mn+Ni≤1. 50、Cu:0. 25、Al:0. 04、Nb:0. 02~0. 10、N:0. 02~0. 07
E××××-9C1MV1②	0. 03~0. 12	1. 00~1. 80	0. 60	0. 025	0. 025	8. 0~10. 5	0. 80~1. 20	0. 15~0. 30	Ni:1. 0、Cu:0. 25、Al:0. 04、Nb:0. 02~0. 10、N:0. 02~0. 07
E××××-G	其他成分								

注:表中单值均为最大值。

① 如果有意添加表中未列出的元素,则应进行报告,这些添加元素和在常规化学分析中发现的其他元素的总量不应超过 0. 50%(质量分数)。

② Ni+Mn 的化合物能降低焊缝金属的 Ac_1,所要求的焊后热处理温度可能接近或超过了焊缝金属的 Ac_1。

4. 熔敷金属的力学性能

热强钢焊条熔敷金属的力学性能见表2-29。

表2-29 热强钢焊条熔敷金属的力学性能（GB/T 5118—2012）

焊条型号[①]	抗拉强度 R_m/MPa	下屈服强度[②] R_{eL}/MPa	断后伸长率 A（%）	预热和道间温度/℃	焊后热处理[③]	
					热处理温度/℃	保温时间[④]/min
E50XX-1M3	≥490	≥390	≥22	90~110	605~645	60
E50YY-1M3	≥490	≥390	≥20	90~110	605~645	60
E50XX-CM	≥550	≥460	≥17	160~190	675~705	60
E5540-CM	≥550	≥460	≥14	160~190	675~705	60
E5503-CM	≥550	≥460	≥14	160~190	675~705	60
E55XX-C1M	≥550	≥460	≥17	160~190	675~705	60
E55XX-1CM	≥550	≥460	≥17	160~190	675~705	60
E5513-1CM	≥550	≥460	≥14	160~190	675~705	60
E52XX-1CML	≥520	≥390	≥17	160~190	675~705	60
E5540-1CMV	≥550	≥460	≥14	250~300	715~745	120
E5515-1CMV	≥550	≥460	≥15	250~300	715~745	120
E5515-1CMVNb	≥550	≥460	≥15	250~300	715~745	300
E5515-1CMWV	≥550	≥460	≥15	250~300	715~745	300
E62XX-2C1M	≥620	≥530	≥15	160~190	675~705	60
E6240-2C1M	≥620	≥530	≥12	160~190	675~705	60
E6213-2C1M	≥620	≥530	≥12	160~190	675~705	60
E55XX-2C1ML	≥550	≥460	≥15	160~190	675~705	60
E55XX-2CML	≥550	≥460	≥15	160~190	675~705	60
E5540-2CMWVB	≥550	≥460	≥14	250~300	745~775	120
E5515-2CMWVB	≥550	≥460	≥15	320~360	745~775	120
E5515-2CMVNb	≥550	≥460	≥15	250~300	715~745	240
E62XX-2C1MV	≥620	≥530	≥15	160~190	725~755	60
E62XX-3C1MV	≥620	≥530	≥15	160~190	725~755	60
E55XX-5CM	≥550	≥460	≥17	175~230	725~755	60
E55XX-5CML	≥550	≥460	≥17	175~230	725~755	60
E55XX-5CMV	≥550	≥460	≥14	175~230	740~760	240
E55XX-7CM	≥550	≥460	≥17	175~230	725~755	60
E55XX-7CML	≥550	≥460	≥17	175~230	725~755	60

（续）

焊条型号①	抗拉强度 R_m/MPa	下屈服强度② R_{eL}/MPa	断后伸长率 A（%）	预热和道间温度/℃	焊后热处理③	
					热处理温度/℃	保温时间④/min
E62XX-9C1M	≥620	≥530	≥15	205~260	725~755	60
E62XX-9C1ML	≥620	≥530	≥15	205~260	725~755	60
E62XX-9C1MV	≥620	≥530	≥15	200~315	745~775	120
E62XX-9C1MV1	≥620	≥530	≥15	205~260	725~755	60
E××××-G⑤	供需双方协商确认					

① 焊条型号中XX代表药皮类型15、16或18，YY代表药皮类型10、11、19、20或27。

② 当屈服发生不明显时，应测定规定塑性延伸强度 $R_{p0.2}$。

③ 试件放入炉内时，以85~275℃/h的速度加热到规定温度。达到保温时间后，以不大于200℃/h的速度随炉冷却至300℃以下。试件冷却至300℃以下的任意温度时，允许从炉中取出，在静止空气中冷却至室温。

④ 保温时间允许偏差为0~10min。

⑤ 熔敷金属抗拉强度代号见表2-25，药皮类型代号见表2-26。

2.3.7 高强钢焊条

1. 焊条型号表示方法

高强钢焊条的型号由五部分组成：

1）第一部分用字母“E”表示焊条。

2）第二部分为字母“E”后面的紧邻两位数字，表示熔敷金属的抗拉强度代号，见表2-30。

表2-30 熔敷金属的抗拉强度代号（GB/T 32533—2016）

抗拉强度代号	最小抗拉强度/MPa	抗拉强度代号	最小抗拉强度/MPa
59	590	78	780
62	620	83	830
69	690	88	880
73	730	98	980
76	760		

3）第三部分为字母“E”后面的第三和第四两位数字，表示药皮类型、焊接位置和电流类型，见表2-31。

4）第四部分为短横线“-”后的字母或数字，表示熔敷金属的化学成分分类，见表2-32。

表 2-31 药皮类型、焊接位置和电流类型的代号（GB/T 32533—2016）

代号	药皮类型	焊接位置①	电流类型
10	纤维素	全位置	直流反接
11	纤维素	全位置	交流或直流反接
13	金红石	全位置②	交流或直流正、反接
15	碱性	全位置②	直流反接
16	碱性	全位置②	交流或直流反接
18	碱性+铁粉	全位置②	交流或直流反接
45	碱性	全位置③	直流反接

① 焊接位置见 GB/T 16672。
② 此处“全位置”并不一定包含向下立焊，由制造商确定。
③ 不包括向上立焊。

表 2-32 熔敷金属的化学成分分类代号（GB/T 32533—2016）

分类代号	主要化学成分的名义含量(质量分数,%)			
	Mn	Ni	Cr	Mo
-3M2	1.5	—	—	0.4
-4M2	2.0	—	—	0.4
-3M3	1.5	—	—	0.5
-N1M1	—	0.5	—	0.2
-N2M1	—	1.0	—	0.2
-N3M1	—	1.5	—	0.2
-N3M2	—	1.5	—	0.4
-N4M1	—	2.0	—	0.2
-N4M2	—	2.0	—	0.4
-N4M3	—	2.0	—	0.5
-N5M1	—	2.5	—	0.2
-N5M4	—	2.5	—	0.6
-N9M3	—	4.5	—	0.5
-N13L	—	6.5	—	—
-N3CM1	—	1.5	0.2	0.2
-N4CM2	—	1.8	0.3	0.4
-N4C2M1	—	2.0	0.7	0.3
-N4C2M2	—	2.0	1.0	0.4
-N5CM3	—	2.5	0.3	0.5
-N7CM1	—	3.5	0.3	0.2
-N7CM3	—	3.5	0.3	0.5
-11MoVNi	—	1.0	10.0	0.5

（续）

分类代号	主要化学成分的名义含量(质量分数,%)			
	Mn	Ni	Cr	Mo
-11MoVNiW	—	1.0	10.0	1.0
-P1	1.2	1.0	—	0.5
-P2	1.3	1.0	—	0.5
-G	其他成分			

5）第五部分为熔敷金属的化学成分分类代号后的焊后状态代号，其中“无标记”表示焊态，“P”表示热处理状态，“AP”表示焊态和焊后热处理两种状态均可。

除以上强制分类代号外，根据供需双方协商，可在型号后依次附加可选代号：

① 字母“U”，表示在规定试验温度下，冲击吸收能量应不小于47J。

② 扩散氢代号“HX”，其中“X”可为数字15、10、5，分别表示每100g熔敷金属中扩散氢含量允许的最大值（mL）。

高强钢焊条型号示例：

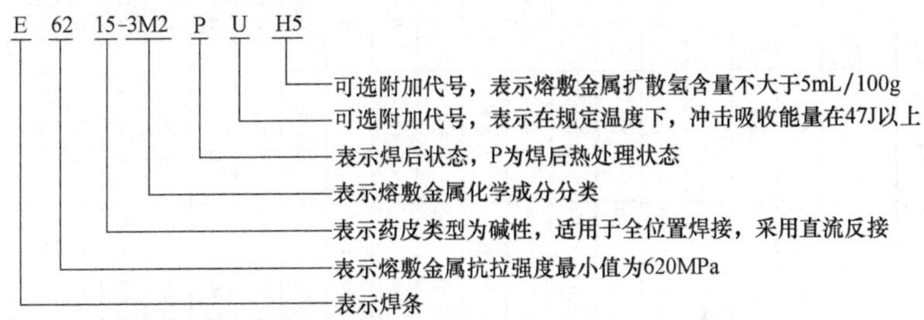

2. 熔敷金属的化学成分

高强钢焊条熔敷金属的化学成分见表2-33。

3. 熔敷金属的力学性能

1）高强钢焊条熔敷金属的拉伸性能与冲击试验温度见表2-34。

2）高强度钢焊条熔敷金属的冲击性能。熔敷金属夏比V型缺口冲击要求按表2-34规定的温度，测定3个冲击试样的冲击吸收能量，3个值中有1个值可小于47J，但应不小于32J，3个值的平均值应不小于47J。

表 2-33　高强钢焊条熔敷金属的化学成分（GB/T 32533—2016）

焊条型号	化学成分(质量分数,%)									
	C	Mn	Si	P	S	Ni	Cr	Mo	V	Cu
E5915-3M2	0.12	1.00~1.75	0.60	0.03	0.03	0.90	—	0.25~0.45	—	—
E5916-3M2	0.12	1.00~1.75	0.60	0.03	0.03	0.90	—	0.25~0.45	—	—
E5918-3M2	0.12	1.00~1.75	0.60	0.03	0.03	0.90	—	0.25~0.45	—	—
E5916-N1M1	0.12	0.70~1.50	0.80	0.03	0.03	0.30~1.00	—	0.10~0.40	—	—
E5915-N5M1	0.12	0.60~1.20	0.80	0.03	0.03	2.00~2.75	—	0.30	—	—
E5916-N5M1	0.12	0.60~1.20	0.80	0.03	0.03	2.00~2.75	—	0.30	—	—
E5918-N1M1	0.12	0.70~1.50	0.80	0.03	0.03	0.30~1.00	—	0.10~0.40	—	—
E6210-P1	0.20	1.20	0.60	0.03	0.03	1.00	0.30	0.50	0.10	—
E6215-N13L	0.05	0.40~1.00	0.50	0.03	0.03	6.00~7.25	—	—	—	—
E6215-3M2	0.12	1.00~1.75	0.60	0.03	0.03	0.90	—	0.25~0.45	—	—
E6216-3M2	0.12	1.00~1.75	0.60	0.03	0.03	0.90	—	0.20~0.50	—	—
E6216-N1M1	0.12	0.70~1.50	0.80	0.03	0.03	0.30~1.00	—	0.10~0.40	—	—
E6215-N2M1	0.12	0.70~1.50	0.80	0.03	0.03	0.80~1.50	—	0.10~0.40	—	—
E6216-N2M1	0.12	0.70~1.50	0.80	0.03	0.03	0.80~1.50	—	0.10~0.40	—	—
E6216-N4M1	0.12	0.75~1.35	0.80	0.03	0.03	1.30~2.30	—	0.10~0.30	—	—
E6215-N5M1	0.12	0.60~1.20	0.80	0.03	0.03	2.00~2.75	—	0.30	—	—
E6216-N5M1	0.12	0.60~1.20	0.80	0.03	0.03	2.00~2.75	—	0.30	—	—
E6218-3M2	0.12	1.00~1.75	0.80	0.03	0.03	0.90	—	0.25~0.45	—	—

E6218-3M3	0.12	1.00~1.80	0.80	0.03	0.03	0.90	—	0.40~0.65	—	—
E6218-N1M1	0.12	0.70~1.50	0.80	0.03	0.03	0.30~1.00	—	0.10~0.40	—	—
E6218-N2M1	0.12	0.70~1.50	0.80	0.03	0.03	0.80~1.50	—	0.10~0.40	—	—
E6218-N3M1	0.10	0.60~1.25	0.80	0.030	0.030	1.40~1.80	0.15	0.35	0.05	—
E6218-P2	0.12	0.90~1.70	0.80	0.03	0.03	1.00	0.20	0.50	0.05	—
E6245-P2	0.12	0.90~1.70	0.80	0.03	0.03	1.00	0.20	0.50	0.05	—
E6915-4M2	0.15	1.65~2.00	0.60	0.03	0.03	0.90	—	0.25~0.45	—	—
E6916-4M2	0.15	1.65~2.00	0.60	0.03	0.03	0.90	—	0.25~0.45	—	—
E6916-N3CM1	0.12	1.20~1.70	0.80	0.03	0.03	1.20~1.70	0.10~0.30	0.10~0.30	—	—
E6916-N4M3	0.12	0.70~1.50	0.80	0.03	0.03	1.50~2.50	—	0.35~0.65	—	—
E6916-N7CM3	0.12	0.80~1.40	0.80	0.03	0.03	3.00~3.80	0.10~0.40	0.30~0.60	—	—
E6918-4M2	0.15	1.65~2.00	0.80	0.03	0.03	0.90	—	0.25~0.45	—	—
E6918-N3M2	0.10	0.75~1.70	0.60	0.030	0.030	1.40~2.10	0.35	0.25~0.50	0.05	—
E6945-P2	0.12	0.90~1.70	0.80	0.03	0.03	1.00	0.20	0.50	0.05	—
E7315-11MoVNi	0.19	0.5~1.0	0.50	0.035	0.030	0.60~0.90	9.5~11.5	0.60~0.90	0.20~0.40	0.5
E7316-11MoVNi	0.19	0.5~1.0	0.50	0.035	0.030	0.60~0.90	9.5~11.5	0.60~0.90	0.20~0.40	0.5
E7315-11MoVNiW	0.19	0.5~1.0	0.50	0.035	0.030	0.40~1.10	9.5~12.0	0.80~1.00	0.20~0.40	Cu:0.5 W:0.40~0.70

（续）

焊条型号	化学成分(质量分数,%)									
	C	Mn	Si	P	S	Ni	Cr	Mo	V	Cu
E7316-11MoVNiW	0.19	0.5~1.0	0.50	0.035	0.030	0.40~1.10	9.5~12.0	0.80~1.00	0.20~0.40	Cu:0.5 W:0.40~0.70
E7618-N4M2	0.10	1.30~1.80	0.60	0.030	0.030	1.25~2.50	0.40	0.25~0.50	0.05	—
E7816-N4CM2	0.12	1.20~1.80	0.80	0.03	0.03	1.50~2.10	0.10~0.40	0.25~0.55	—	—
E7816-N4C2M1	0.12	1.00~1.50	0.80	0.03	0.03	1.50~2.50	0.50~0.90	0.10~0.40	—	—
E7816-N5M4	0.12	1.40~2.00	0.80	0.03	0.03	2.10~2.80	—	0.50~0.80	—	—
E7816-N5CM3	0.12	1.00~1.50	0.80	0.03	0.03	2.10~2.80	0.10~0.40	0.35~0.65	—	—
E7816-N9M3	0.12	1.00~1.80	0.80	0.03	0.03	4.20~5.00	—	0.35~0.65	—	—
E8318-N4C2M2	0.10	1.30~2.25	0.60	0.030	0.030	1.75~2.50	0.30~1.50	0.30~0.55	0.05	—
E8318-N7CM1	0.10	0.80~1.60	0.65	0.015	0.012	3.00~3.80	0.65	0.20~0.30	0.05	—
E××10-G①	—	≥1.00	≥0.80	—	—	≥0.50	≥0.30	≥0.20	≥0.10	≥0.20
E××11-G①	—	≥1.00	≥0.80	—	—	≥0.50	≥0.30	≥0.20	≥0.10	≥0.20
E××13-G①	—	≥1.00	≥0.80	—	—	≥0.50	≥0.30	≥0.20	≥0.10	≥0.20
E××15-G①	—	≥1.00	≥0.80	—	—	≥0.50	≥0.30	≥0.20	≥0.10	≥0.20
E××16-G①	—	≥1.00	≥0.80	—	—	≥0.50	≥0.30	≥0.20	≥0.10	≥0.20
E××18-G①	—	≥1.00	≥0.80	—	—	≥0.50	≥0.30	≥0.20	≥0.10	≥0.20

注：表中未特殊注明的单值均为最大值。

① 对于化学成分分类代号为“G”的焊条，“××”代表熔敷金属抗拉强度级别（59、62、69、73、76、78、83、88、98），见表 2-30。此类焊条的熔敷金属化学成分中应至少有一个元素满足要求。其他的化学成分要求，应由供需双方协议确定。

表 2-34　高强钢焊条熔敷金属的拉伸性能与冲击试验温度（GB/T 32533—2016）

焊条型号	焊后状态代号[①]	抗拉强度 R_m/MPa	下屈服强度 R_{eL}[②]/MPa	断后伸长率 A(%)	冲击试验温度/℃
E5915-G	—/P/AP	590	490	16	-20
E5915-3M2	—/P/AP	590	490	16	-20
E5916-3M2	—/P/AP	590	490	16	-20
E5918-3M2	—/P/AP	590	490	16	-20
E5916-N1M1	—/P/AP	590	490	16	-20
E5915-N5M1	—/P/AP	590	490	16	-60
E5916-N5M1	—/P/AP	590	490	16	-60
E5918-N1M1	—/P/AP	590	490	16	-20
E6210-P1	—	620	530	15	-30
E6210-G	—/P/AP	620	530	15	—
E6211-G	—/P/AP	620	530	15	—
E6213-G	—/P/AP	620	530	12	—
E6215-G	—/P/AP	620	530	15	—
E6216-G	—/P/AP	620	530	15	—
E6218-G	—/P/AP	620	530	15	—
E6215-N13L	P	620	530	15	-115
E6215-3M2	P	620	530	15	-50
E6216-3M2	—/P/AP	620	530	15	-20
E6216-N1M1	—/P/AP	620	530	15	-20
E6215-N2M1	—/P/AP	620	530	15	-20
E6216-N2M1	—/P/AP	620	530	15	-20
E6216-N4M1	—/P/AP	620	530	15	-40
E6215-N5M1	—/P/AP	620	530	15	-60
E6216-N5M1	—/P/AP	620	530	15	-60
E6218-3M2	P	620	530	15	-50
E6218-3M3	P	620	530	15	-50
E6218-N1M1	—/P/AP	620	530	15	-20
E6218-N2M1	—/P/AP	620	530	15	-20
E6218-N3M1	—	620	540~620[③]	21	-50
E6218-P2	—	620	530	15	-30
E6245-P2	—	620	530	15	-30
E6910-G	—/P/AP	690	600	14	—
E6911-G	—/P/AP	690	600	14	—
E6913-G	—/P/AP	690	600	11	—
E6915-G	—/P/AP	690	600	14	—
E6916-G	—/P/AP	690	600	14	—

（续）

焊条型号	焊后状态代号①	抗拉强度 R_m/MPa	下屈服强度 R_{eL}②/MPa	断后伸长率 A(%)	冲击试验温度/℃
E6918-G	—/P/AP	690	600	14	—
E6915-4M2	P	690	600	14	-50
E6916-4M2	P	690	600	14	-50
E6916-N3CM1	—	690	600	14	-20
E6916-N4M3	—/P/AP	690	600	14	-20
E6916-N7CM3	—	690	600	14	-60
E6918-4M2	P	690	600	14	-50
E6918-N3M2	—	690	610~690③	18	-50
E6945-P2	—	690	600	14	-30
E7315-11MoVNi	—/P/AP	730	—	15	—
E7316-11MoVNi	—/P/AP	730	—	15	—
E7315-11MoVNiW	—/P/AP	730	—	15	—
E7316-11MoVNiW	—/P/AP	730	—	15	—
E7610-G	—/P/AP	760	670	13	—
E7611-G	—/P/AP	760	670	13	—
E7613-G	—/P/AP	760	670	11	—
E7615-G	—/P/AP	760	670	13	—
E7616-G	—/P/AP	760	670	13	—
E7618-G	—/P/AP	760	670	13	—
E7618-N4M2	—	760	680~760③	18	-50
E7815-G	—/P/AP	780	690	13	-40
E7816-N4CM2	—	780	690	13	-20
E7816-N4C2M1	—	780	690	13	-40
E7816-N5M4	—	780	690	13	-60
E7816-N5CM3	—/P/AP	780	690	13	-20
E7816-N9M3	—	780	690	13	-80
E8310-G	—/P/AP	830	740	12	—
E8311-G	—/P/AP	830	740	12	—
E8313-G	—/P/AP	830	740	10	—
E8315-G	—/P/AP	830	740	12	—
E8316-G	—/P/AP	830	740	12	—
E8318-G	—/P/AP	830	740	12	—
E8318-N4C2M2	—	830	745~830③	16	-50
E8318-N7CM1	—	830	745~830③	16	—
E8815-G	—/P/AP	880	780	12	—
E8816-G	—/P/AP	880	780	12	—
E8818-G	—/P/AP	880	780	12	—

（续）

焊条型号	焊后状态代号①	抗拉强度 R_m/MPa	下屈服强度 $R_{eL}^{②}$/MPa	断后伸长率 A(%)	冲击试验温度/℃
E9815-G	—/P/AP	980	880	12	—
E9816-G	—/P/AP	980	880	12	—
E9818-G	—/P/AP	980	880	12	—

注：表中单值均为最小值。

① 焊后状态代号中，“—”为无标记，表示焊态；“P”表示热处理状态；“AP”表示焊态和热处理状态均可。如何标注由制造商确定。

② 屈服发生不明显时，应采用规定塑性延伸强度 $R_{p0.2}$。

③ 对于 ϕ2.5mm（2.4/2.6）的焊条，上限值可扩大35MPa。

2.3.8 不锈钢焊条

1. 焊条型号表示方法

不锈钢焊条的型号由四部分组成：

1）第一部分用字母“E”表示焊条。

2）第二部分为字母“E”后面的数字表示熔敷金属的化学成分分类，数字后面的“L”表示碳含量较低，“H”表示碳含量较高，如有其他特殊要求的化学成分，该化学成分用元素符号表示放在后面。

3）第三部分为短横线“-”后的第一位数字，表示焊接位置，见表2-35。

表2-35 焊接位置的代号（GB/T 983—2012）

代号	-1	-2	-4
焊接位置①	PA、PB、PD、PF	PA、PB	PA、PB、PD、PF、PG

① 焊接位置见GB/T 16672—1996，其中PA为平焊、PB为平角焊、PD为仰角焊、PF为向上立焊，PG为向下立焊。

4）第四部分为最后一位数字，表示药皮类型和电流类型，见表2-36。

表2-36 药皮类型和电流类型的代号（GB/T 983—2012）

代号	药皮类型	电流类型
5	碱性	直流
6	金红石	交流和直流①
7	钛酸型	交流和直流②

① 46型采用直流焊接。

② 47型采用直流焊接。

不锈钢焊条型号示例：

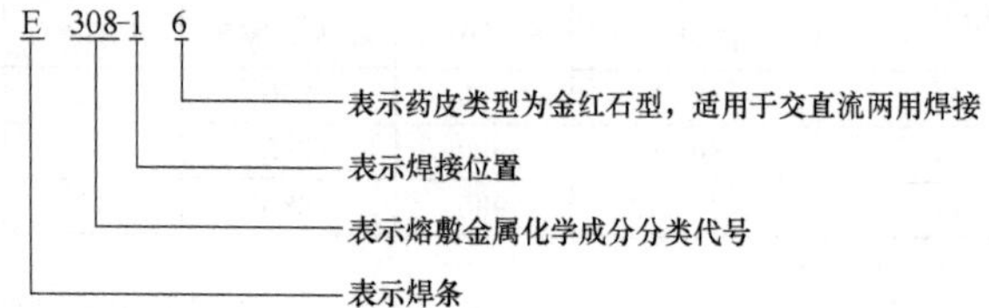

2. 熔敷金属的化学成分

不锈钢焊条熔敷金属的化学成分见表 2-37。

表 2-37　不锈钢焊条熔敷金属的化学成分（GB/T 983—2012）

焊条型号[①]	化学成分(质量分数,%)[②]									
	C	Mn	Si	P	S	Cr	Ni	Mo	Cu	其他
E209-××	0.06	4.0~7.0	1.00	0.04	0.03	20.5~24.0	9.5~12.0	1.5~3.0	0.75	N:0.10~0.30、V:0.10~0.30
E219-××	0.06	8.0~10.0	1.00	0.04	0.03	19.0~21.5	5.5~7.0	0.75	0.75	N:0.10~0.30
E240-××	0.06	10.5~13.5	1.00	0.04	0.03	17.0~19.0	4.0~6.0	0.75	0.75	N:0.10~0.30
E307-××	0.04~0.14	3.30~4.75	1.00	0.04	0.03	18.0~21.5	9.0~10.7	0.5~1.5	0.75	—
E308-××	0.08	0.5~2.5	1.00	0.04	0.03	18.0~21.0	9.0~11.0	0.75	0.75	—
E308H-××	0.04~0.08	0.5~2.5	1.00	0.04	0.03	18.0~21.0	9.0~11.0	0.75	0.75	—
E308L-××	0.04	0.5~2.5	1.00	0.04	0.03	18.0~21.0	9.0~12.0	0.75	0.75	—
E308Mo-××	0.08	0.5~2.5	1.00	0.04	0.03	18.0~21.0	9.0~12.0	2.0~3.0	0.75	—
E308LMo-××	0.04	0.5~2.5	1.00	0.04	0.03	18.0~21.0	9.0~12.0	2.0~3.0	0.75	—
E309L-××	0.04	0.5~2.5	1.00	0.04	0.03	22.0~25.0	12.0~14.0	0.75	0.75	—
E309-××	0.15	0.5~2.5	1.00	0.04	0.03	22.0~25.0	12.0~14.0	0.75	0.75	—

（续）

焊条型号[①]	化学成分(质量分数,%)[②]									
	C	Mn	Si	P	S	Cr	Ni	Mo	Cu	其他
E309H-××	0.04~0.15	0.5~2.5	1.00	0.04	0.03	22.0~25.0	12.0~14.0	0.75	0.75	—
E309LNb-××	0.04	0.5~2.5	1.00	0.040	0.030	22.0~25.0	12.0~14.0	0.75	0.75	Nb+Ta:0.70~1.00
E309Nb-××	0.12	0.5~2.5	1.00	0.04	0.03	22.0~25.0	12.0~14.0	0.75	0.75	Nb+Ta:0.70~1.00
E309Mo-××	0.12	0.5~2.5	1.00	0.04	0.03	22.0~25.0	12.0~14.0	2.0~3.0	0.75	—
E309LMo-××	0.04	0.5~2.5	1.00	0.04	0.03	22.0~25.0	12.0~14.0	2.0~3.0	0.75	—
E310-××	0.08~0.20	1.0~2.5	0.75	0.03	0.03	25.0~28.0	20.0~22.5	0.75	0.75	—
E310H-××	0.35~0.45	1.0~2.5	0.75	0.03	0.03	25.0~28.0	20.0~22.5	0.75	0.75	—
E310Nb-××	0.12	1.0~2.5	0.75	0.03	0.03	25.0~28.0	20.0~22.0	0.75	0.75	Nb+Ta:0.70~1.00
E310Mo-××	0.12	1.0~2.5	0.75	0.03	0.03	25.0~28.0	20.0~22.0	2.0~3.0	0.75	—
E312-××	0.15	0.5~2.5	1.00	0.04	0.03	28.0~32.0	8.0~10.5	0.75	0.75	—
E316-××	0.08	0.5~2.5	1.00	0.04	0.03	17.0~20.0	11.0~14.0	2.0~3.0	0.75	—
E316H-××	0.04~0.08	0.5~2.5	1.00	0.04	0.03	17.0~20.0	11.0~14.0	2.0~3.0	0.75	—
E316L-××	0.04	0.5~2.5	1.00	0.04	0.03	17.0~20.0	11.0~14.0	2.0~3.0	0.75	—
E316LCu-××	0.04	0.5~2.5	1.00	0.040	0.030	17.0~20.0	11.0~16.0	1.20~2.75	1.00~2.50	—
E316LMn-××	0.04	5.0~8.0	0.90	0.04	0.03	18.0~21.0	15.0~18.0	2.5~3.5	0.75	N:0.10~0.25
E317-××	0.08	0.5~2.5	1.00	0.04	0.03	18.0~21.0	12.0~14.0	3.0~4.0	0.75	—
E317L-××	0.04	0.5~2.5	1.00	0.04	0.03	18.0~21.0	12.0~14.0	3.0~4.0	0.75	—
E317MoCu-××	0.08	0.5~2.5	0.90	0.035	0.030	18.0~21.0	12.0~14.0	2.0~2.5	2	—
E317LMoCu-××	0.04	0.5~2.5	0.90	0.035	0.030	18.0~21.0	12.0~14.0	2.0~4.0	2	—

（续）

焊条型号[①]	化学成分(质量分数,%)[②]									
	C	Mn	Si	P	S	Cr	Ni	Mo	Cu	其他
E318-××	0.08	0.5~2.5	1.00	0.04	0.03	17.0~20.0	11.0~14.0	2.0~3.0	0.75	Nb+Ta：6×C~1.00
E318V-××	0.08	0.5~2.5	1.00	0.035	0.03	17.0~20.0	11.0~14.0	2.0~2.5	0.75	V：0.30~0.70
E320-××	0.07	0.5~2.5	0.60	0.04	0.03	19.0~21.0	32.0~36.0	2.0~3.0	3.0~4.0	Nb+Ta：8×C~1.00
E320LR-××	0.03	1.5~2.5	0.30	0.020	0.015	19.0~21.0	32.0~36.0	2.0~3.0	3.0~4.0	Nb+Ta：8×C~0.40
E330-××	0.18~0.25	1.0~2.5	1.00	0.04	0.03	14.0~17.0	33.0~37.0	0.75	0.75	—
E330H-××	0.35~0.45	1.0~2.5	1.00	0.04	0.03	14.0~17.0	33.0~37.0	0.75	0.75	—
E330MoMnWNb-××	0.20	3.5	0.70	0.035	0.030	15.0~17.0	33.0~37.0	2.0~3.0	0.75	Nb：1.0~2.0、W：2.0~3.0
E347-××	0.08	0.5~2.5	1.00	0.04	0.03	18.0~21.0	9.0~11.0	0.75	0.75	Nb+Ta：8×C~1.00
E347L-××	0.04	0.5~2.5	1.00	0.040	0.030	18.0~21.0	9.0~11.0	0.75	0.75	Nb+Ta：8×C~1.00
E349-××	0.13	0.5~2.5	1.00	0.04	0.03	18.0~21.0	8.0~10.0	0.35~0.65	0.75	Nb+Ta：0.75~1.20、V：0.10~0.30、Ti≤0.15、W：1.25~1.75
E383-××	0.03	0.5~2.5	0.90	0.02	0.02	26.5~29.0	30.0~33.0	3.2~4.2	0.6~1.5	—
E385-××	0.03	1.0~2.5	0.90	0.03	0.02	19.5~21.5	24.0~26.0	4.2~5.2	1.2~2.0	—
E409Nb-××	0.12	1.00	1.00	0.040	0.030	11.0~14.0	0.60	0.75	0.75	Nb+Ta：0.50~1.50

（续）

焊条型号①	化学成分(质量分数,%)②									
	C	Mn	Si	P	S	Cr	Ni	Mo	Cu	其他
E410-××	0.12	1.0	0.90	0.04	0.03	11.0~14.0	0.70	0.75	0.75	—
E410NiMo-××	0.06	1.0	0.90	0.04	0.03	11.0~12.5	4.0~5.0	0.40~0.70	0.75	—
E430-××	0.10	1.0	0.90	0.04	0.03	15.0~18.0	0.6	0.75	0.75	—
E430Nb-××	0.10	1.00	1.00	0.040	0.030	15.0~18.0	0.60	0.75	0.75	Nb+Ta:0.50~1.50
E630-××	0.05	0.25~0.75	0.75	0.04	0.03	16.00~16.75	4.5~5.0	0.75	3.25~4.00	Nb+Ta:0.15~0.30
E16-8-2-××	0.10	0.5~2.5	0.60	0.03	0.03	14.5~16.5	7.5~9.5	1.0~2.0	0.75	—
E16-25MoN-××	0.12	0.5~2.5	0.90	0.035	0.030	14.0~18.0	22.0~27.0	5.0~7.0	0.75	N:≥0.1
E2209-××	0.04	0.5~2.0	1.00	0.04	0.03	21.5~23.5	7.5~10.5	2.5~3.5	0.75	N:0.08~0.20
E2553-××	0.06	0.5~1.5	1.0	0.04	0.03	24.0~27.0	6.5~8.5	2.9~3.9	1.5~2.5	N:0.10~0.25
E2593-××	0.04	0.5~1.5	1.0	0.04	0.03	24.0~27.0	8.5~10.5	2.9~3.9	1.5~3.0	N:0.08~0.25
E2594-××	0.04	0.5~2.0	1.00	0.04	0.03	24.0~27.0	8.0~10.5	3.5~4.5	0.75	N:0.20~0.30
E2595-××	0.04	2.5	1.2	0.03	0.025	24.0~27.0	8.0~10.5	2.5~4.5	0.4~1.5	N:0.20~0.30、W:0.4~1.0
E3155-××	0.10	1.0~2.5	1.00	0.04	0.03	20.0~22.5	19.0~21.0	2.5~3.5	0.75	Nb+Ta:0.75~1.25、Co:18.5~21.0、W:2.0~3.0
E33-31-××	0.03	2.5~4.0	0.9	0.02	0.01	31.0~35.0	30.0~32.0	1.0~2.0	0.4~0.8	N:0.3~0.5

注：表中单值均为最大值。

① 焊条型号中-××表示焊接位置和药皮类型。

② 化学分析应按本表中规定的元素进行分析。如果在分析过程中发现其他化学成分，则应进一步分析这些元素的含量，除铁外，不应超过0.5%（质量分数）。

3. 熔敷金属的力学性能

不锈钢焊条熔敷金属的力学性能见表 2-38。

表 2-38 不锈钢焊条熔敷金属的力学性能（GB/T 983—2012）

焊条型号	抗拉强度 R_m/MPa	断后伸长率 A(%)	焊后热处理
E209-××	690	15	—
E219-××	620	15	—
E240-××	690	25	—
E307-××	590	25	—
E308-××	550	30	—
E308H-××	550	30	—
E308L-××	510	30	—
E308Mo-××	550	30	—
E308LMo-××	520	30	—
E309L-××	510	25	—
E309-××	550	25	—
E309H-××	550	25	—
E309LNb-××	510	25	—
E309Nb-××	550	25	—
E309Mo-××	550	25	—
E309LMo-××	510	25	—
E310-××	550	25	—
E310H-××	620	8	—
E310Nb-××	550	23	—
E310Mo-××	550	28	—
E312-××	660	15	—
E316-××	520	25	—
E316H-××	520	25	—
E316L-××	490	25	—
E316LCu-××	510	25	—
E316LMn-××	550	15	—
E317-××	550	20	—
E317L-××	510	20	—
E317MoCu-××	540	25	—
E317LMoCu-××	540	25	—
E318-××	550	20	—
E318V-××	540	25	—
E320-××	550	28	—
E320LR-××	520	28	—

（续）

焊条型号	抗拉强度 R_m/MPa	断后伸长率 A(%)	焊后热处理
E330-××	520	23	—
E330H-××	620	8	—
E330MoMnWNb-××	590	25	—
E347-××	520	25	—
E347L-××	510	25	—
E349-××	690	23	—
E383-××	520	28	—
E385-××	520	28	—
E409Nb-××	450	13	①
E410-××	450	15	②
E410NiMo-××	760	10	③
E430-××	450	15	①
E430Nb-××	450	13	①
E630-××	930	6	④
E16-8-2-××	520	25	—
E16-25MoN-××	610	30	—
E2209-××	690	15	—
E2553-××	760	13	—
E2593-××	760	13	—
E2594-××	760	13	—
E2595-××	760	13	—
E3155-××	690	15	—
E33-31-××	720	20	—

注：表中单值均为最小值。

① 加热到760~790℃，保温2h，以不高于55℃/h的速度炉冷至595℃以下，然后空冷至室温。

② 加热到730~760℃，保温1h，以不高于110℃/h的速度炉冷至315℃以下，然后空冷至室温。

③ 加热到595~620℃，保温1h，然后空冷至室温。

④ 加热到1025~1050℃，保温1h，空冷至室温，然后在610~630℃，保温4h沉淀硬化处理，空冷至室温。

2.3.9 铸铁焊条

1. 焊条型号表示方法

字母“E”表示焊条，字母“Z”表示用于铸铁焊接，在“EZ”字母后用熔敷金属的主要化学元素符号或金属类型代号表示，见表2-39，再细分时用数字表示。

铸铁焊条型号示例：

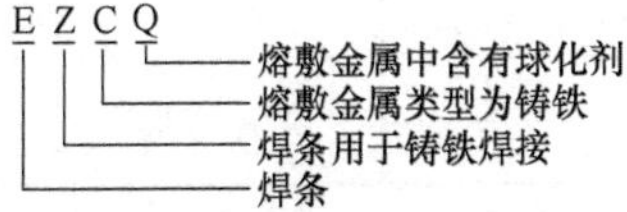

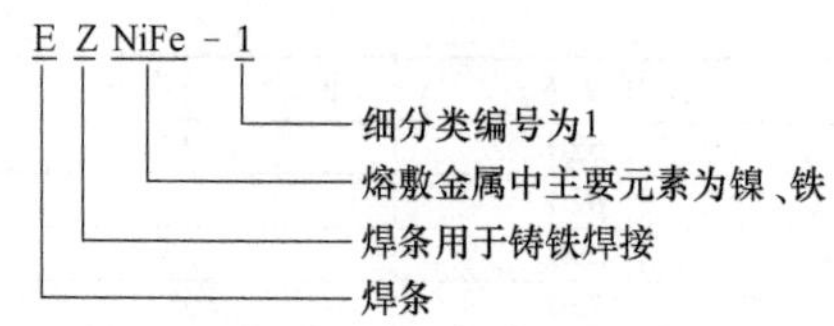

表 2-39 铸铁焊条类别与型号（GB/T 10044—2006）

类别	名称	型号
铁基焊条	灰铸铁焊条	EZC
	球墨铸铁焊条	EZCQ
镍基焊条	纯镍铸铁焊条	EZNi
	镍铁铸铁焊条	EZNiFe
	镍铜铸铁焊条	EZNiCu
	镍铁铜铸铁焊条	EZNiFeCu
其他焊条	纯铁及碳钢焊条	EZFe
	高钒焊条	EZV

2. 铸铁焊条型号与牌号对照

铸铁焊条型号与牌号对照见表 2-40。

3. 铸铁焊条熔敷金属的化学成分

铸铁焊条熔敷金属的化学成分见表 2-41。纯铁及碳钢焊条焊芯的化学成分见表 2-42。

4. 铸铁焊条的特征及用途

铸铁焊条的特征及用途见表 2-43。

表 2-40 铸铁焊条型号与牌号对照

类别	名称	型号	药皮类型	对应牌号
铁基焊条	灰铸铁焊条	EZC	强石墨化型药皮，交直流两用	Z208、Z218、Z248
	球墨铸铁焊条	EZCQ		Z238、Z238SnCu、Z258、Z268
镍基焊条	纯镍铸铁焊条	EZNi	强石墨化型药皮，交直流两用	Z308
	镍铁铸铁焊条	EZNiFe		Z408、Z438
	镍铜铸铁焊条	EZNiCu		Z508
	镍铁铜铸铁焊条	EZNiFeCu		Z408A
其他焊条	纯铁及碳钢焊条	EZFe	低氢型药皮	Z100、Z122Fe
	高钒焊条	EZV		Z116、Z117

表 2-41 铸铁焊条熔敷金属的化学成分（GB/T 10044—2006）

<table>
<tr><th rowspan="2">型号</th><th colspan="12">化学成分(质量分数,%)</th></tr>
<tr><th>C</th><th>Si</th><th>Mn</th><th>S</th><th>P</th><th>Fe</th><th>Ni</th><th>Cu</th><th>Al</th><th>V</th><th>球化剂</th><th>其他元素总量</th></tr>
<tr><td>EZC</td><td>2.0~4.0</td><td>2.5~6.5</td><td>≤0.75</td><td rowspan="2">≤0.10</td><td rowspan="2">≤0.15</td><td rowspan="2">余量</td><td rowspan="2">—</td><td rowspan="2">—</td><td rowspan="2">—</td><td rowspan="2">—</td><td>—</td><td>—</td></tr>
<tr><td>EZCQ</td><td>3.2~4.2</td><td>3.2~4.0</td><td>≤0.80</td><td>0.04~0.15</td><td rowspan="10">≤1.0</td></tr>
<tr><td>EZNi-1</td><td rowspan="6">≤2.0</td><td>≤2.5</td><td>≤1.0</td><td rowspan="6">≤0.03</td><td rowspan="9">—</td><td rowspan="3">≤8.0</td><td>≥90</td><td>—</td><td>—</td><td rowspan="6">—</td><td rowspan="10">—</td></tr>
<tr><td>EZNi-2</td><td rowspan="4">≤4.0</td><td rowspan="4">≤2.5</td><td rowspan="2">≥85</td><td rowspan="5">≤2.5</td><td>≤1.0</td></tr>
<tr><td>EZNi-3</td><td>1.0~3.0</td></tr>
<tr><td>EZNiFe-1</td><td rowspan="3">余量</td><td rowspan="2">45~60</td><td>≤1.0</td></tr>
<tr><td>EZNiFe-2</td><td>1.0~3.0</td></tr>
<tr><td>EZNiFeMn</td><td>≤1.0</td><td>10~14</td><td>35~45</td><td>≤1.0</td></tr>
<tr><td>EZNiCu-1</td><td rowspan="2">0.35~0.55</td><td rowspan="2">≤0.75</td><td rowspan="2">≤2.3</td><td rowspan="2">≤0.025</td><td rowspan="2">3.0~6.0</td><td>60~70</td><td>25~35</td><td rowspan="4">—</td><td rowspan="3">—</td></tr>
<tr><td>EZNiCu-2</td><td>50~60</td><td>35~45</td></tr>
<tr><td>EZNiFeCu</td><td>≤2.0</td><td>≤2.0</td><td>≤1.5</td><td>≤0.03</td><td rowspan="2">余量</td><td>45~60</td><td>4~10</td></tr>
<tr><td>EZV</td><td>≤0.25</td><td>≤0.70</td><td>≤1.50</td><td>≤0.04</td><td>≤0.04</td><td>—</td><td>—</td><td>8~13</td><td>—</td></tr>
</table>

表 2-42　纯铁及碳钢焊条焊芯的化学成分（GB/T 10044—2006）

型号	化学成分(质量分数,%)					
	C	Si	Mn	S	P	Fe
EZFe-1	≤0.04	≤0.10	≤0.60	≤0.010	≤0.015	余量
EZFe-2	≤0.10	≤0.03		≤0.030	≤0.030	

表 2-43　铸铁焊条的特征及用途（GB/T 10044—2006）

类别	型号及名称	焊条简明特征	用途和应用特点
铁基焊条	EZC 灰铸铁焊条	EZC 型是钢芯或铸铁芯、强石墨化型药皮铸铁焊条,可交直流两用 钢芯铸铁焊条药皮中加入适量石墨化元素,焊缝在缓慢冷却时可变成灰铸铁。冷却速度快,就会产生白口而不易加工。冷却速度对切削加工性和焊缝组织影响很大。灰铸铁焊缝的组织、性能、颜色,基本与母材相近,但由于塑性差,不能松弛焊接应力,抗热应力裂纹性能较差	操作工艺与一般冷焊焊条不同,该焊条要求连续施焊,焊后保温,以使焊缝缓冷 小型薄壁件刚度较小部位的缺陷可以不预热焊,而一般则应预热至400°C 左右再焊或热焊,焊后缓冷,这样可以防止裂纹和白口
		铸铁芯铸铁焊条,采用石墨化元素较多的灰铸铁浇铸成焊芯,外涂石墨化型药皮,焊缝在一定冷却速度下成为灰铸铁 这种焊条特点是配合适当焊接工艺措施,不预热焊时可以基本上避免白口,切削加工性能较好,可以广泛用于不易产生裂纹的铸件部位。由于灰铸铁焊缝塑性低,采用铸铁芯焊条补焊时焊缝区温度很高,在刚性大的部位容易引起较大的内应力并易产生裂纹	补焊较大刚度处(不在铸件的边角部位,不能自由地热胀冷缩时)需局部加热或整体预热 热焊时,用石墨化能力较弱的焊条,以免焊缝石墨片粗大,强度和硬度降低。冷焊及半热焊时,用石墨化能力较弱的焊条。碳、硅含量较高的 EZC 型焊条通常用于冷焊和半热焊。碳、硅含量较低的 EZC 型焊条用于热焊和半热焊
	EZCQ 铁基球墨铸铁焊条	EZCQ 型是钢芯或铸铁芯、强石墨化型药皮的球墨铸铁焊条,药皮中加入一定量的球化剂,可使焊缝金属中的碳在缓冷过程中呈球状石墨析出,从而使焊缝有好的力学性能。焊缝的颜色与母材相匹配。焊接工艺与 EZC 型焊条基本相同。EZCQ 型焊条的焊缝可承受较高的残余应力而不产生裂纹	可交直流两用 最好采用预热及缓慢冷却,以防止母材及焊缝产生应力裂纹及白口 重要的铸件可以焊后进行热处理,以得到所需要的性能和组织

（续）

类别	型号及名称	焊条简明特征	用途和应用特点
镍基焊条	EZNi 纯镍铸铁焊条	EZNi 型是纯镍芯、强石墨化型药皮的铸铁焊条，施焊时焊件可不预热，是铸铁冷焊焊条中抗裂性、切削加工性、操作工艺及力学性能等综合性能较好的一种焊条	可交直流两用，进行全位置焊接。广泛使用于铸铁薄件及加工面的补焊
	EZNiFe 镍铁铸铁焊条	EZNiFe 型是镍铁芯、强石墨化型药皮的铸铁焊条。施焊时，焊件可不预热，具有强度高、塑性好、抗裂性优良、与母材熔合好等特点	可交直流两用，进行全位置焊接。可用于重要灰铸铁及球墨铸铁的补焊
	EZNiCu 镍铜铸铁焊条	EZNiCu 型是镍铜合金焊芯、强石墨化药皮的铸铁焊条，其工艺性能和切削加工性能接近 EZNi 及 EZNiFe 型焊条。但由于收缩率较大，焊缝金属抗拉强度较低，不宜用于刚度大的铸件补焊。该焊条可用于常温或低温预热（至 300℃左右）焊接	可交直流两用，进行全位置焊接。用于强度要求不高，塑性要求好的灰铸铁件的补焊
	EZNiFeCu 镍铁铜铸铁焊条	EZNiFeCu 型是镍铁铜合金芯或镀铜镍铁芯、强石墨化药皮的铸铁焊条，具有强度高、塑性好、抗裂性优良、与母材熔合好等特点。切削加工性与 EZNiFe 型焊条相似	可交直流两用，进行全位置焊接。可用于重要灰铸铁及球墨铸铁件的补焊
其他型焊条	EZFe-1 纯铁焊条	EZFe-1 型是纯铁芯药皮焊条。焊缝金属具有好的塑性和抗裂性能，但熔合区白口较严重，可加工性能较差	适于补焊铸铁件非加工面
	EZFe-2 碳钢焊条	EZFe-2 型是低碳钢芯、低熔点药皮的低氢型碳钢焊条。该焊条与 GB/T 5117—2012 中的非合金钢及细晶粒钢焊条不同。焊缝与母材的结合较好，有一定强度，但熔合区白口较严重，加工困难	适用于补焊铸铁件非加工面
	EZV 高钒焊条	EZV 型是低碳钢芯、低氢型药皮焊条。药皮中含有大量钒铁，碳化钒均匀分散在焊缝铁素体基体上，焊缝为高钒钢。特点是焊缝致密性好，强度较高，但熔合区白口较严重，加工困难	适用于补焊高强度灰铸铁及球墨铸铁件。在保证熔合良好的条件下，尽可能采用小电流

2.3.10 堆焊焊条

1. 焊条型号表示方法

1）型号中第一字母“E”表示焊条。

2）第二字母“D”表示用于表面耐磨堆焊。

3）后面用一或两位字母、元素符号表示焊条熔敷金属化学成分分类，见表2-44，还可附加一些主要成分的元素符号。

表2-44 熔敷金属化学成分分类（GB/T 984—2001）

型号	熔敷金属化学成分分类	型号	熔敷金属化学成分分类
EDP××-××	普通低中合金钢	EDZ××-××	合金铸铁
EDR××-××	热强合金钢	EDZCr××-××	高铬铸铁
EDCr××-××	高铬钢	EDCoCr××-××	钴基合金
EDMn××-××	高锰钢	EDW××-××	碳化钨
EDCrMn××-××	高铬锰钢	EDT××-××	特殊型
EDCrNi××-××	高铬镍钢	EDNi××-××	镍基合金
EDD××-××	高速钢		

4）在基本型号内可用数字、字母进行细分类，细分类代号也可用短横线“-”与前面符号分开。

5）型号中最后两位数字表示药皮类型和焊接电流种类，用短横线“-”与前面符号分开，见表2-45。

表2-45 药皮类型和焊接电流种类（GB/T 984—2001）

型号	药皮类型	焊接电流种类
ED××-00	特殊型	交流或直流
ED××-03	钛钙型	
ED××-15	低氢钠型	直流
ED××-16	低氢钾型	交流或直流
ED××-08	石墨型	

6）对于碳化钨管状焊条，其型号中第一字母“E”表示焊条，第二字母“D”表示用于表面耐磨堆焊。后面用字母“G”和元素符号“WC”表示碳化钨管状焊条，其后用数字1、2、3表示芯部碳化钨粉化学成分分类代号（见表2-46）。短横线“-”后面为碳化钨粉粒度代号，用通过筛网和不通过筛网的两个目数表示，以斜线“/”相隔，或是只用通过筛网的一个目数表示（见表2-47）。

表 2-46 堆焊焊条碳化钨粉的化学成分（GB/T 984—2001）

型号	化学成分(质量分数,%)							
	C	Si	Ni	Mo	Co	W	Fe	Th
EDGWC1-××	3.6~4.2	≤0.3	≤0.3	≤0.6	≤0.3	≥94.0	≤1.0	≤0.01
EDGWC2-××	6.0~6.2					≥91.5	≤0.5	
EDGWC3-××	由供需双方商定							

表 2-47 堆焊焊条碳化钨粉的粒度（GB/T 984—2001）

型　号	粒度分布	型　号	粒度分布
EDGWC×-12/30	600~1700μm (-12 目,+30 目)	EDGWC×-40	<425μm (-40 目)
EDGWC×-20/30	600~850μm (-20 目,+30 目)	EDGWC×-40/120	125~425μm (-40 目,+120 目)
EDGWC×-30/40	425~600μm (-30 目,+40 目)		

注：1. 焊条型号中的“×”代表“1”或“2”或“3”。

2. 允许通过“-”筛网的筛上物≤5%，不通过“+”筛网的筛下物≤20%。

堆焊焊条型号示例：

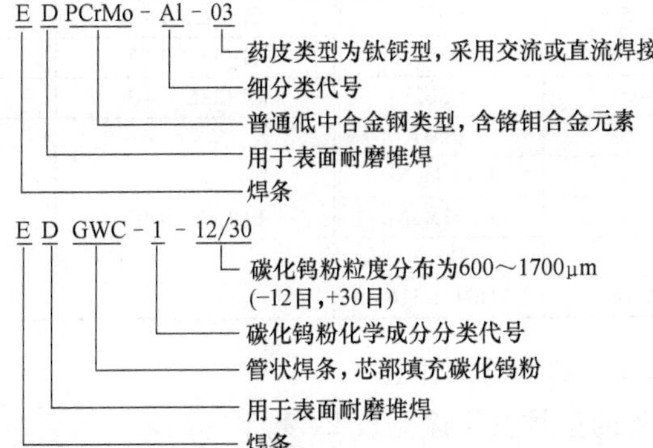

2. 堆焊焊条型号与牌号对照

堆焊焊条型号与牌号对照见表 2-48。

表 2-48 堆焊焊条型号与牌号对照

型号	牌号	型号	牌号
EDPMn2-03	D102	EDPMo3-16	D126
EDPMn2-16	D106	EDPMn3-15	D127
EDPMn2-15	D107	EDPCrMo-A2-03	D132
EDPCrMo-A1-03	D112	EDPMn4-16	D146

（续）

型号	牌号	型号	牌号
—	D156	EDCr-B-15	D517
EDPMn6-15	D167	EDCrNi-A-15	D547
EDPCrMo-A3-03	D172	EDCrNi-B-15	D547Mo
EDPCrMnSi-15	D207	EDCrNi-C-15	D557
EDPCrMo-A4-03	D212	EDCrMn-D-15	D567
EDPCrMo-A4-15	D217A	EDCrMn-C-15	D577
EDPCrMoV-A2-15	D227	EDZ-A1-08	D608
EDPCrMoV-A1-15	D237	—	D618
EDMn-A-16	D256	—	D628
EDMn-B-16	D266	EDZCr-B-03	D642
EDCrMn-B-16	D276	EDZCr-B-16	D646
EDCrMn-B-15	D277	EDZCr-C-15	D667
EDD-D-15	D307	EDZ-B1-08	D678
EDRCrMoWV-A3-15	D317	EDZ-D-15	D687
EDRCrMoWV-A1-03	D322	EDZ-B2-08	D698
EDRCrMoWV-A1-15	D327	EDW-A-15	D707
EDRCrMoWV-A2-15	D327A	EDW-B-15	D717
EDRCrW-15	D337	EDCoCr-A-03	D802
EDRCrMnMo-15	D397	EDCoCr-B-03	D812
EDCr-A1-03	D502	EDCoCr-C-03	D822
EDCr-A1-15	D507	EDCoCr-D-03	D842 D007 D017 D027 D036
EDCr-A2-15	D507MoNb		
EDCr-A1-15	D507MoNb		
EDCr-B-03	D512		
EDCrMn-A-16	D516M、D516MA		

3. 堆焊焊条的型号及用途

堆焊焊条的型号及用途见表 2-49。

表 2-49 堆焊焊条的型号及用途

序号	型号分类	熔敷金属化学组成类型
	焊条用途简要说明	
1	EDP××-××	普通低、中合金钢
	EDPMn2～6、EDPCrMo、EDPCrMnSi、EDPCrMoV、EDPCrSi 型为不同硬度普通低中合金钢堆焊焊条。一般用于常温及非腐蚀条件下(尤其不含铬)。碳含量低的硬度较低,韧性较好,适用于堆焊在激烈的冲击载荷下工作的零件,如车轮、车钩、轴、齿轮、铁轨等磨损部分堆焊;碳含量高的硬度高,韧性较差,适用于堆焊带有磨粒磨损的冲击载荷条件下工作的零件,如推土机刃板、挖泥斗牙、混凝土搅拌机叶牙、水力机械及矿山机械零件等	

（续）

<table>
<tr><td rowspan="2">序号</td><td>型号分类</td><td>熔敷金属化学组成类型</td></tr>
<tr><td colspan="2">焊条用途简要说明</td></tr>
<tr><td rowspan="2">2</td><td>EDR××-××</td><td>热强合金钢</td></tr>
<tr><td colspan="2">EDRCrMnMo、EDRCrW、EDRCrMoWV 型为除含 Cr 外还含有其他合金元素如 Mo、W、V 或 Ni 等的低合金钢或中合金钢，在高温中能保持足够的硬度和抗疲劳性能，主要用于锻模、冲模、热剪切机刀刃、轧辊等堆焊
EDRCrMoWCo 型适用于工作条件差的热模具堆焊，如镦粗、拉深、冲孔等，也可用于金属切削刀具的堆焊</td></tr>
<tr><td rowspan="2">3</td><td>EDCr××-××</td><td>高铬钢</td></tr>
<tr><td colspan="2">EDCr 型为马氏体高铬钢堆焊焊条。堆焊层具有空淬特性，有较高的中温硬度，耐蚀性较好。常用于金属间磨损及受水蒸气、弱酸、气蚀等作用下的部件堆焊，如阀门密封面、轴、搅拌机桨、螺旋输送机叶片等</td></tr>
<tr><td rowspan="2">4</td><td>EDMn××-××</td><td>高锰钢</td></tr>
<tr><td colspan="2">EDMn 型为奥氏体高锰钢，加工硬化性特别高，堆焊后硬度不高，但经加工硬化后可达 450~500HBW。适用于严重冲击载荷和金属间磨损工作，如破碎机颚板、铁轨道岔等堆焊</td></tr>
<tr><td rowspan="2">5</td><td>EDCrMn××-××</td><td>高铬锰钢</td></tr>
<tr><td colspan="2">EDCrMn 型为高铬锰钢堆焊焊条，具有较好的耐磨、耐热、耐蚀和气蚀性能。EDCrMn-B 型用于水轮机受气蚀破坏的零件，如叶片、导水叶等。EDCrMn-A、EDCrMn-C、EDCrMn-D 型适用于阀门密封面的堆焊</td></tr>
<tr><td rowspan="2">6</td><td>EDCrNi××-××</td><td>高铬镍钢</td></tr>
<tr><td colspan="2">EDCrNi 型为高铬镍钢堆焊焊条，具有较好的抗氧化、气蚀、腐蚀性能和热强性能。加入硅或钨能提高耐磨性，可以堆焊在 600~650°C 下工作的锅炉阀门、热锻模、热轧辊等</td></tr>
<tr><td rowspan="2">7</td><td>EDD××-××</td><td>高速钢</td></tr>
<tr><td colspan="2">EDD 型为高速钢堆焊焊条，适用于温度不高于 600°C 工作条件下，熔敷金属具有很高的硬度、耐磨性和韧性。碳含量高的适用于切割及机械加工；碳含量低的韧性较好，适于热加工。通常可用于刀具、剪刀、绞刀、成形模、剪模、导轨、锭钳、拉刀及其他类似工具的堆焊</td></tr>
<tr><td rowspan="2">8</td><td>EDZ××-××</td><td>合金铸铁</td></tr>
<tr><td colspan="2">EDZ 型为含有少量 Cr、Ni、Mo 或 W 等合金元素的马氏体合金铸铁堆焊焊条。除耐磨性提高外，也改善耐热性、耐蚀性及抗氧化性能，韧性也有改善。常用于混凝土搅拌机、高速混砂机、螺旋送料机等主要受磨粒磨损部分堆焊</td></tr>
<tr><td rowspan="2">9</td><td>EDZCr××-××</td><td>高铬铸铁</td></tr>
<tr><td colspan="2">EDZCr 型是 $w(C)$ 为 1.50%~5.00%、$w(Cr)$ 为 22%~32% 的高铬铸铁堆焊焊条，具有优良的抗氧化和耐气蚀性能，硬度高，耐磨粒磨损性能好。常用于工作温度不超过 500°C 的高炉料钟、矿石破碎机、煤孔挖掘器等耐磨耐蚀件堆焊</td></tr>
</table>

（续）

<table>
<tr><td rowspan="2">序号</td><td>型号分类</td><td>熔敷金属化学组成类型</td></tr>
<tr><td colspan="2">焊条用途简要说明</td></tr>
<tr><td rowspan="2">10</td><td>EDCoCr××-××</td><td>钴基合金</td></tr>
<tr><td colspan="2">EDCoCr型为具有综合耐热性、耐蚀性及抗氧化性能的耐磨堆焊焊条。此类焊条的熔敷金属在600°C以上的高温中能保持高的硬度和具有一定的耐蚀性。调整碳和钨的含量可改变堆焊金属的硬度和韧性，以适应不同用途。碳含量越低，韧性越好，而且能够承受冷热条件下的冲击，适用于高温高压阀门、热锻模、热剪切机刀刃等堆焊。高碳的硬度高，耐磨性好，但抗冲击能力弱，且不易加工，常用于牙轮钻头轴承、锅炉旋转叶轮、粉碎机刀口、螺旋送料机等部件的堆焊</td></tr>
<tr><td rowspan="2">11</td><td>EDW××-××</td><td>碳化钨</td></tr>
<tr><td colspan="2">EDW型为弥散地分布着碳化钨颗粒的马氏体钢或马氏体合金铸铁，具有很高的硬度，抗高应力磨粒磨损的能力很强，耐低应力磨粒磨损的能力也较好。可在高温650℃以下工作，但耐冲击力低，裂纹倾向大。适用于耐岩石强烈磨损的机械零件，如混凝土搅拌机叶片、推土机、挖泥机叶片、高速混砂箱等表面堆焊</td></tr>
<tr><td rowspan="2">12</td><td>EDTV××-××</td><td>特殊型</td></tr>
<tr><td colspan="2">EDTV型为铸铁模具堆焊焊条。用于铸铁压延模、成形模以及其他铸铁模具的堆焊</td></tr>
</table>

4. 堆焊焊条药皮类型

堆焊焊条药皮类型见表2-50。

表2-50　堆焊焊条药皮类型

<table>
<tr><td>序号</td><td>型号</td><td>药皮类型</td><td>焊接电源</td><td>焊条药皮类型说明</td></tr>
<tr><td>1</td><td>ED××-00</td><td>特殊型</td><td rowspan="2">交流或直流</td><td></td></tr>
<tr><td>2</td><td>ED××-03</td><td>钛钙型</td><td>药皮含质量分数为30%以上的氧化钛和20%以下的钙或镁的碳酸盐矿石。熔渣流动性良好，电弧较稳定，熔深适中，脱渣容易，飞溅少，焊波美观。焊接电源为交流或直流</td></tr>
<tr><td>3</td><td>ED××-15</td><td>低氢钠型</td><td>直流</td><td>药皮主要组成物是碳酸盐矿石和萤石，渣是碱性的。熔渣流动性好，焊接工艺性能一般，焊波较高。焊接时要求焊条药皮很干燥，电弧很短。该类型焊条具有良好的抗热裂性能和力学性能</td></tr>
<tr><td>4</td><td>ED××-16</td><td>低氢钾型</td><td rowspan="2">交流或直流</td><td>低氢钾型具备低氢钠型焊条的各种特性并可交流施焊。为了用于交流，在药皮中除用硅酸钾作黏合剂外，还加入稳弧组成物</td></tr>
<tr><td>5</td><td>ED××-08</td><td>石墨型</td><td>这类焊条一般含有碱性药皮或钛矿物外，药皮中加入较多石墨，使焊缝金属获得较高的游离碳或碳化物。采用石墨型药皮的焊条除焊接时烟雾较大外，工艺性能较好，飞溅少，熔深较浅，引弧容易，适用于交流或直流焊接。该焊条药皮强度较差，在包装、运输、储存及使用中应予注意。施焊时一般以采用小规范为宜</td></tr>
</table>

5. 熔敷金属的化学成分及硬度

堆焊焊条熔敷金属的化学成分及硬度见表2-51。

表 2-51 堆焊焊条熔敷金属的化学成分及硬度（GB/T 984—2001）

序号	焊条型号	熔敷金属化学成分(质量分数,%)															熔敷金属硬度 HRC (HBW)
		C	Mn	Si	Cr	Ni	Mo	W	V	Nb	Co	Fe	B	S	P	其他元素总量	
1	EDPMn2-××		3.50													—	(220)
2	EDPMn4-××	0.20	4.50	—	—		—							—	—	2.00	30
3	EDPMn5-××		5.20													—	40
4	EDPMn6-××	0.45	6.50														50
5	EDPCrMo-A0-××	0.04~0.20	0.50~2.00	1.00	0.50~3.50									0.035	0.035	1.00	—
6	EDPCrMo-A1-××	0.25			2.00		1.50									2.00	(220)
7	EDPCrMo-A2-××	0.50			3.00												30
8	EDPCrMo-A3-××		—	—	2.50		2.50		—					—	—		40
9	EDPCrMo-A4-××	0.30~0.60			5.00	—	4.00	—		—	—	余量	—			—	50
10	EDPCrMo-A5-××	0.50~0.80	0.50~1.50		4.00~8.00		1.00										—
11	EDPCrMnSi-A1-××	0.30~1.00	2.50		3.50		—										50
12	EDPCrMnSi-A2-××	1.00~2.00	0.50~2.00	1.00	3.00~5.00									0.035	0.035	1.00	—
13	EDPCrMoV-A0-××	0.10~0.30			1.80~3.80	1.00	1.00		0.35								

（续）

序号	焊条型号	熔敷金属化学成分（质量分数，%）														熔敷金属硬度 HRC（HBW）
		C	Mn	Si	Cr	Ni	Mo	W	V	Nb	Co	Fe	B	S	P	其他元素总量	
14	EDPCrMoV-A1-××	0.30~0.60	—	—	8.00~10.00	—	3.00	—	0.50~1.00	—	—	余量	—	—	—	4.00	50
15	EDPCrMoV-A2-××	0.45~0.65			4.00~5.00		2.00~3.00		4.00~5.00							—	55
16	EDPCrSi-A-××	0.35	0.80	1.80	6.50~8.50		—		—				0.20~0.40	0.03	0.03		45
17	EDPCrSi-B-××	1.00		1.50~3.00									0.50~0.90				60
18	EDRCrMnMo-××	0.60	2.50	1.00	2.00		1.00						—	0.035	0.04		40、45①
19	EDRCrW-××	0.25~0.55	—	—	2.00~3.50		—	7.00~10.00								1.00	48
20	EDRCrMoWV-A1-××	0.50			5.00		2.50		1.00							—	55
21	EDRCrMoWV-A2-××	0.30~0.50			5.00~6.50		2.00~3.00	2.00~3.50	1.00~3.00								50
22	EDRCrMoWV-A3-××	0.70~1.00			3.00~4.00		3.00~5.00	4.50~6.00	1.50~3.00							1.50	
23	EDRCrMoWCo-A-××	0.08~0.12	0.30~0.70	0.80~1.60	2.00~4.20		3.80~6.20	5.00~8.00	0.50~1.10		12.70~16.30			—	—	—	52~58①

24	EDRCrMoWCo-B-××	0.08~0.12	0.30~0.70	0.80~1.60	1.80~3.20	—	7.80~11.20	8.80~12.20	0.40~0.80	—	15.70~19.30	余量	—	—	—	—	62~66①
25	EDCr-A1-××	0.15	—	—	10.00~16.00		—	—	—		—			0.03	0.04	2.50	40
26	EDCr-A2-××	0.20				6.00	2.50	2.00						—	—		37
27	EDCr-B-××	0.25				—	—	—								5.00	45
28	EDMn-A-××	1.10	11.00~16.00	1.30	—												(170)
29	EDMn-B-××		11.00~18.00				2.50									1.00	
30	EDMn-C-××	0.50~1.00	12.00~16.00		2.50~5.00	2.50~5.00	—							0.035	0.035		—
31	EDMn-D-××		15.00~20.00		4.50~7.50	—			0.40~1.20								
32	EDMn-E-××				3.00~6.00	1.00			—								
33	EDMn-F-××	0.80~1.20	17.00~21.00														
34	EDCrMn-A-××	0.25	6.00~8.00	1.00	12.00~14.00	—								—	—	—	30

（续）

序号	焊条型号	熔敷金属化学成分（质量分数，%）															熔敷金属硬度HRC（HBW）
		C	Mn	Si	Cr	Ni	Mo	W	V	Nb	Co	Fe	B	S	P	其他元素总量	
35	EDCrMn-B-××	0.80	11.00~18.00	1.30	13.00~17.00	2.00	2.00									4.00	（210）
36	EDCrMn-C-××	1.00	12.00~18.00	2.00	12.00~18.00	6.00	4.00							—	—	3.00	28
37	EDCrMn-D-××	0.50~0.80	24.00~27.00	1.30	9.50~12.50	—	—	—	—	—						—	（210）
38	EDCrNi-A-××	0.18	0.60~2.00	4.80~6.40	15.00~18.00	7.00~9.00											（270~320）
39	EDCrNi-B-××		0.60~5.00	3.80~6.50	14.00~21.00	6.50~12.00	3.50~7.00			0.50~1.20	—	余量	—			2.50	37
40	EDCrNi-C-××	0.20	2.00~3.00	5.00~7.00	18.00~20.00	7.00~10.00	—							0.03	0.04	—	
41	EDD-A-××	0.70~1.00	0.60	0.80			4.00~6.00	5.00~7.00	1.00~2.50								55
42	EDD-B1-××	0.50~0.90			3.00~5.00	—	5.00~9.50	1.00~2.50	0.80~1.30	—						1.00	
43	EDD-B2-××	0.60~1.00	0.40~1.00	1.00			7.00~9.50	0.50~1.50	0.50~1.50					0.035	0.035		—

44	EDD-C-××	0.30~0.50	0.60	0.80	3.00~5.00	—	5.00~9.00	1.00~2.50	0.80~1.20	—	—	余量	—	0.03	0.04	1.00	55
45	EDD-D-××	0.70~1.00	—	—	3.80~4.50	—	—	17.00~19.50	1.00~1.50	—	—	余量	—	0.035	0.04	1.50	55
46	EDZ-A0-××	1.50~3.00	0.50~2.00	1.50	4.00~8.00	—	1.00	—	—	—	—	余量	—	0.035	0.035	1.00	—
47	EDZ-A1-××	2.50~4.50	—	—	3.00~5.00	—	3.00~5.00	—	—	—	—	余量	—	—	—	—	55
48	EDZ-A2-××	3.00~4.50	1.50	2.50	26.00~34.00	—	2.00~3.00	—	—	—	—	余量	—	—	—	3.00	60
49	EDZ-A3-××	4.80~6.00	—	—	35.00~40.00	—	4.20~5.80	—	—	—	—	余量	—	—	—	—	60
50	EDZ-B1-××	1.50~2.20	—	—	—	—	—	8.00~10.00	—	—	—	余量	—	0.035	—	1.00	50
51	EDZ-B2-××	3.00	—	—	4.00~6.00	—	—	8.50~14.00	—	—	—	余量	—	0.035	—	3.00	60
52	EDZ-E1-××	5.00~6.50	2.00~3.00	0.80~1.50	12.00~16.00	—	—	—	—	Ti：4.00~7.00	—	余量	—	0.035	0.035	1.00	—

（续）

序号	焊条型号	熔敷金属化学成分（质量分数，%）															熔敷金属硬度 HRC（HBW）
		C	Mn	Si	Cr	Ni	Mo	W	V	Nb	Co	Fe	B	S	P	其他元素总量	
53	EDZ-E2-××	4.00~6.00	0.50~1.50	1.50	14.00~20.00	—	5.00~7.00	—	1.50	—	—	余量	—	0.035	0.035	1.00	—
54	EDZ-E3-××	5.00~7.00	0.50~2.00	0.50~2.00	18.00~28.00			3.00~5.00	—								
55	EDZ-E4-××	4.00~6.00	0.50~1.50	1.00	20.00~30.00			2.00	0.50~1.50	4.00~7.00							
56	EDZCr-A-××	1.50~3.50	1.50~3.00	1.50	28.00~32.00	5.00~8.00	—	—	—	—				—	—	—	40
57	EDZCr-B-××		1.00	—	22.00~32.00	—										7.00	45
58	EDZCr-C-××	2.50~5.00	8.00	1.00~4.80	25.00~32.00	3.00~5.00										2.00	48
59	EDZCr-D-××	3.00~4.00	1.50~3.50	3.00	22.00~32.00	—							0.50~2.50			6.00	58
60	EDZCr-A1-××	3.50~4.50	4.00~6.00	0.50~2.00	20.00~25.00		0.5						—	0.035	0.035	1.00	—
61	EDZCr-A2-××	2.50~3.50	0.50~1.50	0.50~1.50	7.50~9.00		—			Ti：1.20~1.80							

62	EDZCr-A3-××	2.50~4.50	0.50~2.00	1.00~2.50	14.00~20.00	—	1.5										
63	EDZCr-A4-××	3.50~4.50	1.50~3.50	1.50	23.00~29.00		1.00~3.00										
64	EDZCr-A5-××	1.50~2.50	0.50~1.50	2.0	24.00~32.00	4.00	4.00	—			—	余量		0.035	0.035	1.00	—
65	EDZCr-A6-××	2.50~3.50		1.00~2.50	24.00~30.00	—	0.50~2.00										
66	EDZCr-A7-××	3.50~5.00		0.50~2.50	23.00~30.00		2.00~4.50		—	—			—				
67	EDZCr-A8-××	2.50~4.50	2.00	1.50	30.00~40.00		2.0										
68	EDCoCr-A-××	0.70~1.40		2.00	25.00~32.00		—	3.00~6.00			余量	5.00		—	—	4.00	40
69	EDCoCr-B-××	1.00~1.70						7.00~10.00									44
70	EDCoCr-C-××	1.70~3.00			25.00~33.00			11.00~19.00									53

（续）

序号	焊条型号	熔敷金属化学成分(质量分数,%)															熔敷金属硬度HRC（HBW）
		C	Mn	Si	Cr	Ni	Mo	W	V	Nb	Co	Fe	B	S	P	其他元素总量	
71	EDCoCr-D-××	0.20~0.50	2.00	2.00	23.00~32.00	—	—	9.50	—	—	余量	5.00	—	—	—	7.00	28~35
72	EDCoCr-E-××	0.15~0.40	1.50		24.00~29.00	2.00~4.00	4.50~6.50	0.50						0.03	0.03	1.00	—
73	EDW-A-××	1.50~3.00	2.00	4.00	—	—	—	40.00~50.00			—	余量		—	—	—	60
74	EDW-B-××	1.50~4.00	3.00		3.00	3.00	7.00	50.00~70.00								3.00	
75	EDTV-××	0.25	2.00~3.00	1.00	—	—	2.00~3.00	—	5.00~8.00				0.15	0.03	0.03	—	(180)
76	EDNiCr-C	0.50~1.00	—	3.50~5.50	12.00~18.00	余量	—	—	—		1.00	3.50~5.50	2.50~4.50			1.00	—
77	EDNiCrFeCo	2.20~3.00	1.00	0.60~1.50	25.00~30.00	10.00~33.00	7.00~10.00	2.00~4.00			10.00~15.00	20.00~25.00	—				

注：1. 若存在其他元素，也应进行分析，以确定是否符合“其他元素总量”一栏的规定。

2. 化学成分的单值均为最大值。硬度的单值均为最小平均值。

① 为经过热处理的硬度值，热处理规范在说明书中规定。

2.3.11 承压设备用钢焊条

1. 熔敷金属的化学成分

承压设备常用钢焊条熔敷金属的硫、磷含量见表2-52。

表2-52 承压设备常用钢焊条熔敷金属的硫、磷含量（NB/T 47018.2—2017）

焊条类别	焊条型号	S(质量分数,%)	P(质量分数,%)
非合金钢及细晶粒钢焊条(GB/T 5117)	E4303	≤0.020	≤0.030
	E4315	≤0.015	≤0.025
	E4316		
	E4318		
	E5015		
	E5016		
	E5018		
	E5515-G		
	E5516-G		
	E5518-G		
	E5015-N1		
	E5016-N1		
	E5018-G		
	E5515-N1		
	E5516-N1		
	E5015-N2		
	E5515-N2		
	E5518-G		
	E5018-1		
	E5015-G		
	E5016-G		
	E5018-N2		
	E5515-N3		
	E5516-N3		
	E5518-N3		
	E5515-N5		
	E5516-N5		
	E5518-N5		
	E5015-G		
	E5015-N5		
	E5016-N5		
	E5018-N5		

（续）

焊条类别	焊条型号	S(质量分数,%)	P(质量分数,%)
非合金钢及细晶粒钢焊条(GB/T 5117)	E5015-N7	≤0.015	≤0.025
	E5016-N7		
	E5018-N7		
高强钢焊条(GB/T 32533)	E5915-G	≤0.015	≤0.025
	E5916-G		
	E5918-G		
	E6215-G		
	E6216-G		
	E6218-G		
	E6215-3M2		
	E6218-3M2		
	E6218-3M3		
	E6215-N2M1		
	E6216-N2M1		
	E6216-N4M1		
	E6215-N5M1		
	E6216-N5M1		
热强钢焊条(GB/T 5118)	E50××-1M3	≤0.015	≤0.025
	E55××-CM		
	E55××-1CM		
	E55××-1CML		
	E55××-1CMV		
	E62××-2C1M		
	E55××-2C1ML		
	E55××-2CMWVB		
	E55××-2CMVNb		
	E62××-2C1MV		
	E62××-3C1MV		
	E55××-5CMV		
	E55××-G		
不锈钢焊条(GB/T 983)	E308-××	≤0.020	≤0.030
	E308L-××		
	E309-××		
	E309L-××		
	E309Mo-××		
	E309LMo-××		
	E310-××		
	E310Mo-××		

（续）

焊条类别	焊条型号	S(质量分数,%)	P(质量分数,%)
不锈钢焊条（GB/T 983）	E316-××	≤0.020	≤0.030
	E316L-××		
	E317-××		
	E317L-××		
	E318-××		
	E347-××		
	E347L-××		
	E410-××		
	E2209-××		

注：1. 热强钢焊条型号中“××”代表药皮类型15、16或18。
2. 不锈钢焊条型号中“××”见表2-35、表2-36。

2. 熔敷金属的力学性能

1）碳钢焊条、低合金钢焊条熔敷金属的抗拉强度与相应GB/T 5117、GB/T 5118规定下限值之差不应超过120MPa，其中直径不大于2.5mm的耐热型低合金钢焊条熔敷金属的抗拉强度与GB/T 5118规定下限值之差不应超过130MPa。

2）熔敷金属拉伸试样的断后伸长率除应分别符合GB/T 983、GB/T 5117、GB/T 5118规定外，且不低于18%。

3）承压设备常用钢焊条熔敷金属的冲击试验见表2-53。冲击试样取3个，其冲击试验结果平均值应不低于规定值，允许其中1个试样的冲击试验结果低于规定值，但不应低于规定值的70%。

表2-53 承压设备常用钢焊条熔敷金属的冲击试验（NB/T 47018.2—2017）

焊条类别	焊条型号	冲击试验	
		试验温度/℃	冲击吸收能量 KV_2/J
非合金钢及细晶粒钢焊条（GB/T 5117）	E4303	0	≥54
	E4315	-30	
	E4316		
	E4318		
	E5015		
	E5016		
	E5018		
	E5515-G		
	E5516-G		
	E5518-G		

（续）

焊条类别	焊条型号	冲击试验	
		试验温度/℃	冲击吸收能量 KV_2/J
非合金钢及细晶粒钢焊条（GB/T 5117）	E5015-N1	-40	≥54
	E5016-N1		
	E5018-G		
	E5515-N1		
	E5516-N1		
	E5015-N2		
	E5515-N2		
	E5518-G		
	E5018-1	-45	
	E5015-G	-50	
	E5016-G		
	E5018-N2		
	E5515-N3		
	E5516-N3		
	E5518-N3		
	E5515-N5	-60	
	E5516-N5		
	E5518-N5		
	E5015-G	-70	
	E5015-N5	-75	
	E5016-N5		
	E5018-N5		
	E5015-N7	-100	
	E5016-N7		
	E5018-N7		
高强钢焊条（GB/T 32533）	E62××-N2M1	-20	
	E59××-G	-30	
	E59××-G	-40	
	E6216-N4M1		
	E62××-G		
	E6215-3M2	-50	
	E6218-3M2		
	E6218-3M3		
	E62××-G		
	E6215-N5M1	-60	
	E6216-N5M1		
	E62××-G		

（续）

焊条类别	焊条型号	冲击试验	
		试验温度/℃	冲击吸收能量 KV_2/J
热强钢焊条（GB/T 5118）	E50××-1M3	0	≥54
	E55××-CM		
	E52××-1CML		
	E55××-1CM		
	E5515-1CMV		
	E55××-2C1ML		
	E62××-2C1M		
	E5515-2CMWVB		
	E5515-2CMVNb		
	E62××-2C1MV	-20	≥68
	E62××-3C1MV		
	E55××-5CMV	室温	≥54
	E55××-G		

注：高强钢焊条、热强钢焊条型号中“××”代表药皮类型15、16或18。

3. 熔敷金属扩散氢含量

承压设备常用钢焊条熔敷金属扩散氢含量应符合表2-54的规定。

表2-54 承压设备常用钢焊条熔敷金属扩散氢含量

焊条型号	熔敷金属扩散氢含量/(mL/100g) 汞法或气相色谱法
E43××	≤8
E50××-×、E52××-×	≤7
E55××-×	≤6
E59××-×、E60××-×、E62××-×	≤5

2.3.12 铝及铝合金焊条

1. 焊条型号表示方法

1）型号中字母“E”表示焊条，E后面的数字表示焊芯用的铝及铝合金牌号。凡列入一种型号中的焊条，不能再列入其他型号中。

铝及铝合金焊条型号示例：

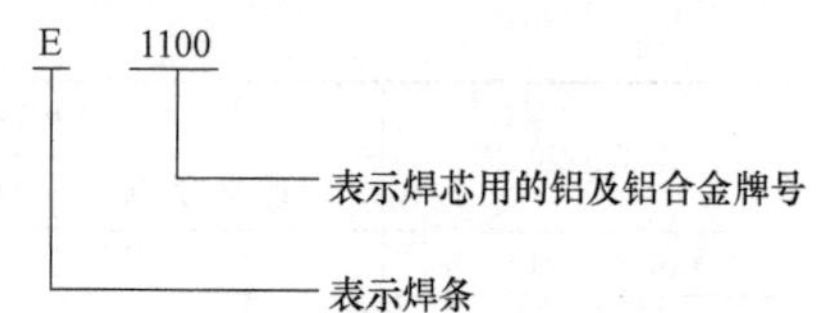

2）铝及铝合金焊条型号与牌号对照见表 2-55。

表 2-55　铝及铝合金焊条型号与牌号对照

型号	焊接电源	焊缝主要成分	牌号
E1100(TAl)	直流反接	w(Al)≥99.5%	L109
E4043(TAlSi)	直流反接	w(Si)为 5%的铝硅合金	L209
E3003(TAlMn)	直流反接	w(Mn)为 1.0%~1.5%的铝锰合金	L309

3）铝及铝合金焊条新旧型号对照见表 2-56。

表 2-56　铝及铝合金焊条新旧型号对照

GB/T 3669—2001	E1100	E3003	E4043
GB/T 3669—1983	TAl	TAlMn	TAlSi

2. 焊条的简要说明

1）E1100 焊条的焊缝金属塑性高，导电性好，最低抗拉强度为 80MPa。E1100 焊条可用于焊接 1100 和其他工业用的纯铝合金。

2）E3003 焊条的焊缝金属塑性高，最低抗拉强度为 95MPa。E3003 焊条可用于焊接 1100 和 3003 铝合金。

3）E4043 焊条含有质量分数大约为 5%的硅，它在焊接温度下具有极好的流动性，因此对于一般用途的焊接更为有利。E4043 焊条的焊缝金属塑性好，最低抗拉强度为 95MPa。E4043 焊条可用于焊接 6×××系列铝合金、5×××系列（Mg 的质量分数在 2.5%以下）铝合金和铝-硅铸造合金，以及 1100、3003 铝合金。

4）许多铝合金的应用要求焊缝具有耐蚀性。在这种情况下，选择焊条的成分应尽可能接近母材的成分。对于这种用途的焊条，除了母材为 1100 铝合金和 3003 铝合金以外，一般来说，都需要特殊订货。采用气体保护电弧焊方法更为有利，因为用气体保护电弧焊容易得到成分范围较宽的填充金属。

3. 焊芯的化学成分

铝及铝合金焊条焊芯的化学成分见表 2-57。

表 2-57 铝及铝合金焊条焊芯的化学成分（GB/T 3669—2001）

<table>
<tr><th rowspan="3">焊条型号</th><th colspan="11">化学成分(质量分数,%)</th></tr>
<tr><th rowspan="2">Si</th><th rowspan="2">Fe</th><th rowspan="2">Cu</th><th rowspan="2">Mn</th><th rowspan="2">Mg</th><th rowspan="2">Zn</th><th rowspan="2">Ti</th><th rowspan="2">Be</th><th colspan="2">其他</th><th rowspan="2">Al</th></tr>
<tr><th>单个</th><th>合计</th></tr>
<tr><td>E1100</td><td colspan="2">Si+Fe 0.95</td><td rowspan="2">0.05~0.20</td><td>0.05</td><td rowspan="2">—</td><td rowspan="3">0.10</td><td rowspan="2">—</td><td rowspan="3">0.0008</td><td rowspan="3">0.05</td><td rowspan="3">0.15</td><td>≥99.00</td></tr>
<tr><td>E3003</td><td>0.6</td><td>0.7</td><td>1.0~1.5</td><td rowspan="2">余量</td></tr>
<tr><td>E4043</td><td>4.5~6.0</td><td>0.8</td><td>0.30</td><td>0.05</td><td>0.05</td><td>0.20</td></tr>
</table>

注：表中单值除规定外，其他均为最大值。

4. 铝及铝合金焊条熔敷金属的力学性能

铝及铝合金焊条熔敷金属的抗拉强度见表 2-58。

表 2-58 铝及铝合金焊条熔敷金属的抗拉强度（GB/T 3669—2001）

焊条型号	抗拉强度 R_m/MPa
E1100	≥80
E3003	≥95
E4043	

2.3.13 铜及铜合金焊条

1. 焊条型号表示方法

铜及铜合金焊条的型号由两部分组成：

1）第一部分用字母“E”表示焊条。

2）第二部分用“Cu”加 4 位数字或 4 位数字与字母的组合表示铜基熔敷金属化学成分分类的数字代号。

除以上强制代号外，可在第二部分之后用括号附加可选代号：化学成分代号，用“Cu”加主要添加元素的化学符号和公称含量表示。

铜及铜合金焊条型号示例：

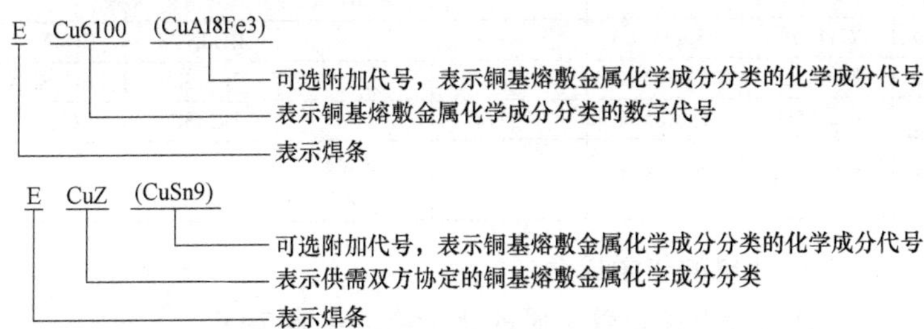

2. 铜及铜合金焊条型号对照

铜及铜合金焊条型号对照见表 2-59。

表 2-59 铜及铜合金焊条型号对照

序号	GB/T 3670—2021	ISO 17777：2016	DIN 1733-1：1988	ANSI/AWS A5.6M：2008 (R2017)	JIS Z 3231：1999	GB/T 3670—1995
1	ECu1892	ECu1892	—	ECu W60189	—	—
2	ECu1893	ECu1893	2.1363	—	—	—
3	ECu1893A	ECu1893A	—	—	DCu	ECu
4	ECu5180	ECu5180	—	ECuSn-A W60518	—	—
5	ECu5180A	ECu5180A	—	—	DCuSnA	ECuSn-A
6	ECu5180B	ECu5180B	2.1025	—	—	—
7	ECu5410	ECu5410	2.1027	—	—	—
8	ECu5210	ECu5210	—	ECuSn-C W60521	—	—
9	ECu5210A	ECu5210A	—	—	DCuSnB	ECuSn-B
10	ECu6100	ECu6100	—	ECuAl-A2 W60614	—	ECuAl-A2
11	ECu6100A	ECu6100A	2.0926	—	—	—
12	ECu6325	ECu6325	2.0930	—	—	—
13	ECu6327	ECu6327	—	—	DCuAl	ECuAl-C
14	ECu6328	ECu6328	—	ECuNiAl W60632	—	—
15	ECu6240	ECu6240	—	ECuAl-B W60619	—	ECuAl-B
16	ECu6240A	ECu6240A	—	—	DCuAlNi	ECuAlNi
17	ECu6338	ECu6338	—	ECuMnNiAl W60633	—	ECuMnAlNi
18	ECu7061	ECu7061	—	—	DCuNi-1	ECuNi-A
19	ECu7158	ECu7158	—	ECuNi W60715	—	—
20	ECu7158A	ECu7158A	—	—	DCuNi-3	ECuNi-B
21	ECu6511	ECu6511	—	—	DCuSiA	ECuSi-A
22	ECu6560	ECu6560	—	—	DCuSiB	ECuSi-B
23	ECu6561	ECu6561	—	ECuSi W60656	—	—

3. 熔敷金属的化学成分

铜及铜合金焊条熔敷金属的化学成分见表 2-60。

表 2-60 熔敷金属的化学成分（GB/T 3670—2021）

合金类型	化学成分分类		化学成分（质量分数，%）													
	数字代号	化学成分代号	Cu①	Al	Fe	Mn	Ni+Co	P	Pb	Si	Sn	Zn	As	Ti	S	其他
低合金钢	Cu1892	Cu	余量	0.10	0.20	0.10	—	—	0.01	0.10	—	—	—	—	—	0.50
	Cu1893	CuMn2	≥95	—	1.0	1.0~3.0	0.3	0.10	0.01	0.8	1.0	—	0.05	—	—	0.50
	Cu1893A	CuMn2(A)	≥95	—	—	3.0	—	0.30	0.02	0.5	—	—	—	—	—	0.50
铜-锡	Cu5180	CuSn5P	余量	0.01	0.25	—	—	0.05~0.35	0.02	—	4.0~6.0	—	—	—	—	0.50
	Cu5180A	CuSn6P	余量	—	—	—	—	0.30	0.02	—	5.0~7.0	—	—	—	—	0.50
	Cu5180B	CuSn7	余量	0.1	0.2	1.0	—	0.10	0.02	0.5	5.0~8.0	0.1	—	—	—	0.50
	Cu5410	CuSn13	余量	0.1	0.2	1.0	—	0.10	0.02	0.5	11.0~13.0	0.1	—	—	—	0.20
	Cu5210	CuSn8P	余量	0.01	0.25	—	—	0.05~0.35	0.02	—	7.0~9.0	—	—	—	—	0.50
	Cu5210A	CuSn8P(A)	余量	—	—	—	—	0.30	0.02	—	7.0~9.0	—	—	—	—	0.50
铜-铝	Cu6100	CuAl8Fe3	余量	6.5~9.5	0.5~5.0	—	—	—	0.02	1.5	—	—	—	—	—	0.50
	Cu6100A	CuAl9	余量	6.5~8.5	1.0	2.0	0.8	—	0.02	0.7	—	—	—	—	—	0.50
	Cu6325	CuAl9Ni2Fe	余量	6.5~8.5	1.5~2.5	1.5~3.0	1.8~3.0	—	0.02	0.7	—	—	—	—	—	0.50
	Cu6327	CuAl9MnFe	余量	7.0~10.0	1.5	2.0	0.5	—	0.02	1.0	—	—	—	—	—	0.50

（续）

合金类型	化学成分分类		化学成分（质量分数，%）													
	数字代号	化学成分代号	Cu①	Al	Fe	Mn	Ni+Co	P	Pb	Si	Sn	Zn	As	Ti	S	其他
铜-铝	Cu6328	CuAl9Ni5Fe4Mn2	余量	8.0~9.5	3.0~6.0	0.5~3.5	4.0~6.0	—	0.02	1.5	—	—	—	—	—	0.50
	Cu6240	CuAl10Fe4	余量	9.5~11.5	2.5~5.0	—	—	—	0.02	1.5	—	—	—	—	—	0.50
	Cu6240A	CuAl9Fe5	余量	7.0~10.0	2.0~6.0	2.0	2.0	—	0.02	1.0	—	—	—	—	—	0.50
铜-锰	Cu6338	CuMn13Al7Fe3Ni2	余量	6.0~8.5	2.0~4.0	11.0~14.0	1.5~3.0	—	0.02	1.5	—	—	—	—	—	0.50
铜-镍	Cu7061	CuNi10Mn	余量	—	2.5	2.5	9.0~11.0	0.020	0.02	0.5	—	—	—	0.5	0.015	0.50
	Cu7158	CuNi30Mn2FeTi	余量	—	0.40~0.75	1.00~2.50	29.0~33.0	0.020	0.02	0.5	—	—	—	0.5	0.015	0.50
	Cu7158A	CuNi30Mn1Fe2Ti	余量	—	2.5	2.5	29.0~33.0	0.020	0.02	0.5	—	—	—	0.5	0.015	0.50
铜-硅	Cu6511	CuSi2Mn	≥93	—	—	3.0	—	0.30	0.02	1.0~2.0	—	—	—	—	—	0.50
	Cu6560	CuSi3Mn	≥92	—	—	3.0	—	0.30	0.02	2.5~4.0	—	—	—	—	—	0.50
	Cu6561	CuSi3	余量	0.01	0.50	1.5	—	—	0.02	2.4~4.0	1.5	—	—	—	—	0.50
—	CuZ×②	Cu×	其他协定成分													

注：除 Cu 含量外所有单值均为最大值。

① Cu 元素中允许含 Ag。

② 表中未列出的分类可用相类似的分类表示，词头加字母“Z”，化学成分范围不进行规定。两种分类之间不可替换。

4. 熔敷金属的力学性能

1）铜及铜合金焊条熔敷金属的抗拉强度和断后伸长率见表 2-61。

表 2-61 铜及铜合金焊条熔敷金属的抗拉强度和断后伸长率

型号	抗拉强度 R_m/MPa	断后伸长率 A(%)	型号	抗拉强度 R_m/MPa	断后伸长率 A(%)
ECu1893A	170	20	ECu6240	450	10
ECu6511	250	22	ECu6327	390	15
ECu6560	270	20	ECu7061	270	20
ECu5180	250	15	ECu7158A	350	20
ECu5210A	270	12	ECu6240A	490	13
ECu6100	410	20	ECu6338	520	15

注：表中单个值均为最小值。

2）弯曲性能。弯曲后的试样外表面在任何方向上不应出现大于 3mm 的裂纹等缺欠，出现在试样边角上的裂纹不必考虑。

5. 焊条的相关物理性能及应用示例

铜及铜合金焊条的相关物理性能及应用示例见表 2-62。

表 2-62 铜及铜合金焊条的相关物理性能及应用示例

型号	物理性能				应用的母材（铸造或锻造合金）
	熔化范围/℃	密度/(g/cm³)	电导率(20℃)/(MS/m)	热导率(20℃)/[W/(m·K)]	
ECu1893	1000~1050	8.9	15~20	120~145	无氧铜
ECu5180	910~1040	8.7	7	75	铜-锡合金和铜-锡-锌-铅合金
ECu5410	825~990	8.6	3~5	40~50	锡含量大于 8%(质量分数)的铜-锡合金和铜-锡-锌-铅合金
ECu6100	1020~1050	7.7	6	70	铜-铝合金和铜-锌合金，铁素体-珠光体钢堆焊
ECu6327	1030~1050	7.5	5	30~50	铜-铝合金
ECu6338	940~980	7.4	3	30	含锰和镍的铜-铝-锡合金
ECu6561	970~1025	8.5	3~4	38	主要焊接铜-硅合金，常用于承受腐蚀的表面

（续）

型号	物理性能				应用的母材（铸造或锻造合金）
	熔化范围/℃	密度/(g/cm^3)	电导率(20℃)/(MS/m)	热导率(20℃)/[W/(m·K)]	
ECu7061	1100~1145	8.9	4~5	45	铜-镍合金，如 CuNi10Fe1Mn
ECu7158	1180~1240	8.9	3	30	铜-镍合金，如 CuNi10Fe1Mn 和 CuNi30Mn1Fe

6. 铜及铜合金焊条的特征及用途

铜及铜合金焊条的特征及用途见表 2-63。

表 2-63　铜及铜合金焊条的特征及用途

焊条类别	主要焊条型号	焊条简明特征	主要用途
ECu 类（铜焊条）	ECu1893A	该类焊条通常用脱氧铜焊芯制成，用脱氧铜可得到机械和冶金上无缺陷焊缝。无氧铜中氢的反应和韧性铜中氧化铜的偏析可能损害焊缝的可靠性	该类焊条用于脱氧铜、无氧铜及韧性（电解）铜的焊接，可用于这些材料的修补和堆焊以及碳钢和铸铁的堆焊。在要求不高时，如果采取保护措施使稀释影响最小，则该类焊条也可用于铜包覆容器的包覆金属的修复，预热温度应达到 540℃
ECuSi 类（硅青铜焊条）	ECu6511 ECu6560	该类焊条大约含有质量分数为 5%的硅加少量锰和锡	该类焊条主要用于焊接铜-硅合金，偶尔用于铜、异种金属和某些铁基金属的焊接，很少用作堆焊承载面，但常用于受腐蚀区域的堆焊
ECuSn 类（锡青铜焊条）	ECu5180A ECu5210A	该类焊条具有低的流动性，对厚大工件需要至少 205℃的预热和道间温度，不需要进行焊后热处理，但对要求具有最大延性，尤其焊缝金属需冷加工时，需要进行焊后热处理 ECu5210A 焊条具有较高的锡含量，因而焊缝金属比 ECu5180A 焊缝金属具有更高的硬度、抗拉强度和屈服强度	该类焊条用于连接类似成分的锡青铜。它们也用于连接黄铜，在某些场合下，用于黄铜与铸铁和碳钢的焊接。ECu5180A 焊条主要用于连接类似成分的板材，如果焊缝金属对于特定的应用具有满意的导电性和耐蚀性，也可用于焊接铜

（续）

焊条类别	主要焊条型号	焊条简明特征	主要用途
ECuNi类（铜-镍焊条）	ECu7061 ECu7158A	该类焊条通常无须预热	该类焊条用于锻造的或铸造的70/30、80/20和90/10铜镍合金的焊接，也用于焊接铜-镍包覆钢的包覆侧
ECuAl类（铝青铜焊条）	ECu6100 ECu6240 ECu6240A ECu6338	该类焊条仅用在平焊位置，对对接位置，推荐采用单面90°V形坡口，而较大板厚的则推荐采用修正的U形或双V形坡口，预热和道间温度如下 对铁基材料：95～150℃ 对青铜：150～210℃ 对黄铜：260～315℃ 焊接金属具有优良的耐腐蚀、浸蚀和气蚀性能	ECu6100焊条用在连接类似成分的铝青铜、高强度铜-锌合金、硅青铜、锰青铜、某些镍基合金、多数钢铁材料及异种金属的连接，焊接金属也适合耐磨和耐腐蚀表面的堆焊 ECu6240焊条用于修补铝青铜和其他铜合金铸件，也用于高强度耐磨和耐腐蚀承受面的堆焊 ECu6240A焊条用于铸造和锻造的镍-铝青铜材料的连接或修补。这些焊接金属也可用于在盐和微水中需高耐腐蚀、耐浸蚀或气蚀的场合 ECu6338焊条用于铸造或锻造的锰镍铝青铜材料的连接或修补

2.3.14 镍及镍合金焊条

1. 焊条型号表示方法

镍及镍合金焊条的型号由三部分组成：

1）第一部分为字母“ENi”，表示镍及镍合金焊条。

2）第二部分为四位数字，表示焊条型号。四位数字中第一位数字表示熔敷金属的类别，其中2表示非合金系列，4表示镍铜合金，6表示含铬且铁的质量分数不大于25%的NiCrFe和NiCrMo合金，8表示含铬且铁的质量分数大于25%的NiFeCr合金，10表示不含铬、含钼的NiMo合金。

3）第三部分为可选部分，表示化学成分代号。

镍及镍合金焊条型号示例：

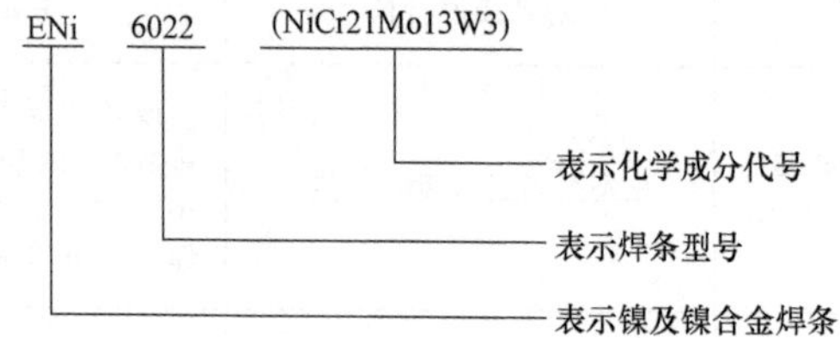

2. 镍及镍合金焊条型号与牌号对照

镍及镍合金焊条型号与牌号对照见表 2-64。

表 2-64　镍及镍合金焊条的型号与牌号对照

类型	型号	牌号	类型	型号	牌号
镍	ENi2061	—	镍铬	ENi6082	—
	ENi2061A	Ni102		ENi6231	—
		Ni112	镍铬铁	ENi6025	—
镍铜	ENi4060	Ni202		ENi6062	Ni347
		Ni207		ENi6133	Ni357
	ENi4061	—		ENi6152	—
				ENi6182	Ni307A
				ENi6625	Ni327

3. 熔敷金属的化学成分

镍及镍合金焊条熔敷金属的化学成分见表 2-65。

4. 熔敷金属的力学性能

镍及镍合金焊条熔敷金属的力学性能见表 2-66。

5. 镍及镍合金焊条的用途及性能

镍及镍合金焊条的用途及性能见表 2-67。

2.3.15　硬质合金管状焊条

1. 焊条的牌号、硬质合金颗粒尺寸级别和规格

硬质合金管状焊条的牌号、硬质合金颗粒尺寸级别和规格见表 2-68。

2. 焊条外管原料要求

焊条金属外管采用 08 钢，其技术要求应符合 GB/T 699 的规定。

表 2-65　镍及镍合金焊条熔敷金属的化学成分（GB/T 13814—2008）

焊条型号	化学成分代号	化学成分(质量分数,%)																
		C	Mn	Fe	Si	Cu	Ni[①]	Co	Al	Ti	Cr	Nb[②]	Mo	V	W	S	P	其他[③]
镍																		
ENi2061	NiTi3	0.10	0.7	0.7	1.2	0.2	≥92.0	—	1.0	1.0~4.0	—	—	—	—	—	0.015	0.020	—
ENi2061A	NiNbTi	0.06	2.5	4.5	1.5	—	≥92.0	—	0.5	1.5	—	2.5	—	—	—	0.015	0.015	—
镍铜																		
ENi4060	NiCu30Mn3Ti	0.15	4.0	2.5	1.5	27.0~34.0	≥62.0	—	1.0	1.0	—	—	—	—	—	0.015	0.020	—
ENi4061	NiCu27Mn3NbTi	0.15	4.0	2.5	1.3	24.0~31.0	≥62.0	—	1.0	1.5	—	3.0	—	—	—	0.015	0.020	—
镍铬																		
ENi6082	NiCr20Mn3Nb	0.10	2.0~6.0	4.0	0.8	0.5	≥63.0	—	—	0.5	18.0~22.0	1.5~3.0	2.0	—	—	0.015	0.020	—
ENi6231	NiCr22W14Mo	0.05~0.10	0.3~1.0	3.0	0.3~0.7	0.5	≥45.0	5.0	0.5	0.1	20.0~24.0	—	1.0~3.0	—	13.0~15.0	0.015	0.020	—
镍铬铁																		
ENi6025	NiCr25Fe10AlY	0.10~0.25	0.5	8.0~11.0	0.8	—	≥55.0	—	1.5~2.2	0.3	24.0~26.0	—	—	—	—	0.015	0.020	Y：0.15
ENi6062	NiCr15Fe8Nb	0.08	3.5	11.0	0.8	0.5	≥62.0	—	—	—	13.0~17.0	0.5~4.0	—	—	—	0.015	0.020	—
ENi6093	NiCr15Fe8NbMo	0.20	1.0~5.0	12.0	1.0	0.5	≥60.0	—	—	—	13.0~17.0	1.0~3.5	1.0~3.5	—	—	0.015	0.020	—
ENi6094	NiCr14Fe4NbMo	0.15	1.0~4.5	12.0	0.8	0.5	≥55.0	—	—	—	12.0~17.0	0.5~3.0	2.5~5.5	—	1.5	0.015	0.020	—
ENi6095	NiCr15Fe8NbMoW	0.20	1.0~3.5	12.0	0.8	0.5	≥55.0	—	—	—	13.0~17.0	1.0~3.5	1.0~3.5	—	1.5~3.5	0.015	0.020	—
ENi6133	NiCr16Fe12NbMo	0.10	1.0~3.5	12.0	0.8	0.5	≥62.0	—	—	—	13.0~17.0	0.5~3.0	0.5~2.5	—	—	0.015	0.020	—
ENi6152	NiCr30Fe9Nb	0.05	5.0	7.0~12.0	0.8	0.5	≥50.0	—	0.5	0.5	28.0~31.5	1.0~2.5	0.5	—	—	0.015	0.020	—

（续）

焊条型号	化学成分代号	化学成分（质量分数，%）															
		C	Mn	Fe	Si	Cu	Ni[①]	Co	Al	Ti	Cr	Nb[②]	Mo	V	W	S	P	其他[③]
镍铬铁																		
ENi6182	NiCr15Fe6Mn	0.10	5.0~10.0	10.0	1.0	0.5	≥60.0	—	—	1.0	13.0~17.0	1.0~3.5	—	—	—	0.015	0.020	Ta:0.3
ENi6333	NiCr25Fe16CoNbW		1.2~2.0	≥16.0	0.8~1.2		44.0~47.0	2.5~3.5		—	24.0~26.0	—	2.5~3.5		2.5~3.5			—
ENi6701	NiCr36Fe7Nb	0.35~0.50	0.5~2.0	7.0	0.5~2.0	—	42.0~48.0	—			33.0~39.0	0.8~1.8	—		—			—
ENi6702	NiCr28Fe6W		0.5~1.5	6.0			47.0~50.0				27.0~30.0	—			4.0~5.5			—
ENi6704	NiCr25Fe10Al3YC	0.15~0.30	0.5	8.0~11.0	0.8		≥55.0		1.8~2.8	0.3	24.0~26.0				—			Y:0.15
ENi8025	NiCr29Fe30Mo	0.06	1.0~3.0	30.0	0.7	1.5~3.0	35.0~40.0		0.1	1.0	27.0~31.0	1.0	2.5~4.5					—
ENi8165	NiCr25Fe30Mo	0.03					37.0~42.0			1.0	23.0~27.0	—	3.5~7.5					—
镍钼																		
ENi1001	NiMo28Fe5	0.07	1.0	4.0~7.0	1.0	0.5	≥55.0	2.5	—	—	1.0	—	26.0~30.0	0.6	1.0	0.015	0.020	—
ENi1004	NiMo25Cr5Fe5	0.12					≥60.0	—			2.5~5.5		23.0~27.0					—
ENi1008	NiMo19WCr	0.10	1.5	10.0	0.8						0.5~3.5		17.0~20.0	—	2.0~4.0			—
ENi1009	NiMo20WCu			7.0		0.3~1.3	≥62.0				—		18.0~22.0					—
ENi1062	NiMo24Cr8Fe6	0.02	1.0	4.0~7.0	0.7	—	≥60.0				6.0~9.0		22.0~26.0		—			—
ENi1066	NiMo28		2.0	2.2	0.2	0.5	≥64.5				1.0		26.0~30.0		1.0			—
ENi1067	NiMo30Cr			1.0~3.0			≥62.0	3.0			1.0~3.0		27.0~32.0		3.0			—

ENi1069	NiMo28Fe4Cr	0.02	1.0	2.0~5.0	0.7	—	≥65.0	1.0	0.5	—	0.5~1.5	—	26.0~30.0	—	—	0.015	0.020	—
镍铬钼																		
ENi6002	NiCr22Fe18Mo	0.05~0.15	1.0	17.0~20.0	1.0	0.5	≥45.0	0.5~2.5	—	—	20.0~23.0	—	8.0~10.0	—	0.2~1.0	—	—	—
ENi6012	NiCr22Mo9	0.03		3.5	0.7		≥58.0	—	0.4	0.4		1.5	8.5~10.5		—			—
ENi6022	NiCr21Mo13W3	0.02		2.0~6.0	0.2		≥49.0	2.5	—	—	20.0~22.5		12.5~14.5	0.4	2.5~3.5			—
ENi6024	NiCr26Mo14		0.5	1.5			≥55.0	—			25.0~27.0		13.5~15.0	—	—			—
ENi6030	NiCr29Mo5Fe15W2	0.03	1.5	13.0~17.0	1.0	1.0~2.4	≥36.0	5.0			28.0~31.5	0.3~1.5	4.0~6.0		1.5~4.0			—
ENi6059	NiCr23Mo16	0.02	1.0	1.5	0.2	—	≥56.0	—			22.0~24.0	—	15.0~16.5		—			—
ENi6200	NiCr23Mo16Cu2			3.0		1.3~1.9	≥45.0	2.0			20.0~24.0		15.0~17.0					—
ENi6205	NiCr25Mo16		0.5	5.0		2.0	≥50.0	—	0.4		22.0~27.0		13.5~16.5					—
ENi6275	NiCr15Mo16Fe5W3	0.10	1.0	4.0~7.0	1.0	0.5		2.5	—		14.5~16.5		15.0~18.0	0.4	3.0~4.5			—
ENi6276	NiCr15Mo15Fe6W4	0.02			0.2								15.0~17.0					—
ENi6452	NiCr19Mo15	0.025	2.0	1.5	0.4		≥56.0	—			18.0~20.0	0.4	14.0~16.0		—			—
ENi6455	NiCr16Mo15Ti	0.02	1.5	3.0	0.2			2.0		0.7	14.0~18.0	—	14.0~17.0	—	0.5			—
ENi6620	NiCr14Mo7Fe	0.10	2.0~4.0	10.0	1.0		≥55.0	—		—	12.0~17.0	0.5~2.0	5.0~9.0		1.0~2.0			—

（续）

焊条型号	化学成分代号	化学成分（质量分数，%）															
		C	Mn	Fe	Si	Cu	Ni①	Co	Al	Ti	Cr	Nb②	Mo	V	W	S	P	其他③
镍铬钼																		
ENi6625	NiCr22Mo9Nb	0.10	2.0	7.0	0.8	0.5	≥55.0	—	—	—	20.0~23.0	3.0~4.2	8.0~10.0	—	—	0.015	0.020	—
ENi6627	NiCr21MoFeNb	0.03	2.2	5.0	0.7	0.5	≥57.0	—	—	—	20.5~22.5	1.0~2.8	8.8~10.0	—	0.5	0.015	0.020	—
ENi6650	NiCr20Fe14Mo11WN	0.03	0.7	12.0~15.0	0.6	0.5	≥44.0	1.0	0.5	—	19.0~22.0	0.3	10.0~13.0	—	1.0~2.0	0.02	0.020	N：0.15
ENi6686	NiCr21Mo16W4	0.02	1.0	5.0	0.3	0.5	≥49.0	—	—	0.3	19.0~23.0	—	15.0~17.0	—	3.0~4.4	0.015	0.020	—
ENi6985	NiCr22Mo7Fe19	0.02	1.0	18.0~21.0	1.0	1.5~2.5	≥45.0	5.0	—	—	21.0~23.5	1.0	6.0~8.0	—	1.5	0.015	0.020	—
镍铬钴钼																		
ENi6117	NiCr22Co12Mo	0.05~0.15	3.0	5.0	1.0	0.5	≥45.0	9.0~15.0	1.5	0.6	20.0~26.0	1.0	8.0~10.0	—	—	0.015	0.020	—

注：除 Ni 外所有单值元素均为最大值。

① 除非另有规定，Co 含量应低于该含量的 1%也可供需双方协商，要求较低的 Co 含量。

② Ta 含量应低于该含量的 20%。

③ 未规定数值的元素总量不应超过 0.5%（质量分数）。

表 2-66　镍及镍合金焊条熔敷金属的力学性能（GB/T 13814—2008）

焊条型号	化学成分代号	下屈服强度 R_{eL}[①] /MPa	抗拉强度 R_m /MPa	断后伸长率 A(%)
		≥		
镍				
ENi2061	NiTi3	200	410	18
ENi2061A	NiNbTi			
镍铜				
ENi4060	NiCu30Mn3Ti	200	480	27
ENi4061	NiCu27Mn3NbTi			
镍铬				
ENi6082	NiCr20Mn3Nb	360	600	22
ENi6231	NiCr22W14Mo	350	620	18
镍铬铁				
ENi6025	NiCr25Fe10AlY	400	690	12
ENi6062	NiCr15Fe8Nb	360	550	27
ENi6093	NiCr15Fe8NbMo	360	650	18
ENi6094	NiCr14Fe4NbMo			
ENi6095	NiCr15Fe8NbMoW			
ENi6133	NiCr16Fe12NbMo	360	550	27
ENi6152	NiCr30Fe9Nb			
ENi6182	NiCr15Fe6Mn			
ENi6333	NiCr25Fe16CoNbW	360	550	18
ENi6701	NiCr36Fe7Nb	450	650	8
ENi6702	NiCr28Fe6W			
ENi6704	NiCr25Fe10Al3YC	400	690	12
ENi8025	NiCr29Fe30Mo	240	550	22
ENi8165	NiCr25Fe30Mo			
镍钼				
ENi1001	NiMo28Fe5	400	690	22
ENi1004	NiMo25Cr5Fe5			
ENi1008	NiMo19WCr	360	650	22
ENi1009	NiMo20WCu			
ENi1062	NiMo24Cr8Fe6	360	550	18
ENi1066	NiMo28	400	690	22
ENi1067	NiMo30Cr	350	690	22
ENi1069	NiMo28Fe4Cr	360	550	20
镍铬钼				
ENi6002	NiCr22Fe18Mo	380	650	18
ENi6012	NiCr22Mo9	410	650	22

（续）

焊条型号	化学成分代号	下屈服强度 R_{eL}① /MPa	抗拉强度 R_m /MPa	断后伸长率 A(%)
		≥		
ENi6022	NiCr21Mo13W3	350	690	22
ENi6024	NiCr26Mo14			
ENi6030	NiCr29Mo5Fe15W2	350	585	22
ENi6059	NiCr23Mo16	350	690	22
ENi6200	NiCr23Mo16Cu2	400	690	22
ENi6275	NiCr15Mo16Fe5W3			
ENi6276	NiCr15Mo15Fe6W4			
ENi6205	NiCr25Mo16	350	690	22
ENi6452	NiCr19Mo15			
ENi6455	NiCr16Mo15Ti	300	690	22
ENi6620	NiCr14Mo7Fe	350	620	32
ENi6625	NiCr22Mo9Nb	420	760	27
ENi6627	NiCr21MoFeNb	400	650	32
ENi6650	NiCr20Fe14Mo11WN	420	660	30
ENi6686	NiCr21Mo16W4	350	690	27
ENi6985	NiCr22Mo7Fe19	350	620	22
镍铬钴钼				
ENi6117	NiCr22Co12Mo	400	620	22

① 屈服发生不明显时，应采用规定塑性延伸强度 $R_{p0.2}$。

表 2-67 镍及镍合金焊条的用途及性能

型　号	用途及性能
镍类焊条	
ENi2601、ENi2601A	该类焊条用于焊接纯镍(UNS N02200 或 N02201)锻造及铸造构件,也可用于复合镍钢的焊接、钢表面堆焊以及异种金属的焊接
镍铜类焊条	
ENi4060、ENi4061	该类焊条用于镍铜等合金(UNS N0400)的焊接,也可用于镍铜复合钢的焊接及钢表面的堆焊。ENi4060 主要用于含铌的在腐蚀环境下工作的镍铜合金件的焊接
镍铬类焊条	
ENi6082	该种焊条用于镍铬合金(UNS N06075,N0780)和镍铬铁合金(UNS N06600、N06601)的焊接,焊缝金属不同于铬含量高的其他合金。这种焊条还用于复合钢和异种金属的焊接,也用于低温条件下的镍钢焊接

（续）

型　号	用途及性能
ENi6231	该种焊条用于镍铬钨钼合金 UNS N06230 的焊接
镍铬铁类焊条	
ENi6025	该种焊条用于同类镍基合金的焊接，如 UNS N06025 和 UNS N06603 合金等。焊缝金属具有抗氧化、抗渗碳、抗硫化的特点，也可用于 1200℃高温条件下的焊接
ENi6062	该种焊条用于镍铬铁合金（UNS N06600、UNS N06601）的焊接，也可用于镍铬铁复合合金焊接，以及钢的堆焊，具有良好的异种金属焊接性能。这种焊条也可以在 980℃的工作温度下应用，但温度高于 820℃时抗氧化性和强度下降
ENi6093、ENi6094、ENi6095	这些焊条用于 w(Ni)为 9%的钢（UNS K81340）的焊接，焊缝强度比 ENi6133 焊条的高
ENi6133	该种焊条用于镍铁铬合金（UNS N08800）和镍铬铁合金（UNS N06600）的焊接，特别适用于异种金属的焊接。这种焊条也可以在工作温度 980℃时应用，但温度高于 820℃时抗氧化性和强度下降
ENi6152	该种焊条熔敷金属铬含量比其他镍铬铁焊条的高。用于高铬镍基合金（如 UNS N06690）的焊接，也可以用于低合金抗腐蚀层和不锈钢以及异种金属的焊接
ENi6182	该种焊条用于镍铬铁合金（UNS N06600）的焊接，还可用于镍铬铁复合合金焊接以及钢的堆焊，也可以用于钢与镍基合金的焊接。工作温度可提高到 480℃，另外，根据上述的类别条件下，可以在高温时使用该焊条，其抗热裂性能优于本组的其他焊缝金属
ENi6333	该种焊条用于同类镍基合金（特别是 UNS N06333）的焊接。焊缝金属具有抗氧化、抗渗碳、抗硫化的特点，用于 1000℃高温条件下的焊接
ENi6701、ENi6702	这两种焊条用于同类铸造镍基合金的焊接。焊缝金属具有抗氧化的特点，用于 1200℃高温条件下的焊接
ENi6704	该种焊条用于同类镍基合金（如 UNS N06025 和 UNS N06603）的焊接。焊缝金属具有抗氧化、抗渗碳、抗硫化的特点，可用于 1200℃高温条件下的焊接
ENi8025、ENi8165	这两种焊条用于铜合金、奥氏体不锈钢铬镍钼合金（UNS N08904）和镍铬钼合金（UNS N08825）的焊接，也可以在钢上堆焊，提供镍铬铁合金层
镍钼类焊条	
ENi1001	该种焊条用于同类镍钼合金的焊接，特别是 UNS NI0001 的焊接，也可用于镍钼复合合金的焊接，以及镍钼合金与钢和其他镍基合金的焊接
ENi1004	该种焊条用于异种镍基、钴基和铁基合金的焊接

（续）

型　号	用途及性能
ENi1008、ENi1009	这两种焊条用于 w(Ni)为 9%的钢(UNS K81340)的焊接,焊缝强度比 ENi6133 焊条的高
ENi1062	该种焊条用于镍钼合金的焊接,特别是 UNS N10629 的焊接,也可用于镍钼复合合金的焊接,以及镍钼合金与钢和其他镍基合金的焊接
ENi1066	该种焊条用于镍钼合金的焊接,特别是 UNS N10665 的焊接,用于镍钼复合合金的焊接,以及镍钼合金与钢和其他镍基合金的焊接
ENi1067	该种焊条用于镍钼合金的焊接,特别是 UNS N10665 和 UNS N10675 的焊接,以及镍钼合金与钢和其他镍基合金的焊接
ENi1069	该种焊条用于镍基、钴基和铁基合金与异种金属结合的焊接
镍铬钼类焊条	
ENi6002	该种焊条用于镍铬钼合金的焊接,特别是 UNS N06002 的焊接,也可用于镍铬钼复合合金的焊接,以及镍铬钼合金与钢和其他镍基合金的焊接
ENi6012	该种焊条用于 Mo6 型高奥氏体不锈钢的焊接。其焊缝金属具有优良的抗氯化物介质点蚀和晶间腐蚀能力。铌含量低时可改善可焊性
ENi6022	该种焊条用于低碳镍铬钼合金的焊接,尤其是 UNS N06022 合金的焊接,也可用于低碳镍铬钼复合合金的焊接,以及低碳镍铬钼合金与钢和其他镍基合金的焊接
ENi6024	该种焊条用于奥氏体-铁素体双相不锈钢的焊接,焊缝金属具有较高的强度和耐蚀性,所以特别适用于双相不锈钢的焊接,如 UNS S32750 等的焊接
ENi6030	该种焊条用于低碳镍铬钼合金的焊接,特别是 UNS N06059 合金的焊接,也可用于低碳镍铬钼复合合金的焊接,以及低碳镍铬钼合金与钢和其他镍基合金的焊接
ENi6059	该种焊条用于低碳镍铬钼合金的焊接,尤其是适用于 UNS N06059 合金和铬镍钼奥氏体不锈钢的焊接,也可用于低碳镍铬钼复合合金的焊接,以及低碳镍铬钼合金与钢和其他镍基合金的焊接
ENi6200、ENi6205	这两种焊条用于 UNS N06200 类镍铬钼铜合金的焊接
ENi6275	该种焊条用于镍铬钼合金的焊接,特别是 UNS N10002 等类合金与钢的焊接,以及镍铬钼合金复合钢的表面堆焊
ENi6276	该种焊条用于镍铬钼合金的焊接,特别是 UNS N10276 合金的焊接,也可用于低碳镍铬钼复合合金的焊接,以及低碳镍铬钼合金与钢和其他镍基合金的焊接
ENi6452、ENi6455	这两种焊条用于低碳镍铬钼合金的焊接,特别是 UNS N06455 合金的焊接,也可用于低碳镍铬钼复合合金的焊接,以及低碳镍铬钼合金与钢和其他镍基合金的焊接

（续）

型 号	用途及性能
ENi6620	这种焊条用于 w(Ni)为 9%的钢(UNS K81340)的焊接,其焊缝金属具有与钢相同的线胀系数。交流焊接时,短弧操作
ENi6625	该种焊条用于镍铬钼合金的焊接,特别是 UNS N06625 类合金与其他钢种以及镍铬钼合金复合钢的焊接和堆焊,也用于低温条件下的 w(Ni)为 9%的钢焊接。其焊缝金属与 UNS N06625 合金比较,具有较高的耐蚀性,焊缝金属可以在 540℃条件下使用
ENi6627	该种焊条用于铬镍钼奥氏体不锈钢、双相不锈钢、镍铬钼合金及其他钢材。其焊缝金属通过降低不利于耐蚀性的母材熔合比来平衡成分
ENi6650	该种焊条用于低碳镍铬钼合金和海洋及化学工业使用的铬镍钼奥氏体不锈钢的焊接,如 UNS N08926 合金的焊接,也用于异种金属和复合钢,如低碳镍铬钼合金与碳钢或镍基合金的焊接,还可焊接 w(Ni)为 9%的钢
ENi6686	该种焊条用于低碳镍铬钼合金的焊接,特别是 UNS N06686 合金的焊接,也可用于低碳镍铬钼复合钢的焊接,以及低碳镍铬钼合金与碳钢或镍基合金的焊接
ENi6985	该种焊条用于低碳镍铬钼合金的焊接,特别是 UNS N06985 合金的焊接,也可用于低碳镍铬钼复合钢的焊接,以及低碳镍铬钼合金与碳钢或镍基合金的焊接
镍铬钴钼类焊条	
ENi6117	该种焊条用于镍铬钴钼合金的焊接,特别是 UNS N06617 合金与其他钢种的焊接和堆焊,也可用于 1150℃条件下要求具有高温强度和抗氧化性能的不同的高温合金,如 UNS N08800、UNS N08811 等的焊接,还可以焊接铸造的高镍合金

表 2-68 硬质合金管状焊条的牌号、硬质合金颗粒尺寸级别和规格（GB/T 26052—2010）

牌号	硬质合金颗粒尺寸级别			焊条规格	
	颗粒尺寸/μm	筛上物(%)	筛下物(%)	焊条直径 D/mm	焊条长度 L/mm
HTYQ01 HTYQ02 HTYQ03	600～850(−20 目,+30 目)	≤10	≤10	3.2、4.0、5.0	600
	425～600(−30 目,+40 目)				
	250～425(−40 目,+60 目)				
	180～250(−60 目,+80 目)				

注：本表之外的颗粒尺寸由制造厂家与用户协商确定。

3. 焊条中硬质颗粒的化学成分、物理、力学性能和组织结构

焊条中硬质合金颗粒的化学成分、物理、力学性能和组织结构

应符合 YS/T 412 的规定。

4. 焊条硬质合金颗粒尺寸

焊条中硬质合金颗粒尺寸应符合表 2-68 的规定。

5. 焊条填充率

焊条中硬质合金颗粒的质量占焊条质量的百分比，即焊条填充率应不小于 60%。

2.3.16 焊条的选用

1. 一般原则

(1) 考虑工件的化学成分及性能

1) 当母材化学成分中碳或硫、磷等有害杂质含量较高时，应选择抗裂性和抗气孔性能力较强的焊条。

2) 熔敷金属的合金成分应接近母材。

3) 对于普通结构钢，通常要求焊缝金属与母材等强度，应选用熔敷金属抗拉强度等于或稍高于母材的焊条。在焊接结构刚性大、接头应力高、焊缝易产生裂纹的不利情况下，应考虑选用比母材强度低的焊条。

(2) 考虑焊接构件使用性能和工作条件

1) 对承受动载荷和冲击载荷的焊件，除满足强度要求外，主要应保证焊缝金属具有较高的冲击韧性和塑性，可选用塑性、韧性指标较高的低氢型焊条。

2) 接触腐蚀介质的焊件，应根据介质的性质及腐蚀特征选用不锈钢类焊条或其他耐腐蚀焊条。

3) 在高温、低温、耐磨或其他特殊条件下工作的焊件，应选用相应的耐热钢、低温钢、堆焊或其他特殊用途焊条。

(3) 考虑焊接结构特点及受力条件

1) 对结构形状复杂、刚性大的厚大焊件，由于焊接过程中产生很大的内应力，易使焊缝产生裂纹，应选用抗裂性能好的碱性低氢焊条。

2) 对受力不大、焊接部位难以清理干净的焊件，应选用对铁锈、氧化皮、油污不敏感的酸性焊条，以免产生气孔等缺陷。

3) 对受条件限制不能翻转的焊件，应选用适于全位置焊接的

焊条。

（4）考虑施焊工作条件

1）在满足产品使用性能要求的情况下，应选用工艺性好的酸性焊条。

2）在密闭容器内或通风不良场所焊接时，应选用低尘低毒焊条或酸性焊条。

3）没有直流焊机的地方选用交直流两用焊条。

（5）考虑经济性

1）对焊接工作量大的结构，有条件时应尽量采用高效率焊条，如铁粉焊条、高效率重力焊条等，或选用底层焊条、立向下焊条之类的专用焊条，以提高焊接生产率。

2）在保证使用性能的前提下，选用钛铁矿型等价格低廉的焊条。

3）对性能有不同要求的主次焊缝，选用不同类型的焊条。

碳钢和低合金钢焊接时选用焊条的一般原则如图 2-12 所示。

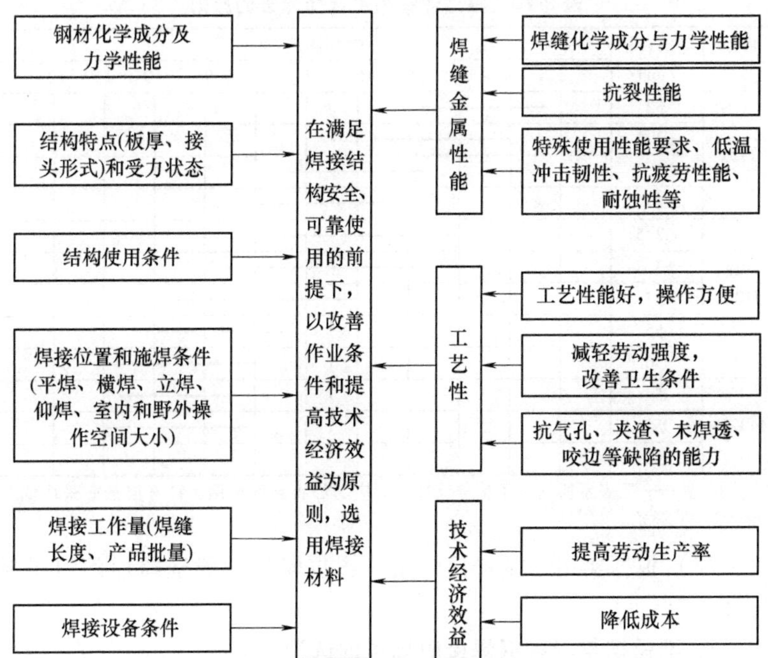

图 2-12 碳钢和低合金钢焊接时选用焊条的一般原则

2. 碳钢焊条的选用

（1）根据母材板厚选择焊条　根据母材板厚选择焊条的原则见表 2-69。

表 2-69　根据母材板厚选择焊条的原则

焊条牌号	板厚/mm				
		10	20	30	40
J421	—				
J422	—	—	—	—	
J423、J425	—	—	—	—	
J424		—	—	—	—
J426、J427		—	—	—	—
J422Fe、J427Fe		—	—	—	

注：“——”表示所列焊条牌号对应的母材板厚范围，1~3 层最好采用低氢型焊条。

（2）根据焊脚高度选择焊条　根据焊脚高度选择焊条的原则见表 2-70。

表 2-70　根据焊脚高度选择焊条的原则

焊条牌号	焊条直径/mm	焊脚高度/mm										
		2	3	4	5	6	7	8	9	10	11	12
J421	$\phi 2$		—	—	—							
	$\phi 2.5$		—	—	—	—						
	$\phi 3.2$				—	—	—					
	$\phi 4$					—	—	—				
J422、J423、J427	$\phi 2.5$			—	—	—	—					
	$\phi 3.2$				—	—	—	—				
	$\phi 4$					—	—	—	—			
	$\phi 5$							—	—	—		
	$\phi 6$							—	—	—	—	
J422Fe	$\phi 4$							—	—	—		
	$\phi 5$							—	—	—	—	
	$\phi 6$								—	—	—	

注：“——”表示所列焊条牌号及规格对应的焊脚高度范围，1~3 层最好采用低氢型焊条。

（3）根据实用性能选择焊条　根据实用性能选择焊条的原则见表 2-71。

3. 不锈钢与异种钢焊接时焊条的选用

不锈钢与异种钢焊接时焊条的选用原则见表 2-72。

表 2-71　根据实用性能选择焊条的原则

使用性能的因素				J423	J422	J425	J421	J426 J427	J422Fe	J427Fe	J424Fe
焊接性	抗裂性			C	D	C	E	A	D	A	C
焊接性	抗气孔能力			B	C	E	D	A①	D	A①	D
焊接性	抗凹坑性			B	B	E	C	A	C	A	C
焊接性	塑性			C	B	C	D	A	D	C	B
焊接性	韧性			C	B	B	D	A	D	A	C
焊接工艺性能	操作的难易	平焊	薄板（$\delta<6$mm）	D	B	E	A	E	C	E	—
焊接工艺性能	操作的难易	平焊	中板（$\delta=6\sim25$mm）	A	B	E	A④	C	A④	C	B
焊接工艺性能	操作的难易	平焊	厚板（$\delta>25$mm）	A	B	E	A	C	B	C	B
焊接工艺性能	操作的难易	横焊	单层	C	A	F	C	E	B	C	A
焊接工艺性能	操作的难易	横焊	多层	A	A	E	A	B	C	B	C
焊接工艺性能	操作的难易	立焊	向上立焊	B	A	C	D	C			
焊接工艺性能	操作的难易	立焊	向下立焊			B	A				
焊接工艺性能	操作的难易	仰焊		C	A	C	C	B			
焊接工艺性能	焊缝外观	平焊		B	A	E	A	C	A	C	B
焊接工艺性能	焊缝外观	横焊（单层）		C	A	E	C	E	A	C	A
焊接工艺性能	焊缝外观	立焊		B	A	C	A②	A			
焊接工艺性能	焊缝外观	仰焊		C	A	C	C	B			
焊接工艺性能	电弧稳定性			B	B	C	A	D	A	C	A
焊接工艺性能	熔深			C	C	C	F	C	D	C	C
焊接工艺性能	飞溅			C	B	F	B	B	A	B	B
焊接工艺性能	脱渣性			C	B	C	A	A③	B	B③	A
焊接工艺性能	咬边			C	A	D	A	B	B	B	B
生产率	熔化速度			C	D	C	E	E	B	E	A
生产率	运条比			C	B	E	B	E	A	E	A

注：A 表示优良；B 表示良好；C 表示较好；D 表示一般；E 表示稍差；F 表示差。

① 引弧端气孔除外。

② 在向下立焊接时。

③ 坡口中第一层除外。

④ 最上层焊接时。

表 2-72　不锈钢与异种钢焊接时焊条的选用原则

母　材	母材：Mn13 钢	低 Ni 钢	Ni-C-Mo 钢	Ni-Cr 钢	Cr-Mo 钢	高碳钢	中碳钢	低碳钢	Cr13、Cr17 钢	18-8 钢
18-8 钢	1 2 A	2 3 B	2 3 B	2 3 B	2 3 B	2 3 C	2 3 A	2 3 A	2 3 C	18-8 钢
Cr13、Cr17 钢	2 3 B	2 3 C	2 3 C	2 3 C	2 3 C	2 3 C	2 3 C	2 3 C	2 3 C	
低碳钢 w(C)<0.25	1 2 A	2.5Ni A	2 3 B	2 3 C	2 3 B	2 3 A	J427 A	J427 A		
中碳钢 w(C)为 0.25~0.45	1 2 A	2.5Ni A	2 3 B	2 3 B	2 3 B	2 3 A	J507 A			
高碳钢 w(C)>0.45	1 2 B	2 3 A	2 3 C	2 3 C	2 3 C	2 3 C				
Cr-Mo 钢	2 3 B	2 3 B	2 3 C	2 3 C	2 3 C					
Ni-Cr 钢	2 3 B	2 3 B	2 3 C	2 3 C						
Ni-Cr-Mo 钢	2 3 B	2 3 B	2 3 C							
低 Ni 钢	1 2 A	2.5Ni A								
Mn13 钢	1 A									

注：1. 1 表示 18-12Mo 型焊条；2 表示 25-13 型焊条；3 表示 25-20 型焊条。

2. A 表示预热温度为室温~50°C；B 表示预热温度为 50~150°C；C 表示预热温度为 150~250°C。

3. 不锈钢板的塞焊及复合钢的过渡层（混有碳钢部分）使用 25-13、25-20 型不锈钢焊条。

4. 预热温度根据母材材质、结构及母材热处理状态来决定。

4. 铸铁焊条的选用

铸铁焊条的选用原则见表2-73。

表2-73 铸铁焊条的选用原则

母材	焊接种类	焊条种类				
		Z308	Z408	Z508	Z208、Z248	Z116、Z117
灰铸铁	缩孔补焊	A	A	A	A	A
	连接	A	A	C	E	B
	裂纹补焊	A	A	B	E	B
球墨铸铁	缩孔补焊	A	A	C	D	B
	连接	B	A	E	E	C
	裂纹补焊	C	A	E	E	C
可锻铸铁	缩孔补焊	A	A	B	D	C
	连接	B	A	E	E	D
	裂纹补焊	B	A	E	E	D

注：A表示优；B表示良好；C表示一般；D表示稍差；E表示不好。

5. 铜及铜合金焊条的选用

铜及铜合金焊条的选用原则见表2-74。

表2-74 铜及铜合金焊条的选用原则

<table>
<tr><th>类别</th><th>主要特点</th><th>工艺措施</th><th>选用焊条型号(牌号)</th></tr>
<tr><td>纯铜</td><td rowspan="6">由于铜及铜合金的热导率大(约为钢的8倍),热量易从母材散失。当热输入不足时,母材难以熔合,产生未焊透,焊缝成形差
铜及铜合金的线胀系数大,导热性强,焊接热影响区宽,变形大,应力大。铜能与某些元素或杂质形成低熔点共晶(如Cu-Bi、Cu-Pb、CuO-Cu等),使焊缝及热影响区产生裂纹的倾向增大
由于氢的溶解度在结晶过程中迅速下降,以及氧化还原反应生成的气体在结晶凝固之前来不及逸出而产生气孔,故产生气孔的倾向较大
焊接接头性能的下降,主要表现为塑性、导电性及耐蚀性降低等</td><td rowspan="6">1)采用较高的预热温度和较大的焊接电流,并保持较高的层温,使母材熔合良好
2)采用较大的坡口角与间隙,并将接头部位清理干净,不得有氧化皮、油污、水等,可用有机熔剂、碱、酸溶液清洗后,再用水冲洗并吹干
3)由于流动性好,尽量在平焊位置焊接。磷青铜、白铜可实现全位置焊接;高流动性的铜合金焊接时应采用石墨或铜合金的衬带或衬环
4)直流反接,短弧操作
5)为改善接头性能,减小焊接应力,焊后应对焊接接头进行热态和冷态的锤击
6)w(Al)>7%的铝青铜,厚度≥3mm时,焊后需经600°C退火处理,并以风冷来消除内应力</td><td>ECu1893A(T107)、ECu6560(T207)、ECu5210A(T227)、ECu6327(T237)</td></tr>
<tr><td>黄铜</td><td>ECu5210A(T227)、ECu6327(T237)</td></tr>
<tr><td>锡青铜</td><td>ECu5210A(T227)</td></tr>
<tr><td>铝青铜</td><td>ECu6327(T237)</td></tr>
<tr><td>硅青铜</td><td>ECu6560(T207)</td></tr>
<tr><td>白铜</td><td>ECu6327(T237)</td></tr>
</table>

2.4 焊丝

2.4.1 焊丝的分类、型号和牌号

1. 焊丝的分类

焊丝的分类方法很多，一般按制造方法和适用的焊接方法进行分类，如图 2-13 所示。

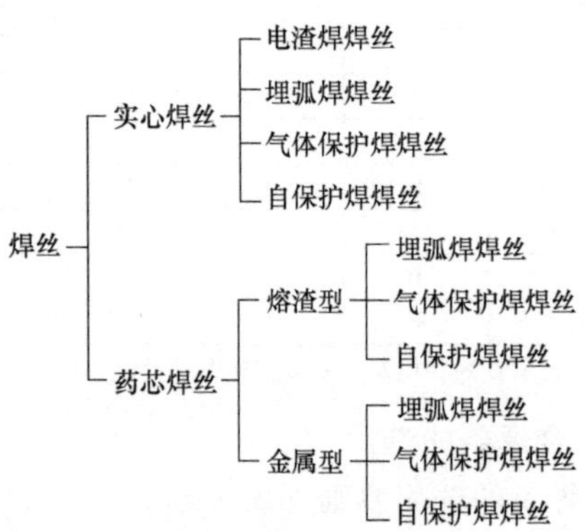

图 2-13 焊丝的分类

2. 实心焊丝的型号

（1）气体保护焊用碳素钢和低合金钢焊丝　其型号表示为 ER××-×。“ER”表示实心焊丝，“ER”后面的两位数字表示熔敷金属的最低抗拉强度，短横线“-”后面的字母或数字表示焊丝化学成分分类代号。如果还附加其他化学元素时，直接用元素符号表示，并以短横线“-”与前面的数字分开。

实心焊丝型号示例：

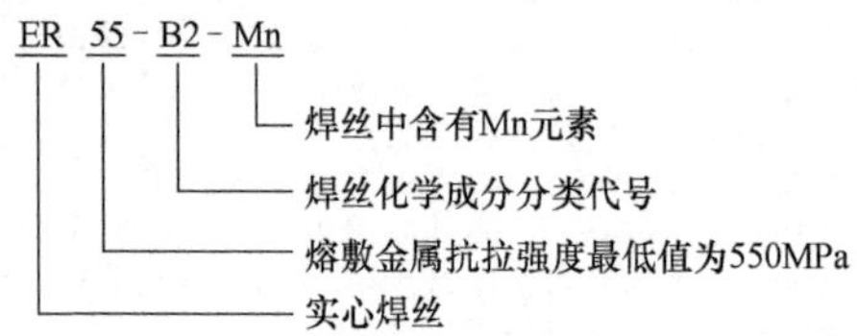

（2）镍及镍合金焊丝　其型号的表示方法为 ERNi××-×。“ER”表示焊丝，“ER”后的元素符号 Ni 表示为镍及镍合金焊丝，

焊丝中的其他主要合金元素用元素符号表示，放在符号 Ni 的后面，短横线“-”后面的数字表示焊丝化学成分分类代号。

镍及镍合金焊丝型号示例：

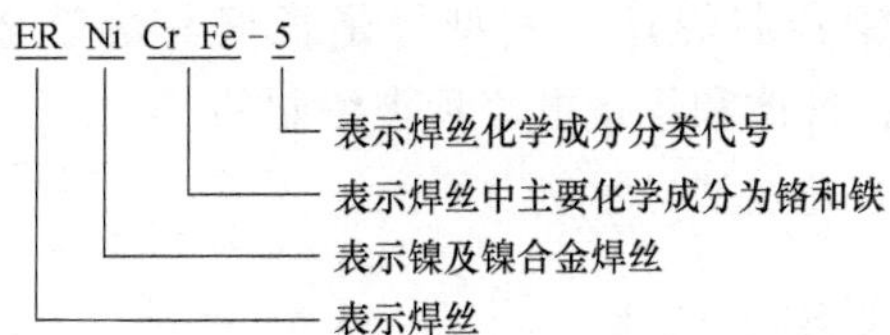

（3）铝及铝合金焊丝　焊丝型号以“丝”字的汉语拼音第一个字母“S”表示，“S”后面用元素符号表示焊丝的主要合金组成，元素符号后的数字表示同类焊丝的不同品种。铝及铝合金焊丝的分类及型号见表 2-75。

表 2-75　铝及铝合金焊丝的分类及型号

类别	焊丝型号
纯铝	SAl-1、SAl-2、SAl-3
铝镁合金	SAlMg-1、SAlMg-2、SAlMg-3、SAlMg-5
铝铜合金	SAlCu
铝锰合金	SAlMn
铝硅合金	SAlSi-1、SAlSi-2

3. 药芯焊丝的型号

（1）碳素钢和低合金钢药芯焊丝　这两种药芯焊丝的型号都是根据其熔敷金属力学性能、焊接位置和焊丝类别特点（保护类型、电流类型及渣系特点等）进行编制的。

碳素钢和低合金钢药芯焊丝型号示例：

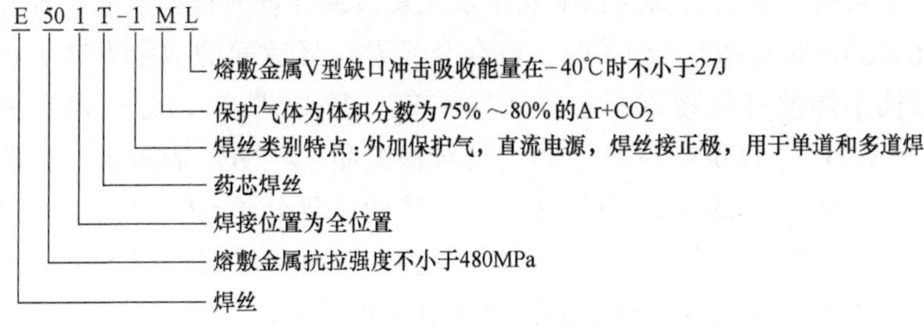

其型号中，第三位数字表示推荐的焊接位置，其中“0”表示

仅适于平焊和横焊，“1”表示全位置焊；字母“T”后的数字表示焊丝的渣系、保护种类及电流种类；低合金钢焊丝短横线“-”后面的字母及数字表示熔敷金属化学成分分类代号。

（2）不锈钢药芯焊丝　其型号是根据其熔敷金属化学成分、焊接位置、保护气体和焊接电流种类编制的。

不锈钢药芯焊丝型号示例：

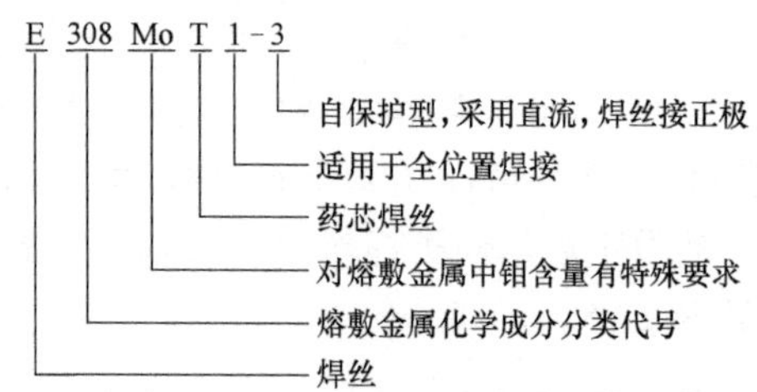

其型号中，“E”表示焊丝，若改用“R”，则表示填充焊棒；后面的三位或四位数字表示焊丝熔敷金属化学成分分类代号，如有特殊要求的化学成分，将其元素符号附加在数字后面；此外，“L”表示碳含量较低，“H”表示碳含量较高；“T”表示药芯焊丝，“T”后面的一位数字表示焊接位置，“0”表示焊丝仅适于平焊和横焊，“1”表示焊丝适用于全位置；短横线“-”后面的数字表示保护气体及焊接电流种类。

4. 实心焊丝的牌号

（1）碳素钢、低合金钢和不锈钢焊丝　牌号中第一个字母“H”表示焊接用焊丝。“H”后面的两位数字表示碳含量，接下来的元素符号及其后面的数字表示该元素大致含量的百分数值。合金元素的质量分数小于1%时，该合金元素符号后面的数字省略。在结构钢焊丝牌号尾部标有“A”“E”或“C”时，分别表示为“优质品”“高级优质品”和“特级优质品”。“A”表示硫、磷的质量分数≤0.030%，“E”表示硫、磷的质量分数≤0.020%，“C”表示硫、磷的质量分数≤0.015%，从而标明了对焊丝中硫、磷含量要求的严格程度。在不锈钢焊丝中无此要求。

低合金钢焊丝牌号示例：

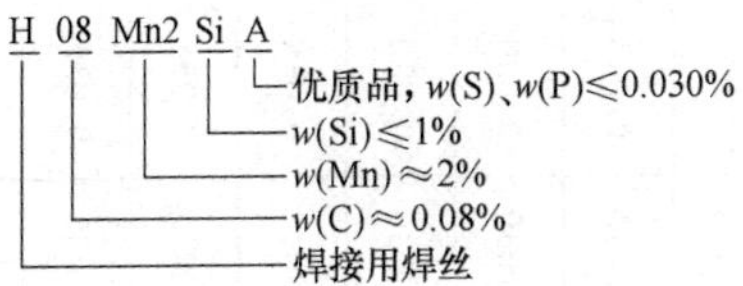

（2）硬质合金堆焊焊丝和有色金属焊丝　其牌号中，“HS”表示焊丝，第一位数字表示焊丝的化学组成类型，“1”表示堆焊用硬质合金焊丝，“2”表示铜及铜合金焊丝，“3”表示铝及铝合金焊丝。牌号中第二、第三位数字表示同一类型焊丝的不同牌号，如 HS121 表示硬质合金焊丝，HS311 表示铝硅合金焊丝。

5. 药芯焊丝的牌号

其牌号中，第一个字母“Y”表示药芯焊丝，第二个字母表示焊丝类别，字母含义与焊条相同：“J”为结构钢用，“R”为耐热钢用，“G”为铬不锈钢用，“A”为铬镍不锈钢用，“D”为堆焊用。其后的三位数字按同类用途的焊条牌号编制方法。短横线“-”后的数字，表示焊接时的保护方法，“1”为气保护，“2”为自保护，“3”为气保护和自保护两用，“4”表示其他保护形式。药芯焊丝有特殊性能和用途时，则在牌号后面加注起主要作用的元素或主要用途的字母（一般不超过两个）。

药芯焊丝牌号示例：

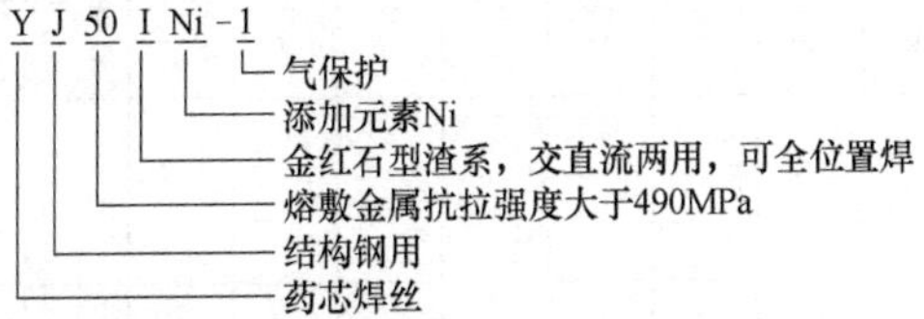

2.4.2 熔化焊用钢丝

1. 熔化焊用钢丝的标记

H08MnA 直径为 4.0mm 的钢丝标记为：H08MnA-4.0-GB/T 14957—1994。

H10Mn2 直径为 5.0mm 的钢丝标记为：H10Mn2-5.0-GB/T 14957—1994。

2. 熔化焊用钢丝的牌号及化学成分

熔化焊用钢丝的牌号及化学成分见表 2-76。

表 2-76　熔化焊用钢丝的牌号及化学成分（GB/T 14957—1994）

钢种	序号	牌号	化学成分(质量分数,%)										
			C	Mn	Si	Cr	Ni	Mo	V	Cu	其他	S	P
												≤	
碳素结构钢	1	H08A	≤0.10	0.30~0.55	≤0.03	≤0.20	≤0.30	—	—	≤0.20	—	0.030	0.030
	2	H08E	≤0.10	0.30~0.55	≤0.03	≤0.20	≤0.30	—	—	≤0.20	—	0.020	0.020
	3	H08C	≤0.10	0.30~0.55	≤0.03	≤0.10	≤0.10	—	—	≤0.20	—	0.015	0.015
	4	H08MnA	≤0.10	0.80~1.10	≤0.07	≤0.20	≤0.30	—	—	≤0.20	—	0.030	0.030
	5	H15A	0.11~0.18	0.35~0.65	≤0.03	≤0.20	≤0.30	—	—	≤0.20	—	0.030	0.030
	6	H15Mn	0.11~0.18	0.80~1.10	≤0.03	≤0.20	≤0.30	—	—	≤0.20	—	0.035	0.035
	7	H10Mn2	≤0.12	1.50~1.90	≤0.07	≤0.20	≤0.30	—	—	≤0.20	—	0.035	0.035
	8	H08Mn2Si	≤0.11	1.70~2.10	0.65~0.95	≤0.20	≤0.30	—	—	≤0.20	—	0.035	0.035
	9	H08Mn2SiA	≤0.11	1.80~2.10	0.65~0.95	≤0.20	≤0.30	—	—	≤0.20	—	0.030	0.030
	10	H10MnSi	≤0.14	0.80~1.10	0.60~0.90	≤0.20	≤0.30	—	—	≤0.20	—	0.035	0.035
	11	H10MnSiMo	≤0.14	0.90~1.20	0.70~1.10	≤0.20	≤0.30	0.15~0.25	—	≤0.20	—	0.035	0.035
	12	H10MnSiMoTiA	0.08~0.12	1.00~1.30	0.40~0.70	≤0.20	≤0.30	0.20~0.40	—	≤0.20	Ti0.05~0.15	0.025	0.030

合金结构钢	13	H08MnMoA	≤0.10	1.20~1.60	≤0.25	≤0.20	≤0.30	0.30~0.50	—	≤0.20	Ti0.15（加入量）	0.030	0.030
	14	H08Mn2MoA	0.06~0.11	1.60~1.90	≤0.25	≤0.20	≤0.30	0.50~0.70	—	≤0.20	Ti0.15（加入量）	0.030	0.030
	15	H10Mn2MoA	0.08~0.13	1.70~2.00	≤0.40	≤0.20	≤0.30	0.60~0.80	—	≤0.20	Ti0.15（加入量）	0.030	0.030
	16	H08Mn2MoVA	0.06~0.11	1.60~1.90	≤0.25	≤0.20	≤0.30	0.50~0.70	0.06~0.12	≤0.20	Ti0.15（加入量）	0.030	0.030
	17	H10Mn2MoVA	0.08~0.13	1.70~2.00	≤0.40	≤0.20	≤0.30	0.60~0.80	0.06~0.12	≤0.20	Ti0.15（加入量）	0.030	0.030
	18	H08CrMoA	≤0.10	0.40~0.70	0.15~0.35	0.80~1.10	≤0.30	0.40~0.60	—	≤0.20	—	0.030	0.030
	19	H13CrMoA	0.11~0.16	0.40~0.70	0.15~0.35	0.80~1.10	≤0.30	0.40~0.60	—	≤0.20	—	0.030	0.030
	20	H18CrMoA	0.15~0.22	0.40~0.70	0.15~0.35	0.80~1.10	≤0.30	0.15~0.25	—	≤0.20	—	0.025	0.030
	21	H08CrMoVA	≤0.10	0.40~0.70	0.15~0.35	1.00~1.30	≤0.30	0.50~0.70	0.15~0.35	≤0.20	—	0.030	0.030
	22	H08CrNi2MoA	0.05~0.10	0.50~0.85	0.10~0.30	0.70~1.00	1.40~1.80	0.20~0.40	—	≤0.20	—	0.025	0.030
	23	H30CrMnSiA	0.25~0.35	0.80~1.10	0.90~1.20	0.80~1.10	≤0.30	—	—	≤0.20	—	0.025	0.025
	24	H10MoCrA	≤0.12	0.40~0.70	0.15~0.35	0.45~0.65	≤0.30	0.40~0.60	—	≤0.20	—	0.030	0.030

2.4.3 熔化极气体保护电弧焊非合金钢及细晶粒钢实心焊丝

1. 焊丝型号表示方法

熔化极气体保护电弧焊非合金钢及细晶粒钢实心焊丝的型号由五部分组成：

1）第一部分用字母“G”表示熔化极气体保护电弧焊用实心焊丝。

2）第二部分表示在焊态、焊后热处理条件下熔敷金属的抗拉强度代号，见表 2-77。

表 2-77 熔敷金属的抗拉强度代号

抗拉强度代号	抗拉强度 R_m/MPa
49	490~660
55	550~690
62	620~760
69	690~830

3）第三部分表示冲击吸收能量（KV_2）不小于 27J 时的试验温度代号，见表 2-78。

表 2-78 冲击吸收能量（KV_2）不小于 27J 时的试验温度代号

冲击试验温度代号	冲击吸收能量（KV_2）不小于 27J 时的试验温度/℃
Z	无要求
Y	+20
0	0
2	-20
3	-30
4	-40
4H	-45
5	-50
6	-60
7	-70
7H	-75
8	-80
9	-90
10	-100

4）第四部分表示保护气体类型代号，见表 2-79。

表 2-79 保护气体类型代号

保护气体类型代号		保护气体组成(体积分数,%)					
主组分	副组分	氧化性		惰性		还原性	低活性
		CO_2	O_2	Ar	He	H_2	N_2
I	1			100			
	2				100		
	3			余量	0.5~95		
M1	1	0.5~5		余量①		0.5~5	
	2	0.5~5		余量①			
	3		0.5~3	余量①			
	4	0.5~5	0.5~3	余量①			
M2	0	>5~15		余量①			
	1	>15~25		余量①			
	2		>3~10	余量①			
	3	0.5~5	>3~10	余量①			
	4	>5~15	0.5~3	余量①			
	5	>5~15	>3~10	余量①			
	6	>15~25	0.5~3	余量①			
	7	>15~25	>3~10	余量①			
M3	1	>25~50		余量①			
	2		>10~15	余量①			
	3	>25~50	>2~10	余量①			
	4	>5~25	>10~15	余量①			
	5	>25~50	>10~15	余量①			
C	1	100					
	2	余量	0.5~30				
R	1			余量①		0.5~15	
	2			余量①		>15~50	
N	1						100
	2			余量①			0.5~5
	3			余量①			>5~50
	4			余量①		0.5~10	0.5~5
	5					0.5~50	余量
O	1		100				
Z②	表中未列出的保护气体类型或保护气体组成						

① 以分类为目的，氩气可部分或全部由氦气代替。

② 同为“Z”的两种保护气体类型代号之间不可替换。

5）第五部分表示焊丝化学成分分类。

除以上强制代号外，可在型号中附加可选代号：

① 字母“U”，附加在第三部分之后，表示在规定的试验温度下，冲击吸收能量（KV_2）应不小于47J。

② 无镀铜代号“N”，附加在第五部分之后，表示无镀铜焊丝。

熔化极气体保护电弧焊非合金钢及细晶粒钢实心焊丝型号示例：

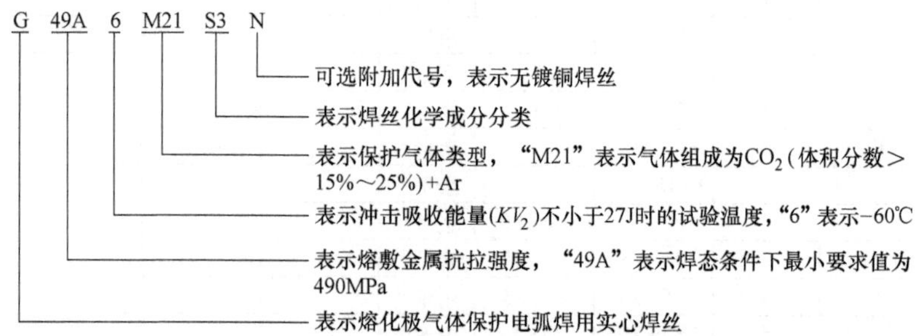

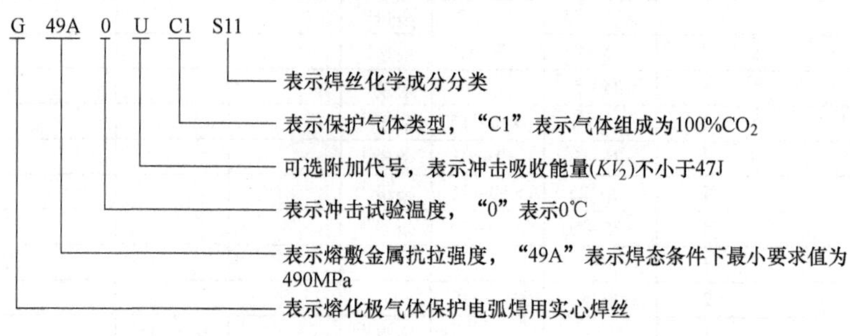

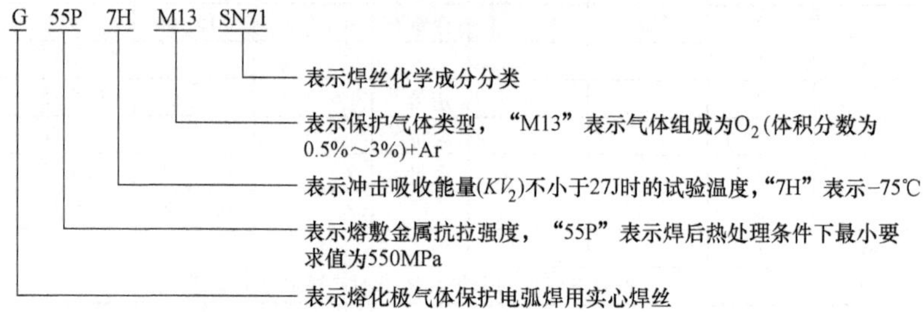

2. 焊丝的化学成分

熔化极气体保护电弧焊非合金钢及细晶粒钢实心焊丝的化学成分见表2-80。

表 2-80　熔化极气体保护电弧焊非合金钢及细晶粒钢实心焊丝的化学成分（GB/T 8110—2020）

序号	化学成分分类	焊丝成分代号	化学成分(质量分数,%)[①]											
			C	Mn	Si	P	S	Ni	Cr	Mo	V	Cu[②]	Al	Ti+Zr
1	S2	ER50-2	0.07	0.90～1.40	0.40～0.70	0.025	0.025	0.15	0.15	0.15	0.03	0.05	0.05～0.15	Ti:0.05～0.15 Zr:0.02～0.12
2	S3	ER50-3	0.06～0.15	0.90～1.40	0.45～0.75	0.025	0.025	0.15	0.15	0.15	0.03	0.50	—	—
3	S4	ER50-4	0.06～0.15	1.00～1.50	0.65～0.85	0.025	0.025	0.15	0.15	0.15	0.03	0.50	—	—
4	S6	ER50-6	0.06～0.15	1.40～1.85	0.80～1.15	0.025	0.025	0.15	0.15	0.15	0.03	0.50	—	—
5	S7	ER50-7	0.07～0.15	1.50～22.00	0.50～0.80	0.025	0.025	0.15	0.15	0.15	0.03	0.50	—	—
6	S10	ER49-1	0.11	1.80～2.10	0.65～0.95	0.025	0.025	0.30	0.20	—	—	0.50	—	—
7	S11	—	0.02～0.15	1.40～1.90	0.55～1.10	0.030	0.030	—	—	—	—	0.50	—	0.02～0.30
8	S12	—	0.02～0.15	1.25～1.90	0.55～1.00	0.030	0.030	—	—	—	—	0.50	—	—
9	S13	—	0.02～0.15	1.35～1.90	0.55～1.10	0.030	0.030	—	—	—	—	0.50	0.10～0.50	0.02～0.30

（续）

序号	化学成分分类	焊丝成分代号	化学成分(质量分数,%)[①]											
			C	Mn	Si	P	S	Ni	Cr	Mo	V	Cu[②]	Al	Ti+Zr
10	S14	—	0.02~0.15	1.30~1.60	1.00~1.35	0.030	0.030	—	—	—	—	0.50	—	—
11	S15	—	0.02~0.15	1.00~1.60	0.40~1.00	0.030	0.030	—	—	—	—	0.50	—	0.02~0.15
12	S16	—	0.02~0.15	0.90~1.60	0.40~1.00	0.030	0.030	—	—	—	—	0.50	—	—
13	S17	—	0.02~0.15	1.50~2.10	0.20~0.55	0.030	0.030	—	—	—	—	0.50	—	0.02~0.30
14	S18	—	0.02~0.15	1.60~2.40	0.50~1.10	0.030	0.030	—	—	—	—	0.50	—	0.02~0.30
15	S1M3	ER49-A1	0.12	1.30	0.30~0.70	0.025	0.025	0.20	—	0.40~0.65	—	0.35	—	—
16	S2M3	—	0.12	0.60~1.40	0.30~0.70	0.025	0.025	—	—	0.40~0.65	—	0.50	—	—
17	S2M31	—	0.12	0.80~1.50	0.30~0.90	0.025	0.025	—	—	0.40~0.65	—	0.50	—	—
18	S3M3T	—	0.12	1.00~1.80	0.40~1.00	0.025	0.025	—	—	0.40~0.65	—	0.50	—	Ti:0.02~0.30
19	S3M1	—	0.05~0.15	1.40~2.10	0.40~1.00	0.025	0.025	—	—	0.10~0.45	—	0.50	—	—

20	S3M1T	—	0. 12	1. 40~2. 10	0. 40~1. 00	0. 025	0. 025	—	—	0. 10~0. 45	—	0. 50	—	Ti:0. 02~0. 30
21	S4M31	ER55-D2	0. 07~0. 12	1. 60~2. 10	0. 50~0. 80	0. 025	0. 025	0. 15	—	0. 40~0. 60	—	0. 50	—	—
22	S4M31T	ER55-D2-Ti	0. 12	1. 20~1. 90	0. 40~0. 80	0. 025	0. 025	—	—	0. 20~0. 50	—	0. 50	—	Ti:0. 05~0. 20
23	S4M3T	—	0. 12	1. 60~2. 20	0. 50~0. 80	0. 025	0. 025	—	—	0. 40~0. 65	—	0. 50	—	Ti:0. 02~0. 30
24	SN1	—	0. 12	1. 25	0. 20~0. 50	0. 025	0. 025	0. 60~1. 00	—	0. 35	—	0. 35	—	—
25	SN2	ER55-Ni1	0. 12	1. 25	0. 40~0. 80	0. 025	0. 025	0. 80~1. 10	0. 15	0. 35	0. 05	0. 35	—	—
26	SN3	—	0. 12	1. 20~1. 60	0. 30~0. 80	0. 025	0. 025	1. 50~1. 90	—	0. 35	—	0. 35	—	—
27	SN5	ER55-Ni2	0. 12	1. 25	0. 40~0. 80	0. 025	0. 025	2. 00~2. 75	—	—	—	0. 35	—	—
28	SN7	—	0. 12	1. 25	0. 20~0. 50	0. 025	0. 025	3. 00~3. 75	—	0. 35	—	0. 35	—	—
29	SN71	ER55-Ni3	0. 12	1. 25	0. 40~0. 80	0. 025	0. 025	3. 00~3. 75	—	—	—	0. 35	—	—

（续）

序号	化学成分分类	焊丝成分代号	化学成分（质量分数，%）[①]											
			C	Mn	Si	P	S	Ni	Cr	Mo	V	Cu[②]	Al	Ti+Zr
30	SN9	—	0.10	1.40	0.50	0.025	0.025	4.00~4.75	—	0.35	—	0.35	—	—
31	SNCC	—	0.12	1.00~1.65	0.60~0.90	0.030	0.030	0.10~0.30	0.50~0.80	—	—	0.20~0.60	—	—
32	SNCC1	ER55-1	0.10	1.20~1.60	0.60	0.025	0.020	0.20~0.60	0.30~0.90	—	—	0.20~0.50	—	—
33	SNCC2	—	0.10	0.60~1.20	0.60	0.025	0.020	0.20~0.60	0.30~0.90	—	—	0.20~0.50	—	—
34	SNCC21	—	0.10	0.90~1.30	0.35~0.65	0.025	0.025	0.40~0.60	0.10	—	—	0.20~0.50	—	—
35	SNCC3	—	0.10	0.90~1.30	0.35~0.65	0.025	0.025	0.20~0.50	0.20~0.50	—	—	0.20~0.50	—	—
36	SNCC31	—	0.10	0.90~1.30	0.35~0.65	0.025	0.025	—	0.20~0.50	—	—	0.20~0.50	—	—
37	SNCCT	—	0.12	1.10~1.65	0.60~0.90	0.030	0.030	0.10~0.30	0.50~0.80	—	—	0.20~0.60	—	Ti:0.02~0.30
38	SNCCT1	—	0.12	1.20~1.80	0.50~0.80	0.030	0.030	0.10~0.40	0.50~0.80	0.02~0.30	—	0.20~0.60	—	Ti:0.02~0.30
39	SNCCT2	—	0.12	1.10~1.70	0.50~0.90	0.030	0.030	0.40~0.80	0.50~0.80	—	—	0.20~0.60	—	Ti:0.02~0.30

40	SN1M2T	—	0.12	1.70~2.30	0.60~1.00	0.025	0.025	0.40~0.80	—	0.20~0.60	—	0.50	—	Ti:0.02~0.30
41	SN2M1T	—	0.12	1.10~1.90	0.30~0.80	0.025	0.025	0.80~1.60	—	0.10~0.45	—	0.50	—	Ti:0.02~0.30
42	SN2M2T	—	0.05~0.15	1.00~1.80	0.30~0.90	0.025	0.025	0.70~1.20	—	0.20~0.60	—	0.05	—	Ti:0.02~0.30
43	SN2M3T	—	0.05~0.15	1.40~2.10	0.30~0.90	0.025	0.025	0.70~1.20	—	0.40~0.65	—	0.50	—	Ti:0.02~0.30
44	SN2M4T	—	0.12	1.70~2.30	0.50~1.00	0.025	0.025	0.80~1.30	—	0.55~0.85	—	0.50	—	Ti:0.02~0.30
45	SN2MC	—	0.10	1.60	0.65	0.020	0.010	1.00~2.00	—	0.15~0.50	—	0.20~0.50	—	—
46	SN3MC	—	0.10	1.60	0.65	0.020	0.010	2.80~3.80	—	0.05~0.50	—	0.20~0.70	—	—
47	Z×③	—	其他协定成分											

注：1. 表中单值均为最大值。

2. 表中列出的“焊丝成分代号”是为便于实际使用对照。

① 化学分析应按表中规定的元素进行分析。如在分析过程中发现其他元素，这些元素的总质量分数（除铁外）不应超过 0.50%。

② Cu 含量包括镀铜层中的含量。

③ 表中未列出的分类可用相类似的分类表示，词头加字母“Z”。化学成分范围不进行规定，两种分类之间不可替换。

2.4.4 钨极惰性气体保护电弧焊用非合金钢及细晶粒钢实心焊丝

1. 焊丝型号表示方法

钨极惰性气体保护电弧焊用非合金钢及细晶粒钢实心焊丝的型号由四部分组成：

1）第一部分用字母“W”表示钨极惰性气体保护电弧焊用实心填充丝。

2）第二部分表示在焊态、焊后热处理条件下，熔敷金属的抗拉强度代号，见表 2-81。

表 2-81 熔敷金属的抗拉强度代号（GB/T 39280—2020）

抗拉强度代号①	抗拉强度 R_m /MPa	下屈服强度 R_{eL}② /MPa	断后伸长率 A (%)
43×	430～600	≥330	≥20
49×	490～670	≥390	≥18
55×	550～740	≥460	≥17
57×	570～770	≥490	≥17

① ×代表“A”或者“P”，“A”表示在焊态条件下试验，“P”表示在焊后热处理条件下试验，“AP”表示在焊态和焊后热处理条件下试验均可。

② 当屈服发生不明显时，应测定规定塑性延伸强度 $R_{p0.2}$。

3）第三部分表示冲击吸收能量（KV_2）不小于 27J 时的试验温度代号，见表 2-82。

表 2-82 冲击试验温度代号（GB/T 39280—2020）

冲击试验温度代号	冲击吸收能量(KV_2)不小于 27J 时的试验温度/℃
Z	无要求
Y	+20
0	0
2	-20
3	-30
4	-40
4H	-45
5	-50
6	-60
7	-70
7H	-75
8	-80
9	-90
10	-100

4）第四部分表示焊丝化学成分分类。

除以上强制代号外，可在型号中附加可选代号：

① 字母“U”，附加在第三部分之后，表示在规定的试验温度下，冲击吸收能量（KV_2）应不小于47J。

② 无镀铜代号“N”，附加在第四部分之后，表示无镀铜焊丝。

钨极惰性气体保护电弧焊用非合金钢及细晶粒钢实心焊丝型号示例：

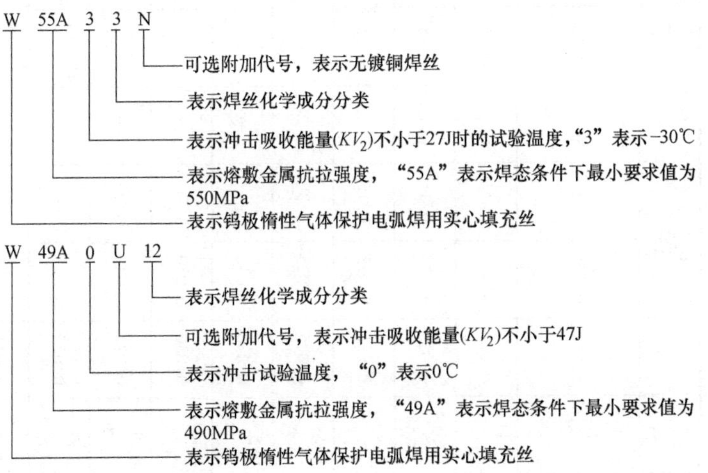

2. 焊丝的化学成分

钨极惰性气体保护电弧焊用非合金钢及细晶粒钢实心焊丝的化学成分见表2-83。

3. 预热温度和道间温度

钨极惰性气体保护电弧焊用非合金钢及细晶粒钢实心焊丝的预热温度和道间温度见表2-84。

2.4.5　气体保护电弧焊热强钢实心焊丝

1. 焊丝型号编制方法

气体保护电弧焊热强钢实心焊丝的型号由四部分组成：

1）第一部分用字母“G”表示熔化极气体保护电弧焊用实心焊丝，“W”表示钨极惰性气体保护电弧焊用实心填充丝。

表 2-83 钨极惰性气体保护电弧焊用非合金钢及细晶粒钢实心焊丝的化学成分（GB/T 39280—2020）

序号	化学成分分类	焊丝成分代号	化学成分(质量分数,%)[①]											
			C	Mn	Si	P	S	Ni	Cr	Mo	V	Cu[②]	Al	Ti+Zr
1	2	ER50-2	0.07	0.90~1.40	0.40~0.70	0.025	0.025	0.15	0.15	0.15	0.03	0.50	0.05~0.15	Ti:0.05~0.15 Zr:0.02~0.12
2	3	ER50-3	0.06~0.15	0.90~1.40	0.45~0.75	0.025	0.025	0.15	0.15	0.15	0.03	0.50	—	—
3	4	ER50-4	0.07~0.15	1.00~1.50	0.65~0.85	0.025	0.025	0.15	0.15	0.15	0.03	0.50	—	—
4	6	ER50-6	0.06~0.15	1.40~1.85	0.80~1.15	0.025	0.025	0.15	0.15	0.15	0.03	0.50	—	—
5	10	ER49-1	0.11	1.80~2.10	0.65~0.95	0.025	0.025	0.30	0.20	—	—	0.50	—	—
6	12	—	0.12~0.15	1.25~1.90	0.55~1.00	0.030	0.030	—	—	—	—	0.50	—	—
7	16	—	0.02~0.15	0.90~1.60	0.40~1.00	0.030	0.030	—	—	—	—	0.50	—	—
8	1M3	ER49-A1	0.12	1.30	0.30~0.70	0.025	0.025	0.20	—	0.40~0.65	—	0.35	—	—
9	2M3	—	0.12	0.60~1.40	0.30~0.70	0.025	0.025	—	—	0.40~0.65	—	0.50	—	—
10	2M31	—	0.12	0.80~1.50	0.30~0.90	0.025	0.025	—	—	0.40~0.65	—	0.50	—	—

11	2M32	—	0.05	0.80~1.40	0.30~0.90	0.025	0.025	—	—	0.40~0.65	—	0.50	—	—
12	3M1T	—	0.12	1.40~2.10	0.40~1.00	0.025	0.025	—	—	0.10~0.45	—	0.50	—	Ti:0.02~0.30
13	3M3	—	0.12	1.10~1.60	0.60~0.90	0.025	0.025	—	—	0.40~0.65	—	0.50	—	—
14	4M3	—	0.12	1.50~2.00	0.30	0.025	0.025	—	—	0.40~0.65	—	0.50	—	—
15	4M31	—	0.07~0.12	1.60~2.10	0.50~0.80	0.025	0.025	—	—	0.40~0.60	—	0.50	—	—
16	4M3T	—	0.12	1.60~2.20	0.50~0.80	0.025	0.025	—	—	0.40~0.65	—	0.50	—	Ti:0.02~0.30
17	N1	—	0.12	1.25	0.20~0.50	0.025	0.025	0.60~1.00	—	0.35	—	0.35	—	—
18	N2	ER55-Ni1	0.12	1.25	0.40~0.80	0.025	0.025	0.80~1.10	0.15	0.35	0.05	0.35	—	—
19	N3	—	0.12	1.20~1.60	0.30~0.80	0.025	0.025	1.50~1.90	—	0.35	—	0.35	—	—
20	N5	ER55-Ni2	0.12	1.25	0.40~0.80	0.025	0.025	2.00~2.75	—	—	—	0.35	—	—
21	N7	—	0.12	1.25	0.20~0.50	0.025	0.025	3.00~3.75	—	0.35	—	0.35	—	—
22	N71	ER55-Ni3	0.12	1.25	0.40~0.80	0.025	0.025	3.00~3.75	—	—	—	0.35	—	—

（续）

序号	化学成分分类	焊丝成分代号	化学成分(质量分数,%)①											
			C	Mn	Si	P	S	Ni	Cr	Mo	V	Cu②	Al	Ti+Zr
23	N9	—	0.10	1.40	0.50	0.025	0.025	4.00~4.75	—	0.35	—	0.35	—	—
24	NCC	—	0.12	1.00~1.65	0.60~0.90	0.030	0.030	0.10~0.30	0.50~0.80	—	—	0.20~0.60	—	—
25	NCC1	—	0.12	0.40~0.70	0.20~0.40	0.030	0.030	0.50~0.80	0.50~0.80	—	—	0.30~0.75	—	—
26	NCCT	—	0.12	1.00~1.65	0.60~0.90	0.030	0.030	0.10~0.30	0.50~0.80	—	—	0.20~0.60	—	Ti:0.02~0.30
27	NCCT1	—	0.12	1.20~1.80	0.50~0.80	0.030	0.030	0.10~0.40	0.50~0.80	0.02~0.30	—	0.20~0.60	—	Ti:0.02~0.30
28	NCCT2	—	0.12	1.10~1.70	0.50~0.90	0.030	0.030	0.40~0.80	0.50~0.80	—	—	0.20~0.60	—	Ti:0.02~0.30
29	N1M2T	—	0.12	1.70~2.30	0.60~1.00	0.025	0.025	0.40~0.80	—	0.20~0.60	—	0.50	—	Ti:0.02~0.30
30	N1M3	—	0.12	1.00~1.80	0.20~0.80	0.025	0.025	0.30~0.90	—	0.40~0.65	—	0.50	—	—
31	N2M3	—	0.12	1.10~1.60	0.30	0.025	0.025	0.80~1.20	—	0.40~0.65	—	0.50	—	—
32	Z×③	—	其他协定成分											

注：1. 表中单值均为最大值。

2. 表中列出的“焊丝成分代号”是为便于实际使用对照。

① 化学分析应按表中规定的元素进行分析。如在分析过程中发现其他元素，这些元素的总质量分数（除铁外）不应超过0.50%。

② Cu含量包括镀铜层中的含量。

③ 表中未列出的分类可用相类似的分类表示，词头加字母“Z”。化学成分范围不进行规定，两种分类之间不可替换。

表 2-84 钨极惰性气体保护电弧焊用非合金钢及细晶粒钢实心焊丝的预热温度和道间温度（GB/T 39280—2020）

化学成分分类	预热温度/℃	道间温度/℃
2、3、4、6、10、12、16	室温	150±15
1M3、2M3、2M31、2M32、3M1T、3M3、4M3、4M31、4M3T、N1、N2、N3、N5、N7、N71、N9、NCC、NCC1、NCCT、NCCT1、NCCT2、N1M2T、N1M3、N2M3	≥100	
Z×	供需双方协定	

2）第二部分表示在焊后热处理条件下，熔敷金属的抗拉强度代号，见表 2-85。

表 2-85 熔敷金属的抗拉强度代号（GB/T 39279—2020）

抗拉强度代号	抗拉强度 R_m/MPa	抗拉强度代号	抗拉强度 R_m/MPa
49	≥490	62	≥620
52	≥520	69	≥690
55	≥550	78	≥780
57	≥570		

3）第三部分表示保护气体类型代号，保护气体类型代号按 GB/T 39255 的规定。当第一部分代号为“W”时，保护气体类型代号“I1”可省略。

4）第四部分表示焊丝化学成分分类。

除以上强制代号外，可在型号中附加可选代号：无镀铜代号“N”，附加在第四部分之后，表示无镀铜焊丝。

气体保护电弧焊热强钢实心焊丝示例：

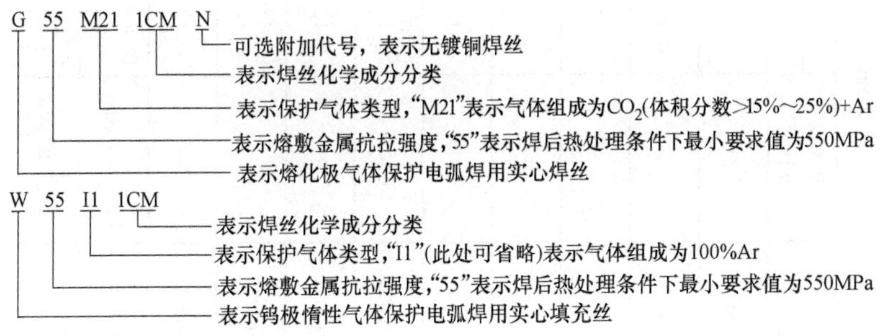

2. 焊丝的化学成分

气体保护电弧焊热强钢实心焊丝的化学成分见表 2-86。

表 2-86　气体保护电弧焊热强钢实心焊丝的化学成分（GB/T 39279—2020）

序号	化学成分分类	焊丝成分代号	化学成分(质量分数,%)[1]											
			C	Mn	Si	P	S	Ni	Cr	Mo	Ti	V	Cu[2]	其他
1	1M3	—	0.12	1.30	0.30~0.70	0.025	0.025	0.20	—	0.40~0.65	—	—	0.35	—
2	3M3[3]	—	0.12	1.10~1.60	0.60~0.90	0.025	0.025	—	—	0.40~0.65	—	—	0.50	—
3	3M3T[3]	—	0.12	1.00~1.80	0.40~1.00	0.025	0.025	—	—	0.40~0.65	0.02~0.30	—	0.50	—
4	CM	—	0.12	0.20~1.00	0.10~0.40	0.025	0.025	—	0.40~0.90	0.40~0.65	—	—	0.40	—
5	CMT[3]	—	0.12	1.00~1.80	0.30~0.90	0.025	0.025	—	0.30~0.70	0.40~0.65	0.02~0.30	—	0.40	—
6	1CM	ER55-B2	0.07~0.12	0.40~0.70	0.40~0.70	0.025	0.025	0.20	1.20~1.50	0.40~0.65	—	—	0.35	—
7	1CM1	—	0.12	0.60~0.90	0.20~0.50	0.025	0.025	—	1.00~1.60	0.30~0.65	—	—	0.40	—
8	1CM2	—	0.05~0.15	1.60~2.00	0.15~0.40	0.025	0.025	—	1.00~1.60	0.40~0.65	—	—	0.40	—
9	1CM3	—	0.12	0.80~1.50	0.30~0.90	0.025	0.025	—	1.00~1.60	0.40~0.65	—	—	0.40	—
10	1CM4V	ER55-B2-MnV	0.06~0.10	1.20~1.60	0.60~0.90	0.030	0.025	0.25	1.00~1.30	0.50~0.70	—	0.20~0.40	0.35	—
11	1CM4	ER55-B2-Mn	0.06~0.10	1.20~1.70	0.60~0.90	0.030	0.025	0.25	0.90~1.20	0.45~0.65	—	—	0.35	—

12	1CML	ER49-B2L	0.05	0.40~0.70	0.40~0.70	0.025	0.025	0.20	1.20~1.50	0.40~0.65	—	—	0.35	—
13	1CML1	—	0.05	0.80~1.40	0.20~0.80	0.025	0.025	—	1.00~1.60	0.40~0.65	—	—	0.40	—
14	1CMT	—	0.05~0.15	0.80~1.50	0.30~0.90	0.025	0.025	—	1.00~1.60	0.40~0.65	0.02~0.30	—	0.40	—
15	1CMT1	—	0.12	1.20~1.90	0.30~0.90	0.025	0.025	—	1.00~1.60	0.40~0.65	0.02~0.30	—	0.40	—
16	2CMWV	—	0.12	0.20~1.00	0.10~0.70	0.020	0.010	—	2.00~2.60	0.40~0.65	—	0.10~0.50	0.40	Nb:0.01~0.08 W:1.00~2.00
17	2CMWV-Ni	—	0.12	0.80~1.60	0.10~0.70	0.020	0.010	0.30~1.00	2.00~2.60	0.05~0.30	—	0.10~0.50	0.40	Nb:0.01~0.08 W:1.00~2.00
18	2C1M	ER62-B3	0.07~0.12	0.40~0.70	0.40~0.70	0.025	0.025	0.20	2.30~2.70	0.90~1.20	—	—	0.35	—
19	2C1M1	—	0.05~0.15	0.30~0.60	0.10~0.50	0.025	0.025	—	2.10~2.70	0.85~1.20	—	—	0.40	—
20	2C1M2	—	0.05~0.15	0.50~1.20	0.10~0.60	0.025	0.025	—	2.10~2.70	0.85~1.20	—	—	0.40	—

（续）

序号	化学成分分类	焊丝成分代号	化学成分（质量分数，%）[①]											
			C	Mn	Si	P	S	Ni	Cr	Mo	Ti	V	Cu[②]	其他
21	2C1M3	—	0.12	0.75~1.50	0.30~0.90	0.025	0.025	—	2.10~2.70	0.90~1.20	—		0.40	—
22	2C1ML	ER55-B3L	0.05	0.40~0.70	0.40~0.70	0.025	0.025	0.20	2.30~2.70	0.90~1.20	—	—	0.35	—
23	2C1ML1	—	0.05	0.80~1.40	0.30~0.90	0.025	0.025	—	2.10~2.70	0.90~1.20	—	—	0.40	—
24	2C1MV	—	0.05~0.15	0.20~1.00	0.10~0.50	0.025	0.025	—	2.10~2.70	0.85~1.20	—	0.15~0.50	0.40	—
25	2C1MV1	—	0.12	0.80~1.60	0.10~0.70	0.025	0.025	—	2.10~2.70	0.90~1.20	—	0.15~0.50	0.40	—
26	2C1MT	—	0.05~0.15	0.75~1.50	0.35~0.80	0.025	0.025	—	2.10~2.70	0.90~1.20	0.02~0.30	—	0.40	—
27	2C1MT1	—	0.04~0.12	1.60~2.30	0.20~0.80	0.025	0.025	—	2.10~2.70	0.90~1.20	0.02~0.30	—	0.40	—
28	3C1M	—	0.12	0.50~1.20	0.10~0.70	0.025	0.025	—	2.75~3.75	0.90~1.20	—	—	0.40	—
29	3C1MV	—	0.05~0.15	0.20~1.00	0.50	0.025	0.025	—	2.75~3.75	0.90~1.20	—	0.15~0.50	0.40	—
30	3C1MV1	—	0.12	0.80~1.60	0.10~0.70	0.025	0.025	—	2.75~3.75	0.90~1.20	—	0.15~0.50	0.40	—
31	5CM	ER55-B6	0.10	0.40~0.70	0.50	0.025	0.025	0.60	4.50~6.00	0.45~0.65	—	—	0.35	—

32	9C1M	ER55-B8	0.10	0.40~0.70	0.50	0.025	0.025	0.50	8.00~10.50	0.80~1.20	—	—	0.35	—
33	9C1MV	ER62-B9	0.07~0.13	1.20	0.15~0.50	0.010	0.010	0.80	8.00~10.50	0.85~1.20	—	0.15~0.30	0.20	Nb:0.02~0.10 Al:0.04 N:0.03~0.07 Mn+Ni:1.50
34	9C1MV1	—	0.12	0.50~1.25	0.50	0.025	0.025	0.10~0.80	8.00~10.50	0.80~1.20	—	0.10~0.35	0.40	Nb:0.01~0.12 N:0.01~0.05
35	9C1MV2	—	0.12	1.20~1.90	0.10~0.60	0.025	0.025	0.20~1.00	8.00~10.50	0.80~1.20	—	0.15~0.50	0.40	Nb:0.01~0.12 N:0.01~0.05
36	10CMV	—	0.05~0.15	0.20~1.00	0.10~0.70	0.025	0.025	0.30~1.00	9.00~11.50	0.40~0.65	—	0.10~0.50	0.40	Nb:0.04~0.16 N:0.02~0.07

（续）

序号	化学成分分类	焊丝成分代号	化学成分（质量分数，%）[①]											
			C	Mn	Si	P	S	Ni	Cr	Mo	Ti	V	Cu[②]	其他
37	10CMWV-Co	—	0.12	0.20~1.00	0.10~0.70	0.020	0.020	0.30~1.00	9.00~11.50	0.20~0.55	—	0.10~0.50	0.40	Co:0.80~1.20 Nb:0.01~0.08 W:1.00~2.00 N:0.02~0.07
38	10CMWV-Co1	—	0.12	0.80~1.50	0.10~0.70	0.020	0.020	0.30~1.00	9.00~11.50	0.25~0.55	—	0.10~0.50	0.40	Co:1.00~2.00 Nb:0.01~0.08 W:1.00~2.00 N:0.02~0.07
39	10CMWV-Cu	—	0.05~0.15	0.20~1.00	0.10~0.70	0.020	0.020	0.70~1.40	9.00~11.50	0.20~0.50	—	0.10~0.50	1.00~2.00	Nb:0.01~0.08 W:1.00~2.00 N:0.02~0.07
40	Z×[④]	—	其他协定成分											

注：1. 表中单值均为最大值。

2. 表中列出的“焊丝成分代号”是为便于实际使用对照。

① 化学分析应按表中规定的元素进行分析。如在分析过程中发现其他元素，这些元素的总质量分数（除铁外）不应超过0.50%。

② Cu含量包括镀铜层中的含量。

③ 该分类中含有质量分数约为0.5%的Mo，不含Cr，当Mn的质量分数显著超过1%时，可能无法提供最佳的抗蠕变性能。

④ 表中未列出的分类可用相类似的分类表示，词头加字母“Z”。化学成分范围不进行规定，两种分类之间不可替换。

3. 熔敷金属的力学性能

气体保护电弧焊热强钢实心焊丝熔敷金属的力学性能见表 2-87。

表 2-87 气体保护电弧焊热强钢实心焊丝熔敷金属的力学性能（GB/T 39279—2020）

焊丝型号	抗拉强度 R_m /MPa	规定塑性延伸强度 $R_{p0.2}$/MPa	断后伸长率 A (%)	预热温度和道间温度/℃	焊后热处理	
					热处理温度/℃	保温时间/min
×52×1M3	≥520	≥400	≥17	135~165	620±15	60^{+15}_{0}
×49×3M3 ×49×3M3T	≥490	≥390	≥22	135~165	620±15	60^{+15}_{0}
×55×CM ×55×CMT	≥550	≥470	≥17	135~165	620±15	60^{+15}_{0}
×55×1CM	≥550	≥470	≥17	135~165	620±15	60^{+15}_{0}
×55×1CM1 ×55×1CM2 ×55×1CM3 ×55×1CMT ×55×1CMT1	≥550	≥470	≥17	135~165	690±15	60^{+15}_{0}
×55×1CM4V	≥550	≥440	≥19	135~165	730±15	60^{+15}_{0}
×55×1CM4	≥550	≥440	≥20	135~165	700±15	60^{+15}_{0}
×52×1CML	≥520	≥400	≥17	135~165	620±15	60^{+15}_{0}
×52×1CML1	≥520	≥400	≥17	135~165	690±15	60^{+15}_{0}
×52×2CMWV	≥520	≥400	≥17	160~190	715±15	120^{+15}_{0}
×57×2CMWV-Ni	≥570	≥490	≥15	160~190	715±15	120^{+15}_{0}
×62×2C1M ×62×2C1M1 ×62×2C1M2 ×62×2C1M3 ×62×2C1MT ×62×2C1MT1	≥620	≥540	≥15	185~215	690±15	60^{+15}_{0}
×55×2C1ML ×55×2C1ML1	≥550	≥470	≥15	185~215	690±15	60^{+15}_{0}
×55×2C1MV ×55×2C1MV1	≥550	≥470	≥15	185~215	690±15	60^{+15}_{0}

（续）

焊丝型号	抗拉强度 R_m /MPa	规定塑性延伸强度 $R_{p0.2}$/MPa	断后伸长率 A（%）	预热温度和道间温度/℃	焊后热处理	
					热处理温度/℃	保温时间/min
×62×3C1M	≥620	≥530	≥15	185～215	690±15	60^{+15}_{0}
×62×3C1MV ×62×3C1MV1	≥620	≥530	≥15	185～215	690±15	60^{+15}_{0}
×55×5CM	≥550	≥470	≥15	175～235	745±15	60^{+15}_{0}
×55×9C1M	≥550	≥470	≥15	205～260	745±15	60^{+15}_{0}
×62×9C1MV ×62×9C1MV1 ×62×9C1MV2	≥620	≥410	≥15	205～320	760±15	120^{+15}_{0}
×62×10CMWV-Co ×62×10CMWV-Co1	≥620	≥530	≥15	205～260	740±15	480^{+15}_{0}
×69×10CMWV-Cu	≥690	≥600	≥15	100～200	740±15	60^{+15}_{0}
×78×10CMV	≥780	≥680	≥13	205～260	690±15	480^{+15}_{0}
×××Z×	供需双方协定					

2.4.6 气体保护电弧焊用高强钢实心焊丝

1. 焊丝型号表示方法

气体保护电弧焊用高强钢实心焊丝的型号由五部分组成：

1）第一部分用字母“G”表示熔化极气体保护电弧焊用实心焊丝，“W”表示钨极惰性气体保护电弧焊用实心填充丝。

2）第二部分表示在焊态、焊后热处理条件下，熔敷金属的抗拉强度代号，见表 2-88。

表 2-88 熔敷金属的抗拉强度代号（GB/T 39281—2020）

抗拉强度代号①	抗拉强度 R_m /MPa	下屈服强度 R_{eL}② /MPa	断后伸长率 A（%）
59×	590～790	≥490	≥16
62×	620～820	≥530	≥15
69×	690～890	≥600	≥14
76×	760～960	≥680	≥13
78×	780～980	≥680	≥13
83×	830～1030	≥745	≥12

（续）

抗拉强度代号①	抗拉强度 R_m /MPa	下屈服强度 R_{eL}② /MPa	断后伸长率 A (%)
90×	900~1100	≥790	≥12
96×	960~1160	≥870	≥12

① ×代表“A”“P”或者“AP”，“A”表示在焊态条件下试验，“P”表示在焊后热处理条件下试验，“AP”表示在焊态和焊后热处理条件下试验均可。

② 当屈服发生不明显时，应测定规定塑性延伸强度 $R_{p0.2}$。

3）第三部分表示冲击吸收能量（KV_2）不小于27J时的试验温度代号，见表2-89。

表2-89 冲击试验温度代号（GB/T 39281—2020）

冲击试验温度代号	冲击吸收能量(KV_2)不小于27J时的试验温度/℃
Z	无要求
Y	+20
0	0
2	-20
3	-30
4	-40
4H	-45
5	-50
6	-60
7	-70
8	-80
9	-90
10	-100

4）第四部分表示保护气体类型代号，保护气体类型代号按GB/T 39255的规定。当第一部分代号为“W”时，保护气体类型代号“I1”可省略。

5）第五部分表示焊丝化学成分分类。

除以上强制代号外，可在型号中附加可选代号：

① 字母“U”，附加在第三部分之后，表示在规定的试验温度下，冲击吸收能量（KV_2）应不小于47J。

② 无镀铜代号“N”，附加在第五部分之后，表示无镀铜焊丝。

气体保护电弧焊用高强钢实心焊丝型号示例：

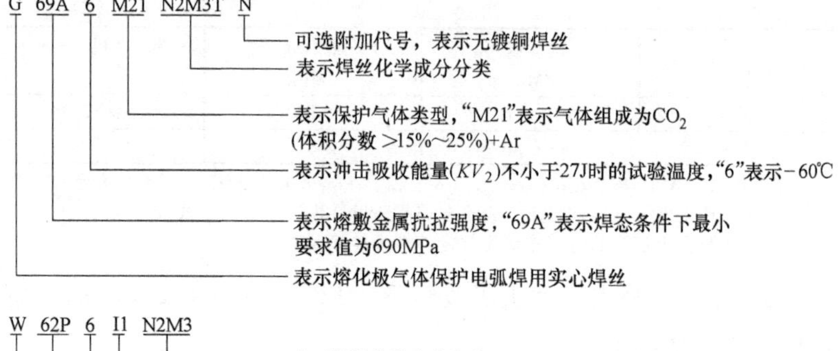

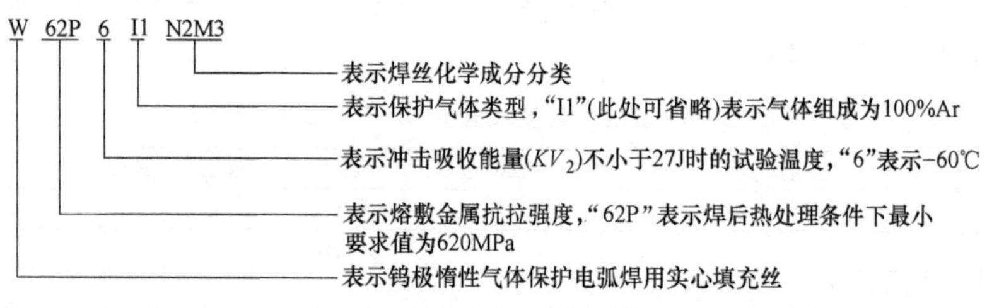

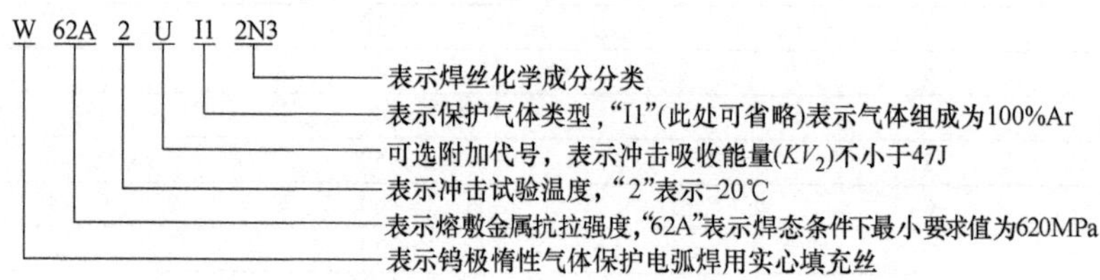

2. 焊丝的化学成分

气体保护电弧焊用高强度钢实心焊丝的化学成分见表 2-90。

2.4.7 埋弧焊用非合金钢及细晶粒钢实心焊丝与焊丝-焊剂

1. 实心焊丝与焊丝-焊剂型号表示方法

(1) 实心焊丝 埋弧焊用非合金钢及细晶粒钢实心焊丝型号中，"SU" 表示埋弧焊实心焊丝，"SU" 后数字或数字与字母的组合表示其化学成分分类。其型号示例：

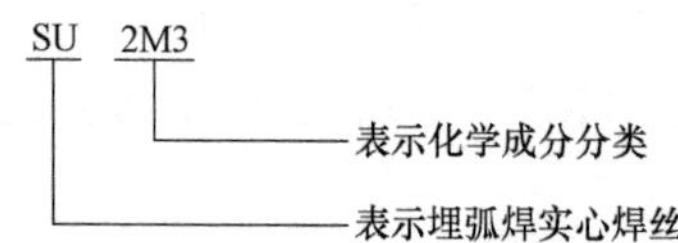

表 2-90 气体保护电弧焊用高强钢实心焊丝的化学成分（GB/T 39281—2020）

序号	化学成分分类	焊丝成分代号	化学成分(质量分数,%)[①]									
			C	Mn	Si	P	S	Ni	Cr	Mo	Cu[②]	其他
1	2M3	—	0.12	0.60~1.40	0.30~0.70	0.025	0.025	—	—	0.40~0.65	0.50	—
2	3M1	—	0.05~0.15	1.40~2.10	0.40~1.00	0.025	0.025	—	—	0.10~0.45	0.50	—
3	3M1T	—	0.12	1.40~2.10	0.40~1.00	0.025	0.025	—	—	0.10~0.45	0.50	Ti:0.02~0.30
4	3M3	—	0.12	1.10~1.60	0.60~0.90	0.025	0.025	—	—	0.40~0.65	0.50	—
5	3M31	—	0.12	1.00~1.85	0.30~0.90	0.025	0.025	—	—	0.40~0.65	0.50	—
6	3M3T	—	0.12	1.00~1.80	0.40~1.00	0.025	0.025	—	—	0.40~0.65	0.50	Ti:0.02~0.30
7	4M3	—	0.12	1.50~2.00	0.30	0.025	0.025	—	—	0.40~0.65	0.50	—
8	4M31	ER62-D2	0.07~0.12	1.60~2.10	0.50~0.80	0.025	0.025	0.15	—	0.40~0.60	0.50	—
9	4M3T	—	0.12	1.60~2.20	0.50~0.80	0.025	0.025	—	—	0.40~0.65	0.50	Ti:0.02~0.30
10	N1M2T	—	0.12	1.70~2.30	0.60~1.00	0.025	0.025	0.40~0.80	—	0.20~0.60	0.50	Ti:0.02~0.30
11	N1M3	—	0.12	1.00~1.80	0.20~0.80	0.025	0.025	0.30~0.90	—	0.40~0.65	0.50	—

（续）

序号	化学成分分类	焊丝成分代号	化学成分(质量分数,%)[1]									
			C	Mn	Si	P	S	Ni	Cr	Mo	Cu[2]	其他
12	N2M1T	—	0.12	1.10~1.90	0.30~0.80	0.025	0.025	0.80~1.60	—	0.10~0.45	0.50	Ti:0.02~0.30
13	N2M2T	—	0.05~0.15	1.00~1.80	0.30~0.90	0.025	0.025	0.70~1.20	—	0.20~0.60	0.50	Ti:0.02~0.30
14	N2M3	—	0.12	1.10~1.60	0.30	0.025	0.025	0.80~1.20	—	0.40~0.65	0.50	—
15	N2M3T	—	0.05~0.15	1.40~2.10	0.30~0.90	0.025	0.025	0.70~1.20	—	0.40~0.65	0.50	Ti:0.02~0.30
16	N2M4T	—	0.12	1.70~2.30	0.50~1.00	0.025	0.025	0.80~1.30	—	0.55~0.85	0.50	Ti:0.02~0.30
17	N3M2	ER69-1	0.08	1.25~1.80	0.20~0.55	0.010	0.010	1.40~2.10	0.30	0.25~0.55	0.25	Ti:0.10 V:0.05 Zr:0.10 Al:0.10
18	N4M2	ER76-1	0.09	1.40~1.80	0.20~0.55	0.010	0.010	1.90~2.60	0.50	0.25~0.55	0.25	Ti:0.10 V:0.04 Zr:0.10 Al:0.10
19	N4M3T	—	0.12	1.40~1.90	0.45~0.90	0.025	0.025	1.50~2.10	—	0.40~0.65	0.50	Ti:0.01~0.30

20	N4M4T	—	0.12	1.60~2.10	0.40~0.90	0.025	0.025	1.90~2.50	—	0.40~0.90	0.50	Ti:0.02~0.30
21	N5M3	ER83-1	0.10	1.40~1.80	0.25~0.60	0.010	0.010	2.00~2.80	0.60	0.30~0.65	0.25	Ti:0.10 V:0.03 Zr:0.10 Al:0.10
22	N5M3T	—	0.12	1.40~2.00	0.40~0.90	0.025	0.025	2.40~3.10	—	0.40~0.70	0.50	Ti:0.02~0.30
23	N7M4T	—	0.12	1.30~1.70	0.30~0.70	0.025	0.025	3.20~3.80	0.30	0.60~0.90	0.50	Ti:0.02~0.30
24	C1M1T	—	0.02~0.15	1.10~1.60	0.50~0.90	0.025	0.025	—	0.30~0.60	0.10~0.45	0.40	Ti:0.02~0.30
25	N3C1M4T	—	0.12	1.25~1.70	0.35~0.75	0.025	0.025	1.30~1.80	0.30~0.60	0.50~0.75	0.50	Ti:0.02~0.30
26	N4CM2T	—	0.12	1.30~1.80	0.20~0.60	0.025	0.025	1.50~2.10	0.20~0.50	0.30~0.60	0.50	Ti:0.02~0.30
27	N4CM21T	—	0.12	1.10~1.70	0.20~0.70	0.025	0.025	1.80~2.30	0.05~0.35	0.25~0.60	0.50	Ti:0.02~0.30
28	N4CM22T	—	0.12	1.90~2.40	0.65~0.95	0.025	0.025	2.00~2.30	0.10~0.30	0.35~0.55	0.50	Ti:0.02~0.30

（续）

序号	化学成分分类	焊丝成分代号	化学成分(质量分数,%)①									
			C	Mn	Si	P	S	Ni	Cr	Mo	Cu②	其他
29	N5CM3T	—	0.12	1.10~1.70	0.20~0.70	0.025	0.025	2.40~2.90	0.05~0.35	0.35~0.70	0.50	Ti:0.02~0.30
30	N5C1M3T	—	0.12	1.40~2.00	0.40~0.90	0.025	0.025	2.40~3.00	0.40~0.60	0.40~0.70	0.50	Ti:0.02~0.30
31	N6CM2T	—	0.12	1.50~1.80	0.30~0.60	0.025	0.025	2.80~3.00	0.05~0.30	0.25~0.50	0.50	Ti:0.02~0.30
32	N6C1M4	—	0.12	0.90~1.40	0.25	0.025	0.025	2.65~3.15	0.20~0.50	0.55~0.85	0.50	—
33	N6C2M2T	—	0.12	1.50~1.90	0.20~0.50	0.025	0.025	2.50~3.10	0.70~1.00	0.30~0.60	0.50	Ti:0.02~0.30
34	N6C2M4	—	0.12	1.80~2.00	0.40~0.60	0.025	0.025	2.80~3.00	1.00~1.20	0.50~0.80	0.50	Ti:0.04
35	N6CM3T	—	0.12	1.20~1.50	0.30~0.70	0.025	0.025	2.70~3.30	0.10~0.35	0.40~0.65	0.50	Ti:0.02~0.30
36	Z×③	—	其他协定成分									

注：1. 表中单值为最大值。

2. 表中列出的“焊丝成分代号”是为便于实际使用对照。

① 化学分析应按表中规定的元素进行分析。如在分析过程中发现其他元素，这些元素的总质量分数（除铁外）不应超过0.50%。

② Cu含量包括镀铜层中的含量。

③ 表中未列出的分类可用相类似的分类表示，词头加字母“Z”，化学成分范围不进行规定，两种分类之间不可替换。

（2）焊丝-焊剂 埋弧焊用非合金钢及细晶粒钢焊丝-焊剂的型号表示方法如下：

1）第一部分用字母“S”表示埋弧焊焊丝-焊剂组合。

2）第二部分表示多道焊在焊态或焊后热处理条件下，熔敷金属的抗拉强度代号，见表2-91；或者表示用于双面单道焊时焊接接头的抗拉强度代号，见表2-92。

表2-91 多道焊熔敷金属的抗拉强度代号（GB/T 5293—2018）

抗拉强度代号①	抗拉强度 R_m /MPa	下屈服强度 R_{eL}② /MPa	断后伸长率 A (%)
43×	430~600	≥330	≥20
49×	490~670	≥390	≥18
55×	550~740	≥460	≥17
57×	570~770	≥490	≥17

① ×是“A”或者“P”，“A”指在焊态条件下试验，“P”指在焊后热处理条件下试验。

② 当屈服发生不明显时，应测定规定塑性延伸强度 $R_{p0.2}$。

表2-92 双面单道焊焊接接头的抗拉强度代号（GB/T 5293—2018）

抗拉强度代号	抗拉强度 R_m/MPa	抗拉强度代号	抗拉强度 R_m/MPa
43S	≥430	55S	≥550
49S	≥490	57S	≥570

3）第三部分表示冲击吸收能量（KV_2）不小于27J时的试验温度代号，见表2-93。

表2-93 冲击试验温度代号（GB/T 5293—2018）

冲击试验温度代号	冲击吸收能量(KV_2)不小于27J时的试验温度①/℃
Z	无要求
Y	+20
0	0
2	-20
3	-30
4	-40
5	-50
6	-60
7	-70
8	-80
9	-90
10	-100

① 如果冲击试验温度代号后附加了字母“U”，则冲击吸收能量（KV_2）不小于47J。

4）第四部分表示焊剂类型代号，见表2-94。

表 2-94 焊剂类型代号及主要化学成分（GB/T 5293—2018）

焊剂类型代号	主要化学成分(质量分数,%)	
MS(硅锰型)	$MnO+SiO_2$	≥50
	CaO	≤15
CS(硅钙型)	$CaO+MgO+SiO_2$	≥55
	CaO+MgO	≥15
CG(镁钙型)	CaO+MgO	5~50
	CO_2	≥2
	Fe	≤10
CB(镁钙碱型)	CaO+MgO	30~80
	CO_2	≥2
	Fe	≤10
CG-Ⅰ(铁粉镁钙型)	CaO+MgO	5~45
	CO_2	≥2
	Fe	15~60
CB-Ⅰ(铁粉镁钙碱型)	CaO+MgO	10~70
	CO_2	≥2
	Fe	15~60
GS(硅镁型)	$MgO+SiO_2$	≥42
	Al_2O_3	≤20
	$CaO+CaF_2$	≤14
ZS(硅锆型)	ZrO_2+SiO_2+MnO	≥45
	ZrO_2	≥15
RS(硅钛型)	TiO_2+SiO_2	≥50
	TiO_2	≥20
AR(铝钛型)	$Al_2O_3+TiO_2$	≥40
BA(碱铝型)	$Al_2O_3+CaF_2++SiO_2$	≥55
	CaO	≥8
	SiO_2	≤20
AAS(硅铝酸型)	$Al_2O_3+SiO_2$	≥50
	CaF_2+MgO	≥20
AB(铝碱型)	$Al_2O_3+CaO+MgO$	≥40
	Al_2O_3	≥20
	CaF_2	≤22
AS(硅铝型)	$Al_2O_3+SiO_2+ZrO_2$	≥40
	CaF_2+MgO	≥30
	ZrO_2	≥5
AF(铝氟碱型)	$Al_2O_3+CaF_2$	≥70
FB(氟碱型)	$CaO+MgO+CaF_2+MnO$	≥50
	SiO_2	≤20
	CaF_2	≥15
G①	其他协定成分	

① 表中未列出的焊剂类型可用相类似的符号表示，词头加字母“G”，化学成分范围不进行规定，两种分类之间不可替换。

5）第五部分表示实心焊丝型号或者药芯焊丝-焊剂组合的熔敷金属化学成分分类。

除以上强制分类代号外，可在组合分类中附加可选代号：

① 字母“U”，附加在第三部分之后，表示在规定的试验温度下，冲击吸收能量（KV_2）应不小于47J。

② 扩散氢代号“HX”，附加在最后，其中“X”可为数字15、10、5、4或2，分别表示每100g熔敷金属中扩散氢含量的最大值（mL）。

埋弧焊用非合金钢及细晶粒钢实心焊丝-焊剂型号示例：

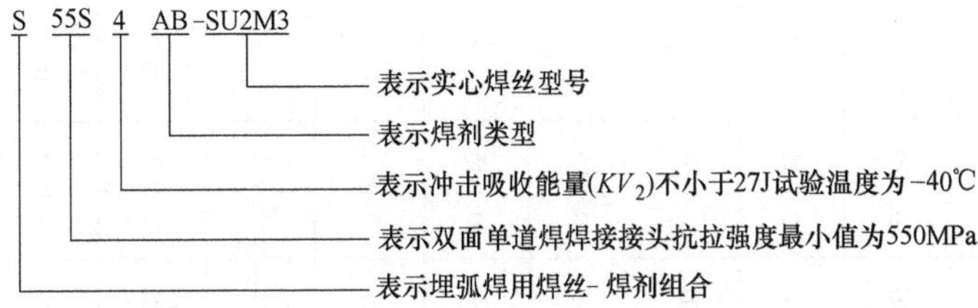

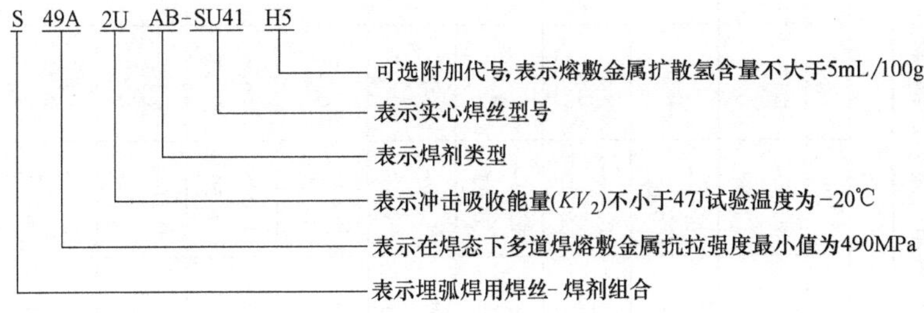

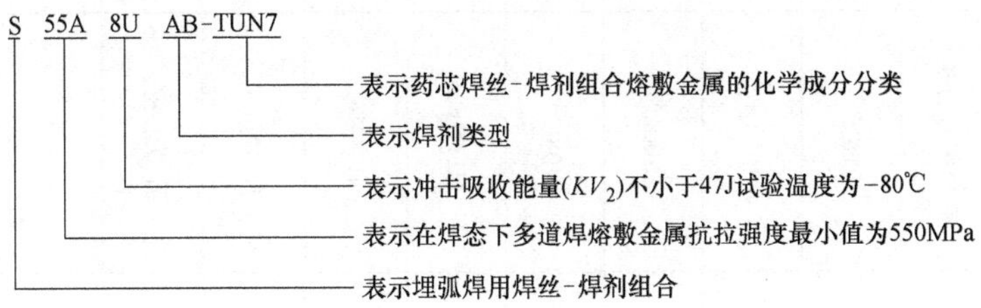

2. 实心焊丝的化学成分

埋弧焊用非合金钢及细晶粒钢实心焊丝的化学成分见表2-95。

表 2-95　埋弧焊用非合金钢及细晶粒钢实心焊丝的化学成分（GB/T 5293—2018）

焊丝型号	冶金牌号分类	化学成分(质量分数,%)[①]									
		C	Mn	Si	P	S	Ni	Cr	Mo	Cu[②]	其他
SU08	H08	0.10	0.25~0.60	0.10~0.25	0.030	0.030	—	—	—	0.35	—
SU08A[③]	H08A[③]	0.10	0.40~0.65	0.03	0.030	0.030	0.30	0.20	—	0.35	—
SU08E[③]	H08E[③]	0.10	0.40~0.65	0.02	0.020	0.020	0.30	0.20	—	0.35	—
SU08C[③]	H08C[③]	0.10	0.40~0.65	0.03	0.015	0.015	0.10	0.10	—	0.35	—
SU10	H11Mn2	0.07~0.15	1.30~1.70	0.05~0.25	0.025	0.025	—	—	—	0.35	—
SU11	H11Mn	0.15	0.20~0.90	0.15	0.025	0.025	0.15	0.15	0.15	0.40	—
SU111	H11MnSi	0.07~0.15	1.00~1.50	0.65~0.85	0.025	0.030	—	—	—	0.35	—
SU12	H12MnSi	0.15	0.20~0.90	0.10~0.60	0.025	0.025	0.15	0.15	0.15	0.40	—
SU13	H15	0.11~0.18	0.35~0.65	0.03	0.030	0.030	0.30	0.20	—	0.35	—

SU21	H10Mn	0.05~0.15	0.80~1.25	0.10~0.35	0.025	0.025	0.15	0.15	0.15	0.40	—
SU22	H12Mn	0.15	0.80~1.40	0.15	0.025	0.025	0.15	0.15	0.15	0.40	—
SU23	H13MnSi	0.18	0.80~1.40	0.15~0.60	0.025	0.025	0.15	0.15	0.15	0.40	—
SU24	H13MnSiTi	0.06~0.19	0.90~1.40	0.35~0.75	0.025	0.025	0.15	0.15	0.15	0.40	Ti:0.03~0.17
SU25	H14MnSi	0.06~0.16	0.90~1.40	0.35~0.75	0.030	0.030	0.15	0.15	0.15	0.40	—
SU26	H08Mn	0.10	0.80~1.10	0.07	0.030	0.030	0.30	0.20	—	0.35	—
SU27	H15Mn	0.11~0.18	0.80~1.10	0.03	0.030	0.030	0.30	0.20	—	0.35	—
SU28	H10MnSi	0.14	0.80~1.10	0.60~0.90	0.030	0.030	0.30	0.20	—	0.35	—
SU31	H11Mn2Si	0.06~0.15	1.40~1.85	0.80~1.15	0.030	0.030	0.15	0.15	0.15	0.40	—

（续）

焊丝型号	冶金牌号分类	化学成分（质量分数，%）[1]									
		C	Mn	Si	P	S	Ni	Cr	Mo	Cu[2]	其他
SU32	H12Mn2Si	0.15	1.30~1.90	0.05~0.60	0.025	0.025	0.15	0.15	0.15	0.40	—
SU33	H12Mn2	0.15	1.30~1.90	0.15	0.025	0.025	0.15	0.15	0.15	0.40	—
SU34	H10Mn2	0.12	1.50~1.90	0.07	0.030	0.030	0.30	0.20	—	0.35	—
SU35	H10Mn2Ni	0.12	1.40~2.00	0.30	0.025	0.025	0.10~0.50	0.20	—	0.35	—
SU41	H15Mn2	0.20	1.60~2.30	0.15	0.025	0.025	0.15	0.15	0.15	0.40	—
SU42	H13Mn2Si	0.15	1.50~2.30	0.15~0.65	0.025	0.025	0.15	0.15	0.15	0.40	—
SU43	H13Mn2	0.17	1.80~2.20	0.05	0.030	0.030	0.30	0.20	—	—	—
SU44	H08Mn2Si	0.11	1.70~2.10	0.65~0.95	0.035	0.035	0.30	0.20	—	0.35	—
SU45	H08Mn2SiA	0.11	1.80~2.10	0.65~0.95	0.030	0.030	0.30	0.20	—	0.35	—

SU51	H11Mn3	0. 15	2. 20~2. 80	0. 15	0. 025	0. 025	0. 15	0. 15	0. 15	0. 40	—
SUM3④	H08MnMo④	0. 10	1. 20~16. 0	0. 25	0. 030	0. 030	0. 30	0. 20	0. 30~0. 50	0. 35	Ti:0. 05~0. 15
SUM31④	H08Mn2Mo④	0. 06~0. 11	1. 60~1. 90	0. 25	0. 030	0. 030	0. 30	0. 20	0. 50~0. 70	0. 35	Ti:0. 05~0. 15
SU1M3	H09MnMo	0. 15	0. 20~1. 00	0. 25	0. 025	0. 025	0. 15	0. 15	0. 40~0. 65	0. 40	—
SU1M3TiB	H10MnMoTiB	0. 05~0. 15	0. 65~1. 00	0. 20	0. 025	0. 025	0. 15	0. 15	0. 45~0. 65	0. 35	Ti:0. 05~0. 30 B:0. 005~0. 030
SU2M1	H12MnMo	0. 15	0. 80~1. 40	0. 25	0. 025	0. 025	0. 15	0. 15	0. 15~0. 40	0. 40	—
SU3M1	H12Mn2Mo	0. 15	1. 30~1. 90	0. 25	0. 025	0. 025	0. 15	0. 15	0. 15~0. 40	0. 40	—
SU2M3	H11MnMo	0. 17	0. 80~1. 40	0. 25	0. 025	0. 025	0. 15	0. 15	0. 40~0. 65	0. 40	—
SU2M3TiB	H11MnMoTiB	0. 05~0. 17	0. 95~1. 35	0. 20	0. 025	0. 025	0. 15	0. 15	0. 40~0. 65	0. 35	Ti:0. 05~0. 30 B:0. 005~0. 030
SU3M3	H10MnMo	0. 17	1. 20~1. 90	0. 25	0. 025	0. 025	0. 15	0. 15	0. 40~0. 65	0. 40	—

（续）

焊丝型号	冶金牌号分类	化学成分（质量分数,%）[1]									
		C	Mn	Si	P	S	Ni	Cr	Mo	Cu[2]	其他
SU4M1	H13Mn2Mo	0.15	1.60~2.30	0.25	0.025	0.025	0.15	0.15	0.15~0.40	0.40	—
SU4M3	H14Mn2Mo	0.17	1.60~2.30	0.25	0.025	0.025	0.15	0.15	0.40~0.65	0.40	—
SU4M31	H10Mn2SiMo	0.05~0.15	1.60~2.10	0.50~0.80	0.025	0.025	0.15	0.15	0.40~0.60	0.40	—
SU4M32[5]	H11Mn2Mo[5]	0.05~0.17	1.65~2.20	0.20	0.025	0.025	—	—	0.45~0.65	0.35	—
SU5M3	H11Mn3Mo	0.15	2.20~2.80	0.25	0.025	0.025	0.15	0.15	0.40~0.65	0.40	—
SUN2	H11MnNi	0.15	0.75~1.40	0.30	0.020	0.020	0.75~1.25	0.20	0.15	0.40	—
SUN21	H08MnSiNi	0.12	0.80~1.40	0.40~0.80	0.020	0.020	0.75~1.25	0.20	0.15	0.40	—
SUN3	H11MnNi2	0.15	0.80~1.40	0.25	0.020	0.020	1.20~1.80	0.20	0.15	0.40	—
SUN31	H11Mn2Ni2	0.15	1.30~1.90	0.25	0.020	0.020	1.20~1.80	0.20	0.15	0.40	—
SUN5	H12MnNi2	0.15	0.75~1.40	0.30	0.020	0.020	1.80~2.90	0.20	0.15	0.40	—

SUN7	H10MnNi3	0.15	0.60~1.40	0.30	0.020	0.020	2.40~3.80	0.20	0.15	0.40	—
SUCC	H11MnCr	0.15	0.80~1.90	0.30	0.030	0.030	0.15	0.30~0.60	0.15	0.20~0.45	—
SUN1C1C[④]	H08MnCrNiCu[④]	0.10	1.20~1.60	0.60	0.025	0.020	0.20~0.60	0.30~0.90	—	0.20~0.50	—
SUNCC1[④]	H10MnCrNiCu[④]	0.12	0.35~0.65	0.20~0.35	0.025	0.030	0.40~0.80	0.50~0.80	0.15	0.30~0.80	—
SUNCC3	H11MnCrNiCu	0.15	0.80~1.90	0.30	0.030	0.030	0.05~0.80	0.50~0.80	0.15	0.30~0.55	—
SUN1M3[④]	H13Mn2NiMo[④]	0.10~0.18	1.70~2.40	0.20	0.025	0.025	0.40~0.80	0.20	0.40~0.65	0.35	—
SUN2M1[④]	H10MnNiMo[④]	0.12	1.20~1.60	0.05~0.30	0.020	0.020	0.75~1.25	0.20	0.10~0.30	0.40	—
SUN2M3[④]	H12MnNiMo[④]	0.15	0.80~1.40	0.25	0.020	0.025	0.80~1.20	0.20	0.40~0.65	0.40	—
SUN2M31[④]	H11Mn2NiMo[④]	0.15	1.30~1.90	0.25	0.020	0.020	0.80~1.20	0.20	0.40~0.65	0.40	—

（续）

焊丝型号	冶金牌号分类	化学成分（质量分数，%）[①]									
		C	Mn	Si	P	S	Ni	Cr	Mo	Cu[②]	其他
SUN2M32[④]	H12Mn2NiMo[④]	0.15	1.60~2.30	0.25	0.200	0.020	0.80~1.20	0.20	0.40~0.65	0.40	—
SUN3M3[④]	H11MnNi2Mo[④]	0.15	0.80~1.40	0.25	0.020	0.020	1.20~1.80	0.20	0.40~0.65	0.40	—
SUN3M31[④]	H11Mn2Ni2Mo[④]	0.15	1.30~1.90	0.25	0.020	0.020	1.20~1.80	0.20	0.40~0.65	0.40	—
SUN4M1[④]	H15MnNi2Mo[④]	0.12~0.19	0.60~1.00	0.10~0.30	0.015	0.030	1.60~2.10	0.20	0.10~0.30	0.35	—
SUG[⑥]	HG[⑥]	其他协定成分									

注：表中单值均为最大值。

① 化学分析应按表中规定的元素进行分析。如果在分析过程中发现其他元素，这些元素的总质量分数（除铁外）不应超过 0.50%。

② Cu 含量是包括镀铜层中的含量。

③ 根据供需双方协议，此类焊丝非沸腾钢允许硅的质量分数不大于 0.07%。

④ 此类焊丝也列于 GB/T 36034 中。

⑤ 此类焊丝也列于 GB/T 12470 中。

⑥ 表中未列出的焊丝型号可用相类似的型号表示，词头加字母“SUG”，未列出的焊丝冶金牌号分类可用相类似的冶金牌号分类表示，词头加字母“HG”。化学成分范围不进行规定，两种分类之间不可替换。

3. 焊丝-焊剂组合熔敷金属的化学成分

埋弧焊用非合金钢及细晶粒钢药芯焊丝-焊剂组合熔敷金属的化学成分见表 2-96。

表 2-96 埋弧焊用非合金钢及细晶粒钢药芯焊丝-焊剂组合熔敷金属的化学成分（GB/T 5293—2018）

化学成分分类	化学成分(质量分数,%)[①]								
	C	Mn	Si	P	S	Ni	Cr	Mo	Cu	其他
TU3M	0.15	1.80	0.90	0.035	0.035	—	—	—	0.35	—
TU2M3[②]	0.12	1.00	0.80	0.030	0.030	—	—	0.40~0.65	0.35	—
TU2M31	0.12	1.40	0.80	0.030	0.030	—	—	0.40~0.65	0.35	—
TU4M3[②]	0.15	2.10	0.80	0.030	0.030	—	—	0.40~0.65	0.35	—
TU3M3[②]	0.15	1.60	0.80	0.030	0.030	—	—	0.40~0.65	0.35	—
TUN2	0.12[③]	1.60[③]	0.80	0.030	0.025	0.75~1.10	0.15	0.35	0.35	Ti+V+Zr:0.05
TUN5	0.12[③]	1.60[③]	0.80	0.030	0.025	2.00~2.90	—	—	0.35	—
TUN7	0.12	1.60	0.80	0.030	0.025	2.80~3.80	0.15	—	0.35	—
TUN4M1	0.14	1.60	0.80	0.030	0.025	1.40~2.10	—	0.10~0.35	0.35	—
TUN2M1	0.12[③]	1.60[③]	0.80	0.030	0.025	0.70~1.10	—	0.10~0.35	0.35	—
TUN3M2[④]	0.12	0.70~1.50	0.80	0.030	0.030	0.90~1.70	0.15	0.55	0.35	—
TUN1M3[④]	0.17	1.25~2.25	0.80	0.030	0.030	0.40~0.80	—	0.40~0.65	0.35	—
TUN2M3[④]	0.17	1.25~2.25	0.80	0.030	0.030	0.70~1.10	—	0.40~0.65	0.35	—
TUN1C2[④]	0.17	1.60	0.80	0.030	0.035	0.40~0.80	0.60	0.25	0.35	Ti+V+Zr:0.03
TUN5C2M3[④]	0.17	1.20~1.80	0.80	0.020	0.020	2.00~2.80	0.65	0.30~0.80	0.50	—
TUN4C2M3[④]	0.14	0.80~1.85	0.80	0.030	0.020	1.50~2.25	0.65	0.60	0.40	—

（续）

化学成分分类	化学成分(质量分数,%)[1]									
	C	Mn	Si	P	S	Ni	Cr	Mo	Cu	其他
TUN3[4]	0.10	0.60~1.60	0.80	0.030	0.030	1.25~2.00	0.15	0.35	0.30	Ti+V+Zr:0.03
TUN4M2[4]	0.10	0.90~1.80	0.80	0.020	0.020	1.40~2.10	0.35	0.25~0.65	0.30	Ti+V+Zr:0.03
TUN4M3[4]	0.10	0.90~1.80	0.80	0.020	0.020	1.80~2.60	0.65	0.20~0.70	0.30	Ti+V+Zr:0.03
TUN5M3[4]	0.10	1.30~2.25	0.80	0.020	0.020	2.00~2.80	0.80	0.30~0.80	0.30	Ti+V+Zr:0.03
TUN4M21[4]	0.12	1.60~2.50	0.50	0.015	0.015	1.40~2.10	0.40	0.20~0.50	0.30	Ti:0.03 V:0.02 Zr:0.02
TUN4M4[4]	0.12	1.60~2.50	0.50	0.015	0.015	1.40~2.10	0.40	0.70~1.00	0.30	Ti:0.03 V:0.02 Zr:0.02
TUNCC	0.12	0.50~1.60	0.80	0.035	0.030	0.40~0.80	0.45~0.70	—	0.30~0.75	—
TUG[5]	其他协定成分									

注：表中单值均为最大值。

① 化学分析应按表中规定的元素进行分析。如果在分析过程中发现其他元素，这些元素的总质量分数（除铁外）不应超过 0.50%。

② 该分类也列于 GB/T 12470 中，熔敷金属化学成分要求一致，但分类名称不同。

③ 该分类中当 C 的最大质量分数限制在 0.10%时，允许 Mn 的质量分数不大于 1.80%。

④ 该分类也列于 GB/T 36034 中。

⑤ 表中未列出的分类可用相类似的分类表示，词头加字母“TUG”。化学成分范围不进行规定，两种分类之间不可替换。

2.4.8 埋弧焊用热强钢实心焊丝与焊丝-焊剂

1. 实习焊丝与焊丝-焊剂型号表示方法

（1）实心焊丝 埋弧焊用热强钢实心焊丝型号中，“SU”表示埋弧实心焊丝，“SU”后数字或数字与字母的组合表示其化学成分分类。其型号示例：

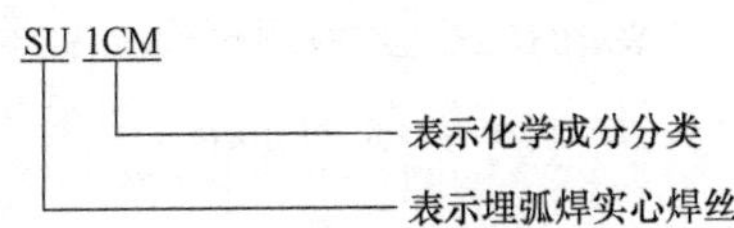

（2）焊丝-焊剂 埋弧焊用热强钢焊丝-焊剂的型号表示方法如下：

1）第一部分用字母“S”表示埋弧焊焊丝-焊剂组合。

2）第二部分表示焊后热处理条件下，熔敷金属的抗拉强度代号，见表2-97。

表2-97 熔敷金属的抗拉强度代号（GB/T 12470—2018）

抗拉强度代号	抗拉强度 R_m /MPa	下屈服强度 R_{eL}① /MPa	断后伸长率 A（%）
49	490~660	≥400	≥20
55	550~700	≥470	≥18
62	620~760	≥540	≥15
69	690~830	≥610	≥14

① 当屈服发生不明显时，应测定规定塑性延伸强度 $R_{p0.2}$。

3）第三部分表示冲击吸收能量（KV_2）不小于29J时的试验温度代号，见表2-98。

表2-98 冲击试验温度代号（GB/T 12470—2018）

冲击试验温度代号	冲击吸收能量（KV_2）不小于27J时的试验温度/℃	冲击试验温度代号	冲击吸收能量（KV_2）不小于27J时的试验温度/℃
Z	无要求	2	-20
Y	+20	3	-30
0	0	4	-40

4）第四部分表示焊剂类型代号。

5）第五部分表示实心焊丝型号或者药芯焊丝-焊剂组合熔敷金属化学成分分类。

埋弧焊用热强钢焊丝-焊剂型号示例：

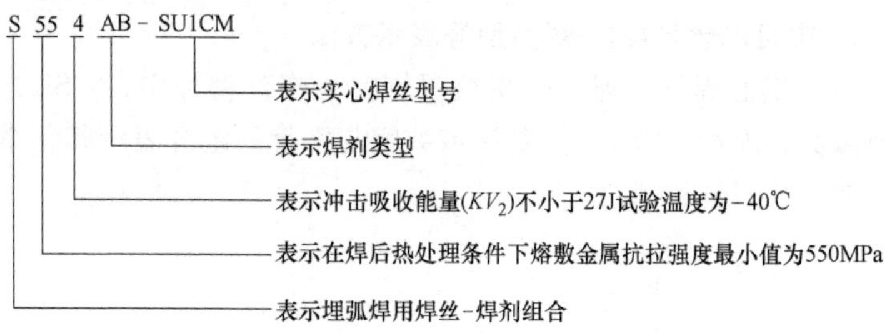

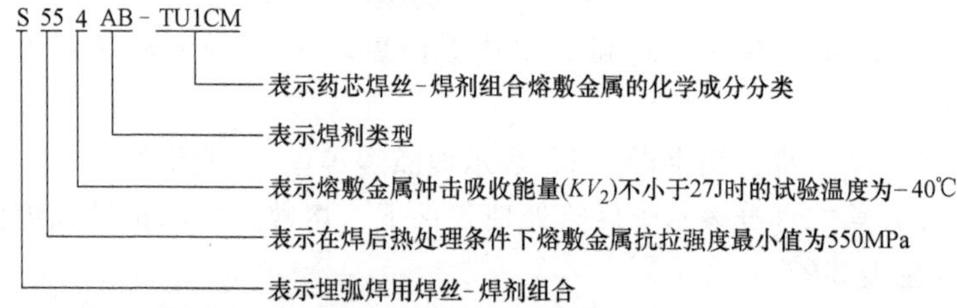

2. 实心焊丝的化学成分

埋弧焊用热强钢实心焊丝的化学成分见表 2-99。

3. 焊丝-焊剂组合熔敷金属的化学成分

埋弧焊用热强钢实心/药芯焊丝-焊剂组合熔敷金属的化学成分见表 2-100。

2.4.9 埋弧焊用不锈钢焊丝-焊剂

1. 焊丝-焊剂型号表示方法

埋弧焊用不锈钢焊丝-焊剂的型号由四部分组成：

1）第一部分用字母“S”表示埋弧焊焊丝-焊剂组合。

2）第二部分表示熔敷金属分类。

3）第三部分表示焊剂类型代号。

4）第四部分表示焊丝型号。

埋弧焊用不锈钢焊丝-焊剂型号示例：

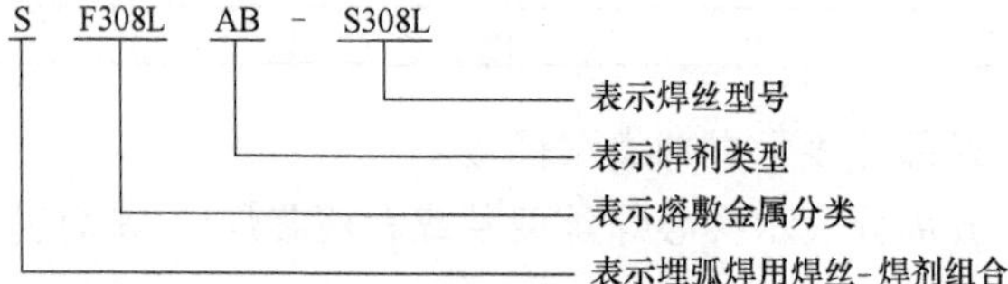

表 2-99 埋弧焊用热强钢实心焊丝的化学成分（GB/T 12470—2018）

焊丝型号	冶金牌号分类	化学成分(质量分数,%)[①]										
		C	Mn	Si	P	S	Ni	Cr	Mo	V	Cu[②]	其他
SU1M31	H13MnMo	0.05~0.15	0.65~1.00	0.25	0.025	0.025	—	—	0.45~0.65	—	0.35	—
SU3M31[③]	H15MnMo[③]	0.18	1.10~1.90	0.60	0.025	0.025	—	—	0.30~0.70	—	0.35	—
SU4M32[③④]	H11Mn2Mo[③④]	0.05~0.17	1.65~2.20	0.20	0.025	0.025	—	—	0.45~0.65	—	0.35	—
SU4M33[③]	H15Mn2Mo[③]	0.18	1.70~2.60	0.60	0.025	0.025	—	—	0.30~0.70	—	0.35	—
SUCM	H07CrMo	0.10	0.40~0.80	0.05~0.30	0.025	0.025	—	0.40~0.75	0.45~0.65	—	0.35	—
SUCM1	H12CrMo	0.15	0.30~1.20	0.40	0.025	0.025	—	0.30~0.70	0.30~0.70	—	0.35	—
SUCM2	H10CrMo	0.12	0.40~0.70	0.15~0.35	0.030	0.030	0.30	0.45~0.65	0.40~0.60	—	0.35	—
SUC1MH	H19CrMo	0.15~0.23	0.40~0.70	0.40~0.60	0.025	0.025	—	0.45~0.65	0.90~1.20	—	0.30	—
SU1CM[⑤]	H11CrMo[⑤]	0.07~0.15	0.45~1.00	0.05~0.30	0.025	0.025	—	1.00~1.75	0.45~0.65	—	0.35	—
SU1CM1	H14CrMo	0.15	0.30~1.20	0.60	0.025	0.025	—	0.80~1.80	0.40~0.65	—	0.35	—
SU1CM2	H08CrMo	0.10	0.40~0.70	0.15~0.35	0.030	0.030	0.30	0.80~1.10	0.40~0.60	—	0.35	—

（续）

焊丝型号	冶金牌号分类	化学成分（质量分数，%）[①]										
		C	Mn	Si	P	S	Ni	Cr	Mo	V	Cu[②]	其他
SU1CM3	H13CrMo	0.11~0.16	0.40~0.70	0.15~0.35	0.030	0.030	0.30	0.80~1.10	0.40~0.60	—	0.35	—
SU1CMV	H08CrMoV	0.10	0.40~0.70	0.15~0.35	0.030	0.030	0.30	1.00~1.30	0.50~0.70	0.15~0.35	0.35	—
SU1CMH	H18CrMo	0.15~0.22	0.40~0.70	0.15~0.35	0.025	0.030	0.30	0.80~1.10	0.15~0.25	—	0.35	—
SU1CMVH	H30CrMoV	0.28~0.33	0.45~0.65	0.55~0.75	0.015	0.015	—	1.00~1.50	0.40~0.65	0.20~0.30	0.30	—
SU2C1M[⑤]	H10Cr3Mo[⑤]	0.05~0.15	0.40~0.80	0.05~0.30	0.025	0.025	—	2.25~3.00	0.90~1.10	—	0.35	—
SU2C1M1	H12Cr3Mo	0.15	0.30~1.20	0.35	0.025	0.025	—	2.20~2.80	0.90~1.20	—	0.35	—
SU2C1M2	H13Cr3Mo	0.08~0.18	0.30~1.20	0.35	0.025	0.025	—	2.20~2.80	0.90~1.20	—	0.35	—
SU2C1MV	H10Cr3MoV	0.05~0.15	0.50~1.50	0.40	0.025	0.025	—	2.20~2.80	0.90~1.20	0.15~0.45	0.35	Nb:0.01~0.10
SU5CM	H08MnCr6Mo	0.10	0.35~0.70	0.05~0.50	0.025	0.025	—	4.50~6.50	0.45~0.70	—	0.35	—
SU5CM1	H12MnCr5Mo	0.15	0.30~1.20	0.60	0.025	0.025	—	4.50~6.00	0.40~0.65	—	0.35	—

SU5CMH	H33MnCr5Mo	0.25~0.40	0.75~1.00	0.25~0.50	0.025	0.025	—	4.80~6.00	0.45~0.65	—	0.35	—
SU9C1M	H09MnCr9Mo	0.10	0.30~0.65	0.05~0.50	0.025	0.025	—	8.00~10.50	0.80~1.20	—	0.35	—
SU9C1MV⑥	H10MnCr9NiMoV⑥	0.07~0.13	1.25	0.50	0.010	0.010	1.00	8.50~10.50	0.85~1.15	0.15~0.25	0.10	Nb:0.02~0.10 N:0.03~0.07 Al:0.04
SU9C1MV6	H09MnCr9NiMoV	0.12	0.50~1.25	0.50	0.025	0.025	0.10~0.80	8.00~10.50	0.80~1.20	0.10~0.35	0.35	Nb:0.01~0.12 N:0.01~0.05
SU9C1MV2	H09Mn2Cr9NiMoV	0.12	1.20~1.90	0.50	0.025	0.025	0.20~1.00	8.00~10.50	0.80~1.20	0.15~0.50	0.35	Nb:0.01~0.12 N:0.01~0.05
SUG⑦	HG⑦	其他协定成分										

注：表中单值均为最大值。

① 化学分析应按表中规定的元素进行分析。如果在分析过程中发现其他元素，这些元素的总质量分数（除铁外）不应超过 0.50%。

② Cu 含量是包括镀铜层中的含量。

③ 该分类中含有质量分数约为 0.5%的 Mo，不含 Cr，如果 Mn 的质量分数超过 1%，可能无法提供最佳的抗蠕变性能。

④ 此类焊丝也列于 GB/T 5293 中。

⑤ 若后缀附加可选代号字母“R”，则该分类应满足以下要求（质量分数）：S 0.010%，P 0.010%，Cu 0.15%，As 0.005%，Sn 0.005%，Sb 0.005%。

⑥ Mn 与 Ni 的质量分数之和≤1.50%。

⑦ 表中未列出的焊丝型号可用相类似的型号表示，词头加字母“SUG”，未列出的焊丝冶金牌号分类可用相类似的冶金牌号分类表示，词头加字母“HG”。化学成分范围不进行规定，两种分类之间不可替换。

表 2-100 埋弧焊用热强钢实心/药芯焊丝-焊剂组合熔敷金属的化学成分（GB/T 12470—2018）

化学成分分类[①]	化学成分(质量分数,%)[②]										
	C	Mn	Si	P	S	Ni	Cr	Mo	V	Cu	其他
XX1M31[③]	0.12	1.00	0.80	0.030	0.030	—	—	0.40~0.65	—	0.35	—
XX3M31[③]	0.15	1.60	0.80	0.030	0.030	—	—	0.40~0.65	—	0.35	—
XX4M32[③] XX4M33[③]	0.15	2.10	0.80	0.030	0.030	—	—	0.40~0.65	—	0.35	—
XXCM XXCM1	0.12	1.60	0.80	0.030	0.030	—	0.40~0.65	0.40~0.65	—	0.35	—
XXC1MH	0.18	1.20	0.80	0.030	0.030	—	0.40~0.65	0.90~1.20	—	0.35	—
XX1CM[④] XX1CM1	0.05~0.15	1.20	0.80	0.030	0.030	—	1.00~1.50	0.40~0.65	—	0.35	—
XX1CMVH	0.15~0.25	1.20	0.80	0.020	0.020	—	1.00~1.50	0.40~0.65	0.30	0.35	—
XX2C1M[④] XX2C1M1 XX2C1M2	0.05~0.15	1.20	0.80	0.030	0.030	—	2.00~2.50	0.90~1.20	—	0.35	—
XX2C1MV	0.05~0.15	1.30	0.80	0.030	0.030	—	2.00~2.60	0.90~1.20	0.40	0.35	Nb:0.01~0.10
XX5CM XX5CM1	0.12	1.20	0.80	0.030	0.030	—	4.50~6.00	0.40~0.65	—	0.35	—

XX5CMH	0.10～0.25	1.20	0.80	0.030	0.030	—	4.50～6.00	0.40～0.65	—	0.35	—
XX9C1M	0.12	1.20	0.80	0.030	0.030	—	8.00～10.00	0.80～1.20	—	0.35	—
XX9C1MV⑤	0.08～0.13	1.20	0.80	0.010	0.010	0.80	8.00～10.50	0.85～1.20	0.15～0.25	0.10	Nb:0.02～0.10 N:0.02～0.07 Al:0.04
XX9C1MV1⑤	0.12	1.25	0.60	0.030	0.030	1.00	8.00～10.50	0.80～1.20	0.10～0.50	0.35	Nb:0.01～0.12 N:0.01～0.05
XX9C1MV2	0.12	1.25～2.00	0.60	0.030	0.030	1.00	8.00～10.50	0.80～1.20	0.10～0.50	0.35	Nb:0.01～0.12 N:0.01～0.05
XXG⑥	其他协定成分										

注：表中单值均为最大值。

① 当采用实心焊丝时，“XX”为“SU”；当采用药芯焊丝时，“XX”为“TU”。

② 化学分析应按表中规定的元素进行分析。如果在分析过程中发现其他元素，这些元素的总质量分数（除铁外）不应超过0.50%。

③ 当采用药芯焊丝时，该分类也列于GB/T 5293中，熔敷金属化学成分要求一致，但分类名称不同。

④ 若后缀附加可选代号字母“R”，则该分类应满足以下要求（质量分数）：S 0.010%，P 0.010%，Cu 0.15%，As 0.005%，Sn 0.005%，Sb 0.005%。

⑤ Mn与Ni的质量分数之和≤1.50%。

⑥ 表中未列出的分类可用相类似的分类表示，词头加字母“XXG”，化学成分范围不进行规定，两种分类之间不可替换。

2. 熔敷金属的化学成分

埋弧焊用不锈钢焊丝-焊剂熔敷金属的化学成分见表 2-101。

表 2-101 埋弧焊用不锈钢焊丝-焊剂熔敷金属的化学成分

（GB/T 17854—2018）

熔敷金属分类	化学成分(质量分数,%)							
	C	Mn	Si	P	S	Ni	Cr	Mo	其他
F308	0.08	0.5~2.5	1.00	0.040	0.030	9.0~11.0	18.0~21.0	—	—
F308L	0.04	0.5~2.5	1.00	0.040	0.030	9.0~12.0	18.0~21.0	—	—
F309	0.15	0.5~2.5	1.00	0.040	0.030	12.0~14.0	22.0~25.0	—	—
F309L	0.04	0.5~2.5	1.00	0.040	0.030	12.0~14.0	22.0~25.0	—	—
F309LMo	0.04	0.5~2.5	1.00	0.040	0.030	12.0~14.0	22.0~25.0	2.0~3.0	—
F309Mo	0.12	0.5~2.5	1.00	0.040	0.030	12.0~14.0	22.0~25.0	2.0~3.0	—
F310	0.20	0.5~2.5	1.00	0.030	0.030	20.0~22.0	25.0~28.0	—	—
F312	0.15	0.5~2.5	1.00	0.040	0.030	8.0~10.5	28.0~32.0	—	—
F16-8-2	0.10	0.5~2.5	1.00	0.040	0.030	7.5~9.5	14.5~16.5	1.0~2.0	—
F316	0.08	0.5~2.5	1.00	0.040	0.030	11.0~14.0	17.0~20.0	2.0~3.0	—
F316L	0.04	0.5~2.5	1.00	0.040	0.030	11.0~16.0	17.0~20.0	2.0~3.0	—
F316LCu	0.04	0.5~2.5	1.00	0.040	0.030	11.0~16.0	17.0~20.0	1.2~2.75	Cu:1.0~2.5
F317	0.08	0.5~2.5	1.00	0.040	0.030	12.0~14.0	18.0~21.0	3.0~4.0	—
F317L	0.04	0.5~2.5	1.00	0.040	0.030	12.0~16.0	18.0~21.0	3.0~4.0	—
F347	0.08	0.5~2.5	1.00	0.040	0.030	9.0~11.0	18.0~21.0	—	Nb:8×C~1.0

(续)

熔敷金属分类	化学成分(质量分数,%)								
	C	Mn	Si	P	S	Ni	Cr	Mo	其他
F347L	0.04	0.5~2.5	1.00	0.040	0.030	9.0~11.0	18.0~21.0	—	Nb:8×C~1.0
F385	0.03	1.0~2.5	0.90	0.030	0.020	24.0~26.0	19.5~21.5	4.2~5.2	Cu:1.2~2.0
F410	0.12	1.2	1.00	0.040	0.030	0.60	11.0~13.5	—	—
F430	0.10	1.2	1.00	0.040	0.030	0.60	15.0~18.0	—	—
F2209	0.04	0.5~2.0	1.00	0.040	0.030	7.5~10.5	21.5~23.5	2.5~3.5	N:0.08~0.20
F2594	0.04	0.5~2.0	1.00	0.040	0.030	8.0~10.5	24.0~27.0	3.5~4.5	N:0.20~0.30
FXXX①	供需双方协商确定								

注：表中单值均为最大值。

① 允许增加表中未列出的其他熔敷金属分类，其化学成分要求由供需双方协商确定，“XXX”为焊丝化学成分分类，见 GB/T 29713。

3. 熔敷金属的力学性能

埋弧焊用不锈钢焊丝-焊剂熔敷金属的力学性能见表 2-102。

表 2-102 埋弧焊用不锈钢焊丝-焊剂熔敷金属力学性能

(GB/T 17854-2018)

熔敷金属分类	抗拉强度 R_m/MPa	断后伸长率 A(%)
F308	≥520	≥30
F308L	≥480	≥30
F309	≥520	≥25
F309L	≥510	≥25
F309LMo	≥510	≥25
F309Mo	≥550	≥25
F310	≥520	≥25
F312	≥660	≥17
F16-8-2	≥550	≥30
F316	≥520	≥25
F316L	≥480	≥30
F316LCu	≥480	≥30
F317	≥520	≥25

（续）

熔敷金属分类	抗拉强度 R_m/MPa	断后伸长率 A(%)
F317L	≥480	≥25
F347	≥520	≥25
F347L	≥510	≥25
F385	≥520	≥28
F410①	≥440	≥15
F430②	≥450	≥15
F2209	≥690	≥15
F2594	≥760	≥13
FXXX③	供需双方协商确定	

① 试件加工前经730~760℃加热1h后，以小于110℃/h的冷却速度炉冷至315℃以下，随后空冷。

② 试件加工前经760~790℃加热2h后，以小于55℃/h的冷却速度炉冷至595℃以下，随后空冷。

③ 允许增加表中未列出的其他熔敷金属分类，其力学性能要求由供需双方协商确定，“XXX”为焊丝化学成分分类，见GB/T 29713。

4. 焊接规范

埋弧焊用不锈钢焊丝-焊剂的参考焊接规范见表2-103。

表2-103 埋弧焊用不锈钢焊丝-焊剂的参考焊接规范

焊丝直径/mm	焊接电流/A		电弧电压/V	电流类型	焊接速度/(mm/min)		干伸长/mm
3.2	500	±20	30±2	交流或直流	380	±25	22~35
4.0	550				420		25~38

2.4.10 铸铁焊丝

1. 铸铁焊丝型号表示方法

（1）填充焊丝　字母“R”表示填充焊丝，字母“Z”表示用于铸铁焊接。在“RZ”字母后用焊丝主要化学元素符号或金属类型代号表示，见表2-104。再细分时用数字表示。

表2-104 铸铁焊接用焊丝的类别与型号

类别	型号	名称
铁基填充焊丝	RZC	灰铸铁填充焊丝
	RZCH	合金铸铁填充焊丝
	RZCQ	球墨铸铁填充焊丝

（续）

类别	型号	名称
镍基气体保护焊焊丝	ERZNi	纯镍铸铁气保护焊丝
	ERZNiFeMn	镍铁锰铸铁气保护焊丝
镍基药芯焊丝	ET3ZNiFe	镍铁铸铁自保护药芯焊丝

填充焊丝型号示例：

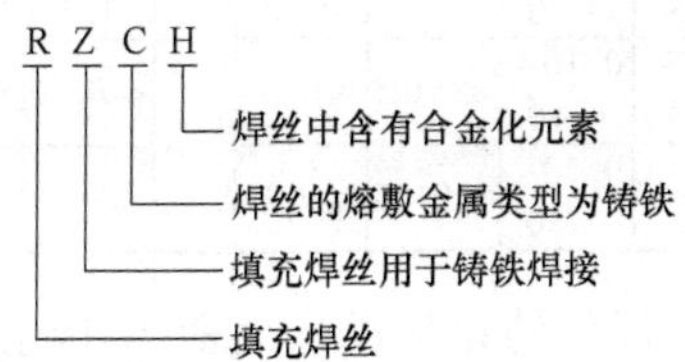

（2）气体保护焊焊丝　字母“ER”表示气体保护焊焊丝，字母“Z”表示用于铸铁捍接，在“ERA”字母后用焊丝主要元素符号或金属类型代号表示。

气体保护焊焊丝型号示例：

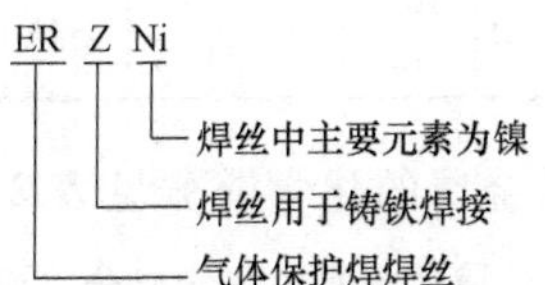

（3）药芯焊丝　字母“ET”，表示药芯焊丝，字母“ET”后的数字“3”表示药芯焊丝为自保护类型。字母“Z”表示铸铁焊接，在“ET3Z”后用焊丝熔敷金属的主要化学元素符号或金属类型代号表示。

药芯焊丝型号示例：

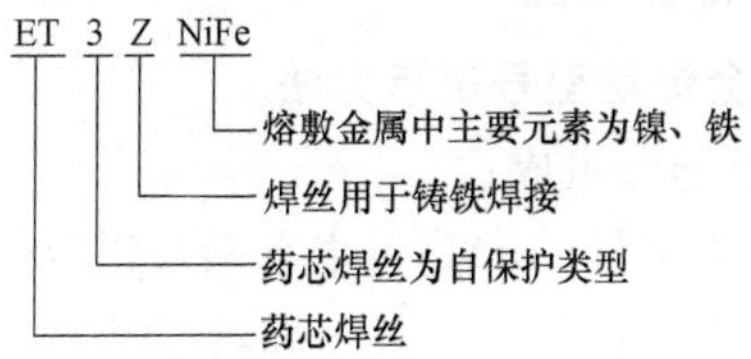

2. 铸铁焊丝的化学成分

1）填充焊丝的化学成分见表 2-105。

表 2-105　填充焊丝的化学成分（GB/T 10044—2006）

型号	化学成分(质量分数,%)									
	C	Si	Mn	S	P	Fe	Ni	Ce	Mo	球化剂
RZC-1	3.2~3.5	2.7~3.0	0.60~0.75	≤0.10	0.50~0.75	余量	—	—	—	—
RZC-2	3.2~4.5	3.0~3.8	0.30~0.80		≤0.50					
RZCH	3.2~3.5	2.0~2.5	0.50~0.70		0.20~0.40		1.2~1.6		0.25~0.45	
RZCQ-1	3.2~4.0	3.2~3.8	0.10~0.40	≤0.015	≤0.05		≤0.50	≤0.20	—	0.04~0.10
RZCQ-2	3.5~4.2	3.5~4.2	0.50~0.80	≤0.03	≤0.10		—	—	—	

2）气体保护焊焊丝的化学成分见表 2-106。

表 2-106　气体保护焊焊丝的化学成分（GB/T 10044—2006）

型号	化学成分(质量分数,%)									
	C	Si	Mn	S	P	Fe	Ni	Cu	Al	其他元素总量
ERZNi	≤1.0	≤0.75	≤2.5	≤0.03	—	≤4.0	≥90	≤4.0	—	≤1.0
ERZNiFeMn	≤0.50	≤1.0	10~14	≤0.03		余量	35~45	≤2.5	≤1.0	

3）药芯焊丝熔敷金属的化学成分见表 2-107。

表 2-107　药芯焊丝熔敷金属的化学成分（GB/T 10044—2006）

型号	化学成分(质量分数,%)											
	C	Si	Mn	S	P	Fe	Ni	Cu	Al	V	球化剂	其他元素总量
ET3ZNiFe	≤2.0	≤1.0	3.0~5.0	≤0.03	—	余量	45~60	≤2.5	≤1.0	—	—	≤1.0

2.4.11　铝及铝合金焊丝

1. 铝及铝合金焊丝型号表示方法

焊丝型号由三部分组成：

1）第一部分为字母“SAl”，表示铝及铝合金焊丝。

2）第二部分为四位数字，表示焊丝型号。

3）第三部分为可选部分，表示化学成分代号。

铝及铝合金焊丝型号示例：

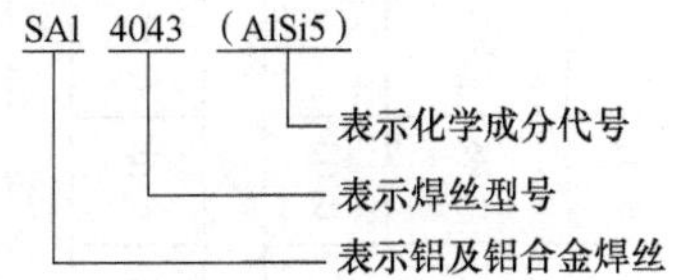

2. 铝及铝合金焊丝的化学成分

铝及铝合金焊丝的化学成分见表 2-108。

2.4.12　铜及铜合金焊丝

1. 铜及铜合金焊丝型号表示方法

焊丝型号由三部分组成：

1）第一部分为字母“SCu”，表示铜及铜合金焊丝。

2）第二部分为四位数字，表示焊丝型号。

3）第三部分为可选部分，表示化学成分代号。

铜及铜合金焊丝型号示例：

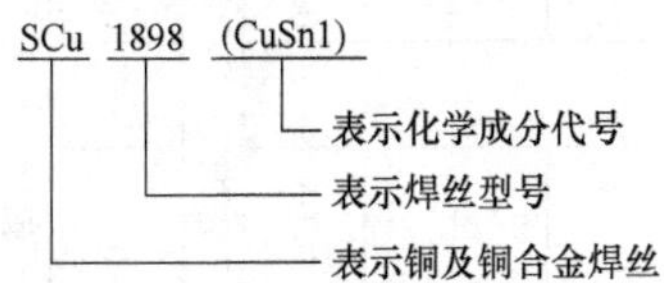

2. 铜及铜合金焊丝的化学成分

铜及铜合金焊丝的化学成分见表 2-109。

3. 国外铜及铜合金焊丝的化学成分与性能

部分国外铜及铜合金焊丝的化学成分与性能见表 2-110。

2.4.13　镍及镍合金焊丝

1. 镍及镍合金焊丝型号表示方法

焊丝型号由三部分组成：

1）第一部分用字母“SNi”表示镍焊丝。

2）第二部分为四位数字，表示焊丝型号。

3）第三部分为可选部分，表示化学成分代号。

镍及镍合金焊丝型号示例：

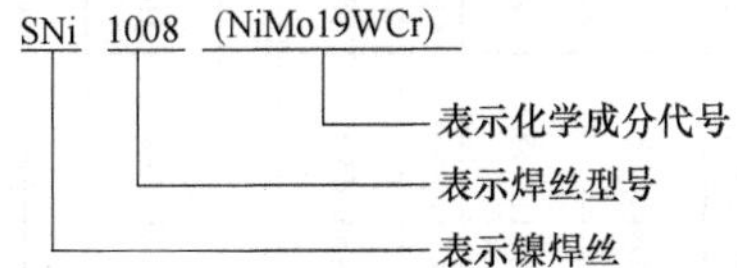

表 2-108　铝及铝合金焊丝的化学成分（GB/T 10858—2008）

<table>
<tr><th rowspan="3">焊丝型号</th><th rowspan="3">化学成分代号</th><th colspan="14">化学成分(质量分数,%)</th></tr>
<tr><th rowspan="2">Si</th><th rowspan="2">Fe</th><th rowspan="2">Cu</th><th rowspan="2">Mn</th><th rowspan="2">Mg</th><th rowspan="2">Cr</th><th rowspan="2">Zn</th><th rowspan="2">Ga、V</th><th rowspan="2">Ti</th><th rowspan="2">Zr</th><th rowspan="2">Al</th><th rowspan="2">Be</th><th colspan="2">其他元素</th></tr>
<tr><th>单个</th><th>合计</th></tr>
<tr><td colspan="16">铝</td></tr>
<tr><td>SAl1070</td><td>Al99.7</td><td>0.20</td><td>0.25</td><td>0.04</td><td>0.03</td><td>0.03</td><td rowspan="6">—</td><td>0.04</td><td>V:0.05</td><td>0.03</td><td rowspan="6">—</td><td>99.70</td><td rowspan="6">0.0003</td><td>0.03</td><td rowspan="3">—</td></tr>
<tr><td>SAl1080A</td><td>Al99.8(A)</td><td>0.15</td><td>0.15</td><td>0.03</td><td>0.02</td><td>0.02</td><td>0.06</td><td>Ga:0.03</td><td>0.03</td><td>99.80</td><td>0.02</td></tr>
<tr><td>SAl1188</td><td>Al99.88</td><td>0.06</td><td>0.06</td><td>0.005</td><td>0.01</td><td>0.01</td><td>0.03</td><td>Ga:0.03
V:0.05</td><td>0.01</td><td>99.88</td><td>0.01</td></tr>
<tr><td>SAl1100</td><td>Al99.0Cu</td><td colspan="2">Si+Fe:0.95</td><td>0.05~0.20</td><td rowspan="3">0.05</td><td rowspan="2">—</td><td rowspan="2">0.10</td><td rowspan="3">—</td><td>—</td><td rowspan="2">99.00</td><td rowspan="2">0.05</td><td rowspan="2">0.15</td></tr>
<tr><td>SAl1200</td><td>Al99.0</td><td colspan="2">Si+Fe:1.00</td><td rowspan="2">0.05</td><td>0.05</td></tr>
<tr><td>SAl1450</td><td>Al99.5Ti</td><td>0.25</td><td>0.40</td><td>0.05</td><td>0.07</td><td>0.10~0.20</td><td>99.50</td><td>0.03</td><td>—</td></tr>
<tr><td colspan="16">铝铜</td></tr>
<tr><td>SAl2319</td><td>AlCu6MnZrTi</td><td>0.20</td><td>0.30</td><td>5.8~6.8</td><td>0.20~0.40</td><td>0.02</td><td>—</td><td>0.10</td><td>V0.05~0.15</td><td>0.10~0.20</td><td>0.10~0.25</td><td>余量</td><td>0.0003</td><td>0.05</td><td>0.15</td></tr>
<tr><td colspan="16">铝锰</td></tr>
<tr><td>SAl3103</td><td>AlMn1</td><td>0.50</td><td>0.7</td><td>0.10</td><td>0.9~1.5</td><td>0.30</td><td>0.10</td><td>0.20</td><td>—</td><td colspan="2">Ti+Zr0.10</td><td>余量</td><td>0.0003</td><td>0.05</td><td>0.15</td></tr>
<tr><td colspan="16">铝硅</td></tr>
<tr><td>SAl4009</td><td>AlSi5Cu1Mg</td><td>4.5~5.5</td><td rowspan="2">0.20</td><td>1.0~1.5</td><td rowspan="2">0.10</td><td>0.45~0.6</td><td rowspan="2">—</td><td rowspan="2">0.10</td><td rowspan="2">—</td><td rowspan="2">0.20</td><td rowspan="2">—</td><td rowspan="2">余量</td><td rowspan="2">0.0003</td><td rowspan="2">0.05</td><td rowspan="2">0.15</td></tr>
<tr><td>SAl4010</td><td>AlSi7Mg</td><td>6.5~7.5</td><td>0.20</td><td>0.30~0.45</td></tr>
</table>

<table>
<tr><td>SAl4011</td><td>AlSi7Mg0. 5Ti</td><td rowspan="2">6. 5～7. 5</td><td rowspan="2">0. 20</td><td>0. 20</td><td rowspan="2">0. 10</td><td>0. 45～0. 7</td><td rowspan="7">—</td><td rowspan="5">0. 10</td><td rowspan="9">—</td><td>0. 04～0. 20</td><td rowspan="9">—</td><td rowspan="9">余量</td><td rowspan="2">0. 04～0. 07</td><td rowspan="9">0. 05</td><td rowspan="9">0. 15</td></tr>
<tr><td>SAl4018</td><td>AlSi7Mg</td><td>0. 05</td><td>0. 50～0. 8</td><td rowspan="2">0. 20</td></tr>
<tr><td>SAl4043</td><td>AlSi5</td><td rowspan="2">4. 5～6. 0</td><td>0. 8</td><td rowspan="5">0. 30</td><td>0. 05</td><td>0. 05</td><td rowspan="7">0. 0003</td></tr>
<tr><td>SAl4043A</td><td>AlSi5(A)</td><td>0. 6</td><td>0. 15</td><td>0. 20</td><td rowspan="2">0. 15</td></tr>
<tr><td>SAl4046</td><td>AlSi10Mg</td><td>9. 0～11. 0</td><td>0. 50</td><td>0. 40</td><td>0. 20～0. 50</td></tr>
<tr><td>SAl4047</td><td>AlSi12</td><td>11. 0～13. 0</td><td>0. 8</td><td rowspan="3">0. 15</td><td rowspan="2">0. 10</td><td rowspan="3">0. 20</td><td>—</td></tr>
<tr><td>SAl4047A</td><td>AlSi12(A)</td><td>11. 0～13. 0</td><td>0. 6</td><td>0. 15</td></tr>
<tr><td>SAl4145</td><td>AlSi10Cu4</td><td>9. 3～10. 7</td><td>0. 8</td><td>3. 3～4. 7</td><td>0. 15</td><td>0. 15</td><td>—</td></tr>
<tr><td>SAl4643</td><td>AlSi4Mg</td><td>3. 6～4. 6</td><td>0. 8</td><td>0. 10</td><td>0. 05</td><td>0. 10～0. 30</td><td>—</td><td>0. 10</td><td>0. 15</td></tr>
<tr><td colspan="16">铝镁</td></tr>
<tr><td>SAl5249</td><td>AlMg2Mn0. 8Zr</td><td>0. 25</td><td>0. 40</td><td>0. 05</td><td>0. 50～1. 1</td><td>1. 6～2. 5</td><td>0. 30</td><td>0. 20</td><td>—</td><td>0. 15</td><td>0. 10～0. 20</td><td>余量</td><td>0. 0003</td><td>0. 05</td><td>0. 15</td></tr>
</table>

（续）

焊丝型号	化学成分代号	化学成分（质量分数，%）													
		Si	Fe	Cu	Mn	Mg	Cr	Zn	Ga、V	Ti	Zr	Al	Be	其他元素	
														单个	合计
铝镁															
SAl5554	AlMg2. 7Mn	0. 25	0. 40	0. 10	0. 50~1. 0	2. 4~3. 0	0. 05~0. 20	0. 25	—	0. 05~0. 20	—	余量	0. 0003	0. 05	0. 15
SAl5654	AlMg3. 5Ti	Si+Fe0. 45		0. 05	0. 01	3. 1~3. 9	0. 15~0. 35	0. 20		0. 05~0. 15					
SAl5654A	AlMg3. 5Ti												0. 0005		
SAl5754[①]	AlMg3	0. 40	0. 40	0. 10	0. 50	2. 6~3. 6	0. 30			0. 15			0. 0003		
SAl5356	AlMg5Cr(A)	0. 25			0. 05~0. 20	4. 5~5. 5	0. 05~0. 20	0. 10		0. 06~0. 20					
SAl5356A	AlMg5Cr(A)												0. 0005		
SAl5556	AlMg5Mn1Ti				0. 50~1. 0	4. 7~5. 5		0. 25		0. 05~0. 20			0. 0003		
SAl5556C	AlMg5Mn1Ti												0. 0005		
SAl5556A	AlMg5Mn				0. 6~1. 0	5. 0~5. 5		0. 20					0. 0003		
SAl5556B	AlMg5Mn												0. 0005		
SAl5183	AlMg4. 5Mn0. 7(A)	0. 40			0. 50~1. 0	4. 3~5. 2	0. 05~0. 25	0. 25		0. 15			0. 0003		
SAl5183A	AlMg4. 5Mn0. 7(A)												0. 0005		
SAl5087	AlMg4. 5MnZr	0. 25		0. 05	0. 7~1. 1	4. 5~5. 2					0. 10~0. 20		0. 0003		
SAl5187	AlMg4. 5MnZr												0. 0005		

注：1. Al 的单值为最小值，其他元素单值均为最大值。

2. 根据供需双方协议，可生产使用其他型号焊丝，用 SAlZ 表示，化学成分代号由制造商确定。

① SAl5754 中 Mn 与 Cr 的质量分数之和为 0. 10%~0. 60%。

表 2-109 铜及铜合金焊丝的化学成分（GB/T 9460—2008）

焊丝型号	化学成分代号	化学成分(质量分数,%)												
		Cu	Zn	Sn	Mn	Fe	Si	Ni+Co	Al	Pb	Ti	S	P	其他
铜焊丝														
SCu1897[①]	CuAg1	≥99.5（含 Ag）	—	—	≤0.2	≤0.05	≤0.1	≤0.3	≤0.01	≤0.01	—	—	0.01~0.05	≤0.2
SCu1898	CuSn1	≥98.0		≤1.0	≤0.50	—	≤0.5	—		≤0.02			≤0.15	≤0.5
SCu1898A	CuSn1MnSi	余量		0.5~1.0	0.1~0.4	≤0.03	0.1~0.4	≤0.1		≤0.01			≤0.015	≤0.2
黄铜焊丝														
SCu4700	CuZn40Sn	57.0~61.0	余量	0.25~1.0	—	—	—	—	≤0.01	≤0.05	—	—	—	≤0.5
SCu4701	CuZn40SnSiMn	58.5~61.5		0.2~0.5	0.05~0.25	≤0.25	0.15~0.4			≤0.02				≤0.2
SCu6800	CuZn40Ni	56.0~60.0		0.8~1.1	0.01~0.50	0.25~1.20	0.04~0.15	0.2~0.8		≤0.05				≤0.5
SCu6810	CuZn40Fe1Sn1						0.04~0.25	—						
SCu6810A	CuZn40SnSi	58.0~62.0		≤1.0	≤0.3	≤0.2	0.1~0.5			≤0.03				≤0.2
SCu7730	CuZn40Ni10	46.0~50.0		—	—	—	0.04~0.25	9.0~11.0		≤0.05			≤0.25	≤0.5

（续）

焊丝型号	化学成分代号	化学成分（质量分数，%）												
		Cu	Zn	Sn	Mn	Fe	Si	Ni+Co	Al	Pb	Ti	S	P	其他
青铜焊丝														
SCu6511	CuSi2Mn1	余量	≤0.2	0.1~0.3	0.5~1.5	≤0.1	1.5~2.0	—	≤0.01	≤0.02	—	—	≤0.02	≤0.5
SCu6560	CuSi3Mn		≤1.0	≤1.0	≤1.5	≤0.5	2.8~4.0						—	
SCu6560A	CuSi3Mn1		≤0.4	—	0.7~1.3	≤0.2	2.7~3.2		≤0.05	≤0.05			≤0.05	
SCu6561	CuSi2Mn1Sn1Zn1		≤1.5	≤1.5	≤1.5	≤0.5	2.0~2.8		—	≤0.02			—	
SCu5180	CuSn5P		—	4.0~6.0	—	—	—		≤0.01				0.1~0.4	
SCu5180A	CuSn6P		≤0.1	4.0~7.0	—	≤0.1				≤0.02			0.01~0.4	≤0.2
SCu5210	CuSn8P		≤0.2	7.5~8.5				≤0.2	—					
SCu5211	CuSn10MnSi		≤0.1	9.0~10.0	0.1~0.5		0.1~0.5	—	≤0.01				≤0.1	≤0.5
SCu5410	CuSn12P		≤0.05	11.0~13.0	—	—	—		≤0.005				0.01~0.4	≤0.4
SCu6061	CuAl5Ni2Mn		≤0.2	—	0.1~1.0	≤0.5	≤0.1	1.0~2.5	4.5~5.5	≤0.02			—	≤0.5

SCu6100	CuAl7	余量	≤0.2	—	≤0.5	—	≤0.1	—	6.0~8.5	—	—	—	—	≤0.5
SCu6100A	CuAl8			≤0.1		≤0.5	≤0.2	≤0.5	7.0~9.0	≤0.02				≤0.2
SCu6180	CuAl10Fe			—	—	≤1.5	≤0.1	—	8.5~11.0					≤0.5
SCu6240	CuAl11Fe3		≤0.1			2.0~4.5			10.0~11.5					
SCu6325	CuAl8Fe4Mn2Ni2				0.5~3.0	1.8~5.0		0.5~3.0	7.0~9.0					≤0.4
SCu6327	CuAl8Ni2Fe2Mn2		≤0.2		0.5~2.5	0.5~2.5	≤0.2	0.5~3.0	7.0~9.5					
SCu6328	CuAl9Ni5Fe3Mn2		≤0.1		0.6~3.5	3.0~5.0	≤0.1	4.0~5.5	8.5~9.5					≤0.5
SCu6338	CuMn13Al8Fe3Ni2		≤0.15		11.0~14.0	2.0~4.0	≤0.1	1.5~3.0	7.0~8.5					

（续）

焊丝型号	化学成分代号	化学成分（质量分数，%）												
		Cu	Zn	Sn	Mn	Fe	Si	Ni+Co	Al	Pb	Ti	S	P	其他
白铜焊丝														
SCu7158②	CuNi30Mn1FeTi	余量	—	—	0.5～1.5	0.4～0.7	≤0.25	29.0～32.0	—	≤0.02	0.2～0.5	≤0.01	≤0.02	≤0.5
SCu7061③	CuNi10	余量	—	—	0.5～1.5	0.5～2.0	≤0.2	9.0～11.0	—	≤0.02	0.1～0.5	≤0.02	≤0.02	≤0.4

注：1. 应对表中所列规定值的元素进行化学分析，但常规分析存在其他元素时，应进一步分析，以确定这些元素是否超出“其他”规定的极限值。

2. “其他”包含未规定数值的元素总和。

3. 根据供需双方协议，可生产使用其他型号焊丝，用 SCuZ 表示，化学成分代号由制造商确定。

① $w(As) \leqslant 0.05\%$，$w(Ag)$ 为 0.8%～1.2%。

② $w(C) \leqslant 0.04\%$。

③ $w(C) \leqslant 0.05\%$。

表 2-110　部分国外铜及铜合金焊丝的化学成分与性能

焊丝牌号		AWS 型	焊丝化学成分（质量分数，%）											熔敷金属力学性能		
TIG 丝	MIG 丝		Cu	Si	Mn	P	Pb	Fe	Ni	Ti	Sn	Zn	Al	R_m/MPa	$R_{p0.2}$/MPa	A(%)
TG910	MG910	—	余量	0.01	0.82	微	0.007	0.78	9.88	0.12				321	210	42.0
TG700	MG700	ERCuNi	67.5	0.05	0.75	0.006	0.001	0.56	30.5	0.38				385	231	42.8
TG990	MG990	ERCu	98.8	0.29	0.38	微	微				0.39		微	235	—	52
TG960	MG960	—	96.2	2.46	0.92		微	0.02				0.001	微	358	—	47
TG960B	MG960B	ERCuSi-A	95.2	3.55	0.86		微	0.03					微	377	—	42
TG900	MG900	ERCuAl-A2	余量	0.02			微	0.03				微	9.41	516	—	46

TG860	MG860	—	余量	0.02			0.01	2.37	1.72			0.002	9.62	583	—	42
GK100[①]		—	余量	0.26	0.36		微				0.34			256	—	56.4
GE960[①]		—	余量	2.37	1.04		微							377	—	34.8
GA860[①]		—	余量	0.04			微	2.48	1.54				8.81	572	—	43.0
GA900[①]		—	余量	0.03			微	0.02					9.30	518	—	48.6
GY900[①]		—	余量	0.04			微	0.15					7.62	495	—	52.8

① TIG 丝是焊丝外面包覆药皮，其余均为光焊丝。

2. 镍及镍合金焊丝的化学成分

镍及镍合金焊丝的化学成分见表 2-111。

表 2-111 镍及镍合金焊丝的化学成分（GB/T 15620—2008）

焊丝型号	化学成分代号	化学成分(质量分数,%)													
		C	Mn	Fe	Si	Cu	Ni	Co	Al	Ti	Cr	Nb	Mo	W	其他
镍															
SNi2061	NiTi3	≤0.15	≤1.0	≤1.0	≤0.7	≤0.2	≥92.0	—	≤1.5	2.0~3.5	—	—	—	—	—
镍-铜															
SNi4060	NiCu30Mn3Ti	≤0.15	2.0~4.0	≤2.5	≤1.2	28.0~32.0	≥62.0	—	≤1.2	1.5~3.0	—	—	—	—	—
SNi4061	NiCu30Mn3Nb	≤0.15	≤4.0	≤2.5	≤1.25	28.0~32.0	≥60.0	—	≤1.0	≤1.0	—	≤3.0	—	—	—

（续）

焊丝型号	化学成分代号	化学成分(质量分数,%)													
		C	Mn	Fe	Si	Cu	Ni	Co	Al	Ti	Cr	Nb	Mo	W	其他
镍-铜															
SNi5504	NiCu25Al3Ti	≤0.25	≤1.5	≤2.0	≤1.0	≥20.0	63.0~70.0	—	2.0~4.0	0.3~1.0	—	—	—	—	—
镍-铬															
SNi6072	NiCr44Ti	0.01~0.10	≤0.20	≤0.50	≤0.20	≤0.50	≥52.0	—	—	0.3~1.0	42.0~46.0	—	—	—	—
SNi6076	NiCr20	0.03~0.25	≤1.0	≤2.00	≤0.30	≤0.50	≥75.0	—	≤0.4	≤0.5	19.0~21.0	—	—	—	—
SNi6082	NiCr20Mn3Nb	≤0.10	2.5~3.5	≤3.0	≤0.5	≤0.50	≥67.0	—	—	≤0.7	18.0~22.0	2.0~3.0	—	—	—
镍-铬-铁															
SNi6002	NiCr21Fe18Mo9	0.05~0.15	≤2.0	17.0~20.0	≤1.0	≤0.5	≥44.0	0.5~2.5	—	—	20.5~23.0	—	8.0~10.0	0.2~1.0	—
SNi6025	NiCr25Fe10AlY	0.15~0.25	≤0.5	8.0~11.0	≤0.5	≤0.1	≥59.0	—	1.8~2.4	0.1~0.2	24.0~26.0	—	—	—	Y:0.05~0.12、Zr:0.01~0.10
SNi6030	NiCr30Fe15Mo5W	≤0.03	≤1.5	13.0~17.0	≤0.8	1.0~2.4	≥36.0	≤5.0	—	—	28.0~31.5	0.3~1.5	4.0~6.0	1.5~4.0	—
SNi6052	NiCr30Fe9	≤0.04	≤1.0	7.0~11.0	≤0.5	≤0.3	≥54.0	—	≤1.1	1.0	28.0~31.5	0.10	0.5	—	Al+Ti:≤1.5
SNi6062	NiCr15Fe8Nb	≤0.08	≤1.0	6.0~10.0	≤0.3	≤0.5	≥70.0	—	—	—	14.0~17.0	1.5~3.0	—	—	—

SNi6176	NiCr16Fe6	≤0.05	≤0.5	5.5~7.5	≤0.5	≤0.1	≥76.0	≤0.05	—	—	15.0~17.0	—	—	—	—
SNi6601	NiCr23Fe15Al	≤0.10	≤1.0	≤20.0	≤0.5	≥1.0	58.0~63.0	—	1.0~1.7	—	21.0~25.0	—	—	—	—
SNi6701	NiCr36Fe7Nb	0.35~0.50	0.5~2.0	≤7.0	0.5~2.0	—	42.0~48.0	—	—	—	33.0~39.0	0.8~1.8	—	—	—
SNi6704	NiCr25FeAl3YC	0.15~0.25	≤0.5	8.0~11.0	≤0.50	≤0.1	≥55.0	—	1.8~2.8	0.1~0.2	24.0~26.0	—	—	—	Y:0.05~0.12、Zr:0.01~0.10
SNi6975	NiCr25Fe13Mo6	≤0.03	≤1.0	10.0~17.0	≤1.0	0.7~1.2	≥47.0	—	—	0.7~1.50	23.0~26.0	—	5.0~7.0	—	—
SNi6985	NiCr22Fe20Mo7Cu2	≤0.01	≤1.0	18.0~21.0	≤1.0	1.5~2.5	≥40.0	≤5.0	—	—	21.0~23.5	≤0.5	6.0~8.0	≤1.5	—
SNi7069	NiCr15Fe7Nb	≤0.08	≤1.0	5.0~9.0	≤0.50	≤0.50	≥70.0	—	0.4~1.0	2.0~2.7	14.0~17.0	0.70~1.20	—	—	—
SNi7092	NiCr15Ti3Mn	≤0.08	2.0~2.7	≤8.0	≤0.3	≤0.50	≥67.0	—	—	2.5~3.5	14.0~17.0	—	—	—	—
SNi7718	NiFe19Cr19Nb5Mo3	≤0.08	≤0.3	≤24.0	≤0.3	≤0.3	50.0~55.0	—	0.2~0.8	0.7~1.1	17.0~21.0	4.8~5.5	2.8~3.3	—	B:0.006、P:0.015
SNi8025	NiFe30Cr29Mo	≤0.02	1.0~3.0	≤30.0	≤0.5	1.5~3.0	35.0~40.0	—	≤0.2	≤1.0	27.0~31.0	—	2.5~4.5	—	—

（续）

焊丝型号	化学成分代号	化学成分（质量分数，%）													
		C	Mn	Fe	Si	Cu	Ni	Co	Al	Ti	Cr	Nb	Mo	W	其他
镍-铬-铁															
SNi8065	NiFe30Cr21Mo3	≤0.05	1.0	≥22.0	≤0.5	1.5~3.0	38.0~46.0	—	≤0.2	0.6~1.2	19.5~23.5	—	2.5~3.5	—	—
SNi8125	NiFe26Cr25Mo	≤0.02	1.0~3.0	≤30.0	≤0.5	1.5~3.0	37.0~42.0	—	≤0.2	≤1.0	23.0~27.0	—	3.5~7.5	—	—
镍-钼															
SNi1001	NiMo28Fe	≤0.08	≤1.0	4.0~7.0	≤1.0	≤0.5	≥55.0	≤2.5	—	—	≤1.0	—	26.0~30.0	≤1.0	V:0.20~0.40
SNi1003	NiMo28Fe	0.04~0.08	≤1.0	≤5.0	≤1.0	≤0.5	≥65.0	≤0.2	—	—	6.0~8.0	—	15.0~18.0	≤0.5	V≤0.50
SNi1004	NiMo17Cr7	≤0.12	≤1.0	4.0~7.0	≤1.0	≤0.5	≥62.0	≤0.25	—	—	4.0~6.0	—	23.0~26.0	≤1.0	V≤0.60
SNi1008	NiMo25Cr5Fe5	≤0.1	≤1.0	≤10.0	≤0.5	≤0.5	≥60.0	—	—	—	0.5~3.5	—	18.0~21.0	2.0~4.0	—
SNi1009	NiMo19WCr	≤0.1	≤1.0	≤5.0	≤0.5	0.3~1.3	≥65.0	—	1.0	—	—	—	19.0~22.0	2.0~4.0	—
SNi1062	NiMo20WCu	≤0.01	≤0.5	5.0~7.0	≤0.1	≤0.4	≥62.0	—	0.1~0.4	—	7.0~8.0	—	23.0~25.0	—	—
SNi1066	NiMo24Cr8Fe6	≤0.02	≤1.0	2.0	≤0.1	≤0.5	≤64.0	≤1.0	—	—	≤1.0	—	26.0~30.0	≤1.0	—

SNi1067	NiMo28	≤0.01	≤3.0	1.0~3.0	≤0.1	≤0.2	≥52.0	≤3.0	≤0.5	≤0.2	1.0~3.0	≤0.2	27.0~32.0	≤3.0	V≤0.20
SNi1069	NiMo30Cr	≤0.01	≤1.0	2.0~5.0	0.05	≤0.01	≥65.0	≤1.0	≤0.5	—	0.5~1.5	—	26.0~30.0	—	—
镍-铬-钼															
SNi6012	NiCr22Mo9	≤0.05	≤1.0	≤3.0	≤0.5	≤0.5	≥58.0	—	≤0.4	≤0.4	20.0~23.0	≤1.5	8.0~10.0	—	—
SNi6022	NiCr21Mo13Fe4W3	≤0.01	≤0.5	2.0~6.0	≤0.1	≤0.5	≥49.0	≤2.5	—	—	20.0~22.5	—	12.5~14.5	2.5~3.5	V≤0.3
SNi6057	NiCr30Mo11	≤0.02	≤1.0	≤2.0	≤1.0	—	≥53.0	—	—	—	29.0~31.0	—	10.0~12.0	—	V≤0.4
SNi6058	NiCr25Mo16	≤0.02	≤0.5	≤2.0	≤0.2	≤2.0	≥50.0	—	≤0.4	—	22.0~27.0	—	13.5~16.5	—	—
SNi6059	NiCr23Mo16	≤0.01	≤0.5	≤1.5	≤0.1	—	≥56.0	≤0.3	0.1~0.4	—	22.0~24.0	—	15.0~16.5	—	—
SNi6200	NiCr23Mo16Cu2	≤0.01	≤0.5	≤3.0	≤0.08	1.3~1.9	≥52.0	≤2.0	—	—	22.0~24.0	—	15.0~17.0	—	—
SNi6276	NiCr15Mo16Fe6W4	≤0.02	≤1.0	4.0~7.0	≤0.08	≤0.5	≥50.0	≤2.5	—	—	14.5~16.5	—	15.0~17.0	3.0~4.5	V≤0.3
SNi6452	NiCr20Mo15	≤0.01	≤1.0	≤1.5	≤0.1	≤0.5	≥56.0	—	—	—	19.0~21.0	≤0.4	14.0~16.0	—	V≤0.4

（续）

焊丝型号	化学成分代号	化学成分（质量分数，%）													
		C	Mn	Fe	Si	Cu	Ni	Co	Al	Ti	Cr	Nb	Mo	W	其他
镍-铬-钼															
SNi6455	NiCr16Mo16Ti	≤0.01	≤1.0	≤3.0	≤0.08	≤0.5	≥56.0	≤2.0	—	≤0.7	14.0~18.0	—	14.0~18.0	≤0.5	—
SNi6625	NiCr22Mo9Nb	≤0.1	≤0.5	≤5.0	≤0.5	≤0.5	≥58.0	—	≤0.4	≤0.4	20.0~23.0	3.0~4.2	8.0~10.0	—	—
SNi6650	NiCr20Fe14Mo11WN	≤0.03	≤0.5	12.0~16.0	≤0.5	≤0.3	≥45.0	—	≤0.5	—	18.0~21.0	≤0.5	9.0~13.0	0.5~2.5	N:0.05~0.25、S≤0.010
SNi6660	NiCr22Mo10W3	≤0.03	≤0.5	≤2.0	≤0.5	≤0.3	≥58.0	≤0.2	≤0.4	≤0.4	21.0~23.0	≤0.2	9.0~11.0	2.0~4.0	—
SNi6686	NiCr21Mo16W4	≤0.01	≤1.0	≤5.0	≤0.08	≤0.5	≥49.0	—	≤0.5	≤0.25	19.0~23.0	—	15.0~17.0	3.0~4.4	—
SNi7725	NiCr21Mo8Nb3Ti	≤0.03	≤0.4	≥8.0	≤0.20	—	55.0~59.0	—	≤0.35	1.0~1.7	19.0~22.5	2.75~4.00	7.0~9.5	—	—
镍-铬-钴															
SNi6160	NiCr28Co30Si3	≤0.15	≤1.5	≤3.5	2.4~3.0	—	≥30.0	27.0~33.0	—	0.2~0.8	26.0~30.0	≤1.0	≤1.0	≤1.0	—
SNi6617	NiCr22Co12Mo9	0.05~0.15	≤1.0	≤3.0	≤1.0	≤0.5	≥44.0	10.0~15.0	0.8~1.5	≤0.6	20.0~24.0	—	8.0~10.0	—	—
SNi7090	NiCr20Co18Ti3	≤0.13	≤1.0	≤1.5	≤1.0	≤0.2	≥50.0	15.0~21.0	1.0~2.0	2.0~3.0	18.0~21.0	—	—	—	—
SNi7263	NiCr20Co20Mo6Ti2	0.04~0.08	≤0.6	≤0.7	≤0.4	≤0.2	≥47.0	19.0~21.0	0.3~0.6	1.9~2.4	19.0~21.0	—	5.6~6.1	—	Al+Ti：2.4~2.8

镍-铬-钨															
SNi6231	NiCr22W14Mo2	0.05~0.15	0.3~1.0	≤3.0	0.25~0.75	≤0.50	≥48.0	≤5.0	0.2~0.5	—	20.0~24.0	—	1.0~3.0	13.0~15.0	—

2.4.14 耐蚀合金焊丝

1. 耐蚀合金焊丝的牌号和化学成分

耐蚀合金焊丝的牌号和化学成分见表 2-112。

表 2-112 耐蚀合金焊丝的牌号和化学成分（GB/T 37612—2019）

序号	ISC代号	合金牌号	化学成分(质量分数,%)														
			C	Mn	Si	P	S	Cr	Ni	Co	Mo	W	Ti	Al	Cu	Nb	V	Fe	其他
1	W51401	HNS1401	≤0.030	≤1.00	≤0.70	≤0.020	≤0.015	25.0~27.0	34.0~37.0	—	2.0~3.0	—	0.4~0.9	—	3.0~4.0	—	—	余量	—
2	W58825	HNS1402	≤0.05	≤1.00	≤0.50	≤0.020	≤0.015	19.5~23.5	38.0~46.0	—	2.5~3.5	—	0.6~1.2	≤0.20	1.5~3.0	—	—	≥22.0	≤0.50
3	W58021	HNS1403	≤0.07	≤2.50	≤0.60	≤0.020	≤0.015	19.0~21.0	32.0~36.0	—	2.0~3.0	—	—	—	3.0~4.0	8×C~1.00	—	余量	—
4	W53101	HNS3101	≤0.06	≤1.20	≤0.50	≤0.020	≤0.015	28.0~31.0	余量	—	—	—	—	≤0.30	—	—	—	≤1.00	≤0.50

（续）

序号	ISC代号	合金牌号	化学成分(质量分数,%)																
			C	Mn	Si	P	S	Cr	Ni	Co	Mo	W	Ti	Al	Cu	Nb	V	Fe	其他
5	W56601	HNS3103	≤0.10	≤1.00	≤0.50	≤0.020	≤0.015	21.0~25.0	58.0~63.0	—	—	—	—	1.0~1.7	≤1.0	—	—	余量	≤0.50
6	W56690	HNS3105	≤0.05	≤0.50	≤0.50	≤0.020	≤0.015	27.0~31.0	≥58.0	—	—	—	—	—	≤0.50	—	—	7.0~11.0	—
7	W56082	HNS3106	≤0.10	2.50~3.50	≤0.50	≤0.020	≤0.015	18.0~22.0	≥67.0	≤0.12①	—	—	≤0.75	—	≤0.50	2.00~3.00	—	≤3.00	≤0.50
8	W56043	HNS3143②	≤0.04	≤3.00	≤0.50	≤0.020	≤0.015	28.0~31.5	余量	—	≤0.50	—	≤0.50	≤0.50	≤0.30	1.00~2.50	—	7.0~12.0	≤0.50
9	W56052	HNS3152③	≤0.04	≤1.00	≤0.50	≤0.020	≤0.015	28.0~31.5	余量	—	≤0.50	—	≤1.0	≤1.10	≤0.30	≤0.10	—	7.0~11.0	≤0.50
10	W56054	HNS3154④	≤0.04	≤1.00	≤0.50	≤0.020	≤0.015	28.0~31.5	余量	≤0.12	≤0.50	—	≤1.0	≤1.10	≤0.30	0.50~1.00	—	7.0~11.0	≤0.50
11	W10001	HNS3201	≤0.05	≤1.00	≤1.00	≤0.020	≤0.015	≤1.0	余量	≤2.50	26.0~30.0	≤1.0	—	—	≤0.50	—	0.20~0.40	4.0~6.0	≤0.50
12	W10665	HNS3202	≤0.020	≤1.00	≤0.10	≤0.020	≤0.015	≤1.0	余量	≤1.00	26.0~30.0	≤1.0	—	—	≤0.50	—	—	≤2.0	≤0.50
13	W53301	HNS3301	≤0.030	≤1.00	≤0.70	≤0.020	≤0.015	14.0~17.0	余量	—	2.00~3.00	—	0.40~0.90	—	—	—	—	≤8.0	—
14	W53302	HNS3302	≤0.030	≤1.00	≤0.70	≤0.020	≤0.015	17.0~19.0	余量	—	16.0~18.0	—	—	—	—	—	—	≤1.0	—
15	W10276	HNS3304	≤0.020	≤1.00	≤0.08	≤0.020	≤0.015	14.5~16.5	余量	≤2.50	15.0~17.0	3.0~4.5	—	—	≤0.50	—	≤0.35	4.0~7.0	≤0.50

16	W56625	HNS3306	≤0.10	≤0.50	≤0.50	≤0.020	≤0.015	20.0~23.0	≥58.0	—	8.0~10.0	—	≤0.40	≤0.40	≤0.50	3.15~4.15	—	≤5.0	≤0.50
17	W56022	HNS3308	≤0.015	≤0.50	≤0.08	≤0.020	≤0.010	20.0~22.5	余量	≤2.50	12.5~14.5	2.5~3.5	—	—	≤0.50	—	≤0.35	2.0~6.0	≤0.50
18	W56002	HNS3312	0.05~0.15	≤1.00	≤1.00	≤0.020	≤0.015	20.5~23.0	余量	0.50~2.50	8.0~10.0	0.20~1.0	—	—	≤0.50	—	—	17.0~20.0	≤0.50
19	W56055	HNS3355	≤0.030	≤1.00	≤0.50	≤0.020	≤0.015	28.5~31.0	52.0~62.0	≤0.10	3.00~5.0	—	≤0.50	≤0.50	≤0.30	2.10~4.00	—	余量	≤0.50②
20	W56617	HNS3701	0.05~0.15	≤1.00	≤1.00	≤0.020	≤0.015	20.0~24.0	余量	10.0~15.0	8.0~10.0	—	≤0.60	0.80~1.50	≤0.50	—	—	≤3.0	≤0.50
21	W57718	HNS4301	≤0.08	≤0.35	≤0.35	≤0.015	≤0.015	17.0~21.0	50.0~55.0	—	2.80~3.3	—	0.65~1.15	0.20~0.80	≤0.30	4.75~5.50	—	余量	≤0.50⑤
22	W52061	HNS5061	≤0.15	≤1.00	≤0.75	≤0.020	≤0.015	—	≥93.0	—	—	—	2.00~3.50	≤1.50	≤0.25	—	—	≤1.0	≤0.50
23	W54060	HNS6060	≤0.15	≤4.00	≤1.25	≤0.020	≤0.015	—	62.0~69.0	—	—	—	1.50~3.00	≤1.25	余量	—	—	≤2.50	≤0.50

① 如需方有要求时。
② w(Ta)≤0.10%。
③ w(Al)+w(Ti)≤1.5%。
④ w(Al)+w(Ti)≤1.5%，w(B)≤0.005%，w(Zr)≤0.02%。
⑤ w(B)≤0.006%。

2. 耐蚀合金焊丝的特性和用途

耐蚀合金焊丝的特性和用途见表 2-113。

表 2-113 耐蚀合金焊丝的特性和用途（GB/T 37612—2019）

表 2-112 序号	ISC 代号	合金牌号	焊丝的特性和用途
2	W58825	HNS1402	镍-铁-铬-钼-铜系焊丝，名义成分（质量分数，%）是 Ni42，Fe30，Cr21，Mo3，Cu2。用于 NS1402 的自身焊接，采用钨极气体保护焊和金属极气体保护焊
3	W58021	HNS1403	镍-铬-钼-铜系焊丝，名义成分（质量分数，%）是 Cr20，Ni34，Mo2.5，Cu3.5，加入 Nb 提高了耐晶间腐蚀能力。主要用于焊接类似成分的基体金属，这些基体金属要应用在耐含硫、硫酸及其盐类的涉及范围广泛的化学品的严重腐蚀环境下。既能焊接 NS1403 的铸造合金，也能焊接 NS1403 的锻造合金，焊后不用热处理。这种焊丝改成不含 Nb 时，可用于不含 Nb 铸件的补焊，但用这个改后的成分，焊后需固溶处理
5	W56601	HNS3103	镍-铬系焊丝，名义成分（质量分数，%）是 Ni61，Cr23，Fe14，Al1.4。用于 NS3103 的自身焊接，以及与别的高温成分合金的焊接，采用钨极气体保护焊方法。可用于暴露温度可能超过 1150℃的苛刻场合
7	W56082	HNS3106	镍-铬系焊丝，名义成分（质量分数，%）是 Ni72，Cr20，Mn3，Nb+Ta2.5，用于 NS3102 的自身焊接、镍-铬-铁合金复合钢覆层侧的焊接、镍-铬-铁合金堆焊钢表面、异种镍基合金的焊接、钢与不锈钢或与镍基合金的焊接，采用钨极气体保护焊、金属极气体保护焊、埋弧焊和等离子焊方法
8	W56043	HNS3143	镍-铬系焊丝、名义成分（质量分数，%）是 Ni57，Cr30，Fe9，Nb1.8。用于在钢上面焊接镍铬铁焊覆层，与 NS3105 相当。在焊丝与焊剂配合好的情况下，有这种成分的焊缝尤其抗塑性变形与开裂
9	W56052	HNS3152	镍-铬-铁系焊丝，名义成分（质量分数，%）是 Ni60，Cr29，Fe9。用于 NS3105 的自身焊接、与钢的焊接、与钢的堆焊层和带镍-铬-铁合金覆层钢的焊接，采用钨极气体保护焊、金属极气体保护焊、埋弧焊和等离子焊方法

（续）

表 2-112 序号	ISC 代号	合金牌号	焊丝的特性和用途
10	W56054	HNS3154	镍-铬-铁系焊丝，名义成分（质量分数，%）是 Ni60，Cr29，Fe9，Nb0.75。用于 NS3105 的自身焊接、与钢的焊接、与钢的堆焊层焊接，采用钨极气体保护焊、金属极气体保护焊、埋弧焊、电渣焊和等离子焊方法。这种成分制成的焊缝特别抗塑性变形与开裂和氧化物夹杂
11	W10001	HNS3201	镍-钼系焊丝，名义成分（质量分数，%）是 Ni66，Mo28，Fe5.5。用于 NS3201 的自身焊接。采用钨极气体保护焊和金属极气体保护焊方法
12	W10665	HNS3202	镍-钼系焊丝，名义成分（质量分数，%）是 Ni69，Mo28，用于 NS3202 的自身焊接和镍钼合金堆焊钢的焊接，采用钨极气体保护焊和金属极气体保护焊方法
15	W10276	HNS3304	镍-铬-钼系焊丝，名义成分（质量分数，%）是 Ni57，Cr16，Mo15.5，Fe5.5，W4。用于 NS3304 的自身焊接、与钢或其他镍基合金的焊接、与用镍-铬-钼合金堆焊钢的焊接，采用钨极气体保护焊、金属极气体保护焊方法
16	W56625	HNS3306	镍-铬-钼系焊丝，名义成分（质量分数，%）是 Ni61，Cr22，Mo9，Nb+Ta3.5。用于 NS3306 的自身焊接、与钢或其他镍基合金的焊接、用镍-铬-钼合金堆焊钢、镍-铬-钼合金复合钢覆层侧的焊接，采用钨极气体保护焊、金属极气体保护焊、埋弧焊和等离子焊等方法。推荐用于操作温度从低温到 540℃ 的场合
17	W56022	HNS3308	镍-铬-钼系焊丝，名义成分（质量分数，%）是 Ni56，Cr22，Mo13，Fe4，W3。用于 NS3308 的自身焊接、与钢或其他镍基合金的焊接，以及用镍-铬-钼合金焊缝金属在钢上堆焊，采用钨极气体保护焊、金属极气体保护焊和等离子焊方法
18	W56002	HNS3312	镍-铬-钼系焊丝，名义成分（质量分数，%）是 Ni47，Cr22，Fe18，Mo9，Co1.5。用于 NS3312 的自身焊接、与钢或其他镍基合金的焊接，以及用镍-铬-钼合金堆焊钢覆层的焊接，采用钨极气体保护焊、金属极气体保护焊和等离子焊方法

（续）

表 2-112 序号	ISC 代号	合金牌号	焊丝的特性和用途
19	W56055	HNS3355	镍-铬系焊丝，名义成分（质量分数，%）是 Ni55，Cr30，Fe8，Mo4，Nb3。用于 NS3105 的自身焊接、与钢的焊接、与钢的堆焊层焊接，采用钨极气体保护焊、金属极气体保护焊、埋弧焊、电渣焊和等离子焊方法。这种成分制成的焊缝特别耐塑性变形与开裂和氧化物夹杂
20	W56617	HNS3701	镍-铬-钴-钼系焊丝，名义成分（质量分数，%）是 Ni53，Cr23，Co12，Mo9，Fe1。用于 NS3701 的自身焊接，采用钨极气体保护焊，金属极气体保护焊方法
21	W57718	HNS4301	镍-铬系焊丝，名义成分（质量分数，%）是 Ni52，Fe18，Cr19，Nb + Ta5，Mo3，Ti1。用于 NS4301，ISCH07718 自身的焊接，采用钨极气体保护焊方法。时效硬化有关技术内容由供应商提供
22	W52061	HNS5061	纯镍焊丝，名义成分（质量分数，%）是 Ni96，Ti3。用于焊接工业纯镍（NS5200 和 NS5201、ISCH02200 和 H02201）的锻件和铸件，采用钨极气体保护焊、金属极气体保护焊、埋弧焊和等离子焊等方法。焊丝中含有足量的 Ti，可以在使用这些焊接方法时控制焊接金属中的气孔
23	W54060	HNS6060	镍-铜系焊丝，名义成分（质量分数，%）是 Ni65、Cu30、Mn3、Ti2。用于焊接 NS6400，采用钨极气体保护焊、金属极气体保护焊、埋弧焊和等离子焊等方法。焊丝中含有足量的 Ti，可以在使用这些焊接方法时控制焊接金属中的气孔

3. 固溶处理温度

推荐的固溶处理温度见表 2-114。

表 2-114 推荐的固溶处理温度

序号	ISC 代号	合金牌号	固溶处理温度/℃
1	W51401	HNS1401	1000～1050
2	W58825	HNS1402	1000～1050
3	W58021	HNS1403	1000～1050
4	W53101	HNS3101	1050～1100

（续）

序号	ISC 代号	合金牌号	固溶处理温度/℃
5	W56601	HNS3103	1100~1150
6	W56690	HNS3105	1000~1050
7	W56082	HNS3106	1000~1100
8	W56043	HNS3143	—
9	W56052	HNS3152	1000~1050
10	W56054	HNS3154	1000~1050
11	W10001	HNS3201	1140~1190
12	W10665	HNS3202	1040~1090
13	W53301	HNS3301	1050~1100
14	W53302	HNS3302	1160~1210
15	W10276	HNS3304	1120~1200
16	W56625	HNS3306	1100~1150
17	W56022	HNS3308	1050~1100
18	W56002	HNS3312	1080~1160
19	W56055	HNS3355	—
20	W56617	HNS3701	1150~1230
21	W57718	HNS4301	950~1020
22	W52061	HNS5061	700~850
23	W54060	HNS6060	750~900

2.4.15　焊丝的选用

1. 一般原则

选择焊丝时需考虑因素的排列顺序一般为：被焊钢材种类、焊接部位的质量要求、焊接施工条件（板厚、坡口形状、焊接位置、焊接条件、热处理及焊接作业性）、焊接工艺性能、焊接适应性。

（1）根据被焊结构的钢种选择焊丝　对于碳钢及低合金高强钢，主要是按“等强选用”的原则，选择满足力学性能要求的焊丝；而对于耐热钢和耐候钢，主要是侧重考虑焊缝金属与母材化学成分的一致或相近。

（2）根据被焊部位的质量要求选择焊丝　与焊接条件、坡口形状、保护气体的混合比等施工条件有关，要在确保焊接部位性能的前提下，选择达到最大焊接效率并可降低焊接成本的焊丝。

（3）根据现场的焊接位置选择焊丝　对应于板厚选择所使用的焊丝直径，确定所使用的电流值，选择适合于焊接位置及使用电流的焊丝牌号。

（4）根据焊接工艺性能选择焊丝　焊接工艺性能是表示焊接作业难易程度的术语，它包括电弧稳定性、飞溅颗粒大小及数量、脱渣性、焊缝的外观与形状等项内容。各种熔化极气体保护焊（MAG 焊）的焊接工艺见表 2-115。

表 2-115　各种熔化极气体保护焊的焊接工艺

<table>
<tr><td colspan="3" rowspan="2">焊接工艺性能</td><td rowspan="2">CO_2 焊接，实心焊丝</td><td rowspan="2">Ar-CO_2 焊接，实心焊丝</td><td colspan="2">CO_2 焊接，药芯焊丝</td></tr>
<tr><td>熔渣型</td><td>金属粉型</td></tr>
<tr><td rowspan="8">操作难易</td><td rowspan="4">平　焊</td><td>超薄板（$\delta \leqslant 2$mm）</td><td>C^-</td><td>A</td><td>C^-</td><td>C^-</td></tr>
<tr><td>薄板（$\delta<6$mm）</td><td>C</td><td>A</td><td>A</td><td>A</td></tr>
<tr><td>中板（$\delta>6$mm）</td><td>B</td><td>B</td><td>B</td><td>B</td></tr>
<tr><td>厚板（$\delta>25$mm）</td><td>B</td><td>B</td><td>B</td><td>B</td></tr>
<tr><td rowspan="2">船形焊</td><td>1 层</td><td>C</td><td>B</td><td>A</td><td>B</td></tr>
<tr><td>多层</td><td>C</td><td>B</td><td>A</td><td>B</td></tr>
<tr><td rowspan="2">立　焊</td><td>向上</td><td>B</td><td>A</td><td>A</td><td>C^-</td></tr>
<tr><td>向下</td><td>B</td><td>B</td><td>A</td><td>C^-</td></tr>
<tr><td colspan="2" rowspan="4">焊缝外观</td><td>平焊</td><td>C</td><td>A</td><td>A^+</td><td>B</td></tr>
<tr><td>船形焊</td><td>C^-</td><td>A</td><td>A^+</td><td>B</td></tr>
<tr><td>立焊</td><td>C</td><td>A</td><td>A</td><td>C</td></tr>
<tr><td>仰焊</td><td>C^-</td><td>B</td><td>A</td><td>C^-</td></tr>
<tr><td colspan="2" rowspan="5">其他</td><td>电弧稳定性</td><td>C</td><td>A</td><td>A</td><td>A</td></tr>
<tr><td>熔深</td><td>A^+</td><td>A</td><td>A</td><td>A</td></tr>
<tr><td>飞溅</td><td>C^-</td><td>A</td><td>A</td><td>A</td></tr>
<tr><td>脱渣性</td><td>—</td><td>—</td><td>A^+</td><td>C^*</td></tr>
<tr><td>咬边</td><td>A</td><td>A</td><td>A^+</td><td>A</td></tr>
</table>

注：A^+表示非常优秀；A 表示优秀；B 表示良好；C 表示普通；C^-表示稍差；C^*表示极少量渣。

（5）根据焊接适应性选择焊丝　各种熔化极气体保护焊的焊接适应性见表 2-116。

表 2-116　各种熔化极气体保护焊的焊接适应性

<table>
<tr><td rowspan="2">适应性</td><td rowspan="2">CO_2 焊接，实心焊丝</td><td rowspan="2">Ar-CO_2 焊接，实心焊丝</td><td colspan="2">CO_2 焊接，药芯焊丝</td></tr>
<tr><td>熔渣型</td><td>金属粉型</td></tr>
<tr><td>适用钢种</td><td>碳钢、低合金钢、耐磨堆焊适用钢</td><td>碳钢、低合金钢、耐磨堆焊适用钢</td><td>碳钢、低合金钢、不锈钢、低温用钢、耐磨堆焊适用钢</td><td>碳钢、低合金钢、不锈钢、低温用钢、耐磨堆焊适用钢</td></tr>
</table>

（续）

适应性	CO_2 焊接，实心焊丝	Ar-CO_2 焊接，实心焊丝	CO_2 焊接，药芯焊丝	
			熔渣型	金属粉型
适用板厚	≥0.8mm	≥0.8mm	≥2.3mm	≥0.8mm
坡口精度	较敏感	较敏感	较敏感	较敏感
母材污染	敏感	敏感	敏感	敏感
自动化	合适	较合适	合适	合适
操作者水平	中或高	中或高	中或高	中或高
备注	短弧焊适于薄板及全位置焊		适于全位置焊，焊缝外观好	焊厚板效率高，最适于平焊

2. 碳素钢、低合金高强度结构钢和合金钢焊接用焊丝的选择

碳素钢、低合金高强度结构钢和合金钢的选择见表2-117。

表2-117 碳素钢、低合金高强度结构钢和合金钢焊接用焊丝的选择

序号	母材	焊丝型号
1	碳素钢	ER49-1、ER50-3、ER50-6、ER50-7
2	低合金高强度结构钢	ER50-3、ER50-6、ER50-7、ER55-D2、ER55-Ni1、ER69-1、ER76-1
3	合金钢	ER49-B2L、ER55-B2、ER55-B2-Mn、ER55-B2-V、ER55-D2、ER55-D2-Ti、ER55-Ni1、ER55-Ni2、ER55-Ni3、ER62-D2、ER62-D2-Ti

3. 不锈钢和耐热钢焊接用焊丝的选择

不锈钢和耐热钢焊接用焊丝的选择见表2-118。

表2-118 不锈钢和耐热钢焊接用焊丝的选择

母材类型	母材牌号	焊丝型号
不锈钢	06Cr19Ni10	S308、S308Si
	12Cr18Ni9、07Cr19Ni10	S308H
	022Cr19Ni10	S308L、S308LSi
	06Cr23Ni13	S309L、S309LSi、S309LNb、S309LMo
	06Cr25Ni20	S310L、S310S
	06Cr17Ni12Mo2	S316、S316Si
	022Cr17Ni12Mo2	S316L、S316LSi
	06Cr17Ni12Mo2N、015Cr20Ni18Mo6CuN	S316LMn
	022Cr17Ni12Mo2N	S316LCu
	06Cr19Ni13Mo3	S317
	022Cr19Ni13Mo3	S317L

（续）

母材类型	母材牌号	焊丝型号
不锈钢	06Cr17Ni12Mo2Ti、06Cr17Ni12Mo2Nb	S318、S318L
	06Cr18Ni11Ti	S321
	06Cr18Ni11Nb	S347、S347Si
	015Cr21Ni26Mo5Cu2、022Cr24Ni17Mo5Mn6NbN	S383、S385
	022Cr23Ni5Mo3N	S2209
	03Cr25Ni6Mo3Cu2N	S2553
	022Cr25Ni7Mo3WCuN	S2594
耐热钢	06Cr15Ni25Ti2MoAlVB	S385
	06Cr13、022Cr11NbTi	S409
	12Cr12	S409Nb
	12Cr13	S410
	04Cr13Ni5Mo	S410NiMo
	22Cr12NiWMoV	S420
	10Cr17	S430、S430L、S430LNb
	022Cr18Ti	S439
	16Cr25N	S446LMo
	06Cr17Ni7AlTi	S630、S16-8-2

4. 异种金属焊接用镍基合金焊丝的选择

异种金属焊接用镍基合金焊丝的选择见表 2-119。

5. 铝及铝合金焊接用焊丝的选择

采用气焊、钨极氩弧焊等焊接铝合金时，需要加填充焊丝。铝及铝合金焊丝分为同质焊丝和异质焊丝两大类。为了得到良好的焊接接头，应从焊接构件使用要求考虑，选择适合于母材的焊丝作为填充材料。

选择焊丝首先要考虑焊缝成分要求，还要考虑产品的力学性能、耐蚀性、结构的刚性、颜色及抗裂性等。选择熔化温度低于母材的填充金属，可大大减小热影响区的晶间裂纹倾向。对于非热处理合金的焊接接头强度，按 1000 系、4000 系、5000 系的次序增大。

镁的质量分数为 3% 以上的 5000 系的焊丝，应避免在使用温度 65℃ 以上的结构中采用。因为这些合金对应力腐蚀裂纹很敏感，在上述温度和腐蚀环境中会发生应力腐蚀龟裂。用合金含量高于母材的焊丝作为填充金属，通常可防止焊缝金属的裂纹倾向。

表 2-119 异种金属焊接用镍基合金焊丝的选择

母材	铜镍合金	铸造高温合金	双相及超级双相不锈钢	奥氏体不锈钢	3%~30%铬钢	碳钢、低合金钢及镍钢
镍 200	MONEL 60 MONEL 67 Nickel 61	INCONEL 82 Nickel 61	I-W 686CPT INCONEL 82	INCONEL 82 Nickel 61	INCONEL 82 Nickel 61	INCONEL 82 Nickel 61
蒙乃尔 400	MONEL 60 MONEL 67 Nickel 61	INCONEL 625 INCONEL 82	I-W 686CPT INCONEL 625 INCONEL 82	INCONEL 625 INCONEL 82	INCONEL 625 INCONEL 82 MONEL 60	INCONEL 625 INCONEL 82 MONEL 60
因康镍 600	INCONEL 82 Nickel 61	INCONEL 617 INCONEL 625 INCONEL 82	I-W 686CPT INCONEL 82	INCONEL 617 INCONEL 625 INCONEL 82	INCONEL 625 INCONEL 82	INCONEL 625 INCONEL 82
因康镍 625	INCONEL 625 INCONEL 82 Nickel 61	INCONEL 617 INCONEL 625 INCONEL 82	I-W 686CPT INCONEL 625	I-W 686CPT INCONEL 625 INCONEL 82	I-W 686CPT INCONEL 625 INCONEL 82	INCONEL 625 INCONEL 82
因康镍 686	I-W 686CPT INCONEL 625 Nickel 61	I-W 686CPT INCONEL 617 INCONEL 82	I-W 686CPT	I-W 686CPT INCONEL 625 INCONEL 82	I-W 686CPT INCONEL 625 INCONEL 82	I-W 686CPT INCONEL 625 INCONEL 82
因康洛依 800、803 及 800H/HT	INCONEL 82 Nickel 61	INCONEL 617 INCONEL 625 INCONEL 82	I-W 686CPT INCONEL 82	INCONEL 617 INCONEL 625 INCONEL 82	INCONEL 625 INCONEL 82	INCONEL 625 INCONEL 82
因康洛依 825	INCONEL 82 Nickel 61	INCONEL 625 INCONEL 82	I-W 686CPT INCONEL 625 INCONEL 622	INCONEL 625 INCONEL 82	INCONEL 625 INCONEL 82	INCONEL 625 INCONEL 82

（续）

母材	铜镍合金	铸造高温合金	双相及超级双相不锈钢	奥氏体不锈钢	3%～30%铬钢	碳钢、低合金钢及镍钢
碳钢、低合金钢及镍钢	INCONEL 82 Nickel 61	INCONEL 625 INCONEL 82	I-W 686CPT INCONEL 82	INCONEL 625 INCONEL 82	INCONEL 625 INCONEL 82	INCONEL 625 INCONEL 82
3%～30%铬钢	INCONEL 82 Nickel 61	INCONEL 625 INCONEL 82 INCONEL 617	I-W 686CPT INCONEL 625 INCONEL 82	INCONEL 625 INCONEL 82	INCONEL 625/52 INCONEL 82	
奥氏体不锈钢	INCONEL 62 Nickel 61	INCONEL 82	I-W 686CPT INCONEL 82	I-W 686CPT INCONEL 82/625		
双相、超级双相不锈钢	I-W 686CPT INCONEL 82	I-W 686CPT INCONEL 82	I-W 686CPT			
铸造高温合金	INCONEL 82 Nickel 61	INCONEL 617 INCONEL 82				
铜镍合金	MONEL 67					

母材	因康洛依825	因康洛依803 800、800H/HT	因康镍686	因康镍625	因康镍600	蒙乃尔400	镍200
镍200	INCONEL 625 INCONEL 82 Nickel 61	INCONEL 82 Nickel 61	I-W 686CPT INCONEL 625 INCONEL 82 Nickel 61	INCONEL 625 INCONEL 82 Nickel 61	INCONEL 82 Nickel 61	MONEL 60 Nickel 61	Nickel 61
蒙乃尔400	INCONEL 625 INCONEL 82	INCONEL 625 INCONEL 82	I-W 686CPT INCONEL 625 INCONEL 82	INCONEL 625 INCONEL 82 Nickel 61	INCONEL 625 INCONEL 82	MONEL 60 INCONEL 625	

因康镍 600	INCONEL 625 INCONEL 82	INCONEL 617 INCONEL 625 INCONEL 82	I-W 686CPT INCONEL 625 INCONEL 82	INCONEL 625 INCONEL 82	INCONEL 82
因康镍 625	INCONEL 625	INCONEL 617 INCONEL 625 INCONEL 82	I-W 686CPT INCONEL 625	INCONEL 625	
因康镍 686	I-W 686 CPT INCONEL 625	I-W 686CPT INCONEL 617 INCONEL 625 INCONEL 82	I-W 686CPT		
因康洛依 800、803 及 800H/HT	INCONEL 625 INCONEL 82	INCONEL 617 INCONEL 82			
因康洛依 825	INCONEL 625 I-W 686CPT				
碳钢、低合金钢及镍钢					
3%～30%铬钢					
奥氏体不锈钢					
双相、超级双相不锈钢					
铸造高温合金					
铜镍合金					

注：本表中焊丝均为 SMC 国际超合金公司产品，百分数为质量分数。

铝合金常用的焊丝大多是与基体金属成分相近的标准牌号焊丝。在缺乏标准牌号焊丝时，可从基体金属上切下狭条代用。较为通用的焊丝是HS311，这种焊丝的液态金属流动性好，凝固时的收缩率小，具体优良的抗裂性能。为了细化焊缝晶粒，提高焊缝的抗裂性及力学性能，通常在焊丝中加入少量的Ti、V、Zr等合金元素作为变质剂。

6. 异种铝及铝合金焊接用焊丝的选择

异种铝及铝合金焊接用焊丝的选择见表2-120。

表2-120 异种铝及铝合金焊接用焊丝的选择

母材	铸件		6061 6063	5456	5154	5056	5083	5052	5005 5N01	1100 1200 3003 3203	1070 1050
	AC4C	AC7A									
1070 1050	4043	4043	4043	5356 (a、c、e)	4043 (c、d、e)	5356 (c、e)	5356 (a、c、e)	4043	1100 (a)	1100 (a)	1070
1100 1200 3003 3203	4043	4043 (c、d、e)	4043 (c、d、e)	5356 (a、c、e)	4043 (c、d、e)	5356 (c、e)	5356 (a、c、e)	4043 (c、d、e)	4043 (c、d、e)	1100 (a)	
5005 5N01	4043	4043 (c、d、e)	4043 (b、c、d、e)	5356 (c、e)	5356 (c、e)	5356 (c、e)	5356 (c、e)	4043 (c、d、e)	4043 (c、d、e)		
5052	4043 (c、d、e)	4043 (b、c、d、e)	4043 (b、c、d、e)	5356 (c、e)	5356 (c、e)	5356 (c、e)	5356 (c、e)	5154 (c、d、e)			
5083	5356 (a、c、e)	5356 (c、e)	5356 (c、e)	5183 (d、e)	5356 (c、e)	5356 (c、e)	5183 (d、e)				
5056	5356 (a、c、e)	5356 (c、e)	5356 (b、c、e)	5356 (c、e)	5356 (c、e)	5356 (c、e)					
5154	5356 (a、c、e)	5356 (b、c、e)	5356 (a、b、c、e)	5356 (c、e)	5154 (c、d、e)						
5456	5356 (a、c、e)	5356 (c、e)	5356 (c、e)	5566							
6061 6063	4043 (c、d、e	5356 (a、b、c、e)	5356 (a、b、c、e)								
铸件 AC7A	4043 (c、d、e)	5356 (b、c、e)									
铸件 AC4C	4043										

注：括号内为代用材质，其中a为4043，b为5154，c为5183，d为5356，e为5556。

7. 铜及铜合金焊丝的选择

1）选用铜及铜合金焊丝时，除了满足对焊丝的一般焊接工艺性能、冶金性能要求外，重要的是控制其中杂质的含量和提高其脱氧能力，防止焊缝出现热裂纹及气孔等缺陷。

2）焊接纯铜用焊丝主要加入了 Si、Mn、P 等脱氧元素。对导电性要求高的纯铜焊件，不宜选用含 P 焊丝。在黄铜焊丝中加 Si 可以防止 Zn 的蒸发、氧化，提高熔池金属的流动性、抗裂性及耐蚀性。加入 Al 可作合金剂，同时可脱氧和细化焊缝组织，提高接头的塑性、耐蚀性。

3）焊丝中加入 Fe 可提高焊缝的强度、硬度和耐磨性，但塑性有所降低。Sn 加入焊丝中可提高熔池金属的流动性，改善焊丝的工艺性能。在焊丝中加入单个或复合元素 Ti、Zr、B 可以起到脱氧及细化焊缝组织的效果，在气体保护焊中得到了很好的应用。

4）纯铜焊接时可以选择含 Si、Mn、P 和 Sn 的焊丝（SCu1898），以避免焊缝产生热裂纹和气孔。焊接青铜时采用同质青铜焊丝，但有时选择铝青铜焊丝焊接其他青铜（如硅青铜）也能保证接头的力学性能。惰性气体保护焊焊接黄铜时，为了防止 Zn 的大量蒸发，应避免选用黄铜焊丝，改选用硅青铜焊丝。Si 能抑制 Zn 的烧损，可获得较好的结果。

8. 药芯焊丝的选用

采用药芯焊丝的焊接具有工艺性能好、焊缝质量好、对钢材的适应性强等优点，有着广阔的应用前景。药芯焊丝可用于焊接各种类型的钢结构，包括低碳钢、低合金高强钢、低温钢、耐热钢、不锈钢及耐磨堆焊等。所采用的保护气体有 CO_2 和 $Ar+CO_2$ 两种，前者用于普通结构，后者用于重要结构。药芯焊丝适于自动或半自动焊接，采用直流或交流电流均可。

（1）低碳钢及高强钢用药芯焊丝　低碳钢及高强钢用药芯焊丝的品种多、用量大，大多数为钛型渣系，焊接工艺性好，焊接生产率高，主要用于造船、桥梁、建筑、车辆制造等领域。低碳钢及低合金高强钢用药芯，焊丝品种较多。从焊缝强度级别上看，490MPa 级和 590MPa 级的药芯焊丝已普遍适用；从性能上看，有的侧重于工艺性能，有的侧重于焊缝力学性能和抗裂性能，有的适用于包括向下立焊在内的全位置焊，也有的专用于角焊缝。

（2）不锈钢用药芯焊丝　不锈钢药芯焊丝具有工艺性能好、力学性能稳定、生产率高等特点。不锈钢药芯焊丝除铬镍系不锈钢药芯焊丝外，还有铬系不锈钢药芯焊丝。焊丝直径有 0.8mm、1.2mm、1.6mm 等，可满足不锈钢薄板、中板及厚板的焊接需要。所采用的保护气体多数为 CO_2，也可采用 Ar+20%～50%（体积分数）CO_2 的混合气体。

（3）耐磨堆焊用药芯焊丝　为了增加耐磨性或使金属表面获得某些特殊性能，需要从焊丝中过渡一定量的合金元素。随着药芯焊丝的问世，这些合金元素可加入药芯中，且加工制造方便，故采用药芯焊丝进行埋弧堆焊耐磨表面是一种常用的方法，并已得到广泛应用。此外，在烧结焊剂中加入合金元素，堆焊后也能得到相应成分的堆焊层，它与实心或药芯焊丝相配合，可满足不同的堆焊要求。

（4）自保护药芯焊丝　自保护药芯焊丝是指不需要外加保护气体或焊剂，就可进行电弧焊，从而获得合格焊缝的焊丝。该焊丝把作为造渣、造气、脱氧作用的粉剂和金属粉置于钢皮之内，焊接时粉剂在电弧作用下变成熔渣和气体，起到造渣和造气保护作用，不用另加气体保护。自保护药芯焊丝的熔敷效率明显比焊条高，野外施焊的灵活性和抗风能力优于其他气体保护焊，通常可在 4 级风力下施焊。因为该焊丝不需要保护气体，适于野外或高空作业，故多用于安装现场和建筑工地。其焊缝金属的塑性、韧性，一般低于带辅助保护气体的药芯焊丝，目前主要用于低碳钢焊接结构。此外，自保护药芯焊丝施焊时烟尘较大，在狭窄空间作业时要注意加

强通风换气。

2.5　焊剂

2.5.1　焊剂的分类、型号和牌号

1. 焊剂的分类

焊剂是焊接时能够熔化形成熔渣和气体，对熔化金属起保护和冶金处理作用的一种颗粒状物质。焊剂的分类如图 2-14 所示。

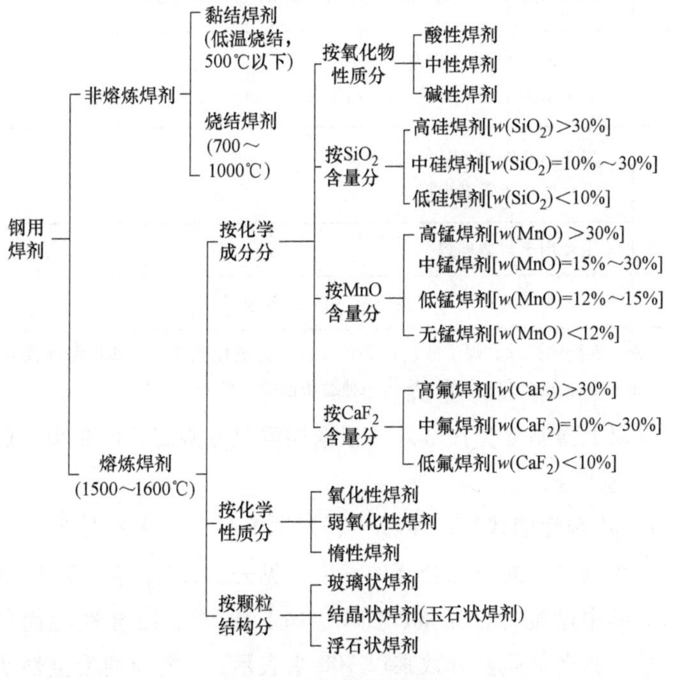

图 2-14　焊剂的分类

2. 焊剂的型号

焊剂的型号由四部分组成：

1）第一部分表示焊剂适用的焊接方法，“S”表示适用于埋弧焊，“ES”表示适用于电渣焊。

2）第二部分表示焊剂制造方法，“F”表示熔炼焊剂，“A”

表示烧结焊剂，"M"表示混合焊剂。

3）第三部分表示焊剂类型代号，见表 2-94。

4）第四部分表示焊剂适用范围代号，见表 2-121。

表 2-121　焊剂适用范围代号

代号①	适用范围
1	用于非合金钢及细晶粒钢、高强钢、热强钢和耐候钢，适合于焊接接头和/或堆焊 在接头焊接时，一些焊剂可应用于多道焊和单/双道焊
2	用于不锈钢和/或镍及镍合金 主要适用于接头焊接，也能用于带极堆焊
2B	用于不锈钢和/或镍及镍合金 主要适用于带极堆焊
3	主要用于耐磨堆焊
4	1~3 类都不适用的其他焊剂，例如铜合金用焊剂

① 由于匹配的焊丝、焊带或应用条件不同，焊剂按此划分的适用范围代号可能不止一个，在型号中应至少标出一种适用范围代号。

除以上强制分类代号外，根据供需双方协商，可在型号后依次附加可选代号：

1）冶金性能代号，用数字、元素符号、元素符号和数字组合等表示焊剂烧损或增加合金的程度，见表 2-122 和表 2-123；3 类焊剂向焊缝中过渡合金元素，如 C、Cr、Mo 等，冶金性能代号以元素符号及其名义质量分数乘以 100 来表示；4 类焊剂冶金性能代号以相应合金化元素符号来表示。

2）电流类型代号，用字母表示，"DC"表示适用于直流焊接，"AC"表示适用于交流和直流焊接。

3）扩散氢代号"HX"，其中 X 可为数字 2、4、5、10 或 15，分别表示每 100g 熔敷金属中扩散氢含量的最大值（mL），见表 2-124。

表 2-122 1类适用范围焊剂的冶金性能代号

冶金性能	代号	化学成分差值(质量分数,%)	
		Si	Mn
烧损	1	—	>0.7
	2	—	>0.5~0.7
	3	—	>0.3~0.5
	4	—	>0.1~0.3
中性	5	0~0.1	
增加	6	>0.1~0.3	
	7	>0.3~0.5	
	8	>0.5~0.7	
	9	>0.7	

表 2-123 2类和2B适用范围焊剂的冶金性能代号

冶金性能	代号	化学成分差值(质量分数,%)			
		C	Si	Cr	Nb
烧损	1	>0.020	>0.7	>2.0	>0.20
	2	—	>0.5~0.7	>1.5~2.0	>0.15~0.20
	3	>0.010~0.020	>0.3~0.5	>1.0~1.5	>0.10~0.15
	4	—	>0.1~0.3	>0.5~1.0	>0.05~0.10
中性	5	0~0.010	0~0.1	0~0.5	0~0.05
增加	6	—	>0.1~0.3	>0.5~1.0	>0.05~0.10
	7	>0.010~0.020	>0.3~0.5	>1.0~1.5	>0.10~0.15
	8	—	>0.5~0.7	>1.5~2.0	>0.15~0.20
	9	>0.020	>0.7	>2.0	>0.20

表 2-124 熔敷金属扩散氢代号

扩散氢代号	扩散氢含量/(mL/100g)	扩散氢代号	扩散氢含量/(mL/100g)
H15	≤15	H4	≤4
H10	≤10	H2	≤2
H5	≤5		

焊剂型号示例：

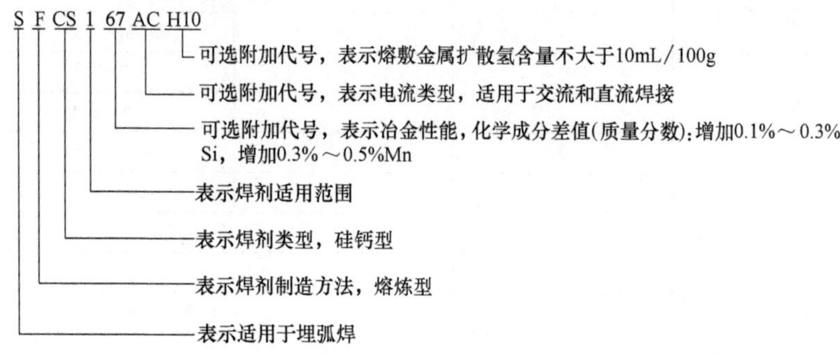
S F CS 1 67 AC H10
可选附加代号，表示熔敷金属扩散氢含量不大于10mL/100g
可选附加代号，表示电流类型，适用于交流和直流焊接
可选附加代号，表示冶金性能，化学成分差值(质量分数)：增加0.1%～0.3%Si，增加0.3%～0.5%Mn
表示焊剂适用范围
表示焊剂类型，硅钙型
表示焊剂制造方法，熔炼型
表示适用于埋弧焊

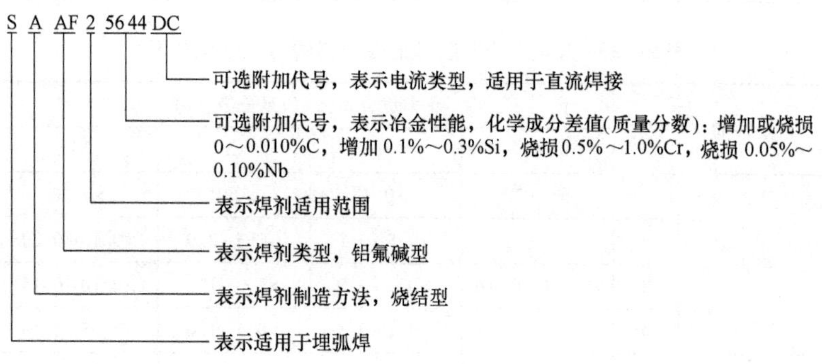
S A AF 2 5644 DC
可选附加代号，表示电流类型，适用于直流焊接
可选附加代号，表示冶金性能，化学成分差值(质量分数)：增加或烧损0～0.010%C，增加 0.1%～0.3%Si，烧损0.5%～1.0%Cr，烧损 0.05%～0.10%Nb
表示焊剂适用范围
表示焊剂类型，铝氟碱型
表示焊剂制造方法，烧结型
表示适用于埋弧焊

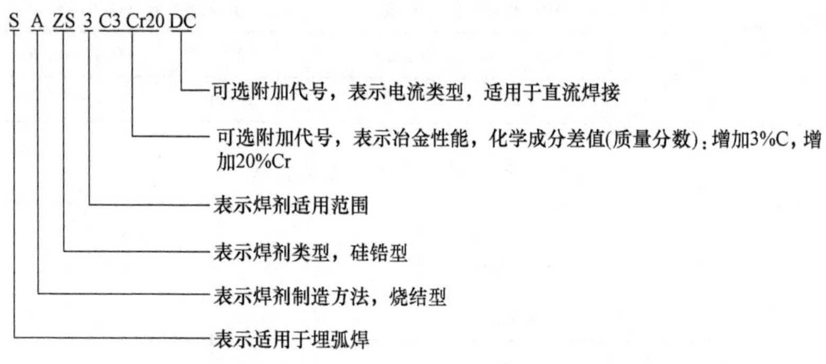
S A ZS 3 C3 Cr20 DC
可选附加代号，表示电流类型，适用于直流焊接
可选附加代号，表示冶金性能，化学成分差值(质量分数)：增加3%C，增加20%Cr
表示焊剂适用范围
表示焊剂类型，硅锆型
表示焊剂制造方法，烧结型
表示适用于埋弧焊

3. 熔炼焊剂的牌号

(1) 熔炼焊剂的牌号　熔炼焊剂的牌号由字母“HJ”和三位数字组成，表示方法如下：

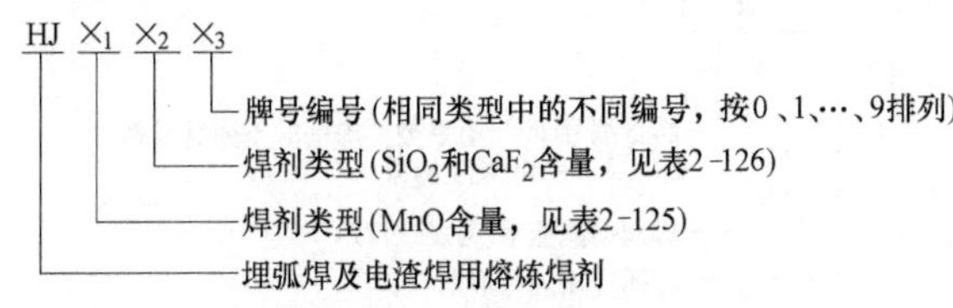

表 2-125　焊剂类型（$\times_1$）

$\times_1$	焊剂类型	$w(MnO)(\%)$	$\times_1$	焊剂类型	$w(MnO)(\%)$
1	无锰	<2	3	中锰	15~30
2	低锰	2~15	4	高锰	>30

表 2-126　焊剂类型（$\times_2$）

$\times_2$	焊剂类型	$w(SiO_2)(\%)$	$w(CaF_2)(\%)$
1	低硅低氟	<10	<10
2	中硅低氟	10~30	
3	高硅低氟	>30	
4	低硅中氟	<10	10~30
5	中硅中氟	10~30	
6	高硅中氟	>30	
7	低硅高氟	<10	>30
8	中硅高氟	10~30	
9	其他	不规定	不规定

注：同一牌号焊剂生产两种不同颗粒度时，在细颗粒焊剂牌号后面加字母“X”。

熔炼焊剂牌号示例：

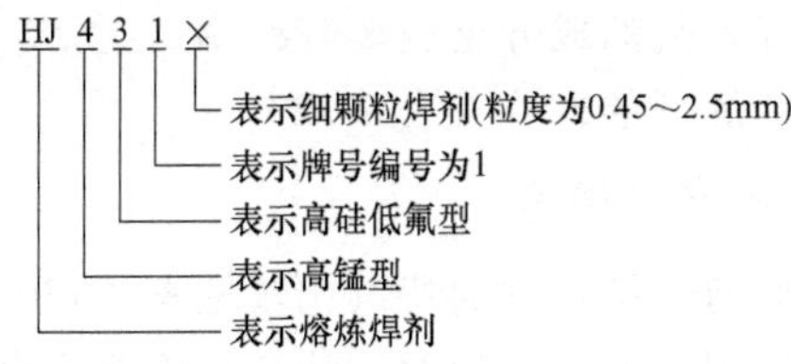

（2）烧结焊剂的牌号　烧结焊剂的牌号由字母“SJ”和三位数字组成，表示方法如下：

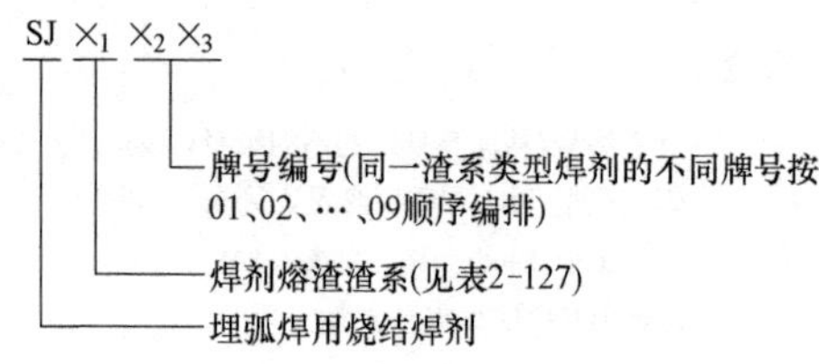

表 2-127　焊剂熔渣渣系（$\times_1$）

$\times_1$	熔渣渣系类型	主要化学成分组成类型
1	氟碱型	$w(CaF_2)\geqslant15\%$，$w(CaO+MgO+MnO+CaF_2)>50\%$，$w(SiO_2)<20\%$
2	高铝型	$w(Al_2O_3)\geqslant20\%$，$w(Al_2O_3+CaO+MgO)>45\%$
3	硅钙型	$w(CaO+MgO+SiO_2)>60\%$
4	硅锰型	$w(MnO+SiO_2)>50\%$
5	铝钛型	$w(Al_2O_3+TiO_2)>45\%$
6、7	其他型	不规定

烧结焊剂牌号示例：

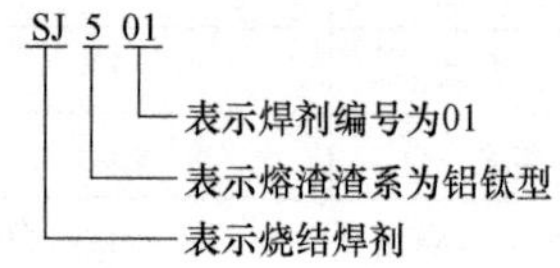

2.5.2　焊剂的成分

1）国产熔炼焊剂的成分见表 2-128。

2）国产烧结焊剂的成分见表 2-129。

2.5.3　焊剂的特点与用途

1）熔炼焊剂与烧结焊剂的特点比较见表 2-130。

2）国产熔炼焊剂的配用焊丝、特点与用途见表 2-131。

表 2-128 国产熔炼焊剂的成分

序号	焊剂牌号	焊剂类型	焊剂成分(质量分数,%)													
			SiO_2	CaF_2	CaO	MgO	MnO	Al_2O_3	FeO	R_2O①	TiO_2	NaF	ZrO_2	S≤	P≤	其他
1	HJ130	无锰高硅低氟	35~40	4~7	10~18	14~19	—	12~16	≈2	—	7~11	—	—	0.05	0.05	—
2	HJ131	无锰高硅低氟	34~38	2~5	48~55	—	—	6~9	≤1.0	≤3	—	—	—	0.05	0.05	—
3	HJ150	无锰高硅中氟	21~23	25~33	3~7	9~13	—	28~32	≤1.0	≤3	—	—	—	0.08	0.08	—
4	HJ151	无锰中硅中氟	24~30	18~24	≤6	13~20	—	22~30	—	—	—	—	—	0.07	0.08	—
5	HJ152	无锰	$Al_2O_3+CaF_2$:30~60,$CaO+SiO_2+K_2O$:20~50													10
6	HJ172	无锰低硅高氟	3~6	45~55	2~5	—	1~2	28~35	≤8	≤3	—	2~4	2~4	0.05	0.05	—
7	HJ211	低锰中硅(含钛硼)	$SiO_2+Al_2O_3+TiO_2$:51~58,CaO+MgO+BaO:24~28,CaF_2≤15													—
8	HJ230	低锰高硅低氟	40~46	7~11	8~14	10~14	5~10	10~17	≤1.5	—	—	—	—	0.05	0.05	—
9	HJ250	低锰中硅中氟	18~22	23~30	4~8	12~16	5~8	18~23	≤1.5	≤3	—	—	—	0.05	0.05	—
10	HJ251	低锰中硅中氟	18~22	23~30	3~6	14~17	7~10	18~23	≤1.0	—	—	—	—	0.08	0.05	—
11	HJ252	低锰中硅中氟	18~22	18~24	2~7	17~23	2~5	22~28	≤1.0	—	—	—	—	0.07	0.08	—
12	HJ260	低锰高硅中氟	29~34	20~25	4~7	15~18	2~4	19~24	≤1.0	—	—	—	—	0.07	0.07	—
13	HJ330	中锰高硅低氟	44~48	3~6	≤3	16~20	22~26	≤4	≤1.5	≤1	—	—	—	0.06	0.08	—

（续）

序号	焊剂牌号	焊剂类型	焊剂成分（质量分数，%）													
			SiO_2	CaF_2	CaO	MgO	MnO	Al_2O_3	FeO	R_2O[①]	TiO_2	NaF	ZrO_2	S≤	P≤	其他
14	HJ331	中锰高硅中氟	SiO_2+TiO_2:40，Al_2O_3+MnO:23，CaO+MgO:25，CaF_2+其他:10													
15	HJ350	中锰中硅中氟	30～35	14～20	10～18	—	14～19	13～18	≤1.0	—	—	—	—	0.06	0.07	—
16	HJ351	中锰中硅中氟	30～33	14～20	10～18	—	14～19	13～18	≤1.0	—	2～4	—	—	0.04	0.05	—
17	HJ360	中锰高硅中氟	33～37	10～19	4～7	5～9	20～26	11～15	≤1.0	—	—	—	—	0.10	0.10	—
18	HJ380	中锰中硅高氟	$SiO_2+Al_2O_3$≈40，MgO+MnO+CaO≈30，CaF_2<20，其他≈10													
19	HJ430	高锰高硅低氟	38～45	5～9	≤6	—	38～47	≤5	≤1.8	—	—	—	—	0.06	0.08	—
20	HJ431	高锰高硅低氟	40～44	3～7	≤8	5～8	32～38	≤6	≤1.8	—	—	—	—	0.06	0.08	—
21	HJ433	高锰高硅低氟	42～45	2～4	≤4	—	44～47	≤3	≤1.8	≤0.5	—	—	—	0.06	0.08	—
22	HJ434	高锰高硅低氟	40～50	4～8	3～9	≤5	35～40	≤6	≤1.5	—	1～8	—	—	0.05	0.05	—
23	HJ107	无锰中硅中氟	26～30	20～26	≤4	13～17	—	24～30	—	—	—	—	—	0.05	0.05	Cr_2O_3≤4.5，Na_3AlF_6≤3
24	722	无锰无硅高氟	—	45～50	—	—	—	28～33	—	—	—	3～4	3.5～4.5	0.05	0.05	—
25	804	无锰低硅高氟	9～14	23～29	9～14	—	≤1	36～46	2.5～4.0	—	—	—	—	0.06	0.05	—

① R_2O 为 K_2O+Na_2O。

表 2-129　国产烧结焊剂的成分

序号	焊剂牌号	焊剂渣系类型	焊剂主要组成成分(质量分数,%)
1	SJ101	氟碱型	SiO_2+TiO_2:20~30,CaO+MgO:25~35,Al_2O_3+MnO:15~30,CaF_2:15~25,S≤0.06,P≤0.08
2	SJ102	氟碱型	SiO_2+TiO_2:10~15,CaO+MgO:35~45,Al_2O_3+MnO:15~25,CaF_2:20~30,S≤0.06,P≤0.08
3	SJ103	高碱度	S≤0.03,P≤0.03
4	SJ104	高碱度	S≤0.03,P≤0.03
5	SJ105	氟碱型	SiO_2+TiO_2:18~22,CaO+MgO:33~37,Al_2O_3:10~20,CaF_2:25~30,S≤0.06,P≤0.08
6	SJ107	氟碱型	SiO_2+TiO_2:10~15,CaO+MgO:35~45,Al_2O_3+MnO:15~25,CaF_2:20~30,S≤0.06,P≤0.08
7	SJ201	铝碱型	SiO_2+TiO_2≈16,CaO+MgO≈4,Al_2O_3+MnO≈40,CaF_2≈30
8	SJ202	高铝型	CaO+MgO+Al_2O_3>45,SiO_2<15
9	SJ203	高铝型	SiO_2+TiO_2≈25,CaO+MgO≈30,Al_2O_3+MnO≈30,CaF_2≈10,其他≈5
10	SJ301	硅钙型	SiO_2+TiO_2:35~45,CaO+MgO:20~30,Al_2O_3+MnO:20~30,CaF_2:5~15,S≤0.06,P≤0.08
11	SJ302	硅钙型	SiO_2+TiO_2:20~25,CaO+MgO:20~25,Al_2O_3+MnO:30~40,CaF_2:8~10,S≤0.06,P≤0.08
12	SJ303	硅钙型	SiO_2+TiO_2≈40,CaO+MgO≈30,Al_2O_3+MnO≈20,CaF_2≈10
13	SJ401	硅锰型	SiO_2+TiO_2≈45,CaO+MgO≈10,Al_2O_3+MnO≈40
14	SJ402	硅锰型	SiO_2+TiO_2:35~45,CaO+MgO:5~15,Al_2O_3+MnO:40~50,S≤0.06,P≤0.08
15	SJ403	硅锰型	SiO_2+TiO_2:35~45,CaO+MgO:10~20,Al_2O_3+MnO:20~35,S≤0.04,P≤0.04
16	SJ501	铝钛型	SiO_2+TiO_2:25~35,Al_2O_3+MnO:50~60,CaF_2:3~10,S≤0.06,P≤0.08
17	SJ502 SJ504	铝钛型	SiO_2+TiO_2≈45,Al_2O_3+MnO≈30,CaF_2≈5,CaO+MgO≈10
18	SJ503	铝钛型	SiO_2+TiO_2 : 20~25,Al_2O_3+MnO:50~55,CaF_2:5~15,S≤0.06,P≤0.08
19	SJ521	陶质型	—
20	SJ522	陶质型(中性偏碱性)	—
21	SJ523	陶质型	—
22	SJ524	陶质型	堆焊二层的堆焊金属参考成分(配合 H00Cr20Ni10 焊带):C≤0.03,Cr≈21.0,Ni≈10.0,Mn≤2.0,Si≤0.80
23	SJ570	低硅高氟陶质型	—

（续）

序号	焊剂牌号	焊剂渣系类型	焊剂主要组成成分(质量分数,%)
24	SJ601	碱性	SiO_2+TiO_2:5~10,Al_2O_3+MnO:30~40,$CaO+MgO$:6~10,CaF_2:40~50,$S\leqslant0.06$,$P\leqslant0.08$
25	SJ602	碱性	$SiO_2+TiO_2\approx10$,$CaO+MgO+CaF_2\approx55$,$Al_2O_3+MnO\approx30$
26	SJ603	碱性	$SiO_2<15$,$MgO+CaF_2+Al_2O_3>60$,其他金属元素≈20
27	SJ604	碱性	$SiO_2+TiO_2\approx5$,$Al_2O_3>30$,$MgO+CaF_2<20$,$MnO\approx10$,其他≈5
28	SJ605	高碱度	$SiO_2+TiO_2\approx10$,$Al_2O_3+MnO\approx20$,$CaF_2\approx30$,$CaO+MgO\approx35$
29	SJ606	碱性	SiO_2+MnO:20~30,$Al_2O_3+Fe_2O_3$:25~35,$CaO+MgO+CaF_2$:30~40,其他≈10
30	SJ607	碱性	$SiO_2+MnO+Al_2O_3+MgO\approx80$,$CaF_2\approx10$,其他≈10
31	SJ608 SJ608A	碱性	$SiO_2+TiO_2\leqslant20$,$CaO+MgO$:6~10,Al_2O_3+MnO:30~40,CaF_2:40~50
32	SJ671	低硅高氟碱性	—
33	SJ701	钛碱型	SiO_2+TiO_2:50~60,Al_2O_3+MnO:5~15,$CaO+MgO$:25~35,CaF_2:5~15

表 2-130　熔炼焊剂与烧结焊剂的特点比较

比较项目		熔炼焊剂	烧结焊剂
一般特点		熔点较低,松密度比较大,颗粒不规则,但强度较高。焊剂的生产中耗电量大,成本较高	熔点较高,松密度比较小,颗粒圆滑,较规则,但强度低,可连续生产,成本较低
焊接工艺性能	高速焊接性能	焊道均匀,不易产生气孔和夹渣	焊道无光泽,易产生气孔和夹渣
	大规范焊接性能	焊道凹凸显著,易粘渣	焊道均匀,容易脱渣
	吸潮性能	比较小,可不必再烘干	比较大,必须烘干
	耐蚀性	较差	较好
焊缝性能	韧性	受焊丝成分和焊剂碱度影响大	比较容易得到高韧性
	成分波动	焊接规范变化时成分波动较小	成分波动较大
	多层焊性能	焊缝金属的成分变动小	焊缝成分变动较大
	脱氧性能	较差	较好
	合金剂的添加	十分困难	可以添加

表 2-131 国产熔炼焊剂的配用焊丝、特点与用途

序号	焊剂牌号	焊剂类型	配用焊丝/母材	熔敷金属的力学性能				适用电源种类①	焊剂粒度/mm	特点与用途	烘干条件
				R_m/MPa	$R_{p0.2}$/MPa	A(%)	KV_2/J				
1	HJ130	无锰高硅低氟	H10Mn2/Q355	477	332	29.9	—	AC、DC	2.5~0.45	呈黑色或灰色半浮石状颗粒，由于含一定数量的 TiO_2，焊接工艺性能好，抗气孔性好，抗热裂纹性能好；焊缝表面光滑，易脱渣；采用直流电源时焊丝接正极。常用于焊接低碳钢及其他低合金钢	250℃×2h
			H10Mn2/低碳钢	410~550	≥300	≥22	—				
			其他低合金焊丝	—	—	—	—				
2	HJ131	无锰高硅低氟	镍基焊丝	—	—	—	—	AC、DC	2.0~0.28	白色至灰色浮石状颗粒，焊接工艺性能良好。常用于焊接镍基合金薄板结构	250℃×2h
3	HJ150	无锰中硅中氟	H2Cr13、H3Cr2W8 等	—	—	—	—	DC	2.50~0.45	灰色至天蓝色玻璃状或白色浮石状颗粒，玻璃状时松密度为 1.3~1.5g/cm³，适于大电流焊接；采用直流电源，焊丝接正极；焊接工艺性能良好，易脱渣；由于焊剂在熔融状态下流动性好，不适于直径小于 120mm 工件的环向焊接及堆焊。广泛用于合金钢、高合金钢的自动焊、半自动焊和堆焊，特别适于轧辊及高炉料钟等易磨损件的修复堆焊	(300~450)℃×2h

（续）

序号	焊剂牌号	焊剂类型	配用焊丝/母材	熔敷金属的力学性能				适用电源种类①	焊剂粒度/mm	特点与用途	烘干条件
				R_m/MPa	$R_{p0.2}$/MPa	A(%)	KV_2/J				
4	HJ151	无锰中硅中氟	H0Cr21Ni10、H0Cr-20Ni10Ti、H00Cr24-Ni12Nb、H00Cr21Ni-10Nb、H00Cr26Ni12、H00Cr21Ni10 等奥氏体不锈钢焊丝或焊带	—	—	—	—	DC	2.0~0.28	蓝色到深灰色浮石状颗粒，采用直流施焊，焊丝或焊带接正极；焊接工艺性能良好，易脱渣；焊接奥氏体不锈钢时，具有增碳少和铬烧损少等特点；加入适量的氧化铌还能达到含铌不锈钢焊后也易脱渣的目的。可用于核容器及石油化工设备耐磨层堆焊和构件的焊接，配合H06Cr16Mn16 焊丝可用于高锰钢的焊接	(250~300)℃×2h
5	HJ152	无锰	高碳高铬合金管状焊丝	—	—	—	—	DC	2.0~0.3	深灰色玻璃状颗粒，具有良好的焊接工艺性能，焊缝成形好，高温脱渣性能极佳。可用于高铬铸铁耐磨辊堆焊，堆焊层硬度为 55~65HRC；适用于 RP 磨煤机磨辊堆焊，并可专用于高碳高铬耐磨合金的堆焊	350℃×2h
6	HJ172	无锰低硅高氟	适当焊丝	—	—	—	—	DC	2.0~0.28	白色至深灰色半透明玉石状颗粒，采用直流施焊，焊丝接正极，焊接工艺性能良好，焊接含铌或含钛的铬镍不锈钢时不粘渣；其熔渣氧化性很弱，合金元素不易烧损，焊缝含氧量低，故具有较高的塑性和韧性。由于焊剂碱度高，抗气孔能力较差，焊缝成形不太理想。配合适当的焊丝，可焊接高铬马氏体热强钢，如 15Cr12MoWV，也可焊接含铌的铬镍不锈钢	(350~400)℃×2h

7	HJ107	无锰中硅中氟	适当焊丝	—	—	—	—	DC	—	灰黑色浮石状颗粒，松密度小，约0.9g/cm^3，为普通焊剂的65%左右，使用直流电源在较高的电弧电压下焊接时，熔深较浅，电弧稳定，焊缝成形美观；焊剂消耗量低，易脱渣。由于焊剂中含有较多的CaF_2，又加入了Na_3AlF_6（冰晶石），抗气孔和抗裂纹能力均有提高。在焊剂中加入Cr_2O_3，既可起到浮石化作用，又可减少不锈钢焊接过程中Cr的损失。常用于不锈钢埋弧焊焊接和不锈钢复合层的堆焊，配合适当的焊丝或焊带，可获得优质的堆焊层，如配合H06Cr16Mn16焊丝用于高锰钢（Mn13）道岔的埋弧焊，也可用于焊接含铌不锈钢等	—
8	HJ230	低锰高硅低氟	H10Mn2/Q355	495	345	30.2	95 （-40℃）	AC、DC	2.5~0.45	青灰色玻璃状颗粒，直流焊接时焊丝接正极，焊接工艺性能良好，焊缝美观。用于焊接低碳钢及低合金结构钢，如Q355等	250℃×2h
			H08MnA/低碳钢	410~550	≥300	≥22	≥27 （0℃）				
			某些低合金钢焊丝	—	—	—	—				

（续）

序号	焊剂牌号	焊剂类型	配用焊丝/母材	熔敷金属的力学性能				适用电源种类①	焊剂粒度/mm	特点与用途	烘干条件
				R_m/MPa	$R_{p0.2}$/MPa	A(%)	KV_2/J				
9	HJ211	低锰中硅含钛硼	H10Mn2A 等	480~650	≥380	≥22	27(-40℃)	AC、DC	1.4~0.25	灰黑色颗粒，直流焊接时焊丝接正极，焊接工艺性能良好，扩散氢含量低。配用 US-36、EH14、H10Mn2A 焊丝，用于海洋平台、船舶、压力容器等重要结构的焊接	350℃×2h
10	HJ250	低锰中硅中氟	H08Mn2MoA/18MnMoNb	685	568	≥19	94.5(-40℃)	DC	2.0~0.28	淡黄色至浅绿色玉石状颗粒，由于焊剂的活度较小，焊缝中氧含量较低，低温冲击韧性较高；但焊缝的氢含量较高，对冷裂纹敏感性较大，焊接时应采用相应的预热措施；焊丝接正极，焊接工艺性能良好，易脱渣，焊缝成形美观。配合适当的焊丝可焊接低合金高强度钢，如 Q235 等，也可焊接低温钢 09Mn2V；配合 Cr-Mo-V 低合金钢焊丝可焊接 12CrMoV 等低合金耐热钢	(300~350)℃×2h
			H08Mn2MoA/14MnMoVb	705	596	21.6	126(-40℃)				
			H06MnNi2CrMoA/12Ni4CrMoV	735	627	≥20	110(-40℃)				
			H08MnMoA 等	—	—	—	—				
11	HJ251	低锰中硅中氟	铬钼焊丝	—	—	—	—	DC	2.0~0.28	淡黄色至浅绿色玉石状颗粒，该焊剂的冶金性能与 HJ250 相似，焊丝接正极，焊接工艺性能良好，配合铬钼焊丝可焊接珠光体耐热钢，如焊接汽轮机转子等，也可用于焊接其他低合金钢	(300~350)℃×2h

12	HJ252	低锰中硅中氟	H08Mn2MoA、H10Mn2、H06Mn2Ni-MoA 等	≥590	—	≥18	≥41(−20℃)	DC	2.0~0.28	灰色至浅灰色玉石状颗粒，焊丝接正极，焊接工艺性能良好，在较窄的深坡口内多层焊接时也具有良好的脱渣性能；与高活度焊剂(如 HJ431、HJ350)相比，焊缝中的非金属夹杂物及 S、P 含量少；焊剂在熔融时具有良好的导电作用，故也适用于电渣焊。配合适当焊丝可焊接 Q355 等低合金高强度钢；焊缝具有良好的抗裂性和较好的低温韧性。可用于核容器、石油化工等压力容器的焊接	250℃×2h
13	HJ260	低锰高硅中氟	H0Cr21Ni10、H0Cr21Ni10Ti 等奥氏体不锈钢焊丝	—	—	—	—	DC	2.0~0.28	灰色玻璃状颗粒，采用直流施焊，焊丝接正极，电弧稳定，焊缝成形美观。配合奥氏体钢焊丝可焊接相应的耐酸不锈钢结构，也可用于轧辊堆焊	250℃×2h
14	HJ330	中锰高硅低氟	H08MnA、H08Mn-2SiA、H10MnSi 等	410~550	≥330	≥22.0	≥27(0℃)	AC、DC	2.5~0.45	棕红色玻璃状颗粒，直流焊接时焊丝接正极，电弧稳定性好，易脱渣，深坡口施焊时的工艺性能良好。焊缝金属的抗裂性能好，低温冲击韧性较高。配合相应的焊丝可焊接低碳钢和某些低合金钢(Q355 等)结构，如锅炉、压力容器等	(300~450)℃×2h

（续）

序号	焊剂牌号	焊剂类型	配用焊丝/母材	熔敷金属的力学性能				适用电源种类①	焊剂粒度/mm	特点与用途	烘干条件
				R_m/MPa	$R_{p0.2}$/MPa	A(%)	KV_2/J				
15	HJ331	中锰高硅低氟	H08A	410~550	≥330	≥22	≥27(-20℃)	AC、DC	1.6~0.25	褐绿色玻璃状颗粒，坡口内易脱渣，适用于大电流、较快焊速（≈60m/h）焊接；低温韧性和抗裂性良好，用于低碳钢及国产 STE355 钢的焊接，如船舶、压力容器、桥梁等	(250~300)℃×2h
16	HJ350	中锰中硅中氟	H10Mn2	480~650	≥380	≥22	≥27(-20℃)	AC、DC	2.5~0.45 1.18~0.15	棕色至浅黄色的玻璃状颗粒，自动焊时粒度采用 2.5~0.45mm，半自动或细丝焊接时粒度为 1.18~0.18mm；直流焊接时焊丝接正极，焊接工艺性能良好，易脱渣，焊缝成形美观；焊缝中扩散氢含量低，焊接低合金高强度钢时抗冷裂纹性能良好。配合适当焊丝可焊接低合金钢和中合金钢重要结构，主要用于船舶、锅炉、高压容器焊接；细粒度焊剂可用于细丝埋弧焊，焊接薄板结构	350℃×2h
			H10Mn2MoA/Q390	595	495	22.3	—				
17	HJ351	中锰中硅中氟	H10Mn2	410~550	≥330	≥22	≥27(-20℃)	AC、DC	2.0~0.28	棕色至浅黄色的玻璃状颗粒，直流焊接时焊丝接正极，焊接工艺性能良好，易脱渣，焊缝成形美观。用于埋弧焊和半自动焊，配合适当焊丝可焊接锰钼、锰硅及含镍的低合金钢的重要结构，如船舶、锅炉、高压容器等，细粒度焊剂可用于焊接薄板结构	(350~400)℃×2h

18	HJ360	中锰 高硅 中氟	H10MnSi、H10Mn2、H08Mn2MoVA 等焊丝	—	—	—	—	AC、DC	2.0~0.28	棕红色至浅黄色的玻璃颗粒，熔融状态下熔渣具有良好的导电性能，电渣焊接时可保证过程稳定，并有一定的脱硫能力；直流焊接时焊丝接正极。主要用于电渣焊接，配合 H10MnSi 等焊丝可焊接低碳钢及某些低合金钢（Q235、20g、Q355 及 Q390）大型结构，如轧钢机架、大型立柱或轴等	250℃×2h
19	HJ380	中锰 中硅 高氟	H10MnNiA	480~650	≥380	≥22	≥27（-20℃）	DC	2.0~0.25	棕红色至浅绿色的玻璃状颗粒，适宜直流反接施焊，焊接热输入为 22~29kJ/cm，焊接接头和焊缝金属具有良好的抗裂性、塑性、韧性，焊接工艺性能良好，易脱渣。配合 H10MnNiA 焊丝可焊接（单道或多道）核Ⅱ级容器用钢 Q390，也可用于其他 Mn-Ni 系列钢的焊接	（300~350）℃×2h
20	HJ430	高锰 高硅 低氟	H08A/Q355	570	445	28	—	AC、DC	2.5~0.45 1.18~0.18	棕色至褐绿色的玻璃状颗粒，直流施焊时焊丝接正极，交流焊接时空载电压不宜小于 70V，否则电弧稳定性不良。焊剂抗气孔性能优良，耐锈能力较强。因焊剂的碱度低，焊缝中氧含量高，非金属夹杂物及 S、P 含量也高，故焊缝金属的冲击韧性不高，脆性转变温度为-30~-20℃；焊剂不适于焊接较高强度级别的钢种，也不适于焊接低温下使用的结构。焊接工艺性能良好。配合适当的焊丝可焊接低碳钢及某些低合金钢（Q355、Q390 等）结构，如锅炉、船舶、压力容器、管道。细颗粒度焊剂用于细焊丝埋弧焊，焊接薄板结构	250℃×2h
			H08A/Q390	570	450	20	—				
			H08MnMoA/Q420	630	505	24.5	—				
			H08A/低碳钢	410~550	≥330	≥22	≥27（0℃）				
			H10MnSi 等	—	—	—	—				

（续）

序号	焊剂牌号	焊剂类型	配用焊丝/母材	熔敷金属的力学性能				适用电源种类①	焊剂粒度/mm	特点与用途	烘干条件
				R_m/MPa	$R_{p0.2}$/MPa	A(%)	KV_2/J				
21	HJ431	高锰高硅低氟	H08A	410~550	≥330	≥22	≥27(0℃)	AC、DC	2.5~0.45	红棕色至浅黄色玻璃状颗粒，直流施焊时焊丝接正极，焊接工艺性能良好，易脱渣，焊缝成形美观。与HJ430相比，电弧稳定性改善，施焊时有害气体减少，但抗锈和抗气孔能力下降；交流施焊时空载电压应不低于60V。配合相应的焊丝可焊接低碳钢及低合金钢（如Q355、Q390等）结构，如锅炉、船舶、压力容器等；也可用于电渣焊及铜的焊接，是一种多用途焊剂	250℃×2h
			H08MnA/Q355	565	390	30.7	—				
			H10MnSi等焊丝	—	—	—	—				
22	HJ433	高锰高硅低氟	H08A	410~550	≥330	≥22.0	≥27(0℃)	AC、DC	2.5~0.45	棕色至褐绿色颗粒，直流施焊时焊丝接正极，电弧稳定性好，易脱渣，有利于多层连续焊接；因有较高的熔化温度及黏度，焊缝成形好，在环形焊缝施焊时为防止熔渣流淌，故宜快速焊接，尤其是焊薄板。配合相应的焊丝，常用于焊接低碳钢及低合金钢的环缝，制造锅炉、压力容器等；也可以用于低碳钢及350MPa级低合金钢钢管螺旋焊缝的高速焊接，制造输油、输气管道	250℃×2h
			H08MnA、H10MnSi	—	—	—	—				

① AC为交流电源，DC为直流电源。

3）国产烧结焊剂的配用焊丝、特点与用途见表 2-132。

表 2-132 国产烧结焊剂的配用焊丝、特点与用途

序号	焊剂牌号	配用焊丝	熔敷金属的力学性能				适用电源种类[①]	焊剂粒度/mm	特点与用途	烘干条件
			R_m/MPa	$R_{p0.2}$/MPa	A(%)	KV_2/J				
1	SJ101	H08MnA	450~550	≥360	≥24	≥34(−40℃)	AC、DC	2.0~0.28	氟碱型焊剂，碱度值为 1.8，灰色球形颗粒，直流施焊时焊丝接正极，最大焊接电流可达 1200A，电弧燃烧稳定，脱渣容易，焊缝成形美观；所焊焊缝金属具有较高的低温冲击韧性；抗吸潮性好，颗粒强度高，松密度小，焊接过程中焊剂消耗量少。配合相应的焊丝，采用多层焊、双面单道焊、多丝焊和窄间隙埋弧焊等，可焊接普通结构钢、较高强度船用钢、锅炉用钢、压力容器用钢、管线钢及细晶粒结构钢，用于重要的焊接产品	(300~350)℃×2h
		H10Mn2	550~600	≥400	≥24	≥34(−40℃)				
		H08MnMoA	550~650	≥430	≥20	≥34(−20℃)				
		H08Mn2MoA	620~750	≥500	≥20	≥34(−20℃)				
2	SJ102	H08MnA	490~560	≥400	≥24	≥40(−40℃)	DC	2.0~0.28	氟碱型高碱度焊剂，碱度值约 3.5，球形颗粒；由于氟化物含量高，只可采用直流施焊，焊丝接正极。焊接工艺性能优良，电弧稳定，焊缝成形美观，易脱渣。抗吸潮性好，颗粒强度高，松密度小，焊接过程中焊剂消耗量少。配合适当的焊丝，可用于低合金结构钢、较高强度的船用钢，压力容器用钢的多道焊、双面单道焊、窄间隙焊和多丝埋弧焊等；配合相应焊丝也可用于窄间隙埋弧焊接 Cr-Mo 耐热钢	(300~350)℃×2h
		H10Mn2	540~660	≥450	≥24	≥60(−40℃)				
		H08MnMoA	580~690	≥500	≥20	≥60(−40℃)				

（续）

序号	焊剂牌号	配用焊丝	熔敷金属的力学性能				适用电源种类①	焊剂粒度/mm	特点与用途	烘干条件
			R_m/MPa	$R_{p0.2}$/MPa	A(%)	KV_2/J				
3	SJ103	H08Cr2MoA 等相应焊丝	≥520	≥310	≥19	—	DC	2.0~0.15	高碱度焊剂，呈本色无杂质椭圆形颗粒，采用直流反接，电弧稳定，高温脱渣容易。配合 H08Cr2MoA 焊丝可焊接热壁加氢反应器用 2.25Cr-1Mo 钢；焊缝金属具有不增硅、不增磷和低扩散氢含量等特点	350℃×2h
4	SJ104	H08Cr2MoA 等相应焊丝	≥520	≥310	≥19	—	DC	2.0~0.15	高碱度焊剂，呈灰色无杂质椭圆形颗粒，采用直流反接，电弧稳定，脱渣容易。配合 H08Cr2MoA 焊丝可焊接热壁加氢反应器用 2.25Cr-1Mo 钢；焊缝金属具有不增硅，不增磷和低扩散氢（扩散氢含量≤4.0mL/100g）等特点	400℃×2h
5	SJ105	WM-210 耐磨合金药芯焊丝	堆焊金属的硬度≥45HRC				DC	2.0~0.28	氟碱型焊剂，碱度值约为 2.2，焊剂呈棕色球形颗粒。用于直流焊接，焊丝接负极；电弧燃烧稳定，脱渣容易，焊缝成形美观。焊剂的抗吸潮性良好，颗粒强度高，松密度小，焊缝金属具有良好的抗裂性能。配合适当焊丝可用于轧辊的表面堆焊	(300~400)℃×1h

6	SJ107	H10Mn2	480~650	≥380	≥22	≥27（-40℃）	AC、DC	2.0~0.28	氟碱型高碱度焊剂，灰色球形颗粒，直流焊时焊丝接正极，最大焊接电流可达 800A。电弧燃烧稳定，脱渣容易，焊缝成形美观，焊缝金属具有较高的低温冲击韧性。配合适当的焊丝可焊接多种低合金结构钢、较高强度船用钢、锅炉压力容器用钢，常用于多道焊、双面单道焊、多丝焊和窄间隙埋弧焊	（300~350）℃×2h
		H08MnA、H08Mn-MoA、H08Mn2MoA 等	—	—	—	—				
7	SJ201	H10Mn2	480~650	≥380	≥22	≥27（-40℃）	DC	2.0~0.28	铝碱型焊剂，为深灰色球形颗粒，直流焊接时，焊丝接正极。最大焊接电流为 700A，电弧稳定，焊缝成形美观，具有优良的脱渣性，焊缝金属具有较高的冲击韧性。配合适当的焊丝可焊接多种低合金钢结构，特别适合焊接厚板窄坡口、窄间隙等结构	（300~350）℃×2h
		H08MnA、H08Mn-2MoA 等	—	—	—	—				
8	SJ202	H3Cr2W8、H3Cr-2W8V、H30CrMnSi	—	—	—	—	DC	2.0~0.28	高铝型焊剂，灰色颗粒，焊接工艺性能优良，脱渣容易，焊缝成形美观；堆焊金属具有较高的耐冷热疲劳、抗高温氧化和耐磨性能。配合适当的焊丝，适用于工作温度低于 600℃的各种耐磨、抗冲击工作面的堆焊，如高炉料钟、轧辊等。焊接时应预热，焊后进行去应力处理	（300~350）℃×（1~2）h

（续）

序号	焊剂牌号	配用焊丝	熔敷金属的力学性能				适用电源种类①	焊剂粒度/mm	特点与用途	烘干条件
			R_m/MPa	$R_{p0.2}$/MPa	A(%)	KV_2/J				
9	SJ203	D12Cr13 焊带	—	—	—	—	DC	2.0~0.28	高铝型焊剂，其碱度值约为 1.3，红褐色或灰褐色球形颗粒，焊接工艺性能优良，配合相应的焊带进行堆焊，堆焊层具有较好的综合性能，热处理后硬度约为 32HRC。用于堆焊连铸辊等耐磨件	250℃×2h
10	SJ301	H08A	460~560	≥360	≥24	≥34(−20℃)	DC	2.0~0.28	钙硅型中性焊剂，碱度值为 1.0，黑色球形颗粒，直流施焊时焊丝接正极，最大电流可达 1200A，电弧燃烧稳定，脱渣容易，焊缝成形美观。配合 H08MnA 等焊丝可焊接普通结构钢、锅炉用钢、管线用钢等，常采用多丝快速焊，特别适用于双面单道焊；焊接大直径管时，焊道平滑过渡；由于熔渣属“短渣”性质，焊接小直径的环缝时，也无熔渣下淌现象，特别适合焊环缝	(300~350)℃×2h
		H08MnA	530~630	≥400	≥24	≥34(−20℃)				
		H08MnMoA	600~700	≥480	≥24	≥34(−20℃)				
11	SJ302	H08A	460~550	≥360	≥24	≥34(−20℃)	AC、DC	2.0~0.28	钙硅型中性焊剂，碱度值为 1.0，黑色球形颗粒，直流施焊时焊丝接正极，焊接工艺性能良好，电弧稳定，焊缝成形美观，脱渣性优于 SJ301，焊缝韧性良好；熔渣属“短渣”性质，可焊接各种直径的环缝。焊剂具有较好的抗吸潮性，抗裂性比 SJ301 更好；焊剂颗粒强度高，松装比小，焊接时耗用量少。可焊接普通结构钢，锅炉压力容器用钢，管道用钢等，适于环缝和角缝的焊接，也可用于高速焊	(300~350)℃×2h
		H08MnA	530~630	≥400	≥24	≥34(−20℃)				
		H08MnMoA	600~700	≥480	≥24	≥34(−20℃)				

12	SJ303	D022Cr25Ni12、D022Cr21Ni10（焊带宽度≤75mm）	—	—	—	—	DC	2.0~0.28	硅钙型带极埋弧堆焊用焊剂，碱度值为1.0，焊带接正极，电弧燃烧稳定，易脱渣，焊道平整光滑。该焊剂的显著特点是铬烧损少（≤1.2%），增碳少（≤0.008%），特别适于堆焊超低碳不锈钢，常用于堆焊耐蚀奥氏体不锈钢	（300~350）℃×2h
13	SJ401	H08A	410~550	≥330	≥22	≥27（0℃）	AC、DC	2.0~0.28	硅锰型酸性焊剂，灰褐色到黑色球形颗粒，直流时焊丝接正极，焊接工艺性能良好，具有较强的抗气孔能力。可焊接低碳钢及某些低合金钢结构，用于机车车辆、矿山机械等金属结构的焊接	250℃×2h
14	SJ402	H08A	410~550	≥330	≥22	≥27（0℃）	AC、DC	2.0~0.28	锰硅型酸性焊剂，碱度值为0.7，球形颗粒，焊接工艺性能优良，电弧稳定，脱渣容易，焊缝成形美观。对焊接处的铁锈、氧化皮、油迹等污物不敏感，是一种抗锈焊剂。焊剂具有良好的抗吸潮性，颗粒强度高，松装比小，焊接时耗用量少。适合焊接薄板及中等厚度钢板，尤其适于薄板的高速焊接。配合 **H08A** 焊丝可焊接低碳钢及某些低合金钢结构，如机车构件、金属梁柱、管线等	（300~350）℃×2h

（续）

序号	焊剂牌号	配用焊丝	熔敷金属的力学性能				适用电源种类①	焊剂粒度/mm	特点与用途	烘干条件
			R_m/MPa	$R_{p0.2}$/MPa	A（%）	KV_2/J				
15	SJ403	H08A	410~550	≥330	≥22	≥27（0℃）	AC、DC	2.0~0.28	硅锰型酸性耐磨堆焊专用焊剂，黑灰色球形颗粒，焊接工艺性能良好，电弧稳定，脱渣容易，焊缝成形美观，具有较强的抗锈性能，对铁锈、氧化皮等杂质不敏感，颗粒强度好，均匀。配合 YD137 药芯焊丝可焊接修复大型推土机的引导轮、承重轮；也可配合 H08A 焊丝焊接普通结构钢和某些低合金钢	（300~350）℃×2h
		YD137 药芯焊丝等	—	—	—	—				
16	SJ501	H08A	410~550	≥330	≥22	≥27（0℃）	AC、DC	2.0~0.28	铝钛型酸性焊剂，碱度值为 0.5~0.8，褐色颗粒，直流焊时焊丝接正极，最大焊接电流可达 1000A；电弧燃烧稳定，脱渣性好，焊缝成形美观；焊剂有较强的抗气孔能力，对少量的铁锈及高温氧化皮不敏感。可焊接低碳钢及某些低合金钢（Q345、Q390）结构，如锅炉、压力容器、船舶等；可用于多丝快速焊，焊速可达 70m/h，特别适用于双面单道焊	（300~350）℃×2h
		H08MnA 等	—	—	—	—				
17	SJ502、SJ504	H08A	480~650	≥400	≥22	≥27（0℃）	AC、DC	2.0~0.28（SJ504 粒度为 1.45~0.28）	铝钛型酸性焊剂，灰褐色圆形颗粒，直流焊接时焊丝接正极，焊接工艺性能良好，电弧稳定，脱渣容易，焊缝成形美观。配合 H08A 焊丝，可焊接重要的低碳钢及某些低合金钢结构，如锅炉、压力容器等；焊接锅炉膜式水冷壁时，焊接速度可达 70m/h 以上，效果良好	300℃×1h

18	SJ503	H08MnA	480～650	≥380	≥22	≥27（-30℃）	AC、DC	2.0～0.28	铝钛型酸性焊剂，黑色圆形颗粒，直流焊接时焊丝接正极，最大焊接电流可达1200A，焊接工艺性能优良，电弧稳定，焊缝成形美观，抗气孔能力强，对少量铁锈、氧化皮等不敏感，脱渣性优异；其抗吸潮性良好，颗粒强度高，松密度小，抗裂性能优于SJ501；焊缝金属具有良好的低温韧性。配合适当焊丝，可用于焊接碳素结构钢、船用钢等，适用于船舶、桥梁、压力容器等产品，尤其是中、厚板的焊接	（300～350）℃×2h
		H08A 等	—	—	—	—				
19	SJ521	3Cr2W8	堆焊层硬度为 50～62HRC				—	—	是一种供丝极埋弧堆焊用的陶质型焊剂，脱渣性好，堆焊金属成形美观，即使在刚度较大的工件上堆焊，也可获得硬度为50～62HRC 的无裂纹的堆焊层。用于工作温度低于 600℃的各种要求耐磨、抗冲击工作面的堆焊，如高炉料钟、轧辊等	—
20	SJ522	H08A、3Cr2W8V 等	—	—	—	—	—	—	陶质型中性偏碱低温烧结焊剂，呈灰黑色粉粒状，电弧稳定，脱渣性良好，在 250～300℃条件下堆焊，渣壳可以自动脱落，并具有优良的抗热裂纹性能。焊缝成形好，适于丝极埋弧自动堆焊，由于焊剂具有增碳和渗合金能力，容易获得 30～62HRC 的碳化物弥散分布的堆焊层。配合 H08A 焊丝可获得30～45HRC 的堆焊层，例如 45 钢轮（大直径）；配合 3Cr2W8V 焊丝可获得 50～62HRC的堆焊层，用于武钢 1.7m 助卷轧辊（锻、铸钢件）或高炉料钟堆焊，在高温 500～600℃工作时，堆焊层硬度可达 400HV。施焊时应预热，焊后需进行去应力处理	（300～350）℃×2h

（续）

序号	焊剂牌号	配用焊丝	熔敷金属的力学性能				适用电源种类①	焊剂粒度/mm	特点与用途	烘干条件
			R_m/MPa	$R_{p0.2}$/MPa	A(%)	KV_2/J				
21	SJ523	H08A、H08MnA	—	—	—	—	AC、DC	—	用于低碳钢或普通低合金钢的陶质型焊剂，在一般场合可代替熔炼焊剂431和430，电弧稳定，脱渣性好，焊缝成形美观，具有较好的抗锈性能。用于低碳钢及低合金钢的埋弧焊	—
22	SJ524	D00Cr20Ni10焊带	—	—	—	—	DC	—	用于超低碳不锈钢带极埋弧焊的陶质型焊剂，配合D022Cr20Ni10焊带进行过渡层和不锈层的堆焊，电弧稳定，渣壳可自动脱落，焊缝成形美观，当焊带碳含量为0.02%~0.025%(质量分数)时，堆焊金属可达到基本不增碳，因此堆焊金属具有优良的耐晶间腐蚀性能和脆化性能。用于石油化工容器、反应堆压力容器等内壁耐蚀的衬里带极堆焊。采用直流反接，层间温度控制在150℃以下	(300~400)℃×(1~2)h
23	SJ570	无氧铜焊丝	—	—	—	—	DC	—	低硅高氟陶质型焊剂，呈灰黑色颗粒状，碱度较高，脱氧、硫性能好，焊缝金属氧含量低，焊渣密度小，熔点较低，焊缝金属扩散氢含量≤4mL/100g(色谱法)；直流反接，适于大输入热量的铜板材埋弧焊。可用于20mm以下无氧铜板材埋弧焊，如直线加速器腔体的焊接等	(300~350)℃×2h

24	SJ601	H06Cr21Ni10	≥500	≥320	≥35	≥27（20℃）	DC	2.0~0.28	焊接不锈钢和高合金耐热钢的专用碱性焊剂，碱度值约为1.8，为细颗粒焊剂，焊丝接正极。焊缝金属纯净，有害元素含量低，焊接工艺性能优良，坡口内脱渣容易，焊缝成形美观。焊接不锈钢时，几乎不增碳，具有铬烧损少的特点。可焊接不锈钢及高合金耐热钢，特别适用于低碳和超低碳不锈钢的焊接，焊接接头具有良好的耐晶间腐蚀性能	（300~350）℃×2h
		H022Cr21Ni10、H022Cr19Ni12Mo2等	—	—	—	—				
25	SJ602	H022Cr24Ni12、H022Cr20Ni10Nb、H022Cr19Ni12Mo2等	—	—	—	—	DC	—	带极电渣堆焊用焊剂，为细粉状颗粒，采用平特性直流电源堆焊，电弧稳定，快速脱渣，焊道成形美观，焊道间搭接处熔合良好，具有不增碳、铬烧损少的特点，适用于30~70mm宽的焊带进行电渣堆焊，可用于核容器、加氢反应器及压力容器等耐蚀不锈钢的堆焊	（300~350）℃×2h
26	SJ603	3Cr2W8、30CrMnSi	—	—	—	—	—	1.6~0.25	丝极埋弧堆焊用焊剂，灰白色颗粒，电弧稳定，脱渣性好，堆焊金属成形美观。可获得硬度为50~60HRC的无裂纹堆焊层。适用于工作温度低于600℃的各种要求耐磨、抗冲击的工作表面堆焊，如高炉料钟、轧辊等	—

（续）

序号	焊剂牌号	配用焊丝	熔敷金属的力学性能				适用电源种类[①]	焊剂粒度/mm	特点与用途	烘干条件
			R_m/MPa	$R_{p0.2}$/MPa	A(%)	KV_2/J				
27	SJ604	H08A、H08MnA 等	—	—	—	—	AC、DC	根据用户要求	快速焊接用焊剂，浅褐色颗粒，焊接工艺性能良好，易脱渣，焊缝成形美观。配合相应焊丝对低碳钢薄板焊接，焊速可达70m/h左右，适用于受压钢瓶及薄壁管道的焊接	—
28	SJ605	H10MnNiMoA	550~690	≥460	≥20	≥27(-20℃)	DC	1.6~0.25	高碱度焊剂，碱度值为3.5，灰白色颗粒，采用直流反接电源，电弧稳定，脱渣容易，有较好的低温韧性。配合相应焊丝可用于核Ⅱ级Q390钢，核电A5083、S271钢厚壁容器和锅炉压力容器制造	(350~400)℃×2h
		H10MnNiA	—	—	—	—				
29	SJ606	308L、309L 焊带	—	—	—	—	DC	1.6~0.25	用于大型超低碳不锈钢带极埋弧堆焊的焊剂，灰白色颗粒，电弧稳定，渣壳可自动脱落，焊缝成形美观，堆焊金属具有优良的耐晶间腐蚀性能和脆化性能。可用于石油化工容器、300MW、600MW核电机组高压加热器20MnMo管板锻件上堆焊，也可用于核电蒸发器、稳压器、压力壳内壁要求耐蚀的衬里带极堆焊，采用直流电源反接，层间温度控制在150℃以下	(350~400)℃×2h
30	SJ607	适当焊丝	最高堆焊层硬度≥65HRC				AC、DC	2.0~0.28	碱性焊剂，灰黄色圆形颗粒，直流焊接时，焊丝接正极，具有良好的工艺性能。配合适当的药芯焊带可堆焊水泥破碎辊等耐磨产品	(300~350)℃×2h

31	SJ608 SJ608A	H06Cr21Ni10、H06Cr21Ni10Ti 等	—	—	—	—	AC、DC	2.0~0.28	焊接奥氏体不锈钢的专用碱性焊剂，浅绿色圆形颗粒，直流焊时焊丝接正极，具有良好的焊接工艺性能，电弧燃烧稳定，易脱渣，焊缝成形美观。焊接接头具有良好的耐晶间腐蚀性能和低温冲击韧性。可焊接奥氏体不锈钢及相应级别的低温船用钢结构，配合超低碳焊丝也可焊接超低碳不锈钢结构	(300~350)℃×2h
32	SJ671	含 Ti、B 无氧铜焊丝	—	—	—	—	DC	—	低硅高氟高温烧结焊剂，焊剂在 650~850℃烧结成形，白色颗粒，碱度高，抗热裂性能好，脱氧、硫性能好，焊缝金属氧含量低（与母材无氧铜相同），焊缝金属扩散氢含量≤0.5mL/100g（甘油法）。焊剂熔点低，焊渣密度小，配合含 Ti、B 无氧铜焊丝，可用于 20~40mm 无氧铜中厚板直线加速器腔体埋弧焊，焊丝接正极	400℃×2h
33	SJ701	H06Cr21Ni10Ti，H06Cr21Ni10 等奥氏体不锈钢焊丝	—	—	—	—	AC、DC	2.0~0.28	钛碱型焊剂，碱度值约为 1.3，焊剂为深灰色颗粒，直流焊时焊丝接正极。用于含钛不锈钢焊接时易脱渣，焊剂具有较强的抗气孔能力和合金化能力，焊接时钛等有益元素烧损少，特别适于 07Cr19Ni11Ti 含钛不锈钢的焊接	(300~400)℃×2h

① AC 为交流电源，DC 为直流电源。

2.6 钎料和钎剂

2.6.1 钎料的分类、型号和牌号

1. 钎料的分类

钎料通常按其熔化温度范围分类：熔化温度不高于450℃的称为软钎料，高于450℃的称为硬钎料。各类钎料的熔化温度范围见表2-133。

表2-133 各类钎料的熔化温度范围

软钎料		硬钎料	
组成	熔点范围/℃	组成	熔点范围/℃
Zn-Al钎料	380~500	镍基钎料	780~1200
Cd-Zn钎料	260~350	钯钎料	800~1230
Pb-Ag钎料	300~500	金基钎料	900~1020
Sn-Zn钎料	190~380	铜钎料	1080~1130
Sn-Ag钎料	210~250	黄铜钎料	820~1050
Sn-Pb钎料	180~280	铜磷钎料	700~900
Bi基钎料	40~180	银钎料	600~970
In基钎料	30~140	铝基钎料	460~630

2. 钎料的型号

钎料型号表示方法如下：

1）钎料型号由两部分组成，两部分之间用短横线“-”分开。

2）第一部分用一个大写的英文字母表示钎料的类型。“S”表示软钎料，“B”表示硬钎料。

3）第二部分由主要合金组分的元素符号组成。第一个元素符号表示钎料的基本组成，其他组分的元素符号按其质量分数（%）顺序排列。如果多个元素的质量分数相同，就按其原子序数排列，每个型号最多标出6个元素符号。

4）对于软钎料，应在每一个元素符号后标出其质量分数。

5）对于硬钎料，应在第一个元素符号后标出其质量分数。

6）所有的质量分数取整数，误差不大于±1%。若其元素质量分数仅规定最低时，应取整数。

7）如果某元素的质量分数小于1%，一般在型号中不再标出。

但关键组分必须按如下规定标出：软钎料型号中可仅标出其元素符号，如果是硬钎料，还要用括号将该元素符号括起来。

8）末尾加一个大写英文字母表示其级别或使用行业等区别。常用“V”表示真空级钎料，“R”表示既可作钎料又可作气焊焊丝的铜锌合金，“E”表示电子行业用软钎料。这一大写英文字母前也需要加短横线“-”。

钎料型号示例：

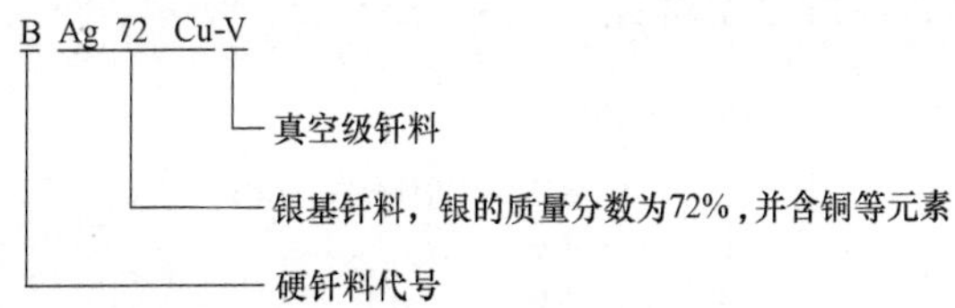

3. 钎料的牌号

（1）第一类钎料牌号表示方法

1）牌号最前面标注大写英文字母“HL”或“料”，用以表示钎料。

2）牌号后面一般有三位阿拉伯数字，第一位数字表示钎料的化学组成类型，见表2-134。

3）第二、三位阿拉伯数字表示同一类钎料的不同牌号。

表2-134 钎料牌号中第一位数字的含义

牌号	化学组成类型	牌号	化学组成类型
HL1××（料1××）	铜锌合金	HL5××（料5××）	锌合金
HL2××（料2××）	铜磷合金	HL6××（料6××）	锡铅合金
HL3××（料3××）	银合金	HL7××（料7××）	镍基合金
HL4××（料4××）	铝合金		

第一类钎料牌号示例：

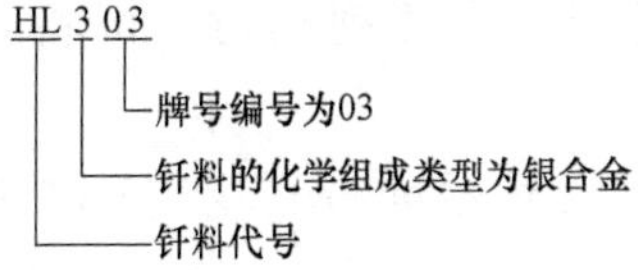

（2）第二类钎料牌号表示方法

1）牌号最前面标注大写英文字母“HL”，用以表示钎料。

2）“HL”后用两个化学元素符号，表明钎料的主要组成。

3）第一个元素的质量分数不用标出。

4）第二个元素的质量分数用一组数字标出。

5）如果钎料中还有其他元素，应紧接着标出其质量分数，其前面用短横线“-”分隔。

第二类钎料牌号示例：

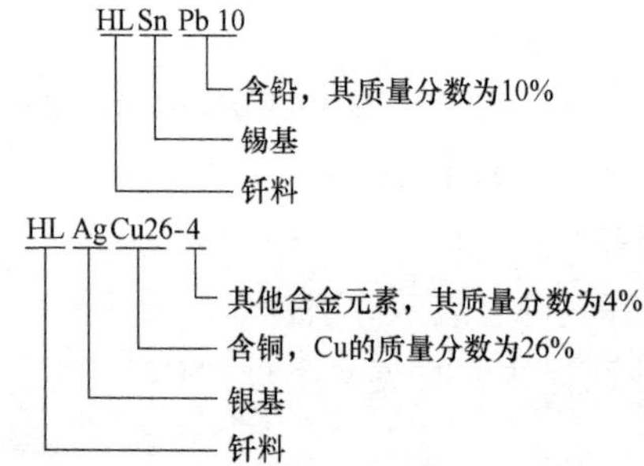

2.6.2 铝基钎料

1. 铝基钎料型号表示方法

1）第一部分用“B”表示硬钎焊。

2）第二部分由主要合金组分的元素符号组成。在第二部分中，第一个元素符号表示钎料的基本组分，第一个元素后标出其公称质量分数（公称质量分数取整数误差±1%，若其元素公称质量分数仅规定最低值时应将其取整），其他元素符号按其质量分数由大到小顺序列出。当几种元素具有相同的质量分数时，按其原子序数顺序排列。

3）公称质量分数小于1%的元素在型号中不必列出，如某元素是钎料的关键组分一定要列出时，可在括号中列出其元素符号。

4）钎料标记中应有标准号“GB/T 13815”和钎料型号的描述。

铝基钎料型号示例：

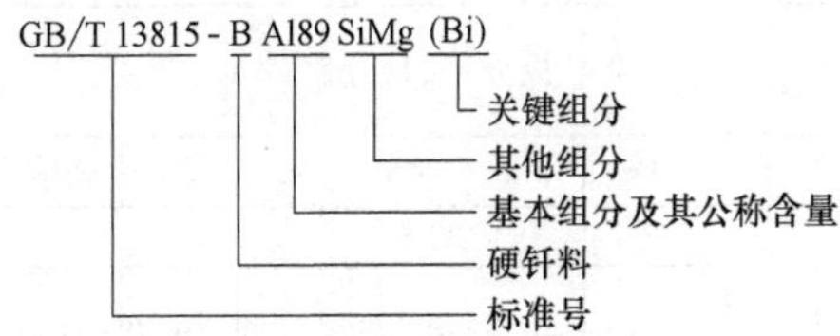

2. 铝基钎料的分类和型号

铝基钎料的分类和型号见表2-135。

表2-135　铝基钎料的分类和型号（GB/T 13815—2008）

分　类	型　号	分　类	型　号
铝硅	BAl95Si	铝硅镁	BAl89SiMg(Bi)
	BAl92Si		BAl89Si(Mg)
	BAl90Si		BAl88Si(Mg)
	BAl88Si		BAl87SiMg
铝硅铜	BAl86SiCu	铝硅锌	BAl87SiZn
铝硅镁	BAl89SiMg		BAl85SiZn

3. 国家标准与ISO铝基钎料型号对照

国家标准与ISO铝基钎料型号对照见表2-136。

表2-136　国家标准与ISO铝基钎料型号对照（GB/T 13815—2008）

分类	GB/T 13815—2008	GB/T 13815—1992	ISO
铝硅	BAl95Si	—	Al105
	BAl92Si	BAl92Si	Al107
	BAl90Si	BAl90Si	Al110
	BAl88Si	BAl88Si	Al112
铝硅铜	BAl86SiCu	BAl86SiCu	Al210
铝硅镁	BAl89SiMg	—	Al310
	BAl89SiMg(Bi)	—	Al311
	BAl89Si(Mg)	BAl89Si(Mg)	Al315
	BAl88Si(Mg)	—	Al317
	BAl87SiMg	—	Al319
铝硅锌	BAl87SiZn	—	Al410
	BAl85SiZn	—	Al415

4. 铝基钎料的化学成分

铝基钎料的化学成分见表2-137。

表 2-137 铝基钎料的化学成分（GB/T 13815—2008）

型号	化学成分(质量分数,%)								熔化温度范围/℃(参考值)	
	Al	Si	Fe	Cu	Mn	Mg	Zn	其他元素	固相线	液相线
Al-Si										
BAl95Si	余量	4.5~6.0	≤0.6	≤0.30	≤0.15	≤0.20	≤0.10	Ti≤0.15	575	630
BAl92Si	余量	6.8~8.2	≤0.8	≤0.25	≤0.10	—	≤0.20	—	575	615
BAl90Si	余量	9.0~11.0	≤0.8	≤0.30	≤0.05	≤0.05	≤0.10	Ti≤0.20	575	590
BAl88Si	余量	11.0~13.0	≤0.8	≤0.30	≤0.05	≤0.10	≤0.20	—	575	585
Al-Si-Cu										
BAl86SiCu	余量	9.3~10.7	≤0.8	3.3~4.7	≤0.15	≤0.10	≤0.20	Cr≤0.15	520	585
Al-Si-Mg										
BAl89SiMg	余量	9.5~10.5	≤0.8	≤0.25	≤0.10	1.0~2.0	≤0.20	—	555	590
BAl89SiMg(Bi)	余量	9.5~10.5	≤0.8	≤0.25	≤0.10	1.0~2.0	≤0.20	Bi:0.02~0.20	555	590
BAl89Si(Mg)	余量	9.50~11.0	≤0.8	≤0.25	≤0.10	0.20~1.0	≤0.20	—	559	591
BAl88Si(Mg)	余量	11.0~13.0	≤0.8	≤0.25	≤0.10	0.10~0.50	≤0.20	—	562	582
BAl87SiMg	余量	10.5~13.0	≤0.8	≤0.25	≤0.10	1.0~2.0	≤0.20	—	559	579
Al-Si-Zn										
BAl87SiZn	余量	9.0~11.0	≤0.8	≤0.30	≤0.05	≤0.05	0.50~3.0	—	576	588
BAl85SiZn	余量	10.5~13.0	≤0.8	≤0.25	≤0.10	—	0.50~3.0	—	576	609

注：1. 所有型号钎料中，Cd 元素的最大质量分数为 0.01%，Pb 元素的最大质量分数为 0.025%。

2. 其他每个未定义元素的最大质量分数为 0.05%，未定义元素总质量分数不应高于 0.15%。

2.6.3 银基钎料

1. 银基钎料型号表示方法

1）银基钎料型号表示方法按照 GB/T 18035—2000《贵金属及其合金牌号表示方法》中的相关规定进行。

2）银基钎料标记中应有标准号“GB/T 10046”和钎料型号的描述。

银基钎料标记示例：

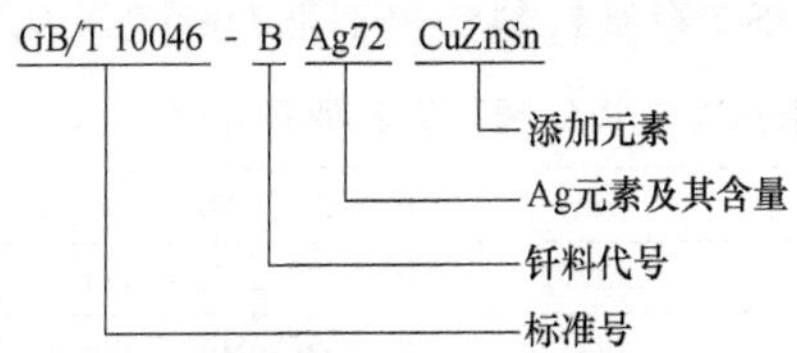

2. 银基钎料的分类和型号

银基钎料的分类和型号见表 2-138。

表 2-138 银基钎料的分类和型号（GB/T 10046—2008）

分类	钎料型号	分类	钎料型号
银铜	BAg72Cu	银铜锌锡	BAg30CuZnSn
银锰	BAg85Mn		BAg34CuZnSn
银铜锂	BAg72CuLi		BAg38CuZnSn
银铜锌	BAg5CuZn（Si）		BAg40CuZnSn
	BAg12CuZn（Si）		BAg45CuZnSn
	BAg20CuZn（Si）		BAg55ZnCuSn
	BAg25CuZn		BAg56CuZnSn
	BAg30CuZn		BAg60CuZnSn
	BAg35ZnCu	银铜锌镉	BAg20CuZnCd
	BAg44CuZn		BAg21CuZnCdSi
	BAg45CuZn		BAg25CuZnCd
	BAg50CuZn		BAg30CuZnCd
	BAg60CuZn		BAg35CuZnCd
	BAg63CuZn		BAg40CuZnCd
	BAg65CuZn		BAg45CdZnCu
	BAg70CuZn		BAg50CdZnCu
银铜锡	BAg60CuSn		BAg40CuZnCdNi
银铜镍	BAg56CuNi		BAg50ZnCdCuNi
银铜锌锡	BAg25CuZnSn	银铜锌铟	BAg40CuZnIn

（续）

分　类	钎料型号	分　类	钎料型号
银铜锌铟	BAg34CuZnIn	银铜锌镍	BAg54CuZnNi
	BAg30CuZnIn	银铜锡镍	BAg63CuSnNi
	BAg56CuInNi	银铜锌镍锰	BAg25CuZnMnNi
银铜锌镍	BAg40CuZnNi		BAg27CuZnMnNi
	BAg49ZnCuNi		BAg49ZnCuMnNi

3. 国家标准与 ISO 银基钎料型号对照

国家标准与 ISO 银基钎料型号对照见表 2-139。

表 2-139　国家标准与 ISO 银基钎料型号对照（GB/T 10046—2008）

GB/T 10046—2008	ISO	GB/T 10046—2008	ISO
BAg72Cu	Ag272	BAg55ZnCuSn	Ag155
BAg85Mn	Ag485	BAg56CuZnSn	Ag156
BAg72CuLi	—	BAg60CuZnSn	—
BAg5CuZn(Si)	Ag205	BAg20CuZnCd	—
BAg12CuZn(Si)	Ag212	BAg21CuZnCdSi	—
BAg20CuZn(Si)	—	BAg25CuZnCd	Ag326
BAg25CuZn	Ag225	BAg30CuZnCd	Ag330
BAg30CuZn	Ag230	BAg35CuZnCd	Ag335
BAg35ZnCu	Ag235	BAg40CuZnCd	Ag340
BAg44CuZn	Ag244	BAg45CdZnCu	Ag345
BAg45CuZn	Ag245	BAg50CdZnCu	Ag350
BAg50CuZn	Ag250	BAg40CuZnCdNi	—
BAg60CuZn	—	BAg50ZnCdCuNi	Ag351
BAg63CuZn	—	BAg40CuZnIn	—
BAg65CuZn	Ag265	BAg34CuZnIn	—
BAg70CuZn	Ag270	BAg30CuZnIn	—
BAg60CuSn	Ag160	BAg56CuInNi	—
BAg56CuNi	Ag456	BAg40CuZnNi	Ag440
BAg25CuZnSn	Ag125	BAg49ZnCuNi	Ag450
BAg30CuZnSn	Ag130	BAg54CuZnNi	Ag454
BAg34CuZnSn	Ag134	BAg63CuSnNi	Ag463
BAg38CuZnSn	Ag138	BAg25CuZnMnNi	Ag425
BAg40CuZnSn	Ag140	BAg27CuZnMnNi	Ag427
BAg45CuZnSn	Ag145	BAg49ZnCuMnNi	Ag449

2.6.4 铜基钎料

1. 铜基钎料型号表示方法

1）铜基钎料型号表示方法同铝基钎料。

2）铜基钎料标记中应有标准号“GB/T 6418”和钎料型号的描述。

铜基钎料标记示例：

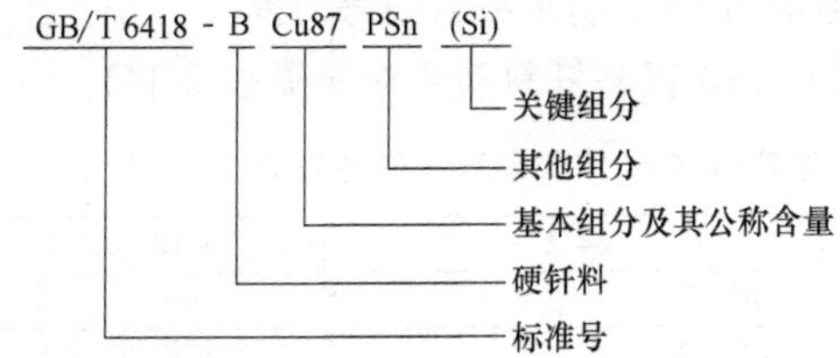

2. 铜基钎料的分类和型号

铜基钎料的分类和型号见表2-140。

表2-140 铜基钎料的分类和型号（GB/T 6418—2008）

分类	钎料型号	分类	钎料型号
高铜钎料	BCu87	铜磷钎料	BCu95P
	BCu99		BCu94P
	BCu100-A		BCu93P-A
	BCu100-B		BCu93P-B
	BCu100(P)		BCu92P
	BCu99Ag		BCu92PAg
	BCu97Ni(B)		BCu91PAg
铜锌钎料	BCu48ZnNi(Si)		BCu89PAg
	BCu54Zn		BCu88PAg
	BCu57ZnMnCo		BCu87PAg
	BCu58ZnMn		BCu80AgP
	BCu58ZnFeSn(Si)(Mn)		BCu76AgP
	BCu58ZnSn(Ni)(Mn)(Si)		BCu75AgP
	BCu59Zn(Sn)(Si)(Mn)		BCu80SnPAg
	BCu60Zn(Sn)		BCu87PSn(Si)
	BCu60ZnSn(Si)		BCu86SnP
	BCu60Zn(Si)		BCu86SnPNi
	BCu60Zn(Si)(Mn)		BCu92PSb

（续）

分类	钎料型号	分类	钎料型号
其他铜钎料	BCu94Sn(P)	其他铜钎料	BCu92AlNi(Mn)
	BCu88Sn(P)		BCu92Al
	BCu98Sn(Si)(Mn)		BCu89AlFe
	BCu97SiMn		BCu74MnAlFeNi
	BCu96SiMn		BCu84MnNi

3. 国家标准与 ISO 铜基钎料型号对照

国家标准与 ISO 铜基钎料型号对照见表 2-141。

表 2-141 国家标准与 ISO 铜基钎料型号对照（GB/T 6418—2008）

分类	GB/T 6418—2008	GB/T 6418—1993	ISO
高铜钎料	BCu87	—	Cu 087
	BCu99	—	Cu 099
	BCu100-A	—	Cu 102
	BCu100-B	—	Cu 110
	BCu100(P)	—	Cu 141
	BCu99Ag	—	Cu 188
	BCu97Ni(B)	—	Cu 186
铜锌钎料	BCu48ZnNi(Si)	—	Cu 773
	BCu54Zn	BCu54Zn	—
	BCu57ZnMnCo	BCu57ZnMnCo	—
	BCu58ZnMn	BCu58ZnMn	—
	BCu58ZnFeSn(Si)(Mn)	BCu58ZnFe-R	—
	BCu58ZnSn(Ni)(Mn)(Si)	—	Cu 680
	BCu59Zn(Sn)(Si)(Mn)	—	Cu 471
	BCu60Zn(Sn)	—	Cu 470
	BCu60ZnSn(Si)	BCu60ZnSn-R	—
	BCu60Zn(Si)	—	Cu 470a
	BCu60Zn(Si)(Mn)	—	Cu 670
铜磷钎料	BCu95P	—	CuP 178
	BCu94P	—	CuP 179
	BCu93P-A	—	CuP 181
	BCu93P-B	—	CuP 182
	BCu92P	—	CuP 181a
	BCu92PAg	—	CuP 279
	BCu91PAg	BCu91PAg	CuP 280
	BCu89PAg	—	CuP 281
	BCu88PAg	—	CuP 282

（续）

分类	GB/T 6418—2008	GB/T 6418—1993	ISO
铜磷钎料	BCu87PAg	—	CuP 283
	BCu80AgP	—	CuP 284
	BCu76AgP	—	CuP 285
	BCu75AgP	—	CuP 285a
	BCu80SnPAg	BCu80SnPAg	—
	BCu87PSn(Si)	—	CuP 385
	BCu86SnP	—	CuP 385a
	BCu86SnPNi	BCu86SnP	—
	BCu92PSb	—	CuP 389
其他铜钎料	BCu94Sn(P)	—	Cu 922
	BCu88Sn(P)	—	Cu 925
	BCu98Sn(Si)(Mn)	—	Cu 511
	BCu97SiMn	—	Cu 521
	BCu96SiMn	—	Cu 541
	BCu92AlNi(Mn)	—	Cu 551
	BCu92Al	—	Cu 561
	BCu89AlFe	—	Cu 565
	BCu74MnAlFeNi	—	Cu 571
	BCu84MnNi	—	Cu 595

2.6.5 镍基钎料

1. 镍基钎料型号表示方法

1）镍基钎料型号表示方法同铝基钎料。

2）镍基钎料标记中应有标准号“GB/T 10859”和钎料型号的描述。

镍基钎料标记示例：

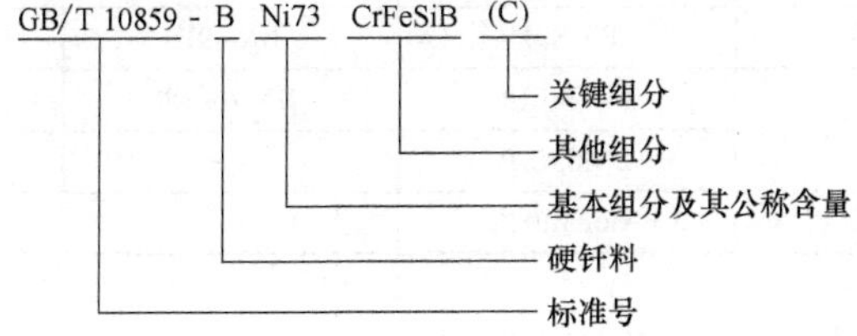

2. 镍基钎料的分类和型号

镍基钎料的分类和型号见表 2-142。

表 2-142　镍基钎料的分类和型号（GB/T 10859—2008）

分类	型　号	分类	型　号
镍铬硅硼钎料	BNi73CrFeSiB(C)	镍铬硅钎料	BNi73CrSiB
	BNi74CrFeSiB		BNi77CrSiBFe
	BNi81CrB	镍硅硼钎料	BNi92SiB
	BNi82CrSiBFe		BNi95SiB
	BNi78CrSiBCuMoNb	镍磷钎料	BNi89P
镍铬钨硼钎料	BNi63WCrFeSiB	镍铬磷钎料	BNi76CrP
	BNi67WCrSiFeB		BNi65CrP
镍铬硅钎料	BNi71CrSi	镍锰硅铜钎料	BNi66MnSiCu

3. 国家标准与 ISO 镍基钎料型号对照

国家标准与 ISO 镍基钎料型号对照见表 2-143。

表 2-143　国家标准与 ISO 镍基钎料型号对照（GB/T 10859—2008）

分类	GB/T 10859—2008	GB/T 10859—1989	ISO
镍铬硅硼钎料	BNi73CrFeSiB(C)	BNi74CrSiB	Ni 600
	BNi74CrFeSiB	BNi75CrSiB	Ni 610
	BNi81CrB	—	Ni 612
	BNi82CrSiBFe	BNi82CrSiB	Ni 620
	BNi78CrSiBCuMoNb	—	Ni 810
镍硅硼钎料	BNi92SiB	BNi92SiB	Ni 630
	BNi95SiB	BNi93SiB	Ni 631
镍铬硅钎料	BNi71CrSi	BNi71CrSi	Ni 650
	BNi73CrSiB	—	Ni 660
	BNi77CrSiBFe	—	Ni 661
镍铬钨硼钎料	BNi63WCrFeSiB	—	Ni 670
	BNi67WCrSiFeB	—	Ni 671
镍磷钎料	BNi89P	BNi89P	Ni 700
镍铬磷钎料	BNi76CrP	BNi76CrP	Ni 710
	BNi65CrP	—	Ni 720
镍锰硅铜钎料	BNi66MnSiCu	—	Ni 800

2.6.6　钎剂的分类和型号或编码

钎剂分为硬钎焊（钎焊温度大于 450℃）用钎剂和软钎焊（钎焊温度不大于 450℃）用钎剂两大类，简称硬钎剂和软钎剂。

1. 钎剂的分类

按 JB/T 6045—2017《硬钎焊用钎剂》的规定，硬钎剂的分类见表 2-144；按 GB/T 15829—2021《软钎剂 分类与性能要求》的规定，软钎剂的分类见表 2-145。

表 2-144 硬钎剂的分类

主要组分分类代号（X_1）	辅助分类代号（X_2）	主要组分(质量分数)和特性（不包括成膏剂）	钎焊温度范围（参考）/℃
1		硼酸+硼酸盐+卤化物≥90%	
	01	主要组分不含卤化物	565~850
	02	卤化物≤45%	565~850
	03	卤化物≥45%	550~850
	04	显碱性	565~850
	05	钎焊温度高	760~1200
2		卤化物≥80%,含有氯化物	
	01	含有重金属卤化物	450~620
	02	不含有重金属卤化物	500~650
3		硼酸+硼酸盐+氟硼酸盐≥80%	
	01	硼酸+硼酸盐≥60%	750~1100
	02	氟硼酸盐≥40%	565~925
4		硼酸三甲酯≥30%	
	01	硼酸三甲酯≥30%~45%	750~950
	02	硼酸三甲酯≥45%~60%	750~950
	03	硼酸三甲酯≥60%~65%	750~950
	04	硼酸三甲酯≥65%	750~950
5		氟铝酸盐≥80%	
	01	氟铝酸钾≥80%	500~620
	02	氟铝酸铯或氟铝酸铷≥10%	450~620

表 2-145 软钎剂的分类

钎剂类型	钎剂基体	钎剂活性剂	卤化物含量（质量分数,%）
1 树脂类	1 松香(非改性树脂) 2 改性树脂或合成树脂	1 未添加活性剂 2 卤化物活性剂 3 非卤化物活性剂	1 <0.01 2 <0.15 3 0.15~2.0 4 >2.0
2 有机物类(低含量树脂或不含树脂)	1 水溶性 2 非水溶性		

（续）

钎剂类型	钎剂基体	钎剂活性剂	卤化物含量（质量分数，%）
3 无机物类	1 水溶液中的盐类 2 有机配方中的盐类	1 有氯化铵 2 不含有氯化铵	1 <0.01 2 <0.15 3 0.15~2.0 4 >2.0
	3 酸类	1 磷酸 2 不含有磷酸	
	4 碱类	1 胺和/或碳酸铵	

2. 钎剂的型号或编码

1）硬钎剂一般用型号表示，由 5 部分组成：第 1 部分用字母“FB”表示硬钎焊用钎剂，第 2 部分用数字“1、2、3、4、5”表示钎剂主要组分分类代号，第 3 部分用“01、02、03、04、05”表示辅助分类代号，第 4 部分用大写字母 S（粉状）、P（膏状）、L（液态）表示钎剂的形态，第 5 部分用数字或者字母表示厂家代号。型号表示方法如下：

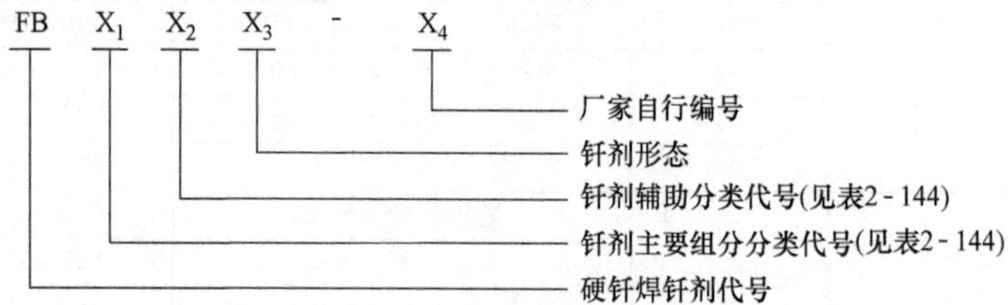

示例 1：一种含硼酸+硼酸盐+氟化物（质量分数≥90%）、不含氯化物、厂家代号为 01 的粉末钎剂，标记如下：

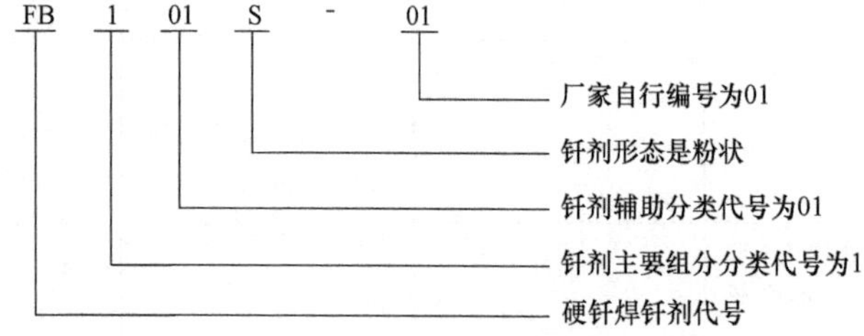

示例2：一种含氟铝酸钾（质量分数≥80%）、含氟铝酸铯或氟铝酸铷（质量分数≥10%）、厂家代号为02的膏状钎剂，标记如下：

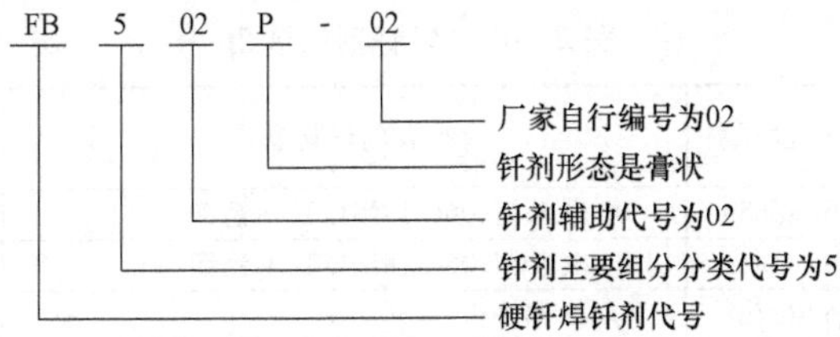

2）软钎剂一般用编码表示，根据表2-145中的钎剂分类，对钎剂进行编码。

示例1：卤化物质量分数小于0.01%的磷酸活性无机物钎剂的编码为3311。

示例2：非卤化物活性剂的松香类钎剂的编码为1131。

2.6.7 钎料和钎剂的选用

1. 钎料与母材的匹配及选用顺序

钎料与母材的匹配及选用顺序见表2-146。

表2-146 钎料与母材的匹配及选用顺序

母材	铝基钎料	铜基钎料	银基钎料	镍基钎料	钴基钎料	金基钎料	钯基钎料	锰基钎料	钛基钎料
铜及铜合金	3	1	2	6	—	4	—	5	7
铝及铝合金	1	—	—	—	—	—	—	—	—
钛及钛合金	2	4	3	—	—	5	6	7	1
碳钢及合金钢	—	1	2	6	8	4	5	3	7
马氏体不锈钢	—	6	7	1	5	2	4	3	—
奥氏体不锈钢	—	3	7	1	6	5	4	2	—
沉淀硬化高温合金	—	2	8	1	3	4	5	6	7
非沉淀硬化高温合金	—	6	7	4	5	1	2	3	8
硬质合金及碳化钨	—	1	5	6	7	4	3	2	8
精密合金及磁性材料	—	2	1	6	7	3	5	4	8
陶瓷、石墨及氧化物	—	3	2	7	8	4	6	5	1
难熔金属	—	7	8	6	5	4	2	3	1
金刚石聚晶、宝石	—	8	6	4	5	1	2	7	3
金属基复合材料	1	4	3	8	9	5	6	7	2

注：表中1~9表示由先到后的匹配及选用顺序。

2. 硬钎剂的选用

硬钎剂的选用见表 2-147。

表 2-147 硬钎剂的选用

钎剂型号	推荐的试验钎料	推荐的母材型号	推荐测试温度/℃
FB101	BAg56CuZnSn	08 碳素钢、06Cr18Ni11Ti 不锈钢	700~750
FB102	BAg56CuZnSn	08 碳素钢、06Cr18Ni11Ti 不锈钢	700~750
FB103	BAg50CuZn	QAl7 铝青铜	700~750
FB104	BAg50CuZnNi	06Cr19Ni10 不锈钢、06Cr18Ni11Ti 不锈钢、08 碳素钢	750~800
FB105	BCu48ZnNi(Si)	06Cr19Ni10 不锈钢、08 碳素钢	950~1000
	BNi82CrSiBFe	06Cr19Ni10 不锈钢、06Cr18Ni11Ti 不锈钢	1000~1050
FB201	BAl88Si	3003 铝合金	550~600
FB202	BAl89SiMg	AZ31B 镁合金，3003 铝合金	550~600
FB301	BCu48ZnTi(Si)	08 碳素钢、T3 纯铜	850~950
FB302	BAg50CuZnNi	06Cr19Ni10 不锈钢、06Cr18Ni11Ti 不锈钢、1008 碳素钢	700~800
FB401	BCu48ZnNi(Si)	08 碳素钢、06Cr18Ni11Ti 不锈钢	800~950
FB402	BCu48ZnNi(Si)	08 碳素钢、06Cr18Ni11Ti 不锈钢	800~950
FB403	BCu48ZnNi(Si)	08 碳素钢、06Cr18Ni11Ti 不锈钢	800~950
FB501	BAl88Si	3003 铝合金	550~600
FB502	BAl88Si	3003 铝合金	500~550

3. 软钎剂的选用

软钎剂的选用见表 2-148。

表 2-148 软钎剂的选用

钎剂编码	类型描述	卤化物含量（质量分数，%）	使用指南
1111	以未添加活性剂的松香为基体	<0.01	电子领域、电工领域
1122	以松香为基体加入卤化物有机活性剂（如谷氨酸盐酸盐）	<0.15	电子领域、电工领域、电子设备制造、金属制品
1123	以松香为基体加入卤化物有机活性剂（如谷氨酸盐酸盐）	0.15~2.0	电子领域、电工领域、电子设备制造、金属制品
1124	以松香为基体加入卤化物有机活性剂（如谷氨酸盐酸盐）	>2.0	电子领域、电工领域、电子设备制造、金属制品

（续）

钎剂编码	类型描述	卤化物含量（质量分数,%）	使用指南
1131	以松香为基体加入非卤化物有机活性剂（如己二酸、硬脂酸、水杨酸）	<0.01	电子领域、电工领域、精密软钎焊、金属制品
1211	以改性树脂为基体未添加活性剂	<0.01	电子领域、电工领域
1222	以改性树脂为基体加入卤化物有机活性剂	<0.15	电子领域、电工领域、电子设备制造、金属制品
1223	以改性树脂为基体加入卤化物有机活性剂（如谷氨酸盐酸盐）	0.15~2.0	电子领域、电工领域、电子设备制造、金属制品
1224	以改性树脂为基体加入卤化物有机活性剂（如谷氨酸盐酸盐）	>2.0	电子领域、电工领域、电子设备制造、金属制品
1231	以改性树脂为基体加入非卤化物有机活性剂（如己二酸、硬脂酸、水杨酸）	<0.01	电子领域、电工领域、精密软钎焊、金属制品
2111	以胺、二胺和/或碳酰胺为基体	<0.01	电工领域、精密软钎焊
2123	以卤化物的有机活性剂为基体（谷氨酸盐酸盐）	0.15~2.0	电工领域、电子领域、金属制品
2124	以卤化物的有机活性剂为基体（谷氨酸盐酸盐）	>2.0	电工领域、电子领域、金属制品
2131A	以胺、二胺和/或碳酰胺为基体加入非卤化物有机活性剂	<0.01	金属制品、精密软钎焊、电工领域
2131B	以有机活性剂为基体（如胺和/或二胺）	<0.01	铝的软钎焊
2211	以胺、二胺和/或碳酰胺有机物为基体，未添加卤化物活性剂	<0.01	金属制品、精密软钎焊、电工领域
2223	以含卤化物活性剂的有机物为基体	0.15~2.0	金属制品、精密软钎焊、电工领域
2224	以含卤化物活性剂的有机物为基体	>2.0	金属制品、精密软钎焊、电工领域
2231A	以不含卤化物活性剂的有机酸为基体加入天然树脂和/或改性树脂	<0.01	电子领域、电工领域、金属制品

（续）

钎剂编码	类型描述	卤化物含量（质量分数,%）	使用指南
2231B	以有机物为基体加入不含卤化物活性剂的胺、二胺和/或碳酰胺	<0.01	金属制品、精密软钎焊、电工领域
3114A	以锌和/或金属氯化物和/或氯化铵为基体,不含游离酸	>2.0	热交换器、金属制品、金属手工业
3114B	以氯化锌和/或氯化锡为基体,如适用可加入碱金属氯化物或有机活性剂	>2.0	铝的软钎焊
3124	以锌和/或其他金属氯化物水溶液为基体不含游离酸	>2.0	热交换器、金属制品、金属手工业
3214	以锌和/或其他金属氯化物和氯化铵为基体的有机溶液（如乙醇、油脂或矿产品）	>2.0	金属制品、金属手工业、配件、钢管安装
3224	以锌和/或其他金属氯化物和氯化铵为基体的有机溶液（乙醇、油脂或矿产品）	>2.0	金属制品、金属手工业、配件、钢管安装
3314	以磷酸或其衍生物为基体	>2.0	铜金属制品

第3章

焊条电弧焊工艺

3.1 焊条电弧焊焊接参数的选择

焊接参数选择的正确与否，直接影响焊缝的形状、尺寸、焊接质量和生产率，是焊接过程应该注意的首要问题。焊条电弧焊的焊接参数通常包括焊接层数、焊条牌号和直径、焊接电流、电弧电压和焊接速度等。焊接时，焊接参数可以有一定范围的波动，正确选择适当的焊接参数是保证焊缝质量的重要措施。

1. 焊接层数的选择

中厚板焊接时，要开坡口，然后进行多层多道焊。采用多层焊和多层多道焊时，每层焊缝不宜过厚，一般每层焊缝的厚度不大于4mm，据此可以选择焊接层数。

2. 焊条直径的选择

焊条直径主要是根据工件厚度、焊接位置、接头形式、焊接层数等进行选择。焊接位置不同时，选取的焊条直径也不相同。

1）平焊时，可选用直径较大的焊条。

2）立焊时，焊条直径最大不超过 ϕ5mm；仰焊、横焊时，焊条直径一般不超过 ϕ3.2mm。

3）在进行多层焊时，为了保证根部焊透，第一层采用小直径焊条进行打底，以后各层根据板厚情况选用较大直径的焊条。

4）对于根部不要求完全焊透的搭接接头、T形接头，可以选用较大直径的焊条，以提高生产率。

焊条直径与工件厚度的关系见表3-1，即工件越厚，选择的焊条直径越大。

3. 焊接电流

焊接电流是最重要的焊接参数。焊接电流过小，会造成电弧燃烧不稳定，产生夹渣；焊接电流过大，会使焊条发热、药皮发红脱落，焊缝产生咬边，甚至将工件烧穿。不同焊接电流对应的焊缝形状如图 3-1 所示。焊接电流主要根据焊条直径、焊接位置、焊接层数等确定。

表 3-1 焊条直径与工件厚度的关系 （单位：mm）

工件厚度	3	>3~5	>5~8	>8
焊条直径	2.5~3.2	>3.2~4	>4~5	5

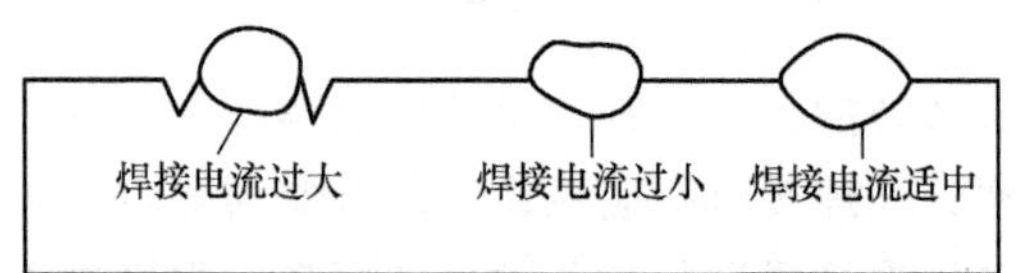

图 3-1 不同焊接电流对应的焊缝形状

（1）根据焊条直径的大小选择焊接电流　低碳钢焊接时，焊接电流与焊条直径的关系见表 3-2。

表 3-2 焊接电流与焊条直径的关系

焊条直径/mm	1.6	2.0	2.5	3.2	4.0	5.0	5.8
焊接电流/A	25~40	40~65	50~80	100~130	160~210	200~270	260~300

焊接时还可根据选定的焊条直径用经验公式 $I=10d^2$ 计算焊接电流。经验公式中 I 是焊接电流（A）；d 为焊条直径（mm）。

根据上面方式所确定的焊接电流范围，通过试焊可得到合适的焊接电流，并可根据下列经验来判断所选择的焊接电流是否合适。

1）焊接时可以从电弧的响声来判断电流大小。当焊接电流较大时，发出“哗哗”的声音；当焊接电流较小时，发出“丝丝”的声音，且容易断弧；焊接电流适中时，发出“沙沙”的声响，同时夹着清脆的噼啪声。

2）电流过大时，飞溅严重，电弧吹力大，爆裂声响大，可以看到大颗粒的熔滴向外飞出；电流过小时，电弧吹力小，飞溅小，熔渣和金属液不易分清。

3）电流过大时，焊条用不到一半即出现焊条红热和药皮脱落现象；电流过小时，焊条熔化困难，易与工件粘连。

4）电流较大时，椭圆形熔池长轴较长；电流较小时，熔池呈现扁形；电流适中时，熔池形状呈鸭蛋形。

5）电流过大时，焊缝宽而低，易咬边，焊波较稀；电流较小时，焊缝窄而高，焊缝与母材熔合不良；电流合适时，焊缝成形较好，高度适中，过渡平滑。

（2）根据焊接位置选择焊接电流　当焊接位置不同时，所用的焊接电流大小也不同。

1）平焊时，由于运条和控制熔池中的熔化金属都比较容易，可选用较大的焊接电流。

2）立焊时，所用的焊接电流比平焊时减小 10%~15%。

3）横焊、仰焊时，焊接电流比平焊时要减小 16%~20%。

（3）根据焊条性质选择焊接电流　使用碱性焊条，比使用酸性焊条焊接时的电流要减小 10%。

（4）根据焊接层位置选择焊接电流　通常情况下，焊接打底焊道时，采用较小的焊接电流，有利于保证焊接质量；焊接填充焊道时，通常采用较大的焊接电流；而盖面焊接时，为了防止咬边和获得美观的焊缝成形，采用适中的焊接电流。

4. 电弧电压

电弧电压主要取决于电弧长度。电弧长，则电压高；电弧短，则电压低。弧长增加时，电弧飘动不稳，飞溅大，保护效果差，焊缝表面的成形性差，容易在焊缝中产生气孔，所以在一般情况下应采用短弧（一般是焊条直径的 0.5~1.0 倍）焊。

5. 焊接速度

焊接速度慢，焊成的焊道宽而高；焊接速度快，焊成的焊道窄而矮。采用焊条电弧焊时，焊接速度由焊工进行手操纵，不是焊前所能选定的一个焊接参数。经验表明，焊条电弧焊时合适的焊接速度为 140~160mm/min。

3.2　焊条电弧焊基本操作工艺

焊接操作时，焊接姿势一般是左手持面罩，右手拿焊钳，焊钳上夹持焊条。

一般情况下，焊接姿势的选择随人而定，无论什么姿势都没问题，关键是身体感觉舒服最好，特别是两只手要能灵活移动。焊接精密工件时一般都是采用坐姿，身体平稳，焊接质量好。

3.2.1 引弧

1. 引弧操作步骤

采用手工电弧焊时，引燃焊接电弧的过程，称为引弧。引弧时，首先把焊条端部与工件轻轻接触，然后很快将焊条提起，这时电弧就在焊条末端与工件之间形成了。

引弧是焊条电弧焊操作中最基本的动作，其步骤是：

1）穿好工作服，戴好工作帽及电焊手套。

2）准备好工件、焊条及辅助工具。

3）清理干净工件表面的油污、水锈。

4）检查焊钳及各接线处是否良好。

5）把地线与工件支架相连接并把工件平放在支架上。

6）合上电源开关，起动焊机并调节所需焊接电流。

7）从焊条筒中取出焊条，用拇指按下焊钳弯臂打开焊钳，把焊条夹持端放到焊钳口凹槽中，松开焊钳弯臂。

8）右手握住焊钳，左手持焊帽。

9）找准引弧处，手保持稳定，用焊帽遮住面部，准备引弧。

2. 引弧方法

常用的引弧方法有划弧法和敲击引弧法两种，如图 3-2 所示。

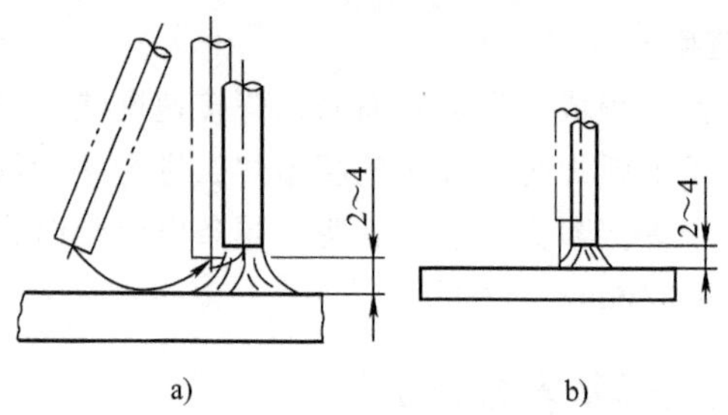

图 3-2 引弧方法

a）划弧法 b）敲击引弧法

（1）划弧法　划弧法（见图 3-2a）是先将焊条末端对准工件，然后像划火柴似的将焊条在工件表面轻轻划擦一下，引燃电弧，划动长度越短越好，一般在 15~25mm 之间；然后迅速将焊条提升到使弧长保持 2~4mm 高度的位置，并使之稳定燃烧；接着立即移到待焊处，先停留片刻起预热作用，再将电弧压短至略小于焊条直径，在始焊点做适量横向摆动，并在坡口根部稳定电弧，当形成熔池后开始正常焊接。这种引弧方式的优点是电弧容易引燃，操作简便，引弧效率高；缺点是容易损坏工件的表面，造成工件表面划伤的痕迹，在焊接正式产品时很少采用。

（2）敲击引弧法　敲击法引弧也叫直击法引弧，常用于焊接比较困难的位置，污染工件较小。敲击引弧法（见图 3-2b）是将焊条末端垂直地在工件起焊处轻微碰击，然后迅速将焊条提起，电弧引燃后，立即使焊条末端与工件保持 2~4mm，使电弧稳定燃烧，后面的操作与划弧法基本相同。这种引弧方法的优点是不会使工件表面造成划伤缺欠，又不受工件表面的大小及工件形状的限制，所以是正式生产时采用的主要引弧方法；缺点是受焊条端部的状况限制，引弧成功率低，焊条与工件往往要碰击几次才能使电弧引燃和稳定燃烧，操作不易掌握。采用敲击引弧法时，如果敲击用力过猛，药皮容易脱落，操作不当还容易使焊条粘于工件表面。

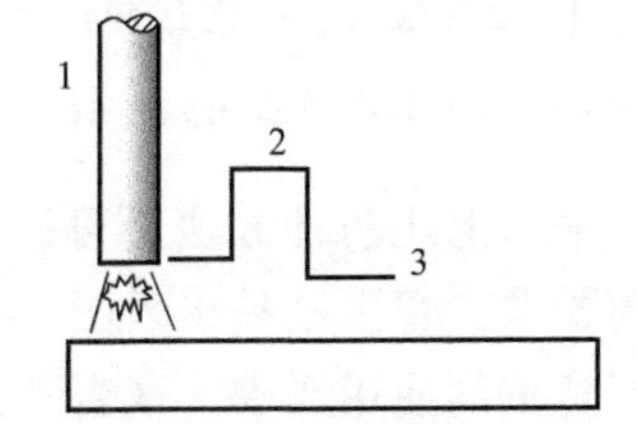

图 3-3　引弧后的电弧长度变化

1—引弧　2—拉伸电弧　3—正常焊接

两种引弧方法都要求引弧后，先拉长电弧，再转入正常弧长焊接，如图 3-3 所示。

引弧动作如果太快或焊条提得过高，不易建立稳定的电弧，或起弧后易于熄灭；引弧动作如果太慢，又会使焊条和工件粘在一起，产生长时间短路，使焊条过热发红，造成药皮脱落，也不能建立起稳定的电弧。

（3）焊缝接头处的引弧　对于焊缝接头处的引弧，一般有以下两种方法：

1）从先焊焊道末尾处引弧，如图 3-4 所示。这种方法可以熔化引弧处的小气孔，同时接头也不会高出焊缝。具体方法是在先焊焊道的焊尾前面约 10mm 处引弧，弧长比正常焊接稍长些，然后将电弧移到原弧坑的 2/3 处，填满弧坑后，即可进入正常焊接。采用此方法引弧时一定要控制好电弧后移的距离。如果电弧后移太多，则可能造成接头过高；后移太少，将造成接头脱节，弧坑填充不满。

2）从先焊焊道端头处引弧，如图 3-5 所示。这种方法要求先焊焊道的起头处要略低些。焊接时在先焊焊道的起头略前处引弧，并稍微拉长电弧，将电弧引向先焊焊道的起头处，并覆盖其端头，待起头处焊道焊平后再向先焊焊道相反的方向移动。

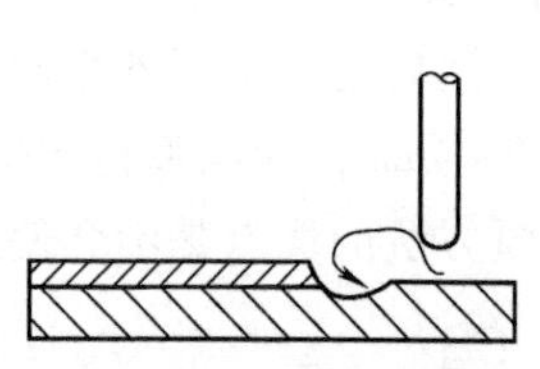

图 3-4　从先焊焊道末尾处引弧

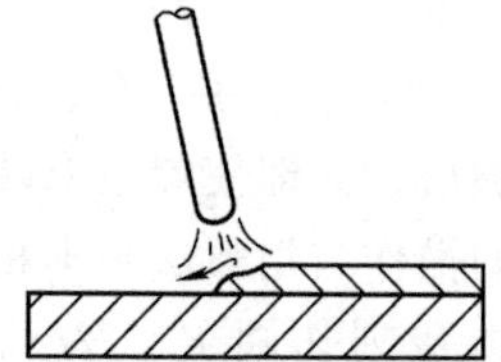

图 3-5　从先焊焊道端头处引弧

采用上述两种方法，可以使焊缝接头处如图 3-6a 所示，符合使用要求；否则极易出现图 3-6b 和图 3-6c 所示的情况，或者接头强度达不到使用要求，或者外形不美观并影响安装使用。

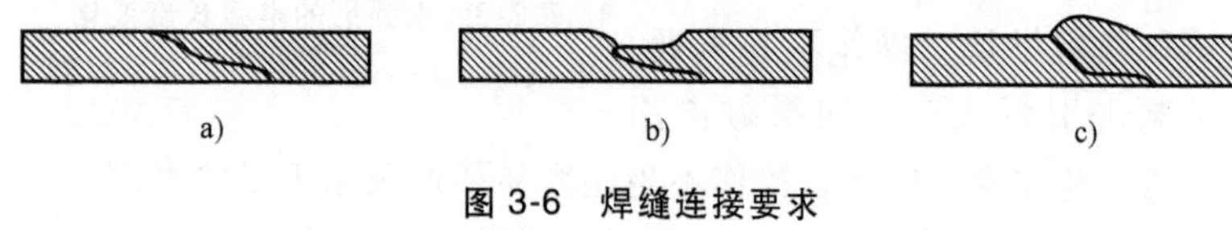

图 3-6　焊缝连接要求
a）正确　b）不正确　c）不正确

3. 引弧操作注意事项

1）为了便于引弧，焊条末端应裸露焊芯。若焊条端部有药皮套筒，可戴焊工手套捏除。

2）引弧过程中如果焊条与工件粘在一起，可将焊条左右晃动几下即可脱离。

3）如果左右晃动焊条仍不能使其与工件脱离，焊条会发热，应立即将焊钳与焊条脱离，以防短路时间过长而烧坏焊机。

3.2.2　运条

焊接过程中，为了保证焊缝成形美观，焊条要做必要的运动，简称运条。运条同时存在三个基本运动：焊条沿焊接方向移动、焊条向熔池送进和焊条横向摆动。

1. 焊条沿焊接方向移动

焊条沿焊接方向的均匀移动速度即焊接速度，该速度的大小对焊缝成形起非常重要的作用。随着焊条的不断熔化，逐渐形成一条焊道。若焊条移动速度太慢，则焊道会过高、过宽，外形不整齐，焊接薄板时会产生烧穿现象；若焊条移动速度太快，则焊条和工件会熔化不均，焊道较窄。焊条移动时，应与前进方向呈65°~80°的夹角，如图3-7所示，以使熔化金属和熔渣推向后方。如果熔渣流向电弧的前方，会造成夹渣等缺欠。

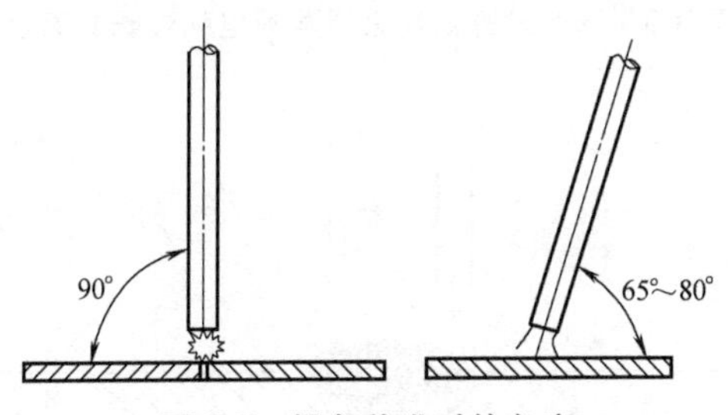

图3-7　焊条前进时的角度

2. 焊条向熔池送进

焊条向熔池送进的目的是随着焊条的熔化来维持弧长不变。焊条送进速度应与焊条的熔化速度相适应，如图3-8所示。如果送进速度太慢，会使电弧逐渐拉长，直至灭弧，如图3-9所示；如果送进速度太快，会使电弧逐渐缩短，直至焊条与熔池发生接触短路，导致电弧熄灭。

3. 焊条横向摆动

焊条横向摆动是为了获得一定宽度的焊缝，如图3-10所示。

1）工件越薄摆动幅度应该越小，工件越厚摆动幅度应该越大，如图3-11所示。

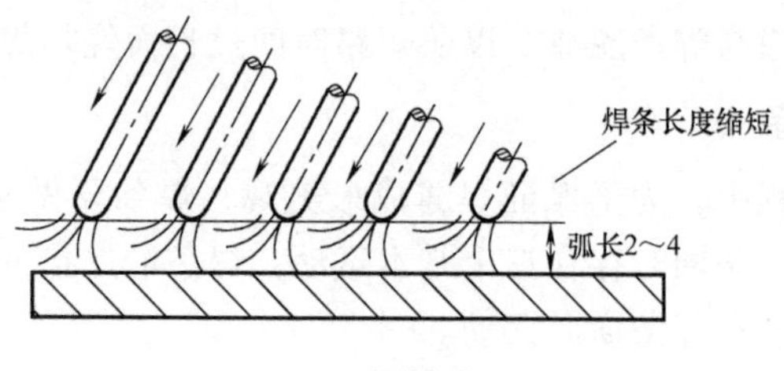

图 3-8　焊条向熔池送进

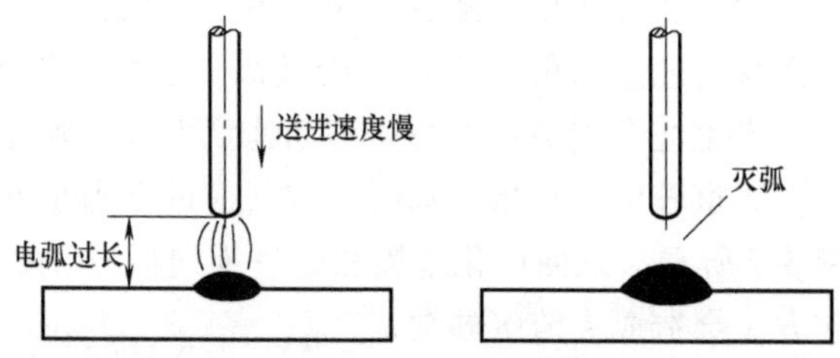

图 3-9　焊条送进速度太慢导致电弧过长或灭弧

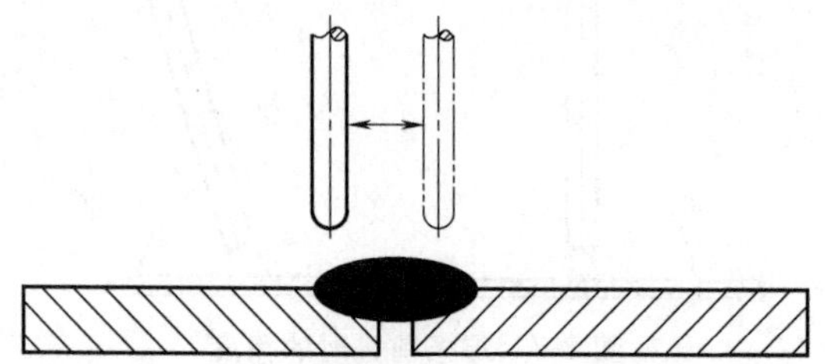

图 3-10　焊条横向摆动获得一定宽度的焊缝

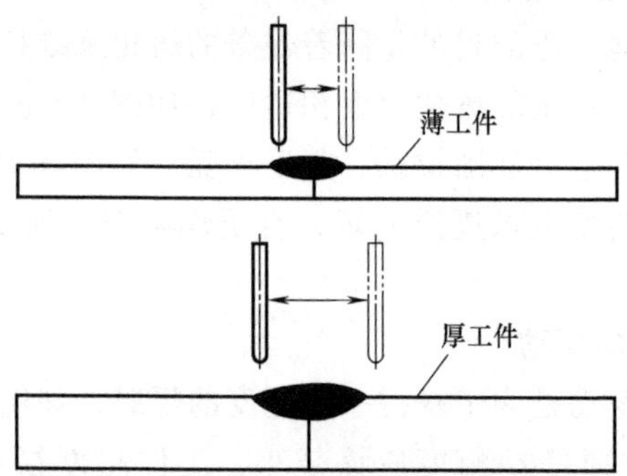

图 3-11　工件厚度与焊条摆动幅度的关系

2）I 形坡口摆动幅度稍小，V 形坡口摆动幅度较大，如图 3-12 所示。

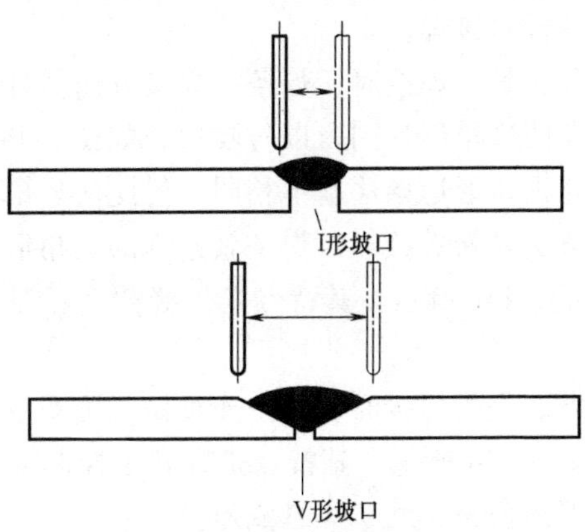

图 3-12　坡口形状与焊条摆动幅度的关系

3）多层多道焊时，外层比内层摆动幅度大，如图 3-13 所示。

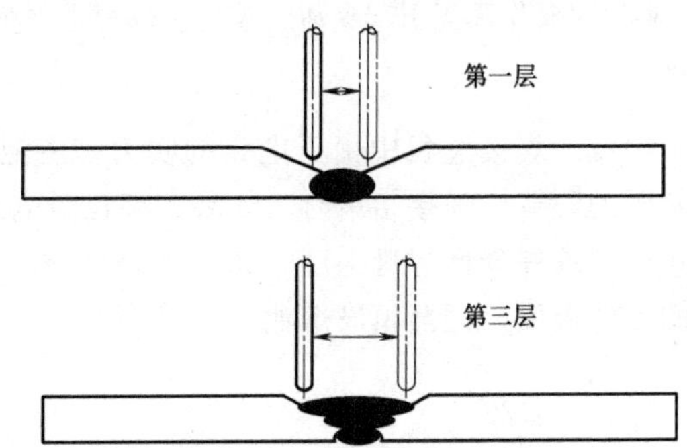

图 3-13　焊接层次与焊条摆动幅度的关系

4）几种常见的横向摆动方式如图 3-14 所示。

锯齿形运条法是指焊接时，焊条做锯齿形连续摆动及向前移

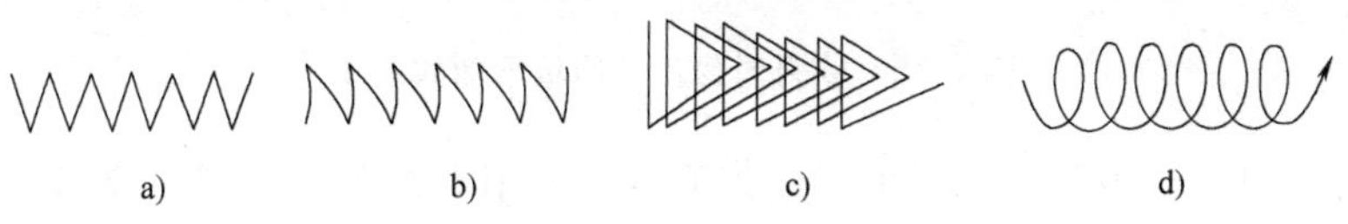

图 3-14　横向摆动方式

a）锯齿形　b）月牙形　c）三角形　d）圆圈形

动，并在两边稍停片刻，摆动的目的是为了得到必要的焊缝宽度，以获得良好的焊缝成形，如图 3-14a 所示。这种方法在生产中应用较广，多用于厚板对接焊。

月牙形运条法是指焊接时，焊条沿焊接方向做月牙形的左右摆动，同时需要在两边稍停片刻，以防咬边，如图 3-14b 所示。这种方法应用范围和锯齿形运条法基本相同，但此法焊出的焊缝较高。

三角形运条法是指焊接时，焊条做连续的三角形运动，并不断向前移动，如图 3-14c 所示。其特点是焊缝截面较厚，不易产生夹渣等缺欠。

圆圈形运条法是指焊接时，焊条连续做正圆圈或斜圆圈运动并向前移动，如图 3-14d 所示。其特点是有利于控制熔化金属不受重力作用而产生下淌现象，利于焊缝成形。

薄板对接平焊一般不开坡口，焊接时不宜横向摆动，可较慢地直线运条，短弧焊接；并通过调节焊条的倾角和弧长，控制熔渣的运动和熔池成形，避免因操作不当引起夹渣、咬边和焊缝不平整等缺欠。

3.2.3 收弧

收弧也叫熄弧。焊接过程中由于电弧的吹力，熔池呈凹坑状，并且低于已凝固的焊缝。焊接结束时，如果直接拉断电弧，会形成弧坑，产生弧坑裂纹并降低焊缝强度，如图 3-15 所示。在收弧时，要维持正确的熔池温度，逐渐填满熔池。

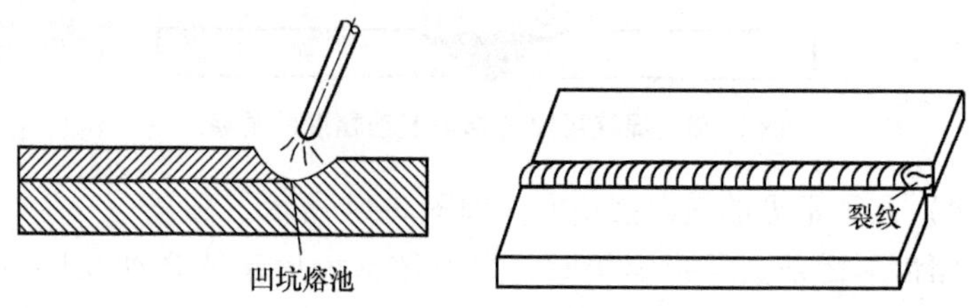

图 3-15　收弧时易产生凹坑熔池和裂纹

1）一般焊接较厚的工件收弧时，采用划圈收弧，即电弧移到焊缝终端时，利用手腕动作（手臂不动）使焊条端部做圆圈运动，当填满弧坑后拉断电弧，如图 3-16a 所示。

2）焊接比较薄的工件时，应在焊缝终端反复收弧、引弧，直到填满弧坑，如图 3-16b 所示。但碱性焊条不宜采用这种方法，因为容易在弧坑处产生气孔。

3）当采用碱性焊条焊接时，应采用回焊收弧，即当电弧移到焊缝终端时做短暂的停留，但未熄弧，此时适当改变焊条角度，如图 3-16c 所示，由位置 1 转到位置 2，待填满弧坑后再转到位置 3，然后慢慢拉断电弧。

4）如果焊缝的连接方式是后焊焊缝从接头的另一端引弧，焊到前焊缝的结尾处时，焊接速度应略慢些，以填满焊道的焊坑，然后以较快的焊接速度再略向前收弧，如图 3-16d 所示。

5）有时也可采用外接收弧板的方法进行收弧，如图 3-16e 所示。

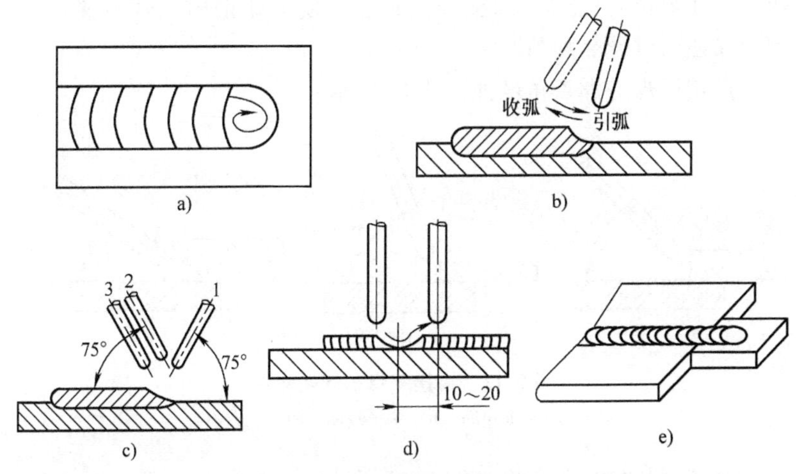

图 3-16 收弧方法

a）划圈收弧 b）反复收弧 c）回焊收弧 d）焊缝接头收弧 e）外接收弧板

3.3 各种位置焊条电弧焊工艺

3.3.1 平焊

1. 平焊的特点

平焊时，熔滴金属由于重力作用向熔池自然过渡，操作技术简单，比较容易掌握。熔池金属和熔池形状容易保持，允许使用较大的焊条直径和焊接电流，生产率较高。但熔渣和液态金属容易混合在一起，较难分清，有时熔渣会超前形成夹渣。

2. 平焊操作要点

1）平焊一般采用蹲姿，且距工件的距离较近，有利于操作和观察熔池。两脚呈 70°~80°角，间距 250mm 左右。操作中持焊钳的胳膊可有依托或无依托。

2）正确控制焊条角度，使熔渣与液态金属分离，防止熔渣前流，尽量采用短弧焊接。搭接平焊时，为避免产生焊缝咬边、未焊透或焊缝夹渣等缺欠，应根据两板的厚薄来调整焊条的角度，同时电弧要偏向厚板一边，以便使两边熔透均匀。焊条倾角过大或过小都会使焊缝成形不良。对于不同厚度的 T 形、角接、搭接的平焊接头，在焊接时应适当调整焊条角度，使电弧偏向工件较厚的一侧，保证两侧受热均匀。

搭接平焊的焊条角度如图 3-17 所示。

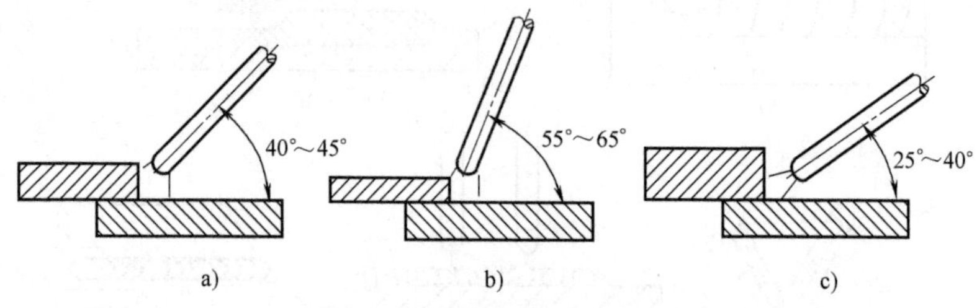

图 3-17　搭接平焊的焊条角度

a）两板厚度相同　b）下板较厚　c）上板较厚

对接平焊的焊条角度如图 3-18 所示。

角接平焊的焊条角度如图 3-19 所示。

T 形平焊的焊条角度如图 3-20 所示。

船形平焊的焊条角度如图 3-21 所示。

3）对于多层多道平焊应注意焊接层次及焊接顺序，如图 3-22 所示。

焊接第一道焊缝时，可用直径 ϕ3. 2mm 的焊条和较大的焊接电流，用直线形运条法。收弧时要特别注意填满弧坑，焊完后将熔渣

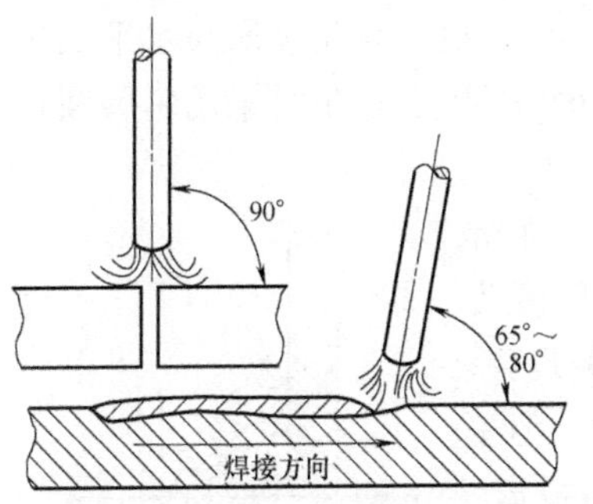

图 3-18　对接平焊的焊条角度

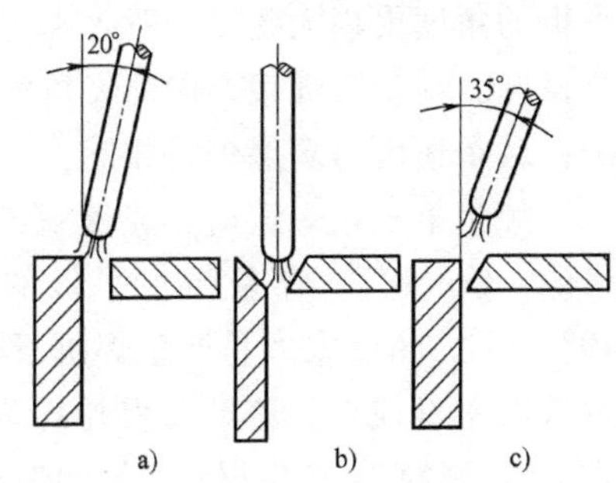

图 3-19　角接平焊的焊条角度

a）不开坡口　b）双边开坡口

c）单边开坡口

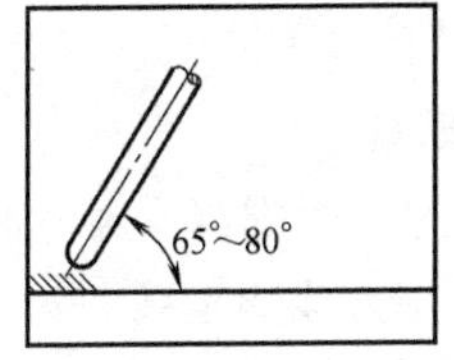

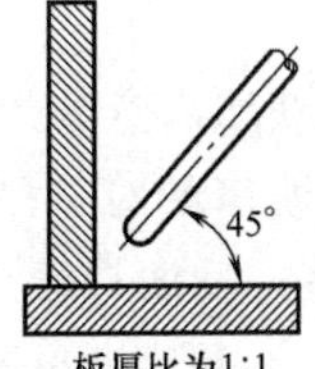

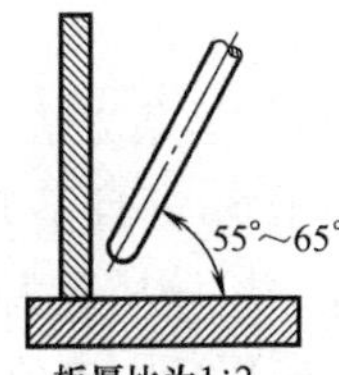

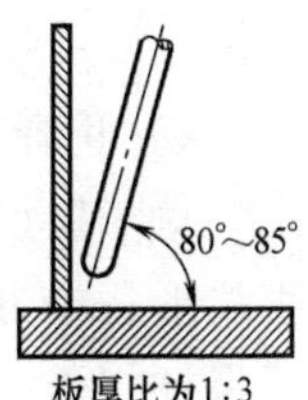

图 3-20　T 形平焊的焊条角度

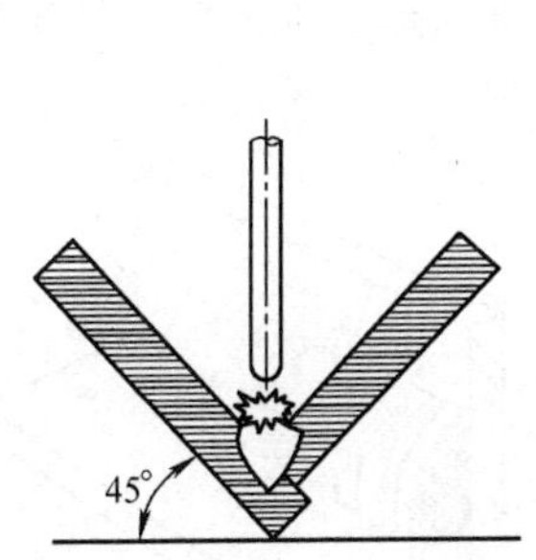

图 3-21　船形平焊的焊条角度

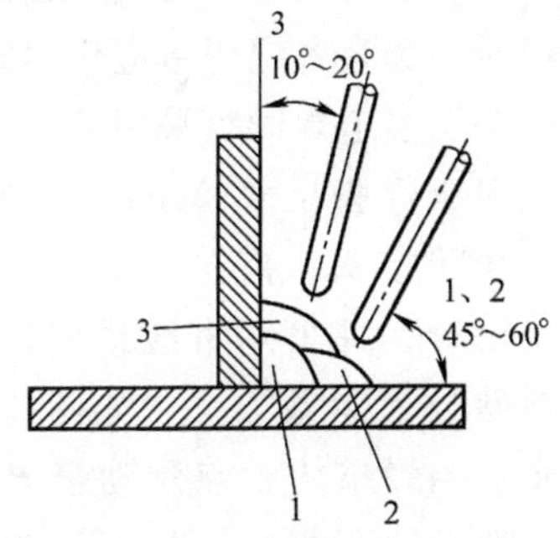

图 3-22　多层多道平焊的焊接层次、焊接顺序及焊条角度

1～3—焊接顺序

清除干净。

焊接第二条焊道时，应覆盖第一层焊缝的 2/3 以上。焊条与水

平板的角度要稍大些，一般为45°~55°，以使熔化金属与水平板熔合良好。焊条与焊接方向的夹角为65°~80°。运条时采用斜圆圈形法，运条速度与多层焊时相同。

焊接第三条焊道时，应覆盖第二条焊道的1/3~1/2。焊条与水平板的角度为40°~45°，角度太大易产生焊脚下偏现象。运条仍用直线形，速度要保持均匀，但不宜太慢，否则易产生焊瘤，影响焊缝成形。

如果焊脚尺寸大于12mm时，可采用三层六道或四层十道焊接。焊脚尺寸越大，焊接层数、焊接道数就越多，如图3-23所示。

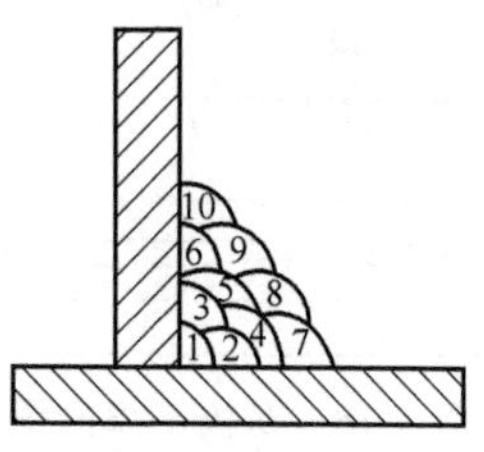

图3-23　多层多道焊的焊道排列

1~10—焊接顺序

4）选择合适的运条方法，获取满意的焊接质量。

对于厚度小于6mm且不开坡口的对接平焊的正面焊缝，采用直线形运条方法，熔深尽量大些，反面焊缝也采用直线形运条。为了保证焊透，可采用较大电流，运条速度也随之增大。

对于开坡口的对接平焊和船形平焊，可采用多层焊或多层多道焊。打底焊时，采用直线形运条，焊条直径和焊接电流均小些。多层焊时，其余各层焊道应根据要求采用直线形、锯齿形、月牙形运条，多层多道焊时可采用直线形运条方法。

对于焊脚尺寸较小的T形接头、角接接头、搭接接头，可采用单层焊，并采用直线或斜锯齿形或斜环形运条方法，如图3-24所示。当焊条从*A*点移动至*B*点时，速度要稍慢些，以保证熔化金属和横板熔合良好；从*B*点至*C*点的运条速度稍快，以防止熔化金属下淌，并在*C*点稍作停留，以保证熔化金属和立板熔合良好；从*C*点至*D*点的运条速度又要稍慢些，才能避免产生夹渣现象并保证焊透；由*D*点至*E*点的运

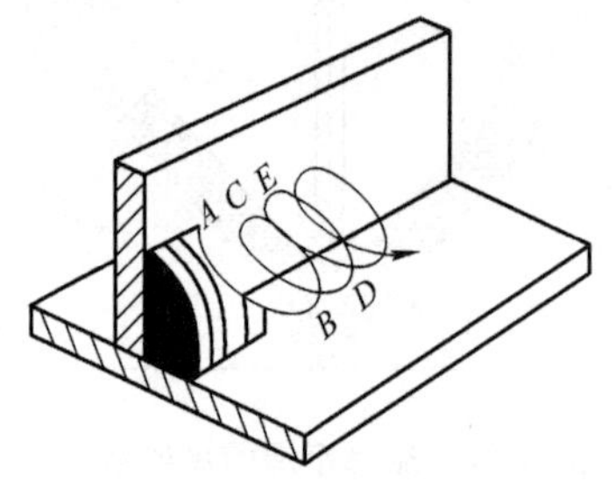

图3-24　T形接头平焊的斜环形运条法

条速度要稍快些，到 E 点处也稍作停留。在整个运条过程中都应采用短弧焊接，最后在焊缝收尾时要注意填满弧坑，以防止出现弧坑裂纹。

焊脚尺寸较大时，一般采用多层焊或多层多道焊。第一层采用直线形运条方法，其余各层可采用斜环形、斜锯齿形运条法。

5）对于板厚小于等于 3mm 的工件，焊接时经常会发生烧穿的现象。此时可将工件一头垫起，使焊缝倾角呈 5°~10°，从高往低进行下坡焊，如图 3-25 所示。这样可以提高焊接速度和减小熔深，防止烧穿，并且焊成的焊缝表面比较光滑平整。但是焊缝倾角也不能太大，否则焊接时熔渣会流向电弧前方，甚至熔化金属向下漫流，影响焊缝质量。

6）焊接时，若发现熔渣与金属液距离很近或全部覆盖了金属液，则说明将要产生熔渣超前现象，如不及时克服，将会产生夹渣缺欠。解决的办法是立即减小焊条的倾角，如图 3-26 所示。必要时增大焊接电流，或选用 ϕ2.5mm 的焊条。

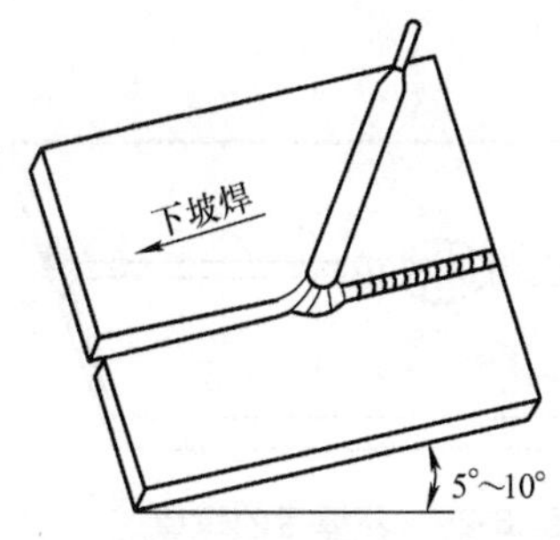

图 3-25　下坡焊操作示意图

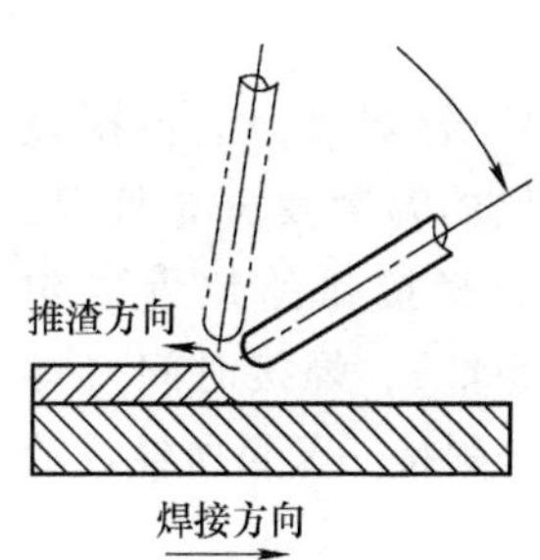

图 3-26　减小焊条倾角避免产生夹渣

7）当遇到间隙较大的焊缝时，其焊接方法是先将两板的边缘用直线或直线往复运条进行熔敷焊，清渣后再用锯齿形运条方式进行连接焊，如图 3-27 所示。

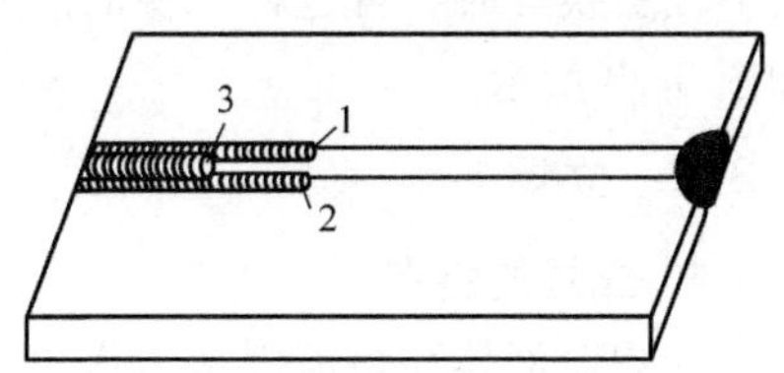

图 3-27　较大间隙时的焊接方法

1~3—焊接顺序

3. 补焊操作要点

如果发生烧穿现象，应进行补焊。

1）当发生烧穿时，应立即熄灭电弧，但不要挪开焊帽去看，等待烧穿部位稍加冷却，并做好再次引弧的准备。

2）当烧穿部位冷却到较低温度但小区域仍为红热状态时，再次在相应的位置引弧，采用灭弧法（俗称点焊）进行补焊。焊接时，要先焊外后焊内，并使接弧位置及温度分布对称均匀，接弧位置及补焊焊点的重叠及焊接顺序如图 3-28 所示。

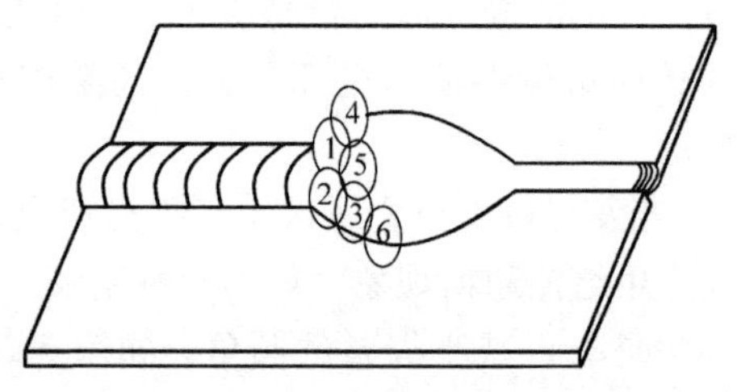

图 3-28　接弧位置及补焊焊点的重叠及焊接顺序

1~6—焊接顺序

3）补焊时，应根据烧穿部位的温度及分布情况，合理选择接弧的位置（包括重叠量）、焊接时间（即引弧—焊接—灭弧所经过的时间）。

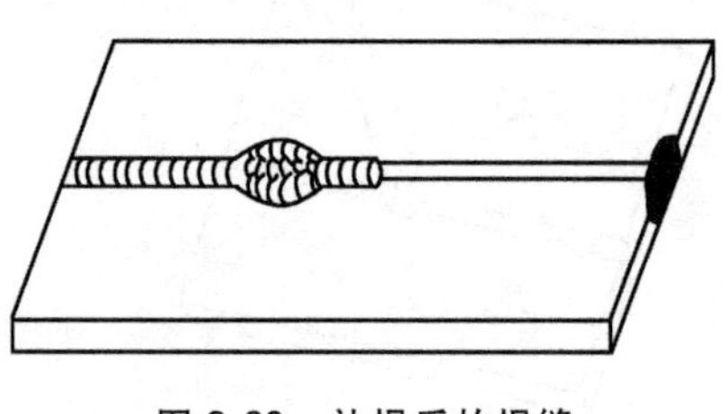

图 3-29　补焊后的焊缝

4）补焊时，如果熔渣较多或更换焊时，可进行必要的清渣后再继续补焊。补焊后的焊缝如图 3-29 所示。

3.3.2　立焊

1. 立焊的特点

立焊时液体和熔渣因重力作用下坠，因此两者容易分离。然而当熔池温度过高时，容易形成焊瘤缺欠，焊缝表面不平整，如图 3-30 所示。对于 T 形接头的立焊，焊缝根部容易焊不透。立焊

的优点是容易掌握焊透情况，焊工可以清晰地观察到熔池的形状和状态，便于操作和控制熔池。

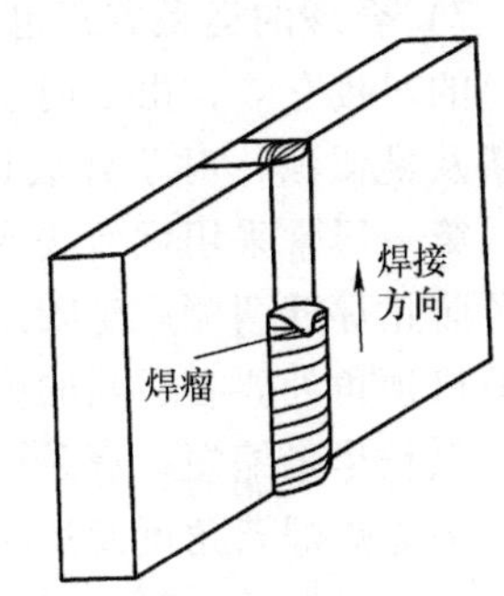

图 3-30　立焊时易产生焊瘤缺欠

2. 立焊操作要点

1）立焊操作时，为便于操作和观察熔池，焊钳握法有正握法和反握法两种。

2）立焊基本姿势有蹲姿、坐姿和站姿三种。焊工的身体不要正对焊缝，要略偏向左侧，以使握钳的右手便于操作。

3）电弧长度应短于焊条直径，利用电弧的吹力托住金属液，缩短熔滴过渡到熔池中的距离，使熔滴能顺利到达熔池。

4）焊接时要注意熔池温度不能太高，焊接电流应比平焊时小10%~15%，尽量采用较小的焊条直径。

5）尽量采用短弧焊接，有时要采用挑弧焊接来控制熔池温度，这样容易产生气孔。因此，在挑弧焊接时只将电弧拉长而不灭弧，使熔池表面始终得到电弧的保护。

6）要保持正确的焊条角度，一般应使焊条角度向下倾斜60°~80°，电弧指向熔池中心。对接接头立焊时的焊条角度如图 3-31 所示，T 形接头立焊时的焊条角度如图 3-32 所示。

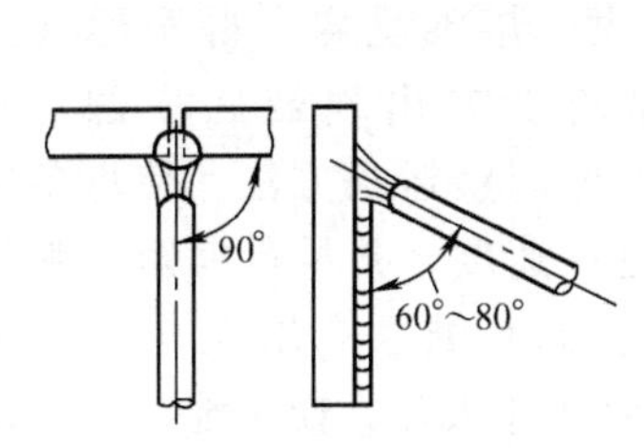

图 3-31　对接接头立焊时的焊条角度

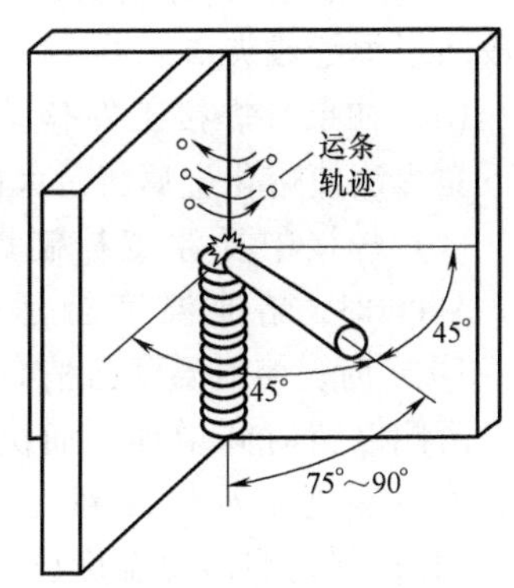

图 3-32　T 形接头立焊时的焊条角度

7）合理的运条方式也是保证立焊质量的重要手段。对于不开坡口的对接立焊，由下向上焊时，可采用直线形、锯齿形、月牙形运条及挑弧法；对于开坡口的对接立焊，常采用多层或多层多道焊，第一层常采用挑弧法或摆幅较小的三角形、月牙形运条。有时为了防止焊缝两侧产生咬边、根部未焊透等缺欠，电弧在焊缝两侧及坡口顶角处要有适当的停留，使熔滴金属充分填满焊缝的咬边部分。弧长尽量缩短，焊条摆动的宽度不超过焊缝要求的宽度。不同接头的立焊焊条角度及运条方法如图 3-33 所示。

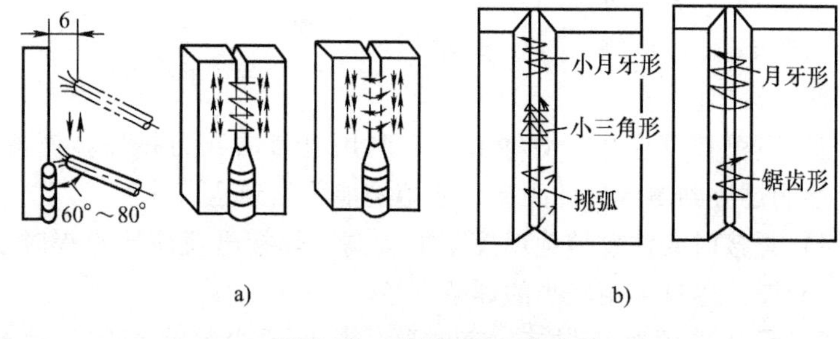

图 3-33　对接立焊运条方法

a）不开坡口　b）开坡口

8）更换焊条要迅速。焊缝接头处出现金属液拉不开或熔渣与金属液混在一起的情况时，要将电弧稍微拉长，适当延长在接头处的停留时间，增大焊条与焊缝的角度，使熔渣自然滚落下来。

9）运条至焊缝中心时，要加快运条速度，防止熔化金属下淌形成凸形焊缝或夹渣。

10）如果待焊接工件整条缝隙局部有较大的间隙时，应先用向下立焊法使熔化金属将过大的间隙填满后，再进行正常焊接。

11）焊接中要注意控制熔池温度。熔池呈扁平椭圆形（见图 3-34a）时，熔池温度合适；熔池的下方出现鼓肚变圆（见图 3-34b）时，熔池温度已稍高，应立即调整运条方法，使焊条在坡口两侧停留时间增加，加快中间过渡速度，并尽量缩短电弧长度。若不能把熔池恢复到扁平状态，而且鼓肚有增大（见图 3-34c）时，则说明熔池温度已过高，应立即灭弧，使熔池冷却一段时间，待熔池温度下降后再继续焊接。

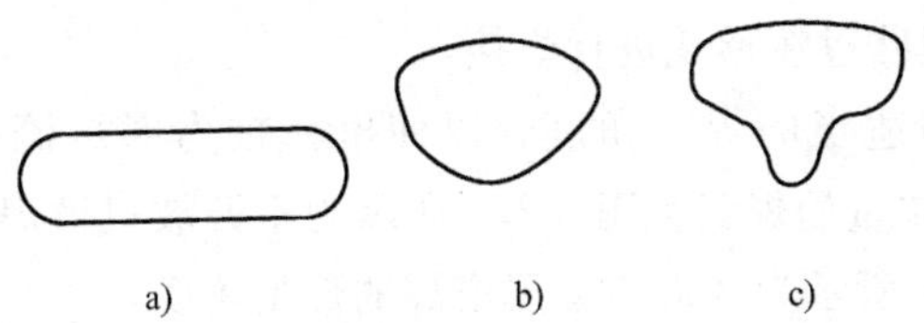

图 3-34 不同温度对应的熔滴形态

a）温度正常 b）温度稍高 c）温度过高

3. 立焊易产生的缺欠与原因

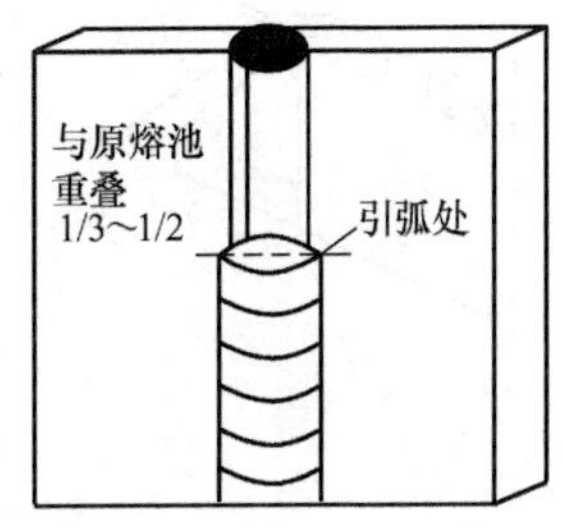

图 3-35 接头处引弧位置

1）接头处焊缝波纹粗大是最常见的缺欠，一般情况下是因为引弧位置过于偏上。正确引弧位置应与前一熔池重叠 1/3～1/2，如图 3-35 所示。

2）焊缝过宽、过高，产生的原因是横向摆动时手腕僵硬不灵活，速度过慢等。

3）烧穿和焊瘤，产生的原因是运条过慢，无向上意识，灭弧不利落，接弧温度过高等。

4）夹渣，产生原因是运条无规律，热量不集中，焊接时间短，电流过小等。

3.3.3 横焊

1. 横焊的特点

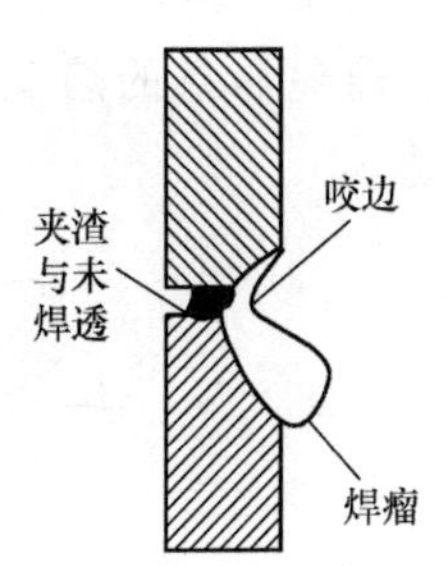

图 3-36 横焊时易产生的缺欠

横焊时，熔化金属在重力作用下发生流淌，操作不当则会在上侧产生咬边，下侧因熔滴堆积而产生焊瘤或未焊透等缺欠，如图 3-36 所示。因此，开坡口的厚板多采用多层多道焊，较薄板横焊时也常常采用多道焊。

2. 横焊操作要点

1）施焊时应选择较小直径的焊条和较

小的焊接电流，可以有效地防止金属的流淌。

2）以短路过渡形式进行焊接。

3）采用适当的焊条角度，以使电弧推力对熔滴产生承托作用，获得高质量的焊缝。图 3-37a 所示为不开坡口横焊时的焊条角度，图 3-37b 所示为开坡口多层横焊的焊条角度。

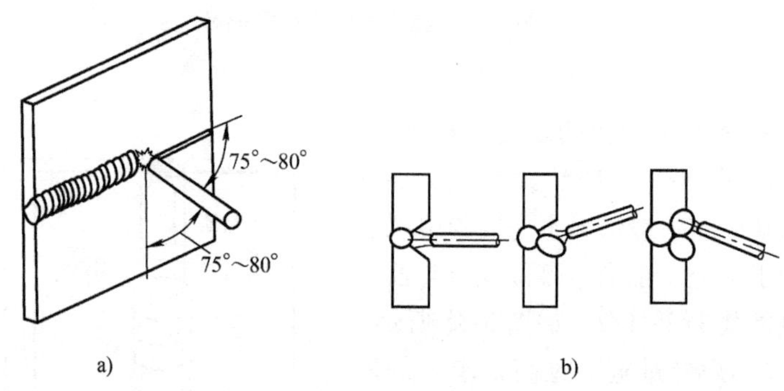

图 3-37 横焊焊条角度

a）不开坡口横焊 b）开坡口多层横焊

4）采用正确的运条方法。对于不开坡口的对接横焊，薄板正面焊缝选用往复直线式运条方法，较厚工件采用直线或斜环形运条方法，背面焊缝采用直线形运条。对于开坡口的对接横焊，若采用多层焊时，第一层采用直线形或往复直线形运条，其余各层采用斜环形运条。斜环形运条方法如图 3-38 所示。运条速度要稍慢且均匀，避免焊条的熔滴金属过多地集中在某一点上而形成焊瘤和咬边。

图 3-38 斜环形运条方法

5）由于焊条的倾斜以及上下坡口的角度影响，上下坡口受热不均匀。上坡口受热较好，下坡口受热较差，同时熔池金属因受重

力作用下坠，极易造成下坡口熔合不良，甚至冷接。因此，应先击穿下坡口面，后击穿上坡口面，并使击穿位置相互错开一定距离（0.5~1个熔孔距离），使下坡口面击穿熔孔在前，上坡口面击穿熔孔在后。焊条角度在坡口上缘与下缘的变化如图3-39所示，焊缝形状及熔孔如图3-40所示。

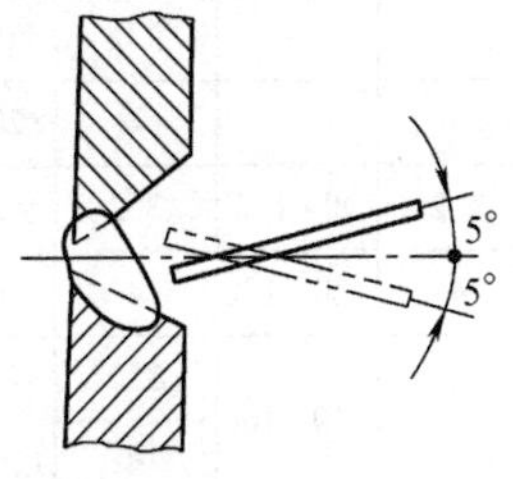

图3-39 焊条角度在坡口上缘与下缘的变化

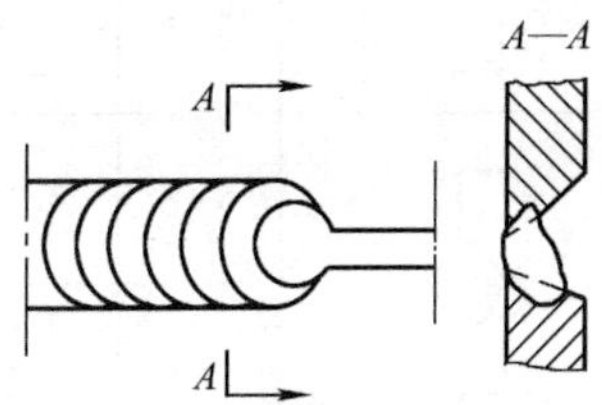

图3-40 焊缝形状及熔孔

6）厚板的横焊，适合采用多层多道焊，每道焊缝均应采用直线形运条法，但要根据各焊缝的具体情况，始终保证短弧和适当的焊接速度，同时焊条角度也应该根据焊缝的位置进行调节。

7）当熔渣超前，或有熔渣覆盖熔池倾向时，采用拨渣运条法，如图3-41所示。

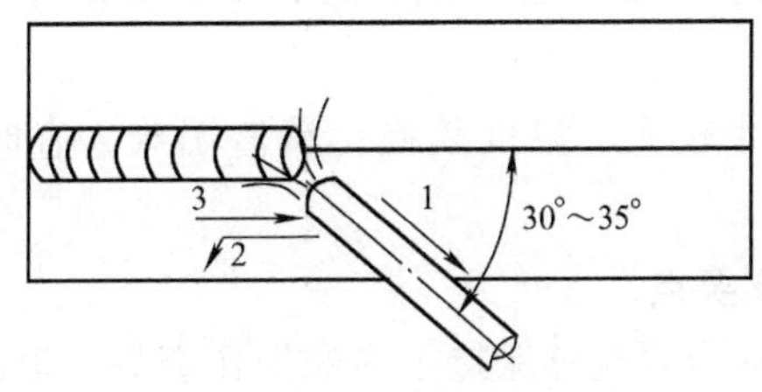

图3-41 拨渣运条法

1—电弧的拉长 2—向后斜下方推渣 3—返回原处

3. 对接横焊的焊接参数

对接横焊的焊接参数见表3-3。

表 3-3 对接横焊的焊接参数

焊缝截面形式	焊件厚度或焊脚尺寸/mm	第一层焊缝		其他各层焊缝		封底焊缝	
		焊条直径/mm	焊接电流/A	焊条直径/mm	焊接电流/A	焊条直径/mm	焊接电流/A
	2	2	45~55	—	—	2	50~55
	2.5	3.2	75~110	—	—	3.2	80~110
	3~4	3.2	80~120	—	—	3.2	90~120
		4	120~160	—	—	4	120~160
	5~8	3.2	80~120	3.2	90~120	3.2	90~120
				4	120~160	4	120~160
	≥9	3.2	90~120	4	140~160	3.2	90~120
		4	140~160			4	120~160
	14~18	3.2	90~120	4	140~160	—	—
		4	140~160				
	≥19	—	140~160	—	140~160	—	—

3.3.4 仰焊

仰焊是消耗体力最大、难度最高的一种特殊位置焊接方法。

1. 仰焊的特点

1）仰焊时，熔池倒悬在工件下面，焊缝成形困难，容易在焊缝表面产生焊瘤，背面产生塌陷，还容易出现未焊透、弧坑凹陷现象。

2）熔池尺寸较大，温度较高，清渣困难，有时易产生层间夹渣。

2. 仰焊操作要点

1）仰焊时一定要注意保持正确的操作姿势，焊接点不要处于人的正上方，应为上方偏前，且焊缝偏向操作人员的右侧。仰焊的焊条夹持方式与立焊相同。

2）采用小直径焊条、小电流焊接，一般焊接电流在平焊与立焊之间。

3）采用短弧焊接，以利于熔滴过渡。

4）保持适当的焊条角度和正确的运条方式，如图 3-42 所示。对于不开坡口的对接仰焊，间隙小时宜采用直线形运条，间隙大时宜采用往复直线形运条。开坡口对接仰焊采用多层焊时，第一层焊缝根据坡口间隙大小选用直线形或直线往复形运条方法，其余各层均采用月牙形或锯齿形运条方式。多层多道焊宜采用直线形运条。对于焊脚尺寸较小的 T 形接头采用单层焊，选用直线形运条方法。焊脚尺寸较大时，采用多层焊或多层多道焊，第一层宜选用直线形运条，其余各层可采用斜环形或三角形运条方法。

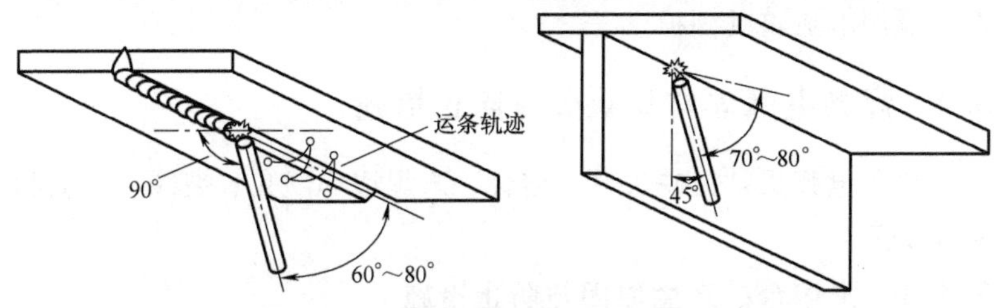

图 3-42　仰焊时的焊条角度和运条方式

5）当熔池的温度过高时，可以将电弧稍稍抬起，使熔池温度降低。

6）仰焊时，由于焊枪和电缆的重力等作用，操作人员容易出现持枪不稳等现象，所以有时需要双手握枪进行焊接。

7）T 形接头仰焊时，采用斜圆圈运条，有意识地让焊条端头先指向上板，使熔滴先与上板熔合。由于运条的作用，部分金属液会自然地被拖到立面的金属板上来，这样两边就能得到均匀的熔合。

8）直线形运条时，要保持 0.5～1mm 的短弧焊接，不要将焊条端头搭在焊缝上拖着走，以防出现窄而凸的焊道。

9）保持正确的焊条角度和均匀的焊接速度，并采用短弧焊接，向上送进速度要与焊条燃烧速度一致。

10）施焊中，所看到的熔池表面为平直或稍凹时最佳。当温度较高时，熔池会表面外鼓或凸起，严重时将出现焊瘤。解决的方法是加快向前摆动的速度和两侧停留时间，必要时减小焊接电流。

11）多道焊时，除注意层间仔细清渣外，盖面道焊道可按

图 3-43 的顺序焊接，使后一道焊的焊条中心指向前一道焊道 1/3 或 1/2 的边缘作为焊接的参照线。操作时，焊条角度必须正确，速度要匀，电弧要短。

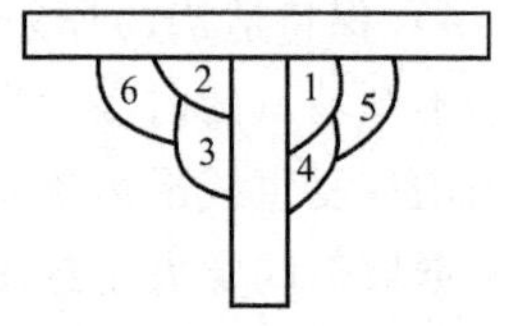

图 3-43 仰焊时的焊接顺序

1~6—焊接顺序

12）起头和接头在预热过程中很容易出现熔渣与金属液混在一起和熔渣越前现象，这时应将焊条与上板的夹角减小以增大电弧吹力，千万不能灭弧。如果起焊处已过高或产生焊瘤，应用电弧将其割掉。

3.4 焊条电弧焊常见缺欠与防止措施

焊条电弧焊常见缺欠有未熔合、未焊透、气孔、裂纹、夹渣和其他缺欠。

3.4.1 未熔合的产生原因与防止措施

未熔合是指焊缝金属与母材金属，或焊缝金属之间未熔化结合在一起的缺欠。按其所在部位，未熔合可分为坡口未熔合、层间未熔合和根部未熔合三种。未熔合是一种面积型缺欠，坡口未熔合和根部未熔合对承载截面积的减小都非常明显，应力集中也比较严重，其危害性非常大。

1. 未熔合的产生原因

1）焊接电流过小。

2）焊接速度过快。

3）焊条角度不对。

4）产生了磁偏吹现象。

5）焊接处于下坡焊位置，母材未熔化时已被金属液覆盖。

6）母材表面有污物或氧化物，影响熔敷金属与母材间的熔化结合。

2. 防止未熔合的措施

1）采用较大的焊接电流。

2）注意坡口部位的清洁。

3）正确进行施焊操作。

4）用交流代替直流，以防止磁偏吹现象。

3.4.2 未焊透的产生原因与防止措施

未焊透指母材金属未熔化，焊缝金属没有进入接头根部的现象。未焊透的危害之一是减少了焊缝的有效截面积，使接头强度下降；其次，未焊透引起的应力集中所造成的危害，比强度下降的危害大得多。

1. 未焊透的产生原因

1）焊接电流小，熔深浅。

2）坡口和间隙尺寸不合理，钝边太大。

3）产生了磁偏吹现象。

4）焊条偏未对中。

5）层间及焊根清理不良。

2. 防止未焊透的措施

1）采用较大的焊接电流。

2）用交流代替直流，以防止磁偏吹现象。

3）合理设计坡口并加强清理。

4）采用短弧焊接。

3.4.3 气孔的产生原因与防止措施

在焊接过程中，熔池金属中的气体在金属冷却之前未能来得及逸出而残留在焊缝金属的内部或表面所形成的孔穴称为气孔。

气孔种类繁多，按其形状及分布可分为球形气孔、均布气孔、局部密集气孔、链状气孔、条形气孔、虫形气孔、皮下气孔、缩孔、表面气孔等。

1. 气孔的产生原因

1）焊条及待焊处母材表面的水分、油污、氧化物，尤其是铁锈，在焊接高温作用下分解出气体，如氢气、氧气、一氧化碳气体和水蒸气等，并溶解在熔滴和焊接熔池金属中。

2）焊接电弧和熔池保护不良，空气进入电弧和熔池。

3）焊接时冶金反应产生较多的气体。

4）气体在焊接过程中侵入熔滴和熔池后，参与冶金反应，有些原子状态的气体能溶于液态金属中。当焊缝冷却时，随着温度下降，其在金属中的溶解度急剧下降，析出来的气体要浮出熔池；如果在焊缝金属凝固期间，未能及时浮出而残留在金属中，则形成气孔。

2. 防止气孔的措施

1）清除焊丝、工件坡口及其附近表面的油污、铁锈、水分和杂物。

2）采用碱性焊条、焊剂，并彻底烘干。

3）采用直流反接并用短弧施焊。

4）焊前预热并减缓冷却速度。

5）用偏强的焊接规范施焊。

6）向下立焊比向上立焊易产生气孔，应尽量采用向上立焊法施焊。

7）长弧焊比短弧焊易产生气孔，应尽量采用短弧焊接。

8）给电弧加脉冲可有效减少气孔的产生。

3.4.4 裂纹的产生原因与防止措施

焊缝中原子结合遭到破坏，形成新的界面而产生的缝隙称为裂纹。

1. 裂纹的产生原因

1）接头内有一定的氢元素。

2）淬硬组织（马氏体）降低了金属的塑性。

3）接头存有残余应力。

4）冷却速度太大。

2. 防止裂纹的措施

1）采用低氢型碱性焊条，严格烘干，在100~150℃下保存，随取随用。

2）提高预热温度，采用焊后热处理措施，并保证层间温度不小于预热温度，选择合理的焊接规范，避免焊缝中出现淬硬组织。

3）选用合理的焊接顺序，减少焊接变形和残余应力。

4）焊后及时进行消氢热处理。

5）采用熔深较浅的焊缝，改善散热条件使低熔点物质上浮在焊缝表面，而不存在于焊缝中。

6）采用合理的装配次序，减小焊接应力。

3.4.5 夹渣的产生原因与防止措施

夹渣是指未熔的焊条药皮或焊剂、硫化物、氧化物、氮化物残留于焊缝之中，冶金反应不完全，脱渣性不好。夹渣有单个点状夹渣、条状夹渣、链状夹渣和密集夹渣等类型。它的存在削减了焊缝的截面积，降低了焊缝强度。

1. 夹渣的产生原因

1）坡口尺寸不合理。

2）坡口有污物，焊前坡口及两侧油污、氧化物太多，清理不彻底。

3）运条方法不正确，熔池中的熔化金属与熔渣无法分清。

4）电流太小。

5）熔渣黏度太大。

6）多层多道焊时，前道焊缝的熔渣未清除干净。

7）焊接速度太快，导致焊缝冷却速度过快，熔渣来不及浮到焊缝表面。

8）焊缝接头时，未先将接头处熔渣敲掉或加热不够，造成接头处夹渣。

9）收弧速度太快，未将弧坑填满，熔渣来不及上浮，造成弧坑夹渣。

2. 防止夹渣的措施

1）焊接过程中始终要保持熔池清晰、熔渣与液态金属良好分离。

2）彻底清理坡口及两侧的油污、氧化物等。

3）按焊接工艺规程正确选择焊接规范。

4）选用焊接工艺性好、符合标准要求的焊条。

5）焊缝接头时，要先清渣且充分加热，收弧时要填满弧坑，将熔渣排出。

3.4.6 其他焊接缺欠的产生原因与防止措施

焊接缺欠除未熔合、未焊透、气孔、裂纹和夹渣外，还经常出现咬边、背面内凹、焊瘤、弧坑、电弧擦伤、烧穿及焊缝成形不良等。

1. 咬边

在焊接过程中，焊缝边缘母材被电弧烧熔而出现的凹槽称为咬边。咬边多出现在立焊、横焊、仰焊、平角焊等焊缝中。咬边具有很大的危害性，会造成应力集中，尤其是在脉冲载荷下，咬边往往是裂纹的萌发处，会造成严重事故。

（1）咬边的产生原因　使用了过大的焊接电流，电弧太长，焊条角度不对，运条不正确，在坡口两侧停留时间太短或时间太长，电弧偏吹等因素都会造成咬边。

（2）防止咬边的措施　正确选用焊接参数，不要使用过大的焊接电流，要采用短弧焊。坡口两边运条稍慢，焊缝中间稍快，焊条角度要正确。

2. 背面内凹

根部焊缝低于母材表面的现象称为背面内凹。这种缺欠多发生在单面焊双面成形，尤其是焊条电弧焊仰焊易产生内凹。背面内凹减少了焊缝横截面积，降低了焊接接头的承载能力。

（1）背面内凹的产生原因　在仰焊时，背面形成熔池过大，金属液在高温时表面张力小，金属液因自重而下沉形成背面内凹。

（2）防止背面内凹的措施　焊接坡口和间隙不宜过大，电流大小要适中，尤其要控制好熔池温度。电弧要托住熔池，电弧要压短些，随时调节好熔池的形状和大小。坡口两侧要熔合好，电弧要稳定，中间运条要迅速均匀。

3. 焊瘤

除正常焊缝外，多余的焊着金属称为焊瘤。焊瘤易在仰焊、立焊、横焊时产生，平焊第一层时在反面也会产生焊瘤。

（1）焊瘤的产生原因　仰焊时，第一层多采用灭弧焊法，常因焊接时灭弧的周期时间掌握不当，使熔池温度过高而产生焊瘤，或各层因电流过大、两侧运条速度过快而中间运条速度过慢，使熔池金属因自重而下坠形成焊瘤。若电流过小，不得不降低焊接速度，使熔池中心温度过高，也会产生焊瘤。立焊时的单面焊双面成形，第一层为了焊透，多采用击穿焊法。一旦对熔池温度失控，会在背面或正面产生焊瘤。产生正面焊瘤的原因是熔池温度过高；产生背面焊瘤的原因除熔池温度过高外，还有焊条伸入过深，熔池金属被推挤到背面过多等。

（2）防止焊瘤的措施 选用比平焊电流小10%~15%的电流值，焊条左右运条时，中间稍快，坡口两边稍慢且有停留动作。尽量用短弧焊接，注意观察熔池，若有下坠迹象，应立即灭弧，让熔池稍冷再引弧焊接。控制熔池金属温度时，可采用挑弧焊、灭弧焊降温。对间隙大的坡口，应采用多点焊法，以后各层焊时要用两边稍慢、中间稍快的运条方法。控制熔池形状为扁椭圆形，熔池金属液与熔渣要分离，一旦熔池下部出现“鼓肚”现象，应采用挑弧或灭弧降温。

4. 弧坑

焊缝收尾时，未将焊缝填满而留下的凹坑称为弧坑。弧坑是因为收弧太快未填满而造成的。

防止弧坑的措施如下：

1）收尾时稍作停留，若是宽焊缝，就在收尾时多绕几下圆圈或通过灭弧-引弧多次将弧坑填满。但要注意，采用碱性焊条不宜用此法，以防产生气孔。

2）选用有电流衰减系统的焊机。

3）尽量在平焊位置施焊。

4）选用合适的焊接规范。

5. 电弧擦伤

焊条前端裸露部分与母材表面接触使其短暂引弧，几乎不带焊着金属，只在母材表面留下擦伤痕迹，称为电弧擦伤。电弧擦伤处，在引弧的一瞬间，没有熔渣和气体保护，空气中的氮在高温下形成氮化物，快速进入工件。加上擦伤处冷却速度很快，造成此处硬度很高，产生硬脆现象。

一旦有电弧擦伤，应仔细把硬脆层打磨掉。若打磨造成板厚减薄过限，应进行补焊。

6. 烧穿

在焊接过程中，熔化金属自坡口背面流出形成穿孔的缺欠称为烧穿。烧穿使该处焊缝强度显著降低，也影响外观。其产生的主要原因是焊接电流过大、焊接速度过慢和工件间隙过大。应针对产生原因，采取相应措施，以避免产生烧穿缺欠。

7. 焊缝成形不良

焊缝成形不良包括几何尺寸不符合设计规定，如焊缝过窄、过宽，焊缝余高太大，焊缝过低，焊脚不对称，焊缝接头不良等，这些都会给焊缝综合性能带来不良影响。

（1）焊缝成形不良的产生原因　产生焊缝成形不良的原因很多，如坡口过宽或过窄，装配间隙不均匀，焊条角度不正确，焊接速度时快时慢，电弧偏吹，焊条偏心，组装时错位，定位焊点未焊牢，定位焊缝过高，焊工操作技术差等。

（2）防止焊缝成形不良的措施　焊前认真组装，检验组装质量合格后再焊接。定位焊焊缝要焊透焊牢，对高度过大的定位焊缝，要磨修好后再焊。不使用偏心焊条，防止电弧偏吹，始终保持好焊条角度。运条速度要均匀，安排多层焊时每层厚度要合适等。

3.4.7　焊条电弧焊常见变形与防止措施

1. 焊接变形的种类

焊接变形可分为局部变形和整体变形两大类。局部变形仅发生在焊接结构的某一局部，如收缩变形、角变形、波浪变形；整体变形指焊接时产生的遍及整个结构的变形，如弯曲变形和扭曲变形。

（1）收缩变形　如图 3-44 所示，两板对接焊以后发生了长度缩短和宽度变窄的变形，这种变形是由焊缝的纵向收缩和横向收缩引起的。

（2）角变形　角变形是由于焊缝截面上宽下窄，使焊缝的横向收缩量上大下小而引起的，如图 3-45 所示。

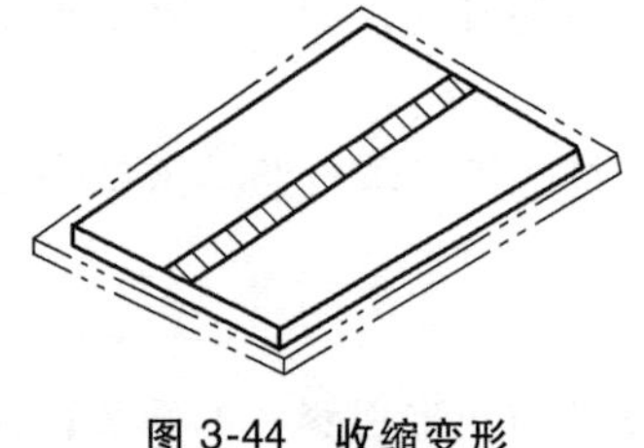

图 3-44　收缩变形

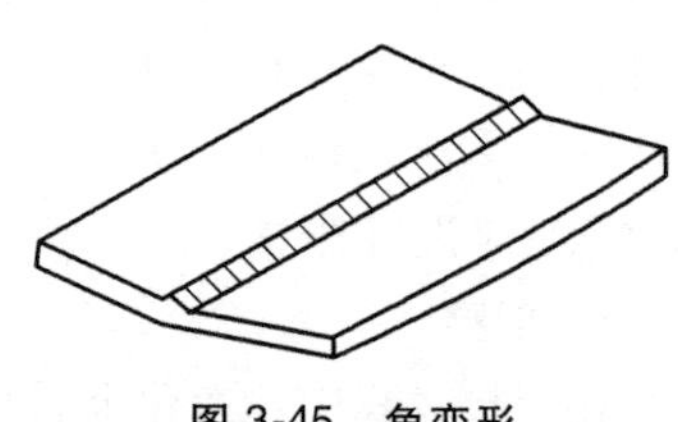

图 3-45　角变形

（3）波浪变形　波浪变形又称失稳变形，如图3-46所示，主要出现在薄板焊接结构中。其产生的原因是焊缝的纵向收缩对薄板边缘造成了压应力。

（4）弯曲变形　弯曲变形主要是焊缝的位置在工件上不对称引起的，如图3-47所示。

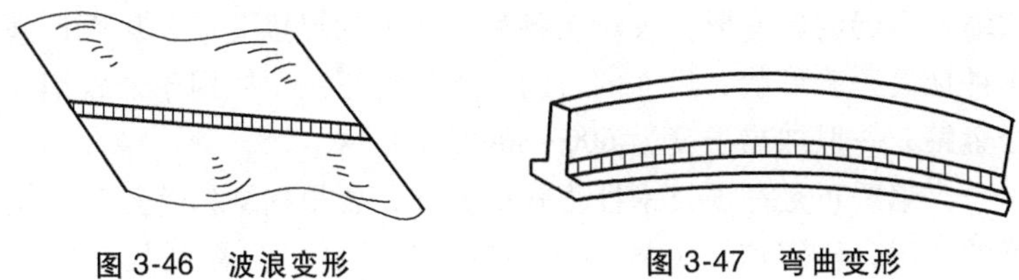

图3-46　波浪变形　　　　图3-47　弯曲变形

（5）扭曲变形　扭曲变形如图3-48所示。装配质量不好，工件搁置不当，焊接顺序和焊接方向不合理，都可能引起扭曲变形，但根本原因还是焊缝的纵向收缩和横向收缩。

2. 焊接变形的矫正

各种矫正方法就其本质来说，都是设法造成新的变形去抵消已经产生的焊接变形。生产中常用的矫正方法有机械矫正法和火焰矫正法。

（1）机械矫正法　机械矫正法（见图3-49）是利用机械力的作用来矫正变形，可采用辊床、液压压力机、矫直机和锤击等方法。机械矫正的基本原理是将工件变形后尺寸缩短的部分加以延伸，并使之与尺寸较长的部分相适应，恢复到所要求的形状，因此只有对塑性材料才适用。

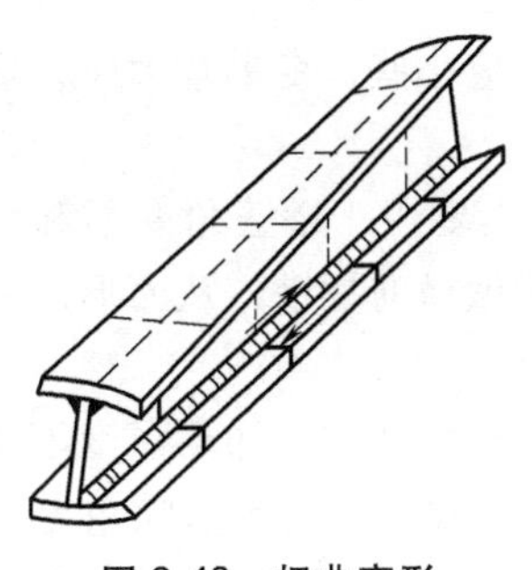

图3-48　扭曲变形

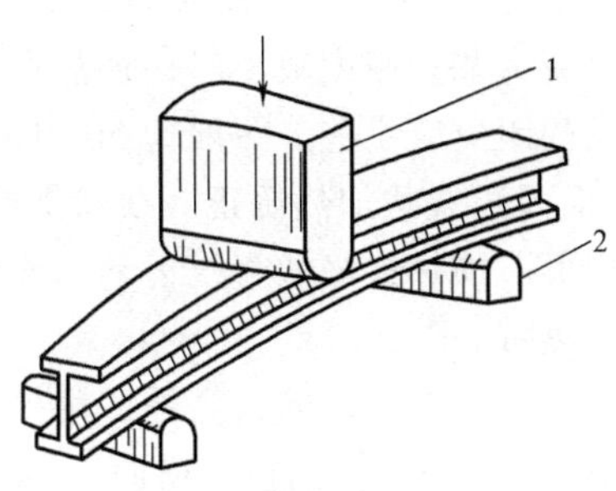

图3-49　机械矫正法

1—压头　2—支承

薄板波浪变形主要是由于焊缝区的纵向收缩所致，因而沿焊缝进行锻打，使焊缝得到延伸即可达到消除薄板焊后波浪变形的目的。

（2）火焰矫正法　火焰矫正法常用于薄板结构的变形矫正。它是使用气焊火焰中性焰在工件适当的部位加热，利用金属局部的收缩所引起的新变形，去矫正各种已产生的焊接变形，从而达到使工件恢复正确形状、尺寸的目的。火焰矫正法主要用于低碳钢和低合金钢，一般加热温度为600~800℃。

火焰矫正是一项技术性很强的操作，要根据结构特点和矫正变形的情况，确定加热方式和加热位置，并要目测控制加热区的温度，才能获得较好的矫正效果。常用的加热方式有点状加热、线状加热和三角形加热三种。

1）点状加热矫正。为了消除板结构的波浪变形，可在凸出或凹陷部位的四周加热几个点，加热处的金属受热膨胀，但周围冷金属阻止其膨胀，加热点的金属便产生塑性变形；然后在冷却过程中，在加热点的金属体积收缩，将相邻的冷金属拉紧，这样凹凸部位周围各加热点的收缩就能将波浪形拉平。点状加热矫正如图3-50所示。

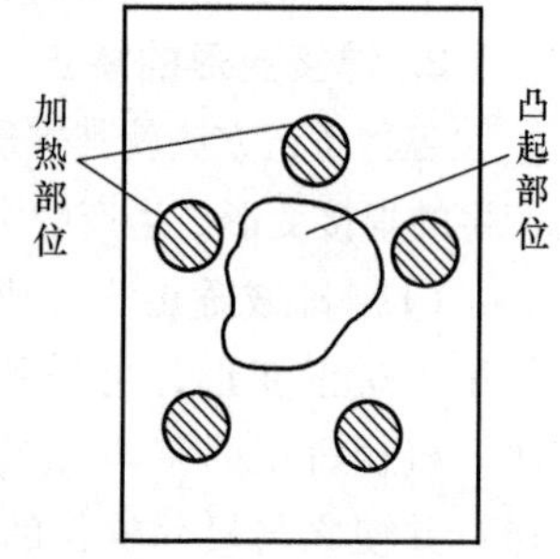

图3-50　点状加热矫正

加热点的大小和数量取决于板厚和变形的大小。厚度较大时，加热点的直径应大些；厚度较小时，加热点的直径应小些。变形量大时，加热点的距离应小些，一般为50~100mm。

2）线状加热矫正。线状加热矫正主要用于矫正角变形和弯曲变形。加热火焰做直线运动，或者同时做横向摆动，从而形成一个加热带。

先找出凸起的最高处，用火焰进行线状加热，加热深度不超过板厚的2/3，使钢板在横向产生不均匀的收缩，从而消除角变形和弯曲变形。图3-51所示为均匀弯曲钢板的线状加热矫正。在最高处进行线状加热，加热温度为500~600℃。第一次加热未能完全矫

平时，可再次加热，直到矫平为止。

对于直径和圆度都有严格要求的厚壁圆筒，矫正方法是在平台上用木块将圆筒垫平竖放。先矫正圆筒的周长，当周长过大时，用两个气焊火焰同时在筒体内外沿纵缝进行线状加热，每加热一次，周长可缩短 1～2mm。

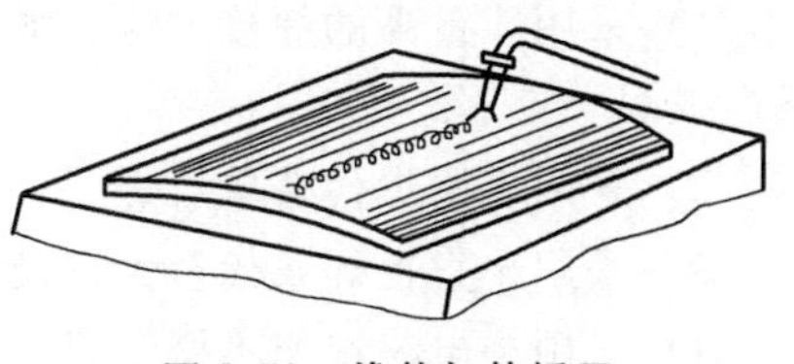

图 3-51　线状加热矫正

矫正圆度时，先用样板检查。如果圆筒外凸，则沿该处外壁进行线状加热，可多次加热，直至矫圆为止；如果圆筒弧度不够，则沿该处内壁加热。图 3-52 所示为圆筒火焰矫正时的加热位置。

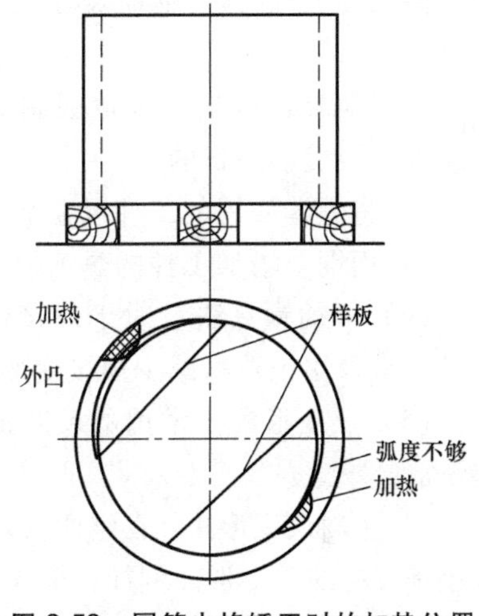

图 3-52　圆筒火焰矫正时的加热位置

3）三角形加热矫正。三角形加热矫正常用于矫正厚度较大、刚性较大的工件的弯曲变形，可用多个气焊火焰同时进行加热，加热区呈三角形，利用其横向宽度不同产生收缩不同的特点来矫正变形。例如：T 形梁由于焊缝不对称产生弯曲时，可在腹板外缘处进行三角形加热矫正，如图 3-53 所示。若第一次加热后还有上拱，则须进行第二次加热，第二次加热位置应选在第一次加热区之间。

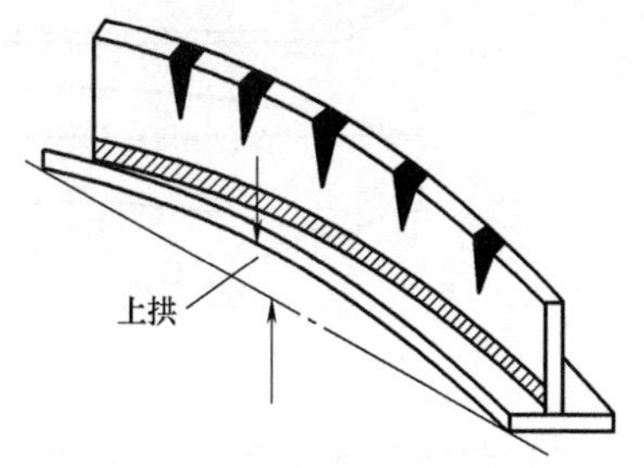

图 3-53　三角形加热矫正

3. 防止焊接变形的措施

（1）热调整法　减少焊接热影响区的宽度，降低不均匀加热的程度，都可以减少焊接变形。

1）采用能量高的焊接方法，如用二氧化碳气体保护焊代替焊条电弧焊。

2）采用多层焊代替单层焊。

3）采用小直径焊条代替大直径焊条。

4）采用小电流快速不摆动焊代替大电流慢速摆动焊。

（2）刚性固定法　一般刚性大的工件，焊后变形都较小。如果焊接之前能加大工件的刚性，工件焊后的变形就可以减小，这种防止变形的措施称为刚性固定法。加大刚性的办法有采用夹具和支撑，使用专用胎具，临时将工件点固定在刚性平台上，采用压铁等。

（3）强制冷却法　采取强制冷却来减少受热区的宽度，能达到减少焊接变形的目的。

1）将焊缝四周的工件浸在水中。

2）用铜块增加工件的热量损失。

（4）焊前预热法　对于焊接性较差的材料，如中碳钢、铸铁等，通常采用预热来减少焊接变形。

（5）反变形法　常用的反变形法有下料反变形法和装配反变形法。

1）下料反变形法。在刚性较大的工件下料时，将工件制成预定大小和方向的反变形。例如：桥式起重机的主梁焊后会引起下挠的弯曲变形，通常采用腹板预制上拱的方法来解决，如图 3-54 所示。

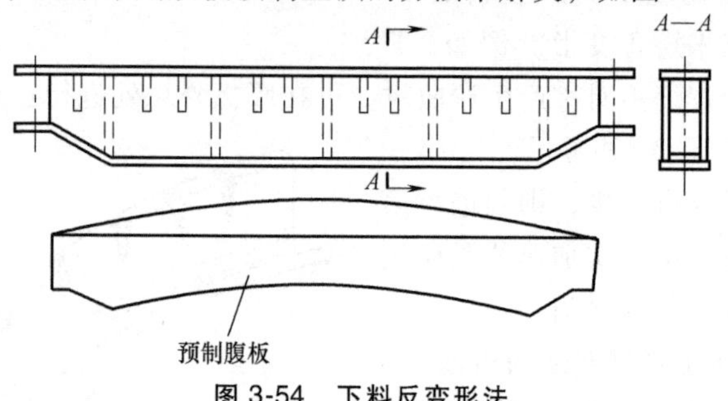

图 3-54　下料反变形法

2）装配反变形法。在焊前进行装配时，为抵消或补偿焊接变形，先将工件向与焊接变形的相反方向进行人为的变形，焊接后，

由于焊缝本身的收缩，工件可恢复到预定的形状和位置。这种方法称为装配反变形法。板材对焊的反变形法如图 3-55 所示。

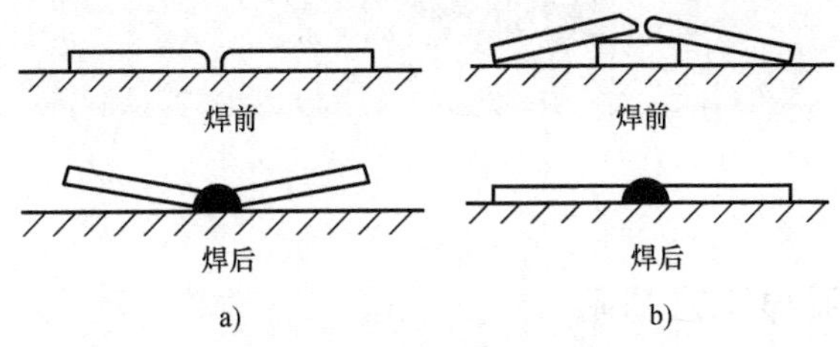

图 3-55 板材对焊的反变形法

a）未采取措施 b）采取反变形法

（6）控制顺序法 同样的焊接结构，如果采用不同的焊接顺序，产生的焊后变形则不相同。

1）采取对称的焊接顺序，能有效地减少焊接变形，如图 3-56 所示。

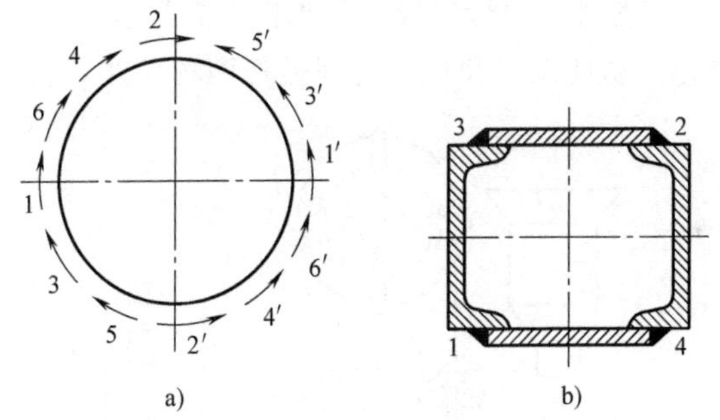

图 3-56 对称的焊接顺序

a）圆形 b）矩形

1~6、1′~6′—焊接顺序

2）长焊缝焊接时，应采取对称焊、逐步退焊、分段逐步退焊、跳焊等焊接顺序。

3）先焊收缩量大的焊缝。因为对接焊缝比角焊缝的收缩量大，如果一个结构中既有对接焊缝，又有角焊缝，则应先焊对接焊缝，后焊角焊缝。

第4章

埋弧焊工艺

4.1 埋弧焊工艺基础

埋弧焊是电弧在焊剂层下燃烧而进行焊接的一种焊接方法。焊接过程中，颗粒状的焊剂由漏斗经软管均匀地堆敷在焊缝接口区，焊丝由焊丝盘经送丝机构和导电嘴送入焊接区。焊丝及送丝机构、焊剂漏斗和焊接制动盘装在一个可控制的小车上。工件和焊丝分别接焊接电源的两极，焊丝通过导电嘴的滑动接触与电源连接，焊接回路包括电源、焊接电缆、导电嘴、焊丝、电弧、熔池、工件等，如图 4-1 所示。埋弧焊焊缝形成过程如图 4-2 所示。

埋弧焊有自动埋弧焊和半自动埋弧焊两种方式。自动埋弧焊的

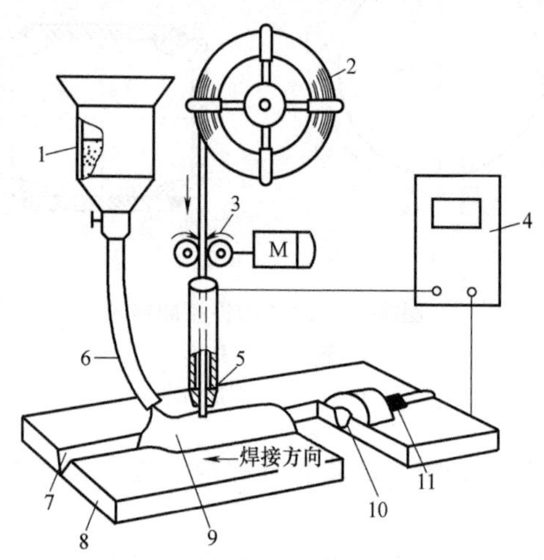

图 4-1　埋弧焊系统

1—焊剂漏斗　2—焊丝　3—送丝机构　4—电源　5—导电嘴　6—软管
7—坡口　8—母材　9—焊剂　10—熔敷金属　11—渣壳

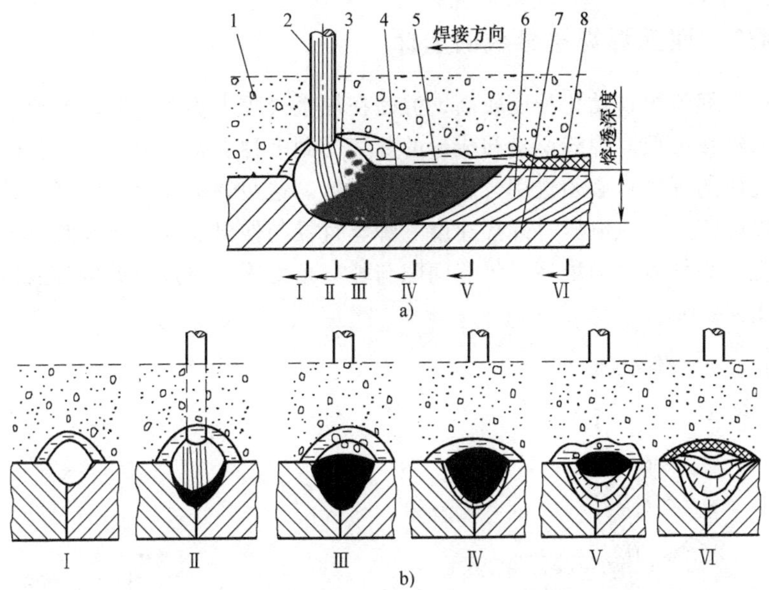

图 4-2 埋弧焊焊缝形成过程

a）纵剖面 b）横剖面

1—焊剂 2—焊丝 3—电弧 4—熔池 5—熔渣 6—焊缝 7—焊件 8—渣壳

送丝和行走都是自动完成，而半自动埋弧焊的送丝是自动的，行走是手动的。

埋弧焊的分类如图 4-3 所示。

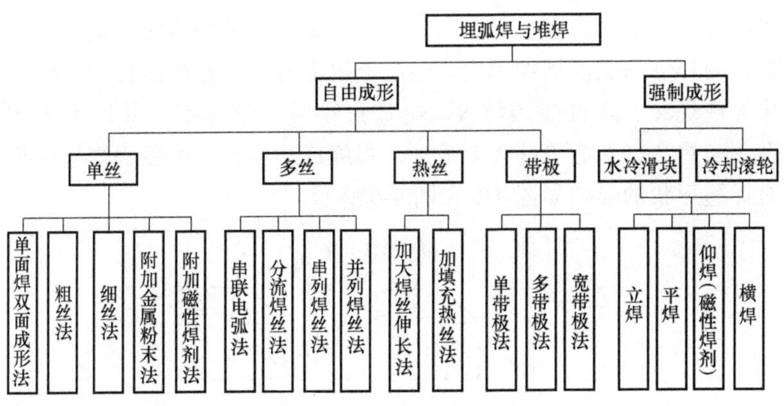

图 4-3 埋弧焊的分类

4.2 埋弧焊焊接参数的选择

埋弧焊自动化程度较高，但是在焊接过程中仍然需要调节较多的焊接参数。焊缝质量与成形的好坏受到多种因素的影响，要获得优质的焊缝，必须选用合适的焊接参数。这些焊接参数主要有：焊接电流、电弧电压、焊接速度、焊丝直径与伸出长度、焊丝倾斜角度、焊剂粒度与堆高、焊缝间隙与坡口角度等。埋弧焊焊接参数如图 4-4 所示。

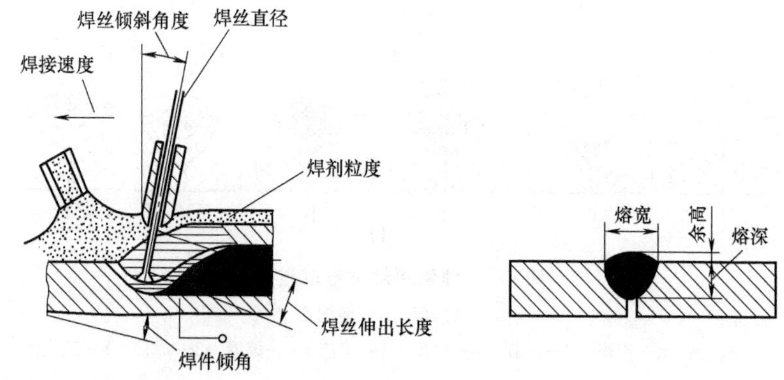

图 4-4 埋弧焊焊接参数

1. 焊接电流

焊接电流决定焊丝的熔化速度和焊缝的熔深。在焊接速度一定的前提下，电流增大，焊丝熔化速度增加，焊缝的熔深和余高也增加，而焊缝的宽度增加不大。但电流过大时，热影响区过大，会造成焊件烧穿、焊件变形增大。电流过小时，熔深不足并产生未熔合、未焊透、夹渣等缺欠。另外，焊缝成形较差。埋弧焊焊接电流对焊缝形状的影响如图 4-5 和图 4-6 所示。

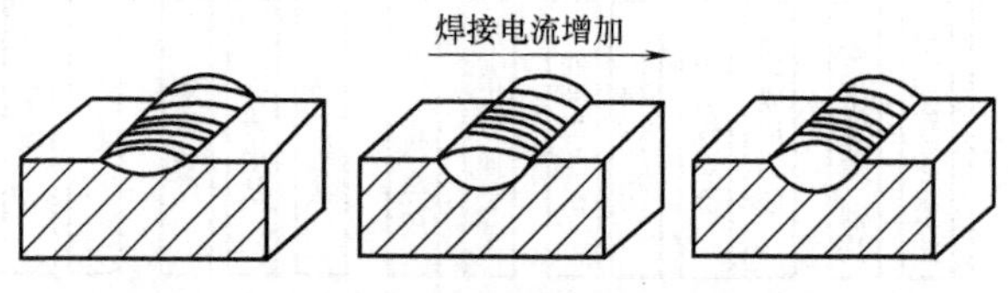

图 4-5 埋弧焊焊接电流对焊缝形状的影响（一）

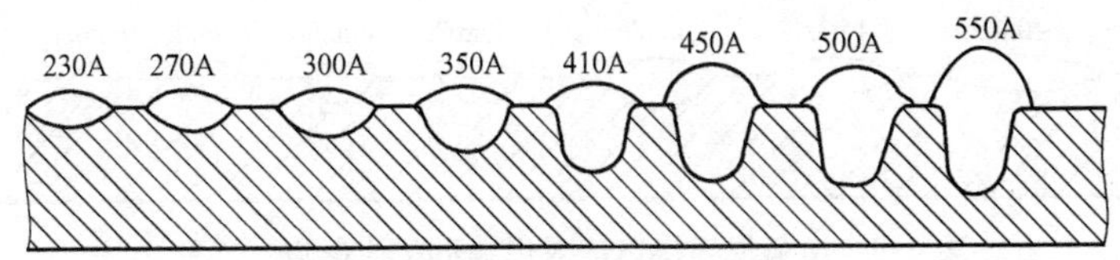

图 4-6　埋弧焊焊接电流对焊缝形状的影响（二）

2. 电弧电压

电弧电压增加，焊缝宽度增加，而熔深和余高略有减小。电弧电压的调节范围不大，它要随焊接电流的变化而做相应的调节。当焊接电流增加时，注意要适当地增加电弧电压，以保证焊缝成形美观。埋弧焊电弧电压对焊缝形状的影响如图 4-7 所示。

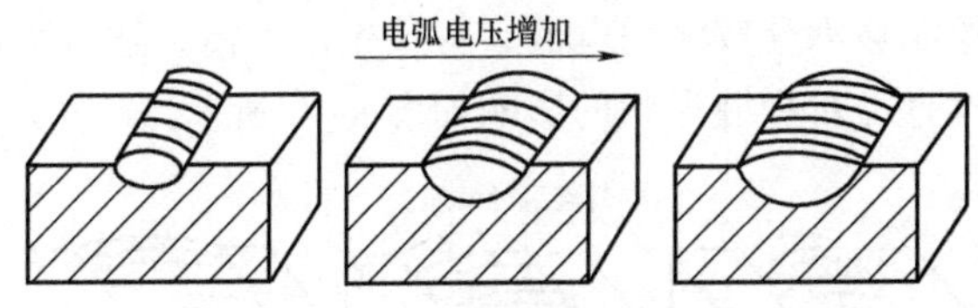

图 4-7　埋弧焊电弧电压对焊缝形状的影响

3. 焊接速度

当其他条件不变时，焊接速度增大，开始时，熔深略有增加，而焊缝宽度减小。当焊接速度增加到一定值以后，熔深和宽度均减小。余高随焊接速度的增大而略有下降。焊接速度过快易造成咬边、未焊透、气孔、焊缝粗糙不平等缺欠。焊接速度过慢则余高过高，熔池宽而浅，同时会造成焊瘤、夹渣、烧穿、焊缝不规则等缺欠。埋弧焊焊接速度对焊缝形状的影响如图 4-8 和图 4-9 所示。

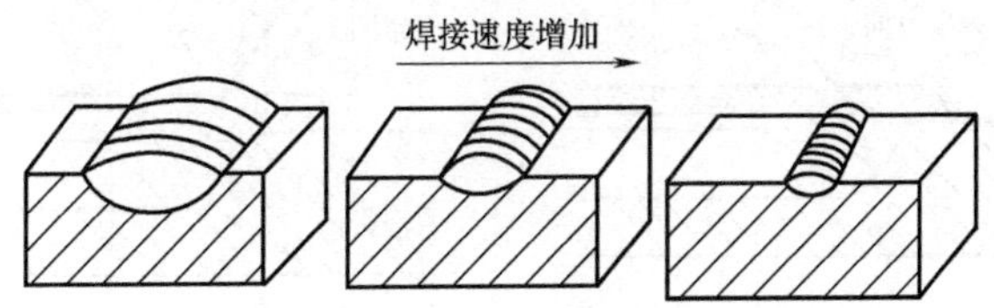

图 4-8　埋弧焊焊接速度对焊缝形状的影响（一）

4. 焊丝直径

当焊接电流一定时，增大焊丝直径，则电流密度减小，电弧截

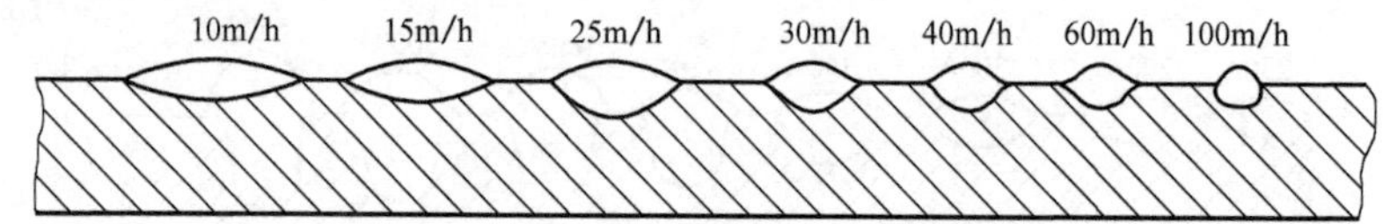

图 4-9 埋弧焊焊接速度对焊缝形状的影响（二）

面积增大，电弧吹力减弱，电弧摆动作用加强，因而熔深减小，熔宽增大，即在一定条件下，熔深与焊丝直径成反比，熔宽与焊丝直径成正比。焊丝直径的选用主要依据所使用的焊接设备和工件的形状、尺寸。手工埋弧焊一般采用 ϕ2mm 以下的焊丝，埋弧自动焊机多数采用粗焊丝。采用细焊丝焊接时，焊波细密光滑，成形美观且脱渣容易，所以小直径焊丝特别适合难清渣、深而窄的坡口焊接。粗焊丝能够承受较大的电流，焊接生产率高，适合大型工件的焊接。焊丝直径对焊缝形状的影响如图 4-10 所示。

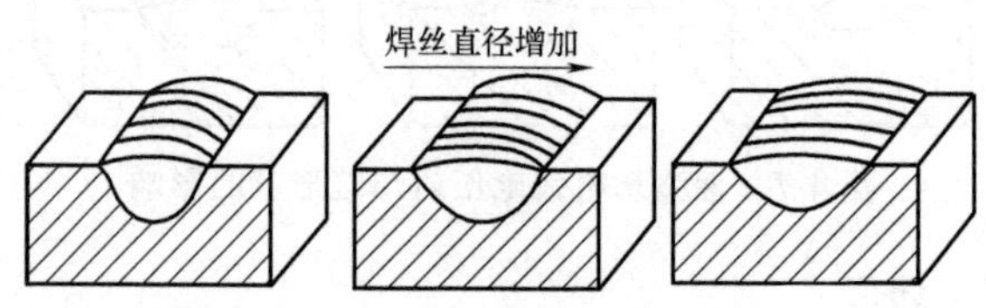

图 4-10 焊丝直径对焊缝形状的影响

5. 焊丝倾斜角

埋弧焊生产中，大多数情况是焊丝与焊件垂直。当焊丝与焊件不垂直布置，且焊丝与已焊完的焊缝夹角为锐角时，称为焊丝前倾，相反，成钝角时称为焊丝后倾，如图 4-11 所示。焊丝倾斜对

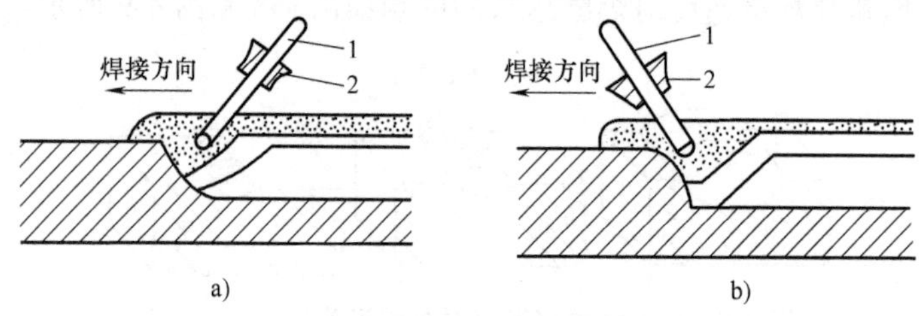

图 4-11 焊丝倾斜角

a）后倾 b）前倾

1—焊丝 2—导电块

焊缝成形有明显影响。

平焊位置焊接时，如无特殊要求，焊丝一般不需要倾斜。

焊丝前倾时，焊接电弧将熔池金属推向电弧前方。由于电弧与母材间衬着熔池金属，电弧不能直接作用到母材上，焊缝熔深较小，熔宽较大，焊缝平滑，不易发生咬边。焊丝前倾角度对焊缝形状的影响如图 4-12 所示。当焊丝与已焊焊缝夹角为 45°～60°时，与用垂直的焊丝进行焊接所得到的焊缝形状比较，熔深略减小，而焊缝宽度略增大。高焊速或薄板焊接时常将焊丝前倾布置，以防止烧穿。

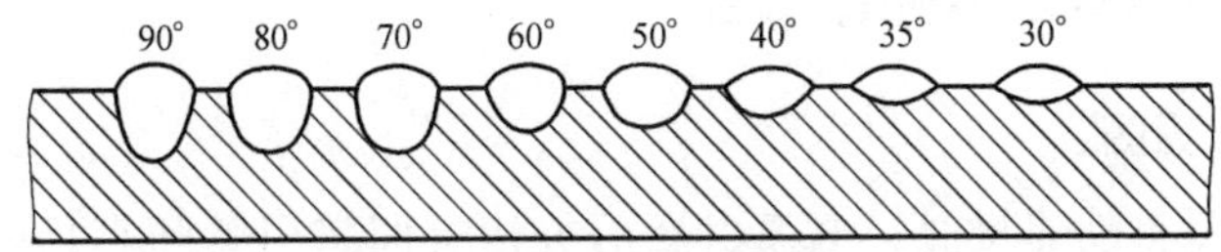

图 4-12　焊丝前倾角度对焊缝形状的影响

焊丝后倾时，熔池金属被电弧推向后方，向前移动的电弧直接作用在熔池底部的母材上，熔池表面受到电弧的辐射热能量显著减少，因此焊缝熔深大而熔宽小，余高增大，其焊缝的形状系数减小。这对防止焊缝中气孔和裂纹是不利的，而且容易造成焊缝边缘出现未熔合或咬肉，使焊缝成形变坏。焊丝后倾角度对焊缝形状的影响与焊丝前倾情况正好相反。实际生产中，焊丝后倾通常只在某些特殊情况下使用，如焊接小直径圆筒形的环焊缝或多丝埋弧焊等。多丝埋弧焊时，第一根焊丝采取后倾布置，可以保证根部熔深。

6. 焊件角度

正常焊接时，焊件处于水平位置，即平焊，焊缝成形美观；如果焊件倾斜，则称为斜坡焊，焊缝成形不好，如图 4-13 所示。其

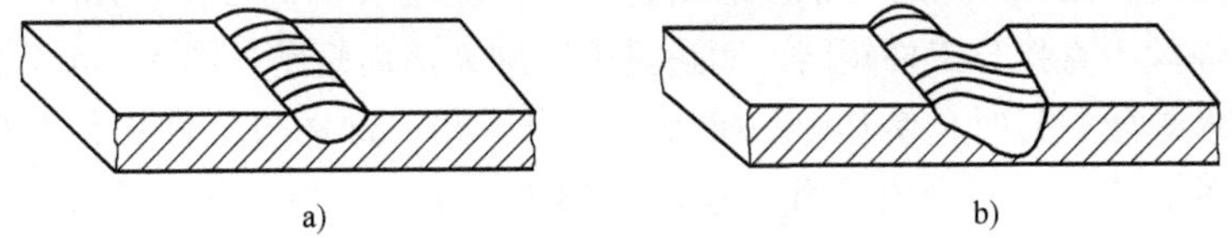

图 4-13　焊件平焊和斜坡焊

a）后倾　b）前倾

中，斜坡焊又分为上坡焊和下坡焊。焊件倾斜对焊缝成形的影响如图 4-14 所示。

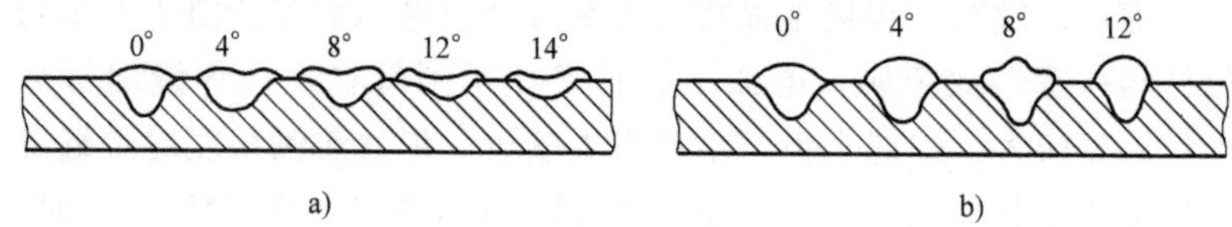

图 4-14　焊件倾斜对焊缝成形的影响

a）下坡焊　b）上坡焊

4.3　埋弧焊基本操作工艺

4.3.1　引弧

埋弧自动焊接时，电弧引燃的方法有间接引弧和直接引弧两类。间接引弧是先使焊丝和工件短路，然后依靠它们之间的分离而引燃电弧；而直接引弧是不使焊丝预先短路。

1. 直接引弧

直接引弧即焊丝不预先短路，这种方法仅适用于采用大电流或用细焊丝焊接时，即在用大的电流密度焊接时的情况。为了便于引燃电弧，有经验的焊工在按下“起动”按钮时，打开焊机头或焊车的移动机构，并用手使焊机进行微微的往复运动。这时，焊丝末端便将与焊件接触处的不导电的焊剂颗粒刮掉，从而直接引弧。

2. 间接引弧

间接引弧的电弧是依靠焊机机头或焊车电动机的短时间逆转（改变电动机的回转方向）而达到引燃的。为了容易引燃电弧，可采取各种不同的措施，如图 4-15 所示：图 4-15a 是将焊丝末端截成一个角度；图 4-15b 是在焊丝末端套上一个铅笔套似的锥体；图 4-15c 是焊丝不直接与工件短路，而通过一团细铁屑而短路；图 4-15d 是当用多焊丝进行时，使其中一条焊丝伸出一些，这样与工件相接触的焊丝只有一根。所有这些方法的目的均在于增加焊丝与工件接触处的电流密度。电流密度越大，电弧便越易引燃。电弧电源的空载电压也有很大的影响。空载电压越高，则电弧也越易引燃。

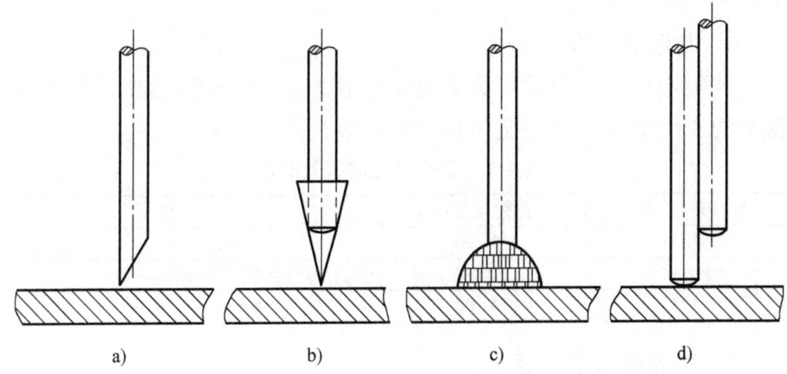

图 4-15　焊丝末端引弧方法

a）倾斜法　b）套尖帽法　c）放置铁屑法　d）多丝焊单丝引弧法

4.3.2　收弧

当在焊机固定而焊件移动的焊接装置上进行焊接时，弧坑是在焊丝不进给的情况下利用瞬时焊接法就地填平的。当按下“停止”按钮时，焊接运动和焊丝进给同时停止，电弧继续燃烧到自然熄灭为止。此时，根据焊剂的稳定性能，焊丝将熔化 10~20mm 长度，如图 4-16 所示。

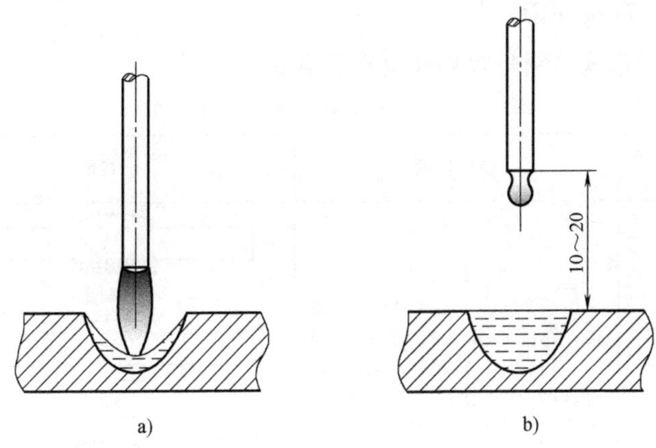

图 4-16　收弧

a）开始填补弧坑　b）弧坑填补结束

4.3.3 定位焊

1. 装配定位焊

装配定位焊一般采用焊条电弧焊的方法。定位焊后要及时将焊道上的渣壳清除干净。定位焊缝的有效长度见表 4-1。

表 4-1 定位焊缝的有效长度

焊件厚度/mm	定位焊长度/mm	备　注
≤3.0	40~50	300mm 内一处
>3.0~25	50~70	300~350mm 内一处
>25	70~90	250~300mm 内一处

2. 引弧板和引出板

引弧板和引出板应采用与工件相同的材料，长度为 100~150mm，宽度为 75~100mm，厚度与工件相同。其位置如图 4-17 所示。

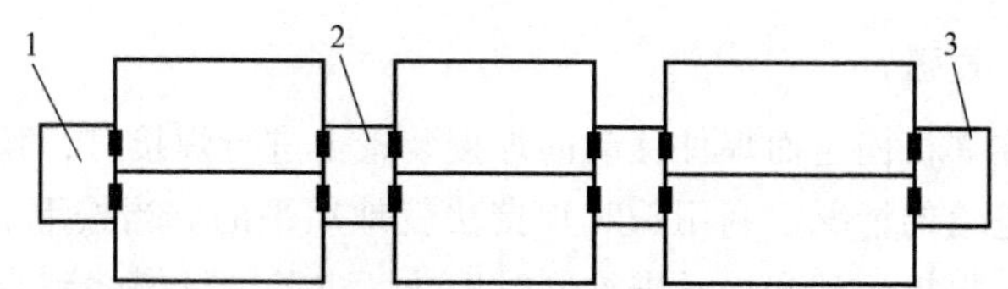

图 4-17 加引弧板和引出板的定位焊示意图

1—引弧板　2—过渡板　3—引出板

4.3.4 接头焊接

不同形式接头焊接操作要点见表 4-2。

表 4-2 不同形式接头焊接操作要点

接头形式	焊接方法	焊接技术	示意图
对接	单面焊	用于 20mm 以下中、薄板的焊接。焊件不开坡口，留一定间隙，背面采用焊剂垫或焊剂-铜垫，以实现单面焊双面成形；也可采用铜垫或锁底对接	焊剂垫 铜垫 锁底

（续）

接头形式	焊接方法	焊接技术	示意图
对接	双面焊	适用于中、厚板焊接。留间隙双面焊的第一面焊缝在焊剂垫上焊接;也可在焊缝背面用纸带承托焊剂,起衬垫作用;还可在焊第二面焊缝前,用碳弧气刨清好焊根后再进行焊接	
角接	角焊	每一道焊缝的焊脚高度在10mm以下。对焊脚高度大于10mm的焊缝,必须采用多层焊	d (1/4~1/2)d
环焊缝	环缝焊接	为防止熔池中液态金属和熔渣从转动的焊件表面流失,焊丝位置要偏离焊件中心线一定距离 a。a 值随焊件直径的增大而减小,可根据试验来确定	a a

4.3.5 船形焊

船形焊的操作时有多种方法，如手工预制焊缝、钢管绕石棉绳、铜衬垫等，如图 4-18 所示。

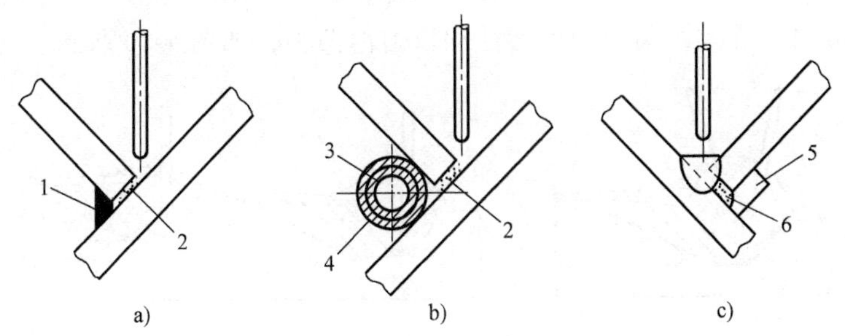

图 4-18　船形焊操作方法

a）手工预制焊缝　b）钢管绕石棉绳　c）铜衬垫

1—手工预制焊缝　2—细粒焊剂　3—钢管　4—石棉绳　5—铜衬垫　6—普通焊剂

船形焊时，由于焊丝为垂直状态，熔池处于水平位置，容易保证焊缝质量。但当焊件间隙大于 1.5mm 时，则易产生焊穿或熔池金属溢漏的现象，所以船形焊要求严格的装配质量，或者在焊缝背面设衬垫。

4.3.6 多丝埋弧焊

多丝埋弧焊是一种高效的焊接工艺，焊接时采用两根或两根以上的焊丝同时进行，目前常用的是双丝埋弧焊和三丝埋弧焊。双丝埋弧焊根据焊丝的排列位置可分为纵列式、横列式，如图 4-19 所示。

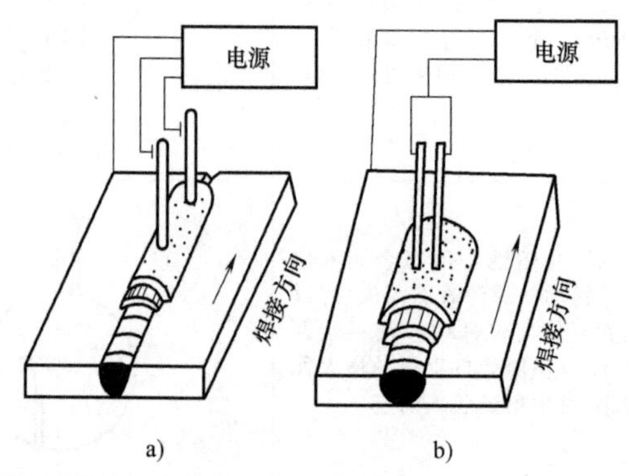

图 4-19 双丝埋弧焊

a）纵列式 b）横列式

从焊缝成形看，纵列式的焊缝深而窄，横列式的熔宽大。双丝焊可以合用一个电源或两个独立电源，目前常用的是纵列式。纵列式可根据焊丝距离分为单熔池和双熔池两种，如图 4-20 所示。

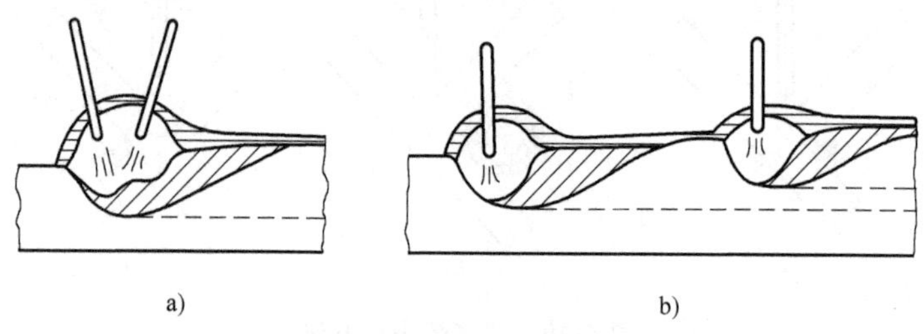

图 4-20 纵列式双丝埋弧焊

a）单熔池 b）双熔池

单熔池焊丝直径为 10~30mm，两个电弧形成一个熔池。焊缝成形决定于两个电弧的相对位置、焊丝倾斜角和各焊接电流和电弧电压。单熔池埋弧焊时，前导电弧保证熔深，后续电弧调节熔宽，使焊缝具有适当的形状，为此焊丝的距离要适当。双熔池埋弧焊时，两焊丝的间距为 100mm，每个电弧有各自的熔化空间，后续电弧作用在前导电弧已熔化而凝固的焊道上，而且必须冲开前一电弧熔化的尚未凝固的熔渣层。此法适于水平位置平板对接的单面焊双面成形焊接。

4.4 不同位置焊接工艺

4.4.1 埋弧焊坡口对接焊

1. 带焊剂垫的 I 形坡口对接操作要点

（1）放置焊剂垫　焊背面焊道时，必须垫好焊剂垫，以防止熔渣和熔池金属的流失。焊剂垫内的焊剂牌号必须与工艺要求的焊剂相同。焊接时要保证工件正面与焊剂贴紧，在整个焊接过程中，要注意防止工件因受热变形与焊剂脱开，导致产生焊漏、烧穿等缺欠。特别要注意防止焊缝末端收尾处出现这种焊漏和烧穿。

（2）焊丝对中　调整焊丝位置，使焊丝前端对准工件间隙，但不接触工件，然后往返拉动焊接小车几次，进行调整，直到焊丝能在整个工件上对准间隙为止。

（3）引弧准备　将焊接小车拉到引弧板处，调整好小车行走方向开关后，锁紧焊接小车的离合器，然后送丝，使焊丝与引弧板刚好接触。如果用钢丝球引弧，则先将钢丝球压好，打开焊剂漏斗开关，铺撒焊剂，让焊剂盖住焊丝头。

（4）引弧　按下起动按钮，引燃电弧，焊接小车沿焊接方向行走，开始焊接。焊接过程中要注意观察控制盘上的电流表和电压表，检查焊接电流和电弧电压与规定的参数是否相符，如果不符则迅速调整相应的旋钮，至参数符合规定为止。整个焊接过程中，操作者都要注意监视电流表及电压表和焊接情况，观察焊接小车行走速度是否均匀，机头上的电缆是否妨碍小车移动，焊剂是否足够，流出的焊剂是否能埋住焊接区，焊接过程的声音是否正常等，直到焊接电弧走到引出板中部，估计焊接熔池已经全部到了引出板上为止。

(5) 收弧　当熔池全部到达引出板上以后，则准备收弧，先将停止按钮按下一半，此时焊接小车停止行走，但电弧仍在燃烧。待熔化了的焊丝将熔池填满后，再将停止按钮按到底，此时电弧熄灭，焊接过程结束。

待焊缝金属及熔渣完全凝固并冷却后，敲掉熔渣，并检查背面焊道外观质量，要求背面焊道熔深达到工件厚度的40%~50%。如果熔深不够，则应加大间隙，增大焊接电流或减小焊接速度。

(6) 熔深判定方法　焊正面焊道时，因为已有背面焊道托住熔池，故不必用焊剂垫，可直接进行悬空焊接。此时可以通过观察熔池背面焊接过程中的颜色变化来估计熔深。若熔池背面为红色或淡黄色，表示熔深符合要求，且工件越薄，颜色越浅；若工件背面接近白亮时，说明将要烧穿，应立即减小焊接电流或增加焊接速度。这些经验只适用于双面焊能焊透的情况。当板厚太大，需采用多层多道焊时，不能用这个方法估计熔深。

如果焊正面焊道时不换地方，仍在焊剂垫上焊接，正面焊道的熔深主要是靠焊接参数保证，这些焊接参数要通过试验之后才能得出。

2. V形坡口对接技术要点

(1) 装配及定位焊要求　V形坡口装配及定位焊要求如图4-21所示。

(2) 正面焊缝焊接　正面V形坡口，采用多层多道焊，每层的焊接步骤是一样的，一般按如下步骤进行。

1) 焊接开始前，先在焊接设备上调试好规定的焊接参数。

2) 工件与焊机安装，焊丝对中。

3) 引弧焊接。

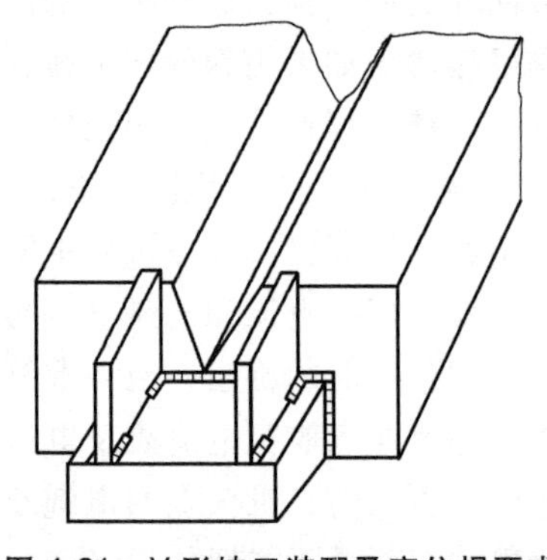

图4-21　V形坡口装配及定位焊要求

4）灭弧。

5）清渣。

焊完每一层焊道以后，必须打掉熔渣，检查焊道。除不能有缺欠外，焊道表面应平整或稍下凹，两个坡口面的熔合要均匀，焊道表面不能上凸，特别是两个坡口面处不能有死角，否则容易产生未熔合或夹渣等缺欠。如果发现层间焊道熔合不好，则应重新对中焊丝，增加焊接电流、电弧电压或减慢焊接速度。防止接头组织过热造成晶粒粗大，必须严格控制每层焊道焊接的时间间隔，使下一层施焊时层间温度不高于 200℃。

为了防止焊缝未填满或出现咬边，当焊缝坡口宽度较大时，根据实际情况可适当增加每层焊缝焊道的数量，并以填满坡口、不产生咬边或夹渣等缺欠为准。此时，焊丝位置需要做相应的调整，焊丝与同侧坡口边缘的距离约等于焊丝直径，要保证每侧的焊道与坡口面成稍凹的圆滑过渡，使熔合良好，便于清渣。

盖面焊时，为提高焊缝表面质量，一般先焊坡口边缘的焊道，后焊中间的焊道。焊后焊缝余高要求为 0~4mm，每侧的熔宽为 2~4mm。正面焊缝截面如图 4-22 所示。焊接过程中应注意层与层间焊道的熔合情况，如果发现熔合不好，应及时调整焊丝对中，提高焊接能量，使焊道充分熔合。

正面焊缝焊完后，将工件从工作台上取下并翻转 180°。用碳弧气刨在工件背面间隙处刨一条宽度为 8~10mm，深度为 4~5mm 的 U 形槽，将未焊透的地方全部清除掉，然后用角向磨光机将 U 形槽内的熔渣及氧化皮全部磨净。清根后重新安放工件，进行背面焊缝焊接，要求焊两层，每层各一道焊缝，并适当提高焊接速度，防止背面焊缝超高。焊接的步骤基本与正面焊缝相同。背面焊缝截面如图 4-23 所示。

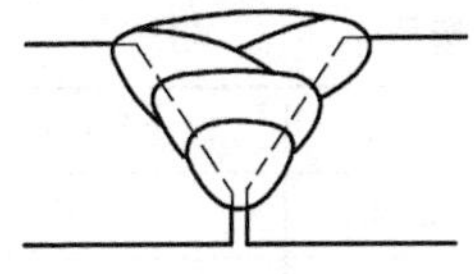

图 4-22 正面焊缝截面

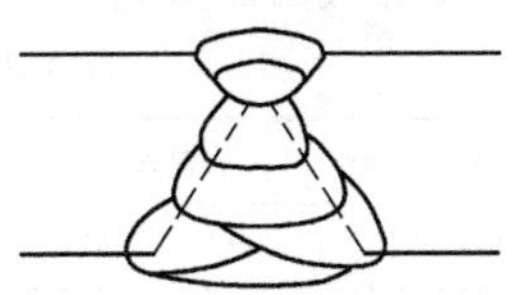

图 4-23 背面焊缝截面

4.4.2 埋弧焊对接环缝焊接

1. 焊接顺序

筒体内、外环缝的焊接顺序，一般先焊内环缝，后焊外环缝。双面埋弧焊焊接内环缝时，焊机可放在筒体底部，配合滚轮架，或使用内伸缩式焊接操作机，配合滚轮架进行焊接。筒体外侧配用圆盘式焊剂垫、带式焊剂垫或螺旋推进器式焊剂垫。焊接外环缝时，可使用立柱式操作机、平台式操作机或龙门式操作机，配合滚轮架进行焊接。

2. 焊丝偏移量

圆柱形筒体筒节的对接焊缝，称为环缝。环缝焊接与直缝焊接最大的不同点，是焊接时必须将工件置于滚轮架上，由滚轮架带动工件旋转，焊机固定在操作机上不动，仅有焊丝向下输送的动作。因此，工件旋转的线速度就是焊接速度。如果是焊接筒体的环缝，则需将焊机置于操作机上，操作机伸入筒体内部进行焊接。

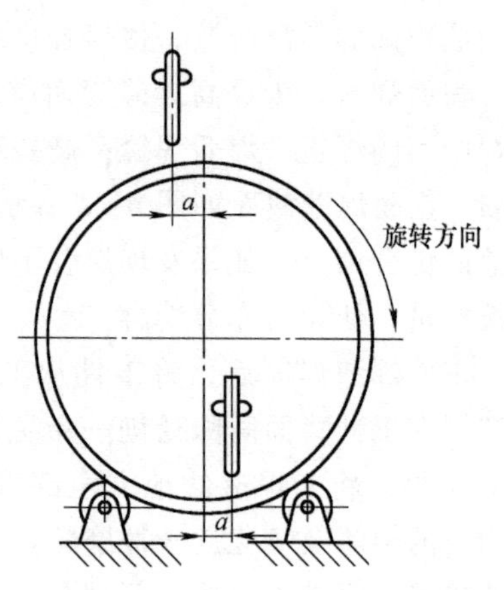

图 4-24 环缝焊接时焊丝偏移量

环缝对接焊的焊接位置属于平焊位置。为了得到良好的焊缝成形，焊丝相对于筒体的位置应该逆筒体方向相对于筒体中心有一个偏移量 a（见图 4-24），使进行内、外环缝焊接时，焊接熔池能基本上在水平位置凝固。

环缝焊接时，焊丝偏移量的选取见表 4-3。

表 4-3 焊丝偏移量的选取

筒体直径/mm	焊丝偏移量/mm	筒体直径/mm	焊丝偏移量/mm
800~1000	20~25	>1500~2000	35
>1000~1500	30	>2000~3000	40

4.5 埋弧焊常见缺欠与防止措施

4.5.1 气孔的产生原因与防止措施

1. 气孔的产生原因

1）焊剂受潮或回收所用的焊剂夹有可溶杂质。

2）焊剂覆盖量不够，空气容易侵入熔池。

3）焊剂覆盖量太大，熔池中气体逸出后无法排出。

4）坡口及其附近表面或焊丝表面有油污等。

5）焊接电流偏大。

6）存在磁偏吹现象。

7）电源极性不正确。

2. 防止气孔的措施

1）用砂轮认真清理坡口附近表面，并用火焰烘烤除油。

2）用化学试剂清理焊丝表面。

3）将焊剂在280℃左右烘干1h，除去焊剂中的水分。

4）选用合适直径的软管，使焊剂输送量适当。

5）选用合适的焊接电流。

6）采用交流电源并选择合适的极性。

4.5.2 裂纹的产生原因与防止措施

1. 裂纹的产生原因

1）工件结构刚度大。

2）焊丝中碳含量和硫含量过高。

3）工件材料、焊丝及焊剂配合不当。

4）焊缝成形系数太小。

5）焊接速度太大，焊接区冷却过快，引起热影响区硬化。

6）多层焊第一道焊缝截面过小。

7）焊接顺序不合理。

2. 防止裂纹的措施

1）采用焊前预热和焊后缓冷的方法，并适当降低焊接速度。

2）选用成分相应的焊丝，并与工件材料、焊剂相配合。

3）改进坡口形状和尺寸，调整焊接参数，增大焊缝成形系数。

4）合理安排焊接顺序。

4.5.3 夹渣的产生原因与防止措施

1. 夹渣的产生原因

1）前一层焊缝清渣不彻底。

2）熔渣超前。

3）焊丝未居中。

4）电流过小，焊剂残留在两层焊缝之间。

5）对接焊时，接口间隙过大，造成焊剂流入电弧前的间隙。

6）盖面焊接时电压太高，使游离的焊剂卷入焊道。

2. 防止夹渣的措施

1）每道焊缝都要彻底清渣。

2）减小工件倾斜角度并加快焊接速度。

3）注意焊丝对中。

4）加大焊接电流，使焊剂熔化干净。

5）保证接口间隙均匀并小于0.8mm。

6）盖面焊接时控制电压不要太高。

4.5.4 咬边的产生原因与防止措施

1. 咬边的产生原因

1）衬垫没有贴紧工件，间隙过大。

2）焊接电流过大。

3）平角焊时，焊丝偏向底板。

4）船形焊时，焊丝偏离焊缝中心。

5）电源极性不正确。

2. 防止咬边的措施

1）使衬垫与工件表面紧贴并消除间隙。

2）选用合适的焊接电流。

3）平角焊时使焊丝偏向立板。

4）船形焊时焊丝对准中心线。

5）选用合适的电源极性。

第5章

氩弧焊工艺

5.1 氩弧焊工艺基础

氩弧焊又称氩气气体保护焊，是指在电弧焊的周围通上保护性气体，将空气隔离在焊接区之外，以防止焊接区氧化的焊接方法。氩弧焊包括非熔化极氩弧焊（TIG）和熔化极氩弧焊（MIG）。氩弧焊适用于焊接易氧化的有色金属和合金钢，目前主要用于铝、镁、钛及其合金和不锈钢的焊接。

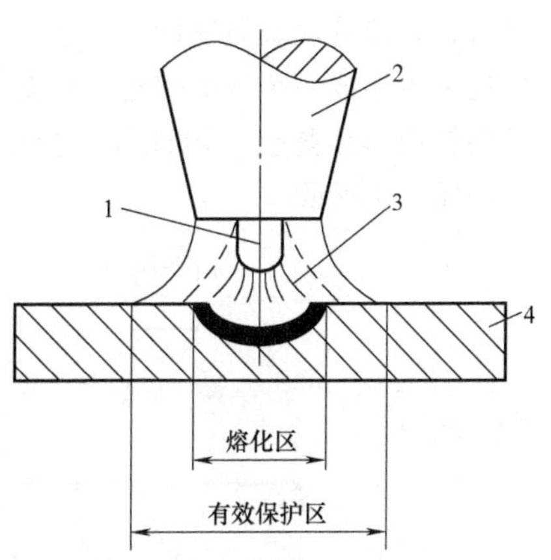

图 5-1 氩气的保护作用

1—钨极 2—焊枪 3—氩气流 4—工件

氩气的保护作用，是依靠在电弧周围形成惰性气体保护层机械地将空气和金属熔池、焊丝隔离开来实现的，如图 5-1 所示。

1. 非熔化极氩弧焊

非熔化极氩弧焊的工作原理如图 5-2 所示。电弧在非熔化极（通常是钨极）和工件之间燃烧，在焊接电弧周围流过一种不和金属起化学反应的惰性气体（常用氩气），形成一个保护气罩，使钨极端头、电弧和熔池及已处于高温的金属

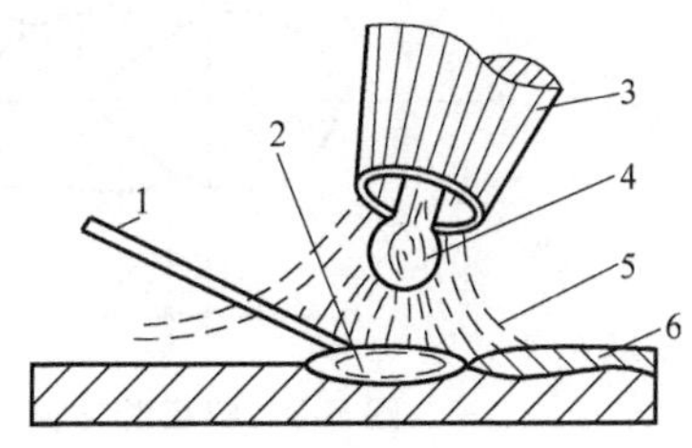

图 5-2 非熔化极氩弧焊的工作原理

1—填充焊丝 2—熔池 3—喷嘴 4—钨极 5—气体 6—焊缝

不与空气接触，能有效防止熔池氧化和吸收有害气体，从而形成力学性能优良的焊接接头。

钨极脉冲氩弧焊技术是在普通钨极氩弧焊基础上采用可控的脉冲电流取代连续电流发展起来的。钨极脉冲氩弧焊技术在铸钢件缺欠修复中的成功应用，使钨极氩弧焊工艺更加完善，已成为一种优质、经济、有效、高精密的先进焊接修复技术。它的主要特点是利用脉冲式热输入的方式形成焊缝。在脉冲电流持续期间，每次电流脉冲都能瞬时地集中把能量传递给母材，焊件上形成点状熔池。脉冲电流停歇期间（脉冲结束后），焊接电流降为基值电流，利用基值电流维持电弧的稳定燃烧。但电弧的能量大大减少，降低了焊接热输入，并使熔池金属凝固。当下一个脉冲来到时，在未完全凝固的熔池上再形成一个新的熔池。如此重复进行，就由许多焊点相互连续搭接而形成焊缝，因此脉冲焊缝事实上是由一系列焊点组成的，如图 5-3 所示。

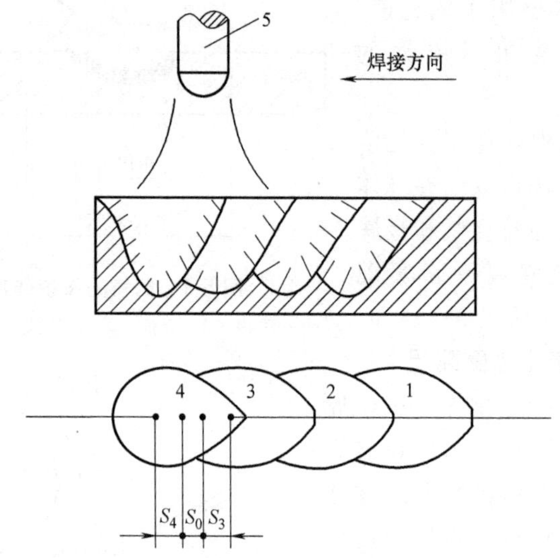

图 5-3　钨极脉冲氩弧焊的焊缝形成过程

1~4—第 1~4 个焊点　5—钨极

S_3—形成第 3 焊点时脉冲电流作用的区间　S_4—形成第 4 焊点时脉冲电流作用的区间　S_0—基值电流作用的区间

钨极氩弧焊可以采用直流正接法和直流反接法，如图 5-4 所示。采用直流正接法时，焊件温度升高，而钨极温度则较低，可以有效增大熔深；采用直流反接法时，焊件温度较低，而钨极温度则较高，熔深较小，但可以产生阴极破碎效应，常用于铝、镁及其合金的焊接。

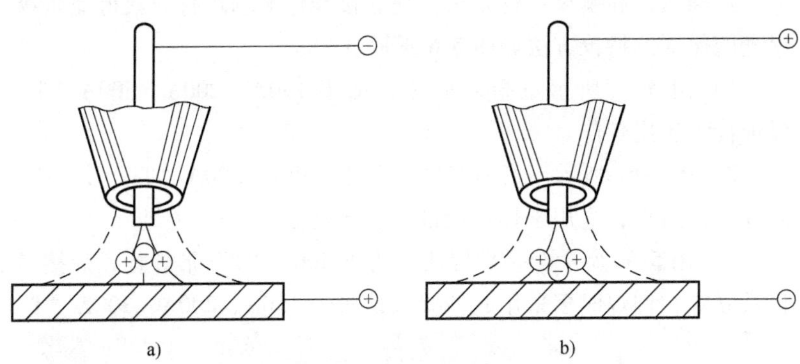

图 5-4　钨极氩弧焊的接线方法

a）直流正接法　b）直流反接法

2. 熔化极氩弧焊

熔化极氩弧焊的工作原理如图 5-5 所示。焊丝通过送丝滚轮送进，导电嘴导电，在母材与焊丝之间产生电弧，使焊丝和母材熔化，并用氩气保护电弧和熔融金属。它和钨极氩弧焊的区别在于一个是焊丝作电极，并不断熔化填入熔池，冷凝后形成焊缝；另一个是用钨极作电极，靠外部填充焊丝形成焊缝。随着熔化极氩弧焊技术的发展，保护气体已由单一的氩气发展成多种混合气体的广泛应用，如 Ar80%＋$CO_2$20% 的富氩保护气。

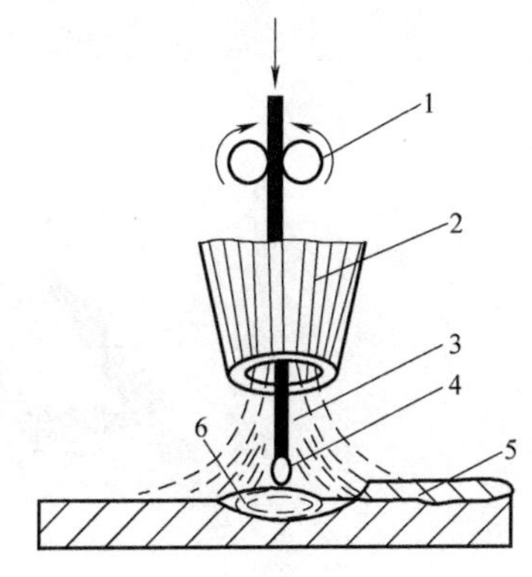

图 5-5　熔化极氩弧焊的工作原理

1—送丝轮　2—喷嘴　3—气体　4—焊丝　5—焊缝　6—熔池

5.2 氩弧焊基本操作工艺

5.2.1 焊枪

1. 持枪方法

正确选择和掌握持枪方法，是焊接操作顺利进行与获得高质量焊缝的保证。持枪方法如图 5-6 所示。

1）图 5-6a 所示三指后握法，用于 150A、200A、300A “T”形焊枪，应用较广。

2）图 5-6b 所示三指前握法，用于 150A、200A “T” 形焊枪。此种握法最稳，适用于焊接质量要求严格处。

3）图 5-6c 所示全手后握法，用于 500A “T” 形焊枪，焊接厚板及立焊、仰焊时多采用此种握法，对于 150A、200A、300A “T”

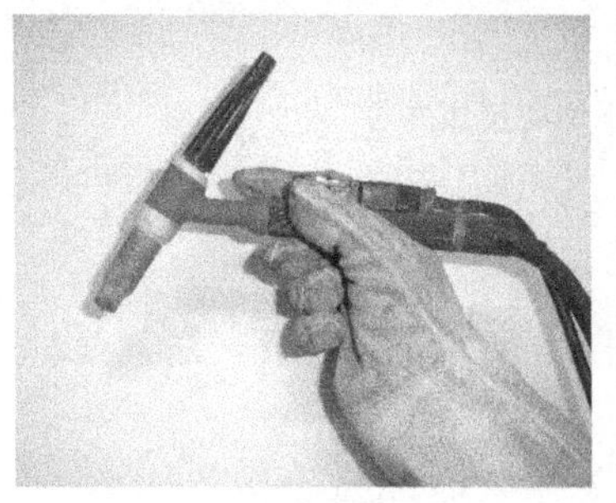

a)

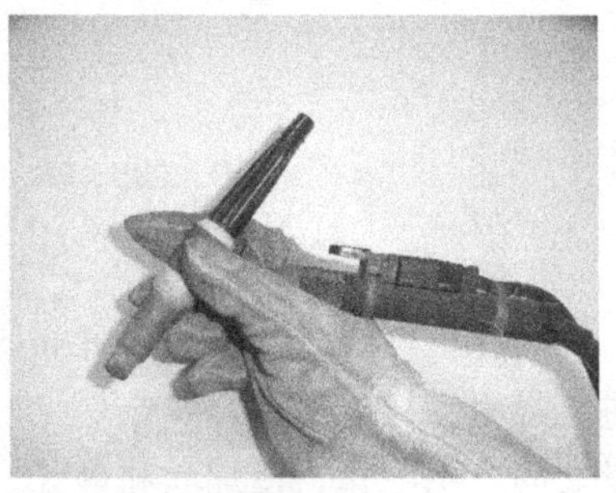

b)

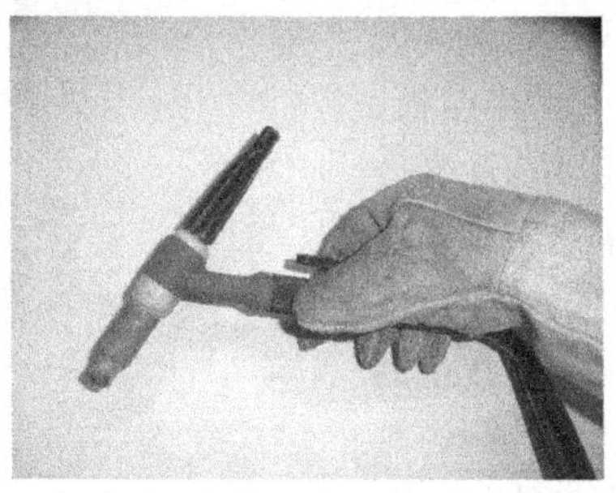

c)

图 5-6 持枪方法

a）三指后握法 b）三指前握法 c）全手后握法

形焊枪也可采用此种握法。

对于操作不熟练者，在采用图 5-6c 所示持枪方法时，可将其余三指触及焊缝旁作为支点，也可用其中两指或一指作支点。要稍用力握住焊枪，这样才能有效地保证电弧长度稳定。左手持焊丝，严防焊丝与钨极接触，以免产生飞溅、夹钨，破坏气体保护层，影响焊缝质量。

2. 平焊时焊枪、焊丝与工件的角度

在平焊时，焊枪、焊丝与工件的角度如图 5-7 所示。焊枪角度过小，会降低氩气保护效果；角度过大，操作和填加丝比较困难。对某些易被空气污染的材料，如钛合金等，应尽可能使焊枪与工件夹角为 90°，以确保氩气保护效果良好。

3. 环焊时焊枪、焊丝与工件的角度

在环焊时，焊枪、焊丝与工件的角度和平焊区别不大，但工件的转动是逆焊接方向的，如图 5-8 所示。

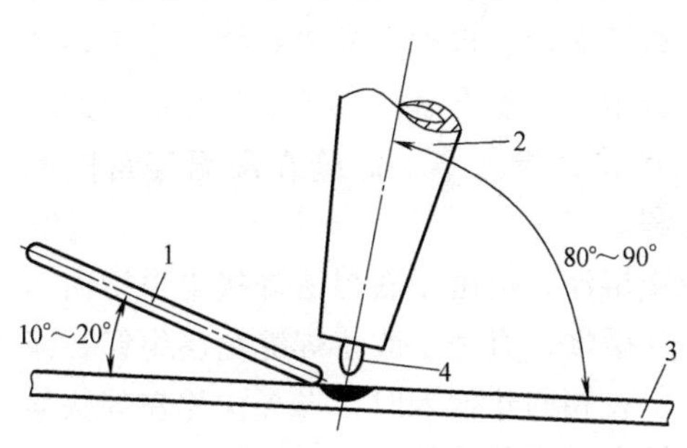

图 5-7 平焊时焊枪、焊丝与工件的角度

1—焊丝 2—焊枪喷嘴 3—工件 4—钨极

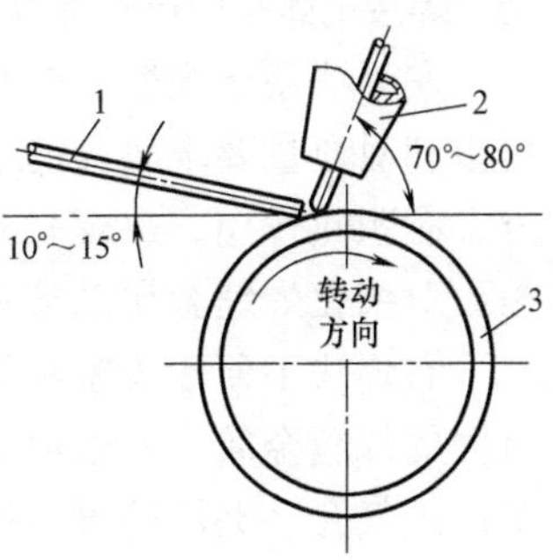

图 5-8 环焊时焊枪、焊丝与工件的角度

1—焊丝 2—焊枪 3—工件

4. 角焊时焊枪、焊丝与工件的角度

内角焊时，焊枪、焊丝与工件的角度如图 5-9a 所示；外角焊时，焊枪、焊丝与工件的角度如图 5-9b 所示。

5. 焊枪运走形式

在焊接过程中，焊枪从右向左移动，焊接电弧指向待焊部分，焊丝位于电弧前面的方法叫作左焊法。在焊接过程中，焊枪从左向右移

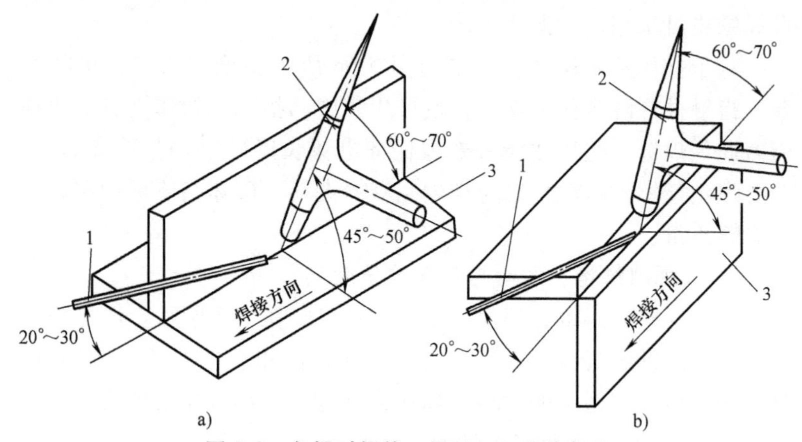

图 5-9　角焊时焊枪、焊丝与工件的角度

a）内角焊　b）外角焊

1—焊丝　2—焊枪　3—工件

动，焊接电弧指向已焊部分，焊丝位于电弧后面的方法叫作右焊法。

左焊法便于观察和控制熔池温度，操作者易于掌握，适于焊接薄板和对质量要求较高的不锈钢、高温合金。由于电弧指向未焊部分，有预热作用，故焊接速度快，焊道窄，焊缝在高温停留时间短，对细化焊缝金属晶粒有利。

右焊法不便于观察和控制熔池，但由于右焊法焊接电弧指向已凝固的焊缝金属，使熔池冷却缓慢，有利于改善焊缝金属组织，减少产生气孔、夹渣的可能性。在相同热输入时，右焊法比左焊法熔深大，适于焊接厚度较大、熔点较高的工件。

钨极氩弧焊一般采用左焊法，焊枪做直线移动。为了获得比较宽的焊道，保证两侧熔合质量，焊枪也可做横向摆动，同时焊丝随焊枪的摆动而摆动。为了不破坏氩气对熔池的保护，摆动频率不能太高，幅度不能太大，喷嘴高度保持不变。常用的焊枪运走形式有直线移动和横向摆动两种。

（1）直线移动　根据所焊材料和厚度不同，通常有直线匀速移动、直线断续移动和直线往复运动三种方法。

1）直线匀速移动是指焊枪沿焊缝做平稳的直线匀速移动。这种方法适于不锈钢、耐热钢等薄件的焊接。其优点是电弧稳定，可避免焊缝重复加热，氩气保护效果好，焊接质量稳定。

2）直线断续移动是指焊枪按一定的时间间隔停留和移动。这种方法主要用于中等厚度材料（3~6mm）的焊接。一般在焊枪停留时，当熔池熔透后，加入焊丝，接着沿焊缝纵向做间断的直线移动。

3）直线往复运动是指焊枪沿焊缝做直线往复运动。这种方法常用于铝及铝合金薄板的焊接。采用小电流，可防止出现薄板的成形不良等缺欠。

（2）横向摆动　根据焊缝的尺寸和接头形式的不同，要求焊枪做小幅度的横向摆动。按摆动方法不同，横向摆动可分为月牙形摆动、斜月牙形摆动和r形摆动三种形式。

1）月牙形摆动是指焊枪的横向摆动是划弧线，两侧略停顿并平稳向前移动，如图5-10所示。这种运动适用于大的T字形角焊、厚板的搭接角焊、开V形及X形坡口的对接焊或特殊要求加宽的焊接。

2）斜月牙形摆动是指焊枪在沿焊接方向移动过程中划倾斜的圆弧，如图5-11所示。这种运动适用于不等厚的角焊和对接焊的横向焊缝。焊接时，焊枪略向厚板一侧倾斜，并在厚板一侧停留时间略长。

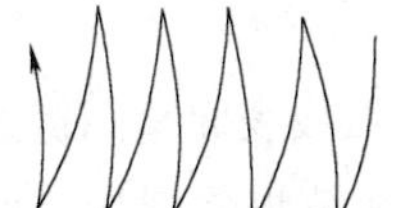

图5-10　月牙形摆动

图5-11　斜月牙形摆动

3）r形摆动是指焊枪的横向摆动呈类似r形，如图5-12所示。这种方法适用于不等厚板的对接接头。操作时焊枪不仅做r形运动，而且焊接时电弧稍偏向厚板，使电弧在厚板一边停留时间稍长，以控制两边的熔化速度，防止薄板烧穿而厚板未焊透缺欠的产生。

图5-12　r形摆动

5.2.2　引弧和收弧

1. 引弧

手工钨极氩弧焊一般有引弧器引弧和短路引弧两种方法。

（1）引弧器引弧　引弧器引弧包括高频引弧和高压脉冲引弧，如图 5-13 所示。高频引弧是利用高频振荡器产生的高频高压击穿钨极与工件之间的气体间隙而引燃电弧；高压脉冲引弧是在钨极与工件之间加一个高压脉冲，使两极间气体介质电离而引燃电弧。

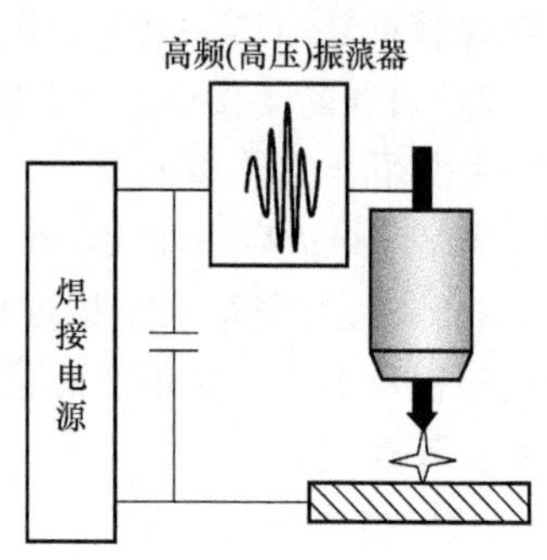

图 5-13　引弧器引弧

引弧器引弧操作时钨极不与工件接触，保持 3～4mm 的距离，通过焊枪上的起动按钮直接引燃电弧。引弧处不能在工件坡口外面的母材上，以免造成弧斑，损伤工件表面，引起腐蚀或裂纹。引弧处应在起焊处前 10mm 左右，电弧稳定后，移回焊接处进行正常焊接。此种引弧法效果好，钨极端头损耗小，引弧处焊接质量高，不会产生夹钨缺欠。

（2）短路引弧　短路引弧是钨极与引弧板或工件接触引燃电弧的方法。按操作方式，短路引弧又可分为直接接触引弧和间接接触引弧。

1）直接接触引弧法是指钨极末端在引弧板表面瞬间擦过，像划弧一样逐渐离开引弧板，引燃后将电弧带到被焊处焊接，如图 5-14 所示。引弧板可采用纯铜板或石墨板。引弧板可安放在焊缝上，也

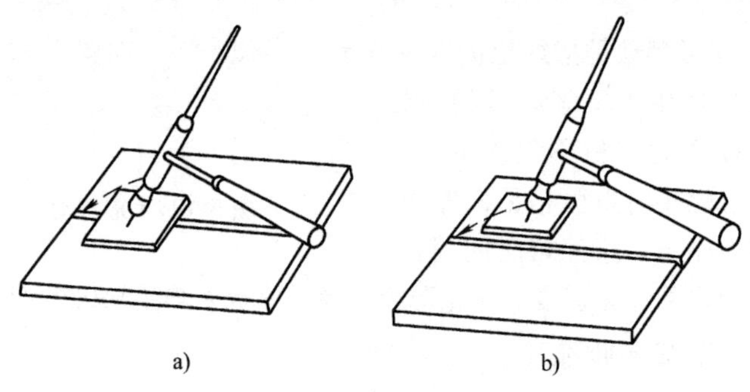

图 5-14　直接接触引弧法
a）压缝式　b）错开式

可错开放置。

2）间接接触引弧法是指钨极不直接与工件接触，而是将末端离开工件 4~5mm，利用填充焊丝在钨极与工件之间，从内向外迅速划擦过去，使钨极通过焊丝与工件间接短路，引燃后将电弧移至施焊处焊接，如图 5-15 所示。划擦过程中，如焊丝与钨极接触不到可加大角度，或减小钨极至工件的距离。此法操作简便，应用广泛，不易产生黏结。

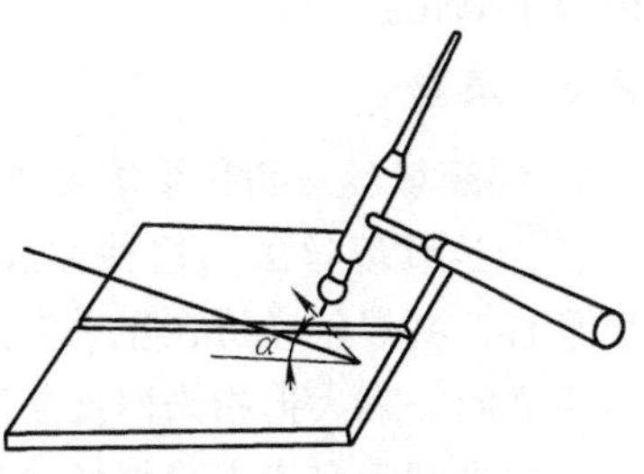

图 5-15 间接接触引弧法

一定注意不允许钨极直接与试板或坡口面接触引弧。

短路引弧的缺点是引弧时钨极损耗大，钨极端部形状容易被破坏，所以仅当焊机没有引弧器时才使用短路引弧。

2. 收弧

收弧是保证焊接质量的重要环节。若收弧不当，易引起弧坑裂纹、烧穿、缩孔等缺欠，影响焊缝质量。一般采用以下几种收弧方法。

（1）利用电流衰减装置收弧　一般氩弧焊设备都配有电流衰减装置。收弧后，氩气开关应延时 10s 左右再关闭（一般设备上都有提前送气与滞后关气装置），防止金属在高温下继续氧化。

（2）改变操作方法收弧　若无电流衰减装置，多采用改变操作方法收弧。其基本要点是逐渐减少热量输入，即采取减小焊枪与工件夹角、拉长电弧或加快焊接速度的方法收弧。此时，使电弧热量主要集中在焊丝上，同时加快焊接速度，增大送丝量，将弧坑填满后收弧。对于管子封闭焊缝，收弧时一般是稍拉长电弧，重叠焊缝 20~40mm，在重叠部分不加或少加焊丝。收弧后氩气开关应延迟一段时间再关闭，使氩气保护收弧处一段时间，防止金属在高温下继续氧化。

当焊至焊件末端时，应减小焊枪与焊件的夹角，加大焊丝填充量以填满弧坑；同时为防止产气冷缩孔，收弧时必须将电弧引至坡口一侧后收弧，如图 5-16 所示，并延时送气 3~5s，以防熔池金属在高温下氧化。

5.2.3 填丝

1. 连续填丝法和断续填丝法

（1）连续填丝法　这种方法对保护层的扰动小，它要求焊丝比较平直，将焊丝夹持在左手大拇指的虎口处，前端夹持在中指和无名指之间，靠大拇指来回反复均匀地用力，推动焊丝向前送向熔池中。中指和无名指夹稳焊丝并控制和调节方向，手背可依靠在工件上增加其稳定性，大拇指的往返推动频率可由填充量及焊接速度而定，如图 5-17 所示。连续填丝时手臂动作不大，待焊丝快用完时才前移。采用连续填丝法，对于要求双面成形的工件，速度快且质量好，可以有效地避免内部凹陷。

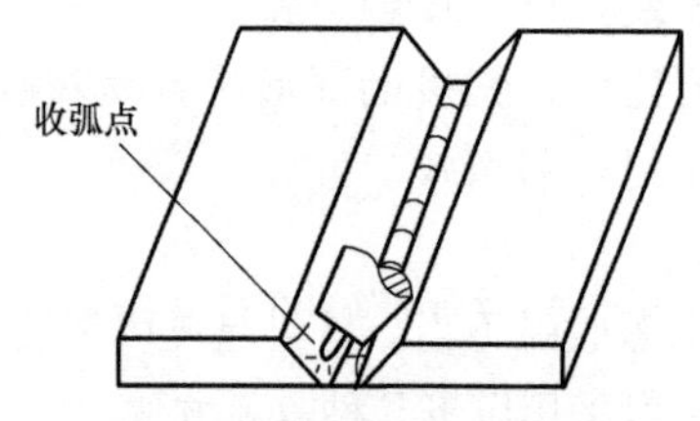

图 5-16　正确的收弧位置

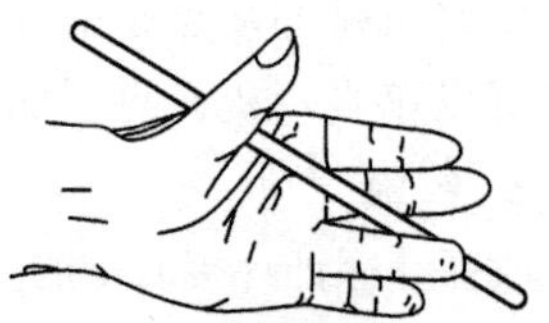

图 5-17　连续填丝操作方法

（2）断续填丝法　以左手拇指、食指、中指捏紧焊丝，焊丝末端始终处于氩气保护区内。手指不动，只起夹持作用，靠手或小臂沿焊缝前后移动和手腕的上下反复动作，将焊丝加入熔池。此法适用于对接间隙较小、有垫板的薄板或角焊缝的焊接，在全位置焊接时多采用此法。但此方法使用电流小，焊接速度较慢，当坡口间隙过大或电流不合适时，熔池温度难于控制，易产生塌陷。

2. 焊丝送入熔池的方法

（1）压入法　如图 5-18a 所示，用手将焊丝稍向下压，使焊丝末端紧靠在熔池边沿。该方法操作简单，但是因为手拿焊丝较长，焊丝端头不稳定易摆动，造成送丝困难。

（2）续入法　如图 5-18b 所示，将焊丝末端伸入熔池中，手往前移动，使焊丝连续加入熔池中。该方法适用于细焊丝或间隙较大的接头，但不易保证焊接质量，很少采用。

（3）点移法　如图 5-18c 所示，以手腕上下反复动作和手往后慢慢移动，将焊丝逐步加入熔池中。采用该方法时，由于焊丝的上下反复运动，当焊丝抬起时在电弧作用下，可充分地将熔池表面的氧化膜去除，从而防止产生夹渣缺欠；同时由于焊丝填加在熔池的前部边缘，有利于减少气孔缺欠。因此点移法应用比较广泛。

（4）点滴法　如图 5-18d 所示，焊丝靠手的上下反复动作，将焊丝熔化后的熔滴滴入熔池中。该方法与点移法的优点相同，所以比较常用。

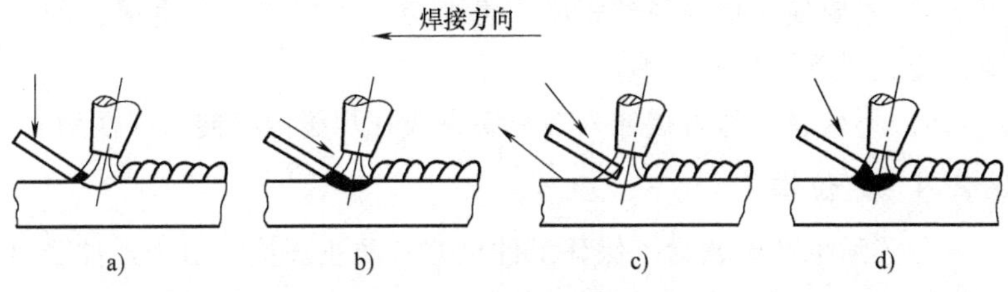

图 5-18　焊丝送入熔池的方法

a）压入法　b）续入法　c）点移法　d）点滴法

3. 填丝注意事项

1）必须等坡口两侧熔化后才能填丝，以免造成熔合不良。

2）不要把焊丝直接放在电弧下面，以免发生短路。送丝部位如图 5-19 所示。

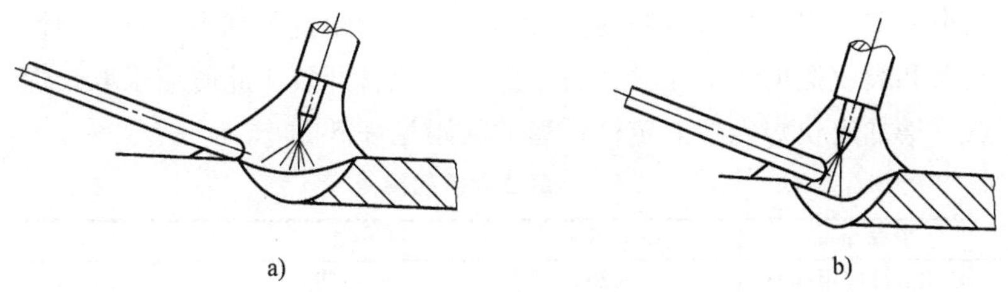

图 5-19　送丝部位

a）正确　b）不正确

3）夹持焊丝不能太紧，以免送丝时焊丝不动。送丝时，注意焊丝与工件的夹角为 15°，从熔池前沿点进，随后撤回，如此反复动作。焊丝端头应始终处在氩气保护区内，以免高温氧化，造成焊接缺欠。

4）焊丝加入动作要熟练，速度要均匀。如果速度过快，则焊缝余高大；如果速度过慢，则焊缝易出现下凹和咬边现象。

5）坡口间隙大于焊丝直径时，焊丝应随电弧做同步横向摆动，送丝速度均应与焊接速度相适应。

6）撤回焊丝时，不要让焊丝端头撤出氩气保护区，以免焊丝端头被氧化，在下次点进时，进入熔池，造成氧化物夹渣或气孔。

7）不要使钨极与焊丝相碰，否则会发生短路，产生很大的飞溅，造成焊缝污染或夹钨。

8）不要将焊丝直接伸入熔池中央或在焊缝内横向来回摆动。

5.2.4 定位焊

在实际生产中，为了保证工件尺寸，防止焊接时由于工件受热膨胀导致工件对接错位，影响焊接的正常进行和焊缝成形，需要进行定位焊。定位焊缝将来是焊缝的一部分，必须焊牢。如果是单面焊双面成形，定位焊要焊透，必须按正式焊接工艺要求焊定位焊，且不允许有焊接缺欠。在施焊前，应将定位焊缝两端磨成斜坡形，以便于接头。

定位焊缝的间距是根据被焊工件材料的种类、厚度及接头形式而定的。不锈钢由于比低碳钢的线胀系数大，焊缝收缩大，故间距应小一些。对于较薄的和易变形的工件，间距也应减小。对于刚性较大和裂纹倾向大的工件，由于定位焊缝易开裂，此时应采取长焊点并增加定位焊点数。定位焊缝的间距见表 5-1。

表 5-1 定位焊缝的间距

板厚/mm	0.5~0.8	1~2	>2
定位焊缝间距/mm	≈20	50~100	≈200

对于环形焊缝，定位焊缝的数量应根据管子直径大小而定。定位焊缝太多，不利于接头；太少易引起焊缝收缩，不利于焊接操作。一般来说，管径小于 ϕ57mm 时用一点定位，管径为 ϕ89~ϕ133mm 时用两点定位，管径为 ϕ159~ϕ219mm 时采用三点定位。

管子直径越大，定位焊点数目相对要增加。

定位焊缝不能太高，以免正式焊接造成该处接头困难。如果碰到这种情况，最好将定位焊缝两端磨成斜坡，以便焊接时顺利接头。如果定位焊缝上发现裂纹、气孔等缺欠，应将该段定位焊缝打磨掉重焊，不许用重熔的办法修补。

5.2.5 焊接过程

引弧后，将电弧移至始焊处或定位焊缝处，对工件加热。当母材出现“出汗”，即熔化状态时，填加焊丝。初始焊接时，为了避免产生裂纹，焊接速度应慢些，多填加焊丝，使焊缝增厚。

焊接时，要掌握好焊枪角度及送丝位置，力求送丝均匀，才能保证焊缝成形良好；同时要控制好熔池温度。如果熔池增大，焊缝变宽变低并出现下凹，则说明熔池温度过高。这时应迅速减小焊枪与工件的夹角，加快焊接速度。如果熔池过小，焊缝窄而高，则说明熔池温度过低。这时应增大焊枪与工件的夹角，减少焊丝的送入量，减慢焊接速度，直至均匀为止。这样才能保证焊缝成形良好。

为了获得比较宽的焊道，保证坡口两侧的熔合质量，氩弧焊枪可以横向摆动。摆动幅度以不破坏熔池的保护效果为原则，由操作者灵活掌握。

焊接过程中，如钨极与工件发生短路，将会产生飞溅和烟雾，造成焊缝夹钨和污染。这时应立即停止操作，用角向砂轮磨掉夹钨和污染处，直至露出金属光泽。对钨极也要进行更换或修磨，才可继续施焊。

5.2.6 焊缝接头

由于在焊接过程中需要更换钨极、焊丝等，因此焊缝接头是不可避免的。

焊缝接头是两段焊缝交接的地方，对接头的质量控制非常重要。由于温度的差别和填充金属量的变化，该处易出现超高、缺肉、未焊透、夹渣、气孔等缺欠，所以焊接时应尽量避免停弧，减少冷接头个数。一般在接头处要有斜坡，不留死角，重新引弧的位置在原弧坑后面，须在待焊处前方5~10mm处引弧，稳弧之后将电弧拉回接头后面，使焊缝重叠20~30mm。重叠处一般不加或只加少量焊丝，熔池要熔透到接头根部，以保证接头处熔合良好。

5.2.7 摇把焊

摇把焊是焊枪焊嘴靠近母材坡口一侧引燃电弧，大拇指沿食指指尖方向摩擦送丝，形成熔滴、熔池，然后利用手腕的摆动使焊嘴扇形滚动摆动，利用熔滴的表面张力作用来填充坡口的一种手工钨极氩弧焊接方法。该技术特点是以焊嘴两侧在母材上支撑为依托，电弧摇摆的宽度呈8字形前进，配合合适的焊接参数可以很好地控制热输入，从而得到外观为鱼鳞纹的焊缝。

（1）送丝方法　大拇指与食指、中指紧夹焊丝，用大拇指沿食指指尖方向靠摩擦向前推动焊丝，焊丝从无名指和小拇指中间穿出，起定位作用。摇把送丝法的特点是续丝稳而快，不间断，均匀的摆动加大了氩气的保护圈，更好地保证了焊缝的质量，特别是用于不锈钢、有色金属材料的焊接，熔池均匀，气体保护得当，焊缝外观更美观，稳定性又减少了坡口两侧的咬边现象。焊嘴轻轻挨着坡口（起支撑作用）一侧停留并引燃电弧形成熔池，靠大拇指与食指摩擦送丝。随着焊嘴（热源及氩气流保护迁移的方向）的摆动，熔滴在牵引力和表面张力作用下从坡口另一侧与该侧母材相连，等熔滴与另一侧母材形成稳定的熔池、焊缝后再摇摆回到母材原来一侧。如此反复，形成的焊缝两侧熔合良好，不易产生咬边及未焊透、未熔合。由于焊丝一直没有脱离氩气的保护圈，故焊缝内部、表面质量都能够保证。

（2）焊接质量　摇摆焊时，焊嘴是靠在坡口内或焊好的焊缝上摇动的，有较好的稳定性，以焊嘴作为支点进行月牙形左右或上下摆动十分容易掌握。有经验的操作者在盖面焊时，根据焊缝的宽窄、深浅、温度等可选择适当的前移量、频率、速度、送丝方法，尽量减少宽度差，基本上能焊出较平整的、美观的合格焊缝。

由于摇摆焊采用小电流、快速焊、小规范、每层较薄的焊接厚度等，所以能够很好地控制焊接热输入。焊缝高温区停留时间较短，热输入的降低有效防止了焊缝过热、过烧形成碳化物，有效防止了晶间腐蚀，并提高了材质的耐蚀性及力学性能。

5.3 各位置氩弧焊工艺

5.3.1 氩弧平焊

1. 钨极氩弧薄板对接平焊

所谓薄板，是指厚度在 6mm 以下的板材。

（1）焊接参数 钨极氩弧薄板对接平焊的焊接参数见表 5-2。

表 5-2 钨极氩弧薄板对接平焊的焊接参数

焊接层次	焊接电流/A	电弧电压/V	氩气流量/(L/min)	钨极直径	焊丝直径	钨极伸出长度	喷嘴直径	喷嘴至工件距离
				mm				
打底焊	90~100	12~16	7~9	2.5	2.5	4~8	10	12
填充焊	100~110							
盖面焊	110~120							

（2）焊层及焊道 薄板对接平焊采用左焊法，焊接层次为三层三道，如图 5-20 中 1~3 所示。

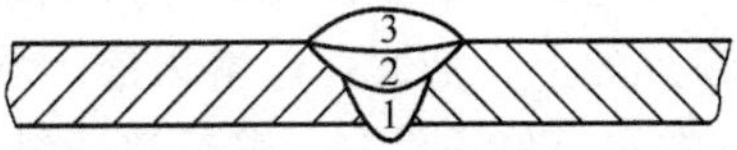

图 5-20 薄板对接平焊的焊层及焊道

（3）操作要点 平焊是最容易操作的焊接位置，首先要进行定位焊，其次再开始打底焊。在定位焊缝上引燃电弧后，焊枪停留在原位置不动，稍作预热。当定位焊缝外侧形成熔池，并出现熔孔时，开始填充焊丝，焊枪稍作摆动向左焊接。

1）打底焊时，应减小焊枪角度，使电弧热量集中在焊丝上；采取较小的焊接电流，加快焊接速度和送丝速度，避免焊缝下凹和烧穿。焊接过程中密切注意焊接参数的变化及相互关系，焊枪移动要平稳，速度要均匀，随时调整焊接速度和焊枪角度，保证背面焊缝成形良好。平焊焊枪角度与填丝位置如图 5-21 所示。

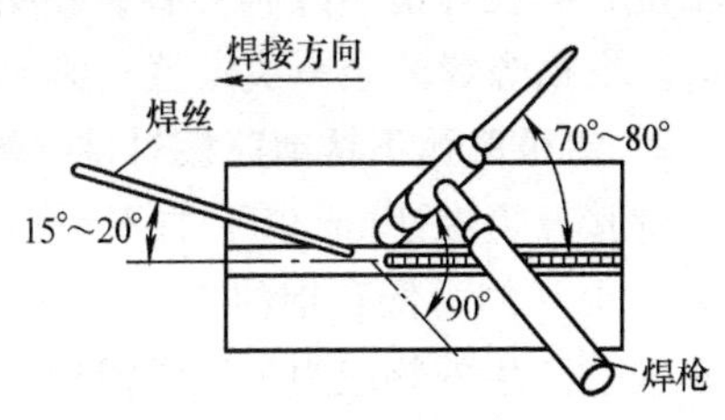

图 5-21 平焊焊枪角度与填丝位置

如果熔池增大，焊缝变宽并出现下凹，则说明熔池温度过高，此时应减小焊枪倾角，加快焊接速度；如果熔池变小，则说明熔池温度过低，有可能产生未焊透和未熔合，此时应增大焊枪倾角，减慢焊接速度，以保证打底层焊缝质量。在整个焊接过程中，焊丝始终应处在氩气保护区内，防止高温氧化。同时，要严禁钨极端部与焊丝、工件接触，以防产生夹钨，影响焊接质量。当更换焊丝或暂停焊接时，要松开焊枪上的按钮开关，停止送丝，用焊机的电流衰减装置灭弧，但焊枪仍须对准熔池进行保护，待其完全冷却后才能移开焊枪。若焊机无电流衰减功能，松开按钮开关后，应稍抬高焊枪，待电弧熄灭、熔池完全冷却凝固后才能移开焊枪。在接头处要检查原弧坑处的焊缝质量，当保护较好且无氧化物等缺欠时，则可直接接头。当有缺欠时，则须将缺欠修磨掉，并将其前端打磨成斜面。在弧坑右侧 15～20mm 处引弧，并慢慢向左移动，待弧坑处开始熔化，并形成熔池和熔孔后，继续填丝焊接。收弧时要减小焊枪与工件的夹角，加大焊丝熔化量，填满弧坑。

在焊缝末端收弧时，应减小焊枪与工件的夹角，使电弧热量集中在焊丝上，加大焊丝熔化量，填满弧坑，然后切断电源，待延时 10s 左右后停止供气，最后移开焊枪和焊丝。

2）打底焊完成以后，要进行填充焊。填充焊前应先检查根部焊道表面有无氧化皮等缺欠，如有必须进行打磨处理，同时增大焊接电流。填充焊接时的注意事项同打底焊，焊枪的横向摆动幅度比打底焊时稍大。在坡口两侧稍加停留，保证坡口两侧熔合好，焊道均匀。填充焊时不要熔化坡口的上棱边，焊道比工件表面低 1mm 左右。

3）盖面焊时，焊枪与焊丝角度不变，但应进一步加大焊枪摆动幅度，并在焊道边缘稍停顿，使熔池熔化两侧坡口边缘各 0.5～1mm。根据焊缝的余高决定填丝速度，以确保焊缝尺寸符合要求。

2. 钨极氩弧不锈钢薄板对接平焊

焊接厚度在 1mm 以下的不锈钢薄板，由于其自身拘束度小，热导率小（约为低碳钢的 1/3），但线胀系数较大，焊接时温度变化较快，产生的热应力比正常温度下时存在的应力大得多，很容易出现常见的焊接烧穿和焊接变形（大多为波浪变形）等缺欠，影

响工件的外形美观。

（1）钨极氩弧不锈钢薄板对接平焊参数 钨极氩弧不锈钢薄板对接平焊参数见表5-3。

表5-3 钨极氩弧不锈钢薄板对接平焊参数

板厚/mm	钨极直径/mm	焊接电流/A	电弧电压/mm	焊丝/mm	钨极伸出长度/mm	氩气流量/(L/min)	喷嘴直径/mm
0.3	1	10~15	10~15	1.2	3~4	6~8	12
0.6	1	20~25	15~20	1.2	3~4	6~8	12
0.8	1.6	40~50	20~25	1.6	3~4	6~8	12
1.0	2.0	50~60	25~30	1.6	3~4	6~8	12

（2）保护气体 氩气纯度应在99.6%以上，流量应保持在6~8L/min。氩气流量过大时，保护层会产生不规则流动，易使空气卷入，反而降低保护效果，所以气体流量也要合适。通过观察焊缝颜色可以判定气体保护效果。不锈钢的焊缝颜色与保护效果见表5-4。

表5-4 不锈钢的焊缝颜色与保护效果

焊缝颜色	银白、金黄色	蓝色	红灰色	灰色	黑色
保护效果	最好	良好	尚可	不良	最坏

对接打底焊时，为防止底层焊道的背面被氧化，背面也需要实施气体保护。

（3）钨极 尽量用有黄色或白色标记的钨极。钨极要经常磨尖，与焊缝的距离要适当，太近就会粘在一起，太远则会发生弧光开花，造成钨极变秃，对操作者的辐射大。

（4）钨极氩弧不锈钢薄板对接平焊操作技巧

1）必须采用精装夹具，要求夹紧力平衡均匀，装配尺寸精确，接头间隙小。间隙稍大容易烧穿或形成较大的焊瘤。

2）钨极从气体喷嘴伸出的长度，以4~5mm为佳，在角焊等遮蔽性差的地方是2~3mm，在开槽深的地方是5~6mm。喷嘴至工件的距离一般不超过15mm。

3）要用焊枪的陶瓷头遮挡弧光，焊枪的尾部尽量朝向操作者的脸部。

4）尽量采用短弧焊接以增强氩气保护效果。焊接普通钢时，焊接电弧长度以 2～4mm 为佳；而焊接不锈钢时，以 1～3mm 为佳，过长则保护效果不好。

5）采用脉冲 TIG 焊。在一般情况下，用普通 TIG 焊进行薄板焊接时，通常电流取较小值。当电流小于 20A 时，易产生电弧漂移，阴极斑点温度很高，会使焊接区域产生发热烧损，致使阴极斑点不断跳动，很难维持正常焊接。而采用脉冲 TIG 焊后，峰值电流可使电弧稳定，指向性好，易使母材熔化成形，并循环交替，确保焊接过程的顺利进行；同时能得到力学性能良好、外形美观、熔池互相搭接良好的焊缝。

6）采用左焊法操作，焊枪从右向左移动，电弧指向未焊部分，焊丝位于电弧前面，如图 5-22 所示。为使氩气很好地保护焊接熔池和便于施焊操作，钨极中心线与焊接处工件一般应保持 75°角，填充焊丝与工件表面夹角应尽可能地小些，一般为 15°以下。

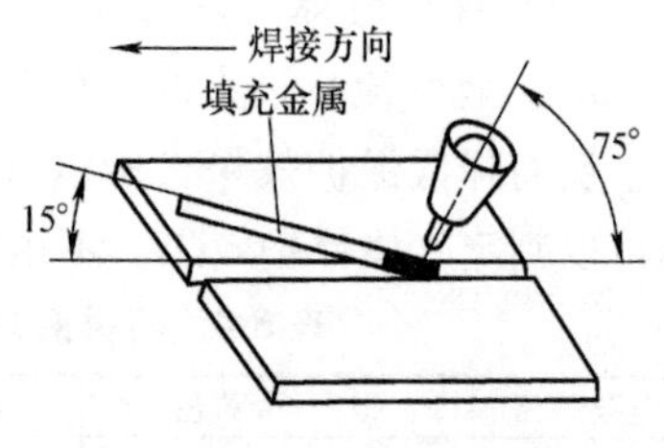

图 5-22　左焊法操作示意图

7）进行定位焊时，应把焊丝放在定位焊部位，电弧稳定后再移到焊接处，待焊丝熔化并与两侧母材熔合后再迅速灭弧。

8）注意观察熔池的大小，焊速应先慢后快，焊枪通常不摆动。焊速和焊丝应根据具体情况密切配合，尽量减少接头。一次性焊缝的长度不宜过长，否则会因过热而形成塌陷甚至烧穿，此时即使补焊完整，Cr、Ni 等合金元素的大量烧损，对材料的耐蚀性也非常不利。若中途停顿后再继续施焊时，要用电弧把原熔池的焊道重新熔化，形成新的熔池后再填加焊丝并与前焊道重叠 3～5mm。在重叠处要少加焊丝，使接头处圆滑过渡。

9）在焊缝的背部用较厚的铁板贴在上面，这样可以控制焊接的温度，达到减小变形量的目的。还可以适量地在厚铁板的背部淋上冷水，达到降温的目的。

3. 钨极氩弧铝薄板对接平焊操作要点

铝合金具有良好的耐蚀性、较高的比强度及良好的导电性和导热性，但铝与氧的亲和力很大，易被氧化生成致密的三氧化二铝氧化薄膜。在焊接过程中，氧化膜会阻碍金属间的良好结合，形成夹渣、未熔合等缺欠，因而给焊接操作带来一定的困难。

钨极氩弧焊在焊接铝合金方面有独到的优势，只要工艺措施合理，操作方法得当，就可以获得良好的铝薄板对接平焊接头。

（1）焊前清理　焊前将焊丝、工件坡口及其坡口内外各30~50mm范围内的油污和氧化膜清除掉。清除顺序和方法如下：

用丙酮或四氯化碳等有机溶剂去除表面油污，坡口内外两侧清除范围应不小于50mm。清除油污后，焊丝采用化学法，坡口采用机械法清除表面氧化膜。所谓机械法，是指坡口及其附近表面可用锉削、刮削、铣削或用0.2mm左右的不锈钢丝刷清除至露出金属光泽，两侧的清除范围距坡口边缘应不小于30mm，使用的工具要定期脱脂处理。所谓化学法，是指用5%~10%（质量分数）的NaOH溶液在70℃时浸泡30~60s，或用常温5%~10%（质量分数）的NaOH溶液浸泡3min，然后用常温15%（质量分数）的HNO_3溶液浸泡2min，最后用温水清洗，或用冷水冲洗，再使其完全干燥。

清理好的坡口及焊丝，在焊前不应被污染。若无有效的防护措施，应在8h内施焊，否则应重新进行清理。

（2）焊机的选择　焊机必须采用交流TIG焊机，应具有陡降的外特性和足够的电容量；并且具有参数稳定、调节灵活和安全可靠的使用性能；还应具有引弧、稳弧和消除直流分量装置。焊机上电流、电压表应经计量部门鉴定合格。

（3）焊接工艺　铝合金根据材料厚度的不同，其焊接参数也不相同，见表5-5。

表5-5　铝合金焊接工艺

材料厚度/mm	钨极直径/mm	焊丝直径/mm	焊接电流/A
1.5	2	2	70~80
2	2~3	2	90~120
3	3~4	2	120~180
4	3~4	2.5~3	120~240

(4) 钨极氩弧铝薄板对接平焊操作技巧　为增大氩气保护区和增强保护效果，可采用大直径焊嘴，加大氩气流量。当喷嘴上有明显阻碍气流流通的飞溅物附着时，必须将飞溅物清除掉或更换喷嘴。当钨极端部出现污染、形状不规则等现象时必须修整或更换，钨极不宜伸出喷嘴外。焊接温度的控制主要是焊接速度和焊接电流的控制。大电流、快速焊能有效防止气孔的产生，这主要是由于在焊接过程中以较快速度焊透焊缝，熔化金属受热时间短，吸收气体的机会少。

在氩气保护区内，焊丝向熔池边缘一滴一滴进入，焊枪做轻微摆动，摆动到上边沿的时间应比到下边沿短，这样才能防止金属液下淌。

收弧时要注意填满弧坑，缩小熔池，避免产生缩孔，终点的结合处应焊过 20~30mm。焊枪应增大向后倾斜角度，多填丝以填满弧坑，然后缓缓提起焊枪。灭弧后，要延迟停气 5~10s。

5.3.2 氩弧平角焊

平角焊是指角接接头、T 形接头和搭接接头在平焊位置的焊接。平角焊操作中，如果焊接参数选择不当或操作不熟练，容易产生立板咬边、未焊透或焊脚尺寸不一致等缺欠，如图 5-23 所示。

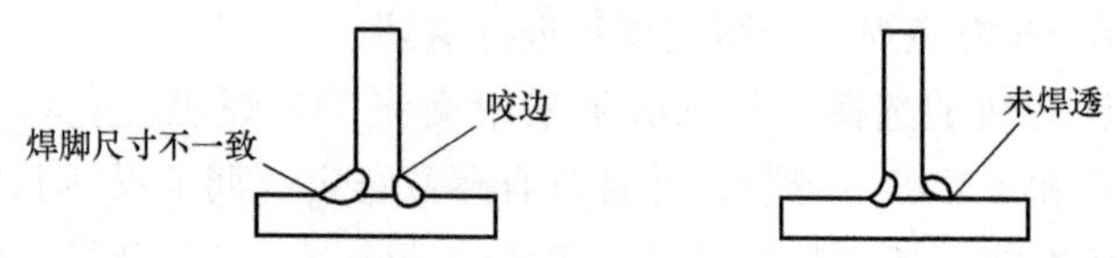

图 5-23　平角焊所产生的缺欠

调节焊接电流，对焊件进行定位焊。定位焊位置应在焊件两端，定位焊缝长为 5~10mm，如图 5-24 所示。

厚度不等板组装平角焊时，给予厚板的热量应多些，从而使厚板、薄板受热趋于均匀，以保证接头熔合良好，如图 5-25 所示。

焊接时，焊枪与焊缝倾角为 60°~70°，焊丝与焊缝倾角为 10°~20°，如图 5-26 所示。

横向摆动焊接时，摆动幅度必须要有规律。如图 5-27 所示，焊枪由 *A* 点摆动到 *B* 点时稍快，并在 *B* 点稍作停留，同时向熔池

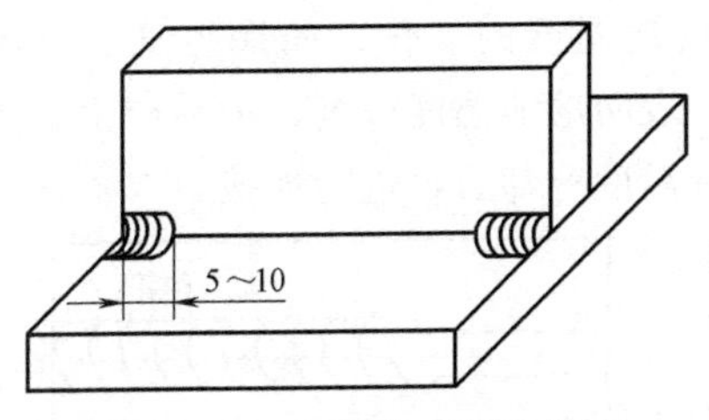

图 5-24 定位焊缝位置及长度

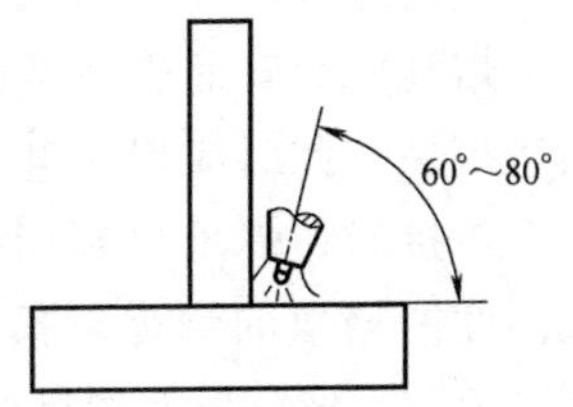

图 5-25 焊接电弧偏向厚板

填加焊丝，焊丝填充部位应稍微靠向立板，由 B 点到 C 点时稍慢，以保证水平板熔合良好，如此反复进行，直至焊完。

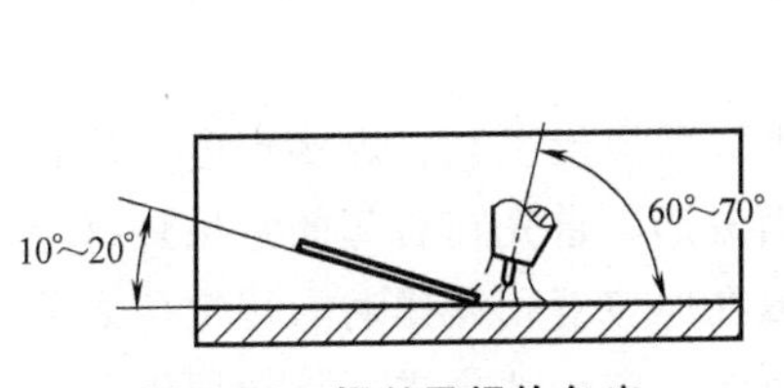

图 5-26 焊丝及焊枪角度

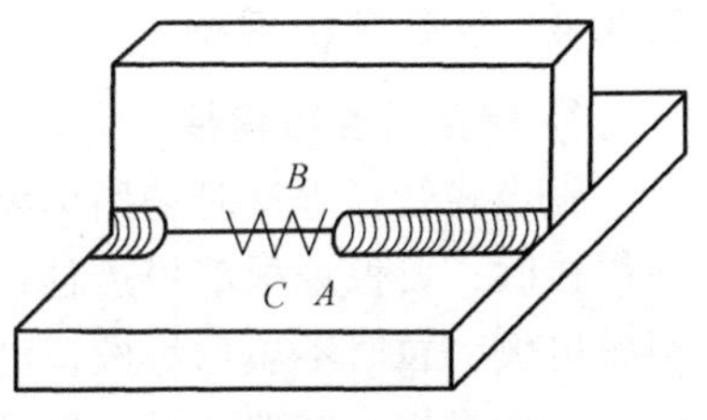

图 5-27 横向摆动

如果出现焊枪摆动与送丝动作不协调、送丝部位不准确、在 B 点停留时间短等问题，会导致立板产生咬边现象，如图 5-28 所示。

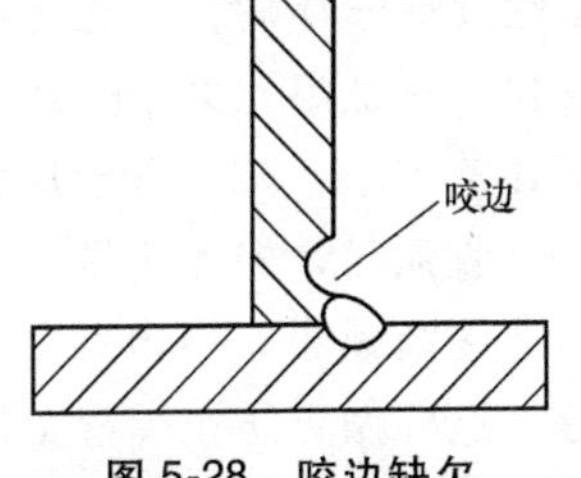

图 5-28 咬边缺欠

5.3.3 氩弧板对接横焊

板对接横焊是指某一竖直或倾斜平面内的焊接方向与水平面平行的焊接。操作时，熔池金属受重力影响容易产生下坠，甚至流淌至下坡口面，造成上部咬边、下部未熔合及焊瘤等缺欠。因此，焊接时应严格控制焊枪、焊丝与焊件的角度。焊枪、焊丝与焊件的角度如图 5-29 所示。

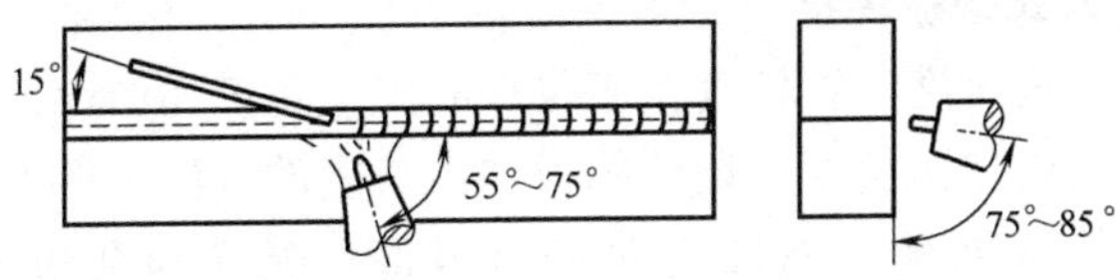

图 5-29 焊枪、焊丝与焊件的角度

焊接过程中，要密切注意熔池温度的变化，如果感觉送丝不易，熔池由旋转而变为不旋转，表明熔池温度过高，极易产生上部咬边现象，此时应熄灭电弧，待温度冷却后再进行焊接。

焊接时，焊枪可利用手腕的灵活性做轻微的锯齿形摆动，以利于上、下坡口根部的良好熔合，要保证下坡口面的熔孔始终超前上坡口面 0.5~1 个熔孔，以防止金属液下坠造成粘接，出现熔合不良好的现象，如图 5-30 所示。

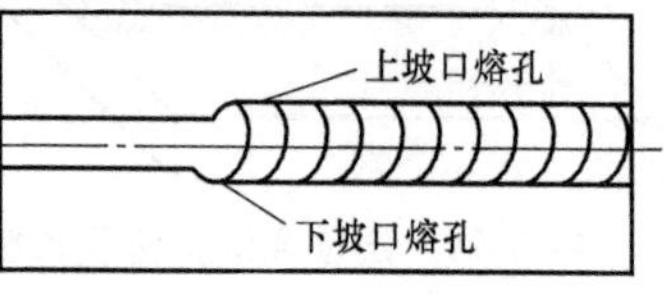

图 5-30　坡口两侧熔孔

5.3.4　氩弧管板焊接

1. 骑坐式管板焊接

骑坐式管板焊接时采用单面焊双面成形工艺，焊接难度大。打底焊接时，要保证根部焊透且背面成形。首先在右侧的定位焊缝上引燃电弧，暂时不填加焊丝，电弧在原位置稍微摆动。待定位焊缝熔化且形成熔池和熔孔后，轻轻将焊丝向熔池推进，将金属液送到熔池前端，以提高焊缝背面的高度，防止出现未焊透等缺欠。当焊到其他的定位焊缝时，应停止送丝，利用电弧将定位焊缝熔化并和熔池连成一体后，再送丝继续向前焊接。焊接时要注意观察熔池的变化，保证熔孔大小一致，可通过调整焊枪与底板间的夹角来控制熔孔的大小，防止管子烧穿。

收弧时，先停止送丝，再断开开关。此时焊接电流开始衰减，熔池逐渐减小。当电弧熄灭且熔池冷却到一定温度后，再移开焊枪，这样做可防止焊缝金属被氧化。焊接接头处时，应在弧坑右方 15~20mm 处引燃电弧，并立即将电弧移到接头处，先不填加焊丝。待接头处熔化，左端出现熔孔后再加丝焊接。焊至封闭接头处，稍停填丝，待原焊缝头部熔化时再填丝，保证接头处熔合良好。

2. 插入式管板焊接

（1）焊枪角度　管板垂直俯位焊时焊枪角度如图 5-31 所示。

（2）钨极伸出长度　调整钨极伸出长度的方法如图 5-32 所示。喷嘴紧靠管板两侧，钨极指向坡口根部。喷嘴和孔板的夹角为 45°，在喷嘴与工件根部之间放一根 ϕ2.5mm 的焊丝，将钨极尖端

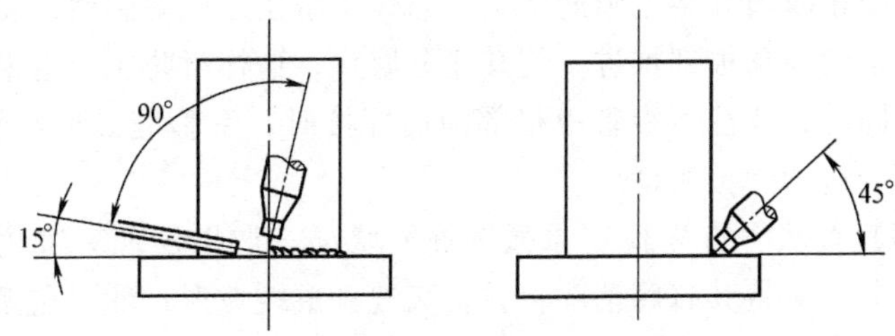

图 5-31　管板垂直俯位焊时焊枪角度

与焊丝相接触。焊丝接触点与喷嘴之间的距离即为钨极伸出喷嘴的长度。

（3）引弧　在工件起焊点位置引弧，起焊点位置如图 5-33 中的 *C* 点所示。引弧后，先不填加焊丝，焊枪稍作摆动，待起焊点顶角根部熔化并形成明亮的熔池后，开始送丝并采用左焊法进行焊接。

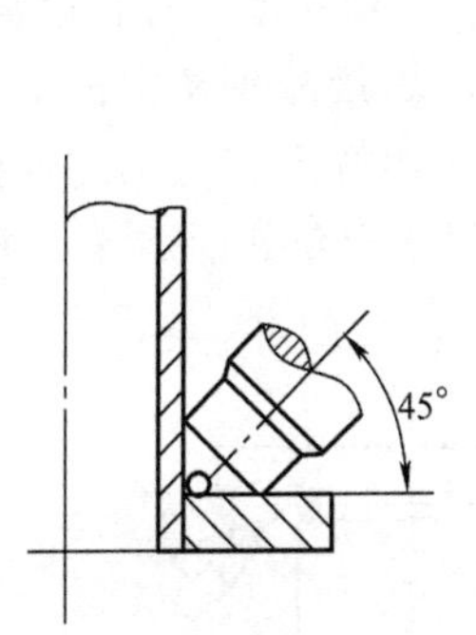

图 5-32　调整钨极伸出长度的方法

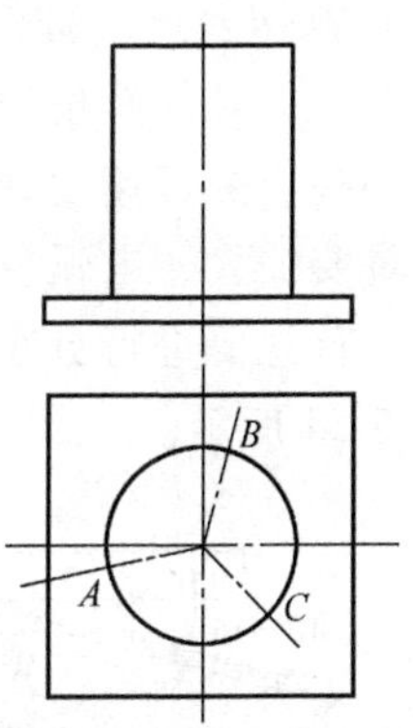

图 5-33　起焊点和定位焊缝位置

A、*B*—定位焊缝位置　*C*—起焊点位置

（4）焊接　在焊接过程中，喷嘴与两工件之间距离应尽量保持相等，电弧应以管子与孔板的顶角为中心做横向摆动，摆动幅度要适当，以使焊脚均匀、对称。同时，注意观察熔池两侧和前方，使管壁和孔板熔化宽度基本相等，并符合焊脚尺寸要求。送丝时，电弧可稍离开管壁，从熔池前上方填加焊丝，以使电弧的热量偏向

孔板，防止咬边和熔池金属下坠。当焊丝熔化形成熔滴后，要轻轻地将焊丝向顶角根部推进，使其充分熔化，这样可防止产生未熔合缺欠。同时，要注意沿管板根部圆周焊接时，手腕应做适当转动，以保证合适的焊枪角度。

（5）接头　首先检查原弧坑焊缝状况，如果发现有氧化皮或其他缺欠，应将其打磨消除，并将弧坑磨成缓坡形；然后在弧坑右侧 15mm 左右处引弧，并慢慢向左移动焊枪，先不填加焊丝，待弧坑处熔化形成熔池后，再接着填丝并向前施焊。

（6）收弧　当一圈焊缝快焊完时停止送丝，待起焊点的焊缝金属熔化并与熔池连成一体后再填加焊丝，填满弧坑后，切断控制开关。随着焊接电流的衰减，熔池不断缩小。此时将焊丝抽离熔池，但不要脱离氩气保护区，待氩气延时 5~10s，关闭气阀，再移开焊丝和焊枪。封闭焊缝的收弧处也是接头处，可将起焊点打磨成缓坡形，能有效防止未焊透缺欠。

（7）操作要点　仰焊的操作难度较大，熔化的母材和焊丝熔滴容易下坠，必须严格控制焊接热输入和冷却速度。焊接电流比平焊时要小些，焊接速度和送丝频率要快，尽量减少每次的送丝量。氩气流量要加大，电弧尽量压低。一般采用两层三道的左向焊法。焊接时，首先要进行打底焊，打底焊要保证顶角处的熔深，焊枪角度如图 5-34 所示。

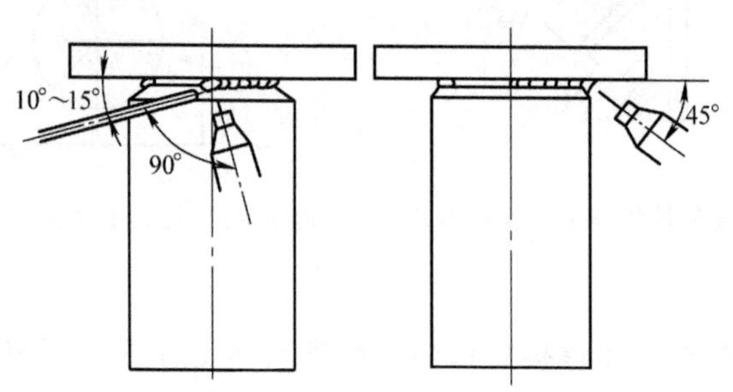

图 5-34　仰焊打底焊时焊枪角度

在右侧的定位焊缝上引弧，先不填加焊丝，等定位焊缝开始熔化并形成熔池后，开始填加焊丝，向左焊接。焊接过程中要尽量压

低电弧，电弧对准顶角，保证熔池两侧熔合好，焊丝熔滴不能太大。当焊丝端部熔化形成较小的熔滴时，立即送入熔池，然后退出焊丝，观察熔池表面。当要出现下凸时，应加快焊接速度，待熔池稍冷后再填加焊丝。

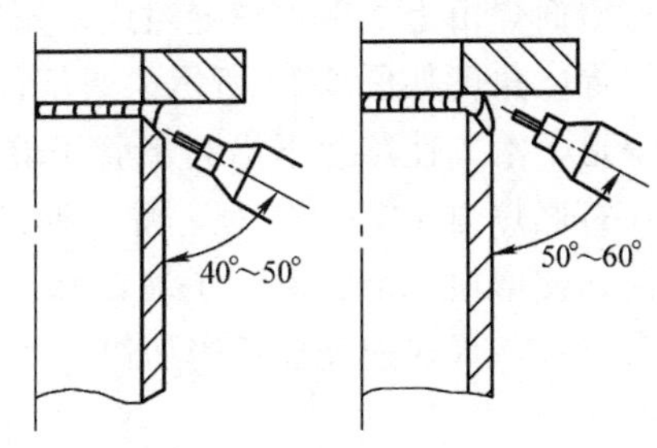

图 5-35 仰焊盖面焊时焊枪角度

最后是盖面焊，盖面焊缝一般有两条焊缝。焊接时，先焊下层的焊缝，后焊上层的焊缝，焊枪角度如图 5-35 所示。

5.3.5 氩弧管件焊接

盖面焊分上下两道，定位焊缝 3 点均匀分布，间隙为 1.5~2mm，左向焊接。打底焊时焊枪角度如图 5-36 所示。首先在右侧间隙较小处引弧，待坡口根部熔化形成熔池熔孔后开始填加焊丝。当焊丝端部熔化形成熔滴后，将焊丝轻轻向熔池里送进，并向管内摆动，将金属液送到坡口根部，保证背面焊缝的高度。填充焊丝的同时，焊枪小幅度做横向摆动并向左均匀移动。在焊接过程中，填充焊丝以往复运动方式间断地送入电弧内的熔池前方，在熔池前成滴状加入。送丝要有规律（不能时快时慢），以保证焊缝成形美观。当焊工要移动位置暂停焊接时，应按收弧要点操作。打底焊时熔池的热量要集中在坡口的下部，防止上部坡口过热，母材熔化过多会产生咬边等缺欠。

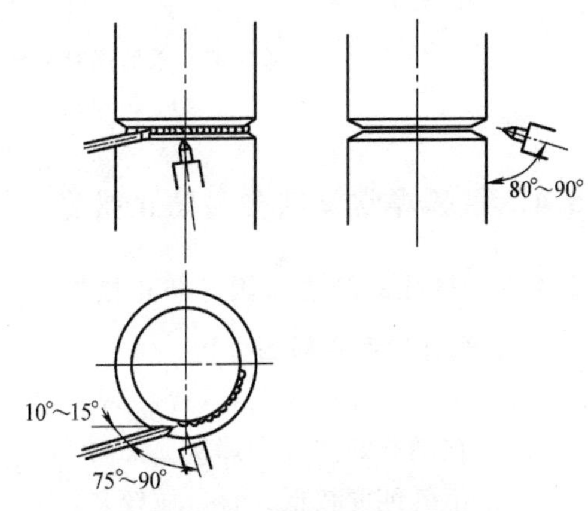

图 5-36 打底焊时焊枪角度

盖面焊由上下两道焊缝组成，先焊下面的焊道，后焊上面的焊道，焊枪角度如图 5-37 所示。焊下面的盖面焊道时，电弧对准打底焊道下沿，使熔池下沿超出管子坡口棱边 0.5～1.5mm，熔池上沿在打底焊道 1/2～2/3 处。焊上面的焊道时，电弧对准打底焊道上沿，使熔池上沿超出管子坡口 0.5～1.5mm，下沿与下面的焊道圆滑过渡。焊接速度要适当加快，并减小送丝量，防止焊缝下坠。

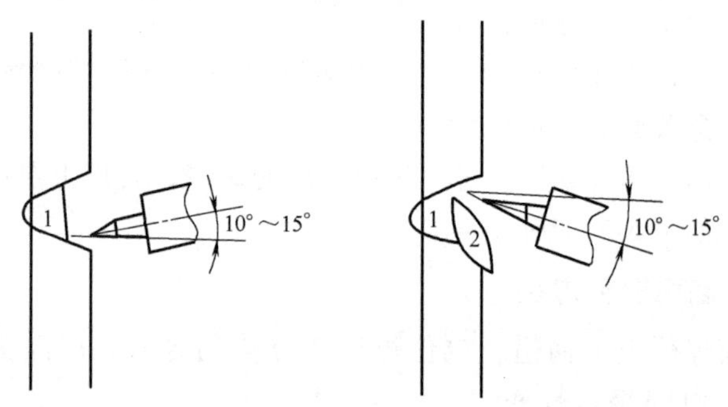

图 5-37　盖面焊时焊枪角度

1、2—焊道

5.4　氩弧焊常见缺欠与防止措施

5.4.1　气孔的产生原因与防止措施

1. 气孔的产生原因

1）工件、焊丝表面有油污、氧化皮、铁锈。

2）在潮湿的空气中焊接。

3）氩气纯度较低，含杂质较多。

4）氩气保护不良，以及熔池高温氧化等。

2. 防止气孔的措施

1）工件和焊丝应清洁并干燥。

2）氩气纯度应符合要求，采用纯度 99.6%以上的氩气。

3）正确选择保护气体流量。

4）熔池应缓慢冷却。

5）遇风时，要加挡风板施焊。

5.4.2 裂纹的产生原因与防止措施

1. 裂纹的产生原因

1）焊丝选择不当。

2）焊接顺序不正确。

3）焊接时高温停留时间过长。

4）母材含杂质较多，淬硬倾向大。

2. 防止裂纹的措施

1）选择合适的焊丝和焊接参数，减小晶粒长大倾向。

2）选择合理的焊接顺序，使工件自由伸缩，尽量减小焊接应力。

3）采用正确的收弧方法，填满弧坑，减少弧坑裂纹。

4）对易产生冷裂纹的材料，可采取焊前预热、焊后缓冷的措施。

5.4.3 夹杂和夹钨的产生原因与防止措施

1. 夹杂和夹钨的产生原因

1）工件和焊丝表面不清洁或焊丝熔化端严重氧化，当氧化物进入熔池时便产生夹杂。

2）当钨极与工件或焊丝短路，或电流过大使钨极端头熔化落入熔池中，则产生夹钨。

3）接触引弧时容易引起夹钨。

2. 防止夹杂和夹钨的措施

1）焊前对工件、焊丝进行仔细清理，清除表面氧化膜。

2）加强氩气保护，焊丝端头应始终处于氩气保护范围内。

3）采用高频振荡或高压脉冲引弧。

4）选择合适的钨极直径和焊接参数。

5）正确修磨钨极端部尖角。

6）减小钨极伸出长度。

7）调换有裂纹或撕裂的钨电极。

8）当钨极粘在工件上时应将黏着物彻底清除，并重新修磨钨极。

5.4.4 咬边产生的原因与防止措施

1. 咬边的产生原因

1）电流过大。

2）焊枪角度不正确。

3）焊丝送进太慢或送进位置不正确。

4）当焊接速度过慢或过快时，熔池金属不能填满坡口两侧边缘。

5）钨极修磨角度不当，造成电弧偏移。

2. 防止咬边的措施

1）正确掌握熔池温度。

2）熔池应饱满。

3）焊接速度要适当。

4）正确选择焊接参数。

5）正确选用钨极的修磨角度。

6）合理填加焊丝。

5.4.5 未熔合与未焊透产生的原因与防止措施

1. 未熔合与未焊透的产生原因

1）焊接电流过小，焊接速度太快。

2）对接间隙小，坡口钝边厚，坡口角度小。

3）电弧过长，焊枪偏向一边。

4）焊前清理不彻底，尤其是铝合金的氧化膜未清除掉。

5）当采用无沟槽的垫板焊接时，工件与垫板过分贴紧等。

2. 防止未熔合与未焊透的措施

1）正确选择焊接参数。

2）选择适当的对接间隙和坡口尺寸。

3）正确掌握熔池温度和调整焊枪、焊丝的角度，操作时焊枪移动要平稳、均匀。

4）选择合适的垫板沟槽尺寸。

第6章

CO_2气体保护焊工艺

6.1 CO_2气体保护焊工艺基础

CO_2气体保护焊是以CO_2气体作为保护介质，使电弧及熔池与周围空气隔离，防止空气中氧、氮、氢对熔滴和熔池金属的不利影响，从而获得具有优良力学性能接头的一种电弧焊方法，也称CO_2电弧焊。其焊接过程如图6-1所示。

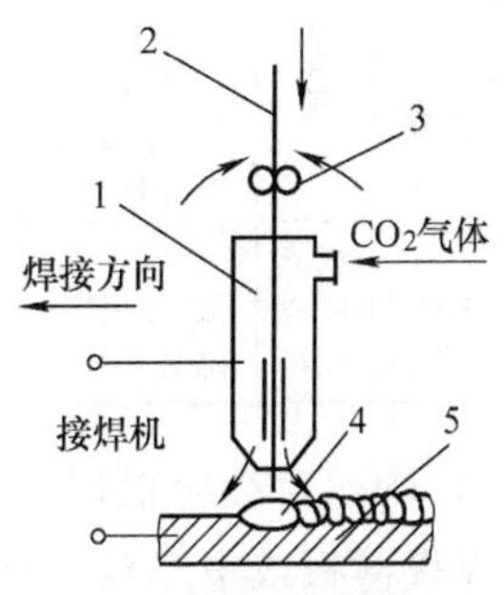

图6-1 CO_2气体保护焊过程

1—焊枪 2—焊丝 3—送丝轮 4—熔池 5—焊件

焊丝由送丝轮自动向熔池送进，CO_2气体由喷嘴不断喷出，形成一层气体保护区，将熔池与空气隔离，以保证焊缝质量。

从喷嘴中喷出的CO_2气体，在电弧的高温下分解为CO与O。温度越高，CO_2的分解程度越大。分解出来的氧原子具有强烈的氧化性，会使铁和其他合金元素氧化，因此在焊接过程中必须采取措施，防止熔池中合金元素的烧损。

6.2 CO_2气体保护焊焊接参数的选择

6.2.1 焊接参数选取原则

1. 直流电源

直流电源应根据焊丝直径选择，见表6-1。

2. 焊丝与焊枪

1）CO_2气体保护焊用焊丝的种类分为粗丝、细丝和药芯焊丝，见表6-2。

表 6-1　直流电源的选择

焊丝直径/mm	直流电源选择
≤1.6	可选用平的、缓升的或缓降(每变化 100A 电流,电压下降不应超过 5V)外特性的电源
≥2.0	可选用陡降外特性的电源和用电弧电压反馈控制送丝速度的送丝机构

表 6-2　CO_2 气体保护焊用焊丝的种类

类别	保护方式	焊接电源	熔滴过渡形式	喷嘴	焊接过程	焊缝成形
粗丝(焊丝直径≥1.6mm)	气体保护	直流,陡降或平特性	颗粒过渡	水冷为主	稳定,飞溅小	较好
细丝(焊丝直径<1.6mm)		直流反接,平或缓降外特性	短路过渡或颗粒过渡	气冷或水冷	稳定,有飞溅	较好
药芯焊丝	气渣联合保护	交、直流,平或陡降外特性	细颗粒过渡	气冷	稳定,飞溅很小	光滑、平坦

2）焊丝直径应根据工件厚度、焊接位置和生产率的要求来选择。焊接薄板或中厚板，且在后横焊、立焊、仰焊时，通常采用直径在 1.2mm 以下的焊丝；在平焊位置焊接中厚板时，可采用直径在 1.6mm 以上的焊丝。焊丝直径的选择见表 6-3。

表 6-3　焊丝直径的选择

焊丝直径/mm	工件厚度/mm	焊接位置	熔滴过渡形式
0.8	1~3	各种位置	短路过渡
1.0	1.5~6	各种位置	短路过渡
1.2	2~12	各种位置、平焊、角焊	短路或大滴过渡
1.6	6~25	各种位置、平焊、角焊	短路或大滴过渡
≥2.0	>12	平焊、角焊	大滴过渡

3）半自动 CO_2 气体保护焊的送丝方式见表 6-4。

表 6-4　半自动 CO_2 气体保护焊的送丝方式

送丝方式	焊丝直径/mm	工作地点与送丝机构的最大距离/m	焊枪质量
拉丝式	0.5~1.0	—	较大
推丝式	0.6~2.0	2~4	小
推拉式	0.6~2.0	≈20	较小

4）焊枪冷却方式见表 6-5。

表 6-5 焊枪冷却方式

冷却方式	适用范围	冷却方式	适用范围
气冷	适用于焊接电压<250V	水冷	用于粗丝、大电流

3. 电流与电压

焊接电流的大小主要取决于送丝速度，送丝速度越快，焊接电流越大。焊接电流的大小对熔深有很大影响，不同直径的焊丝都有一个合适的电流区间。

电弧电压是焊接过程中关键的一个参数，其大小决定了熔滴的过渡形式，它对焊缝成形、飞溅、焊缝的力学性能都有很大的影响。

常用焊接电流和电弧电压范围见表 6-6。

表 6-6 常用焊接电流和电弧电压范围

焊丝直径/mm	短路过渡		颗粒过渡	
	电流/A	电压/V	电流/A	电压/V
0.5	30~60	16~18	—	—
0.6	30~70	17~19	—	—
0.8	50~100	18~21	—	—
1.0	70~120	18~22	—	—
1.2	90~150	19~23	160~400	25~38
1.6	140~200	20~24	200~500	26~40
2.0	—	—	200~600	27~40
2.5	—	—	300~700	28~40
3.0	—	—	500~800	32~42

4. 焊接速度

在一定的焊丝直径、焊接电流和电弧电压条件下，熔宽和熔深都随着焊接速度的增加而减小。如果焊接速度过快，则容易产生咬边和未熔合等现象，同时气体保护效果变坏，容易出现气孔；如果焊接速度过低，则生产率下降，焊接变形变大。

5. 焊丝伸出长度

通常焊丝伸出长度取决于焊丝直径，一般约为焊丝直径的 10 倍比较合适。

6. 气体流量的选择

CO_2 气体流量的选择见表 6-7。

表 6-7 CO_2 气体流量的选择

焊接方法	细丝焊	粗丝焊	粗丝大电流焊
气体流量/(L/min)	5~15	15~25	25~50

7. 回路电感值

当 CO_2 气体保护焊以短路过渡时，回路中的电感值是影响焊接过程稳定性以及焊缝熔深的主要因素。如在焊接回路中串联合适的电感，不仅可以调节短路电流的增长速度，使飞溅减少，而且还可以调节短路频率，调节燃弧时间，控制电弧热量。若电感值太大时，短路过渡慢，短路次数减少，就会引起大颗粒的金属飞溅或焊丝成段炸断，造成熄弧或引弧困难；若电感值太小时，因短路电流增长速度太快，会造成很细的颗粒飞溅，使焊缝边缘不齐。

8. 焊接方向

一般情况下采用左焊法，如图 6-2 所示。其特点是易观察焊接方向，熔池在电弧力的作用下熔化，金属被吹向前方，使电弧不作用在母材上，熔深较浅，焊道平坦且较宽，飞溅较大，保护效果好。

在要求焊缝有较大熔深和较小飞溅时也可采用右焊法，如图 6-3 所示。右焊法不易得到稳定的焊道，焊道高而窄，易烧穿。

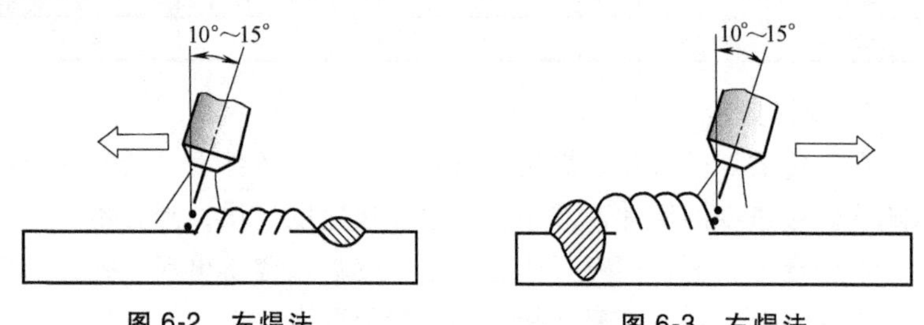

图 6-2 左焊法　　图 6-3 右焊法

6.2.2 半自动 CO_2 气体保护焊的焊接参数

半自动 CO_2 气体保护焊的焊接参数见表 6-8。

表 6-8 半自动 CO_2 气体保护焊的焊接参数

材料厚度/mm	接头形式	装配间隙 C/mm	焊丝直径/mm	电弧电压/V	焊接电流/A	气体流量/(L/min)
≤1.2	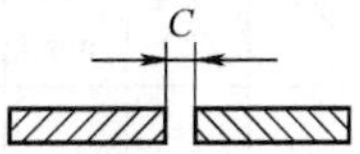	≤0.3	0.6	18~19	30~50	6~7
1.5			0.7	10~20	60~80	6~7
2.0	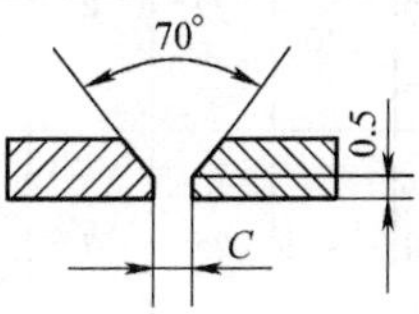	≤0.5	0.8	20~21	80~100	7~8
2.5						
3.0		≤0.5	0.8~0.9	21~23	90~115	8~10
4.0						
≤1.2	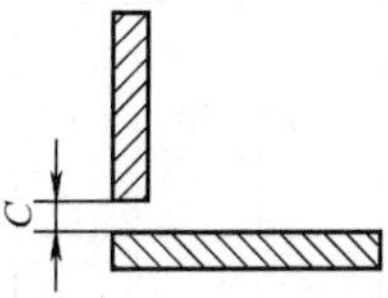	≤0.3	0.6	19~20	35~55	6~7
1.5		≤0.3	0.7	20~21	65~85	8~10
2.0		≤0.5	0.7~0.8	21~22	80~100	10~11
2.5		≤0.5	0.8	22~23	90~110	10~11
3.0		≤0.5	0.8~0.9	21~23	95~115	11~13
4.0		≤0.5	0.8~0.9	21~23	100~120	13~15

6.2.3 自动 CO_2 气体保护焊的焊接参数

自动 CO_2 气体保护焊的焊接参数见表 6-9。

表 6-9 自动 CO_2 气体保护焊的焊接参数

材料厚度/mm	接头形式	装配间隙 C/mm	焊丝直径/mm	电弧电压/V	焊接电流/A	焊接速度/(m/h)	气体流量/(L/min)	备注
1.0	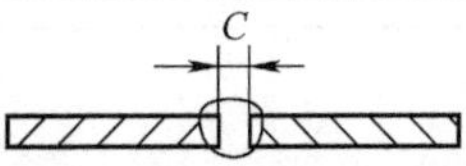	<0.3	0.8	18~18.5	35~40	25	7	单面焊双面成形
	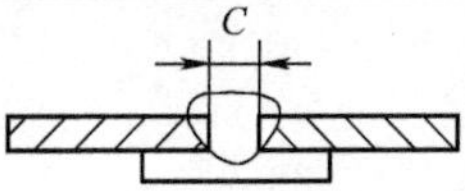	≤0.5	0.8	20~21	60~65	30	7	垫板厚 1.5mm
1.5	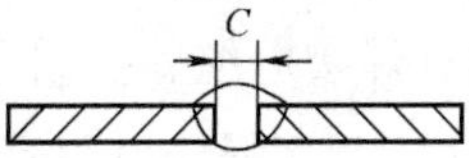	≤0.5	0.8	19.5~20.5	65~70	30	7	单面焊双面成形
	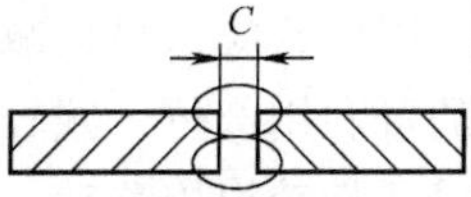	≤0.3	0.8	19~20	55~60	31	7	双面焊

（续）

材料厚度/mm	接头形式	装配间隙 C/mm	焊丝直径/mm	电弧电压/V	焊接电流/A	焊接速度/(m/h)	气体流量/(L/min)	备注
1.5	C	≤0.8	1.0	22～23	110～120	27	9	垫板厚2mm
2.0	C	≤0.5	0.8	20～21	75～85	25	7	单面焊双面成形（反面放铜垫）
	C	≤0.5	0.8	19.5～20.5	65～70	30	7	双面焊
	C	≤0.8	1.2	22～24	130～150	27	9	垫板厚2mm
3.0	C	≤0.8	1.0～1.2	20.5～22	100～110	25	9	双面焊
4.0		≤0.8	1.2	22～24	110～140	30	9	
8.0	C	<2	4	30～40	900～1100	80～150	25	单面焊双面成形
10.0		0.5～2	4	34～36	850～950	60	25	

6.3 CO_2 气体保护焊基本操作工艺

6.3.1 焊枪

1. 持枪姿势

半自动 CO_2 气体保护焊时，焊枪上接有焊接电缆、控制电缆、气管、水管及送丝软管等，焊枪的质量较大，焊工操作时很容易疲劳，使焊工很难握紧焊枪，影响焊接质量。因此，应该尽量减小焊枪把线的质量，并利用肩部、腿部等身体的可利用部位，减轻手臂的负荷，使手臂处于自然状态，手腕能够灵活带动焊枪移动。正确的持枪姿势如图 6-4 所示。若操作不熟练时，最好双手持枪。

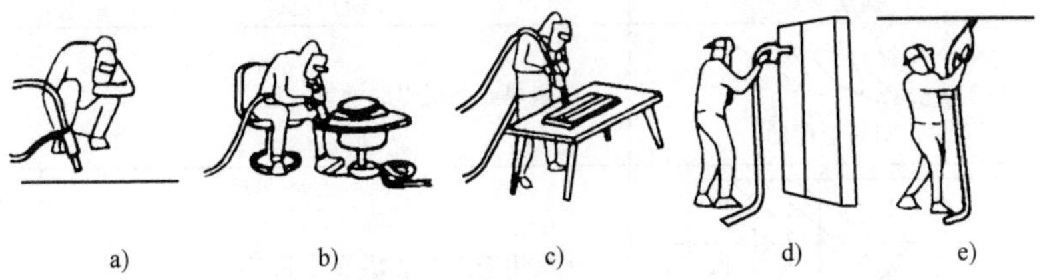

a) b) c) d) e)

图 6-4 正确的持枪姿势

a）蹲位平焊 b）坐位平焊 c）立位平焊 d）立位立焊 e）立位仰焊

2. 焊枪与工件的相对位置

在焊接过程中，应保持一定的焊枪角度和喷嘴到工件的距离，并能清楚地观察熔池；同时还要注意焊枪移动的速度要均匀，焊枪要对准坡口的中心线等。通常情况下，焊工可根据焊接电流的大小、熔池形状、装配情况等适当调整焊枪的角度和移动速度。

3. 送丝机与焊枪的配合

送丝机要放在合适的位置，保证焊枪能在需要焊接的范围内自由移动。焊接过程中，软管电缆最小曲率半径要大于 30mm，以便焊接时可随意拖动焊枪。

4. 焊枪摆动形式

为了控制焊缝的宽度和保证熔合质量，CO_2 气体保护焊焊枪要做横向摆动。焊枪的摆动形式及应用范围见表 6-10。

表 6-10 焊枪的摆动形式及应用范围

摆动形式	应用范围
直线运动，焊枪不摆动	薄板及中厚板打底层焊道
小幅度锯齿形或月牙形摆动	坡口小时，中厚板打底层焊道
大幅度锯齿形或月牙形摆动	焊厚板第二层以后的横向摆动

（续）

摆动形式	应用范围
圆圈形摆动	填角焊或多层焊时的第一层
三角形摆动	主要用于向上立焊，要求长焊缝
往复直线运动，焊枪不摆动	焊薄板根部有间隔、坡口有铜垫板或施工物

为了减少热输入，从而减小热影响区，减小变形，通常不采用大的横向摆动来获得宽焊缝，多采用多层多道焊来焊接厚板。当坡口较小时，如焊接打底焊缝时，可采用较小的锯齿形横向摆动，如图 6-5 所示，其中在两侧各停留 0.5s 左右。当坡口较大时，可采用弯月形的横向摆动，如图 6-6 所示，两侧同样停留 0.5s 左右。

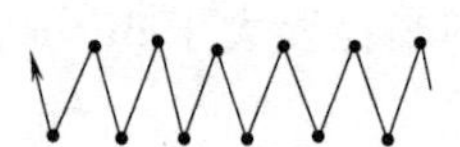

图 6-5　锯齿形的横向摆动

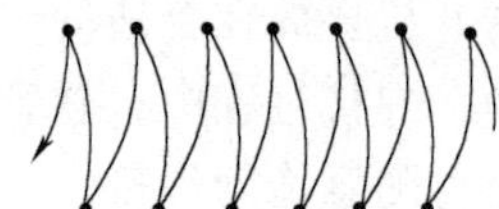

图 6-6　弯月形的横向摆动

6.3.2　引弧

CO_2 气体保护焊的引弧不采用划擦式引弧，主要是碰撞引弧，但引弧时不必抬起焊枪。具体操作步骤如下：

1）引弧前先按遥控盒上的点动开关或按焊枪上的控制开关，点动送出一段焊丝。焊丝伸出长度小于喷嘴与工件间应保持的距离，超长部分应剪去。若焊丝的端部出现球状时，必须剪去，否则引弧困难。

2）将焊枪按要求放在引弧处，注意此时焊丝端部与工件未接触，喷嘴高度由焊接电流决定，如图 6-7 所示。

3）按焊枪上的控制开关，焊机自动提前送气，延时接通电源，并保持高电压、慢送丝。当焊丝碰撞工件短路后，自动引燃电

弧。短路时，焊枪有自动顶起的倾向，故引弧时要稍用力向下压焊枪，保证喷嘴与工件间距离，防止因焊枪抬起太高导致电弧熄灭。引弧过程如图 6-8 所示。

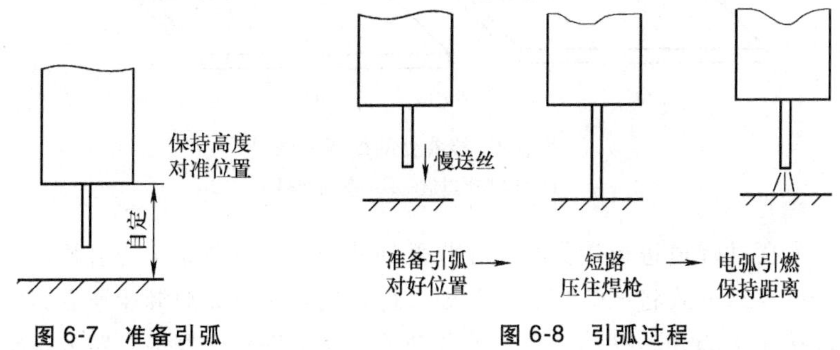

图 6-7 准备引弧

图 6-8 引弧过程

6.3.3 收弧

CO_2 气体保护焊在收弧时与焊条电弧焊不同，不要像焊条电弧焊那样习惯地把焊枪抬起，这样会破坏对熔池的有效保护，容易产生气孔等缺欠。正确的操作方法是在焊接结束时，松开焊枪开关，保持焊枪到工件的距离不变。一般 CO_2 气体保护焊有弧坑控制电路，此时焊接电流与电弧电压自动变小，待弧坑填满后，电弧熄灭。

操作时应特别注意，收弧时焊枪除停止前进外，不能抬高喷嘴，即使弧坑已填满，电弧已熄灭，也要让焊枪在弧坑处停留几秒钟后才能移开。因为灭弧后，控制线路仍保证延迟送气一段时间，以保证熔池凝固时能得到可靠的保护，若收弧时抬高焊枪，则容易因保护不良产生焊接缺欠。

6.3.4 接头

接头的好坏直接影响焊接质量，接头处的处理方法如图 6-9 所示。

当对不需要摆动的焊道进行接头时，一般在收弧处的前方 10~20mm 处引弧，然后将电弧快速移到接头处，待熔化金属与原焊缝相连后，再将电弧引向前方，进行正常焊接，如图 6-9a 所示。

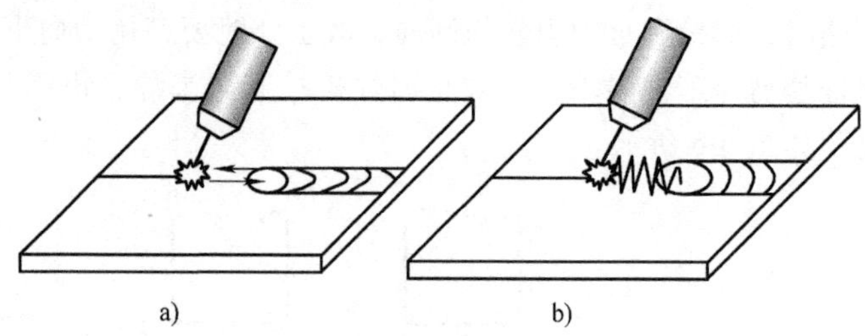

图 6-9　接头处的处理方法

a）不摆动焊道　b）摆动焊道

摆动焊道进行接头时，在收弧处的前方 10~20mm 处引弧，然后以直线方式将电弧带到接头处，待熔化金属与原焊缝相连后，再从接头中心开始摆动，在向前移动的同时逐渐加大摆幅，转入正常焊接，如图 6-9b 所示。

6.3.5　起头和收尾

1. 焊缝起头操作要点

在焊接的起始阶段，因母材温度较低，焊缝熔深较浅，容易引起母材和焊缝金属熔合不良。为了避免出现焊缝缺欠，应用倒退法或使用引弧板进行焊接，如图 6-10 所示。

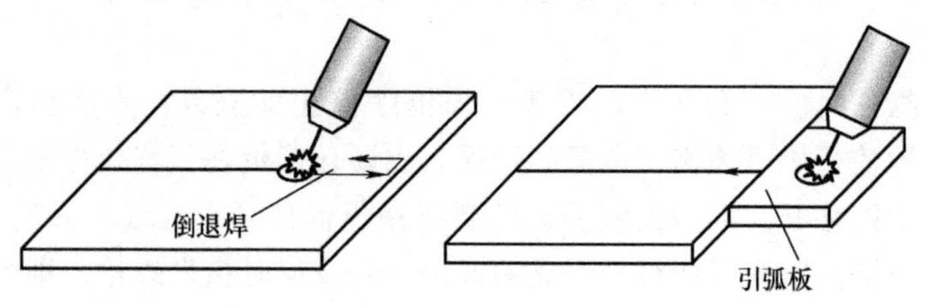

图 6-10　焊缝端头的处理

2. 焊缝收尾操作要点

在焊缝末尾的弧坑处，由于熔化金属的厚度不足而产生裂纹和缩孔。为了消除弧坑，可使用带有弧坑处理装置的焊机。该装置在弧坑位置能自动地将焊接电流减少到原来电流的 60%~70%，同时电弧电压也降到合适值，自行将弧坑填平。此外，还可采用多次断续引弧来填平弧坑。填平弧坑的停止程序如图 6-11 所示。

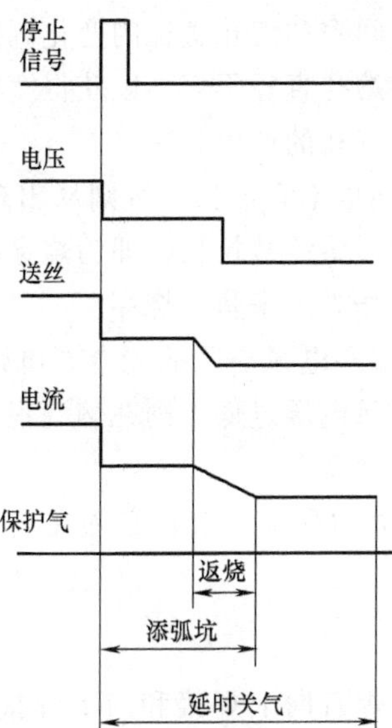

图 6-11　填平弧坑的停止程序

6.4　各位置 CO_2 气体保护焊工艺

6.4.1　平焊

1）平焊时的焊枪角度如图 6-12 所示。

2）在离工件右端定位焊焊缝约 20mm 坡口的一侧引弧，然后开始向左焊接。焊枪沿坡口两侧做小幅度横向摆动，并控制电弧在离底边 2~3mm 处燃烧。当坡口底部熔孔直径达 3~4mm 时，转入正常焊接。

3）打底焊接时，电弧始终在坡口内做小幅度横向摆动，并在坡口两侧稍作停顿，使熔孔深入坡口两侧各 3~4mm，如图 6-13 所

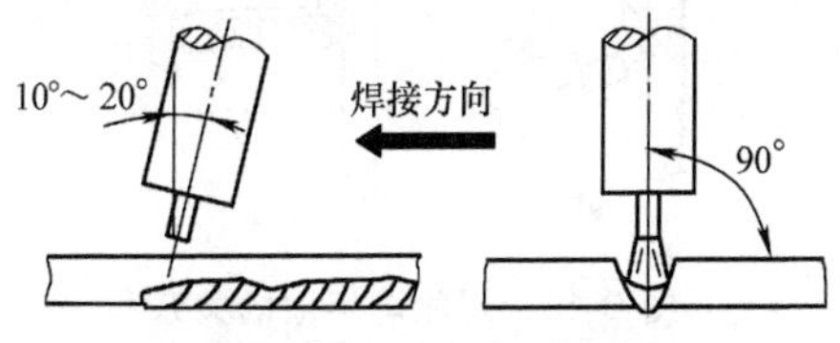

图 6-12　平焊时的焊枪角度

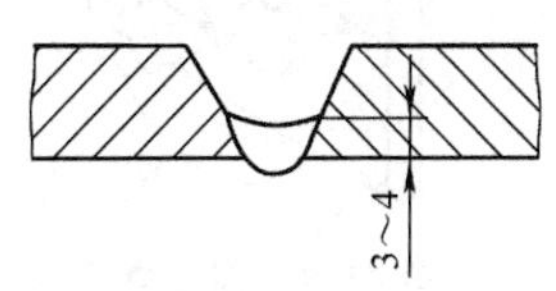

图 6-13　打底焊接

示。焊接时，应根据间隙和熔孔直径的变化调整横向摆动幅度和焊接速度，尽可能维持熔孔直径不变，以获得宽窄和高低均匀的反面焊缝，并能有效防止气孔的产生。

4）熔池停留时间也不宜过长，否则易出现烧穿。正常熔池呈椭圆形，如出现椭圆形熔池被拉长，即为烧穿前兆。此时应根据具体情况，改变焊枪操作方式来防止烧穿。

5）注意焊接电流和电弧电压的配合。电弧电压过高，易引起烧穿，甚至灭弧；电弧电压过低，则在熔滴很小时就引起短路，并产生严重飞溅。

6）严格控制喷嘴的高度，电弧必须在离坡口底部 2~3mm 处燃烧。

6.4.2 立焊

CO_2 气体保护立焊有向上焊接和向下焊接两种。一般情况下，板厚不大于 6mm 时，采用向下立焊的方法；如果板厚大于 6mm，则采用向上立焊的方法。

1. 向下立焊

1）CO_2 气体保护向下立焊时的焊枪角度如图 6-14 所示。

2）在工件的顶端引弧，注意观察熔池，待工件底部完全熔合后，开始向下焊接。焊接过程采用直线运条，焊枪不做横向摆动。由于金属液自重影响，为避免熔池中金属液流淌，在焊接过程中应始终对准熔池的前方，对熔池起到上托的作用，如图 6-15a 所示。

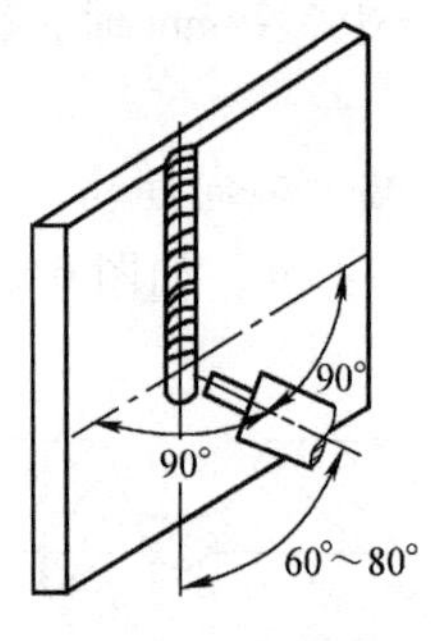

图 6-14　向下立焊时的焊枪角度

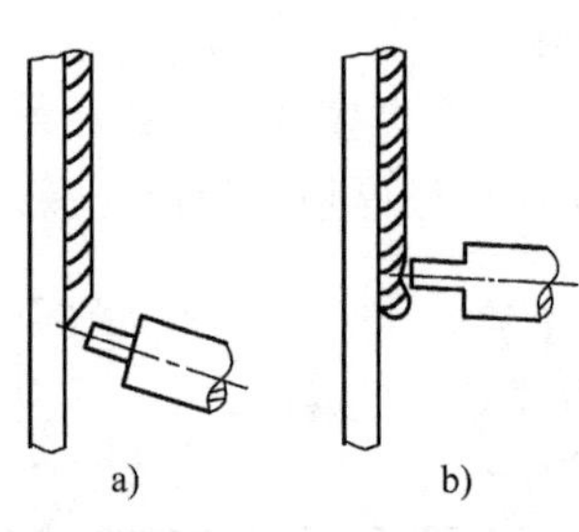

图 6-15　焊枪与熔池的关系

a）正常　b）不正常

如果掌握不好，则会出现金属液流到电弧的前方，如图 6-15b 所示。此时应加速焊枪的移动，并应减小焊枪的角度，靠电弧吹力把金属液推上去，以避免产生焊瘤及未焊透缺欠。

3）当采用短路过渡方式焊接时，焊接电流较小，电弧电压较低，焊接速度较快。

2. 向上立焊

1）向上立焊时的熔深较大，容易焊透。虽然熔池的下部有焊道依托，但熔池底部是个斜面，金属液在重力作用下比较容易下淌，因此，很难保证焊道表面平整。为防止金属液下淌，必须采用比平焊稍小的电流，焊枪的摆动频率应稍快，采用锯齿形节距较小的摆动方式进行焊接，使熔池小而薄，熔滴过渡采用短路过渡形式。向上立焊时的熔孔与熔池如图 6-16 所示。

2）向上立焊时的焊枪角度如图 6-17 所示。

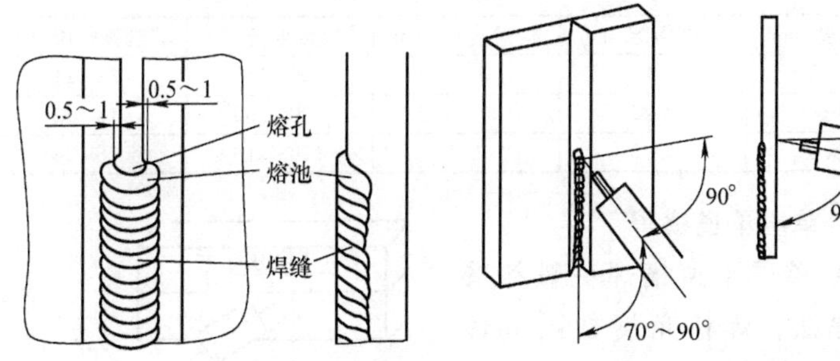

图 6-16　向上立焊时的熔孔与熔池　　**图 6-17　向上立焊时的焊枪角度**

3）向上立焊时的摆动方式如图 6-18 所示。当要求较小的焊缝宽度时，一般采用如图 6-18a 所示的小幅度锯齿形摆动，此时热量比较集中，焊道容易凸起，因此在焊接时，摆动频率和焊接速度要适当加快，严格控制熔池温度和熔池大小，保证熔池与坡口两侧充分熔合。如果需要焊脚尺寸较大时，应采用如图 6-18b 所示的上凸月牙形摆动方式，在坡口中心移动速度要快，而在坡口两侧稍加停留，以防止咬边。要注意焊枪摆动不要采用如图 6-18c 所示的下凹月牙形摆动，因为下凹月牙形的摆动方式容易引起金属液下淌和咬边，焊缝表面下坠，成形不好。

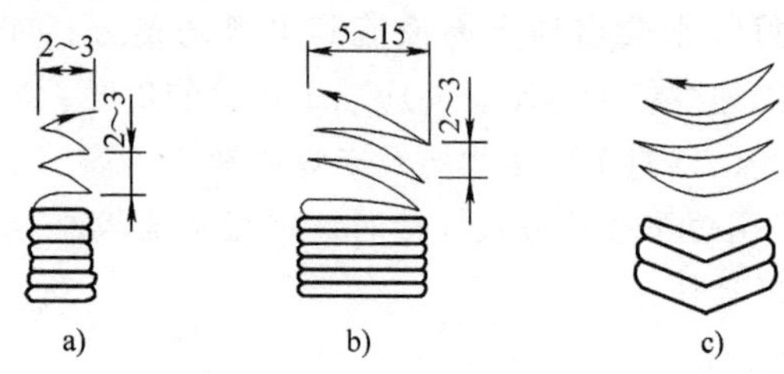

图 6-18 向上立焊时的摆动方式

a）小幅度锯齿形摆动 b）上凸月牙形摆动 c）下凹月牙形摆动

6.4.3 横焊

对于较薄的工件（厚度不大于 3.2mm），焊接时一般进行单层单道横焊；对于较厚的工件（厚度大于 3.2mm），焊接时采用多层焊。横焊焊接参数见表 6-11。

表 6-11 横焊焊接参数

工件厚度/mm	装配间隙/mm	焊丝直径/mm	焊接电流/A	电弧电压/V
≤3.2	0	1.0 1.2	100~150	18~21
3.2~6.0	1~2	1.0 1.2	100~160	18~22
≥6.0	1~2	1.2	110~210	18~24

1. 单层单道横焊

1）单层单道横焊一般都采用左焊法，焊枪角度如图 6-19 所示。

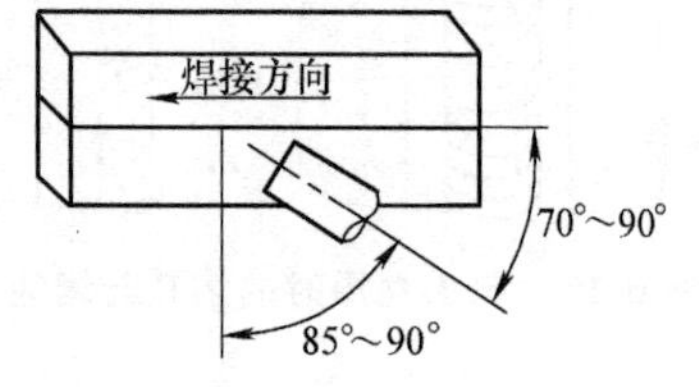

图 6-19 横焊时的焊枪角度

2）当要求焊缝较宽时，可采用小幅度的摆动方式。横焊时摆幅不要过大，否则容易造成金属液下淌，多采用较小的焊接参数进行短路过渡。

2. 多层焊

1）焊接第一层焊道时，焊枪角度为 0°~10°，并指向顶角位置，如图 6-20 所示。采用直线形或小幅度摆动焊接，根据装配间隙调整焊接速度及摆动幅度。

2）焊接第二层第一条焊道时，焊枪角度为 0°~10°，如图 6-21 所示。焊枪以第一层焊道的下缘为中心做横向小幅度摆动或直线形运动，保证下坡口处熔合良好。

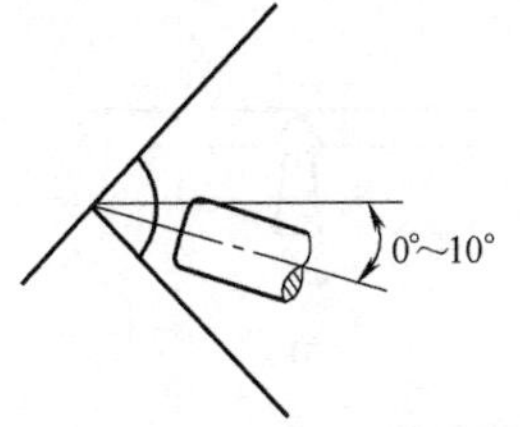

图 6-20 第一层焊道的焊枪角度

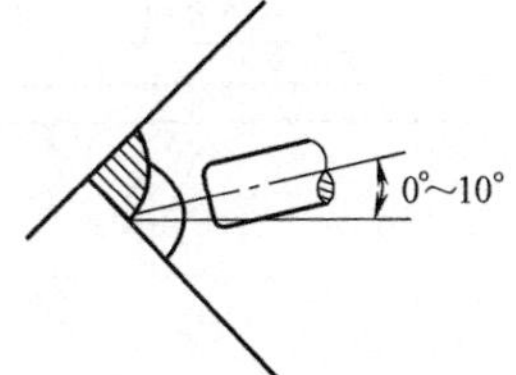

图 6-21 第二层第一条焊道的焊枪角度

3）焊接第二层第二条焊道时，焊枪角度为0°~10°，如图6-22所示。焊枪以第一层焊道的上缘为中心做小幅度摆动或直线形移动，保证上坡口熔合良好。

4）第三层以后的焊道与第二层类似，由下往上依次排列焊道，如图6-23所示。在多层焊接中，中间填充层的焊道焊接参数可稍大些，而盖面焊时电流应适当减小。

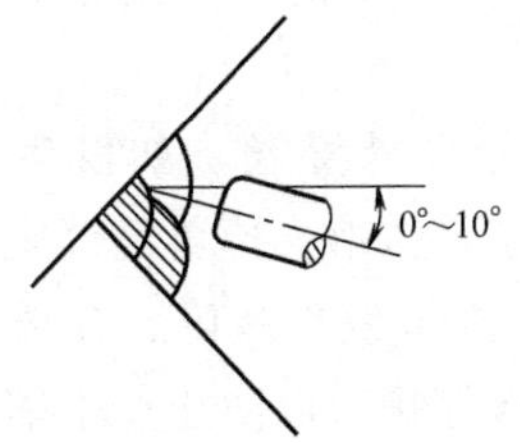

图 6-22 第二层第二条焊道的焊枪角度

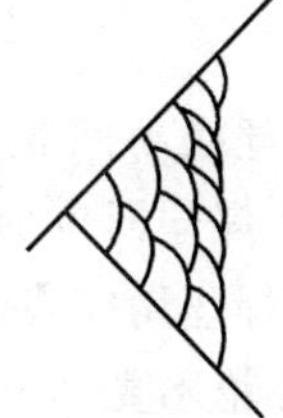

图 6-23 多层焊时的焊道排布

6.4.4 仰焊

仰焊时，操作者处于一种不自然的位置，很难稳定操作，同时由于焊枪及电缆较重，给操作者增加了操作的难度。仰焊时的熔池处于悬空状态，在重力作用下很容易造成金属液下落，主要靠电弧的吹力和熔池的表面张力来维持平衡。如果操作不当，容易产生烧穿、咬边及焊道下垂等缺欠。

1）仰焊时，为了防止金属液下坠引起的缺欠，通常采用右焊法。这样可增加电弧对熔池的向上吹力，有效防止焊缝背凹的产生，减小金属液下坠的倾向。

2）仰焊时的焊枪角度如图 6-24 所示。

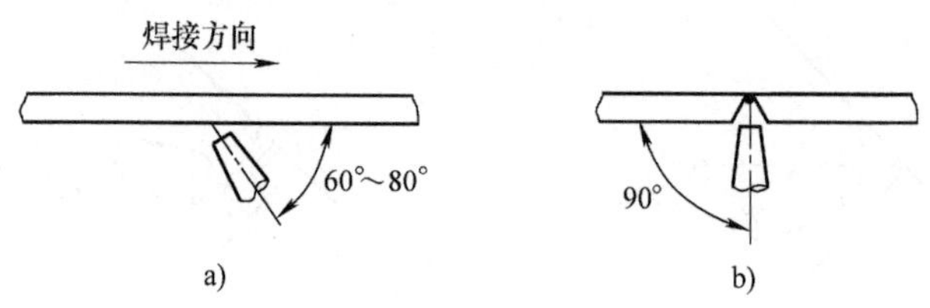

图 6-24　仰焊时的焊枪角度

a）焊枪倾角　b）焊枪夹角

3）为了防止导电嘴和喷嘴间有黏结、阻塞等现象，一般在喷嘴上涂防堵剂。

4）首先在工件左端定位焊缝处引弧，电弧引燃后焊枪做小锯齿形横向摆动向右进行焊接。当把定位焊缝覆盖，电弧到达定位焊缝与坡口根部连接处时，将坡口根部击穿，形成熔孔并产生第一个熔池，即转入正常施焊。

5）确保电弧始终不脱离熔池，利用其向上的吹力阻止熔化金属下淌。

6）焊丝摆动间距要小且均匀，防止向外穿丝。如发生穿丝时，可以将焊丝回拉少许，把穿出的焊丝重新熔化掉再继续施焊。

7）当焊丝用完或者由于送丝机构、焊枪发生故障，需要中断焊接时，焊枪不要马上离开熔池，应稍作停顿，以防止产生缩孔和气孔。

8）接头时，焊丝的顶端应对准缓坡的最高点引弧，然后以锯齿形摆动焊丝，将焊道缓坡覆盖。当电弧到达缓坡最低处时，稍压低电弧，转入正常施焊。

9）如果工件较厚，需开坡口采用多层焊接。多层焊的打底焊与单层单道焊类似。填充焊时要掌握好电弧在坡口两侧的停留时间，保证焊道之间、焊道与坡口之间熔合良好。填充焊的最后一层焊缝表面应距离工件表面 1.5～2mm，不要将坡口棱边熔化。盖面焊应根据填充焊道的高度适当调整焊接速度及摆幅，保证焊道表面平滑，两侧不咬边，中间不下坠。

6.4.5 T形接头焊接

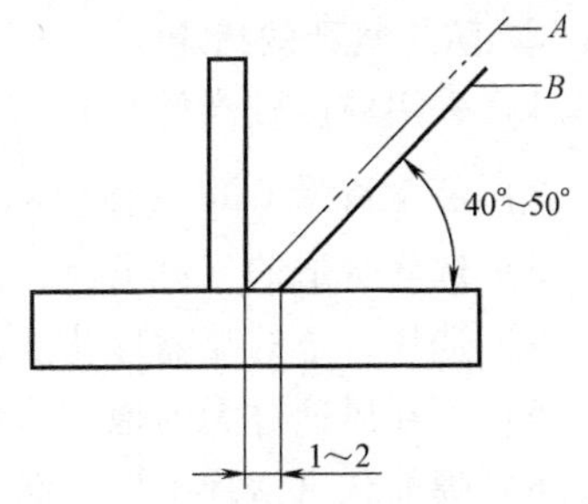

图 6-25 焊接 T 形接头时焊枪位置

焊接T形接头时，容易产生咬边、未焊透、焊缝下垂等现象。在操作时，应根据板厚和焊脚尺寸来控制焊枪的角度。不等厚焊件的T形接头平角焊时，要使电弧偏向厚板，以使两板加热均匀。在等厚板上进行焊接时，一般焊枪与水平板件的夹角为40°~50°。当焊脚尺寸不大于5mm时，可按图6-25所示的*A*方式将焊枪对准夹角处；当焊脚尺寸大于5mm时，可采用图6-25所示的*B*方式，即将焊枪水平偏移1~2mm，焊枪的倾角为10°~25°。

6.5 CO_2气体保护焊常见缺欠与防止措施

6.5.1 气孔的产生原因与防止措施

1. 气孔的产生原因

1）由于在金属熔池中，溶进了较多的有害气体，加上CO_2气流的冷却作用，熔池凝固较快，气体来不及逸出，容易产生气孔。

2）当CO_2气体中水分含量过多时，会产生气孔。

3）CO_2气体流量过大或过小都会破坏焊接时的保护气氛，如气阀、流量计、减压阀调整不当，气路有泄漏或堵塞现象。

4）焊接参数选择不合理或操作不正确，如焊丝伸出过长，焊接速度太快，电弧电压过高，收弧太快等均会产生气孔。

5）喷嘴形状或直径选择不当、喷嘴距工件太远、导气管或喷嘴堵塞时，容易产生气孔。

6）周围空气对流太大时，容易产生气孔。

7）被焊工件和焊丝中含有油污、铁锈等时，容易产生气孔。

8）CO_2气体在电弧高温下具有氧化性，因而要求焊丝含有较高含量的脱氧元素。当这些脱氧元素含量过低时，容易生成气孔。

2. 防止气孔的措施

1）采用纯度较高的 CO_2 气体。

2）经常清除 CO_2 气体中的水分。

3）选择合适的气流量。

4）选择合适的喷嘴形状及直径。

5）不在风速过大的地方施焊。

6）焊前认真清理工件表面。

7）选用含有较高脱氧元素的焊丝。

8）选择正确的焊接参数。

6.5.2 飞溅的产生原因与防止措施

1. 飞溅的产生原因

1）当采用正极性焊接时，机械冲击力大，容易产生大颗粒飞溅。

2）当熔滴短路过渡时，短路电流增长速度过快或过慢，均会引起飞溅。

3）当焊接电流、电弧电压等焊接参数选择不当时会引起飞溅。

4）送丝速度不均匀，也会引起飞溅。

5）焊丝与工件表面附有污物会引起飞溅。

6）导电嘴磨损过大，也会引起飞溅。

2. 防止飞溅的措施

1）选用锰、硅脱氧元素含量高，碳含量低的焊丝，可减少 CO 气体的生成，从而减小飞溅。

2）焊前认真清理工件表面。

3）焊接时采用直流反接，可使飞溅明显减小。

4）通过调节焊接回路中的电感值，可使熔滴过渡过程稳定，从而减轻飞溅。

5）合理地选择焊接参数，特别应使电弧电压与焊接电流之间具有最佳的配合，可有效地减小飞溅。

6）送丝速度要均匀。

6.5.3 裂纹的产生原因与防止措施

1. 裂纹的产生原因

1）焊缝区有油污、漆迹、垢皮、铁锈等，容易产生裂纹。

2）当工件上焊缝过多，分布又不合理时，会由于热应力的积累而产生裂纹。

3）工件或焊丝的硫、磷含量过高而硅、锰含量低时，容易产生裂纹。

4）工件的碳含量较高时，由于冷却较快，容易产生淬火组织而导致裂纹。

5）熔深大而熔宽窄时，容易产生结晶裂纹。

6）当焊接速度快时，熔化金属冷却速度快，容易产生裂纹。

2. 防止裂纹的措施

1）工件尽量选用碳含量低的材料。

2）采用硅、锰含量高的焊丝。

3）合理分布焊缝，避免热应力的产生。

4）选择合理的焊接参数，用较小的焊接速度，保证良好的焊缝成形。

6.5.4 未焊透及未熔合的产生原因与防止措施

1. 未焊透及未熔合的产生原因

1）焊接参数选择不当，如电弧电压太低，焊接电流太小，短路过渡时电感量太小，送丝速度不均匀，焊接速度太快等，均会产生未焊透或未熔合。

2）操作或焊接操作不当，如焊接时摆动过大，工件坡口开得太窄，坡口角度小，装配间隙小，散热太快等，都会产生未焊透和未熔合。

2. 防止未焊透及未熔合的措施

1）开坡口接头的坡口角度及间隙要合适。

2）保证合适的焊丝伸出长度，使坡口根部能够完全熔合。

3）在两侧的坡口面上要有足够的停留时间。

4）保持正确的焊枪角度。

6.5.5 烧穿的产生原因与防止措施

1. 烧穿的产生原因

1）对工件过分加热。

2）焊接参数选择不当。

3）操作方法不正确。

2. 防止烧穿的措施

1）注意焊接参数的选择，如减小电弧电压与焊接电流，适当提高焊接速度，采用短弧焊等。

2）合理进行操作，如运条时，焊丝可做适当的直线往复运动，以增加对熔池的冷却作用。

3）对于长的焊缝可采用分段焊，以避免热量集中。

4）采用加铜垫板的方法增强散热效果。

5）采用较小的装配间隙和坡口尺寸。

第7章

气焊与气割工艺

7.1 气焊工艺

7.1.1 气焊工艺基础

气焊是利用可燃气体与助燃气体混合燃烧后，产生的高温火焰对金属材料进行熔化焊的一种方法。气焊原理如图7-1所示。将乙炔和氧气在焊炬中混合均匀后，从焊嘴出燃烧火焰，将焊件和焊丝熔化后形成熔池，待冷却凝固后形成焊缝连接。气焊的特点是火焰对熔池的压力及对焊件的热输入调节方便，熔池温度、焊缝形状和尺寸、焊缝背面成形等容易控制。但由于气焊热源温度较低，加热缓慢，生产率低，热量分散，热影响区大，焊件有较大的变形，接头质量不高。

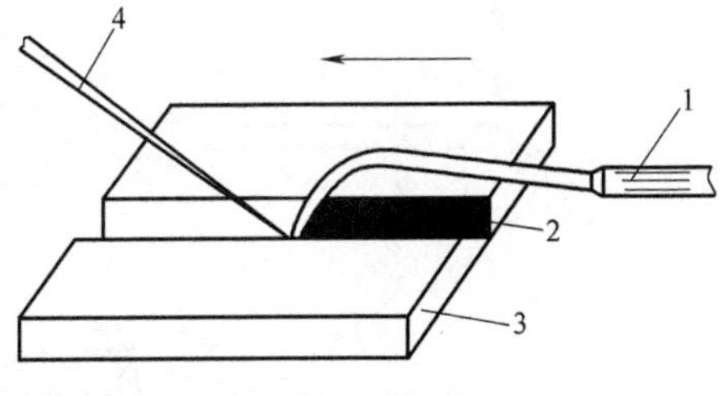

图7-1 气焊原理

1—焊炬 2—焊缝 3—焊件 4—焊丝

气焊所用设备及其连接如图7-2所示。

焊炬是气焊中的主要设备，它的构造多种多样，但基本原理相同。焊炬是气焊时用于控制气体混合比、流量及火焰并进行焊接的手持工具。焊炬有射吸式和等压式两种。常用的是射吸式焊炬，如图7-3所示。

射吸式焊炬由主体、手柄、乙炔调节阀、氧气调节阀、射吸管、喷射孔、混合室、混合气体通道、焊嘴、乙炔管接头和氧气管接头等组成。其工作原理是：打开氧气调节阀，氧气经喷射管从喷射孔快速射出，并在喷射孔外围形成真空而造成负压（吸力）；再

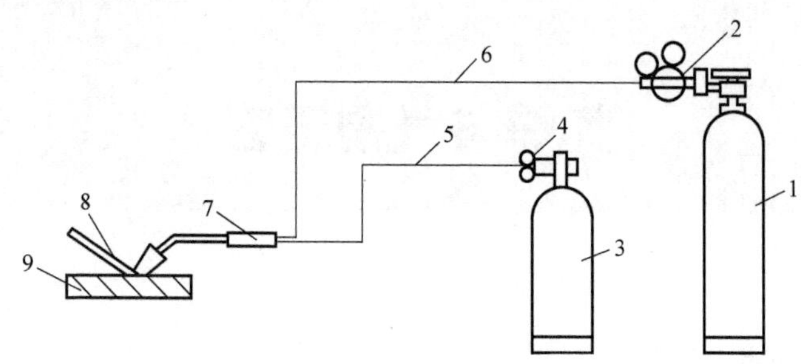

图 7-2 气焊设备及其连接

1—氧气瓶 2—氧气减压器 3—乙炔瓶 4—乙炔减压器 5—乙炔胶管（红色） 6—氧气胶管（黑色） 7—焊炬 8—焊丝 9—焊件

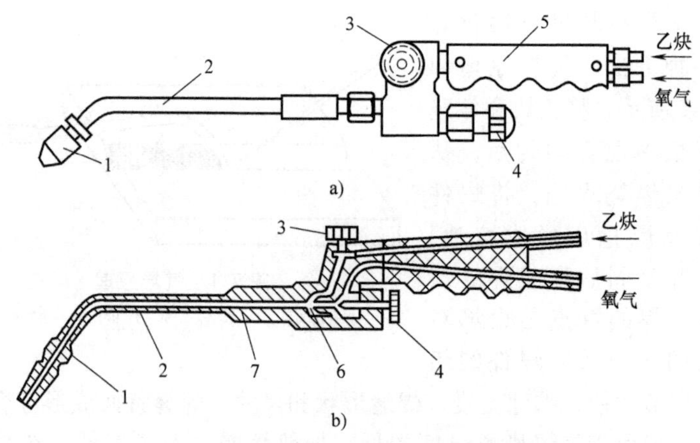

图 7-3 射吸式焊炬外形图及内部构造

a）外形图 b）内部构造

1—焊嘴 2—混合室 3—乙炔调节阀 4—氧气调节阀 5—手柄 6—喷射孔 7—射吸管

打开乙炔调节阀，乙炔即聚集在喷射孔的外围；由于氧射流负压的作用，乙炔很快被氧气吸入混合室和混合气体通道，并从焊嘴喷出，形成了焊接火焰。

常用的气焊火焰是乙炔与氧混合燃烧所形成的火焰，也称氧乙炔焰。根据氧与乙炔混合比的不同，氧乙炔焰可分为中性焰、碳化焰和氧化焰三种，如图 7-4 所示。

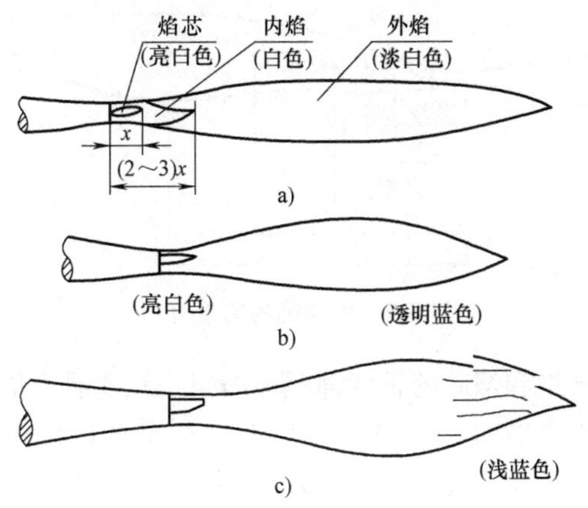

图 7-4 氧乙炔焰

a）碳化焰 b）中性焰 c）氧化焰

x—内焰长度

（1）碳化焰 氧气和乙炔的混合比<1.0时燃烧形成的火焰称为碳化焰。碳化焰的整个火焰比中性焰长而软，它由焰芯、内焰和外焰组成，而且这三部分均很明显。焰芯呈灰白色，并发生乙炔的氧化和分解反应；内焰有多余的碳，故呈淡白色；外焰呈橙黄色，除燃烧产物 CO_2 和水蒸气外，还有未燃烧的碳和氢。碳化焰的最高温度为2700～3000℃。由于火焰中存在过剩的碳微粒和氢，碳会渗入熔池金属，使焊缝的碳含量增高，故称碳化焰。

（2）中性焰 氧气和乙炔的混合比>1.0～1.2时燃烧所形成的火焰称为中性焰。它由焰芯、内焰和外焰三部分组成。焰芯靠近喷嘴孔呈尖锥形，色白而明亮，轮廓清楚。在焰芯的外表面分布着乙炔分解所生成的碳素微粒层，焰芯的光亮就是由炽热的碳微粒所发出的，温度并不很高。内焰呈蓝白色，轮廓不清，并带深蓝色线条而微微闪动，它与外焰无明显界限。外焰由里向外逐渐由淡紫色变为橙黄色。中性焰的温度分布如图7-5所示。用中性焰焊接时主要利用内焰这部分火焰加热焊件。中性焰燃烧完全，对红热或熔化了的金属没有碳化和氧化作用，所以称之为中性焰。

（3）氧化焰 氧化焰是氧与乙炔的混合比>1.2时的火焰。氧

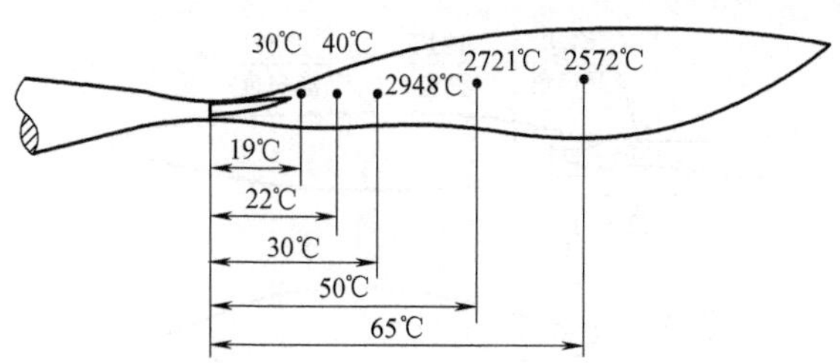

图 7-5 中性焰的温度分布

化焰的整个火焰和焰芯的长度都明显缩短，只能看到焰芯和外焰两部分。氧化焰中有过剩的氧，整个火焰具有氧化作用，故称氧化焰。氧化焰的最高温度可达 3300℃。氧化焰一般很少采用，仅适用于烧割工件和气焊黄铜、锰黄铜及镀锌铁板（皮），特别适合于黄铜类，因为黄铜中的锌在高温极易蒸发，采用氧化焰时，熔池表面上会形成氧化锌和氧化铜的薄膜，起到抑制锌蒸发的作用。

气焊火焰的选择见表 7-1。

表 7-1 气焊火焰的选择

母材	火焰种类	母材	火焰种类
低、中碳钢	中性焰或乙炔稍多的中性焰	铬镍钢	中性焰或乙炔稍多的中性焰
低合金钢	中性焰	锰钢	氧化焰
纯铜	中性焰	镀锌铁板(皮)	氧化焰
铝及铝合金	中性焰或乙炔稍多的中性焰	高碳钢	碳化焰
铅、锡	中性焰或乙炔稍多的中性焰	硬质合金	碳化焰
青铜	中性焰或氧稍多的中性焰	高速工具钢	碳化焰
铬不锈钢	中性焰或乙炔稍多的中性焰	灰铸铁、可锻铸铁	碳化焰或乙炔稍多的中性焰
黄铜	氧化焰	镍	碳化焰或乙炔稍多的中性焰

7.1.2 气焊基本操作工艺

1. 点火

右手持焊炬，将拇指放在乙炔调节阀处，食指放在氧气调节阀

处，以便于随时调节气体流量，用其余三个手指握住炬柄。点火之前，先把氧气瓶和乙炔瓶上的总阀打开，然后转动减压器上的调压手柄，将氧气和乙炔调到所需的工作压力；再打开焊炬上的乙炔调节阀，把氧气调节阀稍开一点后点火（用明火点燃）。如果氧气开得过大，点火时就会因为气流太大而出现“啪啪”的响声。点火时，手应放在焊嘴的侧面，不能对着焊嘴，以免点着后喷出的火焰烧伤手臂，如图7-6所示。有时会出现不易点燃的现象，这是因为氧气量过大，应将氧气开关稍关小一些。

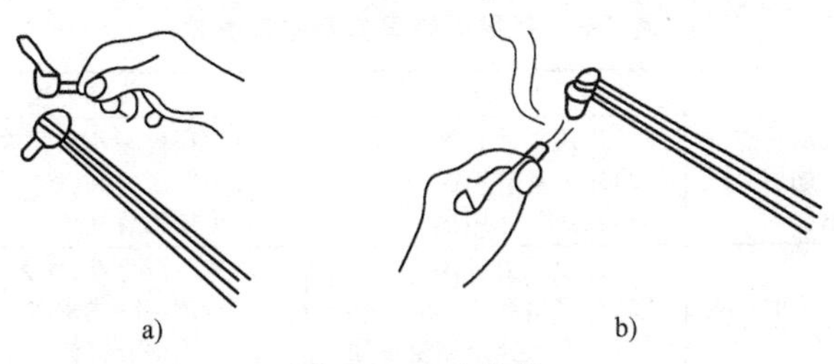

图7-6　点火姿势

a）正确　b）错误

为了保证气焊点火安全，可采用点火枪进行点火。点火枪结构如图7-7所示，它利用摩擦轮转动时与电石摩擦产生火花来引燃从焊炬内喷出的可燃气体。

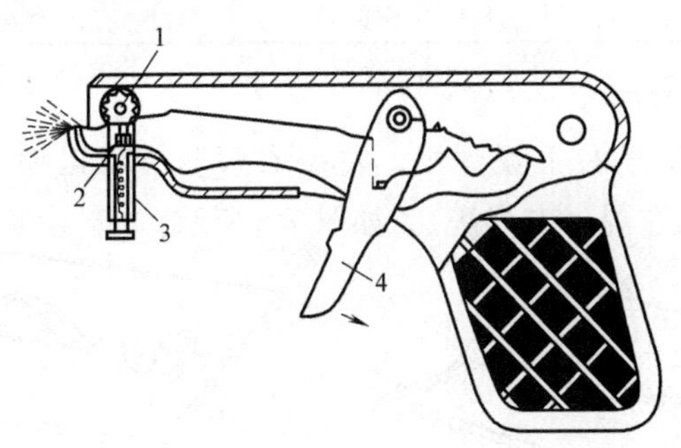

图7-7　点火枪

1—摩擦轮　2—电石　3—弹簧管　4—扣机

2. 调节火焰

刚点火的火焰是碳化焰，然后逐渐开大氧气阀门，改变氧气和乙炔的比例。根据被焊材料性质及厚薄要求，调到所需的中性焰、氧化焰或碳化焰。需要大火焰时，应先把乙炔调节阀开大，再调大氧气调节阀；需要小火焰时，应先把氧气调节阀关小，再调小乙炔调节阀。由于乙炔发生器供给的乙炔量经常变化，引起火焰性质极不稳定，中性焰经常自动变为氧化焰或碳化焰。中性焰变为碳化焰比较容易发现，但变为氧化焰不易察觉，所以在气焊操作时要经常观察火焰性质的变化，及时调整到所需的工作火焰状态。气焊火焰异常及排除方法见表 7-2。

表 7-2　气焊火焰异常及排除方法

序号	异常现象	产生原因	排除方法
1	火焰易熄灭或火焰燃烧强度不够	1)乙炔管道有水 2)压力调节不够 3)乙炔气体用尽	1)清理排除乙炔管内积水 2)调节压力阀,增大气体压力 3)更换乙炔瓶
2	点火时有爆鸣声	1)乙炔压力过低 2)焊嘴堵塞 3)混合气体未完全排除 4)气体流量不足	1)调节压力阀,增大气体压力 2)清理焊嘴或割嘴 3)排除混合气体 4)检查导气管,排除管内污物
3	焊接时有爆鸣声	1)焊嘴过热或粘有污物 2)焊嘴距离工件太近 3)气体压力未调节好	1)冷却并清理焊嘴或割嘴 2)使焊嘴或割嘴与工件保持一定距离 3)检查气体压力调节是否合适
4	回火	1)焊嘴过热 2)焊嘴距离工件太近 3)乙炔压力不够	1)冷却焊嘴 2)使焊嘴与工件保持一定距离 3)检查乙炔供应系统

3. 焊接方向

气焊操作是右手握焊炬，左手拿焊丝，可以向右焊（右焊法），也可向左焊（左焊法），如图 7-8 所示。

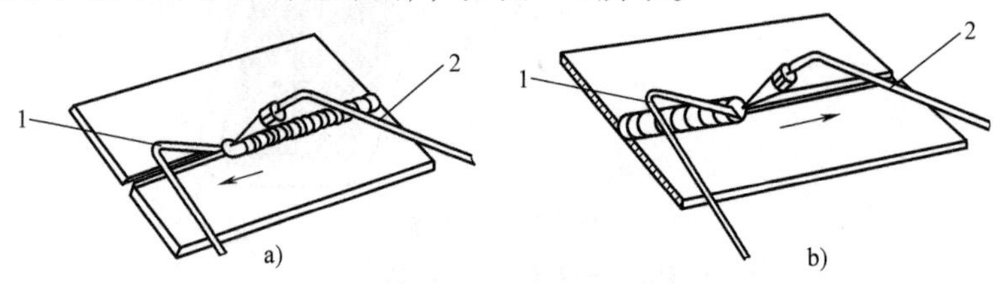

图 7-8　焊接方向

a）左焊法　b）右焊法

1—焊丝　2—焊炬

1）左焊法是焊丝在前，焊炬在后。这种方法是焊接火焰指向未焊金属，有预热作用，焊接速度较快，可减少熔深和防止烧穿，操作方便，适宜焊接薄板。左焊法在气焊中被普遍采用。

2）右焊法是焊炬在前，焊丝在后。这种方法是焊接火焰指向已焊好的焊缝，加热集中，熔深较大，火焰对焊缝有保护作用，容易避免气孔和夹渣，但较难掌握，很少使用。

4. 预热

在焊接开始时，将火焰对准接头起点进行加热。为了缩短加热时间，且尽快形成熔池，可将火焰中心（焊炬喷嘴中心）垂直于焊件并使火焰往复移动，以保证起焊处加热均匀。在焊件表面开始发红时，将焊丝端部置于火焰中进行预热，当熔池即将形成时，将焊丝伸向即将形成的熔池，如图 7-9 所示。

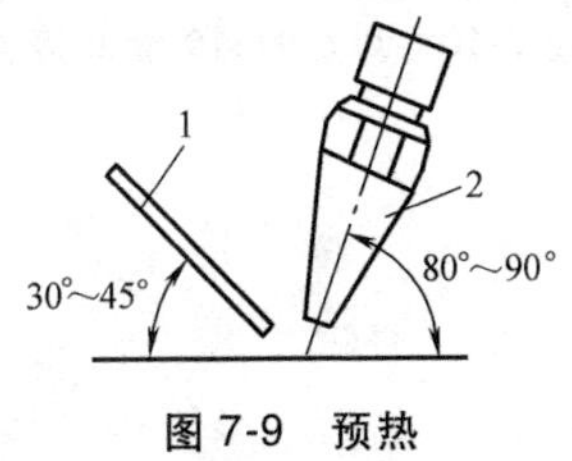

图 7-9　预热

1—焊丝　2—焊炬

5. 施焊

施焊时，要使焊嘴轴线的投影与焊缝重合，同时要掌握好焊炬的倾角 α。焊件越厚，倾角 α 越大；金属的熔点越高，倾角 α 就越大。在开始焊接时，焊件温度尚低，为了较快地加热焊件和迅速形成熔池，α 应该大一些（80°~90°），喷嘴与焊件近于垂直，使火焰的热量集中，尽快将接头表面熔化。正常焊接时，一般保持 α 为 30°~45°。焊接将结束时，倾角可减至 20°，并使焊炬做上下摆动。焊炬的倾斜角与焊件厚度关系如图 7-10 所示。

在气焊过程中，焊丝与焊件表面之间的夹角一般为 30°~40°，它与焊炬中心线的角度为 90°~100°，如图 7-11 所示。

焊丝除了上述运动外，还要做向熔池方向的送进运动，即焊丝末端在高温区和低温区之间做往复运动。焊丝摆动方式如图 7-12 所示。

6. 火焰加热位置

加热焊件时应使火焰焰心尖端 2~4mm 处接触起焊点。焊件厚度相同时，火焰指向焊件接缝处，厚度不等时应偏向厚的一侧，以

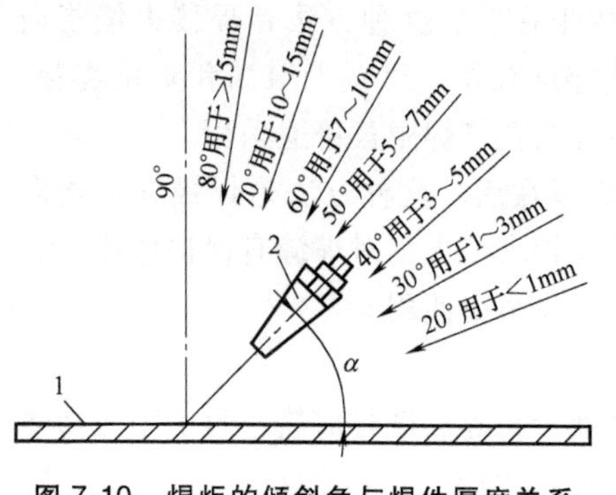

图 7-10 焊炬的倾斜角与焊件厚度关系

1—焊件 2—焊炬

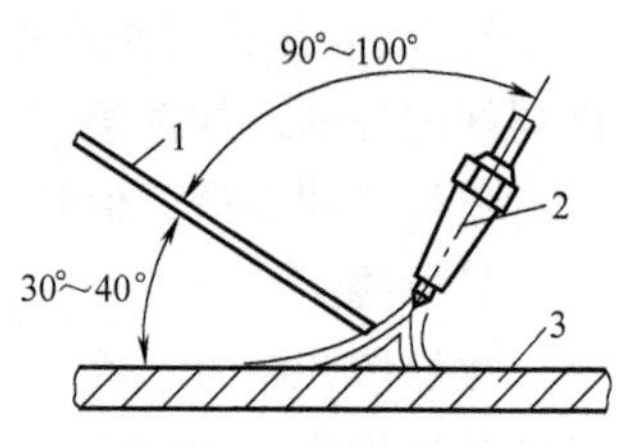

图 7-11 焊丝与焊件表面之间的夹角

1—焊丝 2—焊炬 3—焊件

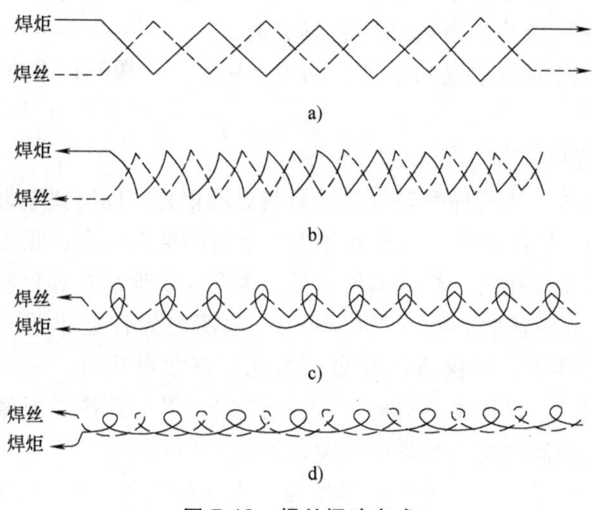

图 7-12 焊丝摆动方式

a）右焊法 b）、c）、d）左焊法

保证形成熔池的位置在焊接接缝上。

7. 焊接过程添加焊丝的方法

焊接过程中应密切注释熔池的变化。在添加焊丝时将焊丝末端放入焊接火焰的内焰中，当焊丝形成熔滴滴入熔池后，应将焊炬均匀向前移动，使熔池沿焊件接缝处均匀向前移动，保持熔池形状和

大小的一致，得到合格的焊缝。无论焊丝做何种摆动，应用内焰融化焊丝，禁止用外焰熔化焊丝，以防止熔滴被氧化。在整个焊接过程中，为获得整齐美观的焊缝，应使熔池的形状和大小保持一致。常见熔池的形状如图 7-13 所示。

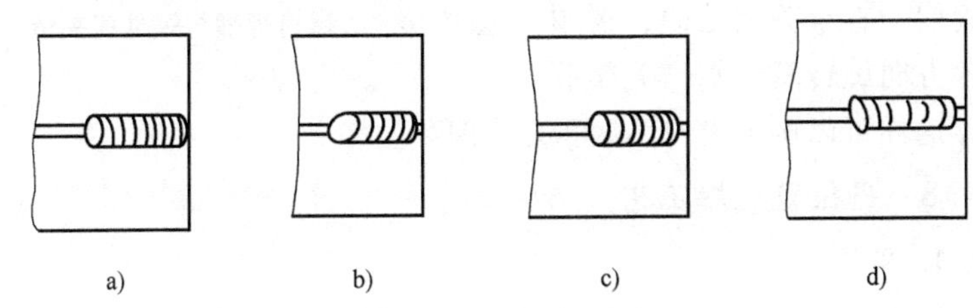

图 7-13 常见熔池的形状

a）椭圆形 b）瓜子形 c）扁圆形 d）尖瓜子形

8. 焊嘴运动方式

（1）沿焊缝方向向前运动 用来使熔池沿接缝向前运动，形成焊缝。

（2）垂直于焊缝上下跳动 焊嘴的这种运动是为了调整熔池温度和熔滴滴入熔池的速度，以保证焊缝高度的均匀。

（3）沿焊缝宽度方向做横向运动 这种横向运动或圆圈状运动主要用焊接火焰增加熔池的宽度，以利于坡口边缘的熔合，并借助混合气体的冲击力搅拌熔池，最后得到质量优良的焊缝。

9. 接头及收尾

（1）接头 重新开始焊接时，每次应与前焊道重叠 5~10mm。此时少加焊丝或不加焊丝，能保证焊缝高度合适及圆滑过渡。

（2）收尾 焊缝末端，因工作散热条件变坏温度升高，易造成熔池面积加大、烧穿的缺欠。一般采用减小焊嘴与焊件的倾角、增大焊接速度、多加焊丝等措施使熔池降温。为防止收尾处出现气孔，采用停止焊接后抬高火焰的方法继续对熔池适当加热（即采用外焰保护熔池），使熔池凝固速度减慢，以利于溶池中的气体逸出，防止收尾处产生气孔。收尾时焊嘴与焊件表面之间的夹角为 20°~30°，如图 7-14 所示。

10. 熄火

焊接工作结束或中途停止时，必须熄灭火焰。正确的熄灭方法是先顺时针方向旋转乙炔阀门，直至关闭乙炔，再顺时针方向旋转氧气阀门关闭氧气，这样可以避免出现黑烟和火焰倒袭。

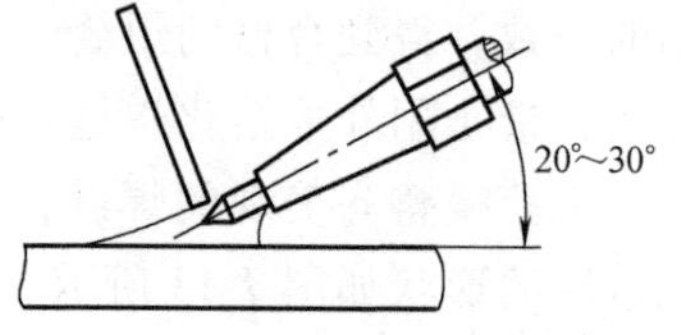

图 7-14　收尾时焊嘴与焊件间夹角

7.1.3　各位置气焊工艺

1. 平焊

平焊是指焊缝朝上呈水平位置的焊接方式，是气焊中最常用的一种焊接方法。焊接开始时，焊炬与焊件的角度可大些，随着焊接过程的进行，焊炬与焊件的角度可以减小。焰心末端距工件表面2~6mm，焊丝与焊炬的夹角应保持在80°~90°，焊丝要始终浸在熔池内部，并上下运动与焊件同时熔化，使两者在液态下能均匀混合形成焊缝，如图 7-15 所示。在气焊过程中如果发现熔合不良，母材充分熔化，熔池成形良好的情况下再重新送入焊丝。如果发现熔池温度过高，可采用间断焊法，将火焰稍微抬高以降低熔池温度，等熔池稍微冷却后再得新焊接。焊接结束后，焊嘴应缓慢提起，焊丝填满熔池凹坑，使熔池逐渐缩小，最后结束。

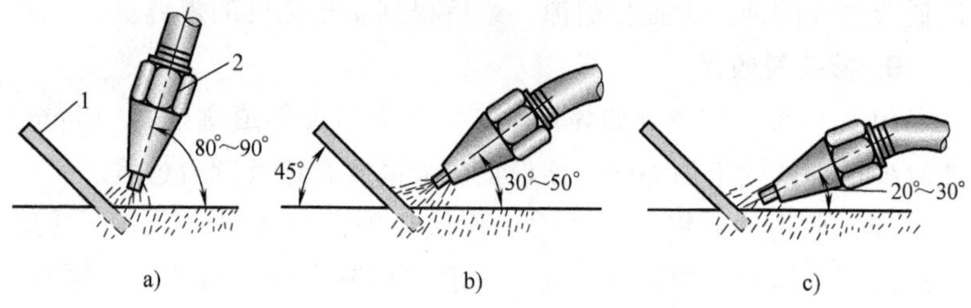

图 7-15　平焊操作

a）焊前预热　b）焊接过程中　c）焊接结束

1—焊丝　2—焊炬

2. 立焊

在工件的竖直面上进行纵向的焊接，称为立焊。焊接火焰能率

（单位时间内可燃气体的消耗量，单位为 L/h）应比平焊小些，应严格控制熔池温度，焊炬火焰与焊件呈 60°夹角，以借助火焰气流的压力托住熔池，避免熔池金属液下滴。一般情况下，立焊操作时焊炬不能做横向摆动，仅能做上下移动，使熔池有冷却的时间，便于控制熔池温度，如图 7-16 所示。焊接过程中，如果熔池温度过高，金属液即将下淌时，应立即将火焰向上提起使熔池温度降低，等熔池刚开始冷凝时将火焰迅速移回至熔池，继续进行正常焊接。此过程中应注意火焰提起不要过高，以保护熔池不被氧化。

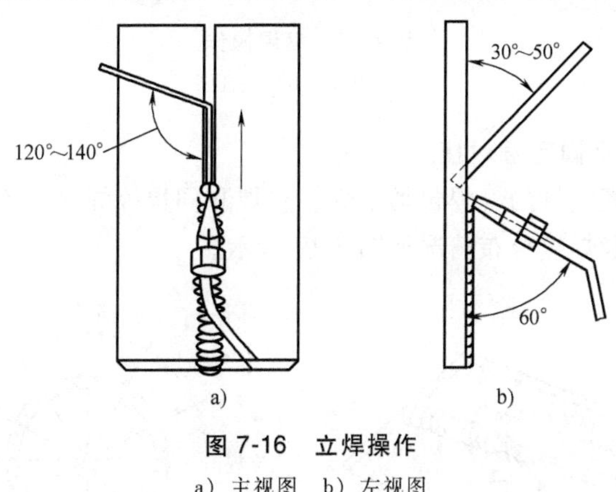

图 7-16　立焊操作

a）主视图　b）左视图

3. 横焊

横焊是指在焊件的竖直面上进行横向焊接的方法，可分为对接横焊及搭接横焊等。在进行横焊时，需使用较小的火焰能率控制熔池的温度，焊炬应向上倾斜，与焊件间的夹角保持在 60°~75°，利用火焰气流的压力托住熔化金属而不使其下淌。焊接薄板时，焊炬一般不做摆动，时丝要始终浸在熔池中，如图 7-17 所示。

4. 仰焊

仰焊是指焊缝位于焊件的下面，需要仰视焊缝进行焊接的方法。仰焊时，应采用较小的火焰能率，严格控制熔池的面积，选择较细的焊丝，焊丝可浸入熔池做月牙形运动。当焊接开坡口及加厚的焊件时，宜采用多层焊，第一层要焊透，第二层使两侧熔合良好，形成均匀美观的焊纹。仰焊操作如图 7-18 所示。

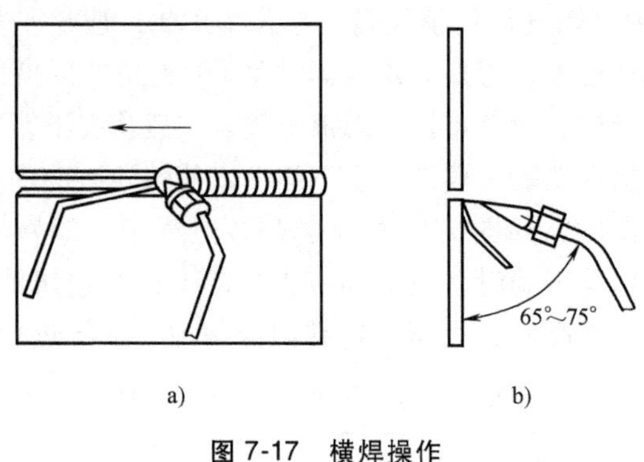

图 7-17　横焊操作

a）主视图　b）左视图

5. 水平固定管对接

水平固定管的气焊包括平焊、立焊和仰焊等焊接位置。水平固定管全位置焊接分布情况如图 7-19 所示。

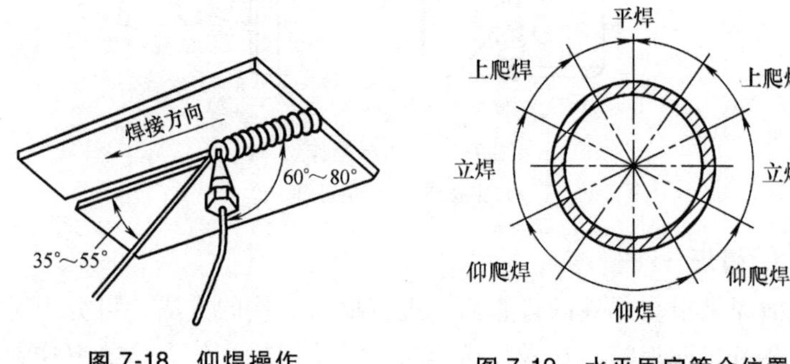

图 7-18　仰焊操作

图 7-19　水平固定管全位置焊接分布情况

由于焊缝呈环形，在焊接时随着焊缝空间位置的改变，要不停地移动焊丝和焊炬，保证一定的角度进行焊接。通常焊丝与焊炬的夹角保持在 90°，焊丝和焊炬与工件的夹角一般在 45°左右。分前后两个半周进行焊接。焊接前半周时，起焊点和收尾点都以超出管子的垂直中心线 5~10mm 为宜。焊接后半周时，起焊点和收尾点都要和前半周搭接 10~20mm，可防止在起焊点和收尾点产生焊接缺欠，如图 7-20 所示。

6. 垂直固定管对接

1）垂直固定管的对接接头为横焊缝，常见的接头形式如图 7-21 所示。

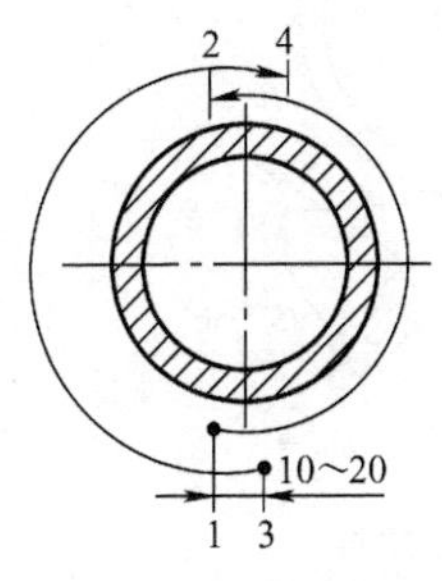

图 7-20　焊接顺序

1～4—焊接顺序

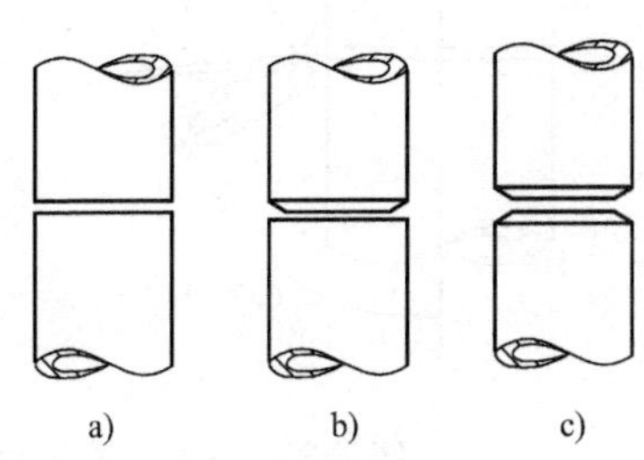

图 7-21　垂直固定管对接接头形式

a）不开坡口对接接头　b）单边 V 形坡口对接接头　c）V 形坡口对接接头

2）对于开坡口的管子，如果采用左焊法，要进行多层焊接，焊接顺序如图 7-22 所示。焊接时要随着环形焊缝的前进而不断地变换位置，保证在焊接过程中，焊丝、焊炬和管子切线的夹角不变，很好地控制熔池的形状和大小。

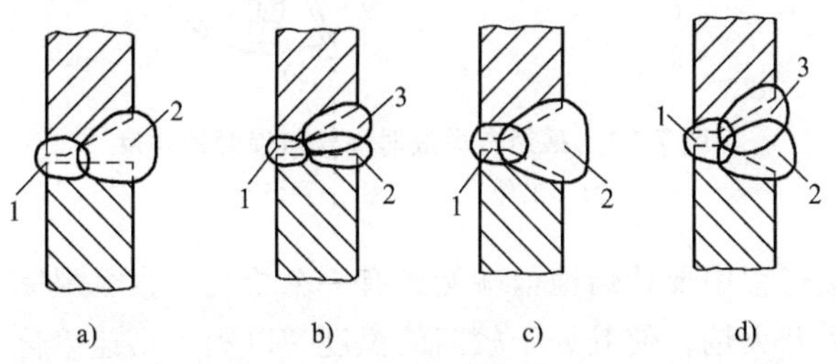

图 7-22　多层焊焊接顺序

a)、b）单边 V 形坡口多层焊　c)、d）Y 形坡口多层焊

1～3—焊接顺序

3）采用左焊法时焊丝与焊炬的角度如图 7-23 所示。

4）采用右焊法时焊丝与焊炬的角度如图 7-24 所示。

5）焊接第一层焊道时，要掌握好熔池尺寸和填加焊丝的时

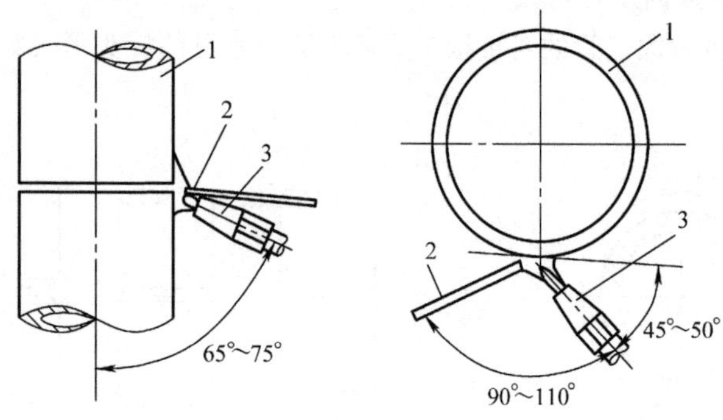

图 7-23　采用左焊法时焊丝与焊炬的角度

1—工件　2—焊丝　3—焊嘴

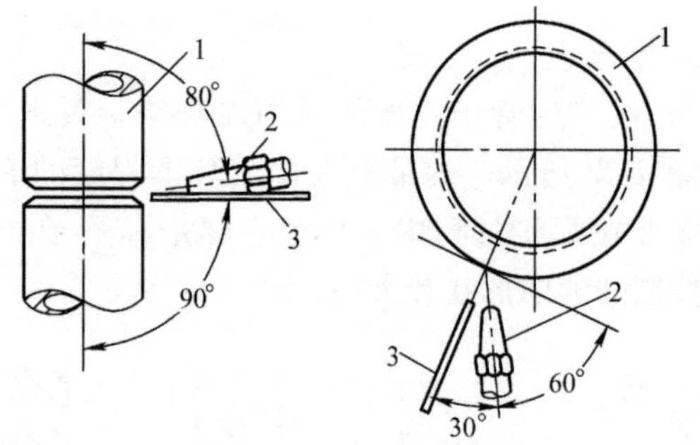

图 7-24　采用右焊法时焊丝与焊炬的角度

1—工件　2—焊嘴　3—焊丝

机。焊接过程中要让熔池前端始终有一个熔孔，直至焊完。焊丝端部不要离开火焰，使其处于较高的温度，以利于迅速熔化。

6）焊接过程中焊炬尽量不做横向摆动，可稍微做一些前后摆动。焊丝始终浸在熔池中，并不停地往上挑金属液。

7）焊接表层时，焊炬做斜圆圈运动，火焰偏向下方，使上半边温度低于下半边，可有效防止下侧金属液下流、上侧咬边等现象。

8）焊缝若一次成形，焊接速度不要太大。一般管壁在 7mm 以下的焊缝可一次焊完。

7.2 气割工艺

7.2.1 气割工艺基础

气割即氧气切割，它是利用割炬（又称割枪）喷出乙炔与氧气混合燃烧的预热火焰，将金属的待切割处预热到它的燃点，并从割炬的另一喷孔高速喷出纯氧气流，使切割处的金属发生剧烈的氧化，成为熔融的金属氧化物，同时被高压氧气流吹走，从而形成一条狭小整齐的割缝使金属割开。因此，气割包括预热、燃烧、吹渣三个过程。气割原理与气焊原理在本质上是完全不同的，气焊是熔化金属，而气割是金属在纯氧中燃烧（剧烈的氧化），故气割的实质是“氧化”并非“熔化”。金属气割应满足两个条件：①金属的燃点应低于其熔点；②金属氧化物的熔点应低于金属的熔点。

气割所用设备与气焊基本相同，氧气瓶、乙炔瓶和减压器同气焊一样，所不同的是气焊用焊炬，而气割要用割炬。割炬比焊炬只多一根切割氧气管和一个切割氧调节阀。此外，割嘴与焊嘴的构造也不同，割嘴的出口有两条通道，周围的一圈是乙炔与氧气的混合气体出口，中间的通道为切割氧气（即纯氧）的出口，二者互不相通。割嘴有梅花形和环形两种。割炬结构如图 7-25 所示。

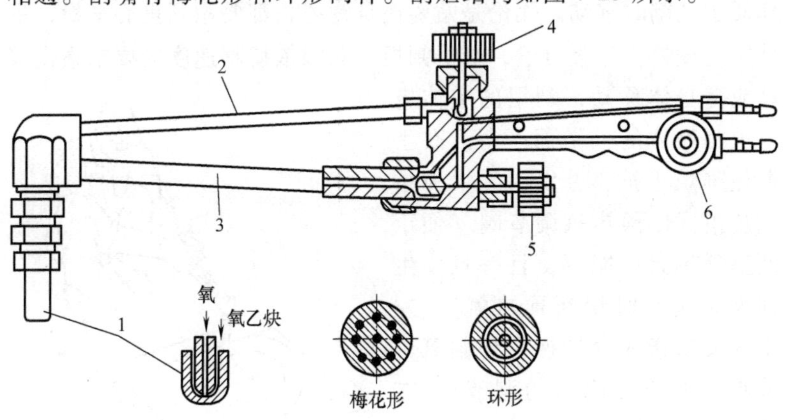

图 7-25 割炬结构

1—割嘴 2—切割氧管道 3—氧乙炔混合管道
4—切割氧调节阀 5—预热氧调节阀 6—乙炔调节阀

割炬有三个调节阀，前面一个调节阀调节氧气流量大小，后面一个调节阀调节乙炔气流量大小，中间一个调节阀调节混合气体（氧气和乙炔气）流量大小。三个调节阀都是逆时针开、顺时针关。

7.2.2 气割基本操作工艺

1. 准备

握割炬的姿势与气焊时一样，右手持割炬，大拇指和食指控制调节氧气调节阀，左手扶在割炬的高压管子上，同时大拇指和食指控制高压氧气调节阀。点火动作与气焊时一样，首先把乙炔调节阀打开，氧气可以稍开一点。点着后将火焰调至中性焰（割嘴头部是一蓝白色圆圈），然后把高压氧气调节阀打开，看原来的加热火焰是否在氧气压力下变成碳化焰。同时还要观察，在打开高压氧气调节阀时割嘴中心喷出的风线是否笔直清晰，然后方可切割。

2. 气割操作姿势

在手工气割时，应用较多的操作姿势是“抱切法”，双脚成外八字形蹲在工件的一侧，右臂靠住右膝盖，左臂放在两腿中间，这样便于气割时移动。无论是站姿还是蹲姿，都要做到重心平稳，手臂肌肉放松，呼吸自然，端平割炬，双臂依切割速度的要求缓慢移动或随身体移动，割炬的主体应与被割物体的上平面平行。右手握住割炬手把，并以右手大拇指和食指握住预热氧调节阀（便于调整预热火焰能率，且一旦发生回火时能及时切断预热氧）。左手的大拇指和食指握住切割氧调节阀（便于切割氧的调节），左手的其余三指平稳地托住射吸管，使割炬与工件保持垂直。气割操作姿势如图 7-26 所示。

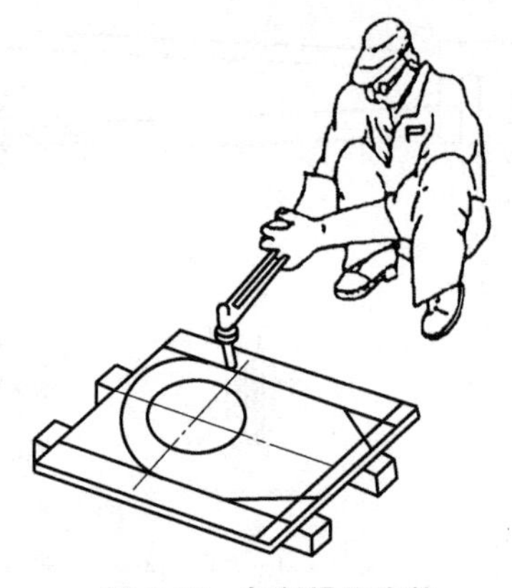

图 7-26 气割操作姿势

3. 切割速度

切割速度对气割质量影响很大。切割速度正常，熔渣的流动方向基本与工件表面垂直，如图 7-27a 所示；切割速度过快时，会产生较大的后拖量，如图 7-27b 所示。

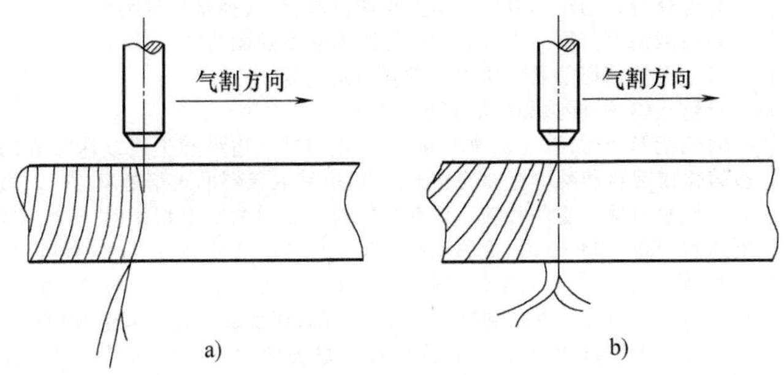

图 7-27　熔渣流动方向与切割速度的关系

a）速度正常　b）速度过快

4. 气割的基本操作步骤

气割的基本操作步骤见表 7-3。

表 7-3　气割的基本操作步骤

类型	操作说明
预热	开始气割时，将起割点材料加热到燃点（工件发红）称为预热。起割点预热后，才可以慢慢开启切割氧调节阀进行切割。预热的操作方法应根据工件的厚度灵活掌握 1）对于厚度<50mm 的工件，可采取割嘴垂直于工件表面的方式进行预热。对于厚度>50mm 的工件，预热分两步进行： ①开始时将割嘴置于工件边缘，并沿切割方向后倾 10°~20°加热；②待工件边缘加热到暗红色时，再将割嘴垂直于工件表面继续加热 2）气割工件的轮廓时，对于薄件可垂直加热起割点；对于厚件应先在起割点处钻一个孔径约等于切口宽度的通孔，然后再加热工件该孔边缘作为起割点预热
起割	1）首先应点燃割炬，并随即调整好火焰（中性焰），火焰的大小应根据工件的厚度调整适当。将起割处的金属表面预热到接近熔点温度（金属呈亮红色或“出汗”状），此时将火焰局部移出工件边缘并慢慢开启切割氧气调节阀。当看到金属液被氧射流吹掉，再加大切割气流，待听到“噗、噗”声时，更可按所选择的气割参数进行切割 2）起割薄件内轮廓时，起割点不能选在毛坯的内轮廓线上，应选在内轮廓线之内被舍去的材料上。待该割点割穿之后，再将割嘴移至切割线上进行切割。起割薄件内轮廓时，割嘴应向后倾斜 20°~40°

（续）

类型	操作说明
气割注意事项	1）在切割过程中，应经常注意调节预热火焰，保持中性焰或轻微的氧化焰，焰芯尖端与工件表面距离为3~5mm。同时应将切割氧孔道中心对准工件边缘，以利于减少熔渣的飞溅 2）保持溶渣的流动方向基本上与切口垂直，后拖量尽量小 3）注意调整割嘴与工件表面间的距离和割嘴倾角 4）注意调节切割氧气压力与控制切割速度 5）防止鸣爆、回火和熔渣溅起、灼伤 6）切割厚板时，因切割速度慢，为防止切口上边缘产生连续珠状渣、上边缘被熔化成圆角和减少背面的黏附挂渣，应采取较弱的火焰能率 7）注意身体位置的移动。切割长的板材或做曲线形切割时，一般在切割长度达到300~500mm时，应移动一次操作位置。移位时，应先关闭切割氧气调节阀，将割炬火焰抬离工件，再移动身体的位置。继续施割时，割嘴一定要对准割透的接割处并预热到燃点，再缓慢开启切割氧气调节阀继续切割 8）若在气割过程中，发生回火而使火焰突然熄灭，应立即将切割氧气调节阀关闭，同时关闭预热火焰的氧气调节阀，再关乙炔调节阀。过一段时间再重新点燃火焰进行切割
气割收尾	1）气割临近结束时，将割嘴后倾一定角度，使工件下部先割透，然后再将工件割断 2）切割完毕应及时关闭切割氧气调节阀并抬起割炬，再关乙炔调节阀，最后关闭预热氧气调节阀 3）工作结束后（或较长时间停止切割）应将氧气瓶阀关闭，松开减压器调压螺钉，将氧气胶管中的氧气放出；同时关闭乙炔瓶阀，放松减压调节螺钉，将乙炔胶管中的乙炔放出

5. 气割接头

气割过程中不可避免地有中间接头，所以中间的停火收尾必须保证根部割透，为接头创造良好的条件。一般在停火处后10~20mm开始引燃金属后再正常气割。

6. 气割参数

气割参数主要根据工件厚度来选择，首先要选择割炬的型号，同一割炬在切割不同厚度的工件时，还要选择不同型号的割嘴，最后再选择氧气和乙炔的流量。手工气割低碳钢时的参数见表7-4。

表7-4 手工气割低碳钢时的参数

工件厚度/mm	割炬型号	割嘴型号	氧气压力/MPa	乙炔压力/MPa
≤3	G01-30	1、2	0.29~0.39	0.01~0.12
>3~8		1、2	0.39~0.49	
>8~30		2~4	0.49~0.69	

（续）

工件厚度/mm	割炬型号	割嘴型号	氧气压力/MPa	乙炔压力/MPa
>30~50	G01-100	3~5	0.49~0.69	0.01~0.12
>50~100		5、6	0.59~0.79	
>100~150	G01-300	7	0.79~1.19	
>150~200		8	0.99~1.39	
>200~250		9	0.99~1.39	

7.3　气焊与气割常见缺欠与防止措施

气焊与气割常见缺欠与防止措施见表7-5。

表7-5　气焊与气割常见缺欠与防止措施

缺欠种类		原因	防止措施
气焊缺欠	烧穿（焊接过程中，熔化金属自坡口背面流出而形成穿孔）	1）焊接火焰能率太大 2）装配间隙太大 3）焊炬角度不正确 4）焊接速度太慢	1）调整焊嘴号 2）调整装配间隙 3）调整焊炬角度 4）提高焊接速度
	未焊透	1）火焰能率太小 2）焊接速度太快 3）未留装配间隙	1）调整焊嘴号 2）调整焊接速度 3）预留装配间隙
	焊偏	焊工技术水平低	提高焊工技术水平
	气孔、缩孔	1）表面清理不净 2）焊工操作水平低	1）彻底清理焊件表面 2）提高焊工技术水平
	变形	定位不准或定位顺序错误	准确定位
	宽窄不均	1）焊炬与焊丝配合不协调 2）焊接速度不均	1）协调配合送丝与焊炬移动 2）匀速焊接
气割缺欠	割口过宽且表面粗糙	1）火焰能率过大 2）切割氧压力过大	1）调整割嘴号 2）降低切割氧压力
	焊渣不易去除	1）切割氧压力过低 2）火焰太大	1）提高切割氧压力 2）调整火焰大小
	割口表面不齐或棱角熔化	1）预热火焰过大或切割火焰过小 2）切割速度过慢	1）调整火焰大小 2）提高切割速度
	割口后拖量大	切割速度过快	降低切割速度
	工件变形	1）切割顺序不当 2）预热能率过大 3）气割速度太慢	1）合理安排切割顺序 2）降低预热能率 3）提高切割速度

第 8 章

碳弧气刨工艺

8.1 碳弧气刨工艺基础

碳弧气刨的工作原理如图 8-1 所示。在工作时，利用炭棒或石墨棒与工件之间产生的电弧热将金属熔化，同时在气刨枪中通以压缩空气流，利用压缩空气将熔化的金属吹掉，随着气刨枪向前的移动，在金属表面上加工出沟槽。碳弧气刨有很高的工作效率且适用性强，用自动碳弧气刨加工较长的焊缝和环焊缝的坡口，具有较高的加工精度，同时可减轻劳动强度。碳弧气刨可以用来开坡口、铲除焊根、去除缺欠、切割、清理表面、钻孔、刨除余高等，如图 8-2 所示。

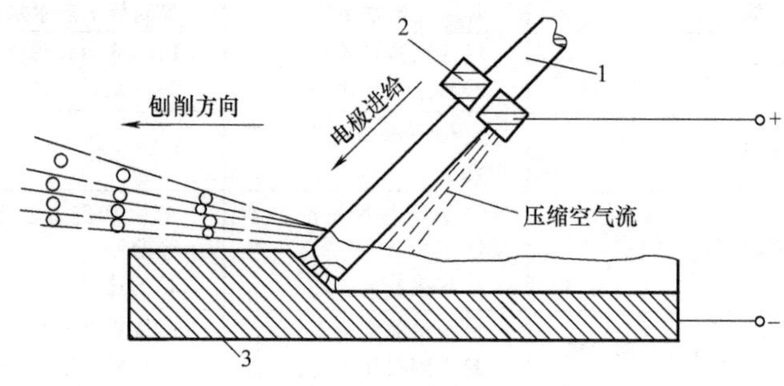

图 8-1　碳弧气刨的工作原理

1—电极　2—刨钳　3—工件

图 8-3 所示为碳弧气刨设备的组成。它是以夹在碳弧气刨钳上的镀铜炭棒作电极，工件作另一极，通电引燃电弧使金属局部熔化，刨钳上的喷嘴喷出气流，将熔化的金属吹掉，以刨出坯料边缘用来焊接的坡口，去除毛刺和或切割下料等。

碳弧气刨设备接电源的方式有两种，工件接焊机正极称为正

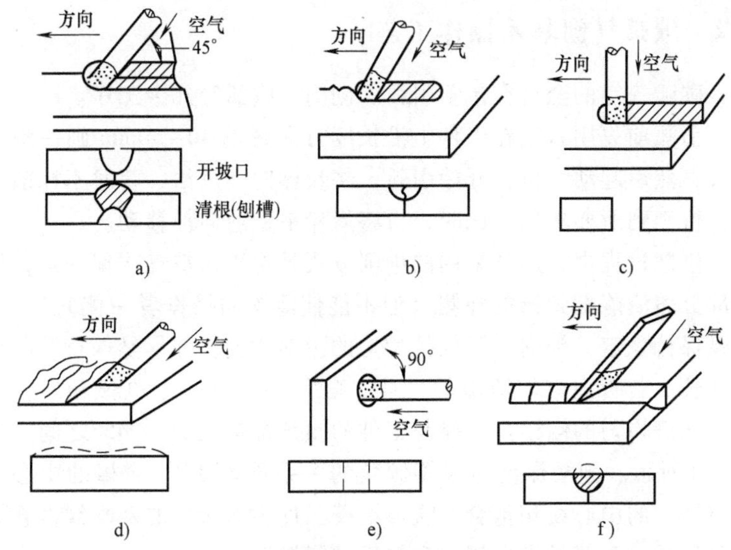

图 8-2 碳弧气刨的用途

a）开坡口和铲除焊根 b）去除缺欠 c）切割
d）清理表面 e）钻孔 f）刨除余高

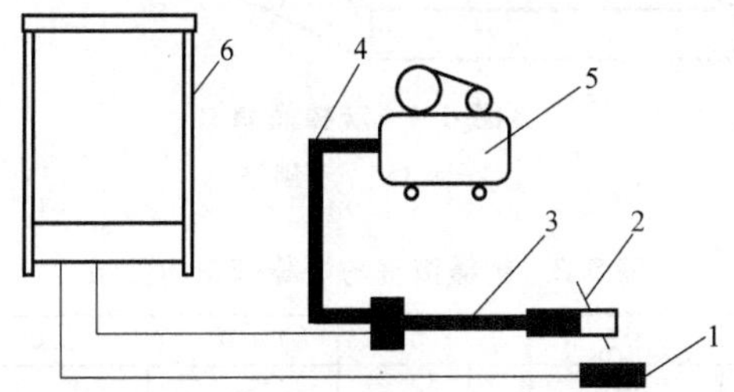

图 8-3 碳弧气刨设备的组成

1—母材 2—炭棒 3—碳弧气刨枪 4—碳弧气刨软管 5—空压机 6—焊机

接，否则称为反接。碳弧气刨的极性选择见表 8-1。

表 8-1 碳弧气刨的极性选择

极性	反接	正接	反接、正接均可
工件材料	碳钢、低合金钢、不锈钢	铜及铜合金、铸铁	铝及铝合金

8.2 碳弧气刨基本操作工艺

碳弧气刨的全过程包括引弧、刨削、收弧等几个工序。

引弧前先用石笔在工件上沿长度方向每隔 40~50mm 画一条基准线，然后起动焊机，开始引弧。将炭棒向下进给，暂时不往前运行，待刨到所要求的槽深时，再将炭棒平稳地向前移动。

刨削过程中，通常采用的刨削方式是将压缩空气吹偏一点，使大部分熔渣能翻到槽的外侧（但不能使渣吹向操作者一侧）。为使电弧保持稳定，刨削时要保持均匀的刨削速度，并尽量保持等距离的弧长。若听到均匀清脆的“嘶、嘶”声，则表示电弧稳定，可得到光滑均匀的刨槽。炭棒与工件的倾角维持在 25°~45°之间，如图 8-4 所示。刨槽深度与炭棒倾角的关系见表 8-2。炭棒的中心线要与刨槽的中心线相重合，炭棒沿着工件表面所划的基准线做直线往前移动，不要做横向摆动和前后往复摆动。

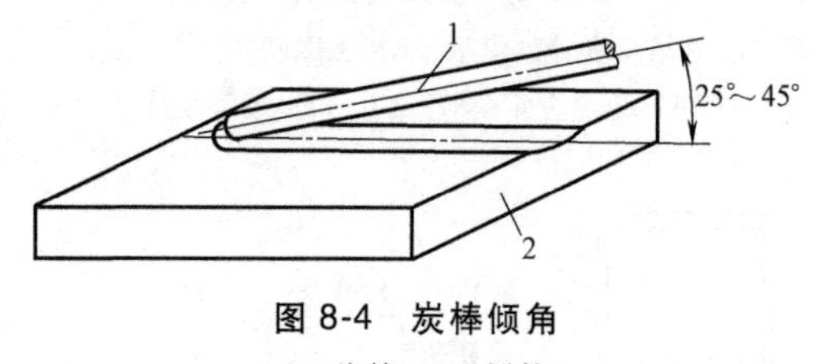

图 8-4 炭棒倾角

1—炭棒 2—刨件

表 8-2 刨槽深度与炭棒倾角的关系

刨槽深度/mm	2.5	3.0	4.0	5.0	6.0
炭棒倾角/(°)	25	30	35	40	45

碳弧气刨过程中各工艺参数的选择见表 8-3。

表 8-3 碳弧气刨过程中各工艺参数的选择

板厚/mm	炭棒直径/mm	刨削电流/A	气体压力/MPa	伸出长度/mm	弧长/mm	极性
3~6	4	160~190	0.3~0.4	50~60	2~3	直流反接
6~10	5~8	200~240	0.4~0.45	80~90		
10~14	8	240~280	0.45~0.5	80~100		
14~20	10	270~320	0.5~0.6	80~120		

碳弧气刨过程中，坡口的刨削顺序如图 8-5 所示。

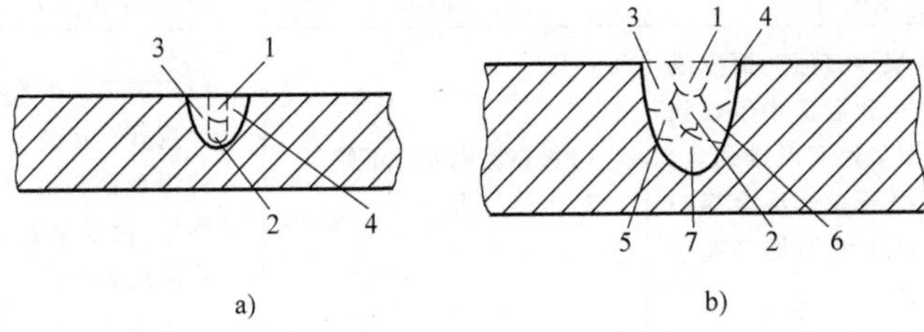

图 8-5　坡口的刨削顺序

a）中厚板　b）大厚板

1～7—刨削顺序

8.3　碳弧气刨常见缺欠与防止措施

碳弧气刨常见缺欠与防止措施见表 8-4。

表 8-4　碳弧气刨常见缺欠与防止措施

缺欠种类	产生原因	防止措施
夹碳：使炭棒头部触及金属液或未熔化的金属，电弧会因短路而熄灭，当炭棒再往上提起时，因温度很高，炭棒端部脱落并粘在未熔化的金属上，就会形成夹碳缺欠。夹碳缺欠处会形成一层硬脆的碳化铁。若碳残存在坡口中，焊后易产生气孔和裂纹	刨削速度太快或炭棒送进过猛	1）及时调整刨削速度和炭棒送进速度 2）若出现夹碳，可用砂轮、风铲或重新用气刨将夹碳部分清除干净
粘渣：气刨时吹出来的物质俗称为“渣”，主要是氧化铁和碳含量很高的金属的混合物。如果渣粘在刨槽的两侧，即为粘渣	1）压缩空气压力小 2）刨削速度与电流配合不当，如电流大而刨削速度太慢 3）炭棒与工件间倾角过小	1）提高压缩空气压力 2）合理协调刨削速度与电流大小 3）炭棒与工件间倾角不宜过小 4）若出现粘渣，可用钢丝刷、砂轮或风铲等工具将其清除

（续）

缺欠种类	产生原因	防止措施
铜斑:炭棒表面的铜皮成块剥落,熔化后集中熔敷到刨槽表面某处而形成铜斑。焊接时,该部位焊缝金属的铜含量可能增加很多而引起热裂纹	1)炭棒镀铜质量不好 2)电流过大	1)应选用好的炭棒 2)选择合适的电流 3)出现铜斑后,可用钢丝刷、砂轮或重新用气刨将铜斑清除干净
刨槽尺寸和形状不规则:在碳弧气刨操作过程中,有时会产生刨槽不正、深浅不均匀甚至刨偏的缺欠	1)刨削速度和炭棒送进速度不稳定 2)炭棒的空间位置不稳定 3)炭棒没对准预定刨削路径	1)保持刨削速度和炭棒送进速度稳定 2)在刨削过程中,炭棒的空间位置尤其是炭棒倾角应合理且保持稳定 3)刨削时应集中注意力,使炭棒对准预定刨削路径。清焊根时,应将炭棒对准装配间隙
刨偏:由于炭棒偏离预定位置而造成刨偏。碳弧气刨的速度比电弧焊快 2~4 倍,故技术不熟练就易刨偏	焊工操作技术不熟练	刨削时注意力必须集中,看准目标线。清焊根时,应将焊缝反面缝线作为目标线,如刨单边 V 形坡口,则可在坡口宽度处打上标记,以作为目标线

第 9 章

其他焊接工艺

9.1 钎焊

钎焊是利用钎料，在低于母材熔点而高于钎料熔点的温度下，与母材一起加热，熔化钎料通过毛细管作用原理，扩散并填满钎缝间隙而形成牢固接头的一种焊接方法，如图 1-6 所示。

钎焊接头基本上由三个区域组成：母材上靠近界面的扩散区、钎缝界面区和钎缝中心区。扩散区组织是钎料组分向母材扩散形成的；钎缝界面区组织是母材向钎料溶解、冷却后形成的，它可能是固溶体或金属间化合物；钎缝中心区由于母材的溶解和钎料组分的扩散以及结晶时的偏析，其组织也不同于钎料的原始组织。

一般情况下，钎焊包含着三个过程：一是钎剂熔化并填充间隙的过程；二是钎料熔化并填满钎缝的过程；三是钎料同母材相互作用并冷却凝固的过程。

钎焊时，钎剂在加热熔化后流入焊件间的间隙，同时熔化的钎剂与母材表面发生物理、化学作用，从而清净母材表面，为钎料填缝创造条件。随着加热温度的继续升高，钎料开始熔化并填缝，钎料在排除钎剂残渣并填入焊件间隙的同时，熔化的钎料与固态母材间发生作用。当钎料填满间隙，经过一定时间保温后就开始冷却、凝固，完成整个钎焊过程。

常见钎焊接头形式如图 9-1 所示。

常用的钎焊方法如图 9-2 所示。

各种钎焊方法的特点及适用范围见表 9-1。

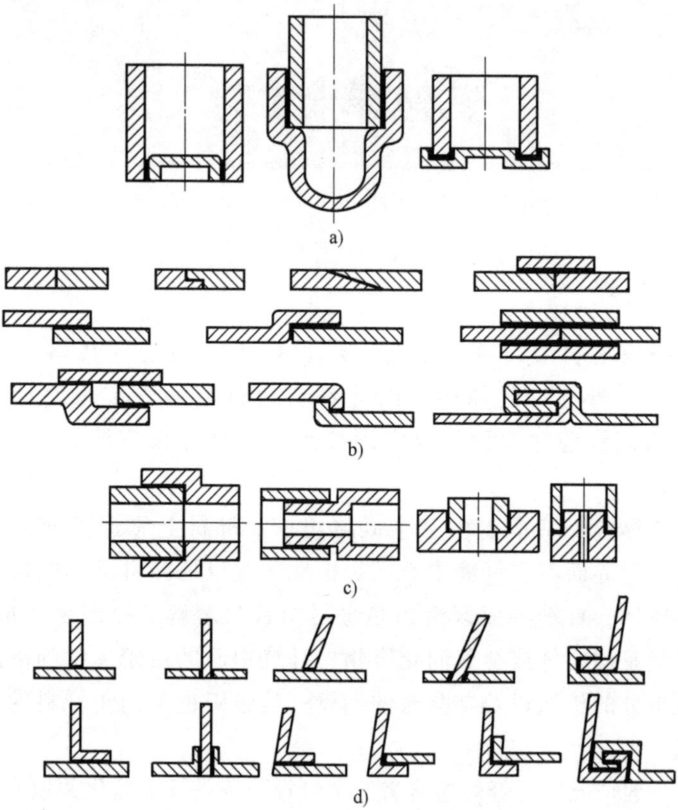

a)

b)

c)

d)

图 9-1 常见钎焊接头形式

a）端面密封接头 b）平板接头 c）管件接头 d）T形和斜角接头

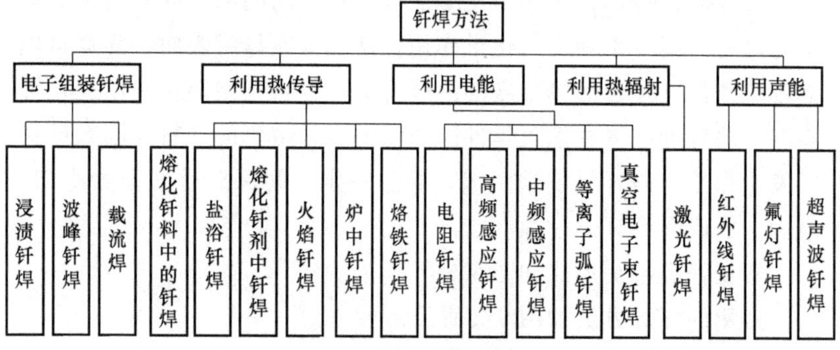

图 9-2 常用的钎焊方法

表 9-1　各种钎焊方法的特点及适用范围

钎焊方法	主要特点		适用范围
	优点	缺点	
烙铁钎焊	设备简单，灵活性好，适用于微细钎焊	需使用钎剂	只能用于软钎焊、钎焊小件
火焰钎焊	设备简单，灵活性好	控制温度困难，操作技术要求较高	钎焊小件
金属浴钎焊	加热快，能精确控制温度	钎料消耗大，焊后处理复杂	用于软钎焊及批量生产
盐浴钎焊	加热快，能精确控制温度	设备费用高，焊后需仔细清洗	用于批量生产，不能钎焊密闭工件
波峰钎焊	生产率高	钎料损耗较大	只用于软钎焊及批量生产
电阻钎焊	加热快，生产率高，成本较低	控制温度困难，工件形状尺寸受限制	钎焊小件
感应钎焊	加热快，钎焊质量好	温度不能精确控制，工件形状受限制	批量钎焊小件
保护气体炉中的钎焊	能精确控制温度，加热均匀变形小，一般不用钎剂，钎焊质量好	设备费用高，加热慢，钎焊的工件含大量易挥发元素	大小件的批量生产，多钎缝工件的钎焊
真空炉中的钎焊	能精确控制温度，加热均匀变形小，能钎焊难焊的高温合金，不用焊剂，钎焊质量好	设备费用高，钎料和工件不宜含较多的易挥发元素	钎焊重要工件

9.2　电阻焊

将准备连接的工件置于两电极之间加压，并对焊接处通以电流，利用电流流过工件接头的接触面及邻近区域产生的电阻热加热，并形成局部熔化或达到塑性状态，断电后在压力继续作用下形成牢固接头的焊接方法称为电阻焊。电阻焊有两个最显著的特点：

1）采用内部热源，利用电流通过焊接区的电阻产生的热量进行加热。

2）必须施加压力，在压力作用下，通电加热、冷却，形成接头，所以电阻焊也属于压焊。

电阻焊可加热到熔化状态，如点焊、缝焊等，也可仅加热到高温塑性状态，如电阻对焊。熔化金属可组成焊缝的主要部分，如点焊、缝焊的熔核，也可为组成焊缝而被挤出呈毛刺，如闪光对焊。

电阻焊按接头形式可分为搭接电阻焊和对接电阻焊两种，搭接电阻焊又可分为点焊、缝焊及凸焊等，对接电阻焊又可分为对焊和滚焊两类。常见电阻焊种类如图 9-3 所示。

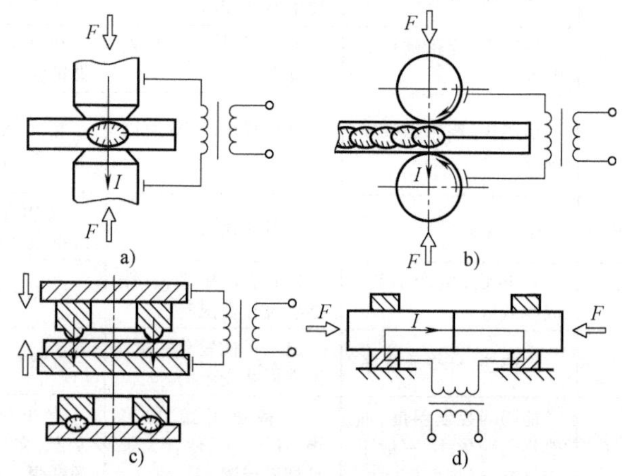

图 9-3 常见电阻焊种类

a）点焊 b）缝焊 c）凸焊 d）对焊

工件预压后开始加热时，因电流场的扩展及电极的散热，使板件内部形成回转双曲面形的加热区。接合面上的一些接触点开始熔化，在其周围有晶粒长大及塑性变形的现象。随着通电时间的延长，焊接区温度不断上升，熔化区扩展。由于中心部位接合面散热困难，电极周围散热快，形成椭圆形熔化核心（熔核）。其周围金属达到塑性温度区，在电极压力作用形成将液态金属核心紧紧包围的环形塑性变形区，称为塑性环。熔核生长过程如图 9-4 所示。

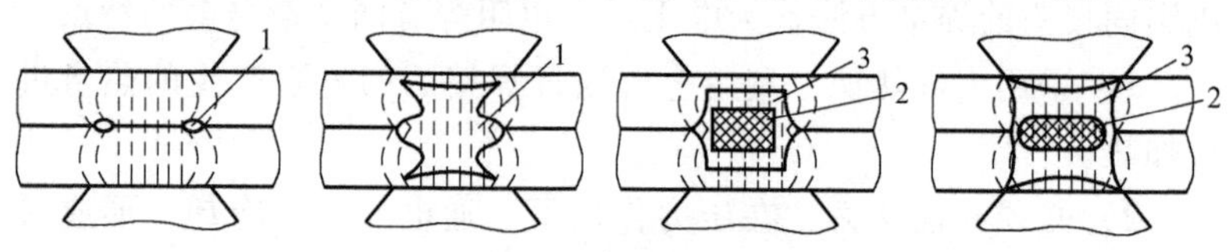

图 9-4 熔核生长过程

1—加热区 2—熔化区 3—塑性环

塑性环的作用有两点：一是防止液态金属在加热及压力作用下向板缝中心飞溅，二是避免外界空气对高温液态金属侵蚀。

9.2.1　点焊

将焊件装配成搭接接头，压紧在两电极之间，利用电阻热熔化母材金属，形成焊点的电阻焊方法称为点焊，如图 9-5 所示。

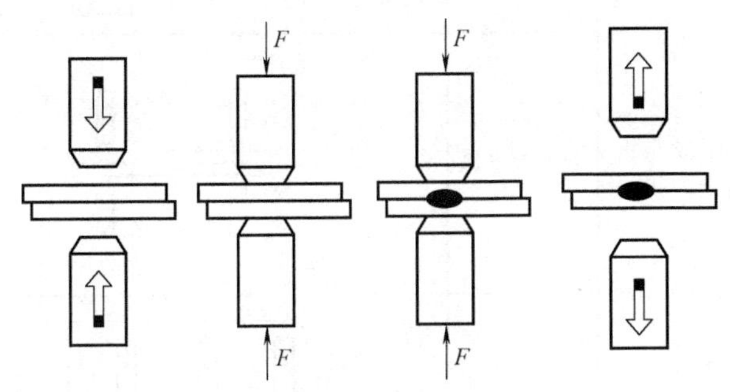

图 9-5　点焊过程

焊点形状应规则、均匀，其尺寸应满足结构和强度要求。点焊接头尺寸按表 9-2 计算。

表 9-2　确定点焊接头尺寸的经验公式

序号	经验公式	简图	备注
1	$d=2\delta+3$	e s s s s c h δ d	h—熔核高度(mm) d—熔核直径(mm) A—焊透率 c—压痕深度(mm) e—点距(mm) s—边距(mm) δ—薄件厚度(mm)
2	A[①] $=30\%\sim70\%$		
3	$c\leqslant 0.2\delta$		
4	$e>8\delta$		
5	$s>6\delta$		

① 焊透率 $A=(h/\delta)\times100\%$。

点焊的种类见表 9-3。

9.2.2　凸焊

凸焊是利用工件原有型面、倒角、底面或预制的凸点，焊接到一块面积较大的工件上。因为是凸点接触，提高了单位面积上的压力与电流，有利于工件表面氧化膜的破裂与热量的集中，减小了分

表 9-3　点焊的种类

种类		示意图
双面供电（电极由工件的两侧向焊接处馈电）	双面单点焊	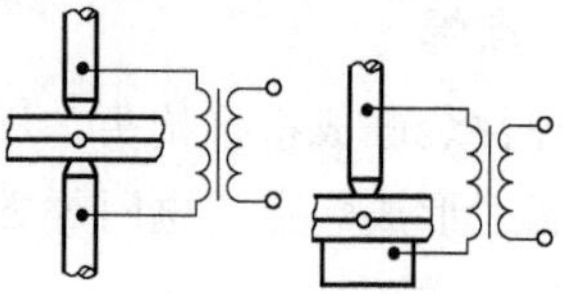
	双面双点焊	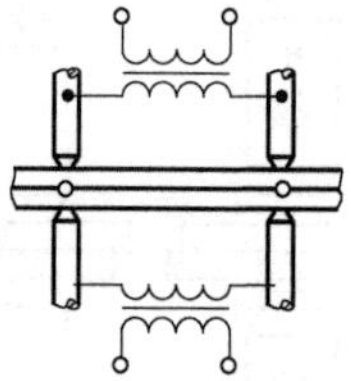
	双面多点焊	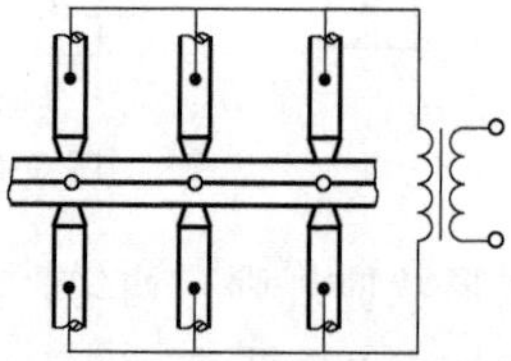
单面供电（电极由工件的同一侧向焊接处馈电）	单面双点焊	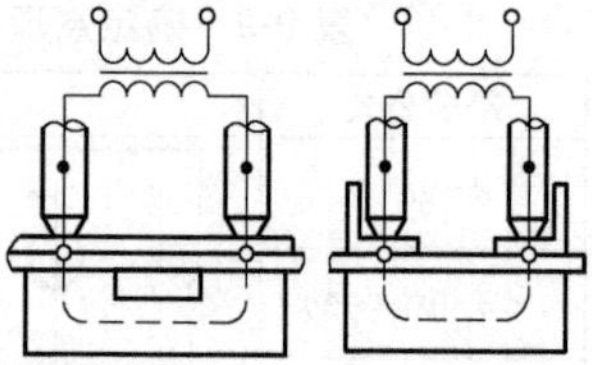
	单面单点焊	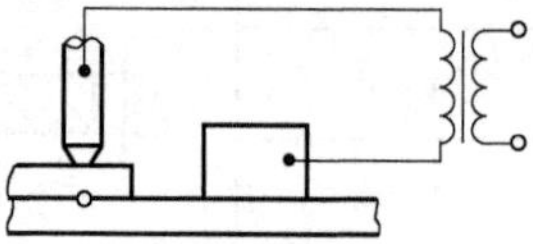
	单面多点焊	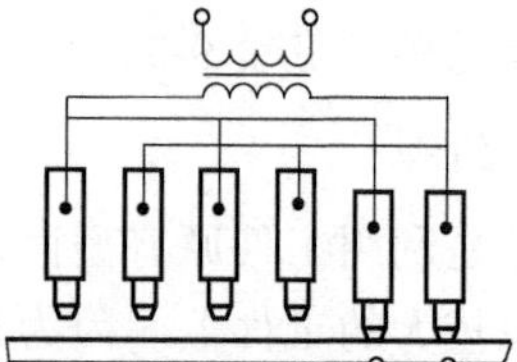

流电流，可用于厚度比大的工件的焊接。凸焊过程如图 9-6 所示。

9.2.3　缝焊

缝焊又称滚焊，是用一对滚轮电极代替点焊的圆柱形电极，焊接的工件在滚盘之间移动，产生一个个熔核相互搭叠的密封焊缝将工件焊接起来的方法。缝焊的焊缝由一个个焊点组成，按核心熔化重叠不同，可以分为滚点焊或气密缝焊。缝焊过程如图 9-7 所示。

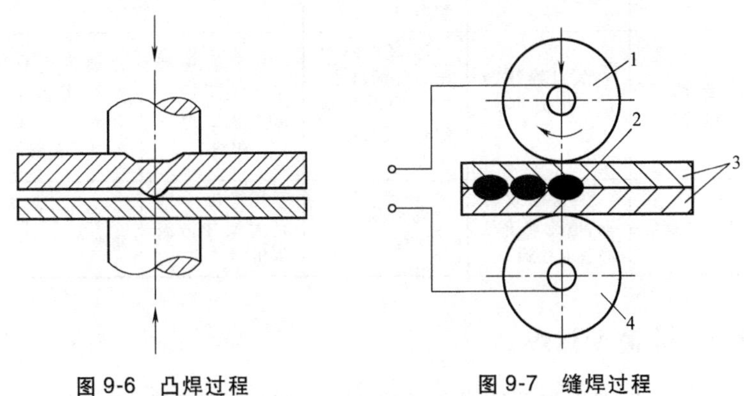

图 9-6　凸焊过程

图 9-7　缝焊过程

1—上电极　2—焊点　3—工件　4—下电极

当焊接小曲率半径工件时，由于内侧滚盘半径的减小受到一定限制，必然会造成熔核向外侧偏移，甚至使内侧工件未焊透，为此应避免设计曲率半径过小的工件。如果在一个工件上既有平直部分，又有曲率半径很小的部分，如摩托车油箱，为了防止小曲率半径处的焊缝未焊透，可以在焊到此部位时，增大焊接电流。另外，滚盘直径不同或工件弯曲均可造成熔核偏移，如图 9-8 所示，设计时要尽量避免。

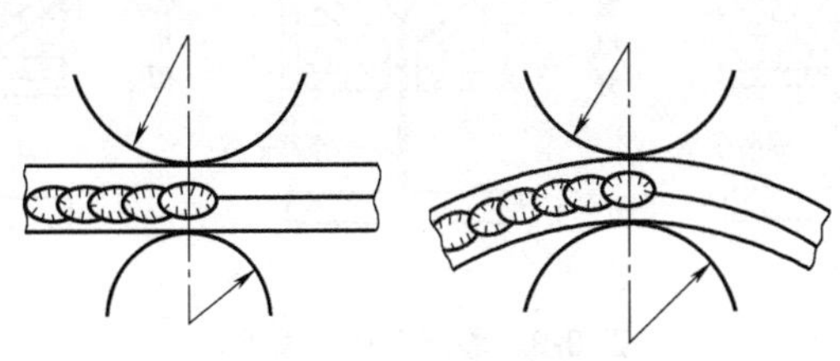

图 9-8　缝焊熔核偏移

缝焊的种类及应用方法见表 9-4。

表 9-4 缝焊的种类及应用方法

缝焊种类	过程原理	特点	所需设备	应用范围
连续通电缝焊	滚盘连续转动，电流连续接通	完成焊点时压力逐渐减小，工件易过热，压坑深，焊接质量比点焊差，电极磨损快	最简单，一般是小型电动式工频交流焊机	各种钢材薄件或不重要件
断续通电缝焊	滚盘连续转动，电流断续接通	完成焊点时压力逐渐减小，工件和电极冷却好，质量略低于点焊	较简单，一般是大型工频交流焊机或电容储能焊机	各种钢材重要件，铝及铝合金异种金属不等厚或精密件
步进式缝焊	滚盘断续转动，电流在滚盘静止时接通	焊点质量与点焊相当	较复杂，一般是大型冲击波焊机	铝及铝合金重要件

9.3 等离子弧焊

借助外部拘束条件使电弧的弧柱横截面受到限制时，电弧的温度、能量密度都显著增大，这种利用外部拘束条件使弧柱受到限制压缩的电弧称为等离子弧。利用等离子弧作为热源进行熔化焊接的方法称为等离子弧焊。等离子弧有三种类型，如图 9-9 所示。

等离子弧焊有三种基本焊接方法：小孔型等离子弧焊、微束等

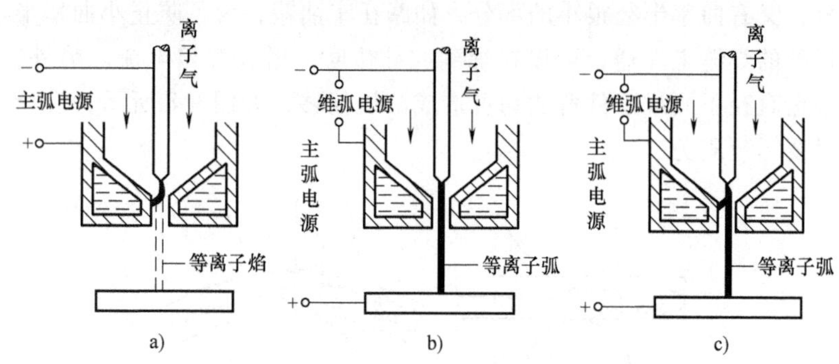

图 9-9 等离子弧的类型

a）非转移型弧 b）转移型弧 c）联合型弧

离子弧焊、熔透型等离子弧焊。

（1）小孔等离子弧焊　利用小孔效应实现等离子弧焊的方法称为小孔等离子弧焊（穿透性焊），如图 9-10 所示。在对一定厚度范围内的金属进行焊接时，适当地配合电流、离子气流及焊接速度三个工艺参数，利用等离子弧能量密度大、挺直性好、离子流冲力大的特点，将工件完全熔透，并在熔池上产生一个贯穿工件的小孔，离子流通过小孔从背面喷出。其成形原理如图 9-11 所示。小孔周围的金属液在电弧吹力、金属液重力与表面张力作用下保持平衡。焊枪前进时，在小孔前沿的熔化金属沿着等离子弧柱流到小孔后面并逐渐凝固成焊缝。

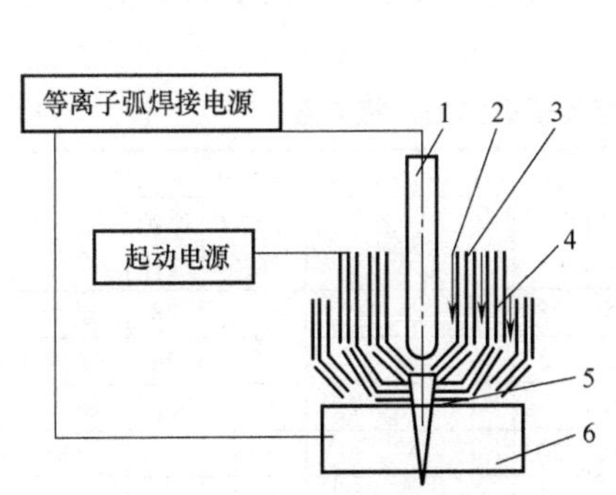

图 9-10　小孔等离子弧焊

1—电极　2—离子气　3—冷却水
4—保护气　5—等离子弧　6—工件

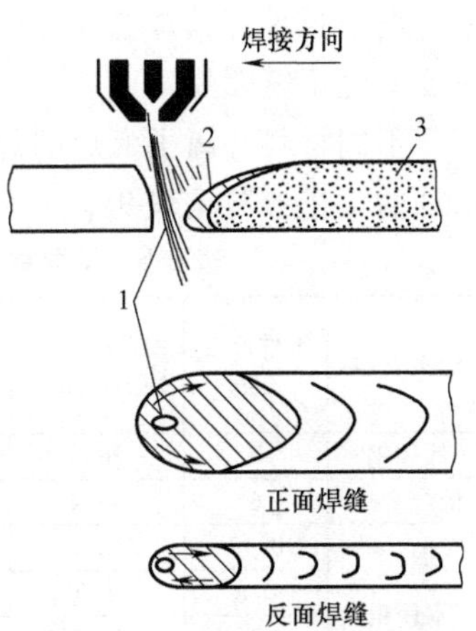

图 9-11　穿透型等离子弧焊焊缝成形原理

1—小孔　2—熔池　3—焊缝

（2）微束等离子弧焊　焊接电流为 30A 以下的熔透型焊接称为微束等离子弧焊，如图 9-12 所示。微束等离子通常采用联合弧，这时的非转移弧又称维弧，而用于焊接的转移弧又称主弧。由于非转移弧的存在，焊接电流小至 1A 以下时电弧仍具有较好的稳定性，微束等离子弧特别适合于薄板和细丝的焊接。

（3）熔透型等离子弧焊　当离子气流量较小，弧柱受压缩程度较弱时，等离子弧的穿透能力下降，焊接过程中只熔化工件而不

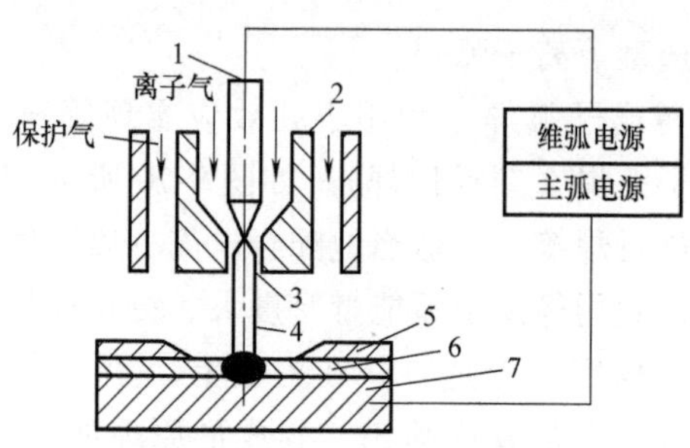

图 9-12 微束等离子弧焊

1—电极 2—喷嘴 3—维弧 4—等离子弧 5—压板 6—工件 7—垫板

产生小孔效应，这种等离子弧焊称为熔透型等离子弧焊，又称熔入型等离子弧焊。其焊缝成形原理与氩弧焊类似，但焊接质量及焊接速度要优于氩弧焊。

不同材料等离子弧焊的焊接参数见表 9-5，不同材料等离子弧切割的工艺参数见表 9-6。

表 9-5 不同材料等离子弧焊的焊接参数

焊接材料	工件厚度/mm	焊接速度/(cm/min)	焊接电流/A	电弧电压/V	气体流量/(L/min) 种类	等离子气体	保护气体	工艺方法
低碳钢	3	30.4	185	28	Ar	6.07	28	穿透
低合金钢	6	35.4	275	33	Ar	7	28	穿透
不锈钢	0.12	12.7	2.0		$Ar+H_2$0.5%①	0.23	0.08	微束
	0.8	110	85	20	Ar	1.5	15	熔透
	3	71.2	145	32	$Ar+H_2$0.5%①	4.7	16.3	穿透
	6	35.4	240	38	$Ar+H_2$0.5%①	8.4	23.3	穿透
30CrMoSiA	6.5	18	200	32	Ar	6	20	穿透
12Cr1MoV	ϕ42×5	33	115	32	Ar	2.5	25	穿透

① H_2 的体积分数。

表 9-6 不同材料等离子弧切割的工艺参数

材料	工件厚度/mm	喷嘴直径/mm	空载电压/V	切割电流/A	切割电压/V	切割速度/(m/h)	气体流量/(L/h)
不锈钢	12	2.8	160	200~210	120~130	130~157	N_2:2300~2400
	20	3	160	220~240	120~130	70~80	N_2:2600~2700
	30	3	230	280	125~140	35~40	N_2:2500~2700
	150	5.5	320	440~480	190	6.55	N_2:3170 N_2:23%,960

（续）

材料	工件厚度/mm	喷嘴直径/mm	空载电压/V	切割电流/A	切割电压/V	切割速度/(m/h)	气体流量/(L/h)
铝	12	2.8	215	250	125	784	N_2:4400
	21	3	230	300	130	75~80	N_2:4400
	80	3.5	245	350	150	10	N_2:4400
纯铜	18	3.2	180	340	84	30	N_2:1660
	38	3.5	252	364	106	11.3	N_2:1570
铬钼铜	85	3.5	252	300	117	5	N_2:1050
铸铁	100	5	240	400	160	13.2	N_2:3170 N_2:23%,960

等离子弧焊机常见故障与防止措施见表9-7，等离子弧焊常见缺欠与防止措施见表9-8。

表9-7 等离子弧焊机常见故障与防止措施

故障特征	产生原因	防止措施
引不起非转移弧	1)高频不正常 2)非转移弧线路断开 3)继电器触头接触不良 4)无离子气	1)检查并修复 2)接好非转移弧线路 3)检修或更换继电器 4)检查离子气系统,接通离子气
引不起转移弧	1)主电路电缆接头与工件接触不良 2)非转移弧与工件电路不通	1)使主电路电缆接头与工件接触良好 2)检查修复
气路漏气	1)气瓶阀漏气 2)气路接口或气管漏气	1)进行维修 2)上紧或更换
水路漏水	1)水路接口漏水 2)水管破裂 3)焊枪烧坏	1)拧紧接口 2)换新管 3)修复或更换

表9-8 等离子弧焊常见缺欠与防止措施

缺陷类型	产生原因	防止措施
单侧咬边	1)焊炬偏向焊缝一侧 2)电极与喷嘴不同心 3)两辅助孔偏斜 4)接头错边量太大 5)磁偏吹	1)改正焊炬对中位置 2)调整同心度 3)调整辅助孔位置 4)加填充焊丝 5)改变地线位置
两侧咬边	1)焊接速度太快 2)焊接电流太小	1)降低焊接速度 2)加大焊接电流

（续）

缺陷类型	产生原因	防止措施
气孔	1)焊前清理不当 2)焊丝不干净 3)焊接电流太小 4)填充丝送进太快 5)焊接速度太快	1)除净焊接区的油、锈及污物 2)清洗焊丝 3)加大焊接电流 4)降低送丝速度 5)降低焊接速度
热裂纹	1)焊材或母材硫含量太高 2)焊缝熔深、熔宽较大,熔池太长 3)工件刚度太大	1)选用硫含量低的焊丝 2)调整焊接参数 3)预热、缓冷

9.4 电渣焊

电渣焊是一种高效熔化焊方法，它利用电流通过高温液体熔渣产生的电阻热作为热源，将工件和填充金属熔合成焊缝，如图9-13所示。为保持熔池形状，强制焊缝成形，在接头两侧使用水冷成形滑块挡住熔池和熔渣，熔渣对金属熔滴有一定的冶金作用，还可使金属熔池与空气隔开，避免污染。

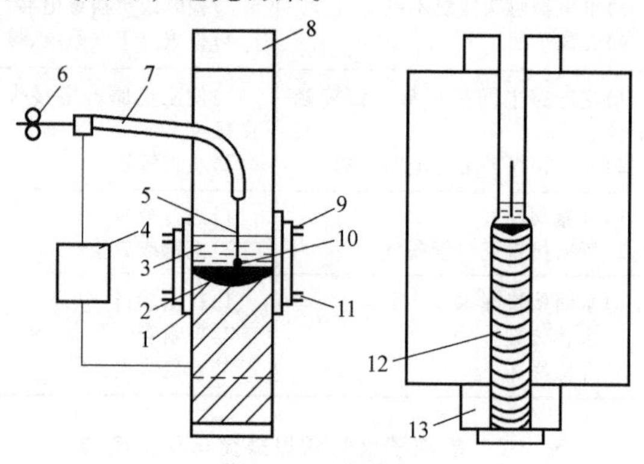

图 9-13 电渣焊

1—水冷成形滑块 2—金属熔池 3—熔渣 4—焊接电源 5—焊丝 6—送丝轮 7—导电杆 8—引出板 9—出水管 10—金属熔滴 11—进水管 12—焊缝 13—起焊槽

按电极的形状和尺寸不同，电渣焊分为丝极电渣焊、熔嘴电渣焊、板极电渣焊等。丝极电渣焊用焊丝作电极，焊丝通过铜质导电嘴送入渣池，焊接机头随金属熔池的上升而向上移动，如图 9-14

所示；熔嘴电渣焊的电极由固定在接头间隙中的熔嘴和不断向熔池中送进的焊丝构成，如图 9-15 所示；板极电渣焊是采用一条或数条金属板作为熔化电极的焊接方法，如图 9-16 所示。

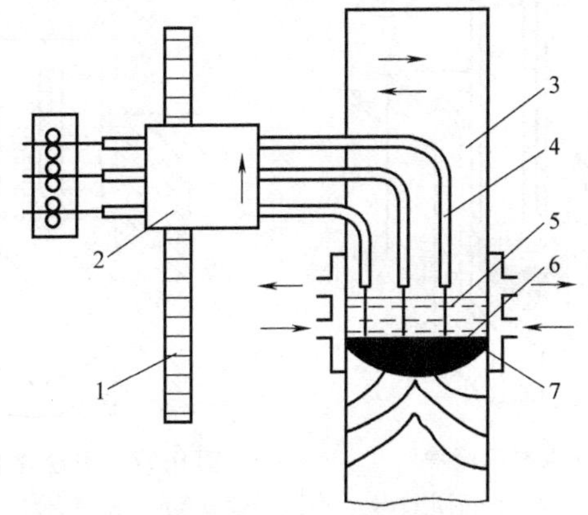

图 9-14 丝极电渣焊

1—导轨 2—焊机机头 3—工件 4—导电杆 5—渣池 6—金属熔池 7—水冷成形滑块

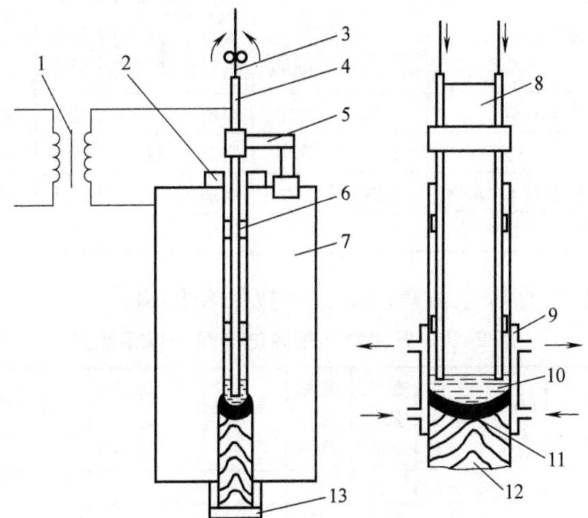

图 9-15 熔嘴电渣焊

1— 电源 2—引出板 3—焊丝 4—熔嘴钢管 5—熔嘴夹持架 6—绝缘块 7—工件 8—熔嘴钢板 9—水冷成形滑块 10—渣池 11—金属熔池 12—焊缝 13—起焊槽

电渣焊的熔池形状如图 9-17 所示。电渣焊工艺参数对焊缝形状及成分的影响见表 9-9。

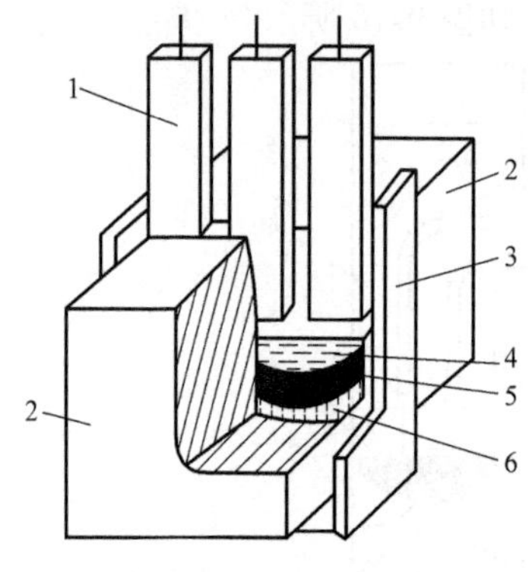

图 9-16 板极电渣焊

1—板极 2—工件 3—固定冷却铜块 4—渣池 5—熔池 6—焊缝

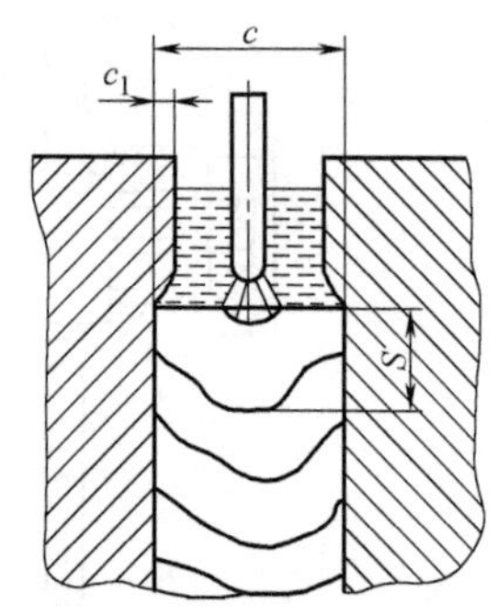

图 9-17 电渣焊的熔池形状

c—熔池宽度 S—熔池深度 c_1—熔透深度

表 9-9 电渣焊工艺参数对焊缝形状及成分的影响

焊缝特征	增大下列参数时焊缝特征的变化						
	焊接电流		电弧电压	焊丝摆动速度	熔池深度	焊丝干伸长度	装配间隙
	≤800A	>800A					
金属熔池深度 H	增加	增加	稍增	不变	稍减	减小	不变
焊缝宽度 B	增加	减小	增加	减小	减小	不变	增加
金属熔池形状系数 $\psi=B/H$	稍减	减小	增加	减小	减小	稍增	增加
基体金属在焊缝中的含量	稍减	减小	增加	减小	减小	不变	增加

常用材料熔嘴电渣焊的焊接参数见表 9-10。

表 9-10 常用材料熔嘴电渣焊的焊接参数

结构形式	工件材料	接头形式	工件厚度/mm	熔嘴数目/个	装配间隙/mm	焊接电压/V	焊接速度/(m/h)	送丝速度/(m/h)	渣池深度/mm
非刚性固定结构	Q235A Q355 20	对接接头	80	1	30	40~44	≈1	110~120	40~45
			100	1	32	40~44	≈1	150~160	45~55
			120	1	32	42~46	≈1	180~190	45~55
		T形接头	80	1	32	44~48	≈0.8	100~110	40~45
			100	1	34	44~48	≈0.8	130~140	40~45
			120	1	34	46~52	≈0.8	160~170	45~55

（续）

结构形式	工件材料	接头形式	工件厚度/mm	熔嘴数目/个	装配间隙/mm	焊接电压/V	焊接速度/(m/h)	送丝速度/(m/h)	渣池深度/mm
非刚性固定结构	25 20MnMo 20MnSi	对接接头	80	1	30	38~42	≈0.6	70~80	30~40
			100	1	32	38~42	≈0.6	90~100	30~40
			120	1	32	40~44	≈0.6	100~110	40~45
			180	1	32	46~52	≈0.5	120~130	40~45
			200	1	32	46~54	≈0.5	150~160	45~55
		T形接头	80	1	32	42~46	≈0.5	60~70	30~40
			100	1	34	44~50	≈0.5	70~80	30~40
			120	1	34	44~50	≈0.5	80~90	30~40
	35	对接接头	80	1	30	38~42	≈0.5	50~60	30~40
			100	1	32	40~44	≈0.5	65~70	30~40
			120	1	32	40~44	≈0.5	75~80	30~40
			200	1	32	46~50	≈0.4	110~120	40~45
		T形接头	80	1	32	44~48	≈0.5	50~60	30~40
			100	1	34	46~50	≈0.4	65~75	30~40
			120	1	34	46~52	≈0.4	75~80	30~40
刚性固定结构	Q235A Q355 20	对接接头	80	1	30	38~42	≈0.6	65~75	30~40
			100	1	32	40~44	≈0.6	75~80	30~40
			120	1	32	40~44	≈0.5	90~95	30~40
			150	1	32	44~50	≈0.4	90~100	30~40
		T形接头	80	1	32	42~46	≈0.5	60~65	30~40
			100	1	34	44~50	≈0.5	70~75	30~40
			120	1	34	44~50	≈0.4	80~85	30~40
大断面结构	35 20MnMo 20MnSi	对接接头	400	3	32	38~42	≈0.4	65~70	30~40
			600	4	34	38~42	≈0.3	70~75	30~40
			800	6	34	38~42	≈0.3	65~70	30~40
			1000	6	34	38~44	≈0.3	75~80	30~40

注：焊丝直径为3mm，熔嘴板厚为10mm，熔嘴管尺寸为410mm×2mm，熔嘴尺寸须按相关标准进行选定。

9.5 扩散焊

在一定的温度和压力下，被连接表面相互靠近、相互接触，通过使局部发生微观塑性变形或通过被连接表面产生的微观液相而扩大被连接表面的物理接触，结合层原子间经过一定时间的相互扩散，形成整体可靠连接的过程，称为扩散焊。扩散焊是将工件在高温下加压，但不产生可见变形和相对移动的固态焊接方法。

扩散焊接头的显微组织和性能与母材接近或相同，不存在各种熔化焊缺欠，也不存在具有过热组织的热影响区，焊接参数易于控制，在批量生产时接头质量稳定。因为工件不发生变形，扩散焊可以实现机械加工后的精密装配连接。扩散焊可以进行内部的连接，也可实现电弧可达性不好不能用熔焊方法实现的连接，适合于耐热材料（耐热合金、钨、钼、铌、钛等）、陶瓷、磁性材料及活性金属的连接。

9.6 激光焊

激光是利用原子受激辐射的原理，使工作物质受激而产生一种单色性高、方向性强、光亮度高的光束。利用激光器产生的高能量密度的相干单色光子流聚焦而成的激光束作为能源，轰击金属或非金属工件，产生热量并使之熔化进而形成焊接接头的连接方法称为激光焊。它是一种高质量、高精度、高效率的焊接方法。按激光器输出能量方式不同，激光焊分为脉冲激光焊和连续激光焊（包括高频脉冲连续激光焊）。脉冲激光焊时，输入到焊接工件上的能量是断续的、脉冲的，每个激光脉冲在焊接过程中形成一个圆形焊点。连续激光焊在焊接过程中形成的是一条连续的焊缝。

用脉冲激光焊能够焊接铜、铁、锆、钽、铝、钛、铌等金属及其合金，用连续激光焊可焊接除铜、铝合金外的其他金属。脉冲激光焊主要用于微型件、精密件和微电子元件的焊接；连续激光焊主要用于厚板深熔焊，对接、搭接、端接、角接均可采用连续激光焊。由于激光焊的热影响区小，可避免热损伤，所以激光焊广泛应用于电子工业和仪表工业（如微电器件外壳及精密传感器外壳的封焊、精密热电偶的焊接、波导元件的定位焊等）。

9.7 爆炸焊

爆炸焊是利用炸药爆炸产生的冲击力造成工件迅速碰撞、

塑性变形、熔化及原子间相互扩散而实现焊接的方法。覆板与基板之间的界面没有或仅有少量熔化，无热影响区，属固相焊接。爆炸焊适用于广泛的材料组合，有良好的焊接性和力学性能。在工程上主要用于制造金属复合材料和异种金属的焊接。爆炸焊原理如图 9-18 所示，爆炸结合面形态如图 9-19 所示。

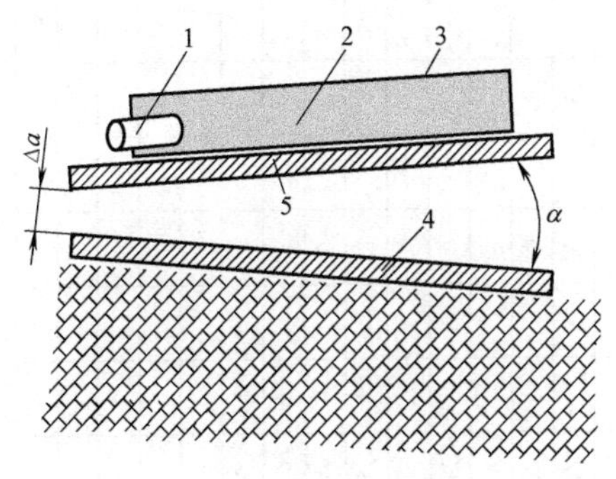

图 9-18 爆炸焊原理

α—安装角 Δα—安装尺寸

1—雷管 2—炸药 3—药框 4—基板 5—覆板

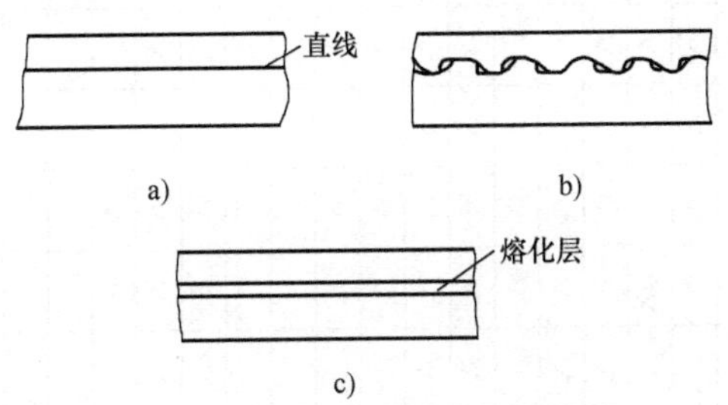

图 9-19 爆炸结合面形态

a）直线结合 b）波状结合 c）直线熔化层结合

通常只要有足够强度和塑性并能承受工艺过程所要求的快速变形的金属，都可以实现爆炸焊。目前生产中爆炸焊常用的金属组合见表 9-11。

表 9-11 目前生产中爆炸焊常用的金属组合

材料	奥氏体不锈钢	铁素体不锈钢	普通碳钢	低合金钢	铝及铝合金	铜及铜合金	镍及镍合金	钛及钛合金	钽	铌	铂	银	金	钼	铅	钨	钯	钴	镁	锌	锆
奥氏体不锈钢	√√	√	√	√	√	√	√	√	√	√		√	√	√		√		√			√
铁素体不锈钢	√	√√	√	√	√	√	√	√						√							
普通碳钢	√	√	√√	√	√	√	√	√	√	√		√	√	√	√			√	√	√	√
低合金钢	√	√	√	√√	√	√	√	√	√	√			√	√	√			√	√	√	√
铝及铝合金	√	√	√	√	√√	√	√	√	√	√		√							√		
铜及铜合金	√	√	√	√	√	√√	√	√	√	√		√	√	√							
镍及镍合金	√	√	√	√	√	√	√√	√	√		√		√	√					√		
钛及钛合金	√	√	√	√	√	√		√√	√	√	√	√				√			√		√
钽	√		√	√	√	√	√	√	√√	√	√		√	√							
铌	√		√	√	√	√		√	√	√√	√			√			√				
铂							√	√	√	√	√√										
银	√		√		√	√		√				√√									
金	√		√	√		√	√		√				√√								
钼	√	√	√	√		√	√		√	√				√√							
铅			√	√											√√						
钨	√							√								√√					
钯										√							√√				
钴	√		√	√														√√			
镁			√	√	√		√	√											√√		
锌			√	√																√√	
锆	√		√	√				√													√√

注：√为焊接性良好（√√为同种金属焊接）；空白为焊接性差或无报道数据。

第10章

碳钢的焊接

10.1 低碳钢的焊接

10.1.1 低碳钢的焊接性

低碳钢的碳含量低（质量分数不大于0.25%），其他合金元素含量也较少，所以低碳钢是焊接性最好的钢种。低碳钢采用通常的焊接方法焊接后，接头中不会产生淬硬组织或冷裂纹，只要焊接材料选择适当，便能得到满意的焊接接头。

用电弧焊焊接低碳钢时，为了提高焊缝金属的塑性、韧性和抗裂性能，通常都是使焊缝金属的碳含量低于母材，依靠提高焊缝中的硅、锰含量和电弧焊所具有较高的冷却速度来达到与母材等强度。焊缝金属随着冷却速度的增加，其强度会提高，而塑性和韧性会下降。为了防止过快的冷却速度，对厚板单层角焊缝，其焊脚尺寸不宜过小。多层焊时，低碳钢的焊接应尽量连续施焊。补焊表面缺陷时，焊缝应具有一定的尺寸，焊缝长度不得过短，必要时应局部预热。

在焊接碳含量偏高的低碳钢或在低温下焊接大刚性结构时，可能产生冷裂纹，这时应采取预热或采用低氢型焊条焊接。低碳钢电弧焊焊缝通常具有较高的抗热裂纹能力，但当母材碳含量已接近上限时，应避免出现窄而深的焊缝。

低碳钢具有优良的焊接性：

1）可以制成各种接头形式，适于全位置焊接。

2）焊缝产生裂纹、气孔的倾向性小，只有当母材、焊接材料成分不合格，如碳、硫、磷含量偏高时，焊缝中才有可能产生热裂纹。在低温条件下焊接，裂纹倾向加大。

3）低碳钢焊接通常不需要焊前预热、保持层间温度和后热，焊后也不需要热处理。只有在环境温度较低或结构刚度过大时，才考虑采取一定的措施，如焊前预热、保持层间温度、采用低氢焊接材料等。

4）当空气中的氧和氮侵入接熔池时，焊缝金属将被氧化或氮化，可能会引起热裂纹。

5）沸腾钢中氧含量较高，容易产生裂纹，硫和磷含量偏高，也是使裂纹倾向增加的重要因素。

10.1.2 低碳钢的焊接工艺

1. 低碳钢的焊条电弧焊

（1）焊前预热 常用低碳钢典型产品的焊前预热温度见表10-1。

表 10-1 常用低碳钢典型产品的焊前预热温度

焊接场地环境温度/℃ <	工件厚度/mm		预热温度/℃
	导管、容器类	柱、架、梁类	
0	41~50	50~70	100~150
-10	31~40	31~50	
-20	17~30	—	
-30	≤16	≤30	

（2）焊条的选择 按照等强度原则，焊条的选择见表10-2。

表 10-2 焊条的选择

牌号	一般结构（包括壁厚不大的中、低压容器）		动载荷、复杂和厚板结构，重要的受压容器，低温下焊接		施焊条件
	型号	牌号	型号	牌号	
Q235	E4313	J421	E4303	J422	一般不预热
08、10、10、20	E4303	J422	E4316	J426	一般不预热
	E4319	J423	E4315	J427	
	E4320	J424	E5016	J506	
	E4311	J425	E5015	J507	
25	E4316	E426	E5016	E506	厚板结构预热150℃以上
	E4315	E427	E5015	E507	
20g、22g、20R	E4303	J422	E4316	J426	一般不预热
	E4319	J423	E4315	J427	

（3）层间温度及热处理温度 工件刚度大、焊缝很长时，为避免在焊接过程中焊接裂纹倾向加大，要采取控制层间温度和焊后

消除应力等热处理措施。焊接低碳钢时的层间温度及热处理温度见表10-3。

表10-3 焊接低碳钢时的层间温度及热处理温度

牌号	工件厚度/mm	层间温度/℃	热处理温度/℃
Q235、08、10、15、20	≈50	<350	600~650
	>50~100	>100	
25、20g、22g	≈25	>50	600~650
	>50	>100	600~650

（4）焊接参数　低碳钢焊条电弧焊的焊接参数见表10-4。

（5）焊接工艺要点

1）焊前焊条要按规定进行烘干（烘干温度与时间见表10-5）。为防止产生气孔、裂纹等缺欠，焊前要清除工件待焊处的油、污、锈、垢等。

2）避免采用深而窄的坡口形式，以避免出现夹渣、未焊透等缺欠。

3）控制热影响区的温度不能太高，在高温停留的时间不能太长，防止造成晶粒粗大。

4）为了防止空气侵入焊接区而引起气孔、裂纹，从而降低接头性能，应尽量采用短弧焊接。

5）多层焊时，每层焊缝金属厚度不应大于5mm，最后一层盖面焊缝要连续焊完。

6）焊接纵横交错的焊缝时，应先焊端接缝，后焊边接缝。

7）焊缝长度超过1m以上时，应采用分中对称焊法或逐步码焊法。

8）凡对称工件，应从中央向前后两方向开始焊接，并按左右方向对称进行。

9）先焊短焊缝，后焊长焊缝。

10）工件焊缝质量不好时，应在工件上进行反修处理，直至合格，不得留在整体安装焊接时再进行处理。

11）在保证接头不致爆裂的前提下，根部焊道应尽可能地薄。

12）多层焊时，下一层焊开始前应将上层焊缝的药皮、飞溅等表面物除干净。多层焊的每层焊缝的厚度不超过3~4mm。

表 10-4 低碳钢焊条电弧焊的焊接参数

焊缝空间位置	焊缝横断面形式	工件厚度或焊根尺寸/mm	第一层焊缝		其他各层焊缝		封底焊缝	
			焊条直径/mm	焊接电流/A	焊条直径/mm	焊接电流/A	焊条直径/mm	焊接电流/A
平对接焊缝		2.0	2.0	55~60	—	—	2.0	55~60
		2.5~3.5	3.2	90~120			3.2	90~120
		4.0~5.0	3.2	100~130			3.2	100~130
			4.0	160~200			4.0	160~210
			5.0	200~260			5.0	220~250
		5.0~6.0	4.0	160~210	—	—	3.2	100~130
							4.0	180~210
		≥6.0	4.0	160~210	4.0	160~210	4.0	180~210
					5.0	220~280	5.0	220~260
		≥12	4.0	160~210	4.0	160~210	—	—
					5.0	220~280		
立对接焊缝		2.0	2.0	50~55	—	—	2.0	50~55
		2.5~4.0	3.2	80~110			3.2	80~110
		5.0~6.0	3.2	90~120			3.2	90~120
		7.0~10.0	3.2	90~120	4.0	120~160	3.2	90~120
			4.0	120~160				
		≥11	3.2	90~120	4.0	120~160	3.2	90~120
			4.0	120~160	5.0	160~200		
		12~18	3.2	90~120	4.0	120~160	—	—
			4.0	120~160				
		≥19	3.2	90~120	4.0	120~160		
			4.0	120~160	5.0	160~200		

横对接焊缝		2.0	2.0	50~55	—	—	2.0	50~55
		2.5	3.2	80~110			3.2	80~110
		3.0~4.0	3.2	90~120			3.2	90~120
			4.0	120~160			4.0	120~160
立角接焊缝		2.0	2.0	50~60	—	—	—	—
		3.0~4.0	3.2	90~120				
		5.0~8.0	3.2	90~120				
			4.0	120~160				
		9.0~12.0	3.2	90~120	4.0	120~160		
			4.0	120~160				
		≥7.0	3.2	90~120	4.0	120~160	3.2	90~120
			4.0	120~160				
仰角接焊缝		2.0	2.0	50~60	—	—	—	—
		3.0~4.0	3.2	90~120				
		5.0~6.0	4.0	120~160				
		≥7.0	4.0	120~160	4.0	140~160		
			3.2	90~120	4.0	140~160	3.2	90~120
			4.0	140~160			4.0	140~160

注：角焊缝船形焊可参照平角接焊缝的焊接参数。

表 10-5　焊条烘干温度与时间

焊条药皮类型	烘干温度/℃	烘干时间/min
钛铁矿型	70~100	30~60
钛钙型	70~100	30~60
高氧化钛型	70~100	30~60
铁粉氧化铁型	70~100	30~60
低氢型	300~350	30~60
超低氢型	350~400	60

13）焊前工件有预热要求时，进行多层多道焊时应尽可能连续完成，保证层间温度不低于最低预热温度。

14）多层焊起弧接头应相互错开 30~40mm，“T”和“一”字缝交叉处 50mm 范围内不准起弧和熄弧。

15）低氢型焊条应采用短弧焊进行焊接，选择直流电源反极性接法。

2. 低碳钢的气体保护焊

焊接低碳钢最常用的气体保护焊是二氧化碳气体保护焊和混合气体保护焊。二氧化碳气体保护焊生产率高，焊接变形小，对油、锈不太敏感，操作简单，应用广泛。混合气体保护焊是在氩气中加入一定量的二氧化碳和氧气，以改善电弧特性，飞溅小，焊缝成形好，可用于平焊、立焊、横焊、仰焊及全位置焊接。

（1）焊接材料　低碳钢气体保护焊用焊接材料见表 10-6。

表 10-6　低碳钢气体保护焊用焊接材料

保护气体	焊丝	说明
CO_2	H08Mn2Si、H08Mn2SiA YJ502-1、YJ502R-1、YJ507-1 PK-YJ502、PK-YJ507	目前国产用于二氧化碳气体焊的实心和药芯焊丝，焊接低碳钢的焊缝金属强度略偏高
自保护	YJ502R-2、YJ507-2 PK-YJ502、PK-YJ506	自保护药芯焊丝，一般烟雾较大，适于室外作业用，有较大的抗风能力
Ar+20%CO_2	H08Mn2SiA	混合气体保护焊，用于如锅炉水冷系统的焊接
Ar	H05MnSiAlTiZr	用于 TIG 焊，焊接锅炉集箱、换热器等打底焊缝

（2）焊接参数

1）推荐的半自动和自动焊的焊接参数见表 10-7。

表 10-7　推荐的半自动和自动焊的焊接参数

接头形式	工件厚度/mm	坡口形式	焊接位置	垫板	焊丝直径/mm	焊接电流/A	电弧电压/V	气体流量/(L/min)	自动焊焊接速度/(m/h)	极性
对接接头	1~2	I形	F	无	0.5~1.2	35~120	17~21	6~12	18~35	直流反接
				有		40~150	18~23		18~30	
			V	无	0.5~0.8	35~100	16~19	8~15	—	
	2.0~4.5		F		0.8~1.2	100~230	20~26	10~15	20~30	
				有	0.8~1.6	120~260	21~27			
			V	无	0.8~1.0	70~120	17~20		—	
	5~9		F		1.2~1.6	200~400	23~40	15~20	20~42	
				有		250~420	26~41	15~25	18~35	
	10~12			无	1.6	350~450	32~43	20~25	20~42	
	5~40	单边V形	F	无	1.2~1.6	200~450	23~43	15~25	20~42	
				有		250~450	26~43	20~25	18~35	
			V	无	0.8~1.2	100~150	17~21	10~15	—	
			H		1.2~1.6	200~400	23~40	15~25		
	5~50	V形	F			200~450	23~43		20~42	
				有		250~450	26~43	20~25	18~35	
			V	无	0.8~1.2	100~150	17~21	10~15	—	
	10~80	K形	F		1.2~1.6	200~450	23~43	15~25	20~42	
			V		0.8~1.2	100~150	17~21	10~25	—	
			H		1.2~1.6	200~400	23~40	15~25		
	10~100	X形	F			200~450	23~43		20~42	
			V		1.0~1.2	100~150	19~21	10~15	—	
	20~60	U形	F		1.2~1.6	200~450	23~43	20~25	20~42	
	40~100	双U形								

（续）

接头形式	工件厚度/mm	坡口形式	焊接位置	垫板	焊丝直径/mm	焊接电流/A	电弧电压/V	气体流量/(L/min)	自动焊焊接速度/(m/h)	极性
T形接头	1~2	I形	F	无	0.5~1.2	40~120	18~21	6~12	18~35	直流反接
			V		0.5~0.8	35~100	16~19		—	
			H		0.5~1.2	40~120	18~21			
	2.0~4.5		F		0.8~1.6	100~230	20~26	10~15	20~30	
			V		0.8~1.0	70~120	17~20		—	
			H		0.8~1.0	100~230	20~26			
	5~60		F		1.2~1.6	200~450	23~43	15~25	20~42	
			V		0.8~1.2	100~150	17~21	10~15	—	
			H		1.2~1.6	200~450	23~43	15~25		
	5~40	单边V形	F						20~42	
				有		250~450	26~43	20~25	18~35	
	5~40	单边V形	V		0.8~1.2	100~150	17~21	10~15	—	
			H		1.2~1.6	200~400	23~40	15~25		
	5~80	K形	F			200~450	23~43		20~42	
			V		0.8~1.2	100~150	17~21	10~15	—	
			H		1.2~1.6	200~400	23~40	15~20		
	1~2		F		0.5~1.2	40~120	18~21	6~12	20~35	
			V		0.5~0.8	35~80	16~18		—	
			H		0.5~1.2	40~120	18~21			

角接接头	2.0~4.5	I形	F	无	0.8~1.6	100~230	20~26	10~15	20~30
			V		0.8~1.0	70~120	17~20		—
			H		0.8~1.6	100~230	20~26		
	5~30		F		1.2~1.6	200~450	23~43	20~25	20~42
			V		0.8~1.2	100~150	17~21	10~15	—
			H		1.2~1.6	200~400	23~40	15~25	
	5~40	单边V形	F			200~450	23~43		20~42
				有		250~450	26~43	20~25	18~35
			V	无	0.8~1.2	100~150	17~21	10~15	—
			H		1.2~1.6	200~400	23~40	15~25	
	5~50	V形	F			200~450	23~43		20~42
				有		250~450	26~43	20~25	18~35
			V	无	0.8~1.2	100~150	17~21	10~15	—
	10~80	K形	F		1.2~1.6	200~450	23~43	15~25	20~42
			V		0.8~1.2	100~150	17~21	10~15	—
			H		1.2~1.6	200~400	23~40	15~25	
搭接接头	1.0~4.5	—		—	0.5~1.2	40~230	17~26	8~15	
	5~30				1.2~1.6	200~400	23~40	15~25	

注：1. 本表适用于碳钢、低合金钢二氧化碳保护焊工艺。
2. 焊接位置代号：F—平焊位置；V—立焊位置；H—横焊位置。

2）细丝二氧化碳气体保护半自动焊的焊接参数见表10-8。

表10-8 细丝二氧化碳气体保护半自动焊的焊接参数

工件厚度/mm	接头形式	装配间隙/mm	焊丝直径/mm	电弧电压/V	焊接电流/A	气体流量/(L/min)
≤1.2	b	≤0.5	0.6	18~19	30~50	6~7
1.5		≤0.5	0.7	19~20	60~80	6~7
2.0	70°, 0.5, b	≤0.5	0.8	20~21	80~100	7~8
2.5		≤0.5	0.8	20~21	80~100	7~8
3.0		≤0.5	0.8~1.0	21~23	90~115	8~10
4.0		≤0.5	0.8~1.0	21~23	90~115	8~10
≤1.2	b	≤0.3	0.6	19~20	35~55	6~7
1.5		≤0.3	0.7	20~21	65~85	8~10
2.0		≤0.5	0.7~0.8	21~22	80~100	10~11
2.5		≤0.5	0.8	22~23	90~110	10~11
3.0		≤0.5	0.8~1.0	21~23	95~115	11~13
4.0		≤0.5	0.8~1.0	21~23	100~120	13~15

注：横焊、立焊、仰焊的电弧电压取表中下限值。

3）粗丝二氧化碳气体保护焊的焊接参数见表10-9。

表10-9 粗丝二氧化碳气体保护焊的焊接参数

工件厚度/mm	焊丝直径/mm	接头形式	焊接电流/A	电弧电压/V	焊接速度/(m/h)	气体流量/(L/min)	说明
3.0~5.0	1.6	0.5~2.0	140~180	23.5~24.5	20~26	0~15	—
			180~200	28~30	20~22	0~15	焊接层数1~2
6.0~8.0	2.0	0.8~2.2	280~300	29~30	25~30	16~18	焊接层数1~2
8.0	1.6	90°, 3	320~350	40~42	0~24	16~18	—
8.0	1.6	100°, 3	0~450	0~41	0~29	16~18	采用铜垫板，单面焊双面成形

（续）

工件厚度 /mm	焊丝直径 /mm	接头形式	焊接电流 /A	电弧电压 /V	焊接速度 /(m/h)	气体流量 /(L/min)	说明
8.0	2.0	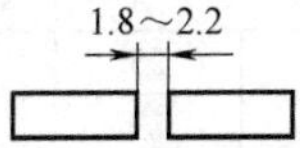 1.8～2.2	280～300	28～30	16～20	18～20	焊接层数 2～3
8.0	2.0	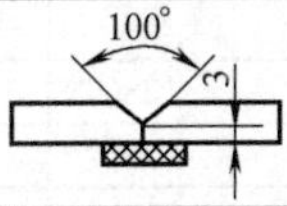 100°，3	450～460	35～36	24～28	16～18	采用铜垫板，单面焊双面成形
8.0	2.5	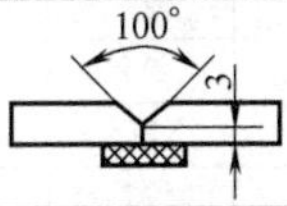 100°，3	600～650	41～42	24	0～20	采用铜垫板，单面焊双面成形
8.0～12.0	2.0	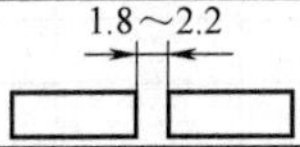 1.8～2.2	280～300	28～30	16～20	18～20	焊接层数 2～3
16	1.6	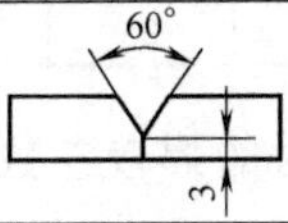 60°，3	320～350	34～36	0～24	0～20	—
22	2.0	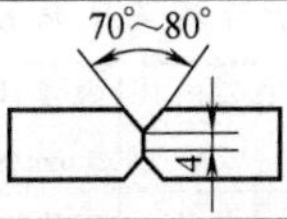 70°～80°，4	380～400	38～40	24	16～18	双面分层堆焊

注：焊接电流<350A 时，可采用半自动焊。

4）角焊缝二氧化碳气体保护焊的焊接参数见表 10-10。

表 10-10　角焊缝二氧化碳气体保护焊的焊接参数

工件厚度 /mm	焊脚尺寸 /mm	焊丝直径 /mm	焊接电流 /A	电弧电压 /V	焊丝干伸长 /mm	焊接速度 /(m/h)	气体流量 /(L/min)	焊接位置
0.8～1	1.2～1.5	0.7～0.8	70～110	17～19.5	8～10	30～50	6	平焊、立焊、仰焊
1.2～2	1.5～2	0.8～1.2	110～140	18.5～20.5	8～12	30～50	6～7	
2～3	2～3	1～1.4	150～210	19.5～23	8～15	25～45	6～8	
4～6	2.5～4		170～350	21～32	10～15	23～45	7～10	平焊、立焊
≥5	5～6	1.6	260～280	27～29	18～20	20～26	16～18	平焊
≥5	9～11（二层）	2	300～350	30～32	20～24	25～28	17～19	平焊
	13～14（四五层）						18～20	
	27～30（十二层）					24～26		

注：采用直流反接、I 形坡口、H08Mn2Si 焊丝。

5）药芯焊丝二氧化碳保护横向自动焊的焊接参数见表 10-11。

表 10-11　药芯焊丝二氧化碳保护横向自动焊的焊接参数

对接形式及坡口	焊接次序	焊接电流 /A	电弧电压 /A	焊接速度 /(m/h)	焊丝倾角 /(°)
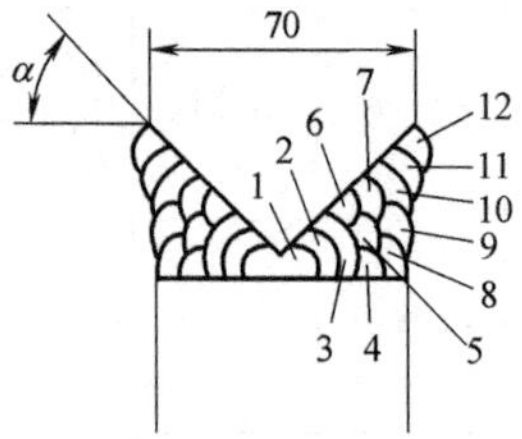 α=43°~45°	1	280	25	30	25
	2	350	29	22	20
	3	390	29	22	20
	4	340	28	14	20
	5	380	29	22	20
	6	350	27	22	20
	7	340	25	20	20
	8	300	26	22	20
	9	300	27	22	20
	10	300	27	22	20
	11	300	27	22	20
	12	280	25	25	10

6）Ar+25%CO_2 混合气体保护立焊时的焊接参数见表 10-12。

表 10-12　Ar+25%CO_2 混合气体保护立焊时的焊接参数

工件厚度 /mm	坡口尺寸及形式	焊道层数	焊丝直径 /mm	焊接电流 /A	电弧电压 /V	焊接速度 /(mm/min)	气体流量 /(L/min)	焊接方向
0.8~1.0	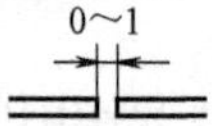 0~1	1	0.8~1.0	90~130	17~18	660~910	8~11	1
1.2~2.0			0.8~1.2	140~220	18~21	660~830	8~12	1
2~3			1.0~1.4	150~240	20~22	580~830	9~12	1
4~6	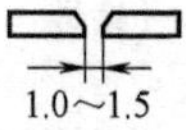 1.0~1.5	1	1.0~1.4	140~180	19.0~21.5	330~580	8~9	1
		2	1.0~1.4	160~260	20~23	330~660	8~9	1
8~10	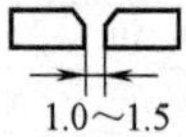 1.0~1.5	1	1.2~1.4	160~200	19~21	330~500	9~10	1
		2~4	1.2~1.4	160~210	19.0~21.5	115~200	9~10	2
16~20	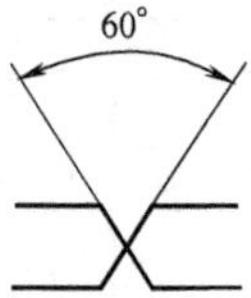 60°	1	1.2~1.4	180~250	20.0~22.5	300~410	9~10	1
		2~4	1.2~1.4	160~220	20.0~21.5	115~170	9~10	2
20	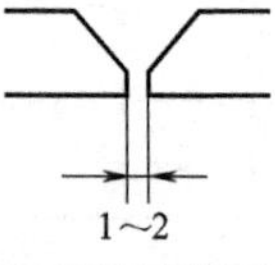 1~2	1	1.2~1.4	180~250	20.0~22.5	300~410	9~10	1
		2	1.2~1.4	160~300	20~26	115~170	9~10	2

续表

工件厚度/mm	坡口尺寸及形式	焊道层数	焊丝直径/mm	焊接电流/A	电弧电压/V	焊接速度/(mm/min)	气体流量/(L/min)	焊接方向
32	60°	1	1.2~1.4	180~250	20.0~27.5	280~380	9~10	1
		2~3	1.2~1.4	160~300	20~26	115~85	9~10	2

注：焊接方向一栏中1表示从上向下，2表示从下向上。

3. 低碳钢的埋弧焊

(1) 焊接材料　低碳钢埋弧焊用焊接材料见表10-13。

表10-13　低碳钢埋弧焊用焊接材料

牌号	熔炼焊剂与焊丝		烧结焊剂与焊丝	
	焊丝	焊剂	焊丝	焊剂
Q235	H08	HJ431	H08A	SJ401、SJ402
Q275	H08MnA	HJ430	H08E	(薄板、中厚板)SJ403
15、20	H08A、H08MnA	HJ431 HJ430 HJ330	H08A H08E H08MnA	SJ301 SJ302 SJ501 SJ502、SJ503 (中厚板)
25、30	H08MnA、H10Mn2			
20、22	H08MnA、H10Mn2、H08MnSi			
20	H08MnA			

(2) 焊接参数

1) 焊剂垫上单面对接焊的焊接参数见表10-14。

表10-14　焊剂垫上单面对接焊的焊接参数

工件厚度/mm	根部间隙/mm	焊丝直径/mm	焊接电流/A	电弧电压/V	焊接速度/(cm/min)	电流种类	焊剂垫压力/kPa
3	0~1.5	1.6	275~300	28~30	56.7	交	81
3	0~1.5	2	275~300	28~30	56.7	交	81
3	0~1.5	3	400~425	25~28	117	交	81
4	0~1.5	2	375~400	28~30	66	交	101~152
4	0~1.5	4	525~550	28~30	83.3	交	101
5	0~2.5	2	425~450	32~34	58.3	交	101~152
5	0~2.5	4	575~625	28~30	76.7	交	101
6	0~3.0	2	475	32~34	50	交	101~152
6	0~3.0	4	600~650	28~32	67.5	交	101~152
7	0~3.0	4	650~700	30~34	61.5	交	101~152

（续）

工件厚度/mm	根部间隙/mm	焊丝直径/mm	焊接电流/A	电弧电压/V	焊接速度/(cm/min)	电流种类	焊剂垫压力/kPa
8	0~3.5	4	725~775	30~36	56.7	交	
10	3~4	5	700~750	34~36	50	交	
12	4~5	5	750~800	36~40	45	交	
14	4~5	5	850~900	36~40	42	交	
16	5~6	5	900~950	38~42	33	交	
18	5~6	5	950~1000	40~44	28	交	
20	5~6	5	950~1000	40~44	25	交	

2）不开坡口留间隙双面埋弧焊的焊接参数见表 10-15。

表 10-15　不开坡口留间隙双面埋弧焊的焊接参数

工件厚度/mm	装配间隙/mm	焊接电流/A	焊接电压/V		焊接速度/(m/h)
			交流	直流(反接)	
10~12	2~3	750~800	34~36	32~34	32
14~16	3~4	775~825	34~36	32~34	30
18~20	4~5	800~850	36~40	34~36	25
22~24	4~5	850~900	38~42	36~38	23
26~28	5~6	900~950	38~42	36~38	20
30~32	6~7	950~1000	40~44	38~40	16

注：焊剂 431，焊丝直径为 5mm；两面采用同一焊接参数，第一次在焊剂垫上施焊。

3）焊剂垫上单面焊双面成形埋弧焊的焊接参数见表 10-16。

表 10-16　焊剂垫上单面焊双面成形埋弧焊的焊接参数

工件厚度/mm	装配间隙/mm	焊丝直径/mm	焊接电流/A	电弧电压/A	焊接速度/(m/h)	焊剂垫压力/MPa
2	0~1.0	1.6	120	24~28	43.5	0.08
3	0~1.5	2	275~300	28~30	44	0.08
		3	400~425	25~28	70	
4	0~1.5	2	375~400	28~30	40	0.10~0.15
		4	525~550	28~30	50	
5	0~2.5	2	425~450	32~34	35	0.10~0.15
		4	575~625	28~30	46	
6	0~3.0	2	475	32~34	30	0.10~0.15
		4	600~650	28~32	40.5	
7	0~3.0	4	650~700	30~34	37	0.10~0.15
8	0~3.5	4	725~775	30~36	34	0.10~0.15

4）I形坡口留间隙双面埋弧焊的焊接参数见表10-17。

表10-17　I形坡口留间隙双面埋弧焊的焊接参数

工件厚度/mm	装配间隙/mm	焊接电流/A	电弧电压/V		焊接速度/(m/h)
			交流	直流(反接)	
10~12	2~3	750~800	34~36	32~34	32
14~16	3~4	775~825	34~36	32~34	30
18~20	4~5	800~850	36~40	34~36	25
22~24	4~5	850~900	38~42	36~38	23
26~28	5~6	900~950	38~42	36~38	20
30~32	6~7	950~1000	40~44	38~40	16

注：焊剂431，焊丝直径为5mm。

5）I形坡口不留间隙悬空焊的焊接参数见表10-18。

表10-18　I形坡口不留间隙悬空焊的焊接参数

工件厚度/mm	焊丝直径/mm	焊接顺序	焊接电流/A	电弧电压/V	焊接速度/(cm/min)
6	4	1	380~420	30	58
		2	430~470	30	55
8	4	1	440~480	30	50
		2	480~530	31	50
10	4	1	530~570	31	46
		2	590~640	33	46
12	4	1	620~660	35	42
		2	680~720	35	41
14	4	1	680~720	37	41
		2	730~770	40	38
15	5	1	800~850	34~36	63
		2	850~900	36~38	43
17	5	1	850~900	35~37	60
		2	900~950	37~39	43
18	5	1	850~900	36~38	60
		2	900~950	38~40	40
20	5	1	850~900	36~38	42
		2	900~1000	38~40	40
22	5	1	900~950	37~39	53
		2	1000~1050	38~40	40

注：坡口为I形，根部间隙为0~1mm。

6）开坡口双面埋弧焊的焊接参数见表10-19。

表 10-19　开坡口双面埋弧焊的焊接参数

工件厚度 /mm	坡口形式	焊丝直径 /mm	焊接顺序	焊接电流 /A	焊接电压 /V	焊接速度 /(m/h)
14		5	Ⅰ	830~850	36~38	25
			Ⅱ	600~620	36~38	45
16		5	Ⅰ	830~850	36~38	20
			Ⅱ	600~620	36~38	45
18		5	Ⅰ	830~860	36~38	20
			Ⅱ	600~620	36~38	45
22		6	Ⅰ	1050~1150	38~40	18
		5	Ⅱ	600~620	36~38	45
24		6	Ⅰ	1050~1150	38~40	24
		5	Ⅱ	800~840	36~38	26
30		6	Ⅰ	1000~1100	38~40	18
			Ⅱ	900~1000	38~40	20

注：Ⅰ为正面焊缝，在焊剂垫上施焊；Ⅱ为反面焊缝，每面焊一层。

7）角焊缝船形焊埋弧焊的焊接参数见表 10-20。

表 10-20　角焊缝船形焊埋弧焊的焊接参数

焊接位置	焊脚尺寸 /mm	焊丝直径 /mm	焊接电流 /A	电弧电压 /V	焊接速度 /(cm/min)
船形焊	6	2	450~475	34~36	67
	8	3	550~600	34~36	50
	8	4	575~625	34~36	50
	10	3	600~650	34~36	38
	10	4	650~700	34~36	38
	12	3	600~650	34~36	25
	12	4	725~775	36~38	33
	12	5	775~825	36~38	30
平角焊	3	2	200~220	25~28	100
	4	2	280~300	28~30	92
	4	3	350	28~30	92
	5	2	375~400	30~32	92
	5	3	450	28~30	92
	5	4	450	28~30	100
	7	2	375~400	30~32	47
	7	3	500	30~32	80
	7	4	675	32~35	83

4. 低碳钢的气焊

（1）焊接材料　低碳钢气焊的焊接材料见表10-21。

表10-21　低碳钢气焊的焊接材料

工件性质	一般工件	要求较高工件	中等强度工件	较高强度工件
焊丝牌号	H08、H08A	H08Mn、H08MnA	H15A	H15Mn

（2）焊接参数　低碳钢气焊的焊接参数见表10-22。

表10-22　低碳钢气焊的焊接参数

工件厚度/mm	对接		T形接		搭接		端接	
	氧气压力/MPa	焊丝直径/mm	氧气压力/MPa	焊丝直径/mm	氧气压力/MPa	焊丝直径/mm	氧气压力/MPa	焊丝直径/mm
0.5+0.5	0.15	1.0	0.15	1.0	0.15	1.0	0.15	1.0
0.5+1.0	0.15	1.0	0.15	1.0	0.15	1.0	0.15	1.0
0.8+0.8	0.15	1.0	0.15	1.0	0.15	1.0	0.15	1.0
0.8+1.5	0.15	1.0	0.15	1.0~1.5	0.15	1.0	0.15	1.0
1.0+1.0	0.15	1.0~1.5	0.15	1.0	0.15	1.0~1.5	0.15	1.0
1.0+2.0	0.15	1.5	0.15	1.5	0.15	1.5	0.15	1.5
1.0+3.0	0.20	1.5	0.2	1.5	0.20	1.5	0.20	1.5
1.5+1.5	0.20	1.5	0.2	1.5	0.20	1.5	0.20	1.5
1.5+3.0	0.25	2.0	0.25	2.0	0.25	2.0	0.20	2.0
2.0+2.0	0.25	2.0	0.25	2.0	0.25	2.0	0.20	2.0
2.0+3.0	0.25	2.0	0.25	2.0	0.25	2.0	0.25	2.0
2.5+2.5	0.25	2.0	0.3	2.0	0.30	2.0	0.25	2.0
3.0+3.0	0.30	2.5	0.3	2.5	0.30	2.5	0.30	2.5

10.2　中碳钢的焊接

10.2.1　中碳钢的焊接性

中碳钢的碳含量较高，其焊接性比低碳钢差。当碳含量接近下限0.25%（质量分数）时焊接性良好。随着碳含量增加，其淬硬倾向随之增大，在热影响区容易产生低塑性的马氏体组织。当工件刚性较大或焊接材料、焊接参数选择不当时，容易产生冷裂纹。多层焊焊接第一层焊缝时，由于母材金属熔合到焊缝中的比例大，使其含量及硫、磷含量增高，容易产生热裂纹。焊接过程中，焊缝金属中碳含量偏高，产生气孔的倾向性也随之增大。因此，要求焊接材料的脱氧性要好，对坡口的清理和焊接材料的烘干要求更加严格。中碳钢焊接接头的塑性与疲劳强度较低。

10.2.2 中碳钢的焊接工艺

1. 中碳钢的焊条电弧焊

（1）焊前预热　预热是焊接和补焊中碳钢的主要工艺措施。预热的方法有整体预热和局部预热两种。整体预热除了有利于防止产生裂纹和淬硬组织外，还能有效地减小工件的残余应力。

（2）焊条的选择　焊接中碳钢时焊条的选择见表10-23。

表10-23　焊接中碳钢时焊条的选择

牌号	焊条型号(牌号)		
	要求等强构件	不要求等强构件	塑性好的焊条
30、35 ZG270-500	E5016(J506) E5516(J556)(J556RH) E5015(J507) E5515-G(J557)	E4303(J422) E4301(J423) E4316(J426) E4315(J427)	E308-16(A101)(A102) E309-15(A307)
40、45 ZG310-570	E5516-G(J556)(J556RH) E5515-G(J557)(J557Mo) E6016-D1(J606) E6015-D1(J607)	E4303(J422) E4316(J426) E4315(J427) E4301(J423) E5015(J507) E5016(J506)	E310-16(A402) E310-15(A407)
50、55 ZG340-640	E6016-D1(J606) E6015-D1(J607)		

（3）焊接参数

1）焊接参数可参考低碳钢的焊接参数下限值，焊接速度应慢。

2）在焊条直径相同时，焊接电流比焊接低碳钢时小10%~15%。

3）工件在焊接过程中的层间温度及焊后热处理温度与工件碳含量多少、工件厚度、工件刚度及焊条类型有关，常用的中碳钢焊接层间温度及热处理温度见表10-24。

（4）焊接工艺要点

1）选用直径较小的焊条，通常直径为3.2mm或4.0mm。

2）焊接坡口形式应考虑减少母材金属熔入焊缝中的比例，U形坡口较好，也可开成V形。

3）焊条使用前烘干，钨铁型等酸性焊条使用前一般不烘干。

表 10-24 常用的中碳钢焊接层间温度及热处理温度

牌号	工件厚度/mm	操作工艺			
		预热和层间温度/℃	焊条	消除应力热处理温度/℃	锤击
30	≤25	>50	低氢型	600~650	—
35、30Mn、35Mn、40Mn、45、45Mn、50Mn	20~50	>100	低氢型	600~650	要
		>150	—	600~650	要
	>50~100	>150	低氢型	600~650	要
	<100	>200	低氢型	600~650	要

注：局部预热的加热范围为焊口两侧 150~200mm。

4）采用直流反接电源。

5）焊缝较长时，应采用分段施焊法，焊接过程中宜采用逐步退焊法和短段多层焊法。

6）焊接过程中宜采用锤击焊缝金属的方法减少焊接残余应力。

7）收弧时电弧应慢慢拉长，一定要填满熔池，以免产生弧坑裂纹。

8）焊后尽可能缓冷。

2. 中碳钢的气体保护焊

对于 30、35 钢，气体保护焊的焊丝通常选用 H08Mn2SiA、H08MnSiA、H04Mn2SiTiA。这类焊丝碳含量较低，并含有较强脱氧能力和固氮能力的合金元素，对减少焊缝金属中的气孔有益。

中碳钢气体保护焊的焊接工艺要点及焊接参数与低碳钢二氧化碳气体保护焊基本相同。

3. 中碳钢的埋弧焊

（1）焊接材料　中碳钢埋弧焊所用焊丝的碳含量应不大于 0.1%（质量分数），通常采用焊丝 H08A 或 H10Mn2 和焊剂 HJ431，焊丝 H10Mn2 和焊剂 HJ350 或 HJ351。

（2）焊接工艺要点

1）焊接坡口形式采取 U 形或 V 形，以减少母材金属熔入焊缝金属中的比例。

2）尽量采用小直径焊丝，焊接电流比焊接同样厚度的低碳钢时小些。

3）焊前预热和焊后回火与中碳钢焊条电弧焊相同。

4）焊接参数可参照低合金钢埋弧焊的焊接参数。

10.3 高碳钢的焊接

10.3.1 高碳钢的焊接性

高碳钢的焊接特点与中碳钢相似，由于碳含量更高，使其焊后硬化和裂纹倾向更大，很容易产生又硬又脆的高碳马氏体，焊接性更差。一般这类钢不用于制造焊接结构。这类钢的焊接大多是补焊修理一些损坏件。高碳钢焊接及补焊的焊接接头易脆化，焊接接头易产生裂纹，焊缝中易产生气孔，使焊缝与母材金属力学性能完全相同比较困难。高碳钢工件的高硬度或高耐磨性是通过热处理获得的，因此焊接这些工件之前应先进行退火，以减少焊接裂纹，焊后再重新进行热处理。

10.3.2 高碳钢的焊接工艺

高碳钢一般只采用焊条电弧焊的焊接方法。

1. 焊条的选择

按焊缝性能要求来选有高碳钢的焊接材料，要求达到与母材完全相同的性能是比较难的。当焊缝强度要求高时，可选用 E7015（J707）或 E6015（J607）焊条；当焊缝强度要求低时，选用 E5016（J506）或 E55015（J507）焊条，也可选用铬、镍奥氏体不锈钢焊条，这时预热温度可以降低或不进行预热。

2. 焊接工艺要点

1）应先退火而后焊接。

2）采用结构钢焊条时，焊前必须预热。

3）采用小电流施焊，焊缝熔深要浅。

4）焊接过程中要采用引弧板和引出板。

5）为防止产生裂纹，可采用隔离焊缝焊接法，即先在焊接坡口上用低碳钢焊条堆焊一层，然后再在堆焊层上进行焊接。

6）为减少焊接应力，焊接过程中，可采用锤击焊缝金属的方法减少焊件的残余应力。

7）采取与焊接中碳钢相似的工艺措施，尽量减少熔合比，降低焊接速度，焊接尽可能连续进行，中间不停止。

8）焊后缓冷，并应立即送入炉中进行消除应力热处理，随后再根据需要进行相应的热处理。

第11章

低合金高强度结构钢的焊接

用于制造工程结构和机器零件的钢统称为结构钢，合金结构钢是在碳钢的基础上加入一种或几种合金元素冶炼而成的。在研究焊接结构用合金结构钢的焊接性和焊接工艺时，必须综合考虑其化学成分、力学性能及用途等因素。在实际工程应用中，用来焊接的合金钢主要是低合金高强度结构钢。

11.1 低合金高强度结构钢的焊接性

低合金高强度结构钢中合金元素的总含量一般不超过5%（质量分数），其作用是提高钢的强度并保证钢具有一定的塑性和韧性。这类钢的主要特点是强度高，塑性、塑性也较好，广泛应用于压力容器、工程机械、桥梁、舰船、飞机和其他钢结构。

1. 低合金高强度结构钢的特征区

各种熔焊方法对焊接接头热作用的特点是快速加热和快速冷却。热循环的峰值温度高于1100℃，即使加热时间短促，仍可能使奥氏体晶粒迅速长大，但奥氏体的均匀化和碳化物的溶解过程进行得不很完全。在快速的冷却过程中，奥氏体可直接转变成马氏体或贝氏体等淬硬组织。在焊接接头的热影响内，由于各点被加热到的最高温度不同，冷却速度不一，其组织特征也有明显的差异。图11-1所示为低合金高强度结构钢焊接接头的特征区。

2. 低合金高强度结构钢的焊接性及影响因素（见表11-1）

3. 碳当量对低合金高强度结构钢焊接性的影响

1）碳当量不大于0.4%的低合金高强度结构钢，焊接时不必采用特殊的工艺措施。只有在工件厚度较厚、接头刚度大，以及焊接环境气温较低时，为防止冷裂纹，需要进行预热和焊后热处理。其规范与低碳钢的预热和焊后热处理相同。

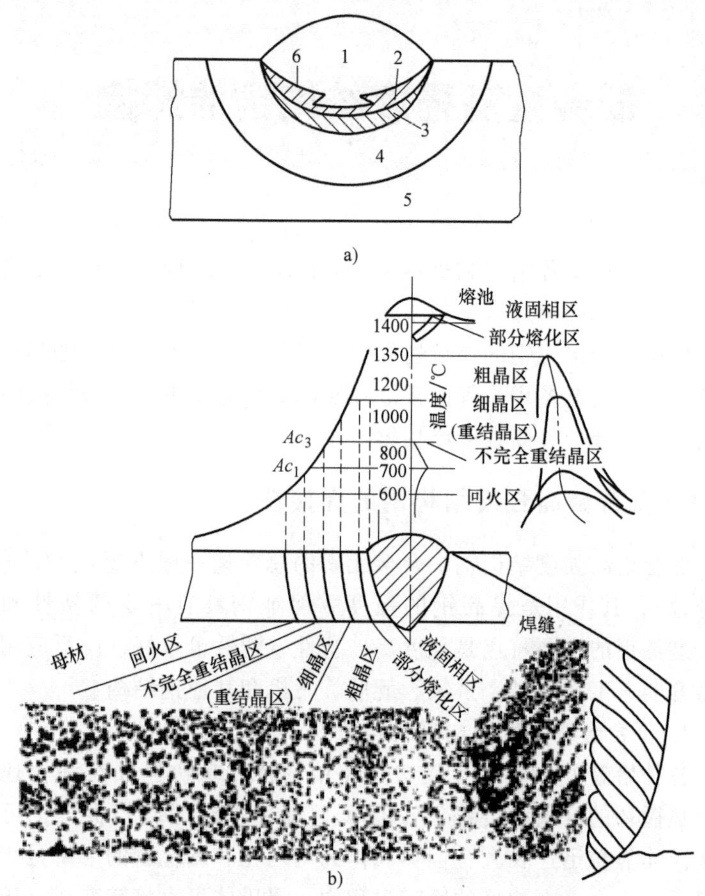

图 11-1　低合金高强度结构钢焊接接头的特征区

a）沿焊缝纵向分布　b）沿焊缝横向分布

1—混合区　2—液固相区　3—部分熔化区　4—热影响区

5—母材　6—熔合线

2）碳当量大于 0.4%但不大于 0.5%的低合金高强度结构钢，焊接时有较明显的粹硬倾向，热影响区容易形成硬而脆的马氏体组织，使塑性和切性下降，耐应力腐蚀性能恶化，冷裂倾向增加。焊接时应控制预热温度和焊接热输入，以降低热影响区的冷却速度。

表 11-1　低合金高强度结构钢的焊接性及影响因素

焊接性	影响因素
热影响区淬硬倾向	1)碳当量越大,淬硬倾向越大 2)冷却速度越大,淬硬倾向越大
氢白点	1)焊条烘干温度越低,产生氢白点的倾向越大 2)焊丝及工件待焊处油污越多,产生氢白点的倾向越大 3)焊前预热温度或焊后热处理温度越低,产生氢白点的倾向越大 4)焊条直径越大,产生氢白点的倾向越大 5)焊接电流越大,产生氢白点的倾向越大 6)连续施焊时间越长,产生氢白点的倾向越大
冷裂纹	1)焊缝金属中的氢含量越大,产生冷裂纹的倾向越大 2)热影响区或焊缝金属的淬硬组织越多,产生冷裂纹的倾向越大 3)焊接接头的拉应力越大,产生冷裂纹的倾向越大
焊缝金属内的热裂纹	1)焊缝金属中碳、硫、铜的含量越高,产生热裂纹的倾向越大 2)焊接接头的刚度越大,产生热裂纹的倾向越大 3)焊接熔池的成形系数越大,产生热裂纹的倾向越大 4)锰与硫的质量比越小,产生热裂纹的倾向越大

3）碳当量大于0.5%但不大于0.75%的低合金高强度结构钢，具有高的强度、较好的塑性和韧性，焊接性良好。焊前预热温度不要求很高，焊后一般也不进行热处理。为避免冷裂纹产生，焊接过程必须保持严格的低氢条件。为获得低碳马氏体或贝氏体组织，从奥氏体化的热影响区冷却下来时，应具有足够高的冷却速度。如果冷却速度太慢，奥氏体将转变成粗大的贝氏体，使焊接接头强度和韧性变差；若冷却速度过高，也会使焊接接头的抗裂性和塑性下降。因此，应控制适当的冷却速度。

11.2　低合金高强度结构钢的焊接工艺

11.2.1　低合金高强度结构钢的焊条电弧焊

（1）焊条的选择

1）按焊接结构重要程度选用酸性、碱性焊条。选用酸性、碱性焊条的原则主要取决于钢材的抗裂性能、焊接结构工作条件、施焊条件、焊接结构的形状复杂程度、焊接结构刚度等因素。对于重要的焊接结构，要求塑性好、冲击韧性好、抗裂性好、低温性能好的焊接结构，可选用碱性焊条；对于非重要结构或坡口表面有油、污、垢、氧化皮等污物而又难以清理时，在焊接结构性能允许的前提下，也可以选用酸性焊条。

2）等强度原则，即选取的焊条熔敷金属强度与母材强度基本相等。

低合金高强度结构钢焊接用焊条见表11-2。

表11-2 低合金高强度结构钢焊接用焊条

钢级	质量等级	适用焊条	
		型号	牌号
Q355、Q355M、Q355N	B、C、D、E、F	E5001	J503
		E5003	J502
		E5015	J507
		E5016	J506
		E5018	J506Fe、J507Fe
		E5028	J506Fe16、J507Fe18
Q390、Q390M、Q390N	B、C、D、E	E5015	J507
		E5016	J506
		E5018	J506Fe、J507Fe
		E5028	J506Fe16、J507Fe18
		E5515-G	J557
		E5516-G	J556
Q420、Q420M、Q420N	B、C、D、E	E5515-G	J557
		E5516-G	J556
		E6015-D1	J607
		E6015-G	J607Ni、J607RH
		E6016-D1	J606
		E6016-G	J606RH
Q460、Q460M、Q460N	C、D、E	E6015-D1	J607
		E6015-G	J607Ni、J607RH
		E6016-D1	J606
Q500M	C、D、E	E7015-D2	J707
		E7015-G	J707Ni、J707RH
		E7515-G	J757、J757Ni
Q550M	C、D、E	E7015-D2	J707
		E7015-G	J707Ni、J707RH
		E7515-G	J757、J757Ni
Q620M	C、D、E	E7515-G	J757、J757Ni
		E8015-G	J807

（续）

钢级	质量等级	适用焊条	
		型号	牌号
Q690M	C、D、E	E8015-G E8515-G	J807 J857、J857Cr、J857CrNi

（2）焊接工艺要点　低合金高强度结构钢的焊接工艺要点见表11-3，其焊前预热温度、焊接过程中的层间温度及焊后热处理温度见表11-4。

表11-3　低合金高强度结构钢的焊接工艺要点

钢级	供货状态	焊接特点	工艺措施
Q355 Q390	热轧	碳当量较低，强度也不高，塑性、韧性、焊接性良好。钢材淬硬倾向小，一般情况下不出现淬硬组织。热影响区最高硬度在350HV以下，稍大于低碳钢 当环境温度较低、板材较厚、接头刚度较大时，焊缝容易产生冷裂纹	1)需要焊缝与母材等强度的工件，应选用相应级别的焊条 2)不需要焊缝与母材等强度的工件，为提高韧性、塑性，可选用强度略低于母材的焊条 3)在施焊场地环境温度<0℃时焊接，工件应预热100~150℃ 4)工件板厚增加，其刚度也变大，则预热温度应提高 5)尽量选用低氢型焊条。对于非动载荷的构件，其强度较低时，也可用酸性焊条
Q420N	正火	碳当量较高，焊接性变差，热影响区产生硬脆组织和焊接接头产生冷裂纹的可能性增大。焊后在500~800℃冷却时，冷却速度越大，淬硬越严重，产生冷裂纹的倾向也加大 焊接热输入过小，热影响区产生淬硬组织，易产生裂纹。热输入过大，焊接接头塑性降低	1)根据设计要求，可选用焊缝与母材等强度的焊条，也可用强度略低于母材的焊条 2)适当控制焊接热输入和焊后冷却速度 3)尽量采用低氢型焊条。工件、焊条应保持在低氢状态 4)定位焊时，也应进行焊前预热 5)工件板厚较大或强度级别较高时，焊后应及时进行热处理，或在200~350℃保温2~6h 6)严禁在非焊接部位引弧

表 11-4　焊前预热温度、焊接过程中的层间温度及焊后热处理温度

钢级	预热温度/℃	层间温度/℃	焊后热处理温度/℃
Q355	不预热(厚度≤40mm) 100(厚度>40mm)	不限	600~650
Q390	不预热(厚度≤32mm) 100(厚度>32mm)	不限	560~590 或 630~650
Q420	不预热(厚度≤32mm) 100(厚度>32mm)	100~150	560~600

11.2.2　低合金高强度结构钢的 CO_2 气体保护焊

1. 焊丝的选择

低合金高强度结构钢的 CO_2 气体保护焊焊丝选择见表 11-5。

表 11-5　低合金高强度结构钢的 CO_2 气体保护焊焊丝选择

钢级	焊丝
Q355	H08Mn2Si、H08Mn2SiA、YJ502-1、YJ502-3、YJ506-3
Q390	H08Mn2Si、H08Mn2SiA
Q420	H08Mn2Si、H10Mn2SiA
Q490	H08Mn2SinMoA

2. 焊接参数

低合金高强度结构钢的 CO_2 气体保护焊焊接参数见表 11-6。

表 11-6　低合金高强度结构钢的 CO_2 气体保护焊焊接参数

焊接	焊丝直径/mm	保护气体	气体流量/(L/min)	预热或层间温度/℃	焊接参数			
					焊接电流/A	焊接电压/V	焊接速度/(cm/s)	焊接热输入/(kJ/cm)
单道焊	1.6	CO_2	8~15	~100	300~360	33~35	—	≤20
多道焊		CO_2	8~20	≤100	280~340	30~32	≈0.5	≤20

3. 焊前预热和焊后热处理

低合金高强度结构钢的 CO_2 气体保护焊焊前预热温度和焊后热处理温度见表 11-7。

表 11-7　低合金高强度结构钢的 CO_2 气体保护焊焊前预热温度和焊后热处理温度

钢级	预热温度/℃	焊后热处理温度/℃
Q355	100~150(厚度≥30mm)	600~650 回火
Q390	100~150(厚度≥28mm)	550 或 650 回火
Q420	100~150(厚度≥25mm)	—
Q490	100~200	600~650 回火

第12章

不锈钢和耐热钢的焊接

12.1 马氏体不锈钢和耐热钢的焊接

马氏体不锈钢和耐热钢的主要特点是除铬含量较高外，碳含量也较高。这类钢具有淬硬性，可用热处理方法提高其强度和硬度。随钢中碳含量的增加，钢的耐蚀性能下降。在温度不超过30℃的时候，在弱腐蚀介质中这类钢有良好的耐蚀性，对淡水、海水、蒸汽、空气也有足够的耐蚀性。这类钢在热处理与磨光后具有较好的力学性能。

12.1.1 马氏体不锈钢和耐热钢的焊接性

焊接碳含量较高、铬含量较低的马氏体不锈钢和耐热钢时，常见问题是焊接冷裂纹和热影响区脆化。

（1）焊接冷裂纹　马氏体不锈钢和耐热钢一般经淬火处理，显微组织为马氏体。焊接接头区表现出明显的淬硬倾向，焊缝及热影响区焊后的组织通常为硬而脆的马氏体组织。碳含量越高，淬硬倾向越大。焊接接头区很容易导致冷裂纹的产生，尤其是当焊接接头刚度大或有氢存在时，马氏体不锈钢和耐热钢更易产生延迟裂纹。对于焊接镍含量较少的马氏体和耐热钢不锈钢，焊后除了获得马氏体组织外，还形成一定量的铁素体组织。这部分铁素体组织使马氏体回火后的冲击韧性降低。在焊缝组织过热区的铁素体，分布在粗大的马氏体晶间，问题严重时可呈网状分布。

（2）热影响区脆化　马氏体不锈钢和耐热钢特别是铁素体形成元素含量较高的马氏体不锈钢和耐热钢，具有较大的晶粒成长倾向。冷却速度较小时，接热影响区易产生粗大的铁素体和碳化物；

冷却速度较大时，热影响区会产生硬化现象，形成粗大的马氏体。马氏体不锈钢和耐热钢还具有一定的回火脆性，焊接马氏体不锈钢和耐热钢时要严格控制冷却速度。

由于马氏体不锈钢和耐热钢有强烈的淬硬倾向，施焊时在热影响区容易产生粗大的马氏体组织，焊后残余应力也较大，容易产生裂纹。碳含量越高，淬硬和裂纹倾向也越大，所以其焊接性较差。

为了提高焊接接头的塑性，减少内应力，避免产生裂纹，焊前必须进行预热。预热温度可根据工件的厚度和刚性大小来决定。为了防止脆化，一般预热温度为350~400℃为宜，焊后将工件缓慢冷却。焊后热处理通常是高温回火。

焊接马氏体不锈钢和耐热钢时，要选用较大的焊接电流，以减缓冷却速度，防止裂纹产生。

12.1.2 马氏体不锈钢和耐热钢的焊接工艺

1）马氏体不锈钢和耐热钢的电弧焊方法及其适用性见表12-1。

表12-1 马氏体不锈钢和耐热钢的电弧焊方法及其适用性

电弧焊	适用性	适用厚度/mm	说明
焊条电弧焊	适用	≥1.5	焊条需经过300~350℃高温烘干，以减少扩散氢的含量，降低焊接冷裂纹的敏感性。薄板焊条电弧焊易焊透，焊缝余高大
手工钨极氩弧焊	较适用	0.5~3	主要用于薄壁构件及其他重要部件的封底焊，焊接质量高，焊缝成形美观。对于重要部件的接头，封底焊时通常采用取氩气背面保护的措施。厚度大于3mm可以用多层焊，但效率不高
自动钨极氩弧焊	较适用	0.5~3	厚度大于3mm可以用多层焊，厚度小于0.5mm操作要求严格
熔化极氩弧焊	较适用	3~8	开坡口，可以单面焊双面成形。Ar+CO_2或Ar+O_2的富氩混合气体保护焊也应用于马氏体钢和耐热钢的焊接
		>8	开坡口，多层焊
脉冲熔化极氩弧焊	较适用	≥2	热输入小，工艺参数调节范围广

2）常用的焊接方法为焊条电弧焊，焊条选用及要求见表12-2。

表12-2　马氏体不锈钢和耐热钢焊条电弧焊时焊条的选用及要求

工件牌号	对焊接性能的要求	焊条型号（或牌号）	预热及层间温度/℃	焊后热处理
12Cr13 20Cr13	耐大气腐蚀	E410-16	150~300	700~730℃回火，空冷
	耐酸腐蚀且耐热	G211	150~300	—
	焊缝有良好塑性	E308-15、E308-16、E309-15、E309-16、E310-15、E310-16、E410-15、E410-16	不预热（厚大件预热200）	—
14Cr17Ni2	—	E308-15、E308-16、E309-15、E309-16、E310-15、E310-16	200~300	700~730回火，空冷
14Cr11MoV	540℃以下有良好热强性	G117	200~300	焊后冷至100~200℃后，立即在700℃以上高温回火
15Cr12WMoV	600℃以下有良好热强性	E11MoVNiW-15①	200~300	焊后冷至100~200℃后，立即在740~760℃高温回火

① 在用非标准牌号。

3）马氏体不锈钢和耐热钢对接焊缝焊条电弧焊的焊接参数见表12-3。

表12-3　马氏体不锈钢和耐热钢对接焊缝焊条电弧焊的焊接参数

工件厚度/mm	层数	坡口尺寸			焊接电流/A	焊接速度/(cm/min)	焊条直径/mm
		间隙/mm	钝边/mm	坡口角/(°)			
3	2	2			80~110	10~14	3.2
	1	3			110~150	15~20	4
	2	2			90~110	14~15	3.2
5	2	3			80~110	12~14	3.2
	2	4			120~150	14~18	4
	2	2	2	75	90~110	14~18	3.2

（续）

工件厚度/mm	层数	坡口尺寸			焊接电流/A	焊接速度/(cm/min)	焊条直径/mm
		间隙/mm	钝边/mm	坡口角/(°)			
6	4	0	2	80	90~140	16~18	3.2、4
	2	4		60	140~180	14~15	4、5
	3	2	2	75	90~140	14~16	3.2、4
9	2	0	2	80	130~140	14~16	4
	3	4		60	140~180	14~16	4、5
	4	2	2	75	90~140	14~16	3.2、4
12	5	0	4	80	140~180	12~18	4、5
	4	4		60	140~180	11~16	4、5
	4	2	2	75	90~140	11~16	3.2、4
16	7	0	6	80	140~180	12~18	4、5
	6	4		60	140~180	11~16	4、5
	7	2	2	75	90~180	11~16	3.2、4、5
22	7	0			140~180	13~18	4、5
	8	4		45	160~200	11~17	5
	10	2	2	45	90~180	11~16	3.2、4、5
32	14				160~200	14~17	5

注：采用反面铲焊根垫板。

12.2 铁素体不锈钢和耐热钢的焊接

12.2.1 铁素体不锈钢和耐热钢的焊接性

铁素体不锈钢和耐热钢的塑性和韧性很低，焊接裂纹倾向较大。为了避免焊接裂纹的产生，一般焊前要预热（预热温度为120~200℃）。铁素体不锈钢和耐热钢在高温下晶粒急剧长大，使钢的脆性增大。铬含量越高，在高温停留时间越长，则脆性倾向越严重。晶粒长大还容量引起晶间腐蚀，降低耐蚀性能。这类钢在晶粒长大以后，是不能通过热处理使其细化的。因此，在焊接时防止铁素体不锈钢和耐热钢过热是主要问题。铁素体不锈钢和耐热钢一般采用焊条电弧焊方法进行焊接。为了防止焊接时产生裂纹，焊前应预热。为了防止过热，施焊时宜采用较快的焊接速度，焊条不摆动，窄焊道。多层焊时，要控制层间温度，待前一道焊缝冷却到预热温度后，再焊下一道焊缝。对厚大工件，为减少收缩应力，每道焊缝完后，可用小锤锤击。

12.2.2　铁素体不锈钢和耐热钢的焊接工艺

1）焊接铁素体不锈钢和耐热钢时焊条的选用及要求见表 12-4。

表 12-4　铁素体不锈钢和耐热钢焊接时焊条的选用及要求

工件牌号	对焊接性能的要求	焊条型号(或牌号)	预热及焊后热处理
06Cr13Al		E308-15、E308-16、E410-15、E410-16	
10Cr17 Cr17Ti①	耐硝酸腐蚀且耐热	E309-15	预热 100~150℃，焊后 760~780℃回火
	耐有机酸腐蚀且耐热	G311	
	焊缝有良好塑性	E308-15、E308-16、E316-15、E316-16	
Cr25Ti①	抗氧化	E309-15、E309-16	焊后冷至 100~200℃后，立即在 700℃以上高温回火
Cr28Ti①	焊缝有良好塑性	E310Mo-16	焊后冷至 100~200℃后，立即 740~760℃回火

① 在用非标准牌号。

2）铁素体不锈钢和耐热钢对接焊缝焊条电弧焊的焊接参数见表 12-5。

表 12-5　铁素体不锈钢和耐热钢对接焊缝焊条电弧焊的焊接参数

工件厚度/mm	坡口形式	层数	坡口尺寸			焊接电流/A	焊接速度/(cm/min)	焊条直径/mm
			间隙/mm	钝边/mm	坡口角/(°)			
2	对接(不开坡口)	2	0~1			40~60	14~16	2.6
		1	2			80~110	10~14	3.2
		1	0~1			60~80	10~14	2.6
3	对接(不开坡口)	2	3			80~110	10~14	3.2
		1	2			110~150	15~20	4
		2	3			90~110	14~16	3.2
5	对接(不开坡口)	2	3			80~110	12~14	3.2
	对接(不开坡口、加垫板)	2	4			120~150	14~18	4
	对接(开V形坡口)	2	2	2	75	90~110	14~18	3.2
6	对接(开V形坡口)	4	0	2	80	90~140	16~18	3.2、4
		2	4		60	140~180	14~15	4.5
		3	2	2	75	90~140	14~16	3.2、4

（续）

工件厚度/mm	坡口形式	层数	坡口尺寸			焊接电流/A	焊接速度/(cm/min)	焊条直径/mm
			间隙/mm	钝边/mm	坡口角/(°)			
9	对接(开V形坡口)	4	0	3	80	130~140	14~16	4
		3	4		60	140~180	14~16	4、5
		4	2	2	75	90~140	14~16	3.2、4
12	对接(开V形坡口)	5	0	4	80	140~180	12~18	4、5
		4	4		60	140~180	12~16	4、5
		5	2	2	75	90~140	13~16	3.2、4
16	对接(开V形坡口)	7	0	6	80	140~180	12~18	4、5
		6	4		60	160~200	11~16	4、5
		7	2	2	75	90~180	11~16	3.2、4.5
22	对接(开双面V形坡口)	7				140~180	13~18	4、5
	对接(开V形坡口)	9	4		45	160~200	11~17	5
	对接(开V形坡口)	10	2	2	45	90~180	11~16	3.2、4.5
32	对接(开双面V形坡口)	14				160~200	14~17	5

注：采用反面铲焊根垫板。

12.3 奥氏体不锈钢和耐热钢的焊接

奥氏体不锈钢和耐热钢在氧化性介质和某些还原性介质中都有良好的耐蚀性、耐热性和塑性，并具有良好的焊接性，在化学工业、炼油工业、动力工业、航空工业、造船工业及医药工业等部门应用十分广泛。

12.3.1 奥氏体不锈钢和耐热钢的焊接性

奥氏体不锈钢和耐热钢的焊接性良好，不需要采取特殊的工艺措施，但如焊接材料选择不当或焊接工艺不正确时，会产生晶间腐蚀及热裂纹等缺欠。晶间腐蚀发生于晶粒边界，是极危险的一种破坏形式，它的特点是腐蚀沿晶界深入金属内部，并引起金属力学性能显著下降。晶间腐蚀的形成过程是：在450~850℃的危险温度范围内停留一定时间后，如果钢中碳含量较多，则多余的碳以碳化铬形式沿奥氏体晶界析出（碳化铬的铬含量比奥氏体钢平均铬含量高得多）。铬主要来自晶粒表层，由于晶粒内铬来不及补充，结果在靠近晶界的晶粒表层造成贫铬，在腐蚀介质作用下，晶间贫铬层受到腐蚀，即晶间腐蚀。

施焊时总会使焊缝区域被加热到上述危险温度，并停留一段时间。因此，在被焊母材的成分不当或选用焊接材料不当，以及焊接工艺不当等诸多条件下，焊接接头将会产生晶间腐蚀的倾向。

12.3.2　奥氏体不锈钢和耐热钢的焊接工艺

1）防止晶间腐蚀的工艺措施：①控制碳含量，碳是造成晶间腐蚀的主要元素，为此严格控制母材的碳含量、正确选择焊接材料是防止奥氏体不锈钢和耐热钢焊接出现晶间腐蚀的关键措施之一。奥氏体不锈钢和耐热钢焊接时焊条的选用见表12-6。②施焊中采用较小电流，焊条以直线或划小椭圆圈运动为宜，不摆动，快速焊。多层焊时，每焊完一层要彻底清除焊渣，并控制层间温度，等前一层焊缝冷却到小于60℃时再焊下一层，必要时可以采取强冷措施（水冷或空气吹），与腐蚀介质接触焊缝应最后焊接。

表12-6　奥氏体不锈钢和耐热钢焊接时焊条的选用

工件牌号	工件条件及要求	焊条型号（或牌号）
06Cr19Ni10	工作温度低于300℃，同时要求良好的耐蚀性	E308-15、E308-16
12Cr18Ni9	工作温度低于300℃，同时要求良好的抗裂性和耐蚀性	
1Cr18Ni9Ti①	要求优良的耐蚀性	E308Nb-15、E308Nb-16
	耐蚀性要求不高	A112
Cr18Ni12Mo2Ti①	抗酸、碱、盐的腐蚀	E316Mo2-15、E316Mo2-16
	要求良好的抗晶间腐蚀性	E316L-16、E317-16
Cr25Ni20①	高温（工作温度不大于1100℃）不锈钢与碳钢焊接	E310-15、E310-16
铬锰氮不锈钢	用于醋酸、尼龙、尿素、纺织机械设备	A707

① 在用非标准牌号。

2）热裂纹是奥氏体不锈钢和耐热钢焊接时容易产生的一种缺欠，防止热裂纹的工艺措施：①在焊接工艺上采用碱性焊条直流反接电源（交直流两用焊条也以直流反接为宜），用小电流、直焊道、快速焊方法进行施焊。②弧坑要填满，可防止弧坑裂纹。③避免强行组装，以减少焊接应力。④在条件允许的情况下，尽量采用氩弧焊打底，填充、盖面焊接，或氩弧焊方法打底，其他方法填充，盖面焊接。

3）焊条电弧焊对接焊缝平焊的坡口形式及焊接参数见表12-7。

表 12-7 焊条电弧焊对接焊缝平焊的坡口形式及焊接参数

工件厚度/mm	坡口形式	层数	坡口尺寸			焊接电流/A	焊接速度/(mm/min)	焊条直径/mm	备注
			间隙 c/mm	钝边 f/mm	坡口角度 α/(°)				
2	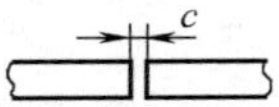	2	0~1	—	—	40~160	140~160	2.5	反面铲焊根
		1	2	—	—	80~110	100~140	3.2	加垫板
		1	0~1	—	—	60~80	100~140	2.5	
3		2	2	—	—	80~110	100~140	3.2	反面铲焊根
	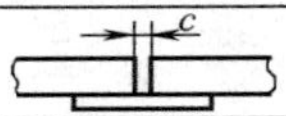	1	3	—	—	110~150	150~200	4.0	加垫板
	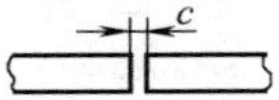	2	2	—	—	90~110	140~160	3.2	
5	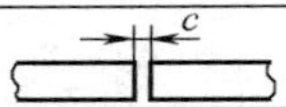	2	3	—	—	80~110	120~140	3.2	反面铲焊根
	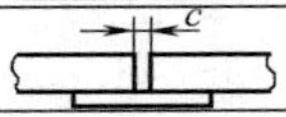	2	4	—	—	120~150	140~180	4.0	加垫板
	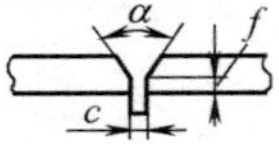	2	2	2	75	90~110	140~180	3.2	
6	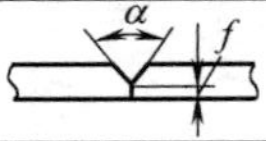	4	—	0~2	80	90~140	160~180	3.2、4.0	反面铲焊根
	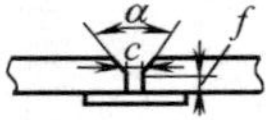	2	4	0~4	60	140~180	140~150	4.0、5.0	加垫板
	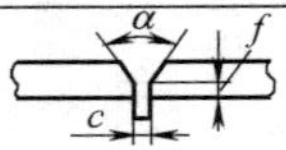	3	2	2	75	90~140	140~160	3.2、4.0	

9	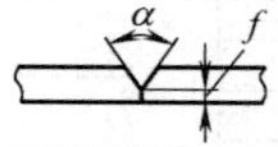	4	—	3	80	130~140	140~160	4.0	反面铲焊根
	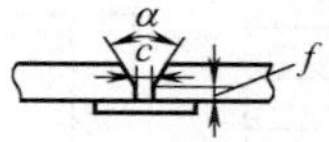	3	4	0~4	60	140~180	140~160	4.0、5.0	加垫板
	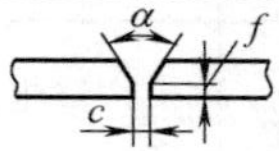	4	2	2	75	90~140	140~160	3.2、4.0	
12	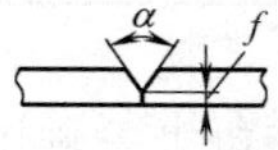	5	—	4	80	140~180	120~180	4.0、5.0	反面铲焊根
	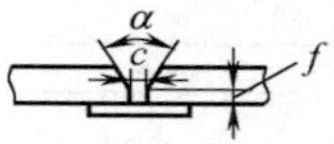	4	4	0~4	60	140~180	140~160	4.0、5.0	加垫板
	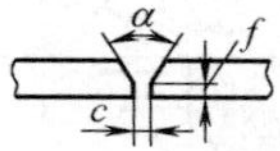	4	2	2	75	90~140	130~160	3.2、4.0	
16	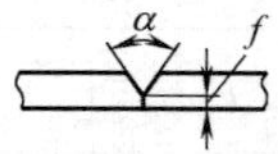	7	—	6	80	140~180	120~180	4.0、5.0	反面铲焊根
	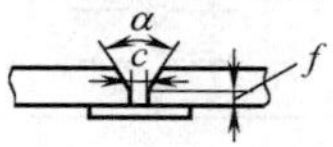	6	4	0~4	60	140~180	110~160	4.0、5.0	加垫板
	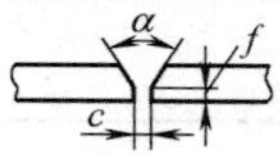	7	2	2	75	90~140	110~160	3.2、4.0、5.0	

（续）

工件厚度/mm	坡口形式	层数	坡口尺寸 间隙 c/mm	坡口尺寸 钝边 f/mm	坡口尺寸 坡口角度 α/(°)	焊接电流/A	焊接速度/(mm/min)	焊条直径/mm	备注
22	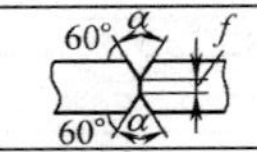	7	—	2	60	140~180	130~180	4.0、5.0	反面铲焊根
	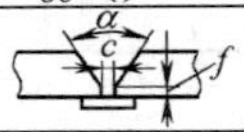	6	4	0~4	45	160~200	110~175	5.0	加垫板
	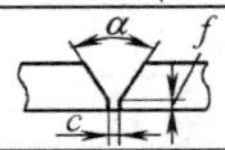	7	2	2	45	90~180	110~160	3.2、4.0、5.0	
32	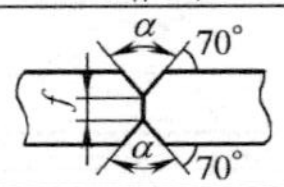	14	—	0~4	40	160~200	140~170	4.0、5.0	反面铲焊根

4）焊条电弧焊角焊缝的坡口形式及焊接参数见表 12-8。

表 12-8　焊条电弧焊角焊缝的坡口形式及焊接参数

工件厚度/mm	坡口形式	焊脚 L/mm	焊接位置	焊接层数	坡口尺寸 间隙 c/mm	坡口尺寸 钝边 f/mm	焊接电流/A	焊接速度/(mm/min)	焊条直径/mm	备注
6	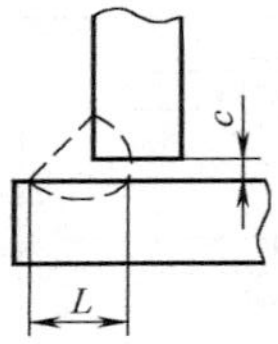	4.5	平焊	1	0~2		160~190	150~200	5.0	
		6	立焊	1	0~2		80~100	60~100	3.2	
9		7	平焊	2	0~2		160~190	150~200	5.0	
12		9	平焊	3	0~2		160~190	150~200	5.0	
		10	立焊	2	0~2		80~110	50~90	3.2	
16		12	平焊	5	0~2		160~190	150~200	5.0	
22		16	立焊	9	0~2		160~190	150~200	5.0	

6	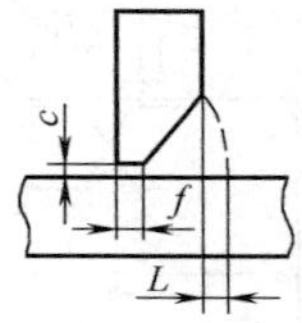	2	平焊	1~2	0~2	0~3	160~190	150~200	5.0	
		2	立焊	1~2	0~2	0~3	80~110	40~80	3.2	
12		3	平焊	8~10	0~2	0~3	160~190	150~200	5.0	
		3	立焊	3~4	0~2	0~3	80~110	40~80	3.2	
22		5	平焊	18~20	0~2	0~3	160~190	150~200	5.0	
		5	立焊	5~7	0~2	0~3	80~110	40~80	3.2、4.0	
12	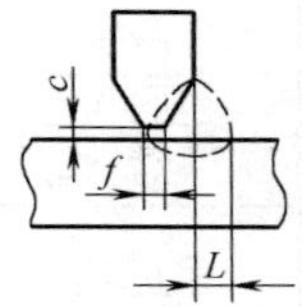	3	平焊	3~4	0~2	0~2	160~190	150~200	5.0	
		3	立焊	2~3	0~2	0~2	80~110	40~80	3.2、4.0	
22		5	平焊	7~9	0~2	0~2	160~190	150~200	5.0	
		5	立焊	3~4	0~2	0~2	80~110	40~80	3.2、4.0	
6	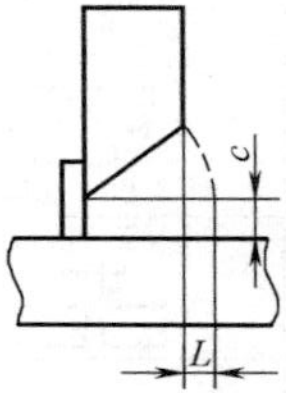	3	平焊	2~3	3~6		160~190	150~200	5.0	加垫板
		3	立焊	2~3	3~6		80~110	40~80	3.2、4.0	加垫板
12		4	平焊	10~12	3~6		160~190	150~200	5.0	加垫板
		4	立焊	4~6	3~6		80~110	40~80	3.2、4.0	加垫板
22		6	平焊	22~25	3~6		160~190	150~200	5.0	加垫板
		6	立焊	10~12	3~6		80~110	40~80	3.2、4.0	加垫板

5）手工非熔化极氩弧焊对接平焊坡口形式及焊接参数见表 12-9。

表 12-9　手工非熔化极氩弧焊对接平焊坡口形式及焊接参数

坡口形状代号	坡口形式
A	0~2
B	60°~90° 0~2 0~2
C	60°~90° 0~2 0~2
D	60°~90° 2 0
E	60°~90°
F	60°~90°
G	2~3 0~2

工件厚度/mm	使用坡口形式	钨电极直径/mm	焊接电流/A	焊接速度/(cm/min)	焊条直径/mm	氩气		备注
						流量/(L/min)	喷嘴直径/mm	
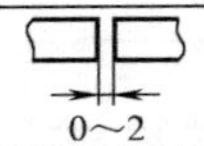 1	A（但间隙为0）	1.6	50~80	10~12	1.6	4~6	11	单面焊接气体垫
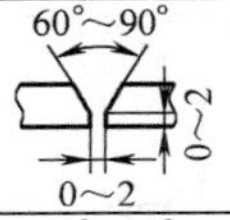 2.4	A（但间隙为0~1mm）	1.6	80~120	10~12	1.6	6~10	11	单面焊接气体垫
3.2	A	2.4	105~150	10~12	1.6~3.2	6~10	11	双面焊
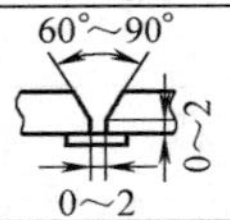 4	A	2.4	150~200	10~15	1.4~4.0	6~10	11	双面焊
6	B	2.4	150~200	10~15	2.4~4.0	6~10	11	消根
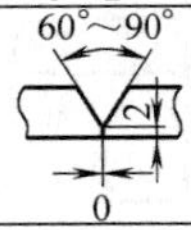	C	2.4	180~230	10~15	2.4~4.0	6~10	11	垫板
	D	2.4	140~160	12~16	2.4~4.0	6~10	11	单面焊接气体垫
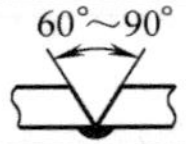	E	1.6 2.4	115~150 150~200	6~8 10~15	2.4~3.2	6~10	11	可熔镶块焊接
12	B	2.4	150~200	15~20	2.4~4.0	6~10	11	消根
	C	2.4 3.2	200~250	10~20	2.2~4.0	6~10	11~13	垫板
22	F	2.4 3.2	200~250	10~20	3.2~4.0	6~10	11~13	消根
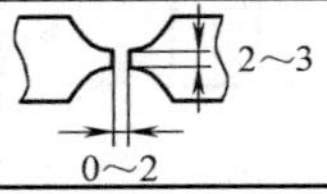 38	G	2.4 3.2	250~300	10~20	3.2~4.0	10~15	11~13	消根

12.4 铁素体-奥氏体双相不锈钢的焊接

12.4.1 铁素体-奥氏体双相不锈钢的焊接性

铁素体-奥氏体双相不锈钢具有良好的焊接性。在一般的拘束条件下，焊缝金属的热裂纹敏感性小；当双相组织的比例适当时，其冷裂纹敏感性也较低。这种双相不锈钢不预热或不后热施焊均不产生焊接裂纹。对于无镍或低镍双相不锈钢，在热影响区经常出现单相铁素体及晶粒粗化的现象。

12.4.2 铁素体-奥氏体双相不锈钢的焊接工艺

（1）焊接材料　铁素体-奥氏体双相不锈钢焊接用焊接材料见表12-10。

表12-10　铁素体-奥氏体双相不锈钢焊接用焊接材料

母材(板、管)类型	焊接材料	焊接工艺方法
Cr18型	1)Cr22-Ni9-Mo3型超低碳焊条 2)Cr22-Ni9-Mo3型超低碳焊丝(包括药芯气体保护焊焊丝) 3)可选用的其他焊接材料:含Mo的奥氏体不锈钢焊接材料,如A022Si(E316L-16)、A042(E309MoL-16)	1)焊条电弧焊 2)钨极氩弧焊 3)熔化极气体保护焊 4)埋弧焊(与合适的碱性焊剂相匹配)
Cr23 无Mo型	1)Cr22-Ni9-Mo3型超低碳焊条 2)Cr22-Ni9-Mo3型超低碳焊丝(包括药芯气体保护焊焊丝) 3)可选用的其他焊接材料;奥氏体不锈钢焊接材料,如A062(E309L-16)焊条	
Cr22型	1)Cr22-Ni9-Mo3型超低碳焊条 2)Cr22-Ni9-Mo3型超低碳焊丝(包括药芯气体保护焊焊丝) 3)可选用的其他焊接材料:含Mo的奥氏体不锈钢焊接材料,如A042(E309MoL-16)	
Cr25型	1)Cr25-Ni5-Mo3型焊条 2)Cr25-Ni5-Mo3型焊丝 3)Cr25-Ni9-Mo4型超低碳焊条 4)Cr25-Ni9-Mo4型超低碳焊丝 5)可选用的其他焊接材料:不含Nb的高Mo镍基焊接材料,如无Nb的NiCrMo-3型焊接材料	

（2）焊接工艺要点

1）焊前不需要预热，焊后也不需要热处理。

2）焊接时，应尽可能采用小热输入，以防止热影响区出现，晶粒粗化和单相铁素体化。采用窄道多层焊，以防止焊缝和热影响区出现单相铁素体。

3）焊接时，可采用与母材同成分的填充材料，也可采用镍基焊丝或焊条。

（3）焊接工艺方法及坡口尺寸（见表12-11）

表12-11 焊接工艺方法及坡口尺寸

管子	平板	坡口形式与尺寸/mm	焊接顺序	焊条电弧焊	钨极氩弧焊	气体保护焊		埋弧焊
						实心	药芯	
√	√	δ=2～15	单面焊 1层		√			
			1～3层	√	√	√		
			双面焊 1层	√	√	√	√	
			2～3层	√	√	√	√	
√	√	δ=3～10 b=1～1.5 70°～80° 2～3	单面焊 1层	√	√			
			2层	√	√	√	√	
			3层～盖面	√	√	√	√	√
	√	δ=3～10 b=2～3 70°～80° 2～3	双面焊 1层	√	√	√		
			2层～盖面	√	√	√	√	
			背面	√	√	√	√	

（续）

管子	平板	坡口形式与尺寸/mm	焊接顺序	焊条电弧焊	钨极氩弧焊	气体保护焊 实心	气体保护焊 药芯	埋弧焊
√		$\delta>10$ $b=1.5$ 20° R4 b δ	单面焊1层		√			
			2层		√	√	√	
			3层～盖面	√	√	√	√	√
	√	$\delta>10$ $b=10$ 60°～70° b δ 2～3	双面焊1～2层	√	√	√	√	
			2层～盖面，正面	√	√	√	√	√
			x层～盖面，背面	√	√	√	√	√

注：“√”表示可以选用。

第13章

铸铁的焊接

13.1 铸铁的焊接性

13.1.1 灰铸铁的焊接性

灰铸铁的碳含量高，硫、磷杂质含量高，并且强度低，基本无塑性，所以灰铸铁的焊接性不良。

1）焊接接头易出现白口及淬硬组织。

2）铸铁焊接时，裂纹是易出现的一种缺欠。

3）当焊缝存在白口组织时，由于白口铸铁的收缩率比灰铸铁收缩率大，加之渗碳体硬而脆，焊缝更易出现裂纹。

4）焊缝的石墨形状对焊缝抗裂性有一定影响。粗而长的石墨片易引起应力集中，降低焊缝的抗裂性。石墨以絮状或球状存在时，焊缝具有较好的抗裂性能。当焊缝为铸铁型时，若焊缝基本为灰铸铁，一般对热裂纹不敏感，这与高温时石墨析出过程中有体积膨胀，有助于降低应力有关。

13.1.2 球墨铸铁的焊接性

1）由于球墨铸铁的强度、塑性和韧性比灰铸铁高，故对其焊接接头的力学性能要求也相应提高，焊接更难。

2）球墨铸铁的白口化倾向及淬硬倾向比灰铸铁大，这是因为球化剂有阻碍石墨化过程，以及提高淬硬临界冷却速度的作用。因此，焊接球墨铸铁时，同质焊缝在半熔化区更易形成白口组织，奥氏体更易转化为马氏体组织。

13.2 铸铁的焊接工艺

13.2.1 灰铸铁的气焊工艺

灰铸铁的气焊工艺要点见表13-1。

表 13-1 灰铸铁的气焊工艺要点

步骤	工作内容	具体说明	备注
1	选择焊丝	焊丝型号有 RZC-1、RZC-2、RZCH、HS401	
	选择熔剂	常用 CJ201,也可使用硼砂或脱水硼砂	
2	焊前准备	1)坡口:厚件需开坡口,其形状和尺寸要求不高,小缺欠可用火焰直接对缺欠进行清理和开坡口 2)焊炬:需选用功率大的焊炬,否则难以消除气孔、夹杂,常使用大号焊炬 H01-20 3)焊嘴:铸铁壁厚≤20mm 时,用 ϕ2mm 的焊嘴;铸铁壁厚>20mm 时,用 ϕ3mm 的焊嘴	
3	焊接	1)先用火焰加热坡口底部使之熔化形成熔池,将已烧热的焊丝沾上熔剂迅速插入熔池,使焊丝在熔池中熔化而不是以熔滴状滴入熔池 2)焊丝在熔池中不断往复运动,使熔池内的夹杂物浮起,待熔渣在表面集中,用焊丝端部沾出排除 3)若发现熔池底部有白亮夹杂物(SiO_2)或气孔时,应加大火焰,减小焰芯到熔池的距离,以便提高熔池底部温度使之浮起,也可用焊丝迅速插入熔池底部将夹杂物、气孔排出	焊接过程必须使用中性焰或弱碳化焰,火焰始终要覆盖住熔池,以减少碳、硅的烧损,保持熔池温度
4	收尾	焊到最后的焊缝应略高于铸铁件表面,同时将流到焊缝外面的熔渣重熔。待焊缝温度降低至处于半熔化状态时,用冷的焊丝平行于铸件表面迅速将高出部分刮平。这样得到的焊缝没有气孔、夹渣,且外表平整	

13.2.2 球墨铸铁的气焊工艺

球墨铸铁的气焊工艺要点见表 13-2。

表 13-2 球墨铸铁的气焊工艺要点

步骤	工作内容	具体说明	备注
1	选择焊丝	采用 HS402、球墨铸铁焊丝(钇基重稀土球化剂)补焊时,焊缝石墨球化稳定,白口倾向较小,接头性能可满足 QT600-3、QT450-10 球墨铸铁的要求,也可用 RZCQ-1、RZCQ-2 焊丝	当采用稀土镁球化剂的球墨铸铁焊丝时,为了防止球化衰退,连续补焊的时间应当缩短
	选择熔剂	常用 CJ201,也可使用硼砂或脱水硼砂	

（续）

步骤	工作内容	具体说明	备注
2	焊前准备	1）坡口：厚件需开坡口，其形状和尺寸要求不高，小缺欠可用火焰直接对缺欠进行清理和开坡口 2）焊炬：需选用功率大的焊炬，否则难以消除气孔、夹杂，常使用大号焊炬 H01-20 3）焊嘴：铸铁壁厚≤20mm 时，用 ϕ2mm 的焊嘴；铸铁壁厚>20mm 时，用 ϕ3mm 的焊嘴	
3	焊接	1）中、小型球墨铸铁件采用不预热工艺补焊，应注意焊接操作和焊后保温，厚大铸件缺欠补焊应预热 700～800℃ 2）先用火焰加热坡口底部使之熔化形成熔池，将已烧热的焊丝沾上熔剂迅速插入熔池，使焊丝在熔池中熔化而不是以熔滴状滴入熔池 3）焊丝在熔池中不断往复运动，使熔池内的夹杂物浮起，待熔渣在表面集中，用焊丝端部沾出排除 4）若发现熔池底部有白亮夹杂物（SiO_2）或气孔时，应加大火焰，减小焰芯到熔池的距离，以便提高熔池底部温度使之浮起，也可用焊丝迅速插入熔池底部将夹杂物、气孔排出	焊接过程必须使用中性焰或弱碳化焰，火焰始终要覆盖住熔池，以减少碳、硅的烧损，保持熔池温度
4	收尾	焊到最后的焊缝应略高于铸铁件表面，同时将流到焊缝外面的熔渣重熔。待焊缝温度降低至处于半熔化状态时，用冷的焊丝平行于铸件表面迅速将高出部分刮平。这样得到的焊缝没有气孔、夹渣，且外表平整	

13.2.3 铸铁补焊常用焊接工艺

铸铁补焊常用焊接方法与工艺要点见表 13-3。

表 13-3 铸铁补焊常用焊接方法与工艺要点

焊接方法	工艺要点
焊条电弧冷焊	采用较小的焊接电流和较快的焊接速度，不做横向摆动（窄焊道），多层焊，尽量不在母材引弧，少熔化母材，短焊道（10～50mm）断续焊，层间冷却到 60～70℃（预热焊时冷却到预热温度）后，再继续焊。焊后及时充分锤击焊缝金属，一般不预热

（续）

焊接方法	工艺要点
焊条电弧半热焊	采用较大的焊接电流，慢的焊接速度，中等弧长，连续焊。一般预热温度为400℃左右，并在焊后保温缓冷
焊条电弧热焊	预热温度为500～650℃，并保持工件温度在焊接过程中不低于400℃。焊后于600～650℃保温退火消除应力。采用连续焊，熔池温度过高时稍停顿
铸铁芯焊条不预热焊条电弧焊	坡口面积应不小于8cm^2，深度应不小于7mm，周围用造型材料围筑起凸台。采用较大的焊接电流，长电弧连续焊，熔池温度过高时稍停顿。焊缝应高出工件表面5～8mm，以提供熔合区缓冷的条件
预热气焊	预热温度为600～680℃，并保持工件温度在焊接过程中不低于400℃。焊后于600～650℃保温退火消除应力。采用较大的火焰功率连续焊
加热减应区气焊	正确选定减应区，并用气焊火焰加热至600～700℃，用较大功率的焊炬开坡口（或事先用机械法开坡口），同时保持减应区温度。缺欠处补焊后与减应区一起冷却，减小焊接热应力
不预热气焊	开坡口用较大功率的焊炬，连续施焊
钎焊	采用气焊火焰或其他热源加热工件并进行钎焊。缺欠处事先用机械法开适当的坡口，并预热清除油污
气电立焊	与焊条电弧焊冷焊相同，焊道长度可适当大些

13.2.4　机床类铸铁件的补焊工艺

机床类铸铁件的补焊工艺要点见表13-4。

表13-4　机床类铸铁件的补焊工艺要点

补焊部位及要求			焊接方法	
			推荐	可能出现的问题和可用的焊接方法
加工面	导轨面（滑动摩擦）	铸造毛坯（有加工余量）	铸铁芯焊条电弧热焊 铸铁焊丝气焊热焊 手工电渣焊（用于特厚大件）	铸铁芯焊条不预热电弧焊，刚度大的部位可能裂 EZNiCu、EZNi或EZNiFe焊条冷焊或稍加预热
		已加工（加工余量较小）	EZNiCu、EZNi或EZNiFe焊条冷焊或稍加预热	铸铁芯焊条不预热电弧焊，刚度大的部位可能裂

（续）

<table>
<tr><th colspan="3" rowspan="2">补焊部位及要求</th><th colspan="2">焊接方法</th></tr>
<tr><th>推荐</th><th>可能出现的问题和可用的焊接方法</th></tr>
<tr><td rowspan="7">加工面</td><td rowspan="4">固定结合面</td><td rowspan="3">铸造毛坯</td><td>铸铁芯焊条电弧热焊
铸铁焊丝气焊热焊</td><td>EZNiCu、EZNi 或 EZNiFe 焊条冷焊或稍加预热</td></tr>
<tr><td>铸铁芯焊条不预热电弧焊</td><td>刚度大的部位可能裂</td></tr>
<tr><td>手工电渣焊（用于特厚大件）</td><td></td></tr>
<tr><td>已加工</td><td>EZNiCu、EZNi 或 EZNiFe 焊条冷焊或稍加预热</td><td>铸铁芯焊条不预热电弧焊，刚度大的部位可能裂，也可采用黄铜钎焊</td></tr>
<tr><td rowspan="3">要求密封（耐水压）部位</td><td rowspan="2">铸造毛坯</td><td>铸铁芯焊条电弧热焊
铸铁焊丝气焊热焊</td><td>EZNiFe 或 EZNi 焊条冷焊</td></tr>
<tr><td>铸铁芯焊条不预热电弧焊</td><td>刚度大的部位可能裂</td></tr>
<tr><td>已加工</td><td>EZNiFe 或 EZNi 焊条冷焊或稍加预热（要求耐压不高时可用 EZNiCu 焊条）</td><td>铸铁芯焊条不预热电弧焊，刚度大的部位可能裂，也可采用黄铜钎焊</td></tr>
<tr><td rowspan="2">非加工面</td><td colspan="2">要求密封（耐水压部位）或要求与母材等强度</td><td>EZFeCu、EZNiCu 或自制奥氏体铁铜焊条冷焊（要求耐压不高时）
EZNiFe、EZNi 或 EZr 焊条冷焊或稍加预热（要求耐较高压力时）</td><td>铸铁芯焊条电弧热焊
铸铁焊丝气焊热焊
铸铁芯焊条不预热电弧焊，刚度大的部位可能裂，也可采用黄铜钎焊</td></tr>
<tr><td colspan="2">无密封及强度要求</td><td>EZFeCu 或自制奥氏体铁铜焊条冷焊，低碳钢焊条（E5015、E5016、E4303 等）冷焊</td><td>其他任何铸铁焊接方法</td></tr>
</table>

第14章

铸钢的焊接

14.1 铸钢的焊接性

铸钢中碳的质量分数为0.15%～0.60%，若碳含量过高，则塑性不足，易产生龟裂。为了改善铸钢的力学性能，常在碳素钢的基础上加入Mn、Si、Cr、Ni、Mo、Ti、V等合金元素，制成合金铸钢。通常可根据铸钢件的化学成分来确定其焊接性，钢中各元素对焊接性的影响采用碳当量 C_{eq} 表示，其计算公式如下：

$$C_{eq}=w(C)+w(Mn)/6+w(Cr)/3+w(Mo)/4+w(V)/5+w(Cu)/13+w(Ni)/15$$

一般情况下，C_{eq} 不超过0.45%时焊接性良好，超过0.45%时焊接性降低，即随着碳含量和合金元素含量的增加，铸钢件焊接性降低。

同轧钢钢板或锻钢焊接相比，铸钢件的焊接性与轧钢钢板或锻钢的焊接基本上相同。但铸钢件多是壁厚件，结构复杂，刚性大，晶粒比较粗大，冒口下成分偏析严重，杂质多，组织致密性差，所以在焊接部位容易出现硬化、裂缝等缺欠，有时还会出现将焊接或补焊区边缘的母材受热区（非热影响区部位）拉裂的现象。铸钢件多层多道的坡口补焊是在焊接热源集中作用下进行的，具有热源的集中性和高温停留时间较长的特点。由于铸钢件补焊的坡口区域相对较小，焊接过程焊接热源可移动的范围有限，所以这些热源在坡口内很难散去，高温停留时间较长。因此，焊缝的近缝区晶粒粗大，热影响区的宽度增加，可能出现时效硬化倾向。铸钢的刚性拘束度大，补焊是在极狭小的范围内造成急热，而冷却速度又像淬火那样迅速，易造成补焊区出现裂纹。

1. 铸造低碳钢的焊接性

含碳及合金元素少，焊接性好，产生裂纹、气孔倾向小，焊前一般不需要预热，焊接或补焊过程也不需要特殊的工艺措施。但在下列条件下焊接时，焊接性也会变差，需要采取特殊措施：

1）当环境温度低于-5℃时，焊接刚性较大的铸钢件，可进行焊前预热，预热温度为80~150℃。

2）补焊坡口较大或坡口处于铸钢件冒口部位，母材成分偏析严重（C、S、P含量过高），焊接时也可能产生裂纹，焊前应进行预热，预热温度为150℃左右。

2. 铸造中碳钢的焊接性

铸造中碳钢的强度和硬度较高，塑性和韧性低，因而焊接性较差。焊接时易产生以下问题：

1）热影响区易产生低塑性的淬硬组织。碳含量越高，铸钢件刚性越大。缺欠较严重时，补焊区易产生冷裂纹。

2）焊缝易产生气孔和热裂纹。

3）焊前经调质处理的铸钢件，焊后在热影响区会出现回火软化，从而影响焊接接头的使用性能。

3. 铸造高碳钢的焊接性

铸造高碳钢的碳含量大于0.6%（质量分数），焊接性很差。由于焊接性不良，高碳钢不宜制造焊接结构，主要是铸钢件的缺欠补焊，焊接方法一般采用焊条电弧焊。为了防止热影响区淬硬，焊前必须预热，预热温度主要是根据材料碳含量来确定。

14.2 铸钢的焊接工艺

铸钢件焊接或缺欠补焊修复的方法很多，主要有焊条电弧焊、气焊、CO_2气体保护焊、混合气体保护焊、埋弧焊、电渣焊及钨极氩弧焊等。考虑到铸钢件的特性、铸造缺欠的复杂性，以及焊接效率、生产制造成本和铸钢件焊接或补焊操作的特点等因素，迄今为止，既能满足各种铸钢件结构焊接，又适用于各种材料铸钢件的缺欠修补，而且焊接或补焊质量能够满足产品技术标准和各种使用要求，具有较强的可操作性，同时焊接或修复成本较低的方法主要有焊条电弧焊、熔化极气体保护焊和埋弧焊。

14.2.1　铸钢的焊条电弧焊

焊条电弧焊是铸钢件焊接或缺欠修复中最常用的一种方法，无论是现场补焊修复，还是在铸钢件生产过程的构件焊接均可使用。焊条电弧焊可以在任何位置实施焊接操作，特别是能通过各种性能类型的焊条获得满意的焊接接头或补焊修复质量，对结构复杂或焊接部位狭窄的铸钢件焊接或缺欠修补都可以采用。尽管其工作效率较低，有时操作条件还很恶劣，稀释率高，但其设备简单，操作灵活，适应性强。因此，目前焊条电弧焊仍然是铸钢件焊接（补焊）中应用范围最广、最多的一种方法。

1. 焊接参数的选择

在铸钢件焊接或缺欠补焊修复中，采用焊条电弧焊时，一般通过调节焊接电流、电弧电压、焊接速度、运条方式及弧长等焊接参数控制熔深，以降低稀释率，保持电弧稳定，获得稳定均匀的焊接质量。

焊条电弧焊的焊接参数主要包括电源的种类与极性、焊接电流、电弧电压等。

（1）焊接电源的种类与极性选择　如果选择采用低氢型焊条焊接时，焊接电源一般采用直流反接。

（2）焊接电流的选择　焊接电流是焊条电弧焊中最重要的焊接参数，也可以说是唯一的独立参数。因为焊工在焊接操作中需要调节的只有焊接电流，而焊接速度和电弧电压都是由焊工控制的。铸钢件焊接或缺欠补焊时各种直径焊条合适的焊接电流参考值见表14-1。

表14-1　各种直径焊条合适的焊接电流参考值

焊条直径/mm	2.5	3.2	4.0	5.0
焊接电流/A	60~85	90~120	130~180	180~230

（3）电弧电压的选择　焊条电弧焊的电弧电压由弧长决定。弧长太大易引起合金元素烧损，所以弧长不能太大。一般情况下，铸钢件补焊时应尽可能采用短弧操作，碱性焊条的电弧长度为焊条直径的一半。

2. 焊条电弧焊在铸钢件焊接或缺欠补焊中的应用特点

（1）焊接质量好　焊条电弧焊焊接成本低，操作灵活，焊接时电弧及熔池由熔渣保护隔绝空气，焊缝成形好，焊接质量稳定。

焊条电弧焊在深而窄的较大坡口焊第一层焊道上不易出现裂缝，因此常用于大坡口的打底和过渡层的焊接。

（2）抗裂性差　焊道层数较多时，容易导致开裂或剥离，抗裂性差。在铸钢件缺欠补焊中，由于铸钢件刚性大，因此要求的预热温度和补焊过程温度较高。由于铸钢件刚性大，在焊接过程中，对预热温度和层间温度有较高要求，而人工操作，很难保证整个过程的温度要求，尤其是堆焊层数多、面积大的场合，容易导致补焊处开裂或剥落。

（3）耐磨性下降　焊条电弧焊获得的熔深较大，稀释率较高，熔敷金属的硬度和耐磨性下降，为此在铸钢件焊接或补焊时要求采取预热和缓冷措施。

（4）效率低　采用焊条电弧焊，焊接效率较低。

14.2.2 铸钢的埋弧焊

埋弧焊又称为焊剂层下电弧焊，是一种利用焊剂进行保护的焊接修复方法。这种方法在铸钢件的焊接中使用的焊丝直径为 3.0~5.0mm；在铸钢件补焊修复中焊丝直径可以再粗些，可以达到 10~12mm，如图 14-1 所示。

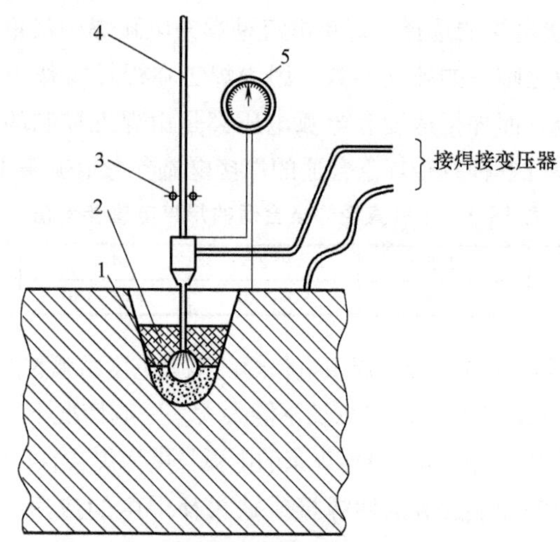

图 14-1　埋弧焊补焊铸钢件上的缺陷

1—焊接金属　2—焊剂　3—输送焊丝滚轮　4—焊丝（直径 10~12mm）　5—电压表

与焊条电弧焊相比，埋弧焊具有如下特点：

（1）生产率高　埋弧焊时的焊接电流和焊丝中的电流密度都比焊条电弧焊大得多，因此埋弧焊的生产率明显高于焊条电弧焊。

（2）焊接质量好　埋弧焊时电弧及熔池有熔渣层保护，熔渣隔绝空气的保护效果非常好，并且在进行铸钢件焊接或缺欠补焊修复时的焊接参数可自动调节，获得的焊缝性能与修复质量比较稳定，焊接质量好。

（3）适用范围较小　埋弧焊仅适用于平焊位置，不能进行空间位置的焊接与修复，特别是在铸钢件的补焊中，对坡口形状和表面状态要求较高，只能修复形状简单、厚度和面积较大的铸钢件，不适于焊接短焊缝。因此，埋弧焊在铸钢件补焊中很少使用，经常用于铸钢件的结构焊接。

14.2.3 铸钢的 CO_2 气体保护焊

CO_2 气体保护焊是利用从喷嘴中喷出的 CO_2 气体隔绝空气、保护熔池的一种高效率、低成本、较先进的熔焊方法，其操作方式有自动焊和半自动焊两种。由于铸钢件焊接或缺欠补焊坡口大部分形状不规则，并且有时还要求全位置操作，因此一般采用半自动 CO_2 气体保护焊。

1. CO_2 气体保护焊在铸钢件焊接或缺欠补焊中的应用特点

与焊条电弧焊相比，CO_2 气体保护焊在铸钢件焊接或缺欠补焊上的应用具有以下特点：

1）焊接或补焊效率比焊条电弧焊高2~3倍。

2）抗裂性能好，焊缝中的氢含量比低氢焊条还要低，在很多场合可以省略预热或降低预热温度，有利于铸钢件焊接工艺条件的改善。

3）在深而窄的坡口内进行第一层焊接时，焊道上容易出现裂缝。采取降低第一层电流，减少熔深的方法，就可以避免裂缝的发生。

4）由于电弧热量集中，减少了电弧加热区域，焊接应力小，铸钢件焊后变形小。此外，CO_2 气体对工件有一定的冷却作用，可以减少热输入，明显降低焊接热应力，减少焊接变形。

5）CO_2 气体保护焊焊丝有效利用率可达95%以上，而焊条电弧焊焊条的有效利用率一般为55%，表面缺肉堆焊时最多能达到65%。

6）飞溅多并且飞溅颗粒较大；在粘有油污、灰尘、油漆的铸钢件上焊接比用焊条电弧焊更容易出现气孔，因此焊前应清除铸钢件表面的污垢。

7）保护气流属于柔性体，易受侧风干扰。在有风的地方焊接，CO_2 气体消失，失去保护作用，也容易产生气孔。

2. 焊接参数的选择

CO_2 气体保护焊在铸钢件焊接或补焊中主要焊接参数的选择如下：

（1）焊丝直径　最适宜半自动 CO_2 气体保护焊操作的焊丝直径为1.2mm，少量焊接时也可采用直径为1.6mm的焊丝。焊丝直径太小，效率低；焊丝直径太大，长时间手工操作，劳动强度大，操作不稳定，影响焊接质量。

（2）焊接电流　不同焊丝直径都有一个适合的焊接电流区间，在这一区间内，焊接过程才能稳定进行。常用焊丝直径的焊接电流选择范围见表14-2。

（3）电弧电压　电压和电流必须适当匹配，才能获得良好的工艺性能和外观质量。一般情况下，当电流在250A以下时，电压=(0.04×焊接电流+16±2)V；当电流在250A以上时，电压=(0.04×焊接电流+20±2)V。常用焊丝直径的电弧电压选择范围见表14-2。

（4）电源极性　一般采用直流反接，焊接过程电弧稳定，飞溅小，成形较好，熔深大，焊缝金属中扩散氢的含量少。

（5）焊接速度　半自动 CO_2 气体保护焊因为是手工操作，其焊接速度范围较大，一般为25~35cm/min。

（6）焊丝干伸长度　干伸长度一般为焊丝直径的10~12倍。虽然焊丝伸出长度的增加能提高焊接熔敷率，但会恶化焊接工艺及焊缝性能，如飞溅增大，焊缝波纹及成形粗糙，气体保护效果差，气孔敏感，形变大，焊丝会成段熔断等。干伸长度过小，易造成飞溅物堵塞喷嘴，影响保护效果。因此，焊接电流低于250A时，焊丝伸出长度为10~18mm；焊接电流大于250A时，焊丝伸出长度为20~25mm。

（7）气体流量　大多数铸钢件的焊接或补焊都是在高温下操作的。多年来的铸钢件焊接或缺欠补焊修复的实践证明，高温下焊接时产生的热气流与焊枪喷嘴喷出的保护气体（冷气流）会形成湍流或涡流，而且高温下飞溅金属容易堵塞喷嘴，这两个因素都使补焊区的气体保护效果降低。如果采用 $Ar+CO_2$ 的混合气体时，由于氩气的飘移作用，也会使补焊区的保护效果减弱。因此，铸钢件在高温下焊接或补焊时的气体流量应适当加大，以保证气流有足够的挺度，加强保护效果。但气体流量也不能太大，否者会引起外界空气卷入焊接区，同样会产生不规则湍流，使保护效果变差。铸钢件焊接时的气体流量可按下列公式选取：

$$气体流量=喷嘴内径\times(0.8\sim1.2)$$

常用焊丝直径的气体流量选择范围见表14-2。

表14-2　常用焊丝直径的焊接电流、电弧电压和气体流量选择范围

焊丝直径/mm	焊接电流/A	电弧电压/V	气体流量/(L/min)
1.2	180~320	23~35	15~23
1.6	250~420	28~38	20~28

14.2.4　铸钢的钨极氩弧焊

在铸钢件焊接或缺欠补焊生产中常用的是手工钨极氩弧焊，它是在惰性气体的保护下，利用钨电极与工件之间产生的电弧热熔化母材和填充焊丝的一种焊接方法。焊接时，惰性气体以一定的流量从焊枪的喷嘴喷出，在电弧周围形成气体保护层将空气隔离，以防止大气中的氧、氮等对钨极、熔池及焊接热影响区金属的不利影响，从而获得优质的焊缝。当需要填充金属时，一般在焊接方向的一侧把焊丝送入焊接区、溶入熔池而成为焊缝金属的组成部分。

其焊接工艺要点如下：

（1）电源极性　铸钢件缺欠补焊或进行对接焊操作时，焊接电源一般采用直流正接。采用直流正接时，钨极烧损小，工件发热量大，钨极发热量小，因而熔深大，焊缝宽度窄，生产率高。

（2）钨极直径的选择与夹钨的形成　钨极一般按工件厚度、

焊接电流和电源极性来选择。如果钨极直径选择不当，将造成电弧不稳、钨棒烧损严重和焊缝夹钨。夹钨的性质相当于夹渣，即钨由钨极进入到焊缝中。夹钨产生原因：焊接电流过大，使钨极端头熔化，焊接过程中钨极与熔池接触，以及采取短路接触法等。

（3）焊接电流　根据铸钢件的材质、厚度和接头空间位置选择焊接电流，过大或过小的电流都会使焊缝成形不良或产生焊接缺欠。

（4）电弧电压　电弧电压由弧长决定。弧长增加，焊缝宽度增加，熔深减少，气体保护效果随之变差，甚至产生焊接缺欠，因此尽量采用短弧焊。

（5）保护气体（氩气）流量　随着焊接速度和弧长的增加，气体流量也应增加。钨极伸出长度增加时，气体流量也应相应增加。气体流量增加时易产生气孔和焊缝被氧化等缺欠。一般钨极的伸出长度为3~5mm为佳。若气体流量过大，则会产生不规则湍流，使空气卷入焊接区，降低保护效果，还会影响电弧稳定燃烧。一般情况下气体流量要求通常小于15L/min。当焊接电流在100~200A之间时，气体流量为7~12L/min；当焊接电流在200~300A之间时，气体流量为12~15L/min。常用氩气流量的经验计算公式如下：

$$Q=(0.8\sim1.2)D$$

式中　Q——氩气流量（L/min）；

D——钨极直径（mm）。

（6）焊接速度　焊接速度太快时，容易产生未焊透；焊接速度太慢时，易产生烧穿等。此外，氩气保护是柔性的，当遇到侧向空气吹动或焊接速度过快时，氩气气流会弯曲，保护效果减弱。如果适当加大气流量，气流挺度增大，可以减小弯曲程度。

（7）喷嘴直径　增大喷嘴直径的同时，应增加气体流量，此时保护区大，保护效果好；但喷嘴过大时，不仅使氩气的消耗增加，而且造成焊炬无法到达焊接位置，或妨碍焊工视线，不便于观察操作。常用的喷嘴直径一般取8~20mm为宜。

（8）喷嘴至工件的距离　这个距离越小，保护效果越好，所以喷嘴至工件间的距离应尽可能小些；但过小将使操作观察不便。通常喷嘴至工件间的距离为5~15mm。

第15章

铝及铝合金的焊接

铝具有密度小（2.7g/cm^3）、耐蚀性好、塑性高、焊接性良好，以及导电性和导热性优良等优点，因此铝及铝合金在航空、汽车、电工、化学、食品及机械制造等领域中得到广泛的应用。

铝及铝合金按其制造工艺可分为两大类：一种是能经辗、压、挤成形的铝及铝合金，称为变形铝及铝合金；另一种是铸造铝合金。

纯铝强度较低，根据不同的用途和要求，在铝中加入一些合金元素（如 Mn、Mg、Si、Cu、Zn 等）来改变其物理、化学和力学性能，从而形成一系列的铝合金。

15.1　铝及铝合金的焊接性

1）铝及铝合金的表面有一层致密的 Al_2O_3 氧化膜（厚度为 0.1～0.2μm）。该氧化膜熔点高（2050℃），而纯铝的熔点是 658℃。焊接时，这层薄膜对母材与母材之间、母材与填充材料之间的熔合起着阻碍作用，极易造成焊缝金属夹渣和气孔等缺欠，影响焊接质量。

2）铝合金的比热容大，热导率高，约为钢的 4 倍，因此焊接铝及铝合金时，比钢要消耗更多的热量。为得到优质的焊接接头，应尽量采用热量集中的钨极交流氩弧焊、熔化极气体保护焊等焊接方法。

3）铝的线胀系数和结晶收缩率比钢大 2 倍，易产生较大的焊接变形和应力。对厚度或刚性较大的结构，大的收缩应力可能会导致产生焊接接头裂纹。

4）液态铝可大量溶解氢，而固态铝几乎不溶解氢。铝的高导热性又使液态金属迅速凝固，因此，液态时吸收的氢气来不及析出，而留在焊缝金属中形成气孔。

5）气焊、焊条电弧焊、碳弧焊等焊接时，如焊剂清洗不净易造成焊接区域腐蚀。

6）铝及铝合金焊接时，固—液转变无颜色变化，易造成烧穿和焊缝金属塌落。焊接过程中，合金元素易蒸发和烧损，从而降低其使用强度。

15.2 铝及铝合金的焊接工艺

15.2.1 铝及铝合金的焊条电弧焊

一般厚度在4mm以上的铝及铝合金工件焊接时或小铝合金铸件补焊时才采用焊条电弧焊。由于铝焊条为盐基型药皮（含氯、氟等），极易受潮，为防止气孔，使用前必须进行严格的烘干处理（150℃烘干1~2h）。电源采用直流反接电源。施焊时焊条不宜摆动，焊接速度要快（比钢焊接时要快2~3倍）。在保持电弧稳定燃烧的前提下采用短弧焊，以防止金属氧化，减小飞溅和增加熔深。焊后应仔细清除熔渣。

1. 焊接材料的选择

铝及铝合金焊条电弧焊用焊条的选择见表15-1。

表15-1 铝及铝合金焊条电弧焊用焊条的选择

焊条牌号	焊芯成分(质量分数,%)			焊接接头抗拉强度/MPa	用途
	硅	锰	铝		
E1100	—	—	≈99.5	≥65	焊接纯铝及一般接头强度要求不高的铝合金
E4043	≈5	—	余量	≥120	焊接铝板、铝硅合金铸件、一般铝合金及硬铝
E3003	—	≈1.3	余量	≥120	焊接纯铝、铝锰合金及其他铝合金

2. 铝及铝合金的焊前准备及焊后处理

（1）焊件的清理

1）清理的目的：除去表面污物及氧化膜。清理是保证铝及铝合金焊接质量的重要工艺措施。

2）清理部位：清理工件的坡口两侧或缺欠四周宽度不小于

40mm 的范围。

3）清理的方法及措施：采用化学清洗与机械清理两种方法：①化学清洗是用质量分数为 10% 左右的氢氧化钠水溶液（40～50℃）将清理部位擦洗 10～20min 后，用清水冲净，这样能使氢氧化钠与氧化铝作用生成易溶的氢氧化铝，以保证焊接质量；②机械清理是用丙酮或乙醇擦拭清理部位，再用细的不锈钢丝轮（刷）及刮刀除去氧化膜，并用干净白棉布（纱）擦拭。处理清洗完的工件应尽快在 12h 内完成焊接，以防再生成新的氧化层。

（2）预热　由于铝的导热性比较大，所以为了防止焊缝区热量的流失，焊前应对厚度不小于 8mm 的变形铝及铝合金工件或较大铸件进行预热。预热温度一般范围为 100～300℃，可根据情况选择。

（3）焊后处理　焊后留在焊缝及两侧周围的残留焊粉和焊渣，在空气、水分的参与下会激烈地腐蚀工件，所以必须及时清理干净。焊后清理的方法是将焊接区域在质量分数为 30% 的硝酸溶液浸洗 3min 左右，用清水冲洗后，再风干或低温（50℃ 左右）干燥。

15.2.2　铝及铝合金的钨极氩弧焊

钨极氩弧焊是焊接铝及铝合金较完善的熔焊方法，其焊接质量好，操作技术容易掌握，目前已被广泛采用。钨极氩弧焊适合于焊接厚度较薄的铝及铝合金工件，以及热处理强化的高强度铝合金结构。工件厚度较大时，可采用钨极氩弧焊或开坡口多层钨极氩弧焊。

铝及铝合金的钨极氩弧焊一般采用交流电源，这样可利用“阴极破碎”作用除去熔池表面铝的氧化膜。氩气纯度（质量分数）不低于 99.9%。手工钨极氩弧焊操作灵活方便，适用于焊接小尺寸工件的短焊缝、角焊缝及大尺寸的不规则焊缝；自动钨极氩弧焊可焊接厚度为 1～12mm 的规则的环缝和纵缝；脉冲钨极氩弧焊常用于焊接厚度小于 1 mm 的工件。

铝及铝合金手工钨极交流氩弧焊的焊接参数见表 15-2。铝及铝合金自动钨极交流氩弧焊的焊接参数见表 15-3。铝及铝合金脉冲钨极交流氩弧焊的焊接参数见表 15-4。

表 15-2 铝及铝合金手工钨极交流氩弧焊的焊接参数

工件厚度/mm	焊丝直径/mm	钨极直径/mm	预热温度/℃	焊接电流/A	氩气流量/(L/min)	喷嘴孔径/mm	焊接层数 正面/反面	备注
1	1.6	2	—	45~60	7~9	8	正1	卷边焊
1.5	1.6~2.0	2	—	50~80	7~9	8	正1	卷边焊或单面对接
2	2~2.5	2~3	—	90~120	8~12	8~12	正1	对接
3	2~3	3	—	150~180	8~12	8~12	正1	V形坡口对接
4	3	4	—	180~200	10~15	8~12	1~2/1	V形坡口对接
5	3~4	4	—	180~240	10~15	10~12	1~2/1	V形坡口对接
6	4	5	—	240~280	16~20	14~16	1~2/1	V形坡口对接
8	4~5	5	100	260~320	16~20	14~16	2/1	V形坡口对接
10	4~5	5	100~150	280~340	16~20	14~16	3~4/1~2	V形坡口对接
12	4~5	5~6	150~200	300~360	18~22	16~20	3~4/1~2	V形坡口对接
14	5~6	5~6	180~220	340~380	20~24	16~20	3~4/1~2	V形坡口对接
16	5~6	6	200~220	340~380	20~24	16~20	4~5/1~2	V形坡口对接
18	5~6	6	200~240	360~380	25~30	16~20	4~5/1~2	V形坡口对接
20	5~6	6	200~260	360~380	25~30	20~22	4~5/1~2	V形坡口对接
16~20	5~6	6	200~260	300~380	25~30	16~20	2~3/2~3	X形坡口对接
22~25	5~6	6~7	200~260	360~400	30~35	20~22	3~4/3~4	X形坡口对接

表 15-3 铝及铝合金自动钨极交流氩弧焊的焊接参数

工件厚度/mm	焊接层数	钨极直径/mm	焊丝直径/mm	喷嘴孔径/mm	氩气流量/(L/min)	焊接电流/A	送丝速度/(m/h)
1	1	1.5~2	1.6	8~10	5~6	120~160	—
2	1	3	1.6~2	8~10	12~14	180~220	65~70
3	1~2	4	2	10~14	14~18	220~240	65~70
4	1~2	5	2~3	10~14	14~18	240~280	70~75
5	2	5	2~3	12~16	16~20	280~320	70~75
6~8	2~3	5~6	3	14~18	18~24	280~320	75~80
8~12	2~3	6	3~4	14~18	18~24	300~340	80~85

表 15-4 铝及铝合金脉冲钨极交流氩弧焊的焊接参数

工件牌号	工件厚度/mm	钨极直径/mm	焊丝直径/mm	电弧电压/V	脉冲电流/A	基值电流/A	脉宽比(%)	氩气流量/(L/min)	频率/Hz
5A03	1.5	3	2.5	14	80	45	33	5	1.7
	2.5			15	95	50			2
5A06	2		2	10	83	44			2.5
5A12	2.5			13	140	52	36	8	2.6

15.2.3 铝及铝合金的熔化极氩弧焊

1. 保护气体

焊接铝及铝合金时，通常采用交流电源或直流反接电源。保护气体选择氩气或氩气与氦气的混合气体。当工件厚度小于 25mm 时，采用纯氩气；当工件厚度为 25~50mm 时，采用氩气与质量分数为 10%~35%的氦气混合气体；当工件厚度为 50~75 mm 时，宜采用氩气与质量分数为 10%~35%的氦气，或氩气与质量分数为 50%的氦气的混合气体；当工件厚度大于 75 mm 时，推荐使用氩气与质量分数为 50%~75%的氦气的混合气体。

2. 坡口形式及尺寸

钨极氩弧焊时工件的坡口形式及尺寸见表 15-5。

3. 焊接工艺

焊丝的选择一般应按照成分相同的原则选择。根据工件厚度不同，可采用短路过渡、喷射过渡、大电流喷射过渡或脉冲喷射过渡等方法进行焊接。

（1）短路过渡焊接工艺　2mm 以下的薄板通常采用直径为 0.8~1.2mm 的焊丝，选择短路过渡工艺进行焊接。铝及铝合金薄板短路过渡熔化极氩弧焊的焊接参数见表 15-6。

（2）喷射过渡焊接工艺　对于厚度不小于 4 mm 的工件，一般采用直径为 1.6~2.4mm 的焊丝，选择喷射过渡工艺进行焊接。喷射过渡焊接时采用恒压电源与等速送丝相配合，利用焊接电源电弧的自身调节作用，维持稳定的射流。

对接接头铝合金喷射过渡熔化极氩弧焊的焊接参数见表 15-7。T 形接头铝合金喷射过渡熔化极氩弧焊的焊接参数见表 15-8。

（3）大电流喷射过渡焊接工艺　大电流喷射过渡熔化极氩弧焊是为了提高厚铝板的焊接生产率而出现的一种工艺方法，主要用于焊接厚度大于 15 mm 的工件。由于使用大电流喷射过渡熔化极氩弧焊工艺易产生起皱缺欠，所以这时应该使用较大的焊丝直径（3.5~6.4 mm）和双层气流保护。铝合金大电流喷射过渡熔化极氩弧焊的焊接参数见表 15-9。表中的保护气为氩气和氦气时，内喷嘴采用氩气和质量分数为 50%的氦气，外喷嘴采用纯氩气。

表 15-5　钨极氩弧焊时工件的坡口形式及尺寸

工件厚度 δ/mm	坡口形式	坡口尺寸			备注
		间隙 b/mm	钝边 p/mm	角度 α/(°)	
1~2	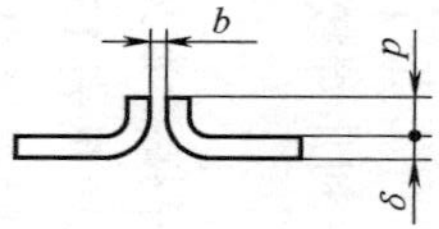 b p δ	<1	2~3	—	不加填充焊丝
1~3	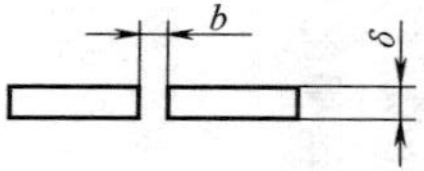 b δ	0~0.5	—	—	
3~5		1~2	—	—	
3~5	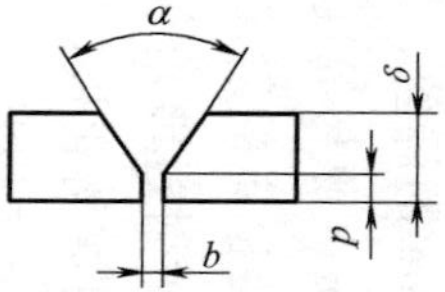 α δ p b	0~1	1~1.5	70±5	双面焊，反面铲焊根
6~10		1~3	1~2.5	70±5	
12~20		1.5~3	2~3	70±5	
14~25	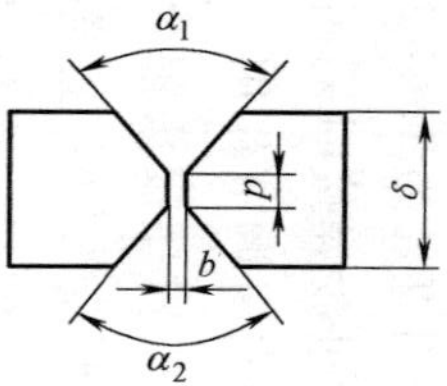 α_1 p δ b α_2	1.5~3	2~3	α_1:80±5 α_2:70±5	双面焊，反面铲焊根，每面焊两层以上

管子壁厚≤3.5	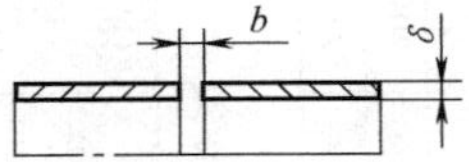 b δ	1.5~2.5	—	—	用于管子可旋转的平焊
3~10 （管子外径 30~300mm）	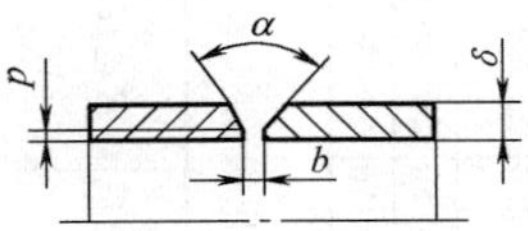 α p δ b	<4	<2	75±5	管子内壁可用固定垫板
4~12	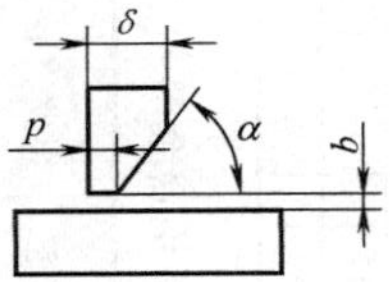 δ p α b	1~2	1~2	50±5	共焊 1~3 层
8~25	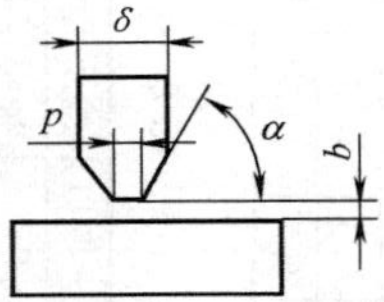 δ p α b	1~2	1~2	50±5	每面焊两层以上

表 15-6　铝及铝合金薄板短路过渡熔化极氩弧焊的焊接参数

工件厚度/mm	接头及坡口形式	坡口间隙/mm	焊接位置	焊接电流/A	焊接电压/V	焊接速度/(mm/min)	焊丝直径/mm	送丝速度/(m/min)	保护气体流量/(L/min)
2	对接、I形坡口	0~0.5	全位置	70~85	14~15	400~600	0.8	—	15
			平焊	110~120	17~18	1200~1400	1.2	5.0~6.2	15~18
1	T形接头、I形坡口	0~0.2	全位置	40	14~15	500	0.8	—	14
2			全位置	70	14~15	300~400	0.8	—	10
				80~90	17~18	800~900		9.5~10.5	14

表 15-7　对接接头铝合金喷射过渡熔化极氩弧焊的焊接参数

工件厚度/mm	坡口形式及尺寸				焊道层数	焊丝直径/mm	焊接电流/A	焊接电压/V	焊接速度/(mm/min)	保护气体流量/(L/min)
	形式	间隙/mm	坡口角度/(°)	钝边/nm						
4	I	0~2	—	—	1	1.6	170~210	22~24	550~750	16~20
		0~2	—	—	2	1.6	160~190	22~25	600~900	16~20
6	I	0~2	—	—	1	1.6	230~270	24~27	400~550	20~24
	V	0~2	60	0~2	2	1.6	170~190	23~26	600~700	20~24
8	V	0~2	60	0~2	2	1.6	240~290	25~28	450~600	20~24
	双V	1~2	60	1~3	2	1.6	250~290	24~27	450~550	20~24
10	V	0~2	60	0~2	3	1.6	240~260	25~28	400~600	20~24
	双V	0~2	60	1~3	2	1.6	290~330	25~29	450~650	24~30
12	V	2~3	60	1~2	4	1.6或2.4	230~260	25~28	350~600	20~24
	双V	1~3	60	2~3	2	2.4	320~350	26~30	350~450	20~24
16	双V	1~3	90	2~3	4	2.4	310~350	26~30	300~400	24~30

表 15-8　T形接头铝合金喷射过渡熔化极氩弧焊的焊接参数

工件厚度/mm	坡口形式及尺寸		焊道层数	焊丝直径/mm	焊接电流/V	焊接电压/V	焊接速度/(mm/min)	保护气体流量/(L/min)
	形式	焊脚尺寸/mm						
3	I	5~7	1	1.2	120~140	21~23	700~800	16
4	I	5~8	1	1.2或1.6	160~180	22~24	350~500	16~18
6	I	6~8	1	1.6或2.4	220~250	24~26	500~600	16~24
8	I	8~9	1	2.4	250~280	25~27	400~550	20~28
8	K	—	2~4	2.4	240~270	24~26	550~600	20~28
10	K	—	4~6	2.4	250~280	25~27	500~600	20~28
12	K	—	4~6	2.4	270~300	25~27	450~600	20~28

表 15-9 铝合金大电流喷射过渡熔化极氩弧焊的焊接参数

工件厚度/mm	接头形式	焊道层数	焊丝直径/mm	焊接电流/A	焊接电压/V	焊接速度/(mm/min)	保护气体	保护气体流量/(L/min)
15	对接接头(不开坡口)	2	2.4	400~430	28~29	400	Ar	80
20		2	3.2	440~460	29~30	400	Ar	80
25		2	3.2	500~550	29~30	300	Ar	100
25	对接接头(双面V形坡口)	2	3.2	480~530	29~30	300	Ar	100
25		2	4.0	560~610	35~36	300	Ar+He	100
35		2	4.0	630~660	30~31	250	Ar	100
45		2	4.8	780~800	37~38	250	Ar+He	150
50		2	4.0	700~730	32~33	150	Ar	150
60		2	4.8	820~850	38~40	200	Ar+He	180
50	对接接头(双面V形坡口)	2	4.8	760~780	37~38	200	Ar+He	150
60		2	5.6	940~960	41~42	180	Ar+He	180
75		2	5.6	940~960	41~42	180	Ar+He	180

(4) 脉冲喷射过渡焊接工艺 焊接热敏感性强的热处理强化铝合金或空间位置的接头时，最好选择脉冲喷射过渡焊接工艺。铝合金熔化极脉冲氩弧焊的典型焊接参数见表 15-10。

表 15-10 铝合金熔化极脉冲氩弧焊的典型焊接参数

工件厚度/mm	接头形式	焊接位置	焊丝直径/mm	焊接电流/A	电弧电压/V	焊接速度/(mm/min)	保护气体流量/(L/min)
3	对接	水平焊	1.4~1.6	70~100	18~20	210~240	8~9
		横焊	1.4~1.6	70~100	18~20	210~240	13~15
		向下立焊	1.4~1.6	60~80	17~18	210~240	8~9
		仰焊	1.2~1.6	60~80	17~18	180~210	8~10
4~6	角接	水平焊	1.6~2.0	180~200	22~23	140~200	10~12
		向上立焊	1.6~2.0	150~180	21~22	120~180	10~12
		仰焊	1.6~2.0	120~180	20~22	120~180	8~12
14~25	角接	向上立焊	2.0~2.5	220~230	21~24	60~150	12~25
		仰焊	2.0~2.5	240~300	23~24	60~120	14~26

15.2.4 铝及铝合金的气焊

1. 对接接头与喷嘴孔径

1) 气焊时工件对接接头形式与尺寸见表 15-11。

表 15-11 气焊时工件对接接头形式与尺寸

工件厚度/mm	坡口形式	坡口角度/(°)	钝边/mm	间隙/mm	填充金属消耗量/(g/m)
1.5	不开坡口	—	—	1	49
2	不开坡口	—	—	1.5	64
3	不开坡口	—	—	2	117
4	不开坡口	—	—	2	145
5	单面 U 形坡口	70	1.5	2	176
6	单面 U 形坡口	70	1.5	2	216
7	单面 U 形坡口	70	2	2.5	267
8	单面 U 形坡口	70	2	2.5	318
9	单面 U 形坡口	70	2	2.5	396
10	单面 U 形坡口	90	3	3	564
12	X 形坡口	90	3	2.5	583
14	X 形坡口	90	3	3	737
16	X 形坡口	90	4	3.5	908
18	X 形坡口	90	4	3.5	1070
20	X 形坡口	90	4	4	1448

2）喷嘴孔径与焊丝匹配见表 15-12。

表 15-12 喷嘴孔径与焊丝匹配

焊件厚度/mm	<1.5	1.5~3	3~5	5~7	7~10
焊炬型号	H01-2	H01-6		H01-12	
喷嘴孔径/mm	0.9	0.9~1.0	1.1~1.2	1.4~1.8	1.6~2.0
焊丝直径/mm	1.5~2.0	2.5~3	3.0~4.0	4.0~4.5	4.5~5.5

2. 焊接工艺

铝合金气焊的焊接参数见表 15-13。

表 15-13 铝合金气焊的焊接参数

板厚/mm	氧气压力/MPa	乙炔消耗量/(L/h)	对接焊缝层数
<1.5	0.15	50~100	1
1.5~3.0	0.15~0.20	100~200	1
3.0~5.0	0.20~0.25	200~400	1~2
>5.0	0.25~0.60	400~1200	>1

第16章

镁及镁合金的焊接

16.1　镁及镁合金的焊接性

1. 热裂纹倾向

除 Mg-Mn 系合金外，大部分镁合金焊接性较差，焊接时有热裂纹倾向，容易产生焊接裂纹。影响镁合金焊接热裂纹的因素主要是焊接应力、元素偏析、低熔点共晶和晶粒粗化等。镁的熔点低，热导率高，焊接时较大的焊接热输入会导致焊缝及近缝区金属产生粗晶现象（过热、晶粒长大、结晶偏析等），从而降低接头的性能。粗晶和结晶偏析也是引起焊接接头热裂倾向的原因。由于镁及镁合金的线胀系数较大，约为钢的 2 倍，铝的 1.2 倍，因此焊接过程中易产生较大的热应力和变形，会加剧接头热裂纹的产生。

2. 氧化蒸发和气孔及烧穿

镁的化学性质极其活泼，易与氧结合，在镁合金表面生成氧化镁薄膜。这层薄膜熔点高，密度大，会严重阻碍焊缝成形，因此在焊前需要采用化学方法或机械方法对其表面进行清理。在焊接过程的高温条件下，熔池中易形成氧化膜（其熔点高，密度大），也易形成细小片状的固态夹渣。这些夹渣不仅严重阻碍焊缝成形，也会降低焊缝的力学性能。

3. 控制焊接热输入

镁合金焊接加热时有晶粒长大现象，对接头的力学性能及耐蚀性不利，并使裂纹倾向增大。镁合金焊接时，热输入过大会使焊接接头的组织性能变坏。焊接时应采用大的焊接电流和较快的焊接速度，因为小电流焊接时易产生气孔，减小焊接速度会使热输入增大，易导致焊接区过热和热裂纹。焊接热输入的大小和受热次数对镁合金接头的组织和性能有一定的影响。多次加热对镁合金焊接区组织性能有不利的影响，如导致组织严重粗化和产生热裂纹，对接头的力学性能和耐蚀性等也有不利的影响。

16.2 镁及镁合金的焊接工艺

16.2.1 镁及镁合金的钨极氩弧焊

镁及镁合金钨极氩弧焊的焊接参数见表 16-1。

表 16-1 镁及镁合金钨极氩弧焊的焊接参数

工件厚度/mm	焊道数	钨极直径/mm	喷嘴尺寸/mm	焊丝直径/mm	焊接电流/A	焊接速度/(cm/min)	气体流量/(L/min)
0.9	1	1.6	9.5	2.4	25~45	51	7.1
1.5	1	1.6	9.5	2.4	35~60	51	7.1
1.9	1	2.4	9.5	3.2	50~80	43.2	7.1
2.7	1	2.4	12.7	3.2	75~100	43.2	9.4
3.0	1	2.4	12.7	3.2	95~120	43.2	9.4

16.2.2 镁及镁合金的熔化极氩弧焊

镁及镁合金熔化极氩弧焊的焊接参数见表 16-2。

表 16-2 镁及镁合金熔化极氩弧焊的焊接参数

过渡形式	工件厚度/mm	坡口形式	间隙/mm	焊丝直径/mm	送丝速度/mm	焊接电流/A	电弧电压/V	氩气流量(L/min)
短路过渡	0.6	I	0	1.0	210	25	13	18~28
	1.0	I	0	1.0	315	40	14	18~28
	1.6	I	0	1.6	278	70	14	18~28
	3.2	I	2~3	2.4	202	115	14	18~28
	5.0	I	2~3	2.4	307	175	15	18~28
脉冲射流过渡	1.0	I	0	1.0	540	50	21	18~28
	3.2	I	0	1.6	420	110	24	18~28
	5.0	I	0	1.6	708	175	25	18~28
	6.4	V60°	0	2.4	435	210	29	18~28
射流过渡	6.4	V60°	0	1.6	795	240	27	24~36
	9.5	V60°	0	2.4	428~465	320~350	24~30	24~36
	12.7	V60°	0	2.4	480~540	360~400	24~30	24~36
	16	双 V 形 60°	0	2.4	495~555	370~420	24~30	24~36
	25.4	双 V 形 60°	0	2.4	495~555	370~420	24~30	24~36

注：V 形坡口均留钝边 1.6mm，双 V 形坡口均留钝边 3.2mm，焊接速度为 36~54m/h。工件厚度小于 10mm 焊一道焊缝，工件厚度为 12~16mm 焊两道焊缝，工件厚度为 25.4mm 焊四道焊缝。

16.2.3 镁及镁合金的气焊

镁及镁合金气焊的焊接参数见表16-3。

表16-3 镁及镁合金气焊的焊接参数

工件厚度/mm	焊炬型号	焊丝尺寸/mm		乙炔气消耗/(L/min)	氧气压力/MPa
		圆截面	方截面		
1.5~3.0	H01-6	$\phi3$	33	1.7~3.3	0.15~0.2
3~5	H01-6	$\phi5$	44	3.3~5	0.2~0.22
5~10	H01-12	$\phi5$~$\phi6$	66	5~6	0.22~0.3
10~20	H01-12	$\phi6$~$\phi8$	88	6~20	0.3~0.34

16.2.4 镁及镁合金的电阻焊

镁及镁合金电阻焊的焊接参数见表16-4。

表16-4 镁及镁合金电阻焊的焊接参数

工件厚度/mm	电极直径/mm	电极端部半径/mm	电极压力/kN	通电时间/s	焊接电流/A	焊点直径/mm	最小剪切力/kN
0.4	6.5	50	1.4	0.05	16~17	2~2.5	0.3~0.6
0.5	10	75	1.4~1.6	0.05	18~20	3~3.5	0.4~0.8
0.6	10	75	1.6~1.8	0.05~0.07	22~24	3.5~4.0	0.6~1.0
0.8	10	75	1.8~2.0	0.07~0.09	24~26	4~4.5	0.8~1.2
1.0	13	100	2.0~2.3	0.09~0.1	26~28	4.5~5.0	1.0~1.5
1.6	13	100	2.3~2.5	0.09~0.12	29~30	5.3~5.8	1.3~2.0
1.8	13	100	2.5~2.6	0.1~0.14	31~32	6.1~6.9	1.7~2.4
2.0	16	125	2.8~3.1	0.14~0.17	33~35	7.1~7.8	2.2~3.0
2.6	19	150	3.3~3.5	0.17~0.2	36~38	8.0~8.6	2.8~3.8
3.0	19	150	4.2~4.4	0.2~0.24	42~45	8.9~9.6	3.5~4.8

第17章

铜及铜合金的焊接

17.1 铜及铜合金的焊接性

铜及铜合金在焊接与补焊中易产生下列问题：

（1）难熔合　铜及铜合金的导热性比钢好得多，铜的热导率是钢的7倍，大量的热被传导出去，母材难以像钢那样局部熔化。对厚大铜及铜合金材料的焊接应焊前预热，采用功率大，热量集中的焊接方法进行焊接或补焊为宜。

（2）易氧化　铜在常温时不易被氧化。但随着温度的升高，当超过300℃时，其氧化能力很快增大。当温度接近熔点时，其氧化能力最强，氧化的结果是生成氧化亚铜（Cu_2O）。焊缝金属结晶时，氧化亚铜和铜形成低熔点（1064℃）结晶，分布在铜的晶界上，加上通过焊前预热，并采用功率大、热量集中的焊接方法使被焊工件热影响区很宽，焊缝区域晶粒较粗大，从而大大降低了焊接接头的力学性能，所以铜的焊接接头的性能一般低母材。

（3）出气孔　铜导热性好，焊接熔池比钢凝固速度快，液态熔池中气体上浮的时间短来不及逸出会形成气孔。

（4）热裂纹　铜及铜合金焊接时在焊缝及熔合区易产生热裂纹。形成热裂纹的主要原因：

1）铜及铜合金的线胀系数几乎比低碳钢大50%以上，由液态转变到固态时的收缩率也较大，对于刚性大的工件，焊接时会产生较大的内应力。

2）熔池结晶过程中，在晶界易形成低熔点的氧化亚铜与铜的共晶物。

3）凝固金属中的过饱和氢向金属的显微缺欠中扩散，或者它们与偏析物（如 Cu_2O）反应生成的 H_2O 在金属中造成很大的压力。

4）母材中的铋、铅等低熔点杂质在晶界上形成偏析。

5）施焊时，由于合金元素的氧化及蒸发、有害杂质的侵入、焊缝金属及热影响区组织的粗大，加上一些焊接缺欠等问题，使焊接接头的强度、塑性、导电性、耐蚀性等往往低于母材。

17.2 铜及铜合金的焊接工艺

铜及铜合金焊接用焊接材料见表17-1。

表17-1 铜及铜合金焊接用焊接材料

焊接方法	焊接材料	母材				
		纯铜	黄铜	锡青铜	铝青铜	白铜
气焊	焊丝	HS201、HS202或与母材同	HS221、HS222、HS224	与母材同	与母材同	—
	熔剂	CJ301	硼砂20%，硼酸80%或硼酸甲酯75%，甲醇25%	CJ301	CJ401	—
焊条电弧焊	电焊条	T107、T237、T227、T207	T207、T227、T237	T227	T237	T237
碳弧焊	焊丝	HS201、HS202或与母材同	HS221、HS222、HS224	—	与母材同	—
	熔剂	CJ301	硼砂94%，镁粉6%	—	氯化钠20%，冰晶石80%	—
钨极氩弧焊	焊丝	HS201、HS202或含Si、P的纯铜丝	HS221、HS222、HS224或QSi3-1	与母材同	与母材同	与母材同
熔化极氩弧焊	焊丝	含Si、P的纯铜丝	高锌黄铜采用锡青铜为焊丝，低锌黄铜采用硅青铜为焊丝	与母材同	与母材同	与母材同
埋弧焊	焊丝	HS201、HS202或磷脱氧铜	H62黄铜采用QSn4-3	—	HSCuAl	—
	焊剂	HJ431、HJ150、HJ260	HJ431、HJ150、J260	—	HJ431 HJ150	—

17.2.1 铜及铜合金的焊条电弧焊

铜及铜合金焊条电弧焊的预热及焊后热处理工艺见表17-2。铜及铜合金焊条电弧焊的焊接参数见表17-3。

表 17-2 铜及铜合金焊条电弧焊的预热及焊后热处理工艺

母材	预热与焊后热处理
纯铜	母材厚度>3mm,预热温度为 400~500℃
黄铜	预热温度为 250~350℃,重要工件不推荐采用焊条电弧焊
锡青铜	预热温度为 150~200℃,焊道间温度<200℃,焊后加热至 480℃,并快速冷却
铝青铜	母材 w(Al)<7%,厚件预热温度<200℃,焊后不热处理
	母材 w(Al)>7%,厚件预热温度<620℃,焊后有时进行 620℃退火
硅青铜	不预热,焊道间温度<100℃
白铜	不预热,焊道间温度<70℃

表 17-3 铜及铜合金焊条电弧焊的焊接参数

材料	工件厚度/mm	坡口形式	焊条直径/mm	焊接电流/A	备注
纯铜	2	I	3.2	110~150	铜及铜合金焊条电弧焊所选用的电流一般可按公式 I=(35~45)d(其中 d 为焊条直径)来确定 1)随着工件厚度增加,热量损失增大,焊条电流选用上限 2)在一些特殊情况下,工件的预热受限制,也可适当提高焊接电流予以补充
	3	I	3.2~4.0	120~200	
	4	I	4	150~220	
	5	V	4~5	180~300	
	6	V	4~5	200~350	
	8	V	5~7	250~380	
	10	V	5~7	250~380	
黄铜	2	I	2.5	50~80	
	3	I	3.2	60~90	
铝青铜	2	I	3.2	60~90	
	4	I	3.2~4.0	120~150	
	6	V	5	230~250	
	8	V	5~6	230~280	
	12	V	5~6	280~300	
锡青铜	1.5	I	3.2	60~100	
	3	I	3.2~4.0	80~150	
	4.5	V	3.2~4.0	150~180	
	6	V	4~5	200~300	
	12	V	6	300~350	
白铜	6~7	I	3.2	110~120	平焊
	6~7	V	3.2	100~115	平焊和仰焊

焊条电弧焊补焊大型铸铜件实例：变压器调整机构机头系大型铸铜件，由于浇注温度偏低，出现铸造缺欠，造成缩孔一处（面

积约为750mm^2，深度为25mm)，裂纹一条（深度为8mm，长度为140mm)，如图17-1所示。

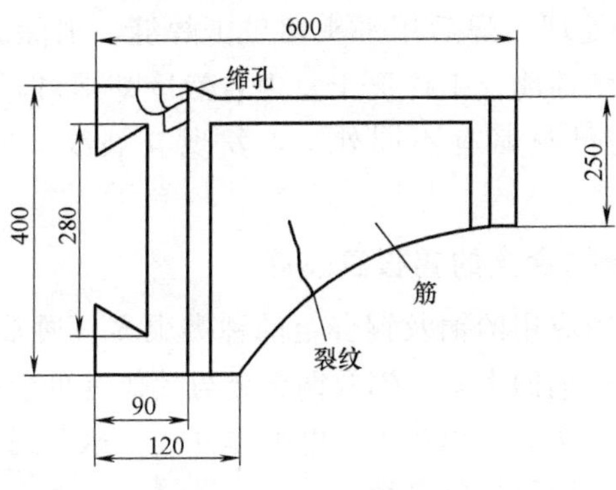

图17-1 缺欠位置

由于铸件尺寸厚大，受热面积大，散热快，补焊时应集中热源，采用焊条电弧焊进行补焊。

(1) 坡口制备 裂纹处开60°~70°V形坡口，缩孔处用扁铲铲除杂质后开U形坡口。坡口两侧15mm处清理干净，露出金属光泽。

(2) 焊条及焊机的选择 选用ϕ4mm的T107焊条，焊前经250℃×2h烘干。焊机选用AX1-500型直流焊机，直流反接。

(3) 补焊工艺 将工件放入炉中加热至400℃，出炉后置于平焊位置。先焊裂纹，用短弧施焊。第一层焊接电流为170A，从裂纹的两端往中间焊，焊接时焊条做往复运动，焊接速度要快。第二层的焊接电流为160A，比第一层略小，焊条做适当的横向摆动，使边缘熔合良好。焊缝略高出工件平面1mm，整条焊缝一气焊成，焊接速度越快，质量越好。缩孔处因呈U形坡口状，填充金属量较大，故采用堆焊方法完成，焊道顺序如图17-2所示。堆焊至高出工件平面1mm即可。焊接电流第一层大些（160A)，其余层小些（150A)。各层之间要严格清渣。

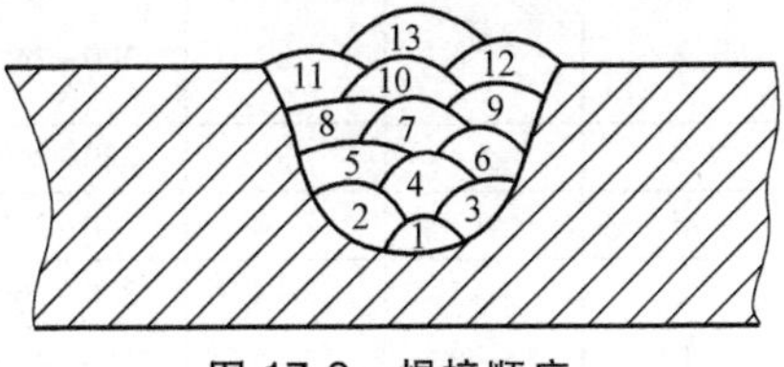

图17-2 焊接顺序

1~13—焊接顺序号

整个焊接过程中，搬动和翻动工件要注意：工件处于高温状态，容易变形、损坏。

（4）焊后处理　焊后用平头锤敲击焊缝，消除应力，使组织致密，改善力学性能。工件置于室内自然冷却即可。经机械加工，除焊缝颜色与母材略有不同外，未发现有裂纹、夹渣、气孔等缺欠。

17.2.2　铜及铜合金的钨极氩弧焊

工业生产中应用的铜及铜合金的种类很多，通常可分为纯铜、黄铜、青铜和白铜四大类。铜及铜合金与其他有色金属及不锈钢等材料一样，用传统的气焊和焊条电弧焊方法，达不到较高的焊接质量，近年来多采用钨极氩弧焊。

大多数的铜及铜合金在采用钨极氩弧焊时，电源采用直流正接，此时工件熔深较大。对铝青铜、铍青铜等，为破除熔池表面氧化膜，应采用交流电源。在焊接含锌、锡、铝等元素的铜合金时，为防止合金元素蒸发和烧损，应选用交流电源或直流反接，并尽量采用较快的焊接速度、较粗的喷嘴和较大的氩气流量。

纯铜、青铜和白铜钨极氩弧焊的焊接参数见表 17-4 和表 17-5。黄铜手工钨极氩弧焊的焊接参数见表 17-6。

表 17-4　纯铜钨极氩弧焊的焊接参数

工件厚度 /mm	钨极直径 /mm	焊丝直径 /mm	焊接电流 /A	氩气流量 /(L/min)	预热温度 /℃	备注
0.3~0.5	1	—	30~60	8~10	不预热	卷边接头
1	2	1.6~2.0	120~160	10~12	不预热	—
1.5	2~3	1.6~2.0	140~180	10~12	不预热	—
2	2~3	2	160~200	14~16	不预热	—
3	3~4	2	200~240	14~16	不预热	单面焊 双面成形
4	4	3	220~260	16~20	300~350	双面焊
5	4	3~4	240~320	16~20	350~400	双面焊
6	4~5	3~4	280~360	20~22	400~450	—
10	5~6	4~5	340~400	20~22	450~500	—
12	5~6	4~5	360~420	20~24	450~500	—

表 17-5 青铜和白铜钨极氩弧焊的焊接参数

材料	工件厚度 /mm	钨极直径 /mm	焊丝直径 /mm	焊接电流 /A	氩气流量 /(L/mim)	焊接速度 /(mm/min)	预热温度 /℃	备注
铝青铜	≤1.5	1.5	1.5	25~80	10~16	—	不预热	I形接头
	1.5~3	2.5	3	100~130	10~16	—	不预热	I形接头
	3	4	4	130~160	16	—	不预热	I形接头
	5	4	4	150~225	16	—	150	Y形接头
	6	4~5	4~5	150~300	16	—	150	Y形接头
	9	4~5	4~5	210~330	16	—	150	Y形接头
	12	4~5	4~5	250~325	16	—	150	Y形接头
锡青铜	0.3~1.5	3.0	—	90~150	12~16	—	—	卷边焊
	1.5~3	3.0	1.5~2.5	100~180	12~16	—	—	I形接头
	5	4	4	160~200	14~16	—	—	Y形接头
	7	4	4	210~250	16~20	—	—	Y形接头
	12	5	5	260~300	20~24	—	—	Y形接头
硅青铜	1.5	3	2	100~130	8~10	—	不预热	I形接头
	3	3	2~3	120~160	12~16	—	不预热	I形接头
	4.5	3~4	2~3	150~220	12~16	—	不预热	Y形接头
	6	4	3	180~250	16~20	—	不预热	Y形接头
	9	4	3~4	250~300	18~22	—	不预热	Y形接头
	12	4	4	270~330	20~24	—	不预热	Y形接头
白铜	3	4~5	1.5	310~320	12~16	350~450	—	B10自动焊，I形接头
	<3	4~5	3	300~310	12~16	130	—	B10手弧焊，I形接头
	3~9	4~5	3~4	300~310	12~16	150	—	B10手弧焊，Y形接头
	<3	4~5	3	270~290	12~16	130	—	B30手弧焊，I形接头
	3~9	4~5	5	270~290	12~16	150	—	B30手弧焊，Y形接头

表 17-6 黄铜手工钨极氩弧焊的焊接参数

材料	工件厚度 /mm	钨极直径 /mm	焊接电流 /A	氩气流量 /(L/min)	预热温度 /℃	坡口
普通黄铜	1.2	3.2	直流正接 185	7	不预热	端接
锡黄铜	2	2.2	直流正接 180	7	不预热	V形

17.2.3 铜及铜合金的熔化极氩弧焊

铜及铜合金熔化极氩弧焊的焊接参数见表 17-7。

表 17-7　铜及铜合金熔化极氩弧焊的焊接参数

工件		坡口			焊丝直径/mm	焊接电流/A	电弧电压/V	氩气流量/(L/min)	预热温度/℃
材料	厚度/mm	形式	钝边/mm	间隙/mm					
纯铜	3.2	I形	—	0	1.6	310	27	14	—
	6.4				2.4	460	26		93
		V形	3.2	0~3.2	1.6	400~425	32~36	14~16	200~260
	12.7		0~3.2			425~450	35~40		425~480
			6.4	0	2.4	600	600	14	200
低锌黄铜	3.2~12.7	V形	—	0	1.6	275~285	25~28	12~13	—
高锌黄铜（锡、镍黄铜等）	3.2	I形	—	0	1.6	275~280	25~28	14	—
	9.5~12.7	V形							
铝青铜	3.2	I形	—	0	1.6	280~290	27~30	14	—
	9.5~12.7	V形	0	3.2					稍微加热
硅青铜	3.2	I形	—	0	1.6	260~270	27~30	14	—
	9.5~12.7	V形		3.2					
白铜	3.2	I形	—	0	1.6	280	27~30	14	—
	9.5~12.7	V形	0~0.08	3.2~6.4					

17.2.4　铜及铜合金的埋弧焊

1）铜及铜合金埋弧焊的坡口形式见表 17-8。

表 17-8　铜及铜合金埋弧焊的坡口形式

工件厚度/mm	3~4	5~6	8~10	12~16	21~25	≥20	35~40
坡口形式	I	I	V	V	V	X	U
坡口角度/(°)	—	—	60~70	70~80	80	60~65	5~15
钝边/mm	—	—	3~4	3~4	4	2	1.5~3.0
根部间隙/mm	1.0	2.5	2~3	2.5~3.0	1~3	1~2	1.5

2）铜及铜合金埋弧自动焊的焊接参数见表 17-9。

表 17-9　铜及铜合金埋弧自动焊的焊接参数

工件		焊丝牌号	焊剂牌号	预热温度/℃	焊丝直径/mm	焊接层数	焊接电流/A	电弧电压/V	焊接速度/(m/h)	备注
材料	厚度/mm									
纯铜	8~10	HS201，HS202	焊剂431	不预热	5	1	500~550	30~34	18~23	用垫板单面单层焊，反面焊透
	16	HS201，TUP脱氧铜	焊剂150或焊剂431	不预热	6	1	950~1000	50~54	13	

（续）

工件		焊丝牌号	焊剂牌号	预热温度/℃	焊丝直径/mm	焊接层数	焊接电流/A	电弧电压/V	焊接速度/(m/h)	备注
材料	厚度/mm									
纯铜	20~24	HS201，TUP脱氧铜	焊剂150或焊剂431	260~300	4	3~4	650~700	40~42	13	用垫板单面单层焊，反面焊透
黄铜	6	QSn4-1	焊剂431	不预热	1.2	1	290~300	20	40	焊接接头塑性差，700℃退火可明显改善

17.2.5 铜及铜合金的气焊

1）工件装配时，应沿焊接方向每隔100mm增大0.5~1.0mm预留根部间隙。

2）焊接时可在背面放置经预热干燥的石墨或石棉垫板。

3）一般采用左焊法施焊，焊接厚度较大的纯铜构件时，也可采用右焊法施焊。

4）采用大能率的火焰。焊接厚度小于3mm的工件时，火焰能率按每1mm厚气体流量为150~175L/h进行确定；焊接厚度为8~10mm的工件时，火焰能率按1mm厚气体流量为175~225L/h进行确定。

5）焊接纯铜和青铜用中性焰，火焰应覆盖熔池。焊接纯铜时，焰芯距熔池表面3~5mm；焊接黄铜时，焰芯距熔池表面5~10mm；焊接青铜时，焰芯距熔池表面7~10mm。焊接不能间断，尽可能采用最大的焊接速度，不允许重复加热焊缝金属。

6）焊接铜及铜合金的火焰性质、预热温度及焊后热处理见表17-10。

表17-10 焊接铜及铜合金的火焰性质、预热温度及焊后热处理

母材	火焰性质	预热温度/℃	焊后热处理与温度/℃
纯铜	中性	400~500(中、小件) 600~700(厚、大件)	水韧处理:500~600

（续）

母材	火焰性质	预热温度/℃	焊后热处理与温度/℃
黄铜	中性或弱氧化性	薄板不预热 400~500(一般焊件) 550(工件厚度>15mm)	退火:270~560
锡青铜	中性	350~450	焊后缓冷
铝青铜	中性	500~600	焊后锤击或退火

7）纯铜气焊的焊接参数见表 17-11。

表 17-11　纯铜气焊的焊接参数

工件厚度/mm	焊丝直径/mm	焊嘴号数	乙炔流量/(L/h)
≤1.5	1.5	H01-2,4、5 号嘴	150
>1.5~2.5	2	H01-6,3、4 号嘴	350
>2.5~4	3	H01-12,1、2 号嘴	500
>4~8	5	H01-12,2、3 号嘴	750
>8~15	6	H01-12,3、4 号嘴	1000

8）黄铜气焊的焊接参数见表 17-12。

表 17-12　黄铜气焊的焊接参数

<table>
<tr><th rowspan="2">工件厚度
/mm</th><th rowspan="2">焊丝直径
/mm</th><th rowspan="2">焊嘴型号</th><th colspan="2">乙炔流量/(L/h)</th><th rowspan="2">焊缝层数</th></tr>
<tr><th>焊嘴</th><th>预热嘴</th></tr>
<tr><td>1~3</td><td>2</td><td>H01-2</td><td>100~150</td><td rowspan="3">225~350</td><td>1</td></tr>
<tr><td>>3~4</td><td>3</td><td>H01-2</td><td>100~300</td><td>2</td></tr>
<tr><td>>4~5</td><td>4</td><td>H01-6</td><td>225~350</td><td>2</td></tr>
<tr><td rowspan="3">6~10</td><td>4</td><td rowspan="3">H01-12</td><td rowspan="3">500~700</td><td rowspan="3">500~700</td><td>1</td></tr>
<tr><td>6~8</td><td>1</td></tr>
<tr><td>8</td><td>正面 1,反面 1</td></tr>
<tr><td rowspan="4">>12</td><td>6</td><td rowspan="4">H01-12</td><td rowspan="4">750~1000</td><td rowspan="4">750~1000</td><td>1</td></tr>
<tr><td>8</td><td>2</td></tr>
<tr><td>8</td><td>3</td></tr>
<tr><td>8</td><td>正面 2,反面 1</td></tr>
</table>

第18章

钛及钛合金的焊接

18.1 钛及钛合金的焊接性

钛及钛合金的焊接性见表18-1。

表 18-1 钛及钛合金的焊接性

合金	相对焊接性
工业纯钛	焊接性优良
TA7	焊接性尚可
TA7(杂质含量很低)	焊接性优良
Ti-0.2Pd	焊接性优良
TB2	焊接性尚可
TB1	焊接性尚可
TC3	焊接性尚可
TC4	焊接性尚可
TC4(杂质含量很低)	焊接性优良
TC6	焊接性较差,限于特种场合应用
TC10	焊接性较差,限于特种场合应用

注：焊接接头的热量在很大程度上取决于接头坡口表面粗糙度和边缘清洁度及钛材的焊前准备工作。

18.2 钛及钛合金的焊接工艺

18.2.1 钛及钛合金的钨极氩弧焊

1）钛及钛合金钨极氩弧焊的坡口形式及尺寸见表18-2。

表 18-2 钛及钛合金钨极氩弧焊的坡口形式及尺寸

坡口形式	工件厚度 δ /mm	坡口尺寸		
		间隙/mm	钝边/mm	角度/(°)
I形	0.5~2.3	0	—	—
	0.8~3.2	0~0.1δ	—	—

（续）

坡口形式	工件厚度δ/mm	坡口尺寸		
		间隙/mm	钝边/mm	角度/(°)
V形	1.6~6.4	0~1.0δ	(0.1~0.2)δ	30~60
	3.0~13			30~90
X形	6.4~38			30~90
U形	6.4~25			15~30
双U形	19~51			15~30

2）钛及钛合金钨极氩弧焊的保护措施见表18-3。

表18-3　钛及钛合金钨极氩弧焊的保护措施

类别	保护位置	保护措施	用途及特点
局部保护	熔池及其周围	采用保护效果好的圆柱形或椭圆形喷嘴，相应增加氩气流量	适用于焊缝形状规则、结构简单的工件，操作方便，灵活性大
	温度≥400℃的焊缝及热影响区	1）附加保护罩或双层喷嘴 2）焊缝两侧吹氩 3）适应工件形状的各种限制氩气流动的挡板	
	温度≥400℃的焊缝背面及热影响区	1）通氩垫板或焊件内腔充氩 2）局部通氩 3）紧靠金属板	
充氩箱保护	整个工件	1）柔性箱体（尼龙薄膜、橡胶等），采用不抽真空多次充氩的方法提高箱体内的氩气纯度，但焊接时仍需喷嘴保护 2）刚性箱体或柔性箱体加刚性罩，采用抽真空再充氩的方法	适用于结构形状复杂的工件，焊接可达性差
增强冷却	焊缝及热影响区	1）冷却块（通水或不通水） 2）用适用工件形状的工装导热 3）减小热输入	配合其他保护措施以增强保护效果

3）钛及钛合金手工钨极氩弧焊的焊接参数见表18-4。

4）钛及钛合金自动钨极氩弧焊的焊接参数见表18-5。

18.2.2　钛及钛合金的等离子弧焊

钛及钛合金等离子弧焊的焊接参数见表18-6。

表 18-4 钛及钛合金手工钨极氩弧焊的焊接参数

工件厚度/mm	坡口形式	钨极直径/mm	焊丝直径/mm	焊接层数	焊接电流/A	氩气流量/(L/min)			喷嘴孔径/mm	备注
						正面	拖罩	背面		
0.5	I形坡口对接	1.5	1.0	1	30~50	8~10	14~16	6~8	10	对接接头的间隙为 0.5mm
1.0		2.0	1.0~2.0	1	40~60	8~10	14~16	6~8	10	
1.5		2.0	1.0~2.0	1	60~80	10~12	14~16	8~10	10~12	
2.0		2.0~3.0	1.0~2.0	1	80~110	12~14	16~20	10~12	12~14	
2.5		2.0~3.0	2.0	1	110~120	12~14	16~20	10~12	12~14	
3.0	V形坡口对接	3.0	2.0~3.0	1~2	120~140	12~14	16~20	10~12	14~18	坡口间隙为 2~3mm,钝边为 0.5mm。焊缝背面衬有钢垫板,坡口角度为 60°~65°
3.5		3.0~4.0	2.0~3.0	1~2	120~140	12~14	16~20	10~12	14~18	
4.0		3.0~4.0	2.0~3.0	2	130~150	14~16	20~25	12~14	18~20	
5.0		4.0	3.0	2~3	130~150	14~16	20~25	12~14	18~20	
6.0		4.0	3.0~4.0	2~3	140~180	14~16	25~28	12~14	18~20	
7.0		4.0	3.0~4.0	2~3	140~180	14~16	25~28	12~14	20~22	
8.0		4.0	3.0~4.0	3~4	140~180	14~16	25~28	12~14	20~22	

表 18-5 钛及钛合金自动钨极氩弧焊的焊接参数

工件厚度/mm	钨极直径/mm	焊丝直径/mm	焊接电流/A	电弧电压/V	焊接速度/(m/min)	送丝速度/(m/min)	坡口形式	焊接层数	氩气流量/(L/min)		
									正面	背面	拖罩
0.5	1.5	—	25~40	8~10	—	—	—	1	—	—	—
0.8	1.5	—	45~55		0.2~0.4		—	1	8~12	2~4	10~15
1.0	1.6	—	50~65		0.3~0.5		—	1			

（续）

工件厚度/mm	钨极直径/mm	焊丝直径/mm	焊接电流/A	电弧电压/V	焊接速度/(m/min)	送丝速度/(m/min)	坡口形式	焊接层数	氩气流量/(L/min)		
									正面	背面	拖罩
1.2	2.0	—	75~90	10~12	0.15~0.45	0.25~0.45	—	1	10~15	3~6	12~18
1.5	2.0	1.2~1.6	90~120				—	1			
2.0	2.5	1.6~2.0	140~160	10~14	0.15~0.40	0.25~0.60	—	1			
2.5	3.0	1.6~2.0	180~220			0.25~0.75	—	1			
3.0	3.0	2.0~3.0	200~240	14~16	0.30~0.33	0.30~0.85	—	1	12~14	10~12	16~18
4.0	3.0	3.0	200~260			—	12mm 间隙	2	14~16	12~14	18~20
6.0	4.0	3.0	240~280	14~18	0.30~0.35	—	V60°	3		14~16	20~24
10	4.0	3.0	200~260		0.15~0.20	—	V60°	3		14~16	20~24

表 18-6　钛及钛合金等离子弧焊的焊接参数

工件厚度/mm	喷嘴孔径/mm	焊接电流/A	焊接电压/V	焊接速度/(m/min)	送丝速度/(m/min)	焊丝直径/mm	氩气流量/(L/min)			
							离子气	保护气	拖罩	背面
0.2	0.8	5	—	7.5	—	—	0.25	10	—	2
0.4	0.8	6	—	7.5	—	—	0.25	10	—	2
1	1.5	35	18	12	—	—	0.5	12	15	2
3	3.5	150	24	23	60	1.5	4	15	20	6
6	3.5	160	30	18	68	1.5	7	20	25	15
8	3.5	172	30	18	72	1.5	7	20	25	15
10	3.5	250	25	9	46	1.5	7	20	25	15

18.2.3 钛及钛合金的电子束焊

钛及钛合金电子束焊的焊接参数见表18-7。

表18-7 钛及钛合金电子束焊的焊接参数

工件厚度/mm	加速电压/V	电子束电流/mA	焊接速度/(m/min)	备注
1.0	13	50	2.1	—
1.3	85	4	1.52	—
2.0	18.5	90	1.90	—
3.0	20.0	95	0.80	—
5.08	12.5	8	0.46	高压
	28	180	1.27	高压
9.5~11.4	36	220~230	1.4~1.52	—
12.7	37	310	2.29	焊透
	19	80	2.29	焊缝表面
16.0	30	260	1.50	—
25.0	40	350	1.30	—
25.4	23	300	0.38	—
50.0	45	450	0.70	—
50.8	46	495	1.04	焊透
	19	105	1.04	焊缝表面
57.2	48	450	0.76	焊透
	20	110	0.76	焊缝表面

第19章

镍及镍合金的焊接

19.1 镍及镍合金的焊接性

1）氧、氢和二氧化碳在液态镍及镍合金中的溶解度相当大，但冷却时溶解度减小，所以在焊缝中易产生气孔。

2）镍对磷、硫有很大的亲和力，结晶时形成低熔点共晶，使焊缝强度减弱并容易产生结晶裂纹。

3）液态镍及镍合金流动性差，熔深小，又不能采用大电流，为此坡口角度及根部圆弧半径均应大些。

4）镍及镍合金易被硫和铅脆化，沿晶界开裂，产生裂纹。必须严格控制焊接材料的硫、铅含量。

5）镍铬合金熔化焊时易形成难熔的氧化铬薄膜，阻碍焊缝成形并形成夹杂。

6）工件表面上残余焊渣在高温（接近焊渣的熔点）条件下，会产生腐蚀作用。在含硫的还原性气氛中，残渣还会使硫向残渣富集，可能引起焊接接头的脆化。

19.2 镍及镍合金的焊接工艺

19.2.1 镍及镍合金的焊条电弧焊

焊条电弧焊是纯镍及固溶强化镍合金常用的焊接方法，适用于厚度大于1mm 的纯镍及镍合金工件的焊接。电源采用直流反接，并采用短弧、小热输入施焊。焊接时焊条一般不做横向摆动，必须摆动时，其摆幅小于 3 倍焊条直径，层间温度要低。厚度大于15mm 时应将被焊接头预热到 200~250℃。厚度小于 4mm 时不开坡口。对于厚度大的工件，在采用多层焊时，必须仔细清理前一道的

氧化皮。长焊缝需分段进行焊接，且每段之间不能太长，一般在铜垫板上进行焊接。

镍及镍合金焊条电弧焊的焊接参数见表19-1。

表19-1 镍及镍合金焊条电弧焊的焊接参数

工件厚度/mm	焊条直径/mm	焊条长度/mm	焊接电流/A
2	2	150~200	30~50
2~2.5	2~3	200~225	40~80
2.5~3.0	3	225~250	70~100
3~5	3~4	250~300	80~140
5~8	4	300	90~100
8~12	4~5	300~400	100~165

19.2.2 镍及镍合金的钨极氩弧焊

1）镍及镍合金手工钨极氩弧焊对接焊的焊接参数见表19-2。

表19-2 镍及镍合金手工钨极氩弧焊对接焊的焊接参数

工件		钨极直径/mm	焊接电流/A	焊丝直径/mm	喷嘴直径/mm	氩气流量/(L/min)	备注
材料	厚度/mm						
纯镍	0.8	2	35~60	1	10~12	正面10，背面2~3	—
	1	2	40~70	1.6	10~12	正面10~12，背面2~3	
	1.5	2	60~90	1.6	10~12	正面10~12，背面2~3	
	2	2	80~130	2	12~14	正面12~14，背面3~4	
	3	3	90~160	2	12~14	正面12~16，背面3~4	
	4	3~4	120~170	3	14~16	12~16	
GH3030	1	1.6	40~70	1~1.6	10~12	4~6	焊丝HGH3030
	1.5	2	60~90	1.6~2	10~12	5~7	
	1.8	2	70~110	1.6~2	10~12	6~8	
GH3039	0.8	1.2	45~50	0.8~1	10~12	4~6	焊丝HGH3039
	1	1.6~2	50~55	1~1.2	10~12	4~6	
	1.2	1.6~2	60~65	1.2~1.6	10~12	6~8	
	1.5	2	70~85	1.6~2.4	10~12	6~8	
	2	2	90~100	2~2.5	10~12	8~12	

（续）

工件		钨极直径/mm	焊接电流/A	焊丝直径/mm	喷嘴直径/mm	氩气流量/(L/min)	备注
材料	厚度/mm						
GH3044	1.2	1.6~2	65~75	1.2~2	10~12	5~6	焊丝 HGH3044
	1.5	2	75~85	1.5~2	10~12	5~6	
	2	2	80~100	1.5~2	12~14	6~10	
GH1140	0.8	1~1.6	35~45	0.8~1	10~12	3~5	焊丝 HGH1140
	1	1.6	45~60	1~1.2	10~12	3~5	
	1.2	1.6	50~70	1.2~1.6	10~12	4~6	
	1.5	1.6~2	70~85	1.6~2.4	10~12	5~8	
	2	2	85~100	2~2.5	12~14	8~10	
	2.5	2	90~100	2~2.5	12~14	8~10	
	3	2.5	110~135	2~2.5	12~14	8~10	

2）镍及镍合金手工钨极氩弧焊角焊的焊接参数见表 19-3。

表 19-3　镍及镍合金手工钨极氩弧焊角焊的焊接参数

工件		钨极直径/mm	焊接电流/A	焊丝直径/mm	喷嘴直径/mm	氩气流量/(L/min)	备注
材料	厚度/mm						
纯镍	4	3~4	140~180	3	14~16	12~16	—
GH3030	3	2	80~110	2	18~20	12~14 角接	焊丝 HGH3030 电弧电压 10~15V
	3	2	70~110	1.6~2	18~20	6~8T 形	
	1.2~1.5	2	50~70	1.6~2	50~70	5~7 搭接	

19.2.3　镍及镍合金的熔化极氩弧焊

镍及镍合金熔化极氩弧焊的焊接参数见表 19-4。

表 19-4　镍及镍合金熔化极氩弧焊的焊接参数

工件厚度/mm	焊丝直径/mm	焊接电流/A	电弧电压/V	焊接速度/(m/h)	氩气流量/(L/min)
3.0	1.6	200~280	20~22	20~40	7~9
4.0	1.6	220~320	22~25	20~40	7~9
6.0	1.6~2.0	280~360	23~27	15~30	9~12

19.2.4　镍及镍合金的埋弧焊

镍及镍合金埋弧焊的焊接参数见表 19-5。

表 19-5 镍及镍合金埋弧焊的焊接参数

工件牌号	焊丝类型	焊剂牌号	焊丝直径/mm	焊丝伸出长度/mm	焊接电流/A	电压/V	焊接速度/(mm/min)
200	ERNi-1	Flux6	1.6	22~25	250	28~30	250~300
400	ERNiCu-7	Flux5	1.6	22~25	260~280	30~33	200~280
600	ERNiCr-3	Flux4	1.6 2.4	22~25	250 250~300	30~33	200~280

注：1. 工件牌号 200、400、600 为美国镍及镍合金牌号，分别近似对应我国的 N6、NiCu28-1-1、NiCu35-1.5-1.5。

2. 600 合金的焊接参数也适用于 800 合金。接头完成拘束，焊剂为 Inco Alloys Intenational, Inc 生产的专用焊剂，电源类型为直流恒压，焊丝极性为接正极。

第20章

异种金属的焊接

金属种类繁多，性能各异，按工程实际需要，它们之间的组合极其多样化。若按材料种类归纳．有如下三种组合类型：

1）异种钢的焊接，如珠光体钢和奥氏体钢的焊接等。

2）异种有色金属的焊接，如铜和铝的焊接等。

3）钢和有色金属的焊接，如钢和铝的焊接等。

20.1　异种金属接头的焊接性

异种金属接头的焊接性见表20-1。

表20-1　异种金属接头的焊接性

金属	锆	锡青铜	钨	钛	钽	高合金钢	碳素钢	银	铝青铜	铌	镍	钼	黄铜	锡	可伐合金	纯铜	锑	硬质合金	灰铸铁	钒	球墨铸铁	铅	铍	铝
锆	K											K	K			K								
锡青铜		K	K		K										K				K		K		K	K
钨		K	K	K		K	K			K	K													
钛			K	K		K					K	K	K			K	K			K	K		K	K
钽		K			K											K	K							
高合金钢			K	K		K	K	K	K	K	K	K	K		K	K		K	K	K	K		K	K
碳素钢		K				K	K	K	K		K	K			K			K	K		K		K	K
银						K	K	K	K			K				K					K		K	K
铝青铜						K	K	K	K	K	K		K		K						K		K	K
铌			K			K			K	K	K	K	K		K	K	K			K	K		K	K
镍			K	K		K	K		K	K	K	K	K	K	K	K				K				K
钼	K			K		K	K	K		K	K	K	K	K	K	K	K	K		K	K		K	K
黄铜	K			K		K			K	K	K	K	K	K	K		K		K	K			K	K
锡											K	K	K	K	K	K	K				K			K
可伐合金		K				K	K		K	K	K	K	K	K	K	K	K			K	K			K
纯铜	K			K	K	K		K		K	K	K		K	K	K		K	K					K
锑				K	K					K	K	K	K	K	K		K	K						

（续）

金属	锆	锡青铜	钨	钛	钽	高合金钢	碳素钢	银	铝青铜	铌	镍	钼	黄铜	锡	可伐合金	纯铜	锑	硬质合金	灰铸铁	钒	球墨铸铁	铅	铍	铝
硬质合金						K	K					K	K				K	K						K
灰铸铁		K				K	K									K			K					
钒				K		K				K	K	K	K	K	K	K				K	K		K	
球墨铸铁		K		K		K	K	K	K	K		K		K	K					K	K			
铅																						K		
铍		K		K		K	K	K	K	K		K	K							K			K	
铝		K		K		K	K	K	K	K	K	K	K	K	K	K		K						K

注：表中K表示异种金属的接头可能采用焊条电弧焊，表中空白表示异种金属的接头不宜采用焊条电弧焊或焊接性很差。

20.2 异种钢的焊接

钢按金相组织分为A～N类，见表20-2。

表20-2 钢按金相组织分类

金相类型	类别	牌号举例
珠光体钢	A	低碳钢：Q195、Q215、Q235、Q255、08、10、15、20、25破冰船用低温钢、锅炉钢(20g、22g)
	B	中碳钢和低合金钢：30、Q275、14Mn、15Mn、20Mn、25Mn、30Mn、09Mn2、10Mn2、15Mn2、18MnSi、25MnSi、15Cr、20Cr、30Cr、18CrMnTi、10CrV、20CrV
	C	潜艇用特殊低合金钢：AK25[①]、AK27[①]、AK28[①]、AJ15[①]
	D	高强度中碳钢和低合金钢：35、40、45、50、55、35Mn、40Mn、45Mn、50Mn、40Cr、45Cr、50Cr、35Mn2、40Mn2、45Mn2、50Mn2、30CrMnTi、35CrMn、40CrMn、35CrMn2、40CrSi、40CrV、25CrMnSi、30CrMnSi、35CrMnSiA
	E	铬钼热稳定钢：12CrMo、15CrMo、20CrMo、30CrMo、35CrMo、38CrMoAlA
	F	铬钼钒、铬钼钨热稳定钢：12Cr1MoV、25CrMoV、20Cr3MoWVA
铁素体钢和铁素体-马氏体钢	G	高铬不锈钢：06Cr13、12Cr13、20Cr13、30Cr13
	H	高铬不锈钢和耐热钢：10Cr17、Cr17Ti[①]、16Cr25N、1Cr28[①]、14Cr17Ni2
	I	高铬热强钢：14Cr11MoV、1Cr11MoVNb[①]、1Cr12WNiMoV[①]

（续）

金相类型	类别	牌号举例
奥氏体钢和 奥氏体-铁素体钢	J	奥氏体不锈钢：022Cr19Ni10、06Cr19Ni10、12Cr18Ni9、17Cr18Ni9、0Cr18Ni9Ti[①]、1Cr18Ni9Ti[①]、1Cr18Ni11Nb[①]、Cr18Ni12Mo2Ti[①]、1Cr18Ni12Mo3Ti[①]
	K	奥氏体高强度不锈钢：0Cr18Ni12TiV[①]、Cr18Ni22W2Ti2[①]
	L	奥氏体耐热钢：0Cr23Ni18[①]、Cr18Ni18[①]、Cr23Ni13[①]、0Cr20Ni14Si2[①]、16Cr20Ni14Si2
	M	奥氏体热强钢：45Cr14Ni14W2Mo、Cr16Ni15Mo3Nb[①]
	N	奥氏体-铁素体高强度不锈钢：12Cr21Ni5Ti、0Cr21Ni6Mo2Ti[①]、1Cr22Ni5Ti[①]

① 在用非标准牌号。

20.2.1 不同珠光体钢的焊接

不同珠光体钢焊接时的焊接材料与预热、焊后回火温度见表20-3。

表20-3 不同珠光体钢焊接时的焊接材料与预热、焊后回火温度

母材组合	焊接材料		预热温度/℃	回火温度/℃	备注
	焊条	焊丝			
A+B	J427	H08A、H08MnA	100~200	600~650	
A+C	J426 J427	H08A	150~250	640~660	
A+D	J426 J427	H08A	200~250	600~650	焊后立即热处理
	A402 A407	H1Cr21Ni10Mn6	不预热	不回火	焊后不能热处理时选用
A+E	J427 R207 R407		200~250	640~670	焊后立即热处理
A+F	J427 R207		200~250	640~670	焊后立即热处理
B+C	J506 J507	H08Mn2SiA	150~250	640~660	
B+D	J506 J507	H08Mn2SiA	200~250	600~650	
	A402 A407	H1Cr21Ni10Mn6	不预热	不回火	

（续）

母材组合	焊接材料		预热温度/℃	回火温度/℃	备注
	焊条	焊丝			
B+E	J506 J507	H08Mn2SiA	200~250	640~670	
B+F	R317		200~250	640~670	
C+D	J506 J507	H08Mn2SiA	200~250	640~670	
	A507		不预热	不回火	
C+E	J506 J507	H08Mn2SiA	200~250	640~670	
	A507		不预热	不回火	
C+F	J506 J507	H08Mn2SiA	200~250	640~670	
	A507		不预热	不回火	
D+E	J707		200~250	640~670	焊后立即热处理
	A507		不预热	不回火	
D+F	J707		200~250	670~690	焊后立即热处理
	A507		不预热	不回火	
E+F	R207 R407		200~250	700~720	焊后立即热处理
	A507		不预热	不回火	

20.2.2 不同铁素体钢和铁素体-马氏体钢的焊接

不同铁素体钢和铁素体-马氏体钢的焊接材料与预热、焊后回火温度见表20-4。

表20-4 不同铁素体钢和铁素体-马氏体钢的焊接材料与预热、焊后回火温度

母材组合	焊接材料	预热温度/℃	回火温度/℃	备注
G+H	G207、H1Cr13	200~300	700~740	
	A307、H1Cr25Ni13	不预热	不回火	
G+I	G207、R817、R827	350~400	700~740	焊后保温缓冷后立即回火
	A307	不预热	不回火	
H+I	G307、R817、R827	350~400	700~740	焊后保温缓冷后立即回火
	A312	不预热	不回火	

20.2.3 不同奥氏体钢的焊接

不同奥氏体钢焊接时的焊条型号与预热、焊后热处理见表 20-5。

表 20-5 不同奥氏体钢焊接时的焊条型号与预热、焊后热处理

母材组合	焊条	焊后热处理	备注
J+L	E318V-15 (A237)	不回火或 780~920℃回火	需要消除焊接残余应力时才回火。在不含硫的气体介质中，在 750~800℃时具有热稳定性
J+M	E316-16 (A202)	不回火或 950~1050℃奥氏体稳定化处理	用于温度在 360℃以下的非氧化性液体介质，焊后状态或奥氏体稳定化处理后，具有耐晶间腐蚀性能
	E347-15 (A137)		用于氧化性液体介质中，经过奥氏体稳定化处理后，在 610℃以下具有热强性
	E318V-15 (A237)	不回火或 870~920℃回火	用于无浸蚀性的液体介质中，在 600℃以下具有热强性
L+M	E309-16(A302) E309-15(A307)		在不含硫化物介质中或无浸蚀性液体介质中，在温度 1000℃以下具有热稳定性。焊缝不耐晶间腐蚀
	E347-15 (A137)		用于 $w(\mathrm{Ni})<16\%$ 的钢，在 650℃以下具有热强性，在不含硫的气体介质中，温度在 750~800℃具有热稳定性
	E318V-15 (A237)		用于 $w(\mathrm{Ni})<16\%$ 的钢，600℃以下具有热强性，在 750~800℃的不含硫的气体中具有热稳定性
	E16-25MoN (A507)		用于 $w(\mathrm{Ni})<35\%$，而不含 Nb 的钢材，700℃以下具有热强性

20.2.4 珠光体钢与铁素体钢的焊接

珠光体钢与铁素体钢焊接时的焊接材料与预热、焊后回火温度见表 20-6。

表 20-6 珠光体钢与铁素体钢焊接时的焊接材料与预热、焊后回火温度

母材组合	焊条	预热温度/℃	回火温度/℃	备注
A+G	G207	200~300	650~680	焊后立即回火
	A302、A307	不预热	不回火	

（续）

母材组合	焊条	预热温度/℃	回火温度/℃	备注
A+H	G307	200~300	650~680	焊后立即回火
	A302、A307	不预热	不回火	
B+G	G207	200~300	650~680	焊后立即回火
	A302、A307	不预热	不回火	
B+H	A302、A307	不预热	不回火	
C+G	A507	不预热	不回火	
C+H	A507	不预热	不回火	工件在浸蚀性介质中工作时，在A507焊缝表面堆焊A202
	A207	不预热	不回火	
D+G	R202、R207	200~300	620~660	焊后立即回火
D+H	A302、A307	不预热	不回火	
E+G	R307	200~300	680~700	焊后立即回火
E+H	A302、A307	不预热	不回火	
E+I	R817、R827	350~400	720~750	焊后保温缓冷并回火
F+G	R307、R317	350~400	720~750	焊后立即回火
F+H	A302、R307	不预热	不回火	
F+I	R817、R827	350~400	720~750	焊后立即回火

20.2.5 珠光体钢与奥氏体钢的焊接

珠光体钢与奥氏体钢焊接时的焊接材料与预热、焊后回火温度见表20-7。

表20-7 珠光体钢与奥氏体钢焊接时的焊接材料与预热、焊后回火温度

母材组合	焊接材料	预热温度/℃	回火温度/℃	备注
A+J	A402、A407	不预热	不回火	不耐晶间腐蚀，工作温度不超过350℃
	A502、A507			不耐晶间腐蚀，工作温度不超过450℃
	A202			用来覆盖A507焊缝，可耐晶间腐蚀
A+K	A502、A507	不预热	不回火	不耐晶间腐蚀，工作温度不超过350℃
	A212			用来覆盖A507焊缝，可耐晶间腐蚀

（续）

母材组合	焊接材料	预热温度/℃	回火温度/℃	备注
A+M	A502、A507	不预热	不回火	不得在含硫气体中工作，工作温度不超过450℃
	镍307			用来覆盖A507焊缝，可耐晶间腐蚀
A+N	A502、A507	不预热	不回火	不耐晶间腐蚀，工作温度不超过350℃
B+J B+K	A402、A407	不预热	不回火	不耐晶间腐蚀，工作温度不超过350℃
	A502、A507			不耐晶间腐蚀，工作温度不超过450℃
	A202、A212			用A402、A407、A502、A507覆盖的焊缝表面可以在腐蚀性介质中工作
B+M	A502、A507	不预热	不回火	工作温度不超过450℃
	镍307			用淬火珠光体钢坡口上堆焊过渡层
B+N	A502、A507	不预热	不回火	不耐晶间腐蚀，工作温度不超过300℃
C+J C+K	A502、A507	不预热	不回火	不耐晶间腐蚀，工作温度不超过500℃
	A202			用来覆盖A502、A507焊缝，可耐晶间腐蚀
C+M	A502、A507	不预热	不回火	不耐晶间腐蚀，工作温度不超过500℃
C+N	A502、A507	不预热	不回火	不耐晶间腐蚀，工作温度不超过300℃
D+J D+K	A502、A507	200~300	不回火	不耐晶间腐蚀，工作温度不超过450℃
	镍307			在淬火钢坡口上堆焊过渡层
D+M	A502、A507	200~300	不回火	不耐晶间腐蚀，工作温度不超过450℃
	镍307			在淬火钢坡口上堆焊过渡层
D+N	A502、A507	200~300	不回火	不耐晶间腐蚀，工作温度不超过300℃
	镍307			在珠光体淬火钢坡口上堆焊过渡层

（续）

母材组合	焊接材料	预热温度/℃	回火温度/℃	备注
E+J E+K	A302、A307	不预热或200~300	不回火	工作温度不超过400℃。$w(C)$<0.3%的钢,焊前可不预热
	A502、A507			
	镍 307			用于珠光体淬火钢坡口上堆焊过渡层,工作温度不超过500℃
	A212	不预热		如要求A502、A507、A302、A307的焊缝耐腐蚀,用A212焊条焊一道盖面焊道
F+J	A302、A307	不预热或150~250	720~760	在无液态浸蚀性介质中工作,焊缝不耐晶间腐蚀,在无硫气氛中工作温度可达650℃
F+K	A202、A217	150~250	不回火	在浸蚀性气体介质中的工作温度不超过350℃
F+K	A237	150~250	720~760	在无液态浸蚀性介质中工作,焊缝不耐晶间腐蚀,在无硫气氛中工作温度可达650℃
F+M	A507	不预热或150~250	720~760	$w(Ni)=35\%$而不含Nb的钢,不能在液态浸蚀性介质中工作,工作温度可达540℃
	A137			$w(Ni)<16\%$的钢,可在液态浸蚀性介质中工作,未经热处理的焊缝不耐晶间腐蚀,工作温度可达570℃

20.2.6 铁素体钢与奥氏体钢的焊接

铁素体钢与奥氏体钢焊接时的焊接材料与预热、焊后回火温度见表20-8。

表20-8 铁素体钢与奥氏体钢焊接时的焊接材料与预热、焊后回火温度

母材组合	焊接材料	预热温度/℃	回火温度/℃	备注
G+N	A122	250~300	750~800	在液态浸蚀性介质中的工作温度可达300℃,回火后快速冷却的焊缝耐晶间腐蚀
H+J	A122	不预热	720~750	回火后快速冷却的焊缝耐晶间腐蚀,但不耐冲击载荷

（续）

母材组合	焊接材料	预热温度/℃	回火温度/℃	备注
H+K	A202	不预热	不回火	回火后快速冷却的焊缝耐晶间腐蚀，但不耐冲击载荷
	A217			
H+L	A302 A307			在无液态浸蚀性介质中工作，焊缝不耐晶间腐蚀，在无硫气氛中工作温度可达1000℃
H+M	A507	不预热	不回火	w(Ni) = 35%而不含Nb的钢，不能在液态浸蚀性介质中工作，不耐冲击载荷
	A137		不回火或720~800	w(Ni) < 16%的钢，可在液态浸蚀性介质中工作，焊缝耐晶间腐蚀，但不耐冲击载荷
H+N	A122	不预热	720~760	在液态浸蚀性介质中的工作温度可达300℃，回火后速冷，焊缝耐晶间腐蚀，不能承受冲击载荷
I+J	A302 A307	150~200	750~800	不能在液态浸蚀性介质中工作，焊缝不耐晶间腐蚀，工作温度可达580℃
I+K	A202	150~200	不回火	在液态浸蚀性介质中的工作温度可达360℃，焊缝耐晶间腐蚀
	A217	150~200	不回火	
	A237	150~200	720~760	
I+L	A302 A307	150~200	720~760	不能在液态浸蚀性介质中工作，不耐晶间腐蚀，在无硫气氛中工作温度可达650℃
I+M	A507	150~200	720~760	w(Ni) > 35%而不含Nb的钢，不能在浸蚀性介质中工作，工作温度可达580℃
	A137	150~200	750~800	w(Ni) < 16%的钢，可在液态浸蚀介质中工作，焊缝耐晶间腐蚀
I+N	A122	250~300	750~800	在液态浸蚀性介质中的工作温度可达300℃，回火后快速冷却的焊缝耐晶间腐蚀

20.3 异种有色金属的焊接

20.3.1 铜与铝的焊接

1）铜与铝钨极氩弧焊的焊接参数见表20-9。

表 20-9　铜与铝钨极氩弧焊的焊接参数

焊丝	焊丝直径 /mm	焊接电流 /A	钨极直径 /mm	氩气流量 /(L/mm)
Al-Si 丝	3	260～270	5	8～10
Al-Si 丝	3	190～210	4	7～8
铜丝	4	290～310	6	6～7

2）铜与铝埋弧焊的焊接参数见表 20-10。

表 20-10　铜与铝埋弧焊的焊接参数

工件厚度 /mm	焊丝直径 /mm	焊接电流 /A	电弧电压 /V	焊接速度 /(m/h)	焊丝偏离 /mm	焊道数目	焊剂层	
							宽度/mm	高度/mm
8	2.5	360～380	35～38	24.5	4～5	1	32	12
10	2.5	380～400	38～40	21.5	5～6	1	38	12
12	2.6	390～410	39～42	21.5	6～7	1	40	12
20	3.2	520～550	40～44	18.6	8～12	3	46	14

20.3.2　铜与钛的焊接

铜与钛钨极氩弧焊的焊接参数见表 20-11。

表 20-11　铜与钛钨极氩弧焊的焊接参数

母材组合	工件厚度 /mm	焊接电流 /A	电弧电压 /V	填充材料		电弧偏离 /mm
				牌号	直径/mm	
TB2+T2	3	250	10	QCr0.8	1.2	2.5
	4.5	5	400	12	QCr0.88	2.0

20.4　钢与有色金属的焊接

20.4.1　低碳钢与纯铝的焊接

低碳钢与纯铝摩擦焊的焊接参数见表 20-12。

表 20-12　低碳钢与纯铝摩擦焊的焊接参数

工件直径 /mm	钳口处伸出长度 /mm	转速 /(r/min)	压力/MPa		加热时间 /mm	顶锻量/mm		接头弯曲角 /(°)
			加热	顶锻		加热	总量	
30	15	1000	5	12	4	10	14	180
30	16	750	5	5	4.5	10	15	180
40	20	750	5	5	5	12	13	1480
50	26	400	5	12	7	10	15	100～180

20.4.2 低碳钢与纯铜的焊接

低碳钢与纯铜焊条电弧焊的焊接参数见表 20-13。

表 20-13 低碳钢与纯铜焊条电弧焊的焊接参数

母材组合	接头形式	母材厚度/mm	焊条直径/mm	焊接电流/A	电弧电压/V
Q235A+T1	对接	3+3	3.2	120~140	23~25
Q235A+T1	对接	4+4	4.0	150~180	25~27
Q235A+T2	对接	2+2	2.0	80~90	20~22
Q235A+T2	对接	3+3	3.0	110~130	22~24
Q235A+T3	T形接	3+8	3.2	140~160	25~26
Q235A+T3	T形接	4+10	4.0	180~210	27~28

20.4.3 低碳钢与纯钛的焊接

低碳钢与纯钛钨极氩弧焊的焊接参数见表 20-14。

表 20-14 低碳钢与纯钛钨极氩弧焊的焊接参数

层次	Q235 钢侧过渡层	TA2 侧过渡层	俩过渡结合层
填充材料	HSCu201 特制纯铜焊丝(ϕ3mm)	银钎料(ϕ2mm)	B-Ag34CuZnSn 银钎料(ϕ3mm)
氩气流量/(L/min)	15(喷嘴)	15(喷嘴)、25(拖罩)	15(喷嘴)、25(拖罩)
电流/A	165	65~75	150~165
电弧电压/V	15~20	15~20	15~20
电源极性	直流正接	直流正接	直流正接
电极材料	铈钨丝(ϕ3mm)	铈钨丝(ϕ2mm)	铈钨丝(ϕ3mm)

第21章

焊接质量检测

21.1 焊接质量常规检测

焊接工程质量的常规检测一般包括外观检测、压力试验和致密性检测等。

21.1.1 外观检测

焊接工程质量的外观检测是由焊接检查员通过个人目视（或借助量具等）检查焊缝的外形尺寸和外观缺欠的质量检测方法，是一种简单而应用广泛的检测手段。焊缝的外形尺寸、表面不连续性是表征焊缝形状特性的指标，是影响焊接工程质量的重要因素。当焊接工作完成后，首先要进行外观检测。多层焊时，各层焊缝之间和接头焊完之后都应进行外观检测。因此，认真做好焊接施工各阶段的外观检测对保证焊接工程质量具有重要意义。

焊缝外形尺寸是保证焊接接头强度和性能的重要因素，检测的目的是检测焊缝的外形尺寸是否符合产品技术标准和设计图样的规定要求。检测的内容一般包括焊缝的外观成形和尺寸，焊缝的尺寸又包括焊缝的宽度、余高、焊趾角度、角焊缝的焊脚尺寸、焊缝边缘直线度等内容。

1. 焊缝的外观成形

通常检查焊缝的外形和焊波过渡的平滑程度。若焊缝高低宽窄很均匀，焊道与焊道、焊道与母材之间的焊波过渡平滑，则焊缝成形好；若焊缝高低宽窄不均，焊波粗乱，甚至有超标的表面缺欠，则焊缝成形差。

2. 焊缝的尺寸

（1）焊缝的宽度　对接焊时，焊接操作不可能保证焊缝表面与母材完全平齐，坡口边缘必然要产生一定的熔化宽度。一般要求焊缝的宽度比坡口每边增宽不大于2mm。

（2）焊缝的余高　母材金属上形成的焊缝金属的最大高度叫作焊缝的余高。对于左右板材高度不一致的情况，其余高以最大高度为准。接头焊缝的余高 e_1、e_2（见图21-1）应符合表21-1的规定。

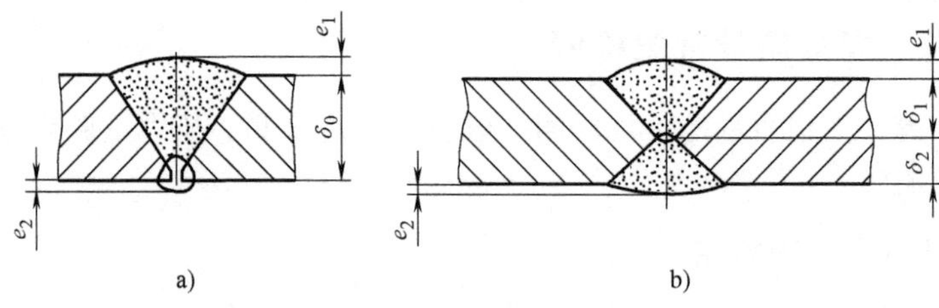

图21-1　焊缝余高 e_1 和 e_2

a）A类接头　b）B类接头

表21-1　A、B类接头焊缝的余高允许偏差

（单位：mm）

标准抗拉强度下限值 R_m>540MPa 的钢材及 Cr-Mo 低合金钢钢材				其他钢材			
单面坡口		双面坡口		单面坡口		双面坡口	
e_1	e_2	e_1	e_2	e_1	e_2	e_1	e_2
0～10%δ_0 且≤3	≤1.5	0～10%δ_1 且≤3	0～10%δ_2 且≤3	0～10%δ_0 且≤4	≤1.5	0～10%δ_1 且≤3	0～10%δ_2 且≤3

（3）焊趾角度　焊趾角度是指在接头横剖面上，经过焊趾的焊缝表面切线与母材表面之间的夹角，如图21-2中的 θ 所示。根据CB 1220—2005的规定，对接接头的焊趾角 θ 应不小于140°，T

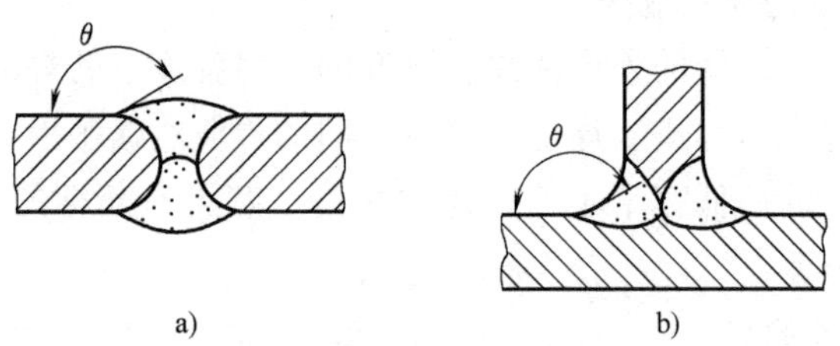

图21-2　焊趾角度示意图

a）对接接头　b）T形接头

形接头的焊趾角 θ 应不小于 130°。

（4）角焊缝的焊脚尺寸　角焊缝的焊脚尺寸 K 值由设计或有关技术文件注明。根据 GB 50205—2020 的规定，T 形接头、十字接头、角接接头等要求熔透的对接和角对接组合焊缝，其焊脚尺寸不应小于 $\delta/4$（δ 为母材厚度）且不大于 10mm，焊脚尺寸的允许偏差为 0~4mm。

（5）焊缝边缘直线度　焊缝边缘沿焊缝轴向的直线度 f 如图 21-3 所示。在任意 300mm 连续焊缝长度内，埋弧自动焊的 f 值应不大于 2mm，焊条电弧焊、埋弧半自动焊的 f 值应不大于 3mm。

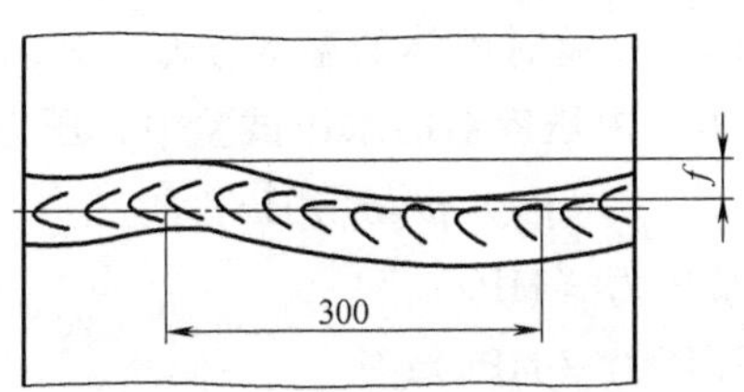

图 21-3　焊缝边缘直线度

（6）焊缝的宽度差　焊缝的宽度差即焊缝最大宽度和最小宽度的差值，在任意 500mm 焊缝长度范围内不得大于 4mm，整个焊缝长度内不得大于 5mm。

（7）焊缝表面凹凸差　焊缝表面凹凸差即焊缝余高的差值，在任意 25mm 焊缝长度范围内不得大于 2mm。

21.1.2　压力试验

锅炉和压力容器等存储液体或气体的受压容器或受压管道的焊接工程在制造完成后，要按照工程的技术要求进行压力试验。其目的是对焊接结构的整体强度和密封性进行检测，同时也是对焊接结构的选材和制造工艺的综合性检测。检测结果不仅是工程等级划分的关键数据，也是保证其安全运行的重要依据。

压力试验有液压试验和气压试验两种方法。液压试验一般用水作为介质，所以又称水压试验，必要时也可以用不会导致危险的其他液体作为介质。气压试验是指用气体作为介质的耐压试验，只有在不能采用液压试验的场合，例如存在少量的水对设备有腐蚀，或由于充满水会给容器带来不适当的载荷时才允许采用气压试验。虽然水压试验和气压试验在某种程度上也具有致密性检测的性质，但其主要目的仍然是强度检测，因而习惯上也把它们称为强度试验。

1. 水压试验

水压试验是最常用的压力试验方法。常温下的水基本上不可压缩，用加压装置给水加压时，不需要消耗太多机械功即可升到较高压力，水泄压膨胀甚至设备爆破使水迅速降压释放的能量也很小。用水作试压介质既安全又廉价，操作起来也十分方便，目前得到了广泛的应用。对于极少数不宜装水的焊接结构，可采用不会导致发生危险的其他液体。试验时液体的温度应低于其闪点或沸点。

（1）试验压力　内压容器的水压试验中，压力计算公式为

$$p_T = \eta p[\sigma]/[\sigma]_t$$

式中　p_T——试验压力（MPa）；

p——设计压力（MPa）；

η——耐压试验压力系数，见表21-2；

$[\sigma]$——容器部件材料在试验温度下的许用应力（MPa）；

$[\sigma]_t$——容器部件材料在设计温度下的许用应力（MPa）。

对于内压容器，铭牌上规定有最大允许工作压力时，应以最大允许工作压力代替设计压力 p。容器各部件（圆筒、封头、接管、法兰及紧固件等）所用材料不同时，应取各材料 $[\sigma]/[\sigma]_t$ 值中最小者。

表21-2　耐压试验压力系数 η

压力容器形式	压力容器的材料	压力等级	耐压试验压力系数	
			液(水)压	气压
固定式	钢和有色金属	低压	1.25	1.15
		中压	1.25	1.15
		高压	1.25	—
	铸铁	—	2.00	—
	搪玻璃	—	1.25	1.15
移动式	—	中、低压	1.50	1.15

（2）试验水温和保压时间　TSG R 0003—2007规定：碳素钢、Q345R（16MnR）和正火Q390R（15MnVR）钢容器液压试验时，

液体温度不得低于5℃；其他低合金钢容器，液压试验时液体温度不得低于15℃。如果由于板厚等因素造成材料无延性转变温度升高，则需相应提高试验液体温度；其他钢种容器液压试验温度一般按图样规定。

TSG R 0003—2007规定：保压时间一般不少于30 min。

（3）试验要求　进行水压试验的产品，焊缝的返修、焊后热处理、力学性能检测及无损检测必须全部合格。受压部件充灌水之前，药皮、焊渣等杂物必须清理干净。

水压试验的系统中，至少有两块压力表，一块作为工作压力表，另一块作为监视压力表。选用的压力表，必须与压力容器内的介质相适应。低压容器使用的压力表精度不应低于2.5级，中压及高压容器使用的压力表精度不应低于1.5级。压力表盘刻度限值应为最高工作压力的1.5~3.0倍，表盘直径应不小于100mm。压力表必须经计量部门校核过，并有铅封才能使用。

耐压试验前，对于容器的开孔补强圈，应通入0.4~0.5MPa的压缩空气检查焊接接头质量。压力容器各连接部位要紧固妥当，耐压试验场地应有可靠的安全防护设施。

（4）试验步骤

1）试验时容器顶部应设排气口，充液时应将容器内充满液体，使滞留在压力容器内的气体排尽。试验过程中，要保持容器观察表面的干燥，以便于观察。

2）加压前应等待容器壁温上升，当压力容器壁温与液体温度接近时，才能缓慢升压。当压力达到设计值时，确认无泄漏后继续升压到规定的试验压力，保压时间一般不少于30min；然后降到规定试验压力的80%，保压足够时间后进行检查，同时对焊缝仔细检测。当发现焊缝有水珠、细水流或潮湿时就表明该焊缝处不致密，应将其标示出来，并将该工程评为不合格，做返修处理后重新试验。如果在试验压力下，关闭了所有进出水的阀门，其压力值保持一定时间不变，未发现任何缺欠，则评为合格。检查期间压力应保持不变，但不能采用连续加压的办法维持试验压力不变。压力容器液压试验过程中，不准在加压状态下对紧固螺栓或受压部件施加外力。

3）对于夹套容器，先进行内筒液压试验，合格后再焊夹套，然后进行夹套内的液压试验。

4）对管道进行检查时，可用闸阀将其分成若干段，并且依次对各段进行检查。

5）液压试验完毕后，应缓慢泄压，将液体排尽，并用压缩空气将内部吹干。

水压试验过程中的升、降压曲线如图 21-4 所示。此外，对于奥氏体不锈钢制容器等有防腐要求的容器，用水进行液压试验后应将水渍清除干净，并控制水的氯离子浓度不超过 25mg/L。

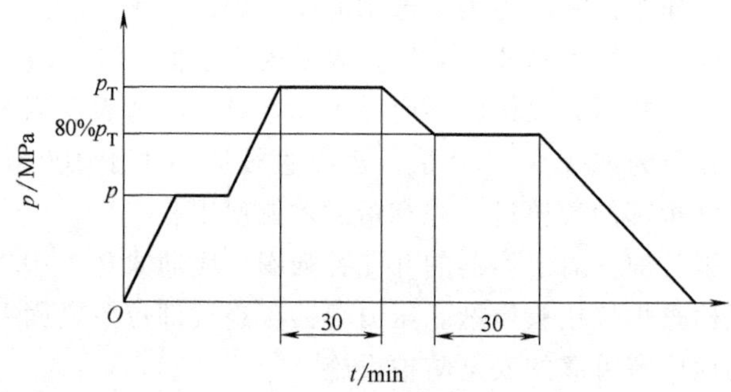

图 21-4　水压试验过程中的升、降压曲线

（5）产品合格标准　根据 TSG R 0003—2007 规定，液压试验后的压力容器，符合下列条件者判为合格：

1）无渗漏。

2）无可见的变形。

3）试验过程中无异常的响声。

4）大于等于抗拉强度规定值下限 540MPa 的材料，表面经无损检测抽查未发现裂纹。

2. 气压试验

气压试验是检测在一定压力下工作的容器、管道的强度和焊缝致密性的一种试验方法。气压试验比水压试验更为灵敏和迅速，同时试验后的产品不用排水处理，对于排水困难的产品尤为适用。但由于气体的可压缩性，在试验加压时容器内积蓄了很大能量，与相同情况下的液体相比，要大数百倍至数万倍。一旦气压试验容器破裂，危险性很大，因此气压试验一般用于低压容器和管道的检测。对于由于结构或支承原因，不能向压力容器内充灌液体，以及运行条件不允许残留试验液体的压力容器，可按设计图样规定采用气压试验。

（1）试验压力　根据 TSG R 0003—2007 的规定，内压容器的气压试验压力计算公式与水压试验相同，即

$$p_T = \eta p[\sigma]/[\sigma]_t$$

（2）试验介质和温度　TSG R 0003—2007 规定：试验所用气体应为干燥洁净的空气、氮气或其他惰性气体。碳素钢和低合金钢制压力容器的试验用气体温度不得低于 15℃，其他材料制压力容器试验用气体温度应符合设计图样的规定。

（3）试验步骤

1）试验时，应先缓慢升压至规定试验压力的 10%，且不超过 0.05MPa，保压 5min，并对所有焊缝和连接部位进行初次检查。检测方法是用肥皂液或其他检漏液涂满焊缝，检测焊缝处是否有气泡形成，以及压力表的数值有无下降。若有泄漏或压力表读数下降，应找出漏气部位，卸压后进行返修补焊等处理，再重新进行试验，若无泄漏可继续升压。

2）当压力升高到规定试验压力的 50%时，再进行检查。如无异常现象，其后按规定试验压力的 10%逐级升压，最后到达试验压力规定值，保压 10min。

3）经过规定的保压时间后，将压力降到规定值的 87%，关闭阀门，保压足够时间进行检查。若有漏气或压力表读数下降现象，卸压修补后再按上述步骤重新试验。如果没有泄漏，压力表读数未下降，试验过程中压力容器无异常声响，无可见的变形，可判定该工程合格。

检查期间压力应保持不变，但不得采用连续加压来维持试验压力不变。气压试验过程中严禁带压对紧固螺栓施力。

气压试验过程中的升、降压曲线如图 21-5 所示。

（4）安全措施　气压试验的危险性比较大，进行试验时，必

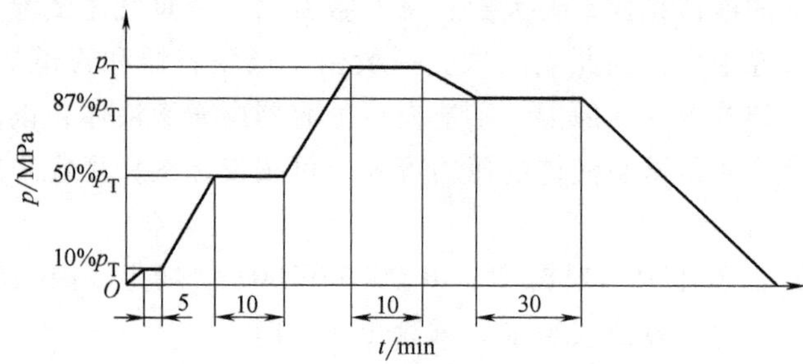

图 21-5　气压试验过程中的升、降压曲线

须采取相应的安全措施。

1）气压试验应在专用的试验场地内进行，或者采用可靠的安全防护措施，如在开阔的场地进行试验，或用足够厚度的钢板将试验产品周围进行保护后再进行试验。

2）在输送压缩空气到产品的管道里时，要设置一个储气罐，以保证进气的稳定性。在储气罐的气体出入口处，各装一个开关阀，并在输出端（即产品的输入口端）管道部位装上安全阀。

3）试验时准备两块经过校验的试验用压力表，一块安装在容器上，另一块安装在空气压缩设备上。

4）施压下的容器不得敲击、振动和修补焊接缺欠。

5）低温下试验时，要采取防冻措施。

21.1.3　致密性检测

储存液体或气体的焊接容器，其焊缝的不致密缺欠（如贯穿性的裂纹、气孔、夹渣、未焊透以及缩松组织等），可用致密性试验来发现。

1. 致密性检测方法概述

焊接容器常用的致密性检测方法分为气密性检测和密封性检测两类。

（1）气密性检测　气密性检测是将压缩空气（如氨、氟利昂、氦、卤素气体等）压入焊接容器，利用容器内外气体的压力差检查有无泄漏的一种试验方法。介质（如氟、氢氰酸、氟化氢、氯等）毒性程度为极度的压力容器，必须进行气密性检测。常用的方法有：充气检查、沉水检查、氨气检查。

（2）密封性检测　检查有无漏水、漏气、渗油、漏油等现象的试验叫作密封性检测。密封性检测常用于敞口容器上焊缝的致密性检查。常用的密封性检测方法有煤油渗漏试验、吹气试验、载水试验、水冲试验等。

常用的致密性试验方法及其适用范围见表21-3。

表21-3　常用的致密性试验方法及其适用范围

类别	试验名称	试验方法	合格标准	适用范围
气密性检验	气密性试验	将焊接容器密封，按图样规定压力通入干燥洁净的压缩空气、氮气或其他惰性气体。在焊缝表面涂以肥皂水。保压一定的时间，检查焊缝有无渗漏	不产生气泡为合格	密封容器
	氨渗漏试验	氨渗漏属于比色检漏，以氨为示踪剂，试纸或涂料为显色剂，进行渗漏检查和贯穿性缺欠定位。试验时，在检测焊缝处贴上比焊缝宽的石蕊试纸或涂料显色剂，然后向容器内通入规定压力的含氨气的压缩空气，保压5~10min。如果焊缝有不致密的地方，氨气就透过焊缝，并作用到试纸或涂料上，使该处形成图斑。根据这些图斑，就可以确定焊缝的缺欠部位。氨渗漏试验，检出速率可发现3.1cm^3/a的渗漏量。这种方法准确、迅速和经济，同时可在低温下检测焊缝的致密性	检查试纸或涂料，未发现色变为合格	密封容器和敞口容器都可以采用这一试验，如尿素设备的焊缝检测
	氦泄漏检测	氦气作为试剂是因为氦气质量轻，能穿过微小的孔隙。氦气检测仪可以检测到在气体中存在的千万分之一的氦气，相当于在标准状态下漏氦气率为1cm^3/a。这种方法是一种灵敏度比较高的致密性试验方法	检测的泄漏率未超过允许的泄漏率为合格	用于致密性要求很高的压力容器
	沉水检查	先将焊接容器浸入水中，然后在容器中充灌压缩空气，为了易于发现焊缝的缺欠，被检的焊缝应当在水面下20~40mm的深处。当焊缝存在缺欠时，在有缺欠的地方有气泡出现	无气泡浮出为合格	小型焊接容器，如用来检查飞机、汽车的汽油箱的致密性

（续）

类别	试验名称	试验方法	合格标准	适用范围
密封性检验	煤油渗漏试验	试验时，在比较容易修补和发现缺欠的一面，将焊缝涂上白垩粉水溶液，干燥后，将煤油仔细地涂在焊缝的另一面上。当焊缝上有贯穿性缺欠时，煤油就能渗透过去，并且在白垩粉涂过的表面上显示出明显的浊斑点或条带状油迹	经过30min后，焊缝表面上并未出现油斑，所检查的焊缝被评为合格	敞口容器，如储存石油、汽油的固定式储器和同类型的其他产品
	水冲试验	在焊缝的一面用高压水流喷射，而在焊缝的另一面观察是否漏水。水流喷射方向与试验焊缝的表面夹角不应小于70°，水管的喷嘴直径要在15mm以上，水压应使垂直面上的反射水环直径大于400mm 检测竖直焊缝时应从下至上移动喷嘴，避免已发现缺欠的漏水影响未检焊缝的检测	无渗水为合格	大型敞口容器，如船甲板等密封焊缝的检查
	吹气试验	用压缩空气对着焊缝的一面猛吹，焊缝的另一面涂以肥皂水。当焊缝有缺欠存在时，便在缺欠处产生肥皂泡 试验时，要求压缩空气的压力大于0.4MPa，喷嘴到焊缝表面的距离不得超过30mm	不产生肥皂泡为合格	敞口容器
	载水试验	将容器的全部或一部分充满水，观察焊缝表面是否有水渗出。如果没有水渗出，该容器的焊缝视为合格。这一方法需要较长的检测时间	焊缝表面无渗水为合格	检测不承受压力的容器或敞口容器，如船体、水箱等

2. 气密性试验

气密性试验是用来检测焊接容器致密性缺欠的一种常用方法。试验的主要目的是保证容器在工作压力状态下，任何部位都没有自内向外的泄漏现象。气密性试验应安排在液压试验等焊接工程质量检测项目合格后进行。对于介质毒性程度极高或其毒性为高度危害，设计上不允许有微量泄漏的压力容器，必须进行气密性试验。

（1）气密性试验要求　压力容器在下列条件下需要进行气密性试验：

1）对于盛装介质的毒性为极度危害或高度危害，不允许有微量泄漏的压力容器，设计时应提出气密性试验要求。

2）对于移动式压力容器，必须在制造单位完成罐体安全附件的安装，并经压力试验合格后方可进行气密性试验。

3）气密性试验应在液压试验合格后进行。对设计图样有气压试验要求的压力容器，应在设计图样上明确规定是否需做气密性试验。

4）压力容器进行气密性试验时，一般应将安全附件装配齐全。如果使用前在现场装配安全附件，应在压力容器质量证明书的气密性试验报告中注明，装配安全附件后须再次进行现场气密性试验。

（2）气密性试验条件

1）试验压力。压力容器气密性试验压力为压力容器的设计压力。

2）试验气体。试验所用气体应为干燥洁净的空气、氮气或其他惰性气体。

3）试验温度。碳素钢和低合金钢制压力容器，其试验用气体的温度应不低于5℃，其他材料制压力容器按设计图样规定。

（3）试验步骤　气密性试验应按图样上注明的试验压力、试验介质和检测要求进行，容器须经液压试验合格后方可进行气密性试验。

容器进行气密性试验时，将容器密封，通入压缩空气等试验介质后进行加压。加压时压力应缓慢上升，达到规定试验压力后关闭进气阀门，进行保压，然后对所有焊接接头和连接部位进行泄漏检查。检测方法是用肥皂液或其他检漏液涂满焊接接头和连接部位，检测这些部位是否有气泡形成，以及压力表的数值有无下降。小型容器也可浸入水中检查。若有泄漏或压力表读数下降，应找出漏气部位，卸压后进行返修补焊等处理，再重新进行试验。若无泄漏，且保压不少于30min后压力表读数未下降，即为合格。

气密性试验过程中的升、降压曲线如图 21-6 所示。

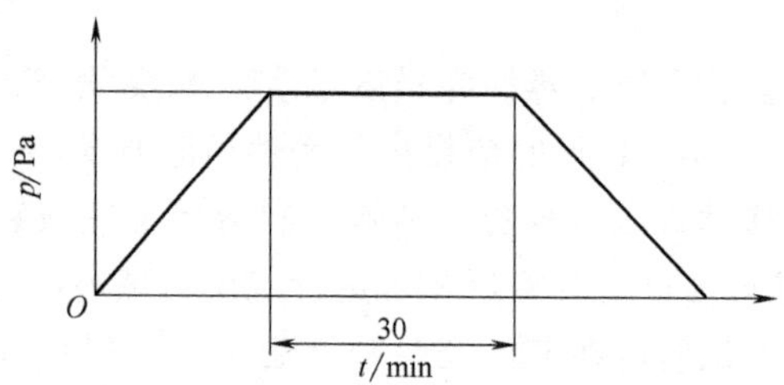

图 21-6　气密性试验过程中的升、降压曲线

3. 煤油渗漏试验

煤油渗漏试验是最常用的致密性检测方法，常用于检查敞口容器焊缝致密性缺欠的检测，如储存石油、汽油的固定储罐和其他同类型产品。

（1）检漏原理　煤油的黏度和表面张力很小，渗透性很强，具有透过极小贯穿性缺欠的能力。用这种方法进行检测时，在容易发现缺欠的一面，将焊缝涂上白垩粉水溶液，经干燥后，将煤油仔细地涂抹在焊缝的另一面。当焊缝上有贯穿性缺欠时，煤油就能渗透过去，在白垩粉涂过的表面上显示出明显的浊斑点或条带状油迹，从而达到致密性检测的目的。

（2）试验条件　试验应在管道和罐壁的焊缝经外观和无损检测合格后，在防腐和保温工作之前进行。

（3）试验步骤　试验步骤按下述程序进行：

1）试验时，先对管道焊口内外进行清理，除去飞溅、焊瘤等，再用钢丝刷清理内外焊道及两侧表面（100mm 左右），最后用棉纱对焊道进行清洁处理。

2）在已清理完的管道焊道外面、罐壁外部的焊缝和大角焊缝上用毛刷涂刷白粉浆。等白粉浆完全干后，再在管道焊道里面和罐壁内部的对接焊缝处涂抹煤油。对于罐壁的搭接焊缝，则用喷雾器以 0.1~0.2MPa 的压力喷射煤油。

3）等待一段时间后（气温在 0℃ 以上时，0.5h；气温在 0℃ 以下时，1h），对管道焊缝外表面进行检查，对于储罐则在罐外检查罐壁焊缝和大角焊缝。若焊缝表面有煤油渗漏痕迹，则应根据技术要求进行修补和检测处理合格后，再进行煤油试漏检查；若未发现焊缝表面有煤油渗痕，则认为合格。

这种方法对于对接接头最为适合，而对于搭接接头的检测有一定困难，搭接处的煤油不易清理干净，修补时容易引起火灾。

4. 氦泄漏试验

氦泄漏试验是通过被检容器充入氦气或用氦气包围容器后，检测容器是否漏氦或渗氦，以此检测焊缝致密性的试验方法。因为氦气具有密度小、能穿过微小孔隙的特点，所以氦泄漏检测是一种灵敏度较高的致密性试验方法，通常应用于整体防漏等级较高的场合。

GB/T 15823—2009《无损检测 氦泄漏检测方法》中明确规定了氦泄漏检测的具体方法和要求，可用来确定泄漏位置或测量泄漏率。

（1）氦泄漏检测原理　氦泄漏试验时，将氦质谱检漏仪与嗅吸探头连接形成泄漏探测器，用来检测被检测容器泄漏出的微量氦气。嗅吸探头将氦气吸入，送到泄漏探测器系统中，并将其转变为电信号，泄漏探测器再将电信号以光或声的形式显示出来。氦质谱检漏仪可根据要求调整检测灵敏度，按照氦气的泄漏量决定是否报警。

氦质谱检漏仪是根据质谱学原理，用氦做探索气体而制成的仪器。试验时当氦气从漏孔中泄出后，随同其他气体一起被吸入氦质谱检漏仪中。氦质谱检漏仪内的灯丝发射出的电子把分子电离，正离子在加速场的作用下做加速运动，形成离子束。当离子束射入与它垂直的磁场后做圆周运动，不同质量的离子有不同的偏转角度。改变加速电压可以使不同质量的离子通过接收缝接受检测。在仪器分析器的某一特定位置上设置收集极，就可以把氦离子从产生的离子残余物中隔离出来。隔离出来的氦离子通过静电计管的检波和放大装置，进入音频发生器和电流计。氦离子产生的电流推动音频发生器发出声响，同时电流计可显示电流变化过程的读数，从而反映出容器是否致密或渗漏的程度。

（2）氦泄漏检测方法　常用的氦泄漏检测方法有加压法和真空法两种。

1）加压法又称吸枪法。此法是将被检容器抽真空后，充入一定氦气，再充氮气或压缩空气（或直接充入氦气），并达到规定压力。氦气通过漏点漏出，被嗅吸探头（吸枪）吸入。超过设定的泄漏率时，氦质谱检漏仪报警，并确定漏点的位置。加压法检漏装置如图 21-7 所示。

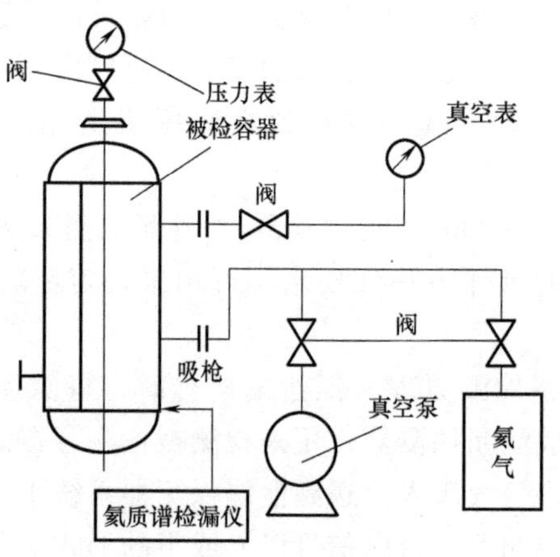

图 21-7　加压法检漏装置

2）真空法是将被检容器与氦质谱仪连接，将容器内抽真空，用氦气喷枪对被检容器的焊接接头和其他可疑部位喷吹氦气。如果有泄漏，氦气会被吸入抽真空的容器内，并进入氦质谱仪内，超过规定的泄漏量时，氦质谱检漏仪报警。真空法按氦气的存放形式又分为喷枪技术和护罩技术两种。图 21-8 所示为采用喷枪技术的真空法检漏装置。

（3）氦泄漏检测过程　氦泄漏检测应在其他检测均已完成后进行。试验前设备表面及内部应保持清洁、干燥，否则将会影响试验结果，造成错误判断。

1）设备表面处理及干燥。氦泄漏检测是通过氦气穿过漏孔来达到检测目的的，焊缝表面的油污、焊渣以及设备内部的积水、污垢等，都会使泄漏孔暂时阻塞而影响检测结果。因此，试验前必须

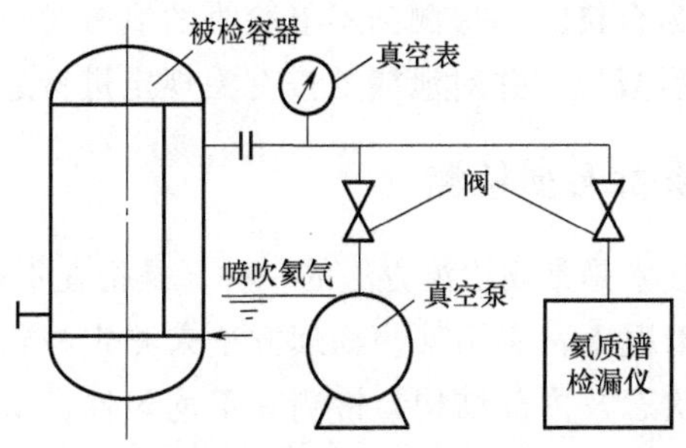

图 21-8　采用喷枪技术的真空法检漏装置

彻底清理设备内部及焊缝表面，并用热风装置将设备内部彻底干燥。在检测前，用塞子、盖板、密封脂、胶合剂或其他能在检测后易于全部除去的合适材料，把所有的孔洞加以密封。

2）氦质谱检漏仪的校验。吸枪与氦质谱检漏仪之间使用金属软管连接后，将吸枪移至正压校准漏气孔出口侧，校验仪器的读数。氦质谱检漏仪必须在校验后使用，并在试验期间每隔 1~2h 校验一次。氦质谱检漏仪的检漏率应高于设备所允许漏率 1~2 个数量级。

3）内部加压。首先将设备置于明亮、透风良好的场所，连接好试验用管路及压力表。至少采用两个量程相同且经校验的压力表，并将其安装在试验容器的顶部便于观察的位置。先用氮气或其他惰性气体将设备压力升高，然后用纯氦气把试验设备的内压增加至试验压力，并使设备内部至少含有体积分数为 10%~20% 的氦气。试验压力不得高于设备设计压力的 25%，但不低于 0.103MPa。所有部件在检测期间，金属的最低或最高温度不应超过所采用氦检测方法所允许的规定温度。

4）检查。设备保压 30min 后，用扫描率不大于 25mm/s 的速度，在距离焊缝表面不大于 3.2mm 的范围内用吸枪吮吸。检查时应从焊缝底部最低点开始，按照由下而上、由近而远的顺序进行。检漏过程中，如发现大量氦气进入氦质谱检漏仪，应立即移开吸枪。

（4）检测评定　若检测的泄漏率不超过 1×10^{-5}Pa · m^3/s，则

该被检区域判为合格。当探测到不能验收的泄漏时，应对泄漏位置做出标记，然后减压，并对泄漏处按有关规定进行返修。

21.2 焊接质量无损检测

无损检测技术是常规检测方法的一种，是指在不损伤被检材料、工件或设备的情况下，应用某些物理方法来测定材料、工件或设备的物理性能、状态及内部结构，检测其不均匀性，从而判定其是否合格。无损检测是一种既经济又能使产品达到性能要求的技术。

21.2.1 无损检测的表示方法

材料在焊接过程中，由于各种原因，可能会产生缺欠。无损检测是利用材料的物理性质缺欠引发变化并测定其变化量，从而判定材料内部是否存在缺欠，以及缺欠的种类和大小的一种检测技术。

无损检测的表示方法一般需符合 GB/T 14693—2008《无损检测 符号表示法》的有关规定。无损检测符号的图样画法应符合 GB/T 4457.2—2003《技术制图图样画法 指引线和基准线的基本规定》的规定，尺寸标注应符合 GB/T 4458.4—2003《机械制图 尺寸注法》和 GB/T 16675.2—2012《技术制图 简化表示法 第2部分：尺寸注法》的规定。

21.2.2 无损检测的符号

1. 无损检测符号要素

1）无损检测方法的字母标识代码见表 21-4。

表 21-4 无损检测方法的字母标识代码

无损检测方法	字母标识代码
声发射	AET 或 AT
电磁	ET
泄漏	LT
磁粉	MT
中子辐射	NRT
耐压试验	PRT
渗透	PT
射线	RT
超声	UT
目视	VT

2）无损检测的辅助符号如图 21-9 所示。

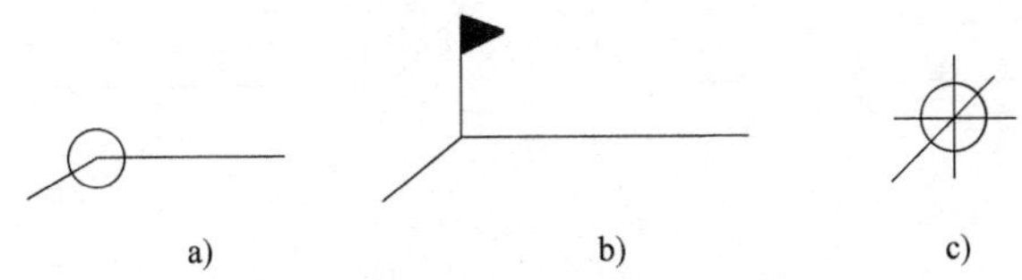

图 21-9 无损检测的辅助符号

a）全周检测 b）现场检测 c）射线方向

3）无损检测符号要素的标准位置如图 21-10 所示。

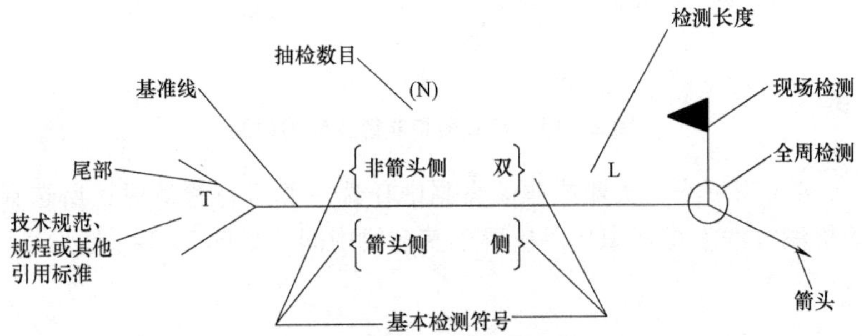

图 21-10 无损检测符号要素的标准位置

2. 无损检测方法字母标识代码位置的含义

1）当需要对箭头侧进行检测时，所选择的检测方法字母标识代码应置于基准线下方，如图 21-11 所示。

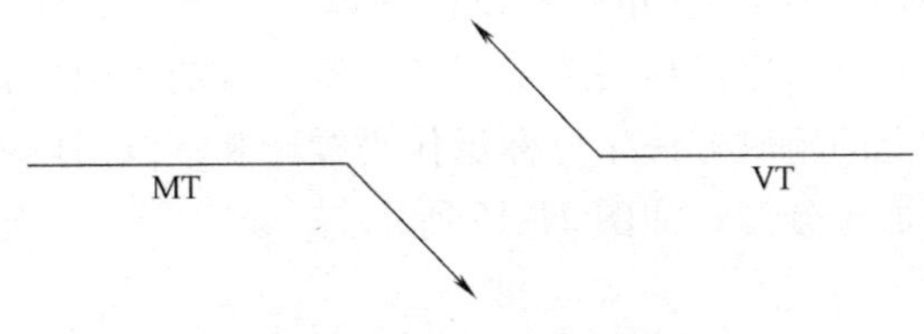

图 21-11 箭头侧的检测

2）当需要对非箭头侧进行检测时，所选择的检测方法字母标识代码应置于基准线上方，如图 21-12 所示。

3）当需要对箭头侧和非箭头侧都进行检测时，所选择的检测方法字母标识代码应同时置于基准线两侧，如图 21-13 所示。

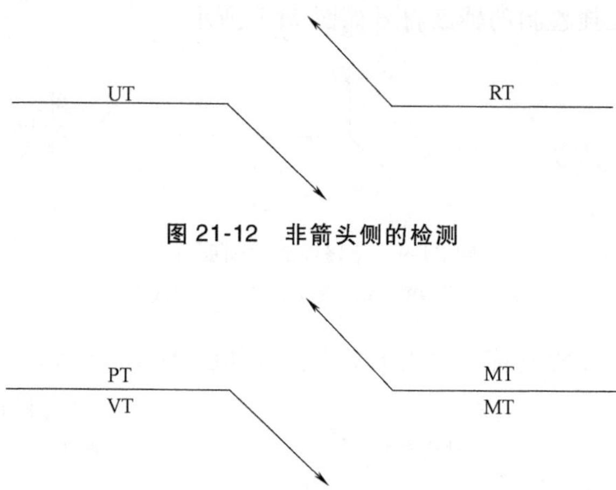

图 21-12 非箭头侧的检测

图 21-13 箭头侧和非箭头侧的检测

4）当可在箭头侧或非箭头侧中任选一侧进行检测时，所选择的检测方法字母标识代码应置于基准线中间，如图 21-14 所示。

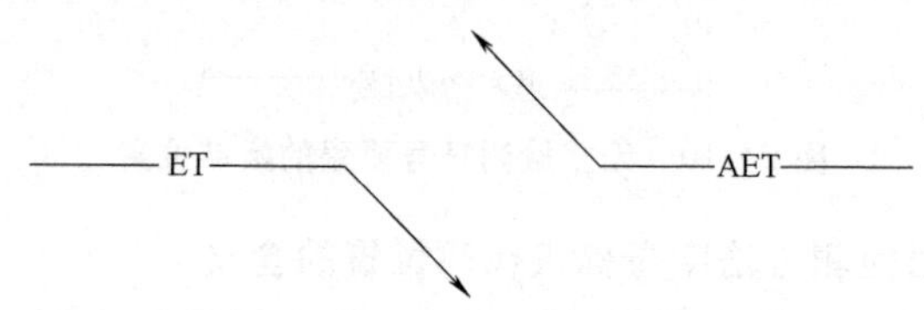

图 21-14 箭头侧或非箭头侧的检测

5）当对同一部分使用两种或两种以上检测方法时，应把所选择的几种检测方法字母代码置于相对于基准线的正确位置。当把两种或两种以上的检测方法字母标识代码置于基准线同侧或基准线中间时，就用加号分开，如图 21-15 所示。

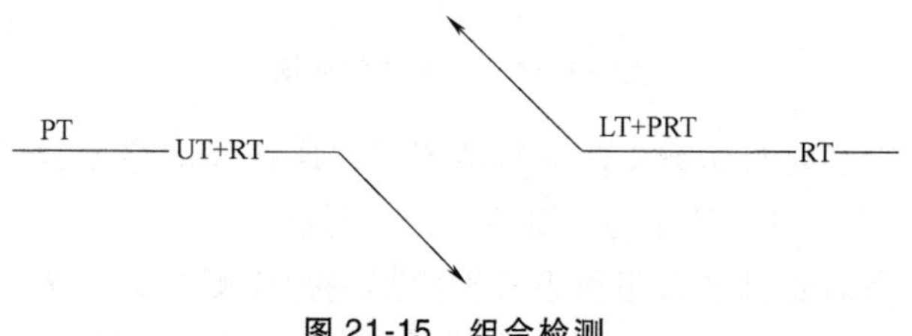

图 21-15 组合检测

6）无损检测符号和焊接符号可以组合使用，如图 21-16 所示。

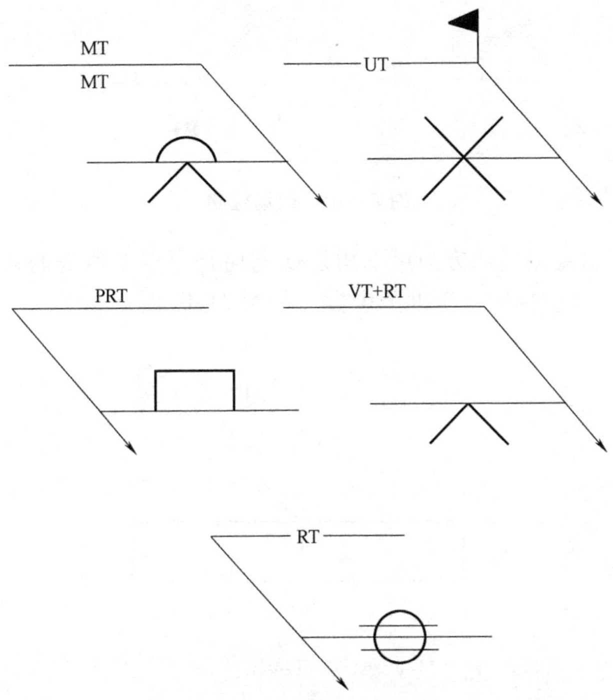

图 21-16　无损检测符号和焊接符号组合使用

3. 辅助符号的表示方法

辅助符号包括全周检测、现场检测和射线方向。

1）当需要对焊缝、接头进行全周检测时，应把全周检测符号置于箭头和基准线的连接处，如图 21-17 所示。

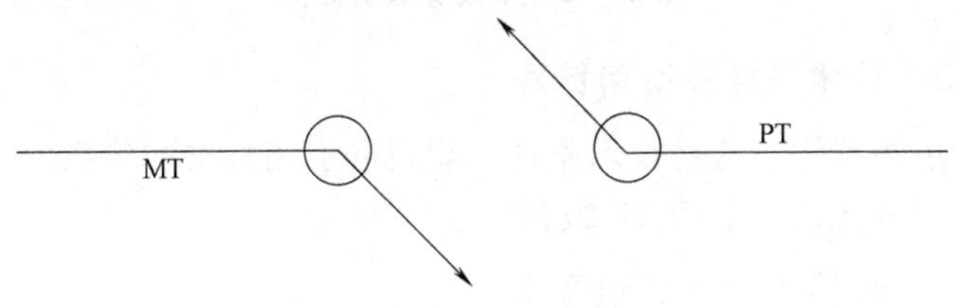

图 21-17　全周检测

2）当需要在现场（不是在车间或初始制造地）进行检测时，

应把现场检测符号置于箭头和基准线的连接处，如图 21-18 所示。

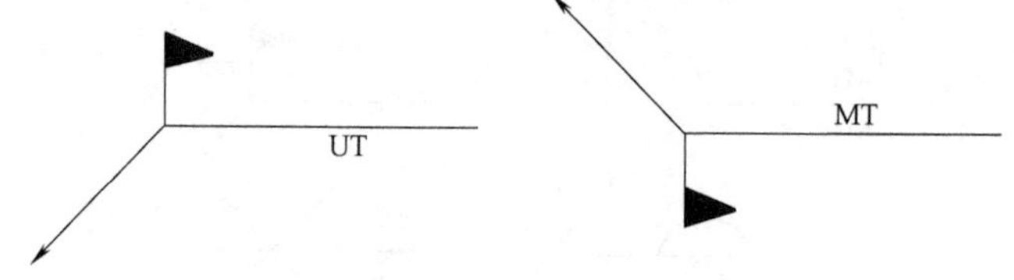

图 21-18　现场检测

3）射线穿透的方向可以用射线方向符号以及所需的角度在图上标出，并应标明该角度的度数，如图 21-19 所示。

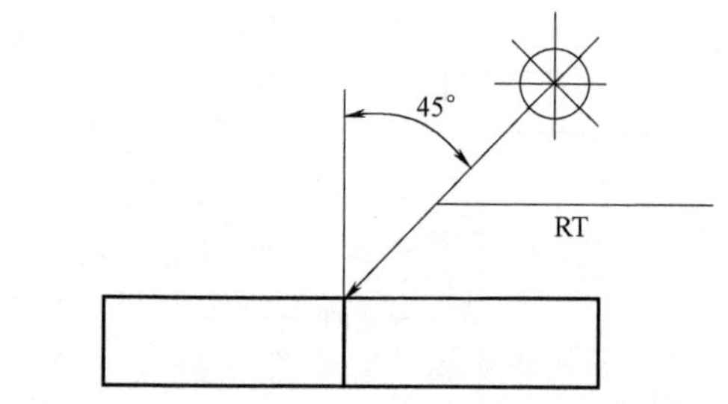

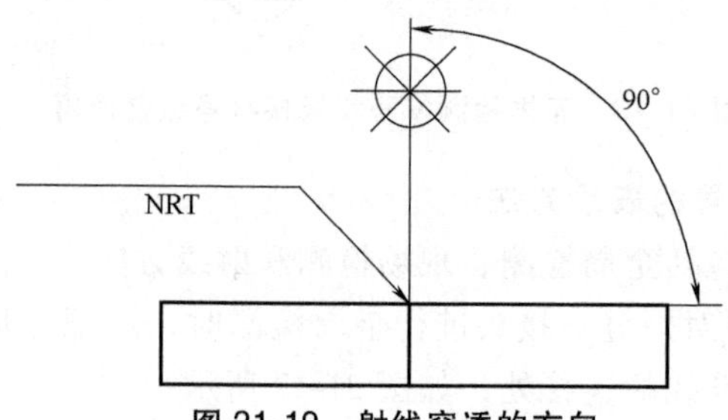

图 21-19　射线穿透的方向

21.2.3　技术条件及引用标准

一般情况下，应将技术条件、规范和引用标准的信息置于无损检测符号的尾部，如图 21-20 所示。

21.2.4　无损检测长度和区域

1. 无损检测长度的表示方法

1）当只需考虑被检工件的长度时，应标出长度尺寸并置于检

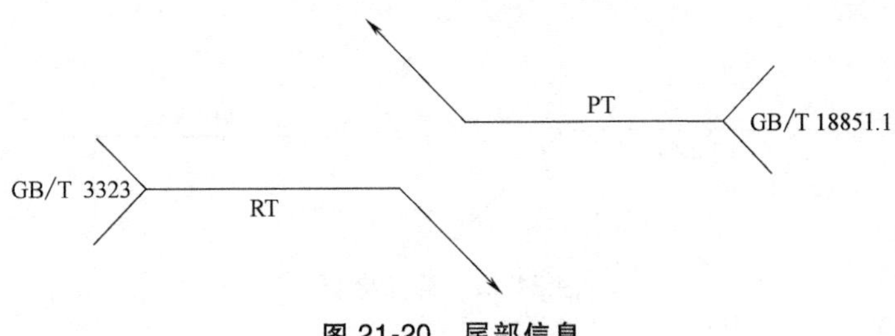

图 21-20　尾部信息

测方法字母标识代码的右侧，如图 21-21 所示。

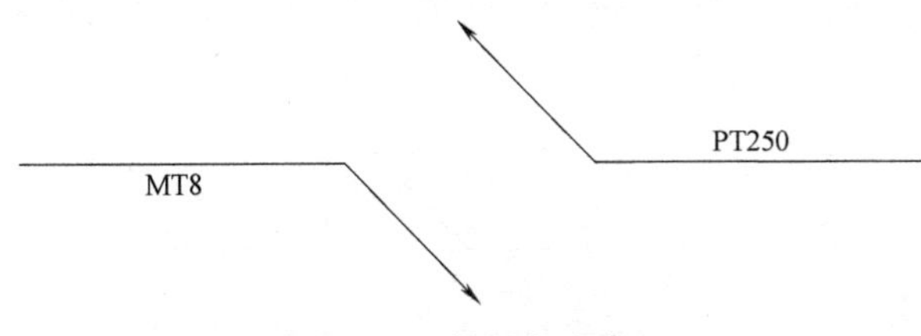

图 21-21　检测长度表示

2）当需要标示被检区域的确切位置及其长度时，应使用长度标定线，如图 21-22 所示。

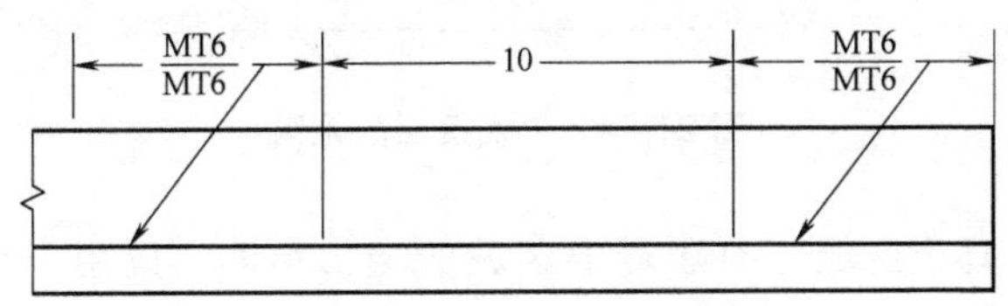

图 21-22　位置及长度表示

3）当被检工件全长都需要检测时，无损检测符号中不必包含长度。

4）当被检工件不需要做全长检测时，检测长度可以百分比标注在检测方法字母标识代码右侧，如图 21-23 所示。

2. 无损检测区域的表示方法

（1）平面区域　当无损检测的区域为平面时，应用直虚线封闭该区域，并在封闭线的每一个拐角处标一圆圈，如图 21-24 所示。

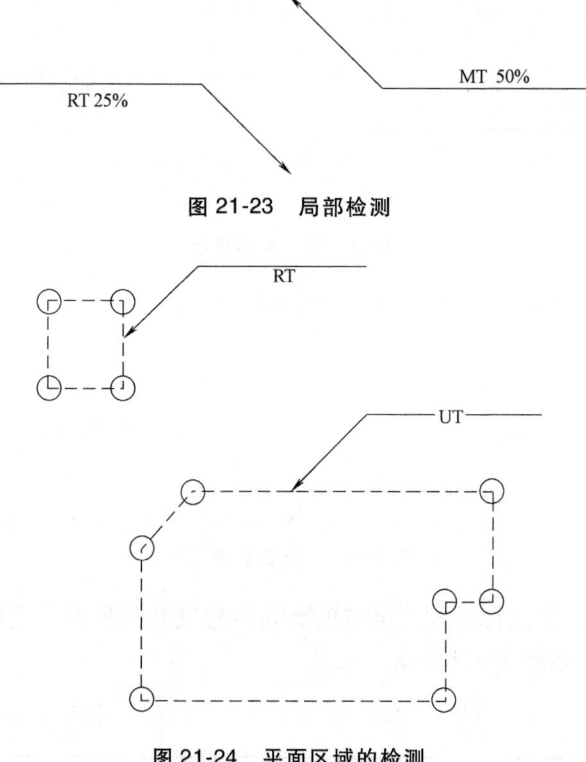

图 21-23 局部检测

图 21-24 平面区域的检测

(2) 环形区域 对于环形区域的无损检测，应用全周检测符号和恰当的尺寸标明检测区域，如图 21-25 所示。

21.2.5 无损检测工艺规程

无损检测工艺规程包括通用工艺规程和工艺卡。

1. 无损检测通用工艺规程

无损检测通用工艺规程应根据相关法规、产品标准和有关的技术文件要求，并针对检测机构的特点和检测能力进行编制。无损检测通用工艺规程应涵盖本单位（制造、安装或检测单位）产品的检测范围。

无损检测通用工艺规程一般包括适用范围、引用标准和法规、检测人员资格、检测设备和材料、检测表面制备、检测时机、检测

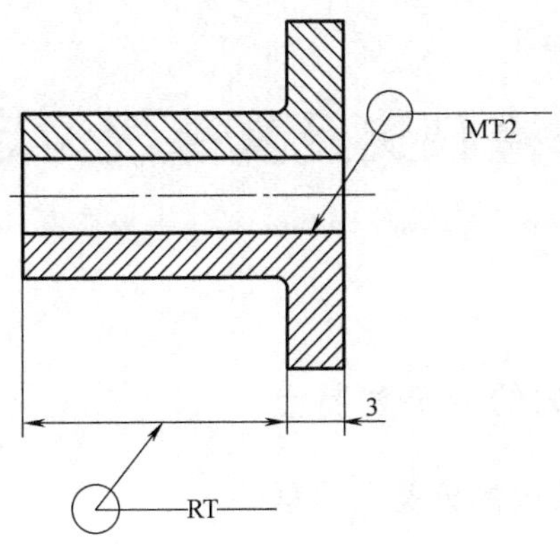

图 21-25 环形区域的检测

工艺和检测技术、检测结果的评定和质量等级分类、检测记录、报告和资料存档、编制和审核、批准人、日期等内容。

2. 无损检测工艺卡

实施无损检测的人员应按无损检测工艺卡进行操作。无损检测工艺卡应根据无损检测通用工艺规程、产品标准、有关的技术文件和相关要求编制。该工艺卡一般包括工艺卡编号、产品名称、产品编号、材料牌号、规格尺寸、热处理状态及表面状态、检测设备与器材、检测附件和检测材料、检测工艺参数（检测方法、检测比例、检测部位、标准试块或标准试样）、检测技术要求、检测程序、检测部位示意图、执行标准和验收级别、编制和审核人、日期等内容。

第22章

焊接缺欠及其等级评定

22.1 焊接缺欠的分类和特点

22.1.1 焊接缺欠的分类和代号

根据GB/T 6417.1—2005和GB/T 6417.2—2005的规定，熔焊接头缺欠、压焊接头缺欠根据其性质、特征分为6类，包括裂纹、孔穴、固体夹杂、未熔合及未焊透、形状和尺寸不良、其他缺欠；根据GB/T 33219—2016的规定，钎焊接头缺欠根据其性质、特征分为6组，包括裂纹、孔穴、固体夹杂、结合缺欠、形状和尺寸缺欠、其他缺欠。每种缺欠又可根据其位置和状态进行分类，为了便于使用，一般应采用缺欠代号表示各种接缺欠。

1）金属熔焊接头缺欠的代号、分类及说明见表22-1。

表22-1 金属熔焊接头缺欠的代号、分类及说明（GB/T 6417.1—2005）

代号	名称及说明	示意图
第1类 裂纹		
100	裂纹 一种在固态下由局部断裂产生的缺欠，它可能源于冷却或应力作用	
1001	微观裂纹 在显微镜下才能观察到的裂纹	
101 1011 1012 1013 1014	纵向裂纹 基本与焊缝轴线相平行的裂纹。它可能位于 ——焊缝金属 ——熔合线 ——热影响区 ——母材	热影响区 1014 1011 1013 1012

（续）

代号	名称及说明	示意图
第1类　裂纹		
102 1021 1023 1024	横向裂纹 基本与焊缝轴线相垂直的裂纹。它可能位于 ——焊缝金属 ——热影响区 ——母材	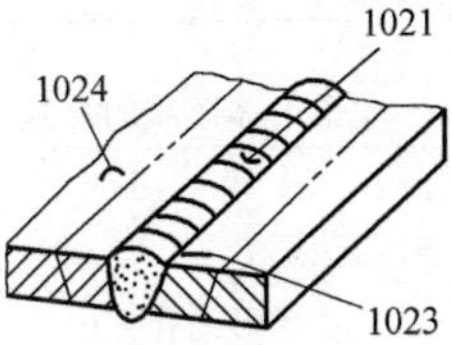 1021 1024 1023
103 1031 1033 1034	放射状裂纹 具有某一公共点的放射状裂纹。它可能位于 ——焊缝金属 ——热影响区 ——母材 注:这种类型的小裂纹被称为“星形裂纹”	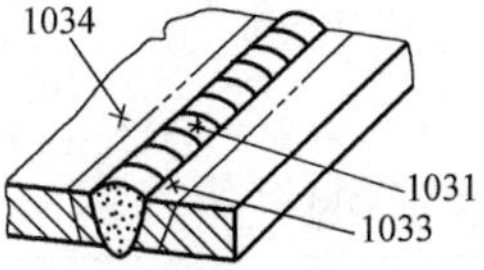 1034 1031 1033
104 1045 1046 1047	弧坑裂纹 在焊缝弧坑处的裂纹,可能是 ——纵向的 ——横向的 ——放射状的(星形裂纹)	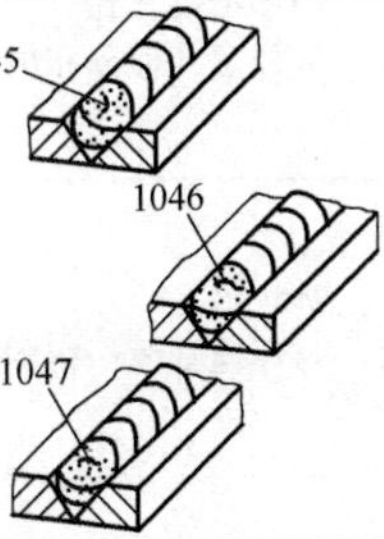 1045 1046 1047
105 1051 1053 1054	间断裂纹群 一群在任意方向间断分布的裂纹,可能位于 ——焊缝金属 ——热影响区 ——母材	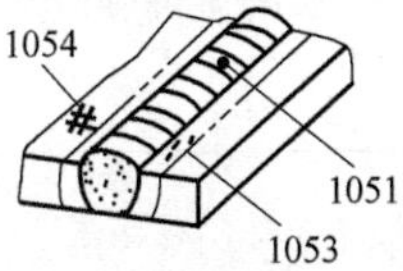 1054 1051 1053
106 1061 1063 1064	枝状裂纹 源于同一裂纹并连在一起的裂纹群,它和间断裂纹群(105)及放射状裂纹(103)明显不同。枝状裂纹可能位于 ——焊缝金属 ——热影响区 ——母材	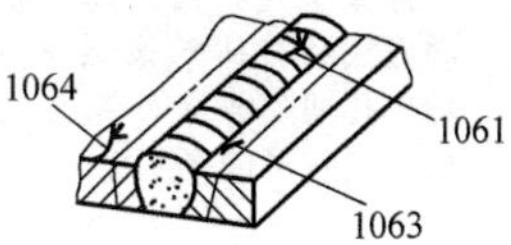 1064 1061 1063

（续）

代号	名称及说明	示意图
	第2类　孔穴	
200	孔穴	
201	气孔 残留气体形成的孔穴	
2011	球形气孔 近似球形的孔穴	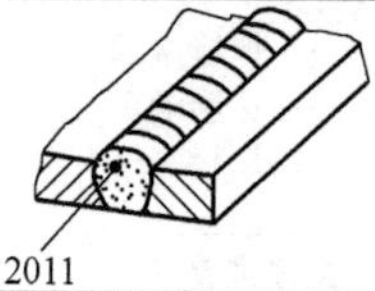 2011
2012	均布气孔 均匀分布在整个焊缝金属中的一些气孔，有别于链状气孔（2014）和局部密集气孔（2013）	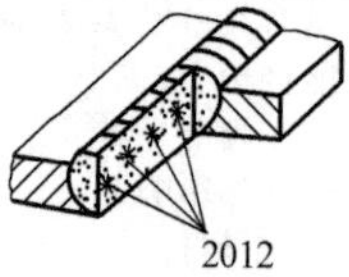 2012
2013	局部密集气孔 呈任意几何分布的一群气孔	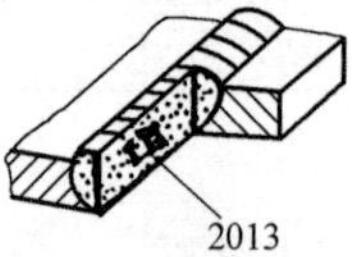 2013
2014	链状气孔 与焊缝轴线平行的一串气孔	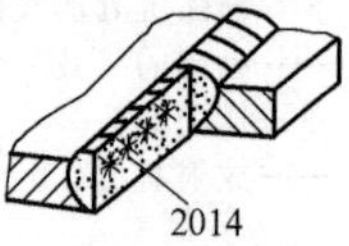 2014
2015	条形气孔 长度与焊缝轴线平行的非球形长气孔	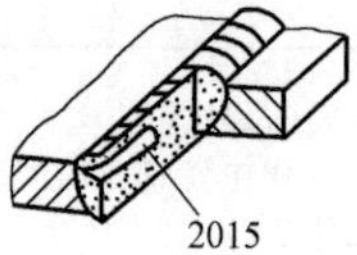 2015
2016	虫形气孔 因气体逸出而在焊缝金属中产生的一种管状气孔穴。其形状和位置由凝固方式和气体的来源所决定。通常这种气孔成串聚集并呈鲱骨形状。有些虫形气孔可能暴露在焊缝表面上	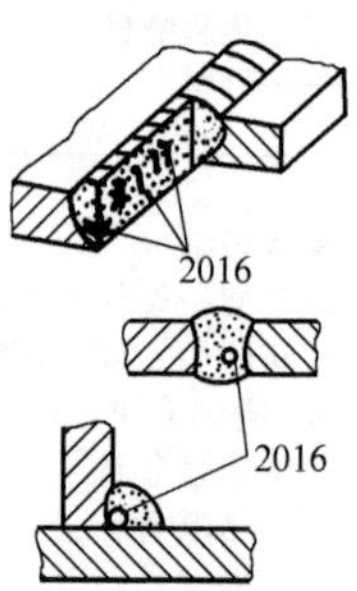 2016 2016

（续）

代号	名称及说明	示意图
	第 2 类　孔穴	
2017	表面气孔 暴露在焊缝表面的气孔	
202	缩孔 由于凝固时收缩造成的孔穴	
2021	结晶缩孔 冷却过程中在树枝晶之间形成的长形收缩孔，可能残留有气体。这种缺欠通常可在焊缝表面的垂直处发现	
2024	弧坑缩孔 焊道末端的凹陷孔穴，未被后续焊道消除	
2025	末端弧坑缩孔 减少焊缝横截面的外露缩孔	
203	微型缩孔 仅在显微镜下可以观察到的缩孔	
2031	微型结晶缩孔 冷却过程中沿晶界在树枝晶之间形成的长形缩孔	
2032	微型穿晶缩孔 凝固时穿过晶界形成的长形缩孔	
	第 3 类　固体夹杂	
300	固体夹杂 在焊缝金属中残留的固体杂物	
301	夹渣 残留在焊缝金属中的溶渣。根据其形成的情况，这些夹渣可能是	
3011	——线状的	
3012	——孤立的	
3014	——成簇的	

（续）

代号	名称及说明	示意图
	第3类　固体夹杂	
302 3021 3022 3024	焊剂夹渣 残留在焊缝金属中的焊剂渣。根据其形成的情况,这些夹渣可能是 ——线状的 ——孤立的 ——成簇的	参见 3011~3014
303 3031 3032 3033	氧化物夹杂 凝固时残留在焊缝金属中的金属氧化物。这种夹杂可能是 ——线状的 ——孤立的 ——成簇的	参见 3011~3014
3034	皱褶 在某些情况下,特别是铝合金焊接时,因焊接熔池保护不善和湍流的双重影响而产生大量的氧化膜	
304 3041 3042 3043	金属夹杂 残留在焊缝金属中的外来金属颗粒。其可能是 ——钨 ——铜 ——其他金属	
	第4类　未熔合及未焊透	
401 4011 4012 4013	未熔合 焊缝金属和母材或焊缝金属各焊层之间未结合的部分,可能是如下某种形式 ——侧壁未熔合 ——焊道间未熔合 ——根部未熔合	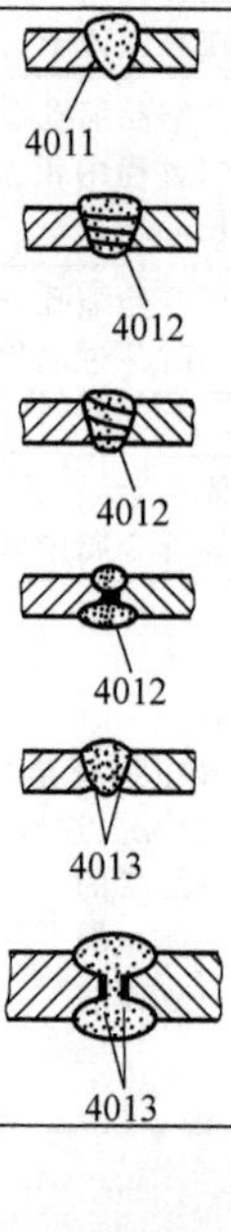 4011 4012 4012 4012 4013 4013

（续）

代号	名称及说明	示意图
第4类　未熔合及未焊透		
402	未焊透 实际熔深与公称熔深之间的差异	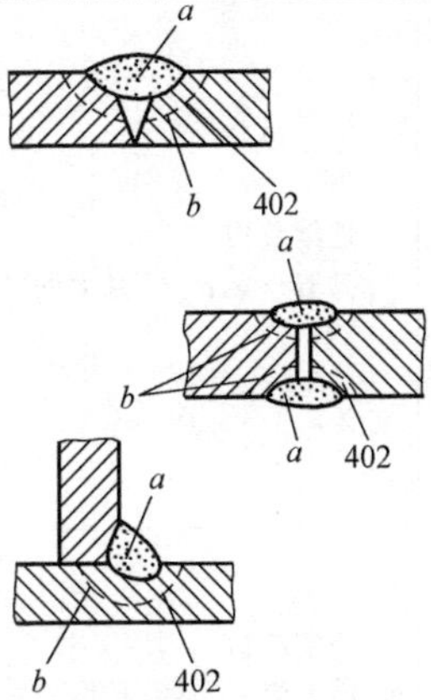 a—实际熔深　b—公称熔深
4021	根部未焊透 根部的一个或两个熔合面未熔化	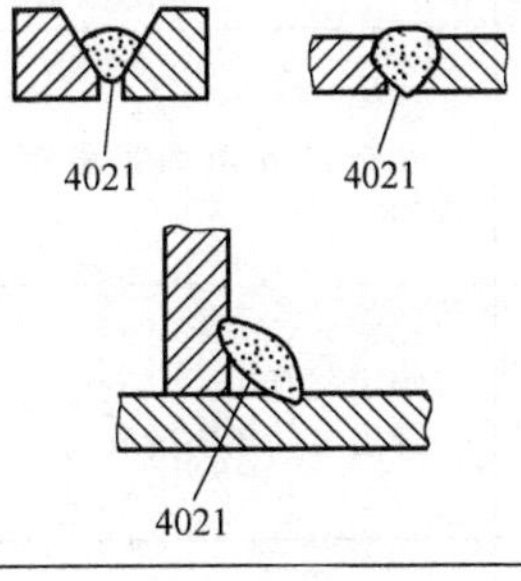
403	钉尖 电子束或激光焊接时产生的极不均匀的熔透，呈锯齿状。这种缺欠可能包括孔穴、裂纹、缩孔等	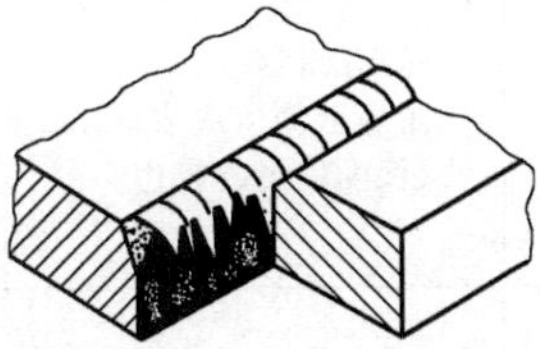
第5类　形状和尺寸不良		
500	形状不良 焊缝的外表面形状或接头的几何形状不良	
501	咬边 母材（或前一道熔敷金属）在焊趾处因焊接而产生的不规则缺口	

（续）

代号	名称及说明	示意图
第 5 类　形状和尺寸不良		
5011	连续咬边 具有一定长度,且无间断的咬边	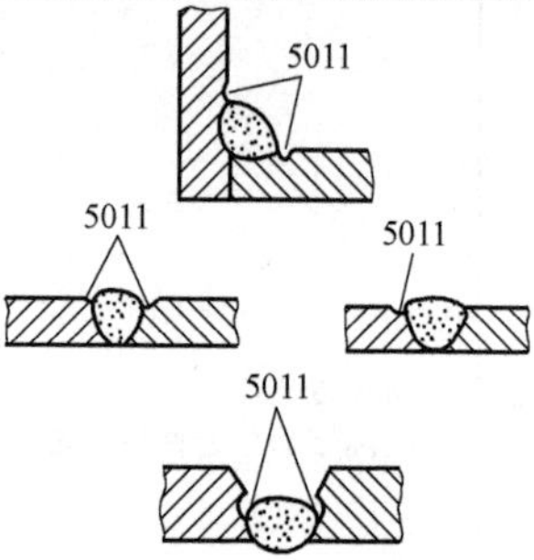 5011
5012	间断咬边 沿着焊缝间断、长度较短的咬边	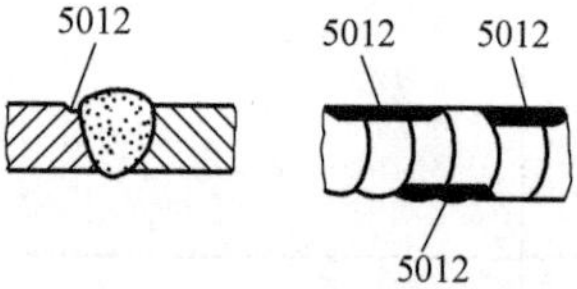 5012
5013	缩沟 在根部焊道的每侧都可观察到的沟槽	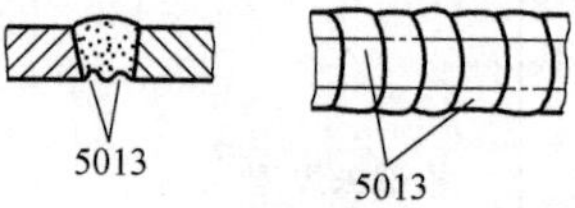 5013
5014	焊道间咬边 焊道之间纵向的咬边	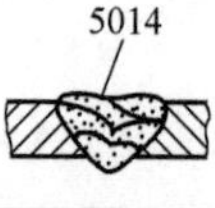 5014
5015	局部交错咬边 在焊道侧边或表面上,呈不规则间断的、长度较短的咬边	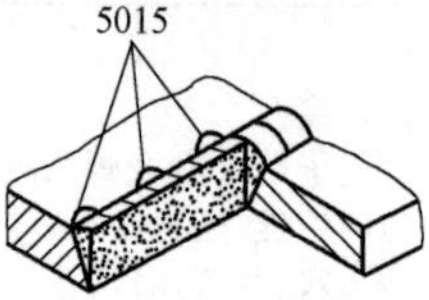 5015
502	焊缝超高 对接焊缝表面上焊缝金属过高	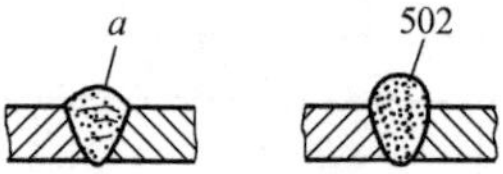 a　502 a—公称尺寸
503	凸度过大 角焊缝表面上焊缝金属过高	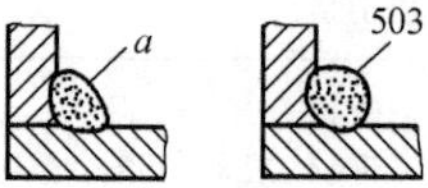 a　503 a—公称尺寸

（续）

代号	名称及说明	示意图
第5类　形状和尺寸不良		
504 5041 5042 5043	下塌 过多的焊缝金属伸出到了焊缝的根部。下塌可能是 ——局部下塌 ——连续下塌 ——熔穿	504 5043 5043
505	焊缝形面不良 母材金属表面与靠近焊趾处焊缝表面的切面之间的夹角 α 过小	α　a　α 505 a—公称尺寸
506 5061 5062	焊瘤 覆盖在母材金属表面，但未与其熔合的过多焊缝金属。焊瘤可能是 ——焊趾焊瘤，在焊趾处的焊瘤 ——根部焊瘤，在焊缝根部的焊瘤	5061 5062
507 5071 5072	错边 两个焊件表面应平行对齐时，未达到规定的平行对齐要求而产生的偏差。错边可能是 ——板材的错边，焊件为板材 ——管材错边，焊件为管子	5071 5072
508	角度偏差 两个焊件未平行（或未按规定角度对齐）而产生的偏差	508

（续）

代号	名称及说明	示意图
	第 5 类　形状和尺寸不良	
509 5091 5092 5093 5094	下垂 由于重力而导致焊缝金属塌落。下垂可能是 ——水平下垂 ——在平面位置或过热位置下垂 ——角焊缝下垂 ——焊缝边缘熔化下垂	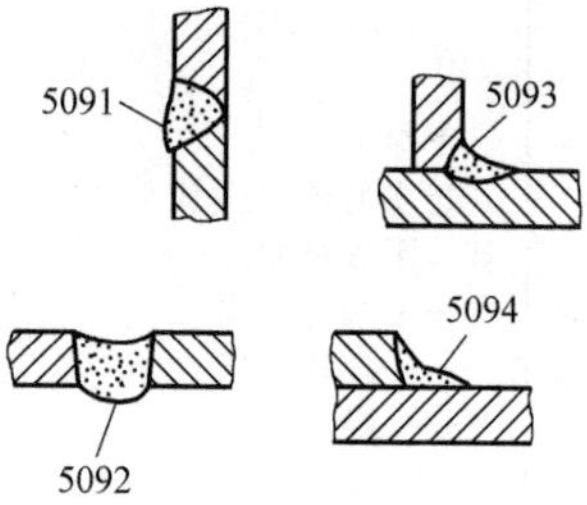 5091 5093 5094 5092
510	烧穿 焊接熔池塌落导致焊缝内的孔洞	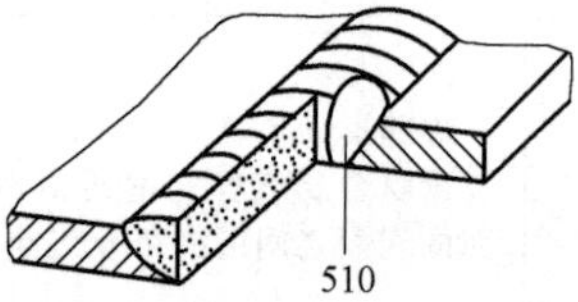 510
511	未焊满 因焊接填充金属堆敷不充分，在焊缝表面产生纵向连续或间断的沟槽	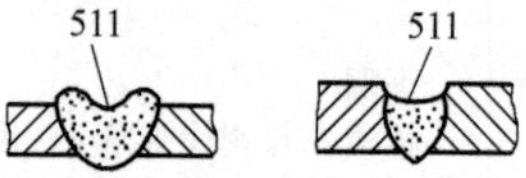 511 511
512	焊脚不对称	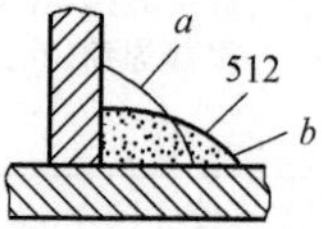 a 512 b a—正常形状　b—实际形状
513	焊缝宽度不齐 焊缝宽度变化过大	
514	表面不规则 表面粗糙过度	
515	根部收缩 由于对接焊缝根部收缩产生的浅沟槽（也可参见 5013）	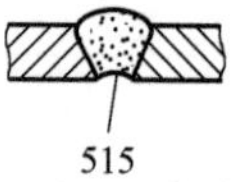 515
516	根部气孔 在凝固瞬间焊缝金属析出气体而在焊缝根部形成的多孔状孔穴	

（续）

代号	名称及说明	示意图
	第 5 类　形状和尺寸不良	
517 5171 5172	焊缝接头不良 焊缝再引弧处局部表面不规则。它可能发生在 ——盖面焊道 ——打底焊道	5171　5172
520	变形过大 由于焊接收缩和变形导致尺寸误差超标	
521	焊缝尺寸不正确 与预先规定的焊缝尺寸产生偏差	
5211	焊缝厚度过大 焊缝厚度超过规定尺寸	5212　b　5211　a
5212	焊缝宽度过大 焊缝宽度超过规定尺寸	*a*—公称厚度　*b*—公称宽度
5213	焊缝有效厚度不足 角焊缝的实际有效厚度过小	a　b　5213 *a*—公称厚度　*b*—实际厚度
5214	焊缝有效厚度过大 角焊缝的实际有效厚度过大	b　a　5214 *a*—公称厚度　*b*—实际厚度
	第 6 类　其他缺欠	
600	其他缺欠 从第 1 类~第 5 类未包含的所有其他缺欠	
601	电弧擦伤 由于在坡口外引弧或起弧而造成焊缝邻近母材表面处局部损伤	

（续）

代号	名称及说明	示意图
	第6类　其他缺欠	
602	飞溅 焊接（或焊缝金属凝固）时，焊缝金属或填充材料迸溅出的颗粒	
6021	钨飞溅 从钨电极过渡到母材表面或凝固焊缝金属的钨颗粒	
603	表面撕裂 拆除临时焊接附件时造成的表面损坏	
604	磨痕 研磨造成的局部损坏	
605	凿痕 使用扁铲或其他工具造成的局部损坏	
606	打磨过量 过度打磨造成工件厚度不足	
607 6071 6072	定位焊缺欠 定位焊不当造成的缺欠，如 ——焊道破裂或未熔合 ——定位未达到要求就施焊	
608	双面焊道错开 在接头两面施焊的焊道中心线错开	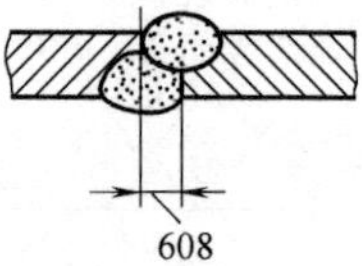 608
610	回火色（可观察到氧化膜） 在不锈钢焊接区产生的轻微氧化表面	
613	表面鳞片 焊接区严重的氧化表面	
614	焊剂残留物 焊剂残留物未从表面完全消除	
615	残渣 残渣未从焊缝表面完全消除	
617	角焊缝的根部间隙不良 被焊工件之间的间隙过大或不足	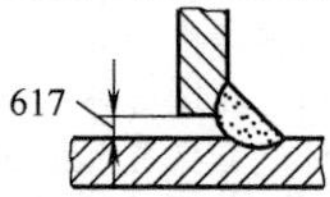 617

（续）

代号	名称及说明	示意图
	第 6 类　其他缺欠	
618	膨胀 凝固阶段保温时间加长使轻金属接头发热而造成的缺欠	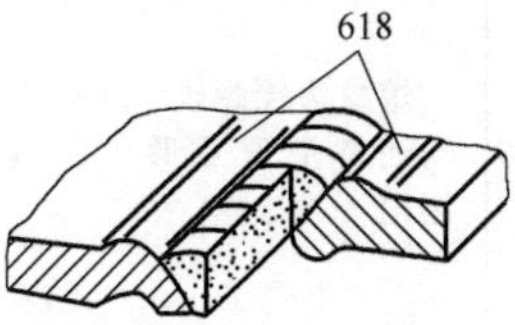 618

2）金属压焊接头缺欠的代号、分类及说明见表 22-2。

表 22-2　金属压焊接头缺欠的代号、分类及说明（GB/T 6417.2—2005）

代号	名称及说明	示意图
	第 1 类　裂纹	
P100	裂纹 一种在固态下由局部断裂产生的缺欠，通常源于冷却或应力	
P1001	微观裂纹 在显微镜下才能观察到的裂纹	
P101 P1011 P1013 P1014	纵向裂纹 基本与焊缝轴线相平行的裂纹。它可能位于 ——焊缝 ——热影响区 ——未受影响的母材	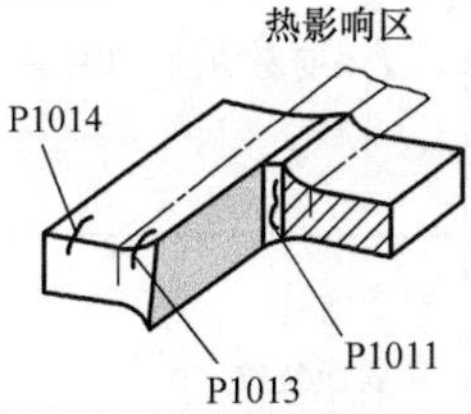 热影响区 P1014 P1011 P1013
P102 P1021 P1023 P1024	横向裂纹 基本与焊缝轴线相垂直的裂纹。它可能位于 ——焊缝 ——热影响区 ——未受影响的母材	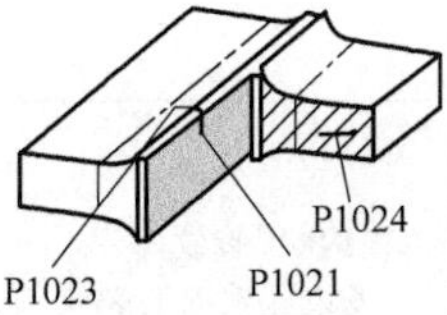 P1024 P1023 P1021
P1100	星形裂纹 从某一公共中心点辐射的多个裂纹，通常位于熔核内	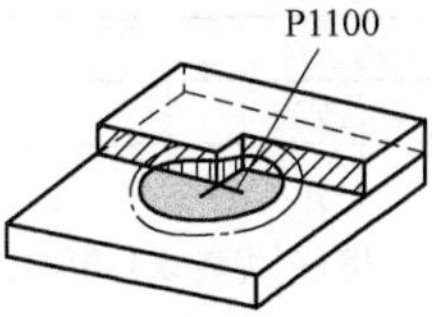 P1100

（续）

代号	名称及说明	示意图
	第1类　裂纹	
P1200	熔核边缘裂纹 通常呈逗号形状并延伸至热影响区内	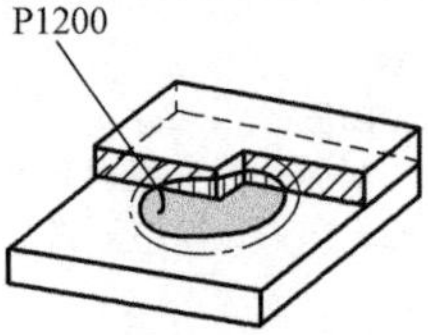 P1200
P1300	结合面裂纹 通常指向熔核边缘的裂纹	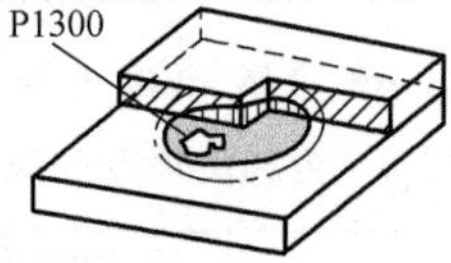 P1300
P1400	热影响区裂纹	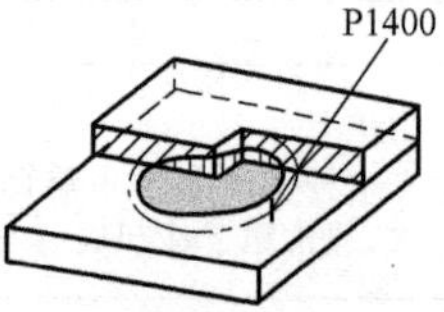 P1400
P1500	(未受影响的)母材裂纹	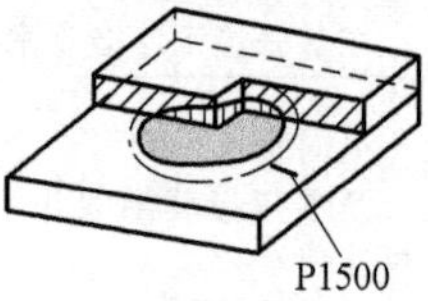 P1500
P1600	表面裂纹 在焊缝区表面裂开的裂纹	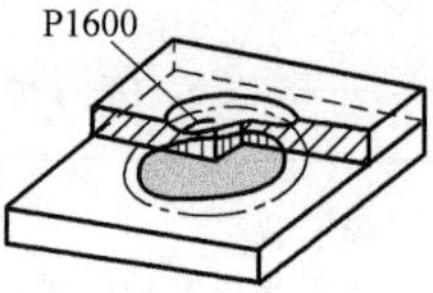 P1600
P1700	“钩状”裂纹 飞边区域内的裂纹,通常始于夹杂物	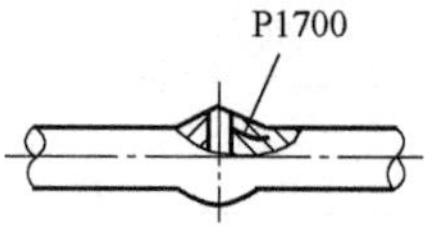 P1700
	第2类　孔穴	
P200	孔穴	
P201	气孔 熔核、焊缝或热影响区残留气体形成的孔穴	

（续）

代号	名称及说明	示意图
第 2 类　孔穴		
P2011	球形气孔 近似球形的孔穴	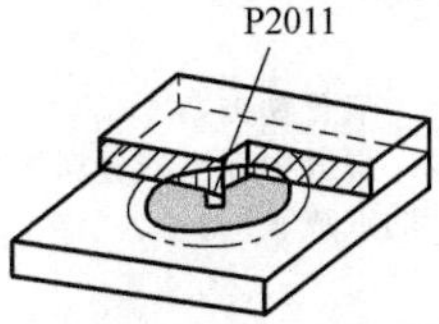
P2012	均布气孔 均匀分布在整个焊缝金属中的一些气孔	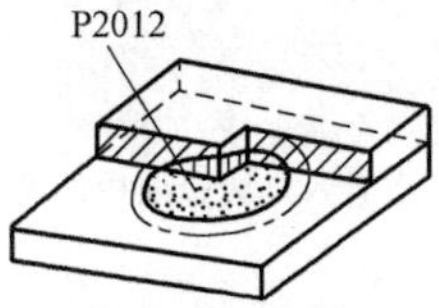
P2013	局部密集气孔 均匀分布的一群气孔	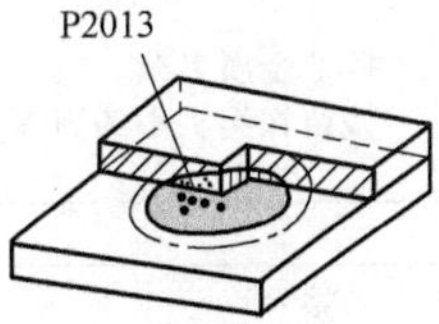
P2016	虫形气孔 因气体逸出而在焊缝金属中产生的一种管状气孔穴。通常这种气孔成串聚集并呈鲱骨形状	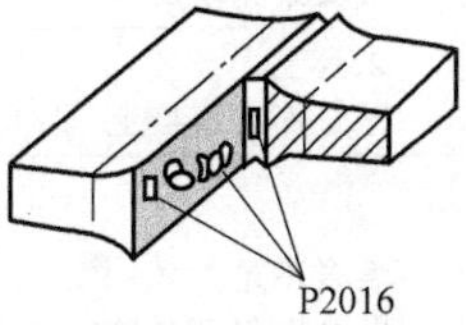
P202	缩孔 凝固时在焊缝金属中产生的孔穴	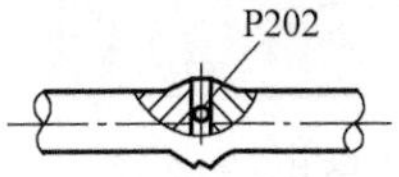
P203	锻孔 在结合面上环口未封闭形成的孔穴，主要是由于收缩造成的	
第 3 类　固体夹杂		
P300	固体夹杂 在焊缝金属中残留的固体外来物	
P301	夹渣 残留在焊缝中的非金属夹杂物（孤立的或成簇的）	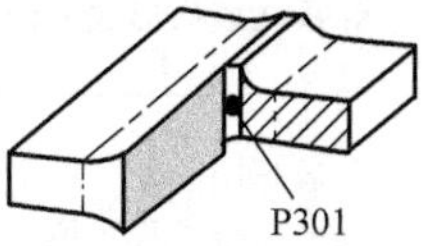

（续）

代号	名称及说明	示意图
	第 3 类　固体夹杂	
P303	氧化物夹杂 焊缝中细小的金属氧化物夹杂(孤立的或成簇的)	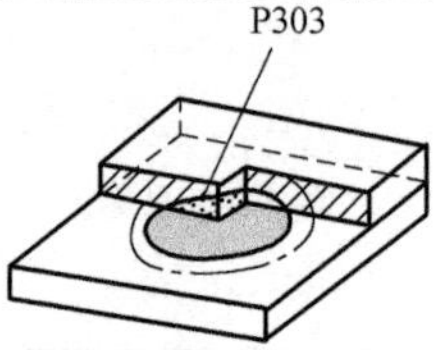 P303
P304	金属夹杂 卷入焊缝金属中的外来金属颗粒	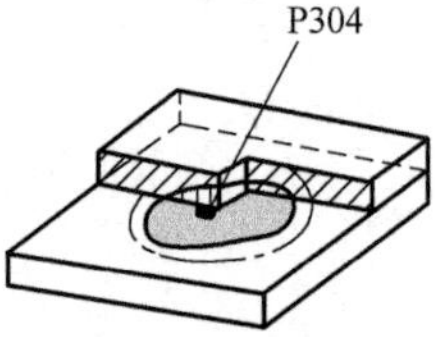 P304
P306	铸造金属夹杂 残留在接头中的固体金属,包括杂质	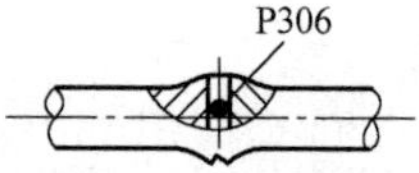 P306
	第 4 类　未熔合	
P400	未熔合 接头未完全熔合	
P401	未焊上 贴合面未连接上	
P403	熔合不足 贴合面仅部分连接或连接不足	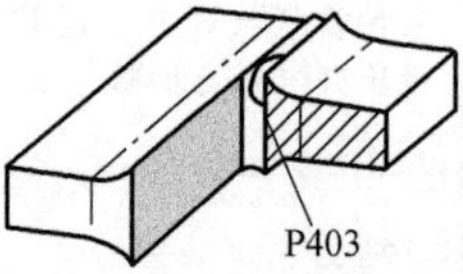 P403
P404	箔片未焊合 工件和箔片之间熔合不足	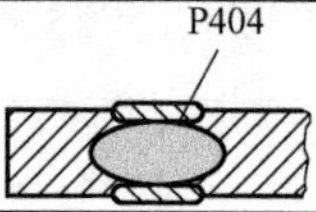 P404
	第 5 类　形状和尺寸不良	
P500	形状缺欠 与要求的接头形状有偏差	
P501	咬边 焊接在表面形成的沟槽	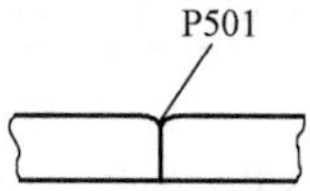 P501
P502	飞边超限 飞边超过了规定值	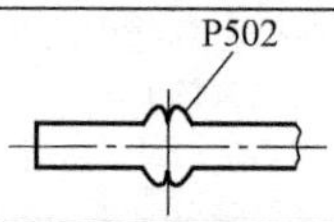 P502

（续）

代号	名称及说明	示意图
第 5 类　形状和尺寸不良		
P503	组对不良 在压平缝焊时因组对不良而使焊缝处的厚度超标	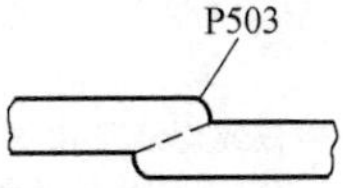 P503
P507	错边 两个焊件表面应平行时，未达到平行要求而产生的偏差	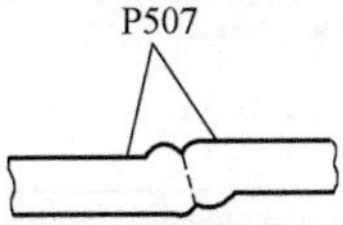 P507
P508	角度偏差 两个焊件未平行（或未按规定角度对齐）而产生的偏差	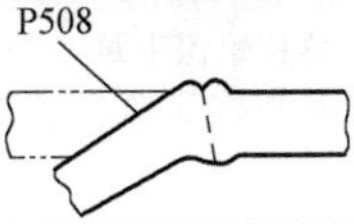 P508
P520	变形 焊接工件偏离了要求的尺寸和形状	
P521	熔核或焊缝尺寸缺欠 熔核或焊缝尺寸偏离要求的限值	
P5211	熔核或飞边厚度不足 熔核熔深或焊接飞边太小	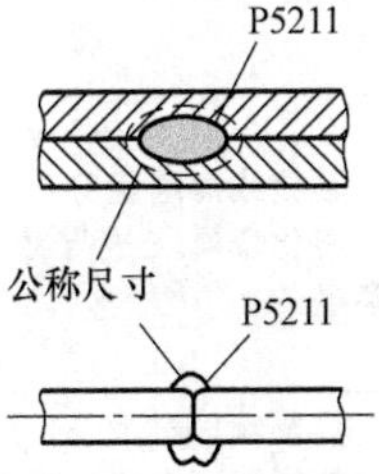 P5211 公称尺寸 P5211
P5212	熔核厚度过大 熔核比要求的限值大	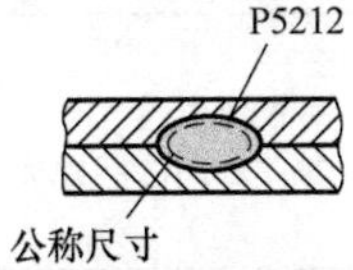 P5212 公称尺寸
P5213	熔核直径太小 熔核直径小于要求的限值	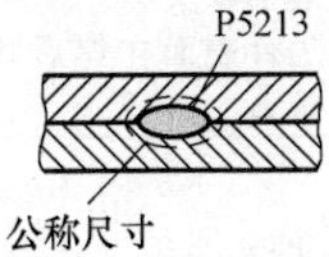 P5213 公称尺寸
P5214	熔核直径太大 熔核直径大于要求的限值	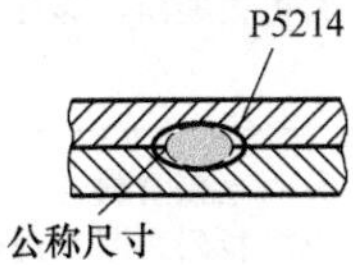 P5214 公称尺寸

（续）

代号	名称及说明	示意图
第5类　形状和尺寸不良		
P5215	熔核或焊缝飞边不对称 熔核或飞边量的形状和/或位置不对称	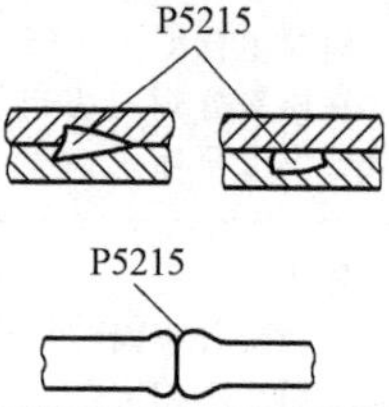 P5215 P5215
P5216	熔核熔深不足 从被焊工件的连接面测得的熔深不足	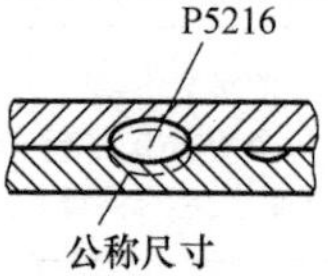 P5216 公称尺寸
P522	单面烧穿 熔化金属飞进导致在焊点处的盲点	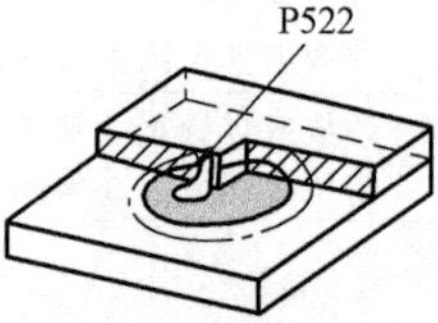 P522
P523	熔核或焊缝烧穿 熔化金属飞进导致在焊点处的完全穿透的孔	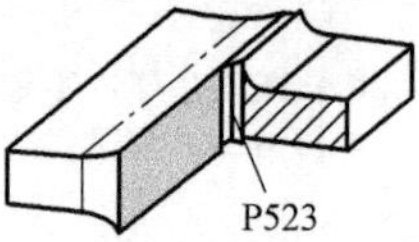 P523
P524	热影响区过大 热影响区大于要求的范围	
P525	薄板间隙过大 焊件之间的间隙大于允许的上限值	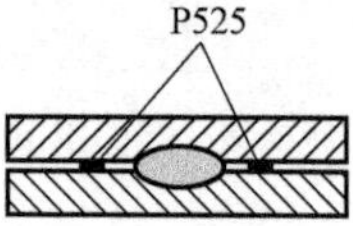 P525
P526	表面缺欠 工件表面在焊后状态呈现不合要求的偏差	
P5261	凹坑 在电极实压区焊件表面的局部塌坑	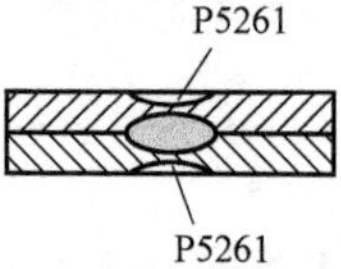 P5261 P5261
P5263	黏附电极材料 电极材料黏附在焊件表面	

（续）

代号	名称及说明	示意图
第 5 类　形状和尺寸不良		
P5264	电极压痕不良 电极压痕尺寸偏离规定要求	
P52641	压痕过大 压痕直径或宽度大于规定值	
P52642	压痕深度过大 压痕深度超过规定值	
P52643	压痕不均匀 压痕深度和/或直径或宽度不规则	
P5265	箔片表面熔化	
P5266	夹具导致的局部熔化 工件表面导电接触区熔化	
P5267	夹痕 夹具导致工件表面的机械损伤	
P5268	涂层损坏	
P527	熔核不连续 焊点未充分搭接形成连续的缝焊缝	P527
P528	焊缝错位	要求的位置 P528
P529	箔片错位 两侧箔片相互错开	P529
P530	弯曲接头（“钟形”） 焊管在焊缝区产生变形	P530
第 6 类　其他缺欠		
P600	其他缺欠 所有上述 5 类未包含的缺欠	
P602	飞溅 附着在被焊工件表面的金属颗粒	

（续）

代号	名称及说明	示意图
	第 6 类　其他缺欠	
P6011	回火色（可观察到氧化膜） 点焊或缝焊区域的氧化表面	
P612	材料挤出物（焊接喷溅） 从焊接区域挤出的熔化金属（包括飞溅或焊接喷溅）	P612

3）焊接裂纹的种类及说明见表 22-3。

一般情况下，使用表 22-3 的参照代码，结合表 22-1 和表 22-3 中的裂纹代号，可以完整地表示裂纹的具体类别。

表 22-3　焊接裂纹的种类及说明

参照代码	名称及说明
E	焊接裂纹（在焊接过程中或焊后出现的裂纹）
Ea	热裂纹
Eb	凝固裂纹
Ec	液化裂纹
Ed	沉淀硬化裂纹
Ee	时效硬化裂纹
Ef	冷裂纹
Eg	脆性裂纹
Eh	收缩裂纹
Ei	氢致裂纹
Ej	层状撕裂
Ek	焊趾裂纹
El	时效裂纹（氮扩散裂纹）

4）金属钎焊接头缺欠的代号、分类及说明见表 22-4。

表 22-4　金属钎焊接头缺欠的代号、分类及说明（GB/T 33219—2016）

代号	名称及说明	示意图
	第Ⅰ组　裂纹	
1A①AAA	裂纹 在应力及其他致脆因素共同作用下，材料的原子结合遭到破坏，形成新界面而产生的缝隙，它具有尖锐的缺口和长宽比大的特征，主要沿二维方向扩展，可分为纵向裂纹和横向裂纹	

（续）

代号	名称及说明	示意图
	第Ⅰ组 裂纹	
1A①AAB 1A①AAC 1A①AAD 1A①AAE	它可能位于以下一个或多个区域 ——硬钎缝金属 ——钎焊界面及扩散区 ——热影响区 ——未受热影响的母材	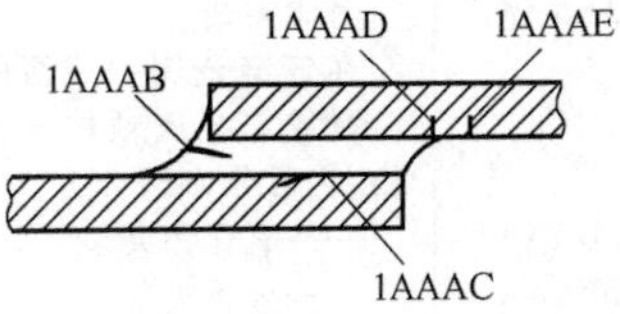 1AAAD 1AAAE 1AAAB 1AAAC
	第Ⅱ组 孔穴	
2AAAA	孔穴	
2BAAA	气孔 残留气体形成的孔穴	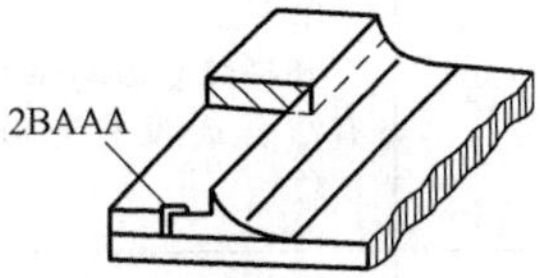 2BAAA
2BGAA 2BGGA 2BGMA 2BGHA	球形气孔 近似球形的空穴，它可能以下列形式出现： ——均布气孔 ——局部密集气孔 ——链状气孔	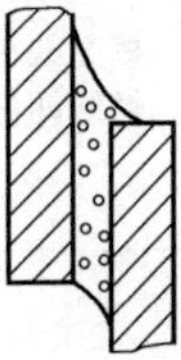
2LIAA	条形气孔 非球形的长气孔，其长度方向与钎缝轴线平行，长度可达接头厚度	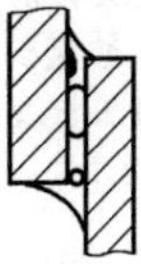
2BALF②	表面气孔 暴露在钎缝表面的开放气孔	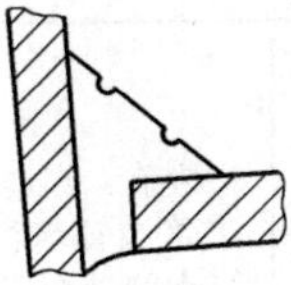
2MGAF②	表面气泡 在钎缝表面隆起的封闭气孔	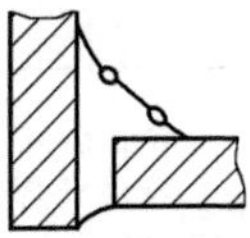

（续）

代号	名称及说明	示意图
	第Ⅲ组　固体夹杂	
3AAAA 3DAAA 3FAAA 3CAAA	固体夹杂 在钎缝金属中残留的异种金属或非金属颗粒固体夹杂物，它可分为 ——氧化物夹杂 ——金属夹杂 ——钎剂夹杂	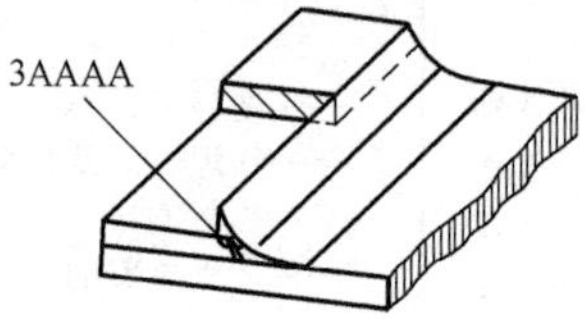 3AAAA
	第Ⅳ组　结合缺欠	
4BAAA	结合缺欠 硬钎缝金属与母材之间没有结合或没有充分结合的部位	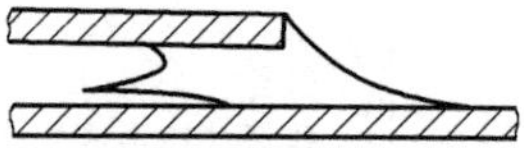
4JAAA	填充缺欠 钎缝间隙没有完全被填充	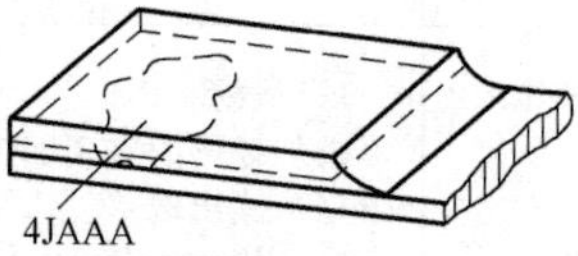 4JAAA
4CAAA	未钎透 熔融钎料未能填满要求的接头长度区域	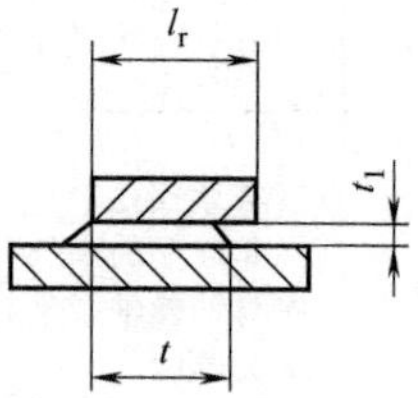 l_r　t_1　t
	第Ⅴ组　形状和尺寸缺欠	
6BAAA	焊瘤 熔融钎料泛流到母材表面过多钎缝金属	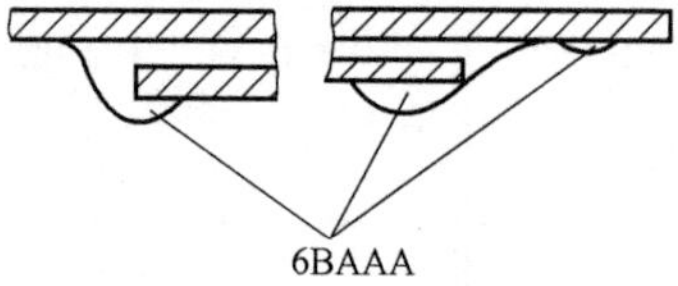 6BAAA
5AAAA	形态不良 与硬钎焊接头形态要求之间的差异	

（续）

代号	名称及说明	示意图
第Ⅴ组 形状和尺寸缺欠		
5EIAA	错边 两个钎焊件表面应平行对齐时，未达到规定的平行对齐要求而产生的偏差	
5EJAA	角度偏差 两个钎焊件未平行（或未按规定的角度对齐）而产生的偏差	
5BAAA	变形 钎焊组件在钎焊后不希望的形状变化	
5FABA	局部熔化（或熔穿） 钎焊接头或相邻位置出现穿孔	5FABA
7NABD	咬边 钎焊接头近钎缝区域母材表面熔化产生的不规则的缺口	
7OABP	溶蚀 母材表面被熔化的钎料过度溶解而形成的凹陷	
6GAAA	凹陷 钎焊接头中钎缝表面相对于母材表面未填满，钎缝低于要求的尺寸	6GAAA 6GAAA
5HAAA	表面粗糙 熔融钎料填充钎缝时出现的不规则的凝固、熔析等	

（续）

代号	名称及说明	示意图
第Ⅴ组　形状和尺寸缺欠		
6FAAA	不完整钎角 形成的钎缝圆角小于规定的尺寸	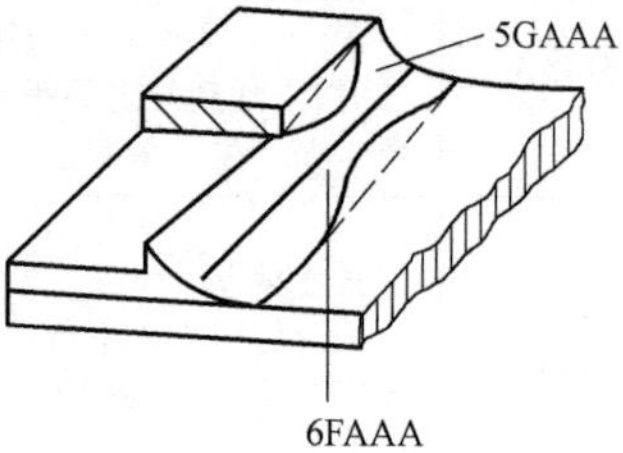 5GAAA 6FAAA
5GAAA	不规则钎角 钎缝圆角表面形状不规则	
第Ⅵ组　其他缺欠		
7AAAA	其他缺欠 不能列入本表中第Ⅰ组至第Ⅴ组的缺欠	
4VAAA	钎剂渗漏 在表面气孔中残留的钎剂	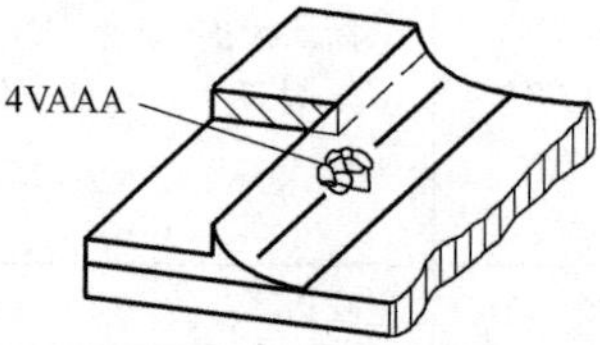 4VAAA
7CAAA	飞溅 钎焊时，钎缝金属溅出的颗粒	
7SAAA	变色/氧化 钎焊过程中，氧化、钎剂作用、钎料或母材的挥发物的沉积等引起的表面颜色变化	
7UAAC	母材和钎料的过度合金化 与过热、钎焊时间过长和/或填充材料等有关	
9FAAA	钎剂残留 未去除的钎剂	

（续）

代号	名称及说明	示意图
第Ⅵ组　其他缺欠		
7QAAA	钎缝金属过度流淌 过度的钎缝金属流动	
9KAAA	刻蚀 钎剂在母材表面上的化学腐蚀现象	

① 对于晶间裂纹，将第 2 个符号“A”改为“F”；对于穿晶裂纹，将第 2 个符号“A”改为“H”。

② 这些缺欠经常伴随产生。

22.1.2　不同焊接方法易产生的各种焊接缺欠

不同的焊接方法产生焊接缺欠的种类、概率不同，焊接缺欠所处的焊接区域也不相同。掌握不同焊接方法易产生各种焊接缺欠的规律，可以采取有效措施，防止或减少焊接缺欠的产生，提高焊接工程的质量。不同熔焊方法易产生的各种焊接缺欠见表 22-5。不同压焊方法易产生的各种焊接缺欠见表 22-6。不同钎焊方法易产生的各种焊接缺欠见表 22-7。

表 22-5　不同熔焊方法易产生的各种焊接缺欠

焊接缺欠代号	焊条电弧焊	TIG 焊	MIG 焊	埋弧焊	等离子弧焊	电子束焊	激光焊	电渣焊	水下焊接
100									
1001		×	×	×	×	×	×	×	
101	×	×	×					×	×
1011	×		×					×	×
1012	×	×	×				×	×	×
1013	×	×	×					×	×
1014		×	×						
102	×	×	×					×	×
1021	×	×	×					×	×
1023	×	×	×					×	×
1024		×							

（续）

焊接缺欠代号	焊条电弧焊	TIG焊	MIG焊	埋弧焊	等离子弧焊	电子束焊	激光焊	电渣焊	水下焊接
103	×		×					×	×
1031	×		×					×	×
1033	×		×					×	×
1034		×	×						
104	×	×	×	×					×
1045	×	×	×	×					×
1046	×	×	×	×					×
1047	×	×	×	×					×
105	×								×
1051	×								×
1053	×								×
1054									
106	×	×							×
1061	×	×							×
1063	×	×							×
1064		×							
200									
201	×	×	×	×	×	×		×	×
2011	×	×	×	×				×	×
2012	×								
2013	×	×	×		×			×	
2014	×	×	×		×				
2015	×	×	×					×	×
2016	×		×					×	×
2017	×		×			×		×	
202									
2021									
2024	×	×					×		
2025	×		×						
203									
2031									
2032									
300									
301	×		×	×				×	
3011	×		×	×				×	
3012	×		×	×				×	
3014	×		×	×				×	

（续）

焊接缺欠代号	焊条电弧焊	TIG焊	MIG焊	埋弧焊	等离子弧焊	电子束焊	激光焊	电渣焊	水下焊接
302				×					
3021				×					
3022				×					
3024				×					
303		×							
3031		×							
3032		×							
3033		×							
3034									
304		×							
3041		×							
3042									
3043									
401	×		×	×		×		×	×
4011	×		×	×		×		×	×
4012	×		×	×		×		×	×
4013	×		×	×		×		×	×
402	×	×	×	×				×	×
4021	×	×	×	×				×	×
403									
500									
501	×	×			×	×	×		×
5011	×	×			×	×	×		
5012		×			×	×	×		
5013									
5014	×	×							
5015									
502	×		×					×	×
503	×							×	
504	×								×
5041	×								×
5042	×								×
5043	×								×
505	×								×
506	×		×						×
5061	×		×						×
5062	×		×						×

（续）

焊接缺欠代号	焊条电弧焊	TIG焊	MIG焊	埋弧焊	等离子弧焊	电子束焊	激光焊	电渣焊	水下焊接
507	×								
5071	×								
5072	×								
508	×								
509	×								
5091	×								
5092	×								
5093	×								
5094	×								
510			×	×					×
511								×	×
512									×
513	×							×	×
514	×							×	×
515									
516									
517		×							
5171									×
5172		×							×
520									×
521									×
5211									×
5212									×
5213								×	×
5214									×
600									
601	×	×	×						
602	×		×				×		
6021		×							
603									
604									
605									
606									
607									
6071									
6072									
608									
610									
613									
614				×					
615	×			×					
617									
618									

注：“×”表示某种焊接方法易出现的焊接缺欠。

表 22-6　不同压焊方法易产生的各种焊接缺欠

焊接缺欠代号	点焊	搭接缝焊	压平缝焊	薄膜对接缝焊	凸焊	闪光焊	电阻对焊	高频电阻焊	超声波焊	摩擦焊	锻焊	爆炸焊	扩散焊	气压焊	冷压焊	电弧螺柱焊	电阻螺柱焊	感应焊
P100																		
P1001	×	×	×	×	×	×	×	×	×	×	×	×	×	×	×	×	×	×
P101																		
P1011		×	×	×		×	×	×	×			×	×		×			×
P1013		×	×	×		×	×	×	×			×	×					×
P1014			×								×	×	×		×			×
P102																		
P1021		×	×	×		×	×	×	×			×	×		×			×
P1023		×	×	×		×	×	×	×			×	×		×			×
P1024			×									×			×			
P1100	×	×			×											×	×	
P1200	×				×												×	
P1300	×	×			×			×										
P1400	×	×	×	×	×	×	×	×			×	×			×		×	×
P1500	×	×	×	×	×	×	×	×						×				
P1600	×	×	×		×	×	×	×		×	×	×		×	×			
P1700						×	×	×			×			×	×			
P200																		

（续）

焊接缺欠代号	点焊	搭接缝焊	压平缝焊	薄膜对接缝焊	凸焊	闪光焊	电阻对焊	高频电阻焊	超声波焊	摩擦焊	锻焊	爆炸焊	扩散焊	气压焊	冷压焊	电弧螺柱焊	电阻螺柱焊	感应焊
P201																		
P2011	×	×		×	×	×		×		×		×		×		×	×	×
P2012	×	×		×	×	×		×		×	×	×		×		×	×	×
P2013	×	×		×	×	×		×		×	×			×		×	×	×
P2016		×		×										×				×
P202	×	×	×	×	×	×								×		×	×	
P203	×	×																
P300																		
P301						×	×	×			×			×		×	×	×
P303	×	×	×	×	×	×		×		×	×		×	×		×	×	×
P304	×	×	×	×	×	×	×	×	×	×	×			×	×	×	×	×
P306						×												
P400																		
P401	×	×	×	×	×	×	×	×	×	×	×	×	×	×	×	×	×	×
P403	×	×	×	×	×	×	×	×	×	×	×	×	×	×	×	×	×	×
P404				×														
P500																		
P501	×	×	×	×		×	×	×								×	×	×

P502						×	×	×		×	×			×	×			×
P503			×															
P507			×			×	×	×		×	×			×	×			×
P508			×			×	×	×		×	×			×	×			×
P520	×	×	×	×		×	×	×		×	×	×	×	×		×	×	×
P521																		
P5211	×	×				×	×	×		×	×			×	×	×	×	×
P5212	×				×													
P5213	×				×													
P5214	×				×													
P5215	×	×	×	×	×	×	×	×	×	×	×	×	×	×	×	×	×	×
P5216	×				×													
P522	×	×		×	×	×	×	×								×		
P523	×	×															×	×
P524	×	×	×	×	×	×	×	×		×	×			×		×	×	×
P525	×	×		×	×												×	
P526																	×	×
P5261	×	×		×	×				×									

（续）

焊接缺欠代号	点焊	搭接缝焊	压平缝焊	薄膜对接缝焊	凸焊	闪光焊	电阻对焊	高频电阻焊	超声波焊	摩擦焊	锻焊	爆炸焊	扩散焊	气压焊	冷压焊	电弧螺柱焊	电阻螺柱焊	感应焊
P5262	×	×	×	×	×				×									×
P5263	×	×	×	×	×				×									
P5264																		
P52641	×	×		×	×				×									
P52642	×	×		×	×				×									
P52643	×	×		×	×				×									
P5265				×														
P5266	×	×	×	×	×	×	×	×								×	×	×
P5267						×	×	×		×				×	×		×	
P5268	×	×	×	×	×				×									
P527		×																×
P528			×			×	×	×		×	×			×	×			×
P529				×														
P530						×	×	×		×				×				×
P600																		
P602	×	×	×		×	×										×		×
P6011	×	×	×	×	×	×	×	×		×	×		×	×		×	×	×
P6012	×	×		×	×													

注：“×”表示某种焊接方法易出现的焊接缺欠。

表 22-7 不同钎焊方法易产生的各种焊接缺欠

焊接缺欠代号	火焰钎焊	感应钎焊	炉中钎焊	电阻钎焊	烙铁钎焊	波峰钎焊	载流钎焊
1AAAA	×		×				
1AAAB	×		×				
1AAAC							
1AAAD	×						
1AAAE			×				
2AAAA	×			×			
2BAAA	×	×	×	×			
2BGAA	×	×		×			
2BGGA	×	×		×			
2BGMA	×	×		×			
2BGHA	×	×		×			
2LIAA	×		×				
2BALF	×			×			
2MGAF	×			×			
3AAAA							
3DAAA	×	×	×	×			
3FAAA	×	×	×	×			
3CAAA		×	×	×			
4BAAA	×	×	×		×	×	×
4JAAA	×	×	×				
4CAAA	×	×	×		×	×	×
6BAAA	×	×					
5AAAA			×				
5EJAA			×				
5BAAA			×				
5FABA	×						
7NABD	×						
7OABP	×		×				
6GAAA							
5HAAA							
6FAAA					×	×	×
5GAAA							
7AAAA							
4VAAA							
7CAAA	×						
7SAAA	×				×	×	×
7UAAC							
9FAAA							
7QAAA	×						
9KAAA							

注：“×”表示某种焊接方法易出现的焊接缺欠。

22.2 焊接缺欠的危害

焊接接头的主要失效形式有疲劳失效、脆性断裂、应力腐蚀开裂、泄漏、失稳、过载屈服、腐蚀疲劳等。其中，疲劳失效所占比例最大（约为70%），脆性断裂、过载屈服和应力腐蚀开裂都是常见的失效形式。焊接缺欠对接头性能的影响见表22-8。

表22-8 焊接缺欠对接头性能的影响

焊接缺陷		接头性能						
		静载强度	延性	疲劳强度	脆性断裂	腐蚀	应力腐蚀开裂	腐蚀疲劳
形状缺陷	变形	○	◎	◎	◎	△	◎	◎
	余高过大	△	△	◎	△	○	◎	◎
	焊缝尺寸过小	◎	◎	◎	◎	◎	◎	◎
	形状不连续	○	○	◎	◎	◎	◎	◎
表面缺陷	气孔	△	△	○	△	△	△	△
	咬边	△	○	◎	△	△	△	△
	焊瘤	△	△	◎	△	△	△	△
	裂纹	◎	◎	◎	△	△	△	△
内部缺陷	气孔	△	△	△	△	△	△	△
	孤立夹渣	△	△	○	△	△	△	△
	条状夹渣	○	○	○	○	△	△	△
	未熔合	◎	◎	◎	◎	○	○	○
	未焊透	◎	◎	◎	◎	○	○	○
	裂纹	◎	◎	◎	◎	○	○	○
性能缺陷	硬化	△	△	○	○	○	△	○
	软化	○	◎	○	○	○	△	△
	脆化	△	◎	△	◎	△	△	△
	剩余应力	○	◎	○	◎	○	◎	○

注："◎"表示有明显影响，"○"表示在一定条件下有影响，"△"表示影响很小。

1. 焊接缺欠对应力集中的影响

焊缝中的气孔一般呈单个球状或条虫形，因此气孔周围应力集中并不严重。焊接接头中的裂纹常常呈扁平状，如果加载方向垂直于裂纹的平面，则裂纹两端会引起严重的应力集中。焊缝中的夹杂物具有不同的形状和包含不同的材料，但其周围的应力集中并不严重。如果焊缝中存在密集气孔或夹渣时，在负载作用下出现气孔间或夹渣间的连通，则将导致应力区的扩大和应力值的急剧上升。另外，焊缝的形状不良、角焊缝的凸度过大及错边、角变形等焊接接头的外部缺欠，也都会引起应力集中或者产生附加应力。

焊接接头形状的不连续（如焊趾区和根部未焊透等）、接头形式不良和焊接缺欠形成的不连续（包括错边和角变形）都会产生应力集中。同时，由于结构设计不当，形成构件形状的突变，也会出现应力集中区。假如两个应力集中相重叠，则该区的应力集中系数大约等于各应力集中系数的乘积。因此，在这些部位极易产生疲劳裂纹，造成疲劳破坏。

几何形状造成的不连续性缺欠，如咬边、焊缝成形不良或烧穿等，不仅降低构件的有效截面积，还会产生应力集中。

改善应力集中的方法一般有 TIG 焊熔修法、机械加工法、砂轮打磨法、局部挤压法、锤击法、局部加热法。

2. 焊接缺欠对脆性断裂的影响

脆性断裂是一种低应力下的破坏，而且具有突发性，事先难以发现和加以预防，危害性较大。焊接结构对脆性断裂的影响如下所述：

1）应变时效引起的局部脆性。

2）对于高强度钢，过小的焊接能量容易产生淬硬组织，过大的焊接能量则会使晶粒长大，增大脆性。

3）裂纹对脆性断裂的影响最大，其影响程度不仅与裂纹的尺寸、形状有关，而且与其所在的位置有关。如果裂纹位于拉应力高值区，就容易引起低应力破坏；如果裂纹位于结构的应力集中区，则更危险。许多焊接结构的脆性断裂都是由微小裂纹引发的，由于小裂纹未达到临界尺寸，运行后结构不会立即断裂，在使用期间可能出现变化，最后达到临界值，发生脆性断裂。

4）角变形和错边会产生弯应力，并且角变形越大，越容易发生脆性断裂。

3. 焊接缺欠对疲劳强度的影响

焊接缺欠对疲劳强度的影响要比静载强度大得多。例如，气孔引起的承载截面减小 10%时，疲劳强度的下降可达 50%。焊接缺欠对接头疲劳强度的影响与缺欠的种类、方向和位置有关。

（1）裂纹对疲劳强度的影响　裂纹对疲劳强度的影响较大。带裂纹的结构与占同样面积的气孔的结构相比，前者的疲劳强度比后者低15%。

（2）气孔对疲劳强度的影响　气孔的存在使疲劳强度下降的原因主要是气孔减小了截面尺寸，它们之间有一定的线性关系。当采用机械加工方法加工试样表面，使气孔恰好处于工件表面时，或刚好位于表面下方时，气孔的不利影响加大，它将作为应力集中源而成为疲劳裂纹的启裂点。这说明气孔的位置比其尺寸的大小对接头疲劳强度影响更大，表面或表层下气孔具有最不利的影响。

（3）未焊透和未熔合对疲劳强度的影响　未焊透和未熔合缺欠的主要影响是减小有效截面积并引起应力集中。以减小有效截面积10%时的疲劳寿命与未含有该类缺欠的试验结果相比，其疲劳强度会降低25%左右。

（4）咬肉对疲劳强度的影响　咬肉多出现在焊趾或接头的表面，对疲劳强度的影响比气孔和夹渣等缺欠大得多。试验证明，带咬肉的接头10^6次循环的疲劳强度约为致密接头强度的40%。

（5）夹渣或夹杂物对疲劳强度的影响　夹渣或夹杂物截面积的大小成比例地降低材料的抗拉强度，但对屈服强度的影响较小。单个的间断小球状夹渣或夹杂物比同样尺寸和形状的气孔危害小。直线排列、细小且方向垂直于受力方向的连续夹渣最危险。在焊趾部位距离表面0.5mm左右处，如果存在尖锐的夹渣等缺欠，相当于疲劳裂纹提前萌生。

（6）外部缺欠对疲劳强度的影响　焊趾区及焊根处的未焊透、错边和角变形等外部缺欠都会引起应力集中，很容易产生疲劳裂纹，从而造成疲劳破坏。

焊接缺欠对接头疲劳强度的影响不但与缺欠尺寸大小有关，而且还取决于许多其他因素，如表面缺欠比内部缺欠影响大，与作用力方向垂直的面状缺欠的影响比其他方向的大，位于残余拉应力区内的缺欠比位于残余压应力区的缺欠对焊接接头性能的影响大，位于应力集中区的缺欠比在均匀应力场中的缺欠影响大。

4. 焊接缺欠对应力腐蚀开裂的影响

应力腐蚀开裂通常是从表面开始的，如果焊缝表面有缺欠，则裂纹很快在缺欠处形成。因此，焊缝的表面粗糙度与焊接结构上的拐角、缺口、缝隙等都对应力腐蚀有很大的影响。这些表面缺欠使浸入的腐蚀介质局部浓缩，加快了电化学过程的进行和阳极的溶解，为应力腐蚀裂纹的扩展成长提供了条件。

在部分焊接缺欠无法避免的情况下，可从改变应力状态入手减少应力腐蚀开裂。拉应力是产生应力腐蚀开裂的重要条件，如能在接触腐蚀介质的表面形成压应力，则可以很好地解决各类焊接结构应力腐蚀开裂的难题。“逆焊接加热处理”是一种新的消除残余应力技术，它通过喷淋冷却介质使处理表面（包括焊接区）获得比周围和背面相对较低的负温差，在处理表面形成双向的残余压应力层而不影响材料的力学性能。这种方法特别适用于有防止应力腐蚀要求的焊接结构。

22.3 焊接缺欠的等级评定

22.3.1 焊接缺欠的等级评定依据

对已有产品设计规程或法定验收规则的产品，焊接缺欠应符合设计规程或验收规则的规定，并将焊缝换算成相应的级别。对没有产品设计规程或法定验收规则的产品，焊接缺欠的等级评定应考虑表 22-9 所包括的因素。对技术要求较高但又无法实施无损检测的产品，必须对焊工操作及工艺实施产品适应性模拟考核，并明确规定焊接工艺实施全过程的监督制度和责任记录制度。

表 22-9 焊接缺欠等级评定应考虑的因素

因素	内容
载荷性质	静载荷、动载荷、非强度设计
服役环境	温度、湿度、介质、磨耗
产品失效后的影响	能引起爆炸或因泄漏而引起严重人身安全事故并造成产品报废；造成产品损伤且由于停机造成重大经济损失；造成产品损伤，但仍可运行
选用材料	相对产品要求有良好的强度与韧性裕度；强度裕度不大，但韧性裕度充足；高强度低韧性；焊接材料的相配性

（续）

因素	内容
制造条件	焊接工艺方法、企业质量管理制度、构件设计中的焊接可行性、检验条件

22.3.2 焊接缺欠的等级评定标准

1）对于熔焊，应用最广泛的是各种钢铁材料。钢熔焊接头的缺欠等级评定标准见表22-10。

表 22-10 钢熔焊接头的缺欠等级评定标准

缺欠	GB/T 6417.1—2005 代号	缺欠分级			
		Ⅰ	Ⅱ	Ⅲ	Ⅳ
焊缝外形尺寸	—	按选用坡口由焊接工艺确定,应符合产品相关规定要求			
未焊满	511	不允许		≤0.2mm+0.02δ且≤1mm,每100mm焊缝内缺欠总长≤25mm	≤0.2mm+0.02δ且≤2mm,每100mm焊缝内缺欠总长≤25mm
根部收缩	515 5013	不允许	≤0.2mm+0.02δ且≤0.5mm	≤0.2mm+0.02δ且≤1mm	≤0.2mm+0.04δ且≤2mm
咬边	5011 5012	不允许[①]		≤0.05δ且≤0.5mm,连续长度≤100mm且焊缝两侧咬边总长≤10%焊缝全长	≤0.1δ且≤1mm,长度不限
裂纹	100	不允许			
弧坑裂纹	104	不允许			个别长≤5mm的弧坑裂纹允许存在
电弧擦伤	601	不允许			个别电弧擦伤允许存在
飞溅	602	清除干净			
接头不良	517	不允许		造成缺口深度≤0.05δ且≤0.5mm,每米焊缝不得超过一处	缺口深度≤0.1δ且≤1mm,每米焊缝不得超过一处

（续）

缺欠	GB/T 6417.1—2005 代号	缺欠分级			
		Ⅰ	Ⅱ	Ⅲ	Ⅳ
焊瘤	506	不允许			
未焊透（按设计焊缝厚度为准）	402	不允许		不加垫单面焊允许值≤0.15δ且≤1.5mm，每100mm焊缝内缺欠总长≤25mm	≤0.1δ且≤2.0mm，每100mm焊缝内缺欠总长≤25mm
表面夹渣	300	不允许		深≤0.1δ，长≤0.3δ且≤10mm	深≤0.2δ，长≤0.5δ且≤20mm
表面气孔	2017	不允许		每50mm焊缝长度内允许直径≤0.3δ且≤2mm的气孔两个，孔间距≥6倍孔径	每50mm焊缝长度内允许直径≤0.4δ且≤3mm的气孔两个，孔间距≥6倍孔径
角焊缝厚度不足（按设计焊缝厚度计）	—	不允许		≤0.3mm+0.05δ且≤1mm，每100mm焊缝内缺欠总长≤25mm	≤0.3mm+0.05δ且≤2mm，每100mm焊缝内缺欠，总长≤25mm
角焊缝焊脚不对称②	512	差值≤1mm+0.1a		差值≤2mm+0.15a	差值≤2mm+0.2a
内部缺欠	—	GB/T 3323—2005 Ⅰ级	GB/T 3323—2005 Ⅱ级	GB/T 3323—2005 Ⅲ级	不要求

注：除表明角焊缝缺欠外，其余均为对接、角接焊缝通用。δ为工件厚度；a为设计焊缝有效厚度。

① 咬边如经修磨并平滑过渡，则只按焊缝最小允许厚度值评定。

② 特定条件下要求平缓过渡时不受本表限制，如搭接或不等工件厚度的对接和角接组合焊缝。

2）对于压焊，目前国内外还没有统一的缺欠评级标准。进行压焊的设计、操作、检验时，可根据焊接工程的实际情况，制定适合具体工程的压焊焊接缺欠评级标准。

3）对于钎焊，可根据GB/T 33219—2016的规定，将钎焊接头质量分为B、C、D三个等级，见表22-11。其中，B级是严格的质量等级，C级是中等的质量等级，D级是适度的质量等级。

表 22-11 钎焊接头缺欠质量等级（GB/T 33219—2016）

代号	类型	钎焊接头质量等级		
		适度 D	中等 C	严格 B
第Ⅰ组 裂纹				
1AAAA 1AAAB 1AAAC 1AAAD 1AAAE	裂纹	允许存在对钎焊件功能没有不利影响的裂纹	不允许	不允许
第Ⅱ组 孔穴				
2AAAA	孔穴			
2BAAA	气孔	总面积不大于投影面积的 40%	总面积不大于投影面积的 30%	总面积不大于投影面积的 20%
2BGAA 2BGGA 2BGMA 2BGHA	球形气孔	总面积不大于投影面积的 40%。对于特殊应用时，可规定单个气孔的最大直径或最大投影面积	总面积不大于投影面积的 30%。对于特殊应用时，可规定单个气孔的最大直径或最大投影面积	总面积不大于投影面积的 20%。对于特殊应用时，可规定单个气孔的最大直径或最大投影面积
2LIAA	条形气孔	总面积不大于投影面积的 40%。对于特殊应用时，可规定单个气孔的最大直径或最大投影面积	总面积不大于投影面积的 30%。对于特殊应用时，可规定单个气孔的最大直径或最大投影面积	总面积不大于投影面积的 20%。对于特殊应用时，可规定单个气孔的最大直径或最大投影面积
2BALF	表面气孔	允许存在对钎焊件功能没有不利影响的表面气孔	允许存在总面积不大于投影面积的 20%，对钎焊件功能没有不利影响的表面气孔	不允许
2MGAF	表面气泡	允许	允许	不允许

第Ⅲ组　固体夹杂				
3AAAA 3DAAA 3FAAA 3CAAA	固体夹杂	总面积不大于投影面积的40%。对于特殊应用时，可规定单个夹杂的最大直径或最大投影面积	总面积不大于投影面积的30%。对于特殊应用时，可规定单个气孔的最大直径或最大投影面积	总面积不大于投影面积的20%。对于特殊应用时，可规定单个气孔的最大直径或最大投影面积
第Ⅳ组　结合缺欠				
4BAAA	结合缺欠	总面积不大于名义钎焊面积的25%。允许存在对钎焊件功能没有不利影响、表面连续的结合缺欠	总面积不大于名义钎焊面积的15%。允许存在对钎焊件功能没有不利影响、表面连续的结合缺欠	总面积不大于名义钎焊面积的10%。允许存在对钎焊件功能没有不利影响、表面连续的结合缺欠
4JAAA	填充缺欠	允许存在对钎焊件功能没有不利影响、表面连续的填充缺欠，且已填充钎缝金属的投影面积大于60%	允许存在对钎焊件功能没有不利影响、表面连续的填充缺欠，且已填充钎缝金属投影面积大于70%	允许存在对钎焊件功能没有不利影响、表面连续的填充缺欠，且已填充钎缝金属投影面积大于80%
4CAAA	未钎透	允许存在对钎焊件功能没有不利影响、表面连续的未钎透缺欠	允许存在对钎焊件功能没有不利影响、表面连续的未钎透缺欠	不允许
第Ⅴ组　形状和尺寸缺欠				
6BAAA	焊瘤	允许	允许	不允许
5AAAA	形状不良			

（续）

代号	类型	钎焊接头质量等级		
		适度 D	中等 C	严格 B
第Ⅴ组　形状和尺寸缺欠				
5EIAA	错边	允许存在对钎焊件功能没有不利影响的错边缺欠	允许存在对钎焊件功能没有不利影响的错边缺欠	允许存在对钎焊件功能没有不利影响的错边缺欠
5EJAA	角度偏差	允许存在对钎焊件功能没有不利影响的缺欠	允许存在对钎焊件功能没有不利影响的缺欠	允许存在对钎焊件功能没有不利影响的缺欠
5BAAA	变形	允许存在对钎焊件功能没有不利影响的缺欠	允许存在对钎焊件功能没有不利影响的缺欠	允许存在对钎焊件功能没有不利影响的缺欠
5FABA	局部熔化（或烧穿）	不允许	不允许	不允许
7NABD	咬边	允许存在对钎焊件功能没有不利影响的缺欠	不允许	不允许
7OABP	溶蚀	小于母材名义厚度的 20%	小于母材名义厚度的 15%	小于母材名义厚度的 10%
6GAAA	未填满	允许存在对钎焊件功能没有不利影响的缺欠	允许存在对钎焊件功能没有不利影响的缺欠	允许存在对钎焊件功能没有不利影响的缺欠
5HAAA	表面粗糙	允许	允许	不允许，粗糙表面应进行机械加工

6FAAA	钎角不足	允许存在对钎焊件功能没有不利影响的缺欠	允许存在对钎焊件功能没有不利影响的缺欠	不允许
5GAAA	钎角不规则	允许存在对钎焊件功能没有不利影响的缺欠	允许存在对钎焊件功能没有不利影响的缺欠	不允许
第Ⅵ组　其他缺欠				
7AAAA	其他缺欠			
4VAAA	钎剂渗漏	允许存在对钎焊件功能没有不利影响的缺欠	允许存在对钎焊件功能没有不利影响的缺欠	不允许
7CAAA	飞溅	允许	允许存在对钎焊件功能没有不利影响的缺欠	允许存在对钎焊件功能没有不利影响的缺欠
7SAAA	变色/氧化	允许	允许	允许，但变色面积应去除
7UAAC	母材和钎料的过度合金化	允许存在对钎焊件功能没有不利影响的缺欠	允许存在对钎焊件功能没有不利影响的缺欠	允许存在对钎焊件功能没有不利影响的缺欠
9FAAA	钎剂残留	允许存在对钎焊件功能没有不利影响的缺欠	允许存在对钎焊件功能没有不利影响的缺欠	不允许
7QAAA	钎缝金属过度流淌	允许	允许	允许存在对钎焊件功能没有不利影响的缺欠
9KAAA	蚀刻	允许	允许	允许存在对钎焊件功能没有不利影响的缺欠

22.4 常用焊接结构类型及其焊缝质量等级评定

由于焊接结构使用环境和条件的不同，对其质量的要求也有区别。常用焊接结构类型及其焊缝质量等级见表22-12。

表22-12 常用焊接结构类型及其焊缝质量等级

焊接结构(件)类型	实例				焊缝质量等级
	名称	工作参数	接头形式	检验方法	
核容器、航空航天器件、化工设备中的重要构件等	核工业用储运六氟化铀、三氟化氯、氟化氢等容器	工作压力：40Pa～1.6MPa 工作温度：-196～200℃	对接	1）外观检查 2）射线检测 3）液压试验 4）气压试验或气密性试验 5）真空密封性试验	Ⅰ级
锅炉、压力容器、球罐、化工机械、采油平台、潜水器、起重机械等	钢制球形储罐	工作压力≤4MPa	对接、角接	1）外观检查 2）射线或超声检测 3）磁粉或渗透检测 4）液压试验 5）气压试验或气密性试验	Ⅱ级
船体、公路钢桥、游艺机、液化气钢瓶等	海洋船壳体		对接、角接	1）外观检查 2）射线或超声检测 3）致密性试验	Ⅲ级
一般不重要结构	钢制门、窗		对接、角接、搭接	外观检查	Ⅳ级

22.5 在役压力容器焊接缺欠评定

为了减少事故隐患，防止爆炸事件发生，国家规定对在役压力容器要按一定周期进行检测。压力容器使用过程中最薄弱的环节是焊缝所在位置，其中在焊缝中普遍存在着各种“先天”或“后天”性缺欠，加强对在役压力容器焊缝缺欠检测与评定对安全生产具有重要意义。

在役压力容器经过无损检测发现的缺欠可分两类：一类是制造中遗留的缺欠，称为“先天”性缺欠；另一类是容器在运行中新产生的缺欠，称为“后天”缺欠。GB/T 19624—2019《在用含缺陷压力容器的安全评定》中对焊接缺欠的评定做了详细的说明。依据“合于使用”和“最弱环”原则，来判别各类压力容器在规定的使用工况条件下能否继续安全使用，是一种适合于工程实际的安全评定方法。

22.5.1 平面缺欠的评定

平面缺欠包括裂纹、未焊透、未熔合、深度大于等于 1mm 的咬边等。对这类缺欠进行评定时，应对实测的平面缺欠进行规则化表征处理，表征后平面缺欠分为表面缺欠、埋藏缺欠和穿透缺欠，其形状分为椭圆形、圆形、半椭圆形和矩形。

应根据具体缺欠情况由缺陷外接矩形的高度和长度来表征缺欠的尺寸（见图 22-1）：对于表面缺欠，高为 a，长为 $2c$；对于埋藏缺欠，高为 $2a$，长为 $2c$；对于穿透缺欠，长为 $2a$；对于孔边角缺欠，高为 a，长为 c。

一般情况下，平面缺欠的评定包括简化评定和常规评定两种方法。当两者的评定结果发生矛盾时，以常规评定结果为准。

进行缺欠评定时，先按 GB/T 19624—2019 的规定进行各类缺欠的规则化及尺寸表征，再确定等效裂纹尺寸$\bar{a}$；然后确定总当量应力、材料性能数据；最终计算出$\sqrt{\delta_\tau}$、S_τ、K_τ、L_τ 和 L_τ^{max}。其中，δ_τ 是平面缺欠简化评定用断裂比，是指在施加应力作用下的裂纹尖端张开位移与材料的张开位移断裂韧度的比值；$S_\tau = L_\tau / L_\tau^{max}$；

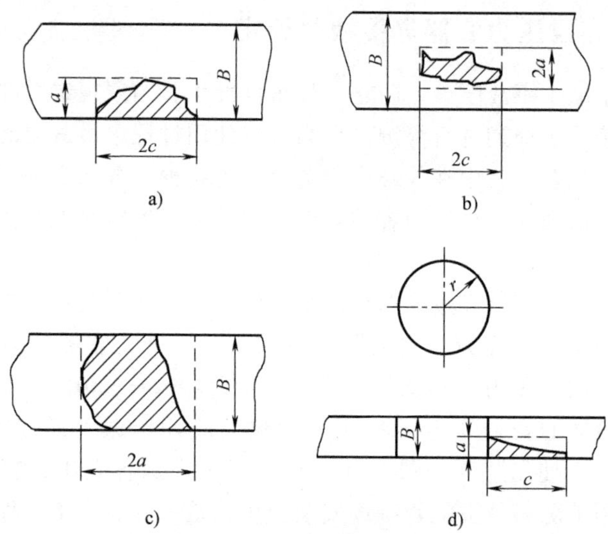

图 22-1 平面缺欠的表征

a）表面缺欠 b）埋藏缺欠 c）穿透缺欠 d）孔边角缺欠

K_τ 是平面缺欠常规评定用断裂比，是指施加载荷作用下的应力强度因子与材料断裂韧度（用应力强度因子表示）的比值；L_τ 是载荷比，指引起一次应力的施加载荷与塑性屈服极限载荷的比值，表示载荷接近于材料塑性屈服极限载荷的程度；L_τ^{max} 是 L_τ 的允许极限，L_τ^{max} 的值取 1.20 与（$R_{eH}+R_m$）/（$2R_{eH}$）两者中的较小值。

1. 平面缺欠的简化评定

平面缺欠的简化评定方法一般采用简化失效评定图（见图 22-2）进行，由纵坐标$\sqrt{\delta_\tau}$、横坐标 S_τ、$\sqrt{\delta_\tau}=0.7$ 的水平线以及 $S_\tau=0.8$ 的垂直线所围成的矩形为安全区，该区域之外为非安全区。

2. 平面缺欠的常规评定

平面缺欠的常规评定采用通用失效评定图的方法进行，如图 22-3 所示，图中 FAC 是失效评定曲线的简称。

在图 22-3 中，由 FAC 曲线、$L_\tau=L_\tau^{max}$、两直角坐标轴所围成的区域之内为安全区，该区域之外为非安全区。

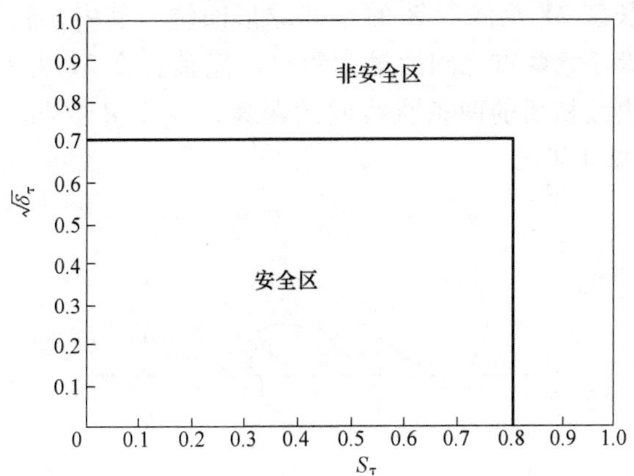

图 22-2 平面缺欠简化评定的失效评定图

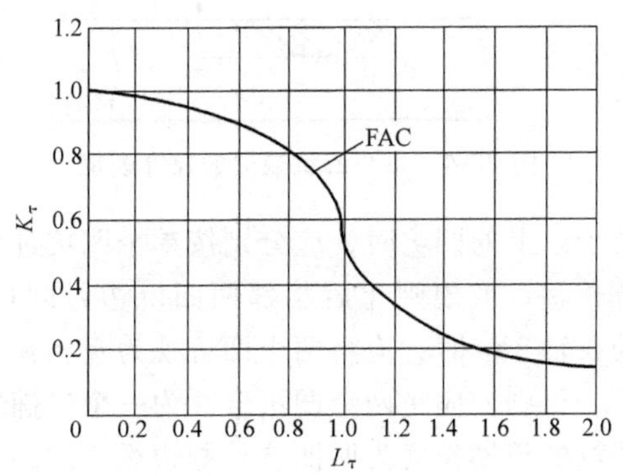

图 22-3 通用失效评定图

22.5.2 体积缺欠的评定

所谓体积缺欠，是指凹坑、气孔、夹渣和深度小于 1mm 的咬边等。体积缺欠的评定包括凹坑缺欠的评定、气孔缺欠的评定和夹渣缺欠的评定三类。

1. 凹坑缺欠的评定

在进行凹坑缺欠评定前，应将被评定缺欠打磨成表面光滑、过渡平缓的凹坑，并确认凹坑及其周围无其他表面缺欠或埋藏缺欠。

表面的不规则凹坑缺欠按其外接矩形将其规则化为长轴长度

$2X$、短轴长度 $2Y$ 及深度 Z 的半椭球形凹坑。其中，长轴长度 $2X$ 为凹坑边缘任意两点之间的最大距离，短轴长度 $2Y$ 为平行于长轴与凹坑外边缘相切的两条直线间的距离，深度 Z 取凹坑的最大深度，如图 22-4 所示。

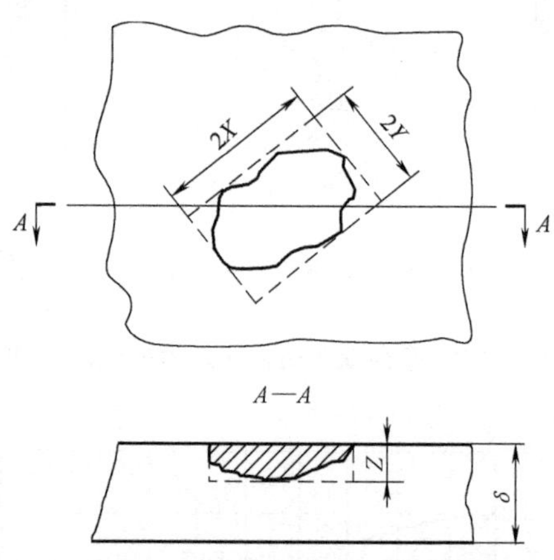

图 22-4　单个凹坑缺欠的尺寸表征

当存在两个以上的凹坑时，应分别按单个凹坑进行规则化并确定各自的凹坑长轴，或规则化后相邻两凹坑边缘间最小距离 K 大于较小凹坑的长轴 $2X_2$ 时，应将两个凹坑视为互相独立的单个凹坑分别进行评定。否则，应将两个凹坑合并为一个半椭球形凹坑来进行评定。该凹坑的长轴长度为两凹坑外侧边缘之间的最大距离，短轴长度为平行于长轴且与两凹坑外缘相切的任意两条直线之间的最大距离，凹坑的深度为两个凹坑深度的较大值，如图 22-5 所示。

经规则化后的凹坑，应计算其厚度 δ 和平均半径 R，并按公式 $G_0=ZX/(\delta\sqrt{R\delta})$ 计算凹坑缺欠综合描述参数 G_0。如果 $G_0\leqslant 0.1$，可免于评定，直接认定该凹坑缺欠对焊接工程质量无明显影响。如果 $G_0>0.1$，则该凹坑缺欠应同时符合下列条件方可评定为安全。

1）凹坑长度 $2X\leqslant 2.8\sqrt{R\delta}$。

2）凹坑宽度 $2Y\geqslant 6Z$。

3）凹坑深度 Z 小于计算厚度 δ 的 60%，且坑底最小厚度（$\delta-Z$）不小于 2mm。

4）材料韧性满足压力容器设计规定且未发现劣化现象。

对于超出上述规定的限定条件，或在服役期间表面有可能生成裂纹的凹坑缺欠，应按平面缺欠进行评定。

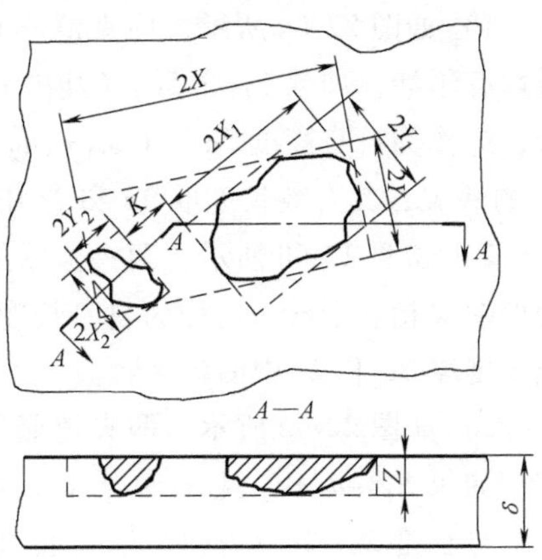

图 22-5 多个凹坑缺欠的表征

2. 气孔缺欠的评定

气孔缺欠的检测方法常采用射线检测法，用气孔率表征气孔缺欠的大小、数量等。在射线底片有效长度范围内，气孔投影面积占焊缝投影面积的百分比叫作气孔率。其中射线底片有效长度按 NB/T 47013.2—2015《承压设备无损检测 第 2 部分：射线检测》的规定确定，焊缝投影面积为射线底片有效长度与焊缝平均宽度的乘积。

气孔缺欠应同时符合下列条件可评定为安全。

1）气孔率不超过 6%。

2）单个气孔的长径小于 0.5δ 且小于 9mm。

3）气孔未暴露在器壁表面且无明显扩展的可能。

4）气孔缺欠附近无其他平面缺欠。

5）材料未发现劣化。

按上述规定评定为不可接受的气孔，可表征为平面缺欠并进行相应的安全评定。

3. 条形夹渣缺欠的评定

条形夹渣以其在射线底片上的长度表征。如果是非共面夹渣，两个夹渣之间的最小距离小于较小夹渣的自身高度的 1/2 时，可将其视为共面夹渣并按规定进行复合，否则应逐个分别进行评定。如果是共面夹渣，在两个夹渣的距离（竖直距离 S_1、水平距离 S_2）小于图 22-6 的规定值时，可将其复合为一个连续的大夹渣。复合后的夹渣不再与其他夹渣或复合夹渣进行复合。

1）如图 22-6a 所示，两夹渣不在同一水平线上，且竖直方向投影有干涉，如果 $S_1<2.5a_2$（其中 $a_1>a_2$），则认为两缺欠相互干涉，应作为自身高度 $2a=(2a_1+2a_2+S_1)$、自身长度 $2c=2c_1+2c_2+S_2$ 的缺欠，其有效长度取 $2a$ 和 $2c$ 中的较大者。

2）如图 22-6b 所示，两夹渣水平排列，如果 $S_2<c_1+c_2$，则认为两缺欠相互干涉，应作为自身长度 $2c=2c_1+2c_2+S_2$ 的缺欠，其有效长度取 $2a$ 和 $2c$ 中的较大者。

3）如图 22-6c 所示，两夹渣竖直方向和水平方向投影均不干涉，如果 $S_1\leqslant a_1+a_2$ 且 $S_2\leqslant c_1+c_2$，则认为两缺欠相互干涉，应作为自身长度 $2c=2c_1+2c_2+S_2$、自身高度 $2a=(2a_1+2a_2+S_1)$ 的缺欠，其有效长度取 $2a$ 和 $2c$ 中的较大者。

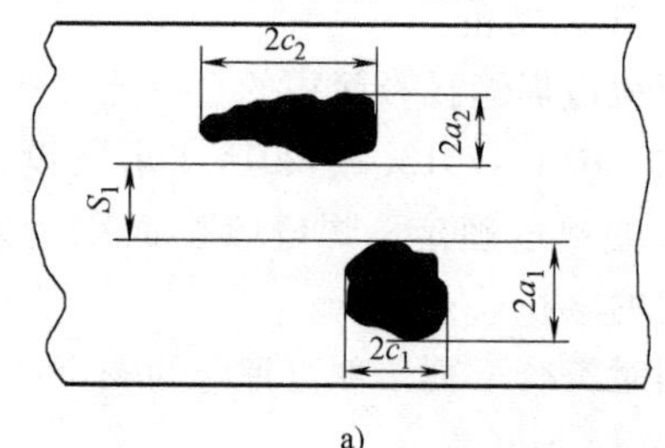

a)

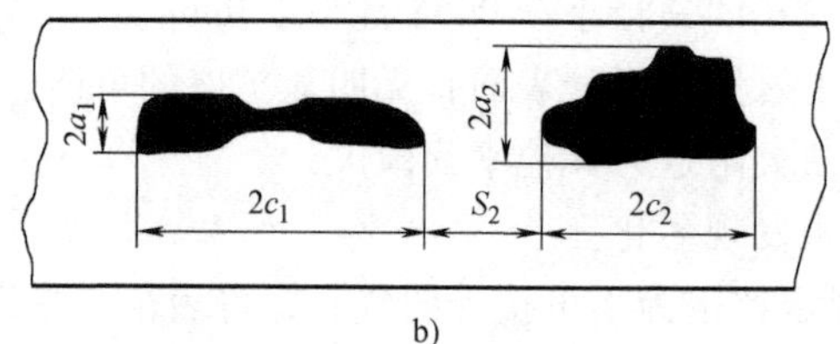

b)

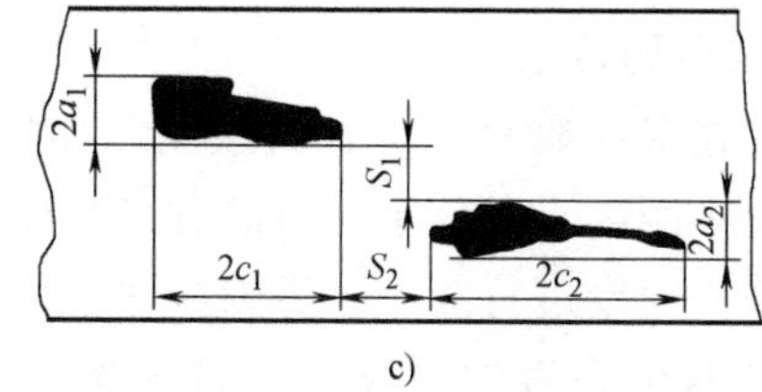

c)

图 22-6　多个夹渣的复合准则

a）竖直投影干涉　b）水平投影干涉　c）竖直和水平投影均不干涉

条形夹渣缺欠应同时符合下列条件可评定为安全。

1）容许尺寸满足表22-13的规定。

2）条形夹渣缺欠未暴露在器壁表面且无明显扩展的可能。

3）条形夹渣缺欠附近无其他平面缺欠。

4）材料未发现劣化。

按上述规定评定为不可接受的条形夹渣，可表征为平面缺欠进行相应的安全评定。

表22-13　夹渣的容许尺寸

夹渣位置	夹渣尺寸的容许值	
球壳对接焊缝、圆筒体纵焊缝、与封头连接的环焊缝	总长度≤6δ	自身高度或宽度≤0.25δ，且≤5mm
	总长度不限	自身高度或宽度≤3mm
圆筒体环焊缝	总长度≤6δ	自身高度或宽度≤0.30δ，且≤6mm
	总长度不限	自身高度或宽度≤3mm

注：δ为板厚。

第23章

焊接工艺及其评定

采用焊接方法将各种经过轧制的金属材料或铸件、锻件等坯料，制成能承受一定载荷的金属结构，叫作焊接结构。随着焊接技术的进步和发展，焊接结构的应用越来越广泛。对于某些具有特殊用途的设备，如用于核电站的特种部件、开发海洋资源所必需的海上平台、海底作业机械或潜水装置等，为了确保制造质量和后期使用的可靠性，除了采用焊接结构外，难以找到其他更好的制造技术。

23.1 焊接结构的制造过程

焊接结构的制造过程，包括结构的工艺性审查、工艺方案和工艺规程设计、工艺评定、工艺文件和质量控制文件的编制、原材料和辅助材料的订购、焊接设备的外购和自行设计制造等先期工作，还包括材料复验入库、备料加工、装配、焊接、质量检测、成品验收等过程。其中还穿插返修、涂饰和喷漆，最后才是合格产品入库。典型焊接结构制造的完整工艺流程如图 23-1 所示。从图 23-1 可以看出，检验工作几乎贯穿全部的生产过程，每一个生产环节都离不开检验，它是保证焊接结构质量的重要方法。

23.2 焊接结构工艺过程设计

焊接结构工艺过程设计就是根据产品的图样和技术要求，结合现有条件，运用焊接技术知识和先进生产经验，确定产品的加工方法和程序的过程。设计的质量将直接影响产品的制造质量、劳动生产率和制造成本，同时它还是生产管理、焊接工艺编制的主要依据。

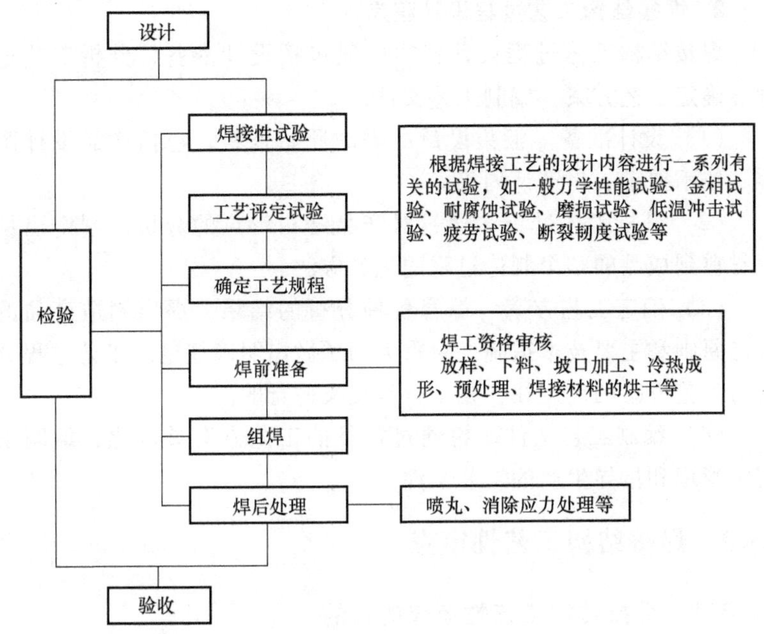

图 23-1 典型焊接结构制造的完整工艺流程

1. 焊接结构工艺过程设计的内容

焊接结构工艺过程设计的内容一般包括：

1）确定产品的合理生产过程。

2）确定产品各零部件的加工方法、相应的工艺参数及工艺措施。

3）确定每一工序所用设备和工艺装备的型号规格，对非标准设备提出设计要求。

4）拟定生产工艺流程、运输流向、起重方法，选定起重运输设备。

5）计算产品的工艺定额，包括材料消耗定额（基本材料、辅助材料、填充金属等）和工时消耗定额。确定各工序所需的工人数量以及设备和动力消耗等，为后续设计工作及组织生产提供依据。

2. 焊接结构工艺过程设计程序

焊接结构工艺过程设计程序一般包括设计准备、分析工艺过程、确定工艺方案、编制工艺文件。

(1) 设计准备　汇集设计所需的原始资料，包括产品设计图样、技术要求、生产计划等。

(2) 分析工艺过程　通过对产品结构特点的分析，制定出从原材料到成品的整个制造过程的生产方法。

(3) 确定工艺方案　综合各种分析的结果，提出制造产品的工艺原则和主要技术措施，对重大问题做出明确规定。工艺过程分析与工艺方案的确定往往是平行且交叉进行的。

(4) 编制工艺文件　将通过审批的工艺方案具体化，编制出用于管理和指导生产的工艺文件。

23.3 焊接结构工艺性审查

23.3.1 焊接结构工艺性审查的目的

焊接结构工艺性审查是制定工艺文件、设计工艺装备和实施焊接生产的前提。通过工艺性审查可以达到如下目的：

1) 保证焊接结构设计的合理性、工艺的可行性、结构使用的可靠性和经济性。

2) 及时调整和解决工艺方面的问题，加快工艺规程编制的速度，缩短新产品生产准备周期，减少或避免在生产过程中发生重大技术问题。

3) 发现新产品中关键零件或关键工序所需的设备和工艺装备，以便提前安排订货或自行设计制造。

工艺性审查结束后，应填写相应的产品结构工艺性审查记录。

23.3.2 焊接结构工艺性审查的内容

焊接结构工艺性审查的内容包括审查结构图样，了解产品技术要求，基本确定出制造产品的劳动量、材料用量、材料利用系数、结构标准化系数、产品成本、产品的售后维修工作量等。焊接结构工艺性审查的主要内容见表 23-1。

表 23-1 焊接结构工艺性审查的主要内容

设计阶段	审查内容
初步设计阶段和技术设计阶段	从制造角度分析结构方案的合理性 1)主要构件在本企业或外协加工的可能性 2)继承新结构采用通用件和借用件(从老结构借用)的多少 3)产品组成是否能合理分割为各大构件、部件和零件 4)各大构件、部件和零件是否便于装配—焊接、调整和维修,能否进行平行的装配和检查 5)各大构件、部件等进行总装配的可行性:是否将其装配—焊接工作量减至最小 6)特殊结构或零件本企业或外协加工的可行性 7)主要材料选用是否合理 8)主要技术条件与参数的合理性与可检查性 9)结构标准化和系列化程度等
工作图设计阶段	1)各部件是否具有装配基准,是否便于拆装 2)大部件拆成平行装配的小部件的可行性 3)审查零件的装配、焊接工艺性等

23.3.3 焊接结构工艺性审查的程序

1. 焊接结构图样审查

焊接结构图样主要包括新产品设计图样、继承性设计图样（俗称借用图样）和按照实物测绘的图样。由于它们的工艺性完善程度不同，因此工艺性审查的侧重点也有所区别。

所有的焊接结构图样，均应符合机械制图国家标准中的有关规定。图样应齐全完整，除焊接结构的装配图外，还应有必要的零部件图。根据产品的生产工艺需要，图样上应规定合理的技术要求，包括图形、符号和准确的文字说明。

2. 焊接结构技术要求审查

焊接结构技术要求包括使用要求和工艺要求。使用要求是指结构的强度、刚度、耐久性（疲劳强度、耐蚀性、耐磨性和抗蠕变性能），以及在工作环境条件下焊接结构的几何尺寸、力学性能、物理性能等要求。工艺要求是指组成产品结构材料的焊接性、结构的合理性、生产的经济性和便利性等方面的要求。

23.3.4 焊接结构工艺性审查的注意事项

进行工艺性审查时，要考虑是否有利于减少焊接应力集中与变形，是否有利于减少生产劳动量和节约材料，是否有利于施工方便和改善工人的劳动条件等。

1. 是否有利于减少焊接应力集中与变形

应力集中不仅降低焊接接头的疲劳强度，而且降低塑性并引起结构脆断。为了减少应力集中，应尽量使结构中截面变化的地方平缓圆滑。一般应从以下几个方面考虑。

（1）尽量减少焊缝数量　减少结构上的焊缝数量和焊缝的填充金属量，是设计焊接结构最重要的原则。对于图 23-2 所示的框架转角，有两个不同的设计方案。图 23-2a 所示的设计是用许多小肋板，构成放射形状加固转角，多条焊缝集中在一起，应力集中严重。图 23-2b 所示的设计是用少数肋板构成屋顶状加固转角，不仅提高了框架转角处的刚度和强度，而且大大减少了焊缝数量，减小了焊后变形和应力集中程度。

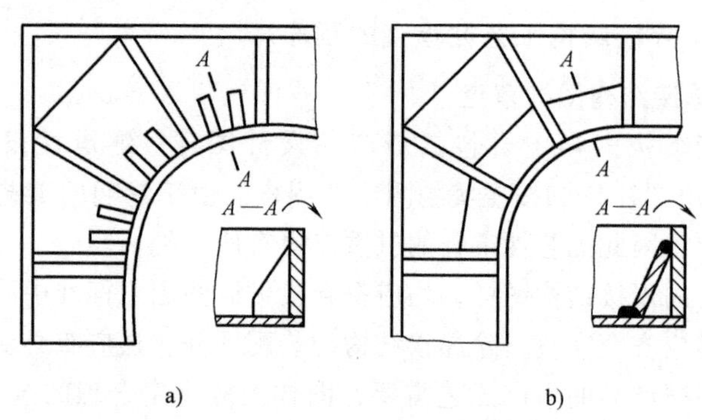

图 23-2　框架转角处加强肋布置方案的比较

a）放射形结构　b）屋顶状结构

（2）选用对称的构件　尽可能选用截面对称的构件，并使焊缝位置对称于截面重心，焊后可将弯曲变形控制在很小的范围。

（3）减小焊缝尺寸　在不影响结构的强度及刚度的前提下，尽可能地减小焊缝截面尺寸，或者把连续角焊缝设计成断续角焊缝，减少塑性变形区范围。

（4）优化装配顺序　对于复杂的焊接结构，要合理地划分部件，使各部件的装配焊接易行、总装方便。

（5）避免焊缝相交　相交焊缝会在交点处产生三轴应力，降低材料塑性，并造成严重的应力集中。设计焊接结构时，应最大限度地避免焊缝相交。

2. 是否有利于减少生产劳动量和节约材料

在焊接结构生产中，除了在工艺上采取一定的措施外，还必须从设计上保证结构具有良好的工艺性，以利于减少生产劳动量和节约材料。

（1）合理确定焊缝尺寸　通常按强度原则进行计算，求得工作焊缝的尺寸，但必须考虑焊接结构的特点及焊缝布局等因素。焊缝金属占结构总质量的百分比，也是衡量结构工艺性的重要标志。在强度相等的情况下，焊脚小而长度大的角焊缝，比焊脚大而长度小的焊缝省工省料。图 23-3 中焊脚为 K、长度为 $2L$ 与焊脚为 $2K$、长度为 L 的角焊缝强度相等，但前者的焊条消耗量仅为后者的 1/2。

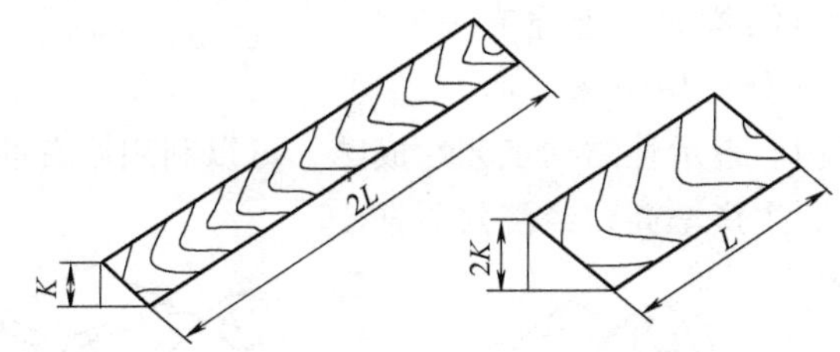

图 23-3　等强度的长、短角焊缝

（2）减少其他加工方法　设计焊接结构时，要尽量减少铸、锻、车、铣、刨、磨、钻等其他加工方法。

（3）减少辅助工时　焊接结构中焊缝所在位置，应使焊接设备调整次数最少，工件翻转次数最少，这样可以将辅助工时降到最低。

（4）尽量利用型钢和标准件　型钢具有各种形状，经过相互结合可以构成刚性很大的各种焊接结构。同一结构如果用型钢来制造，其焊接工作量会比用钢板制造少得多。图 23-4 所示为变截面工字梁结构。其中，图 23-4a 是用三块钢板组成；图 23-4b 是用四块钢板组成；如果用工字钢组成，可将工字钢用气割分开（见

图 23-4c)，再组装起来（见图 23-4b)，就能大大减少焊接工作量。

(5) 尽量利用复合结构和继承性强的结构　复合结构可以发挥各种工艺的优点，分别采用铸造、锻造和压制工艺，将复杂的接头简单化，把角焊缝改成对接焊缝。图 23-5 所示为采用复合结构把 T 形接头转化为对接接头的应用实例。图 23-5b 所示改进后的复合结构不仅降低了应力集中，而且改善了工艺性。

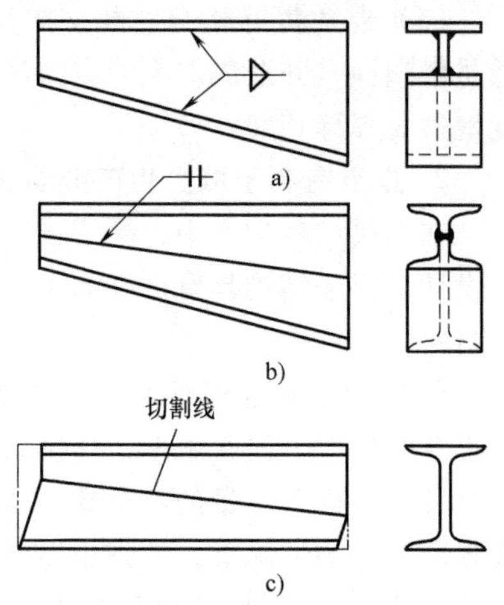

图 23-4　变截面工字梁结构

a) 用三块钢板组成　b) 用四块钢板组成　c) 将工字钢气割分开后再组装

在设计新结构时，把原有结构的成熟部分保留下来，叫作继承性结构。继承性结构工艺性成熟，可以利用原有的生产工艺及工装设备，生产率高，经济效益好。

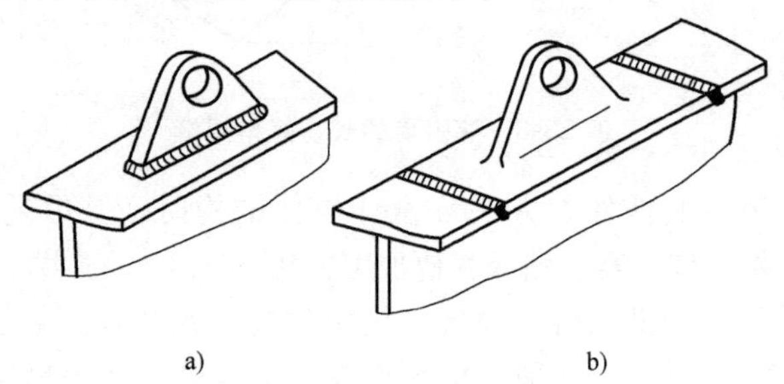

图 23-5　采用复合结构的应用实例

a) 原设计的板焊结构　b) 改进后的复合结构

(6) 采用合理先进的焊接方法　埋弧焊的熔深比焊条电弧焊大，有时不需要开坡口，工作效率高。采用二氧化碳气体保护焊，不仅成本低，变形小，而且不需要清渣。在设计焊接结构时应使接头易于使用上述较先进的焊接方法。图 23-6a 所示箱形结构可用焊

条电弧焊焊接，若做成图 23-6b 所示形式，就可以使用埋弧焊或二氧化碳气体保护自动焊。

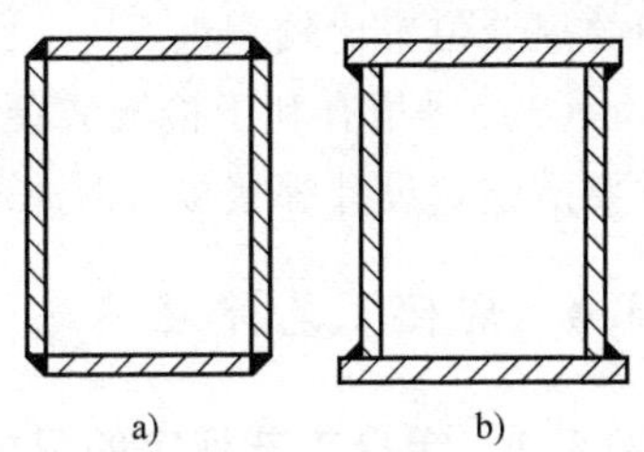

图 23-6 箱形结构对比

a）焊缝在外角 b）焊缝在内角

3. 是否有利于施工方便和改善工人的劳动条件

（1）尽量使结构具有良好的可焊到性 可焊到性是指结构上每一条焊缝都能很方便的施焊，如厚板对接时，一般应开成 X 形或双 U 形坡口。若在构件不能翻转的情况下，就会造成大量的仰焊焊缝，不但劳动条件差，质量也很难保证。这时就必须采用 V 形或 U 形坡口来改善其工艺性，如图 23-7 所示。

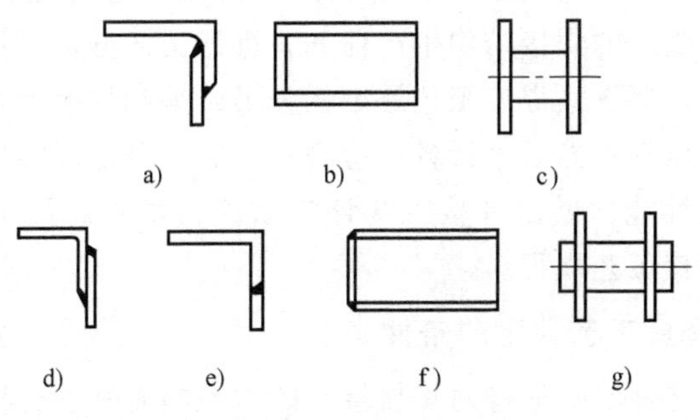

图 23-7 焊缝位置

a)、b)、c）不合理 d)、e)、f)、g）合理

（2）尽量有利于焊接自动化 当产品批量大、数量多的时候，必须考虑制造过程的机械化和自动化。原则上减少短焊缝，增加长焊缝，尽量使焊缝排列规则并采用同一种接头形式。例如：当采用焊条电弧焊时，图 23-8a 中的焊缝位置比较合理；当采用自动焊时，图 23-8b

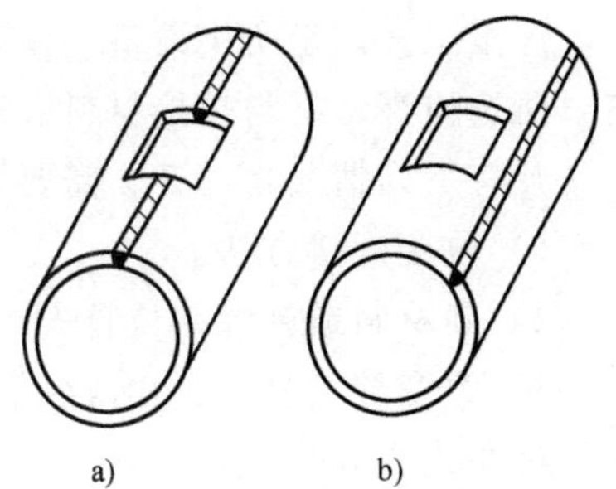

图 23-8 焊缝位置与焊接方法的关系

a）焊条电弧焊焊缝 b）自动焊焊缝

中的焊缝位置比较合理。

(3) 尽量有利于检测方便　严格检测是保证焊接结构质量的重要措施。设计焊接接头时，必须考虑检测是否方便可行。

23.4　焊接工艺评定

23.4.1　焊接工艺评定的目的

所谓焊接工艺评定，是为验证所拟定的焊接工艺的正确性而进行的试验过程和结果评价。焊接工艺评定是施焊单位技术储备的标志之一，是验证所确定的焊接工艺正确性的必要方法，是评定施焊单位完成符合设计要求的焊接结构能力的依据。

重要的焊接结构如压力容器、锅炉、桥梁、电力设备金属结构等，在编制焊接工艺规程之前都要进行焊接工艺评定。通常情况下，企业接受新的焊接结构生产任务，进行工艺分析，初步制定工艺过程之后，要下达焊接工艺评定任务书，编制焊接工艺评定指导书，并进行试焊；然后进行各种检测和试验，测定焊接接头是否达到所要求的性能，做出焊接工艺评定结论，填写焊接工艺评定报告，编制焊接工艺规程。

23.4.2　焊接工艺评定的条件

焊接工艺评定是通过对焊接接头的常规检测和理化检验，验证焊接工艺规程的正确性及合理性的一种程序。被焊结构已经通过严格的焊接性试验并取得相应的合格证后，才可以进行焊接工艺评定。焊接工艺评定所用设备、仪表与辅助机械均应处于正常工作状态，所选被焊母材与焊接材料必须符合相应标准。

凡有下列情况之一者，需要重新进行焊接工艺评定。

1) 改变焊接方法。

2) 新材料或施焊单位首次焊接的材料。

3) 改变焊接材料，如改变焊丝、焊条、焊剂的牌号和保护气体的种类或成分等。

4) 改变焊接参数。

5) 改变热规范参数，如预热温度、焊后热处理参数等。

6）改变坡口形式，如从单V形改成双V形，从直边对接改成开坡口，坡口的截面积的增加或减小，取消背面衬垫，以及坡口尺寸的变化等。

7）改变焊接位置。工艺评定的焊接位置只适用于相对应的产品焊接位置，从一种焊接位置改变成另一种焊接位置时，需要重新进行焊接工艺评定。例如，手工焊条电弧焊和气体保护焊立焊时，焊接方向从向上立焊改成向下立焊，必须重新进行焊接工艺评定。

23.4.3 焊接工艺评定的程序

一般情况下，焊接工艺评定的程序如图23-9所示。

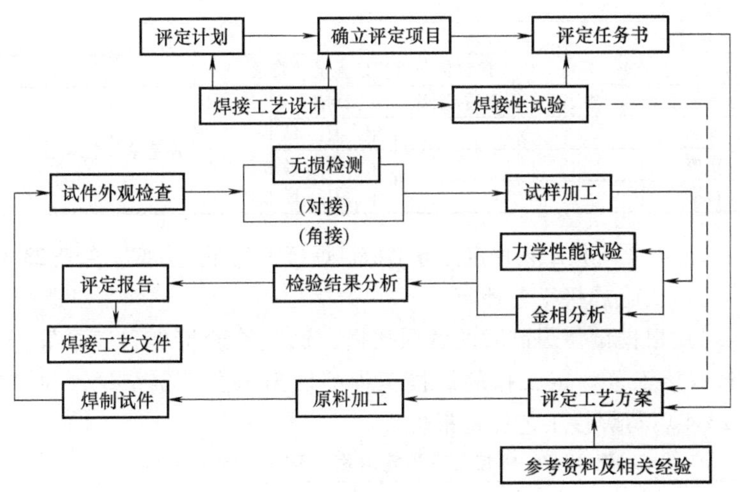

图23-9 焊接工艺评定程序

1）焊接工艺评定试验检验项目应根据工程图样、技术文件及相关技术标准的规定确定，可参照表23-2的形式下达焊接工艺评定任务书。

表23-2 焊接工艺评定任务书（DL/T 868—2014）

产品名称		应用范围	
评定项目		评定目的	
钢材基本情况			
钢材牌号		类组别	
规格		符合标准	

（续）

化学成分（质量成分，%）	C	Mn	Si	Cr	Mo	V	Ni	W	B	S	P

上临界点/℃		下临界点/℃		焊接性能	
焊接接头的基本要求					
抗拉强度 R_m/MPa	屈服强度 R_{eL}/MPa	断后伸长率 A（%）	弯曲 180°	冲击吸收能量 KV_2/J	硬度 HBW
其他					
评定单位					

评定任务书签发人员及资质				
责任	姓名	资质/职称	日期	评定单位盖章
编制			年　月　日	
审核			年　月　日	
批准			年　月　日	

2）根据焊接工艺评定任务书拟订焊接工艺评定方案，见表 23-3。

3）实施焊接工艺评定。

4）根据试件焊制时的各项数据、试验检验报告和记录等，由主持焊接工艺评定工作的焊接工程师做出综合评定结论，并参照表 23-4 填写焊接工艺评定报告。

表 23-3　焊接工艺评定方案（DL/T 868—2014）

任务书编号		产品名称		
评定项目		评定目的		
评定钢材				
钢材牌号	与	类组别	类组与类组	
钢材厚度		直径		
评定钢材成分、性能复核结论			检验报告编号	
钢材焊接性能			验证资料编号	
接头形式及焊道设计				
接头种类		对口简图：	焊道简图：	
坡口形式				
衬垫及其材料				
焊道设计				
焊缝金属厚度				
焊接方法				
种类		自动化程度		

（续）

填充材料和保护气体									
焊接材料	焊丝型号		规格		保护气体	气体种类		流量	
	焊条（剂）型号		规格			背面保护		流量	
	钨极型号		规格			拖后保护		流量	
其他									

试件检验项目									
检验项目	外观	无损检测	力学性能		弯曲试验	金相检验	硬度	其他
			抗拉强度	冲击试验				
要求（有或无）								

焊接位置及试件数量			
焊接位置		试件数量	

焊接参数									
焊层、道号	单层、单道焊缝尺寸（宽/mm）×（高/mm）	焊接方法	焊条（丝）		电流范围①（气体压力）		电压范围①④（焊炬型号、焊嘴号）	焊接速度范围/（mm/min）	其他
			型（牌）号	规格尺寸/mm	极性①②（乙炔压力）	电流①③（氧气压力）			

施焊技术					
无摆动焊或摆动焊		连弧或断弧焊		运条方式	
根层或层间清理方法		清根方法或单面焊双面成形			
焊嘴尺寸/mm		导电嘴与工件距离/mm			
其他					

预热					
预热温度/℃		宽度/mm		层间温度/℃	
预热保持方式					

后热、焊后热处理					
热处理种类		恒温温度范围/℃		保持时间/h	
加热宽度/mm		保温宽度/mm		升温速度/（℃/h）	
降温速度/（℃/h）		其他			

（续）

评定单位：	评定方案编制人员及资质			
责任	姓名	资质（职称）	日期	评定单位盖章
编制			年　月　日	
审核			年　月　日	
批准			年　月　日	

① 表示该栏可填括号内内容。
② 乙炔压力单位为 MPa。
③ 电流单位为 A。氧气压力单位为 MPa。
④ 电压范围单位为 V。

表 23-4　焊接工艺评定报告（DL/T 868—2014）

任务书编号		相应工艺评定方案编号	
评定项目		产品名称	
评定钢材			
钢材牌号	与	类级别	与
钢材厚度/mm		直径/mm	
钢材焊接性			
焊接方法			
种类		自动化程度	
接头形式及焊道设计			
接头种类		对口简图：	焊道简图：
坡口形式			
衬垫及其材料			
焊道设计			
焊缝金属厚度			

填充材料和保护气体									
焊接材料	焊丝型号		规格		保护气体	气体种类		流量	
	焊条(剂)型号		规格			背面保护		流量	
	钨极型号		规格			拖后保护		流量	
其他									
焊接位置									

评定单位、主持人及施焊焊工					
承担评定单位		主持人		焊工	

（续）

焊接参数									
焊层、道号	单层、单道焊缝尺寸（宽/mm）×（高/mm）	焊接方法	焊条（丝）		电流范围①（气体压力）		电压范围①④（焊炬型号、焊嘴号）	焊接速度范围/（mm/min）	其他
			型（牌）号（火焰性质）	规格尺寸/mm	极性①②（乙炔压力）	电流①③（氧气压力）			

施焊技术					
无摆动或摆动焊		连弧或断弧焊		运条方式	
根层或层间清理方法		清根方法或单面焊双面成型			
焊嘴尺寸/mm		导电嘴与工件距离			
其他					

预热					
预热温度/℃		宽度/mm		层间温度/℃	
预热保持方式				环境温度/℃	

后热、焊后热处理					
热处理种类		恒温温度范围/℃		保持时间/h	
加热宽度/mm		保温宽度/mm		升温速度/（℃/h）	
降温速度/（℃/h）		其他			

试件外观检查结论				
试件编号	缺陷情况	评定结果	试验单位	试验报告号

无损检测检验结论				
试验编号	检验方法	检验标准	评定级别	报告编号

拉伸试验结论							
试样编号	宽度/mm	厚度/mm	断面积/mm^2	负荷/N	抗拉强度/MPa	试验单位	报告编号

（续）

<table>
<tr><td colspan="9">弯曲试验结论</td></tr>
<tr><td rowspan="2">试样编号</td><td rowspan="2">厚度、宽度/mm</td><td rowspan="2">弯曲直径/mm</td><td colspan="3">弯曲</td><td rowspan="2">试验单位</td><td rowspan="2">报告编号</td></tr>
<tr><td>面弯</td><td>背弯</td><td>侧弯</td></tr>
<tr><td></td><td></td><td></td><td></td><td></td><td></td><td></td><td></td></tr>
<tr><td></td><td></td><td></td><td></td><td></td><td></td><td></td><td></td></tr>
<tr><td></td><td></td><td></td><td></td><td></td><td></td><td></td><td></td></tr>
<tr><td></td><td></td><td></td><td></td><td></td><td></td><td></td><td></td></tr>
</table>

<table>
<tr><td colspan="9">冲击试验结论</td></tr>
<tr><td>试样编号</td><td>缺口形状</td><td>缺口位置</td><td>试样大小</td><td>试验温度/℃</td><td>冲击吸收能量/J</td><td>断口情况</td><td>试验单位</td><td>报告编号</td></tr>
<tr><td></td><td></td><td></td><td></td><td></td><td></td><td></td><td></td><td></td></tr>
<tr><td></td><td></td><td></td><td></td><td></td><td></td><td></td><td></td><td></td></tr>
</table>

<table>
<tr><td colspan="6">金相检验结论</td></tr>
<tr><td>名称</td><td>试样编号</td><td>检查面缺陷情况</td><td>评定结果</td><td>试验单位</td><td>报告编号</td></tr>
<tr><td rowspan="2">宏观</td><td></td><td></td><td></td><td></td><td></td></tr>
<tr><td></td><td></td><td></td><td></td><td></td></tr>
<tr><td rowspan="2">微观</td><td></td><td></td><td></td><td></td><td></td></tr>
<tr><td></td><td></td><td></td><td></td><td></td></tr>
</table>

<table>
<tr><td colspan="5">硬度检验结论</td></tr>
<tr><td>试样编号</td><td>母材</td><td>焊缝</td><td>试验单位</td><td>报告编号</td></tr>
<tr><td></td><td></td><td></td><td></td><td></td></tr>
<tr><td></td><td></td><td></td><td></td><td></td></tr>
<tr><td colspan="5">其他检验项目名称及结论</td></tr>
<tr><td>试样编号</td><td>缺陷情况</td><td>评定结果</td><td>试验单位</td><td>报告编号</td></tr>
<tr><td></td><td></td><td></td><td></td><td></td></tr>
<tr><td></td><td></td><td></td><td></td><td></td></tr>
<tr><td colspan="5">其他检验项目名称及结论</td></tr>
<tr><td>试样编号</td><td>缺陷情况</td><td>评定结果</td><td>试验单位</td><td>报告编号</td></tr>
<tr><td></td><td></td><td></td><td></td><td></td></tr>
<tr><td></td><td></td><td></td><td></td><td></td></tr>
<tr><td colspan="5">综合评定结论</td></tr>
<tr><td colspan="5"></td></tr>
</table>

<table>
<tr><td colspan="5">工艺评定报告编制人员及资质</td></tr>
<tr><td>责任</td><td>姓名</td><td>资质（职称）</td><td>日期</td><td rowspan="4">评定单位盖章</td></tr>
<tr><td>编制</td><td></td><td></td><td></td></tr>
<tr><td>审核</td><td></td><td></td><td></td></tr>
<tr><td>批准</td><td></td><td></td><td></td></tr>
</table>

注：各单位检验（试验）报告应作为本报告上的正式附件，合并归档。

① 表示该栏可填括号内内容。

② 乙炔压力单位为 MPa。

③ 电流单位为 A，氧气压力单位为 MPa。

④ 电压范围单位为 V。

23.4.4 焊接工艺评定的内容

1. 焊接工艺评定要素

（1）焊接方法　根据产品的质量要求选择合适的焊接方法。

（2）钢材及规格　根据产品的规格选择焊接工艺评定用钢材。一般根据钢材的化学成分、金相组织、力学性能和焊接性能将常用钢材进行分类、分组，见表 23-5 和见表 23-6。

表 23-5　常用钢材分类分组（DL/T 868—2014）

类组别			牌号示例	相应标准号
类别号	组别	组别号		
A	碳素钢 [w(C)≤0.35%]	Ⅰ	Q235、Q245R、Q275、20	GB/T 700, GB/T 711, GB/T 3274, NB/T 47008
	普通低合金钢 (R_{eL}≤400MPa)	Ⅱ	Q355、Q345R、Q370R、Q390	GB/T 1591, GB 150.2, GB 713, GB/T 3274, NB/T 47008
	普通低合金钢 (R_{eL}>400MPa)	Ⅲ	Q420、Q460、12MnNiVR、20MnMoNb、07MnMoVR、18MnMoNbR、15Ni1MnMoNbCu	GB/T 1591, GB 150.2, GB 19189, NB/T 47008
B	珠光体型热强钢	Ⅰ	12CrMoG、15CrMoG、15MoG、12Cr1MoVG、15CrMoR、14Cr1MoR、ZG15Cr1Mo1V、ZG20CrMoV	GB 713, GB 5310, NB/T 47008, JB/T 10087
	贝氏体型热强钢	Ⅱ	12CrMoG、12Cr2Mo1V、07Cr2MoW2VNbB、12Cr2Mo1R、12Cr2MoWVTiB、12Cr3MoVSiTiB	GB 713, GB 5310, GB/T 3077, NB/T 47008, JB/T 10087
	马氏体型热强钢	Ⅲ	10Cr5Mo、10Cr9Mo1VNb、10Cr9MoW2VNbBN、11Cr9Mo1W1VNbBN、10Cr11MoW2VNbCu1BN	
C	马氏体型不锈(耐热)钢	Ⅰ	12Cr13、20Cr13	GB 150.2, GB/T 1220, GB/T 1221, GB 24511, GB 5310, GB/T 20878, NB/T 47010
	铁素体型不锈(耐热)钢	Ⅱ	10Cr17、06Cr13Al、S11306	
	奥氏体型不锈(耐热)钢	Ⅲ	06Cr19Ni10、12Cr18Ni9、07Cr19Ni11Ti、10Cr18Ni9NbCu3BN、07Cr25Ni21NbN、07Cr18Ni11Nb、08Cr18Ni11NbFG	

注：1. 钢材类别由低到高依次为 A、B，钢材组别由低到高依次为Ⅰ、Ⅱ、Ⅲ，例如 Q345R 为 A-Ⅱ。

2. 如屈服现象不明显，屈服强度取 $R_{P0.2}$。

表 23-6 主要结构用钢分类分组（DL/T 868—2014）

钢种	类别号	组别号	牌号示例	相应标准
低碳钢	Ⅰ	Ⅰ-1	Q235、Q245R、Q235FT、Q255、Q275、Q275FT	GB/T 1591、GB/T 700、GB/T 711、GB/T 3274
低合金高强钢	Ⅱ	Ⅱ-1	Q345[①]、Q345R、Q345FT、X46、L360、16MnDR、15MnNiDR	GB/T 1591、GB 150.2、GB 713、GB/T 9711、GB/T 3274、GB 3531
		Ⅱ-2	Q370R、Q390、X52、15MnNiNbDR	
		Ⅱ-3	Q420、X60、X65、Q420FT	GB/T 1591、GB 150.2、GB/T 9711、GB/T 16270
		Ⅱ-4	Q460、HQ60、Q460FT、X70、18MnMoNbR、14MnMoV	
		Ⅱ-5	07MnNiCrMoVDR、07MnCrMoVR、12MnNiVR、CF62、Q500、Q550、Q550FT、X80、S550Q	GB/T 1591、GB 150.2、GB/T 9711、GB/T 16270、GB/T 19189
		Ⅱ-6	Q620、HQ70、HQ70R、14MnMoVN	
		Ⅱ-7	Q690、HQ80C、Q690FT、DB685R、CF80、14MnMoNbB、14CrMnMoVB、12Ni3CrMoV、10Ni5CrMoV、X100、X120	
		Ⅱ-8	Q960	GB/T 16270
不锈钢	Ⅲ	Ⅲ-1	06Cr13、06Cr13Al、12Cr13、20Cr13、04Cr13Ni5Mo	GB 150.2、GB/T 1220、GB/T 3280、GB/T 4237、GB/T 24511
		Ⅲ-2	06Cr19Ni10、022Cr19Ni10、022Cr17Ni12Mo2、06Cr17Ni12Mo2Ti、022Cr22Ni5Mo3N	
		Ⅲ-3	10Cr17、10Cr17Mo	
不锈钢复合钢板	Ⅳ	Ⅳ-1	06Cr13Al+Q235(Q245R)、06Cr13Al+Q345[①](Q345R)	GB 150.2、GB/T 4237、NB/T 47002.1、GB/T 8165
		Ⅳ-2	06Cr19Ni10+Q235(Q245R)、06Cr19Ni10+Q345[①](Q345R)、022Cr19Ni10+Q235(Q245R)、022Cr19Ni10+Q345[①](Q345R)	
		Ⅳ-3	022Cr17Ni12Mo2+Q345[①](Q345R)、06Cr17Ni12Mo2Ti+Q345[①](Q345R)、022Cr22Ni5Mo3N+Q345[①](Q345R)、022Cr22Ni5Mo3N+Q390(Q370R)	

注：钢材类别由低到高依次为Ⅰ、Ⅱ、Ⅲ，钢材组别由低到高依次为1、2、3、…、8。

① GB/T 1591—2018 中已取消了该牌号。

(3) 焊接材料　焊接材料的选用应符合相关技术标准（如DL/T 819）的规定。

(4) 试件形式及焊接位置　焊接工艺评定的试件形式应为板状、管状和管板状3种。焊接工艺评定的施焊位置如下：

1) 板件对接焊缝试件有平焊（1G）、横焊（2G）、立焊（3G）和仰焊（4G）4种位置，板件角焊缝试件有平焊（1E）、横焊（2F）、立焊（3F）和仰焊（4F）4种位置。

2) 管件对接焊缝有水平转动（1G）、垂直固定（2G）、水平固定（5G）和45°固定（6G）4种位置。

3) 插入式/骑座式管板角焊缝有垂直固定横焊（2F/2FQ）、垂直固定仰焊（4F/4FQ）、水平固定（5F/5FQ）3种位置。

(5) 焊接热处理加热方法　应根据装备条件和质量要求，按照相关技术标准（如DL/T 819）的规定选择合适的焊接热处理加热方法。

2. 焊接工艺评定因素

根据对焊接接头性能影响的程度，焊接工艺评定因素分为重要因素、附加重要因素和次要因素。重要因素，是指影响焊接接头力学性能（冲击韧性除外）的焊接条件；附加重要因素，是指影响焊接接头冲击韧性的焊接条件；次要因素，是指不影响焊接接头力学性能的焊接条件。

1) 当变更任何一个重要因素时都需要重新评定焊接工艺。

2) 当增加或变更任何一个补加因素时，只按增加或变更的补加因素增加冲击韧性试验。

3) 变更次要因素时不需要重新评定，但需要重新编制焊接工艺。

与焊接方法相关的焊接工艺评定因素及分类见表23-7。

23.4.5 焊接工艺评定细则

1. 基本原则

1) 施焊单位应具有与焊接工程相符的焊接工艺评定报告或焊接工艺可靠性评价报告。

2) 焊接工艺评定工作应以钢材的焊接性评价为基础。焊接工艺评定需用的焊接性评价资料应由钢材供货方提供或由施工单位收集。

表 23-7　与各种焊接方法相关的焊接工艺评定因素及分类（DL/T 868—2014）

焊接工艺评定因素		与各种焊接方法的关联度及分类					
类别	内容	焊条电弧焊	钨极氩弧焊	气焊	埋弧焊	熔化极气保焊	
						实芯	药芯
接头	改变坡口形式	○	○	○	○	○	○
	改变坡口根部间歇、钝边	○	○	○	○	○	○
	取消衬垫	○	—	—	○	○	○
焊接材料	增加或取消填充金属	—	△	△	—	—	—
	药芯焊丝改变为实芯焊丝，或反之	—	△	—	—	△	△
	改变可燃气体类型及其比例	—	—	△	—	—	—
	改变单一保护气体类别、混合保护气体的种类和混合比例	—	△	—	—	△	△
	气体流量超出评定值±10%	—	○	○	—	○	○
	取消背面保护气体	—	△	—	—	△	△
	碱性焊条改变为酸性焊条	▲	—	—	—	—	—
	改变混合焊剂的混合比例	—	—	—	△	—	—
	钨极种类或直径改变	—	○	—	—	—	—
焊接热处理	降低预热温度 50℃以上	△	△	○	△	△	△
	改变道间温度 50℃以上①	▲	▲	—	▲	▲	▲
	增加或取消焊后热处理，改变热处理类别	△	△	△	△	△	△
	改变焊后热处理恒温温度范围	△	△	△	△	△	△
	改变施焊后至热处理的间隔时间	▲	▲	▲	▲	▲	▲

电特性	电流、电压变化值超出评定值±10%	▲	▲	—	▲	▲	▲
	熔滴过渡由短路形式改变为其他形式，或反之	—	—	—	—	△	△
	改变直流为交流，或改变电源极性	▲	▲	—	▲	▲	▲
	改变导电嘴至工件距离	—	—	—	○	○	○
焊接技术	右向焊改为左向焊，或反之	—	—	○	—	—	—
	焊前、根部、层间清理方法改变	○	○	○	○	○	○
	多道焊改为单道焊	▲	▲	—	▲	▲	▲
	有无锤击焊缝	○	○	○	○	○	○
	清根焊改为不清根焊	△	—	—	△	△	△
	改变单焊丝为多焊丝，或反之	—	—	—	▲	—	—
	改变单面焊为双面焊，或反之	▲	▲	—	▲	▲	▲
	火焰性质的改变（氧化焰、还原焰）	—	—	○	—	—	—
	立向上焊改为立向下焊，或反之	△	—	—	—	—	—

注：“△”表示重要因素，“▲”表示附加重要因素，“○”表示次要因素，“—”表示不存在或忽略。

① 对于经过正火温度的焊后热处理或奥氏体母材焊后经固溶处理时可不作为附加重要因素。

3）焊接工艺评定所用的钢材、焊接材料均应具有材料质量证明书，并符合相应标准。如不能确定材料质量证明书的真实性或者对材料的性能和化学成分有怀疑时，应进行复验。

4）焊接工艺评定工作所使用的焊接设备和工器具，应处于正常状态，用于参数记录的仪表、气体流量计等应校准。

5）焊接工艺评定试验的合格标准应符合产品技术条件的规定。若产品技术条件没有规定合格标准，其合格标准按相关技术标准执行。

6）主持焊接工艺评定工作、对焊接及试验结果进行综合评定的人员应具有焊接工程师资格。试件的焊接由本单位操作技能熟练的焊接人员使用本单位的设备来完成。

2. 焊接方法

1）不同焊接方法应分别进行焊接工艺评定。

2）同一焊接方法，手工焊、机械焊不得互相代替。

3）如采取一种以上的焊接方法组合形式焊接焊件，则每种焊接方法可单独进行焊接工艺评定，也可组合进行焊接工艺评定。

4）施工中，焊接工艺相关因素需要变化且超过表 23-7 的规定时，应符合如下规定：①涉及重要因素变化时，应重新进行焊接工艺评定。②涉及附加重要因素变化时，对要求做冲击试验的，只需在原重要因素适用条件下，焊制补充试件，仅做冲击试验。③仅次要因素变化时，不必重新进行焊接工艺评定。

3. 钢材及规格

（1）钢材　当重要因素和附加重要因素（要求冲击试验的焊件）不变，其焊接质量也能满足要求时，存在一定的焊接工艺代替规则，其规则如下：

1）A 类钢代替应符合下列规则：①同组别钢材的焊接工艺评定，强度级别和质量等级高的可以代替级别低的钢材，反之不可。②不同组别钢材的焊接工艺评定，高组别钢材可以代替低组别的钢材，反之不可。③以上代替规则同样适用于表 23-6 中的低碳钢和低合金高强钢。

2）B、C 类钢代替应符合下列规则：①同组别内某一钢材的焊接工艺评定可以代替同组别内其他钢材的焊接工艺评定。②不同组别钢材的焊接工艺评定不应相互代替。③B、C 类钢代替规则同样适用于表 23-6 中的不锈钢。④不锈钢复合钢的焊接工艺评定应单独进行。

3）控轧控冷钢与其他供货状态的钢材的焊接工艺评定结果不可互相代替。

4）异种钢的焊接工艺评定中有关钢材的代替规则应符合相关技术标准（如 DL/T 752）的规定。

（2）规格　钢材的规格按下列规定：

1）经焊接工艺评定合格的试件钢材厚度（δ），适用的焊件厚度范围见表 23-8。

2）经焊接工艺评定合格的焊缝金属厚度（δ_w），适用的焊件焊缝金属厚度范围见表 23-9。

表 23-8　试件钢材厚度对应于焊件钢材厚度的适用范围
（DL/T 868—2014）

试件钢材厚度 δ/mm	适用焊件厚度的范围/mm	
	下限值	上限值
$1.5<\delta\leqslant8$	1.5	2δ，且$\leqslant12$
$8<\delta<40$	0.5δ	2δ
$\delta\geqslant40$	0.5δ	不限

表 23-9　试件焊缝金属厚度对应于焊件焊缝金属厚度的适用范围（DL/T 868—2014）

试件焊缝金属厚度 δ_w/mm	适用焊件焊缝金属厚度范围/mm	
	下限值	上限值
$1.5<\delta_w\leqslant8$	1.5	$2\delta_w$，且$\leqslant12$
$8<\delta_w<40$	$0.5\delta_w$	$2\delta_w$
$\delta_w\geqslant40$	$0.5\delta_w$	不限

3）经焊接工艺评定合格的角焊缝试件的母材厚度和焊缝金属厚度，适用的焊件母材厚度和焊件焊缝金属厚度的范围应与表 23-8 和表 23-9 的规定相同。此时，试件厚度应按下列要求获取：①板板角焊缝试件厚度应取较薄件的厚度；②管座角焊缝试件厚度应取

支管管壁厚度；③管板角焊缝试件厚度应取管壁厚度。

4）经焊接工艺评定合格的相同厚度的对接试件，适用于该评定厚度范围内两侧不同厚度的对接焊件。

5）各种焊接方法对焊件的厚度应符合下列规定：①两种或两种以上焊接方法的组合应进行焊接工艺评定，每种焊接方法适用的焊件的厚度不得超过该方法焊接试件母材厚度的适用范围，且不得以所有焊接方法的最大适用厚度相叠加。②气焊的焊接工艺评定，适用的焊件的最大厚度与该焊接工艺评定试件厚度相同。③埋弧焊进行双面焊时，应按表 23-8 和表 23-9 规定处理。

6）除表 23-8、表 23-9 规定外，进行焊接工艺评定出现下列情况时，可按如下原则处理：①试件内的任一焊道的厚度大于 13 mm 时，适用的焊件最大厚度为 1.1 倍的试件厚度。②除气焊外，如试件经超过上临界转变温度（Ac_3）的焊后热处理，则适用的焊件最大厚度为 1.1 倍的评定试件厚度。

7）管径的代替应符合下列规则：①当管子外径（D_o）不大于 60mm、采用氩弧焊焊接方法进行焊接工艺评定时，适用的焊件管子的外径不限。②其他焊接方法（或组合）的试件管径，适用的焊件管径外径的范围是下限为 $0.5D_o$，上限不限。

8）焊接工艺评定合格的对接焊缝的焊接工艺应用于焊接角焊缝时，焊件厚度的适用范围不限。焊接工艺评定合格的角焊缝的焊接工艺用于焊接非承压件角焊缝时，焊件厚度的适用范围不限。

4. 焊接材料

1）首次采用的焊接材料应进行焊接工艺评定。

2）酸性焊条经焊接工艺评定合格，可免做碱性焊条焊接工艺评定。

3）相同型号的焊接材料，采用不同的合金过渡方式的，如一种焊接工艺评定合格，另外一种应做工艺试验。

5. 试件形式和焊接位置

1）焊接工艺评定合格的焊接位置适用范围见表 23-10。

2）全焊透试件的焊接工艺评定，适用于非全焊透焊件，反之不可。

3）任一经焊接工艺评定合格的角焊缝的焊接工艺，适用于所

表 23-10 焊接工艺评定合格的焊接位置适用范围（DL/T 868—2014）

试件形式和位置		适用的焊缝类型和焊接位置			
		对接焊缝位置		板件角焊缝位置	管板位置
形式	位置代号	板件	管件		
板件对接焊缝	平焊 1G	1G	1G	1F、2F	—
	横焊 2G	1G、2G	1G、2G	1F、2F	—
	立焊 3G	1G、3G	1G	1F、3F	—
	仰焊 4G	1G、4G	1G	1F、3F、4F	—
管件对接焊缝	水平转动焊 1G	1G	1G	1F	—
	垂直固定焊 2G	1G、2G	1G、2G	1F、2F	2F
	水平固定焊 5G	1G、3G、4G	1G、5G	1F、2F、3F、4F	2F、4F、5F
	45°固定焊 6G	1G、2G、3G、4G	1G、2G、5G	1F、2F、3F、4F	2F、4F、5F
板材角焊缝	平焊 1F	—	—	1F	—
	横焊 2F	—	—	1F、2F	—
	立焊 3F	—	—	1F、2F、3F	—
	仰焊 4F	—	—	1F、2F、4F	—

有形式的焊件角焊缝。

4）直径 D_o 不大于 60mm 的管子的气焊、钨极氢弧焊，对 5G 位置进行的焊接工艺评定可适用于焊件的所有焊接位置。

6. 焊接热处理加热方法

当使用不同的加热方法时，应对其进行满足原焊接热处理条件的验证性试验。

23.4.6 焊接工艺评定试验

1. 焊接工艺评定试验检验项目

焊接工艺评定试验检验项目和数量如无特殊要求，对接焊缝和角焊缝的焊接工艺评定试验检验项目和试样数量分别见表 23-11 和表 23-12。

2. 试样的切取

1）试件经外观检查和无损检测后，允许避开缺陷制取试样。

2）板状对接焊缝试件的试样切取部位如图 23-10 所示。

表 23-11 对接焊缝的焊接工艺评定试验检验项目及试样数量

试样厚度 δ/mm	试验项目和试样数量								
	外观检验	射线或超声检测	拉伸①	弯曲②③			硬度④	冲击试验⑤⑥⑦	
				面弯	背弯	侧弯		焊缝区	热影响区
$\delta<8$			2	2	2	—		5	5
$8\leqslant\delta<15$	全部	全部	2	2	2	—		5	5
$\delta\geqslant15$			2					5	5

注：1. B 类钢、C 类钢以及与其他钢种的异种钢焊接接头应做焊缝断面的微观金相试验，检验数量为 1 件。

2. 用于有腐蚀倾向环境部件的 C 类钢应做晶间腐蚀试验或 δ 铁素体含量测定，其试验及取样方法应分别符合 GB/T 4334.5 和 GB/T 1954。

① 直径 $D_o\leqslant76$mm 的管材，可用一整根工艺试件代替剖管的两个拉伸试样。

② 当试样焊缝两侧的母材之间或焊缝金属和母材之间的弯曲性能有显著差别时，可按 GB/T 2653 进行辊筒弯曲。

③ 当试样厚度 $\delta\geqslant15$mm 时，可用 4 个侧弯试样代替两个面弯、两个背弯试样。2 种及以上焊接方法组合进行焊接工艺评定时，应进行侧弯试验。

④ 有焊接热处理要求的应做硬度试验。做硬度试验时，要求每个部位（焊缝、焊趾附近）至少应测 3 点，取平均值。

⑤ 除产品技术条件要求外，表 23-5 中 AⅢ类钢、BⅢ类钢和表 23-6 中Ⅱ-4～Ⅱ-8 类钢应做冲击试验。

⑥ 要求做冲击试验时，试样数量为热影响区和焊缝上各取 5 个。异种钢接头的每侧热影响区分别取 5 个，焊缝取 5 个。2 种及以上焊接方法组合进行焊接工艺评定时，冲击试样中应包括每种方法（工艺）的焊缝金属和热影响区。

⑦ 当试件尺寸无法备制规格为 5mm×10mm×55mm 的冲击试样时，可免做冲击试验。

表 23-12 角焊缝的焊接工艺评定试验检验项目及试样数量

试件形式	外观检验	宏观金相检验(件数)
管板、管座	全部	4
板状	全部	5

3）管状对接焊缝试件的试样切取部位如图 23-11 所示。

4）板状角焊缝试件与试样如图 23-12 所示，试件的两端应各弃去 25mm。

5）管板和管座角焊缝试件的试样切取如图 23-13 所示。

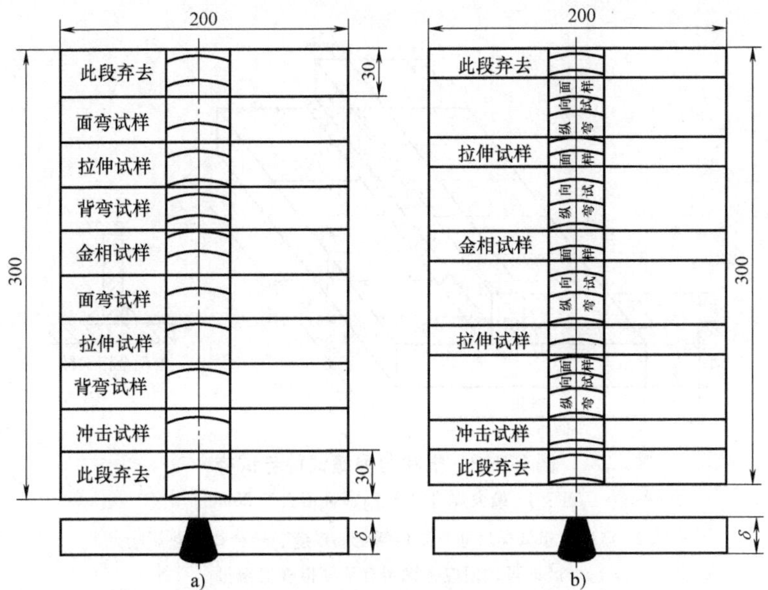

图 23-10 板状对接焊缝试件的试样切取部位

a）横向弯曲时的试样切取部位 b）纵向弯曲时的试样切取部位

注：侧弯试样切取部位与面弯、背弯相同。

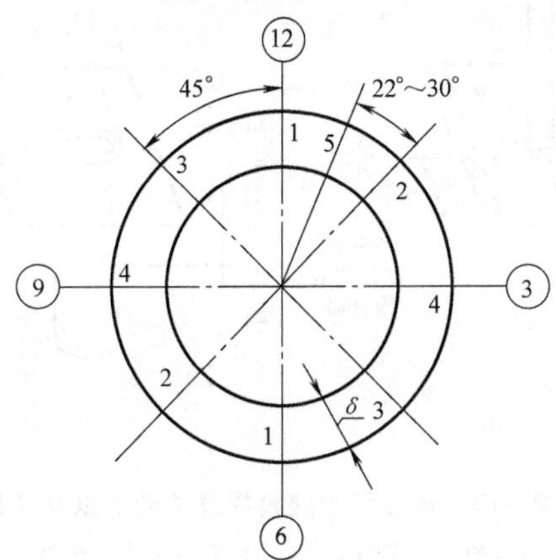

图 23-11 管状对接焊缝试件的试样切取部位

1—拉伸试样 2—面弯试样 3—背弯试样 4—冲击试样 5—金相试样

注：1. 图中③、⑥、⑨、⑫为试件水平固定位置焊时的时钟定位标记。

2. 当进行侧弯试验时，2、3试样作为侧弯试样。

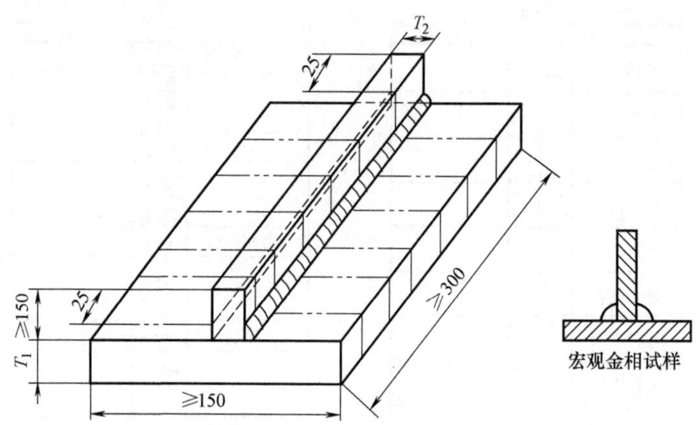

图 23-12　板状角焊缝试件与试样

注：1. 最大焊脚等于 T_2，且不大于 20mm。

2. 宏观金相试样尺寸只要包括全部焊缝、熔合线及热影响区即可，但应考虑留有硬度检查的余量。

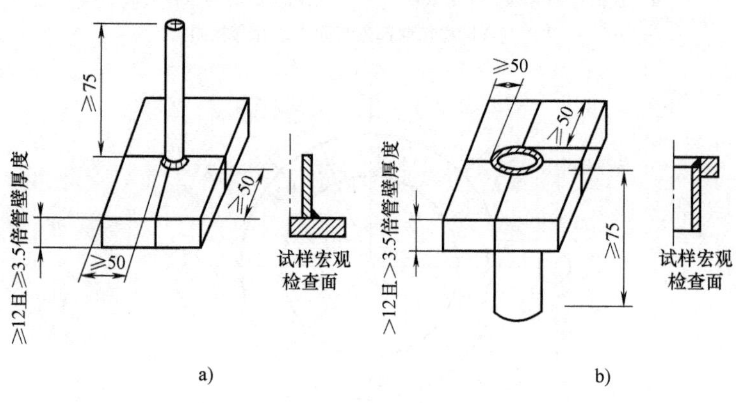

图 23-13　管板和管座角焊缝试件的试样切取

a）管板角焊缝试件　b）管座角焊缝试件

注：1. 最大焊脚等于管壁厚。

2. 宏观金相试样尺寸只要包括全部焊缝、熔合线及热影响区即可，但应考虑留有硬度检查的余量。

3. 焊缝外观检查

对接焊缝金属应填满坡口并圆滑过渡到母材，角焊缝焊脚高度应符合上面的规定。对接焊缝和角焊缝外观检查应符合下列要求：

1）焊缝及热影响区表面应无裂纹、未熔合、夹渣、弧坑、气孔等缺欠。

2）焊缝咬边深度不应超过 0.5mm。对接焊缝两侧咬边总长度应符合下列要求：①管件应不大于焊缝总长的 20%；②板件应不大于焊缝总长的 15%。

4. 拉伸试验

（1）试样　试样应符合下列要求：

1）试样的焊缝余高应以机械方法去除，使之与母材齐平。

2）试样的厚度宜与母材的厚度相等。厚度小于 30mm 的试样可采用全厚度试验；试件厚度超过 30mm 时，可从接头截取若干个试样覆盖整个厚度。

3）拉伸试验机提供的载荷不能对试件进行全厚度试验时，可根据现有拉伸试验机的载荷能力从焊接接头均匀分层截取两片或多片试样覆盖整个厚度，这些试样代替一个全厚度试样的试验。

4）当拉伸试验机载荷能够满足试验要求时，外径不大于 76mm 的管状对接焊缝试件可采用整管拉伸试验。整管拉伸试样如图 23-14 所示。

5）试样取样位置、尺寸和试验方法应符合 GB/T 2651、GB/T 228.1 的规定。

（2）合格指标　拉伸试验的合格指标如下：

1）同种钢焊接接头每个试样的抗拉强度不应低于母材抗拉强度规定值的下限。

2）异种钢焊接接头每个试样的抗拉强度不应低于较低一侧母材抗拉强度规定值的下限。

3）当产品技术条件规定熔敷金属抗拉强度低于母材的抗拉强度时，其接头的抗拉强度不应低于熔敷金属抗拉强度规定值的下限。

4）如果试样断在熔合线以外，只要强度不低于母材规定最小

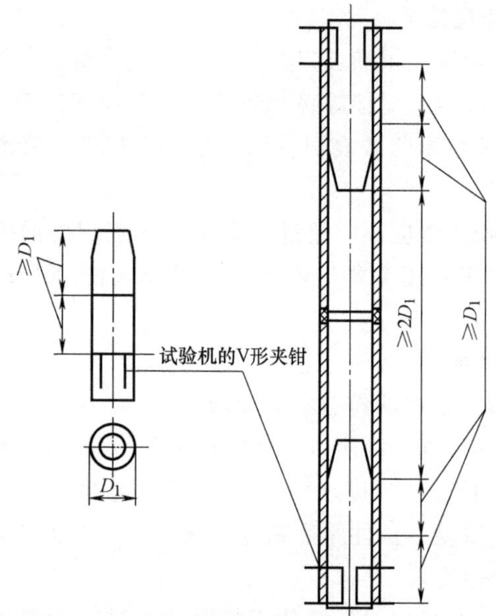

图 23-14　整管拉伸试样

抗拉强度的 95%，就可认为试验满足要求。

5）采用两片或多片试样进行拉伸试验时，则每片试样的抗拉强度应符合上述要求。

5. 弯曲试验

（1）试样基本要求　弯曲试样基本要求如下：

1）试样可分为横向面（背）弯试样，纵向面（背）弯试样及横向侧弯试样。

2）对接接头试件的横向面弯试样如图 23-15 所示。

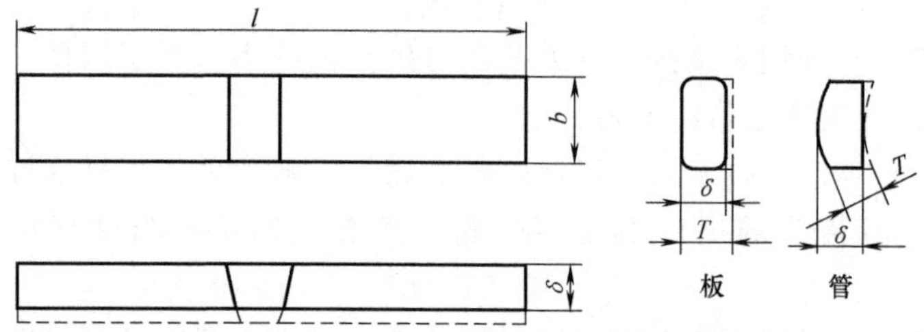

图 23-15　对接接头试件的横向面弯试样

3）对接接头试件的横向背弯试样如图 23-16 所示。

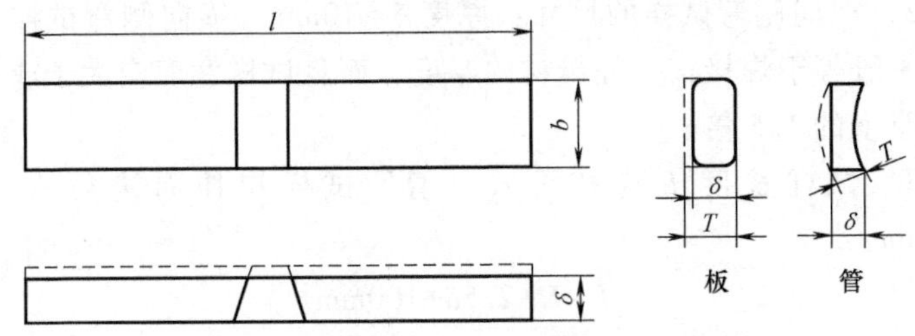

图 23-16 对接接头试件的横向背弯试样

4）对接接头试件的纵向面弯和背弯试样如图 23-17 所示。

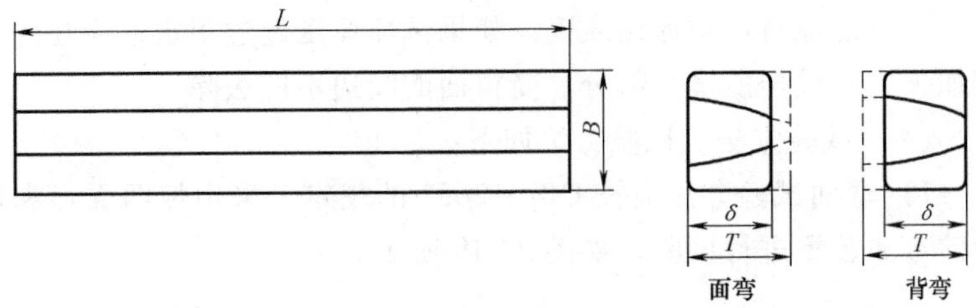

图 23-17 对接接头试件的纵向面弯和背弯试样

5）对接接头试件的横向侧弯试样如图 23-18 所示。

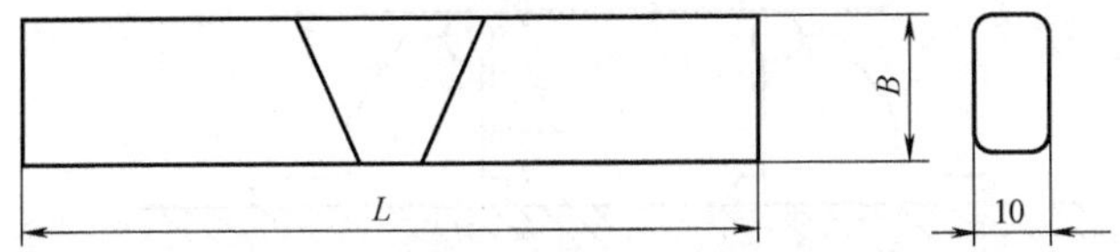

图 23-18 对接接头试件的横向侧弯试样

注：试样四角圆弧半径 $R<3$mm。

（2）试样尺寸 试样尺寸要求如下：

1）横向面弯和背弯试样的尺寸要求：①试样厚度 δ 应等于整个焊接接头处母材的厚度，当母材厚度大于 10mm 时，取 10mm。②板状试件宽度 b 应不小于 1.5δ，最小为 20mm。③直径大于 100mm 的管状试件，面弯和背弯试样的宽度 $b=40$mm；直径为 50~100mm 的管状试件，试样的宽度 $b=20$mm；直径小于 50mm 的管状试件，试样的宽度 $b=10$mm。

2）横向侧弯试样的尺寸：厚度 $\delta=10$mm，横向侧弯试样的宽度 b 一般等于焊接接头处母材的厚度，而且试样宽度应大于或等于试件厚度的 1.5 倍。

3）试样长度 L 应按下式计算，试样拉伸面棱角 R 应小于 3mm：

$$L=D+2.5\delta+100\text{mm}$$

式中 D——弯轴直径（mm）；

δ——试样厚度（mm）。

（3）试样加工　面弯和背弯受拉侧的表面应去除焊缝余高部分，尽可能保持母材原始表面。如果试样厚度超过规定，应在受压侧加工去除试样的多余部分。受拉面的咬边不应去除。

（4）试验方法　试验方法如下：

1）弯曲试验方法应按 GB/T 2653 的规定，采用带两支点和弯轴的弯曲装置进行试验，如图 23-19 所示。

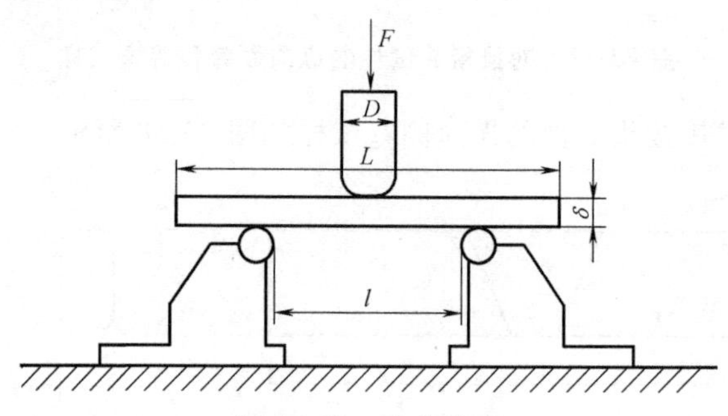

图 23-19　弯曲试验

2）弯曲试验条件见表 23-13。

表 23-13　弯曲试验条件

试样厚度 δ/mm	弯轴直径 D/mm	支座间距 l/mm	弯曲角度/(°)
≤10	4δ	$6t+3$	180

3）对于标准和技术条件规定断后伸长率 A 下限值应小于 20% 的母材，若弯曲试验不符合表 23-13 的要求，而实测值断后伸长率 A 小于 20%，则可加大弯轴直径进行试验，此时弯轴直径 D（mm）

应按下式计算：

$$弯轴直径\ D=\delta(1-A)/0.2$$

支座间的距离 l(mm) 按下式计算：

$$支座间的距离\ l=(D+2.5\delta)\pm0.5\delta$$

4）试样的焊缝中心应对准弯轴轴线，试验时加力要平稳、连续、无冲击。试验速度小于 1mm/s。

5）侧弯试验时，若试样表面存在缺欠，应以缺欠较严重的一面作为拉伸面。

6）试验时的弯曲角度应以试样承受载荷时的测量值为准。

（5）弯曲试验合格标准　试样弯曲到规定的角度后，其每片试样的拉伸面在焊缝和热影响区内任何方向上都不得有长度超过 3mm 的开裂缺欠，试样棱角上的裂纹除外，但由于夹渣或其他内部缺陷所造成的上述开裂缺欠应计入。

6. 冲击试验

（1）冲击试样　冲击试样要求如下：

1）冲击试样取样方法、尺寸及试验方法应符合 GB/T 2650 和 GB/T 229 有关规定。采用何种型式试样由技术条件规定，没有规定的采用 V 型缺口试样。

2）焊缝金属试样的缺口轴线应当垂直于焊缝表面。热影响区试样的缺口轴线在技术条件没有规定时，也应垂直于焊缝表面，缺口轴线应与熔合线交叉，应使缺口开在热影响区。冲击试样的取样部位如图 23-20 所示。

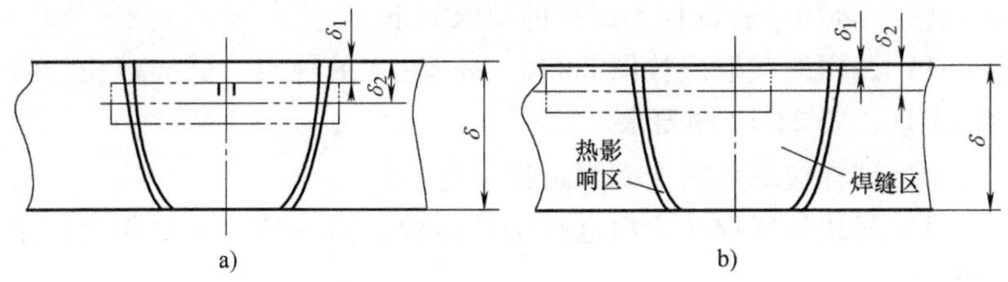

图 23-20　冲击试样的取样部位

a）取自焊缝金属　b）取自热影响区

注：当 $\delta>40$mm 时，母材表面与试样轴线的距离 δ_2 为 0.25δ。如果无法使试样轴线位于该处时，可在 $0.25\delta\sim0.5\delta$ 范围内的适当位置取样。

3）双面焊热影响区冲击试样的取样部位如图 23-21 所示。

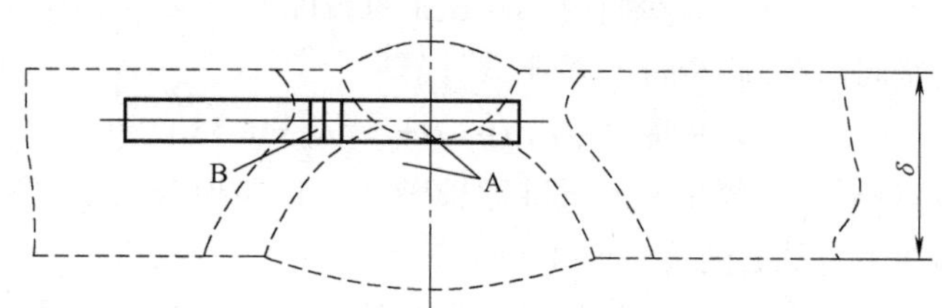

图 23-21　双面焊热影响区冲击试样的取样部位

A—焊缝熔敷金属区　B—热影响区

（2）冲击试验合格标准

1）冲击试验每组取 5 个标准试样，获得 5 个冲击吸收能量数据，分别舍弃最大值和最小值，取中间的 3 个值计算冲击吸收能量平均值。平均值不应低于相关技术文件或标准规定的母材下限值，且不得小于 27J。其中，允许有一个冲击吸收能量低于规定值，但不得低于规定值的 70%。

2）$w(\mathrm{Cr})=9\%\sim12\%$ 的马氏体耐热钢的冲击吸收能量不得小于 41J。

3）当试件尺寸无法制备标准试样时，则应依次制备宽度为 7.5mm 或 5mm 的非标准小尺寸试样，缺口开在试样的窄面上。其冲击吸收能量合格指标分别为标准试样冲击吸收能量指标的 75% 或 50%。

7. 金相检验

（1）金相检验试样　试样的要求如下：

1）试样的截取应按图 23-10～图 23-13 的规定。试样数量应按表 23-11、表 23-12 的要求。

2）试样应尽可能取到焊道接头处。

3）每块试样取一个面进行宏观检验，同一切口不得作为两个检验面。

（2）金相检验合格标准

1）宏观检验应符合下列规定：①角焊缝两焊脚尺寸之差应不大于 3mm。②要求焊透的焊缝应无未焊透现象。

2）微观检验应符合下列规定：①应无裂纹、过热组织与淬硬性马氏体组织。②w(Cr)= 9%～12%的马氏体耐热钢的焊缝金相微观组织应为回火马氏体/回火索氏体，焊缝金相组织中δ铁素体的体积分数应不超过8%，最严重的视场中δ铁素体的体积分数不应超过10%。

8. 硬度试验

1）硬度试验可在（宏观）金相试样上进行。

2）同种钢焊接接头热处理后焊缝的硬度，不应超过母材布氏硬度值加100HBW，且不应超过下列规定：①合金总的质量分数不大于3%，布氏硬度值应不大于270HBW。②合金总的质量分数小于10%，且不小于3%，布氏硬度值应不大于300HBW。③w(Cr)= 9%～12%的马氏体耐热钢硬度合格指标应为180～270HBW。

参考文献

[1] 中国机械工程学会焊接分会. 焊接手册：第2卷材料的焊接［M］. 3版. 北京：机械工业出版社，2013.

[2] 陈祝年，陈茂爱. 焊接工程师手册［M］. 3版. 北京：机械工业出版社，2018.

[3] 赵自勇，陈永. 焊条电弧焊轻松学［M］. 北京：机械工业出版社，2021.

[4] 陈永. 气体保护焊轻松学［M］. 北京：机械工业出版社，2021.

[5] 赵自勇，陈永. 好焊工应知应会一本通［M］. 北京：机械工业出版社，2022.

[6] 张应立，周玉华. 常用金属材料焊接技术手册［M］. 北京：金盾出版社，2015.

[7] 陈永. 焊工操作质量保证指南［M］. 2版. 北京：机械工业出版社，2017.

[8] 龙伟民，陈永. 焊接材料手册［M］. 北京：机械工业出版社，2014.

[9] 龙伟民，刘胜新. 焊接工程质量评定方法及检测技术［M］. 2版. 北京：机械工业出版社，2015.

[10] 王志华，杜双明. 焊接工艺［M］. 北京：北京师范大学出版社，2011.

[11] 徐峰. 焊接工艺简明手册［M］. 上海：上海科学技术出版社，2014.

[12] 陈裕川. 焊接工艺设计与实例分析［M］. 北京：机械工业出版社，2009.

[13] 高卫明. 焊接工艺［M］. 2版. 北京：北京航空航天大学出版社，2011.

[14] 杨海明. 碳素钢与低合金钢的焊接［M］. 沈阳：辽宁科学技术出版社，2013.

[15] 杨海明. 有色金属的焊接［M］. 沈阳：辽宁科学技术出版社，2013.

[16] 张能武. 实用焊接工程师手册［M］. 北京：中国电力出版社，2017.

[17] 王洪光. 实用焊接工艺手册［M］. 2版. 北京：化学工业出版社，2013.

[18] 胡木生. 焊接工艺及技术［M］. 2版. 北京：中国水利水电出版社，2015.

[19] 刘胜新. 实用金属材料手册［M］. 2版. 北京：机械工业出版社，2017.

[20] 王英杰，张芙丽. 金属工艺学［M］. 北京：机械工业出版社，2010.

[21] 唐世林，刘党生. 金属加工常识［M］. 北京：北京理工大学出版社，2009.

[22] 陈永. 金属材料常识普及读本［M］. 2版. 北京：机械工业出版社，2016.

[23] 孙玉福. 实用工程材料手册［M］. 北京：机械工业出版社，2014.

[24] 刘胜新. 金属材料力学性能手册［M］. 2版. 北京：机械工业出版社，2018.

[25] 崔忠圻，覃耀春. 金属学与热处理［M］. 2版. 北京：机械工业出版社，2007.

[26] 沈阳晨，魏建军. 铸钢件焊接及缺陷修复［M］. 北京：机械工业出版社，2015.

[27] 刘贵民，马丽丽. 无损检测技术［M］. 2版. 北京：国防工业出版社，2010.